软件开发视频大讲堂

C#从入门到精通

（第6版）

明日科技　编著

清华大学出版社

北　京

内 容 简 介

《C#从入门到精通(第 6 版)》从初学者角度出发,通过通俗易懂的语言、丰富多彩的实例,详细介绍了使用 C# 进行 WinForm 应用程序开发应该掌握的各方面技术。全书分为 4 篇,共 26 章,包括初识 C#及其开发环境、开始 C#之 旅、变量与常量、表达式与运算符、字符与字符串、流程控制语句、数组和集合、属性和方法、结构和类、Windows 窗体、Windows 应用程序常用控件、Windows 应用程序高级控件、数据访问技术、DataGridView 数据控件、LINQ 数据 访问技术、程序调试与异常处理、面向对象技术高级应用、迭代器和分部类、泛型、文件及数据流技术、GDI+图形图 像技术、Windows 打印技术、网络编程技术、注册表技术、线程的使用,以及企业人事管理系统等内容。本书所有知识 都结合具体实例进行介绍,涉及的程序代码给出了详细的注释,可以使读者轻松领会 C#应用程序开发的精髓,以快速 提高开发技能。

另外,本书除了纸质内容,随书附配资源包中还给出了海量开发资源库,主要内容如下:

☑ 微课视频讲解:总时长 28 小时,共 164 集   ☑ 实例资源库:686 个实例及源码详细分析

☑ 模块资源库:15 个经典模块开发过程完整展现   ☑ 项目资源库:15 个企业项目开发过程完整展现

☑ 测试题库系统:636 道能力测试题   ☑ 面试资源库:323 道企业面试真题

☑ PPT 电子教案

本书可作为软件开发入门者的自学用书,也可作为高等院校相关专业的教学参考书,还可供开发人员查阅参考。

图书在版编目(CIP)数据

C#从入门到精通/明日科技编著. —6 版. —北京:清华大学出版社,2021.10(2022.12重印)

(软件开发视频大讲堂)

ISBN 978-7-302-58605-0

Ⅰ. ①C… Ⅱ. ①明… Ⅲ. ①C 语言—程序设计 Ⅳ. ①TP312.8

中国版本图书馆 CIP 数据核字(2021)第 131838 号

责任编辑:贾小红

封面设计:刘 超

版式设计:文森时代

责任校对:马军令

责任印制:宋 林

出版发行:清华大学出版社

    网 址:http://www.tup.com.cn,http://www.wqbook.com

    地 址:北京清华大学学研大厦 A 座   邮 编:100084

    社 总 机:010-83470000   邮 购:010-62786544

    投稿与读者服务:010-62776969,c-service@tup.tsinghua.edu.cn

    质量反馈:010-62772015,zhiliang@tup.tsinghua.edu.cn

印 装 者:三河市东方印刷有限公司

经 销:全国新华书店

开 本:203mm×260mm   印 张:34.5   字 数:966 千字

版 次:2008 年 10 月第 1 版   2021 年 11 月第 6 版   印 次:2022 年 12 月第 4 次印刷

定 价:99.80 元

产品编号:092538-01

如何使用本书开发资源库

在学习本书时，随书附配资源包中提供了"C# 开发资源库"系统，可以帮助读者快速提升编程水平和解决实际问题的能力。本书和 C# 开发资源库配合学习流程如图 1 所示。

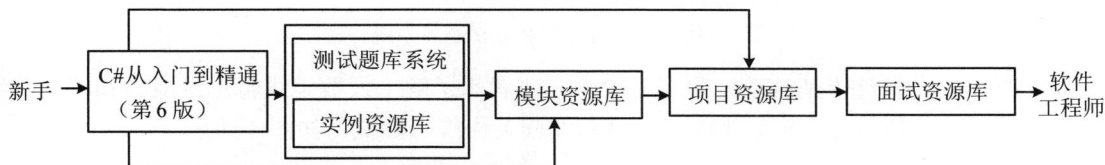

图 1　本书与开发资源库配合学习流程图

打开资源包中的"开发资源库"文件夹，运行"C#开发资源库.exe"程序，即可进入"C#开发资源库"系统，主界面如图 2 所示。

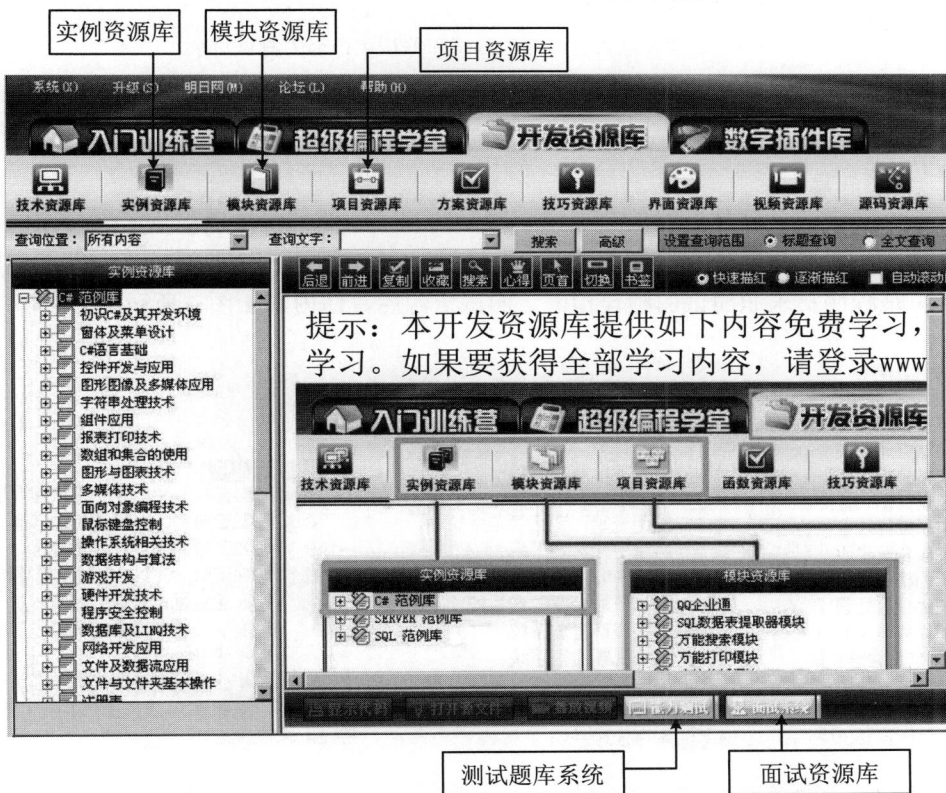

图 2　C#开发资源库主界面

在学习本书时，读者可以配合实例资源库的相应章节，利用实例资源库提供的大量热点实例和关键实例巩固所学编程技能，提高编程兴趣和自信心；也可以配合测试题库系统的对应章节进行测试，检验学习成果。具体流程如图 3 所示。

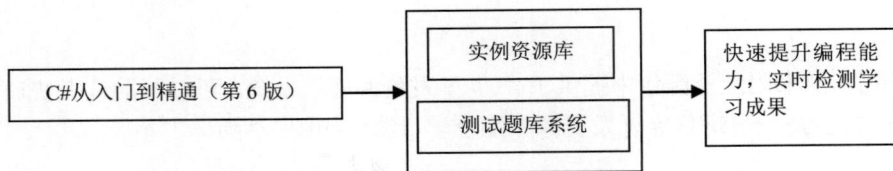

图 3　使用实例资源库和测试题库系统

对于数学逻辑能力和英语基础较为薄弱的读者，或者想了解个人数学逻辑思维能力和编程英语基础的用户，本书提供了数学及逻辑思维能力测试和编程英语能力测试，如图 4 所示。

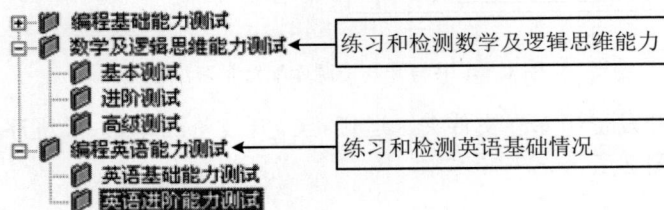

图 4　数学及逻辑思维能力测试和编程英语能力测试目录

学习完本书后，读者可以配合模块资源库和项目资源库的 30 个模块及项目，全面提升个人综合编程技能和解决实际开发问题的能力，为成为 C#软件开发工程师打下坚实的基础。具体模块和项目目录如图 5 所示。

万事俱备后，读者该到软件开发的主战场上接受洗礼了。面试资源库提供了大量国内外软件企业的常见面试真题，同时还提供了程序员职业规划、程序员面试技巧、企业面试真题汇编和虚拟面试系统等精彩内容，是程序员求职面试的绝佳指南。面试资源库具体内容如图 6 所示。

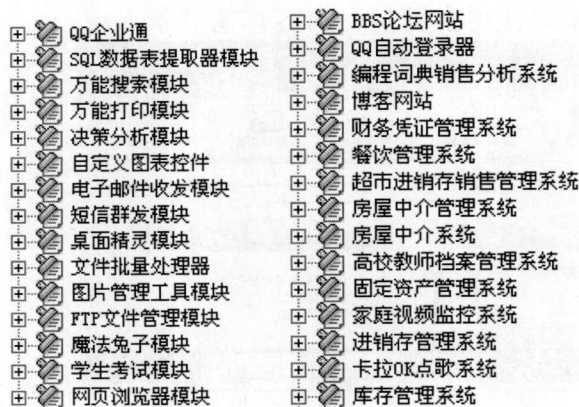

图 5　模块资源库和项目资源库目录

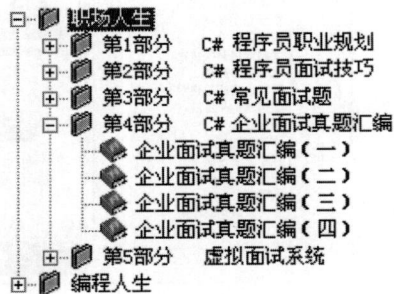

图 6　面试资源库具体内容

前　言

Preface

丛书说明："软件开发视频大讲堂"丛书第 1 版于 2008 年 8 月出版，因其编写细腻、易学实用、配备海量学习资源和全程视频等，在软件开发类图书市场上产生了很大反响，绝大部分品种在全国软件开发零售图书排行榜中名列前茅，2009 年多个品种被评为"全国优秀畅销书"。

"软件开发视频大讲堂"丛书第 2 版于 2010 年 8 月出版，第 3 版于 2012 年 8 月出版，第 4 版于 2016 年 10 月出版，第 5 版于 2019 年 3 月出版。十年锤炼，打造经典。丛书迄今累计重印 600 多次，销售 400 多万册。不仅深受广大程序员的喜爱，还被百余所高校选为计算机、软件等相关专业的教学参考用书。

"软件开发视频大讲堂"丛书第 6 版在继承前 5 版所有优点的基础上，进一步修正了疏漏，优化了图书内容，更新了开发环境和工具，并根据读者建议替换了所有学习视频；同时，提供了"入门学习→实例应用→模块开发→项目开发→能力测试→面试"等各个阶段的海量开发资源库，使之更适合读者学习、训练、测试；为了方便教学，还提供了教学课件 PPT。

C#是微软公司为 Visual Studio 开发平台推出的一种简洁的、类型安全的、面向对象的编程语言，开发人员可以通过它编写在.NET Framework 上运行的各种安全可靠的应用程序。C#面世以来以其易学易用、功能强大的优势被广泛应用，而 Visual Studio 开发平台则凭借其强大的可视化用户界面设计，让程序员从复杂的界面设计中解脱出来，使编程成为一种享受。C#不但可以开发数据库管理系统，而且也可以开发集声音、动画、视频为一体的多媒体应用程序和网络应用程序，这使得它正在成为程序开发人员使用的主流编程语言。

本书内容

本书提供了从 C#入门到编程高手所必需的各类知识，共分为 4 篇，具体如下。

本书的知识结构和学习方法如图 7 所示。

第 1 篇：基础知识。本篇包括初识 C#及其开发环境、开始 C#之旅、变量与常量、表达式与运算符、字符与字符串、流程控制语句、数组和集合、属性和方法、结构和类等内容，在介绍这些内容时结合大量的图示、举例、录像等，使读者快速掌握 C#语言，为以后编程奠定坚实的基础。

第 2 篇：核心技术。本篇介绍 Windows 窗体、Windows 应用程序常用控件、Windows 应用程序高级控件、数据访问技术、DataGridView 数据控件、LINQ 数据访问技术、程序调试与异常处理等内容。学习完本篇，读者可以掌握更深一层的 C#开发技术，并能够开发一些小型应用程序。

第 3 篇：高级应用。本篇介绍面向对象技术高级应用、迭代器和分部类、泛型、文件及数据流技术、GDI+图形图像技术、Windows 打印技术、网络编程技术、注册表技术、线程的使用等内容。学习完本篇，读者能够开发文件流程序、图形图像程序、打印程序、多媒体程序、网络程序和多线程应用程序等。

第 4 篇：项目实战。本篇通过一个大型、完整的企业人事管理系统，运用软件工程的设计思想，让读者学习如何进行软件项目的实践开发。书中按照编写项目计划书→系统设计→数据库与数据表设计→创建项目→实现项目→运行项目→解决开发常见问题等流程进行介绍，带领读者一步一步亲身体验开发项目的全过程。

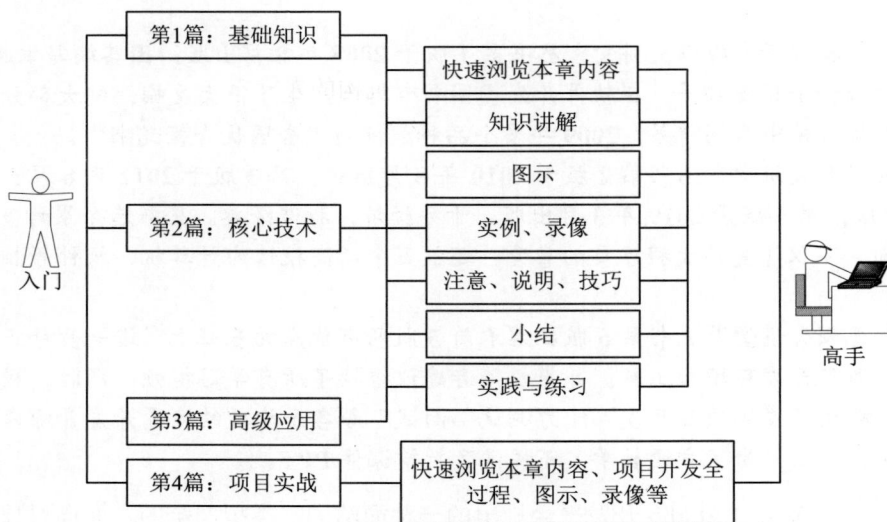

图 7　本书的知识结构和学习方法

本书特点

❑ **由浅入深，循序渐进：**本书以初、中级程序员为对象，带领读者先从 C#语言基础学起，再学习 C#的核心技术，然后学习 C#的高级应用，最后学习开发一个完整项目。讲解过程中步骤详尽，版式新颖，在操作的内容图片上以编号+内容如❶❷❸…的方式进行标注，让读者在阅读中一目了然，从而快速掌握书中内容。

❑ **微课视频，讲解详尽。**为便于读者直观感受程序开发的全过程，书中重要章节配备了教学微课视频（总时长 28 小时，共 164 集），使用手机扫描正文小节标题一侧的二维码，即可观看学习。便于初学者快速入门，感受编程的快乐和成就感，进一步增强学习的信心。

❑ **基础示例+编程训练+综合练习+项目案例，实战为王。**通过例子学习是最好的学习方式，本书核心知识讲解通过"一个知识点、一个示例、一个结果、一段评析、一个综合应用"的模式，详尽透彻地讲述了实际开发中所需的各类知识。全书共计有 236 个应用示例，129 个编程训练，97 个实践练习，49 个动手纠错，1 个项目案例，为初学者打造"学习 1 小时，训练 10 小时"的强化实战学习环境。

❑ **精彩栏目，贴心提醒。**本书根据学习需要在正文中设计了很多"注意""说明""技巧"等小栏目，让读者在学习的过程中更轻松地理解相关知识点及概念，更快地掌握个别技术的应用技巧。

❑ **海量资源，可查可练。**本书资源包中提供了强大的"C#开发资源库"，包含实例资源库（686个实例）、模块资源库（15个典型模块）、项目资源库（15个项目案例）、测试题库系统（636道能力测试题）和面试资源库（323道企业面试真题）。

读者对象

☑ 初学编程的自学者 ☑ 编程爱好者

☑ 大、中专院校的老师和学生 ☑ 相关培训机构的老师和学员

☑ 毕业设计的学生 ☑ 初、中级程序开发人员

☑ 程序测试及维护人员 ☑ 参加实习的"菜鸟"程序员

读者服务

本书提供了大量的辅助学习资源，读者可扫描图书封底的"文泉云盘"二维码，或登录清华大学出版社网站（www.tup.com.cn），在对应图书页面下查阅各类学习资源的获取方式。

☑ 视频讲解资源

读者可先扫描图书封底的权限二维码（需要刮开涂层），获取学习权限，然后扫描各章节知识点、案例旁的二维码，观看对应的视频讲解。

☑ 拓展学习资源

清大文森学堂

读者可扫码登录清大文森学堂，获取本书的源代码、微课视频、开发资源库等资源。同时，还可以获得更多的软件开发进阶学习资源、职业成长知识图谱等，技术上释疑解惑，职业上交流成长。

致读者

本书由明日科技 C#程序开发团队组织编写。明日科技是一家专业从事软件开发、教育培训以及软件开发教育资源整合的高科技公司。其编写的教材既注重选取软件开发中的必需、常用内容，又注重内容的易学易用以及相关知识的拓展，深受读者喜爱。同时，其编写的教材多次荣获"全行业优秀畅销品种""中国大学出版社图书奖优秀畅销书"等奖项，多个品种长期位居同类图书销售排行榜的前列。

在编写本书的过程中，我们始终本着科学、严谨的态度，力求精益求精，但疏漏之处在所难免，敬请广大读者批评指正。

感谢您购买本书，希望本书能成为您编程路上的领航者。

"零门槛"编程，一切皆有可能。祝读书快乐！

编　者

2021 年 9 月

目　录

Contents

第 1 篇　基　础　知　识

第2篇 核 心 技 术

第 3 篇　高 级 应 用

第 4 篇 项 目 实 战

第 1 篇

基础知识

本篇通过对初识 C#及其开发环境、开始 C# 之旅、变量与常量、表达式与运算符、字符与字符串、流程控制语句、数组和集合、属性和方法、结构和类等内容的介绍，结合大量的图示、举例、录像等，使读者快速掌握 C#语言，为以后编程奠定坚实的基础。

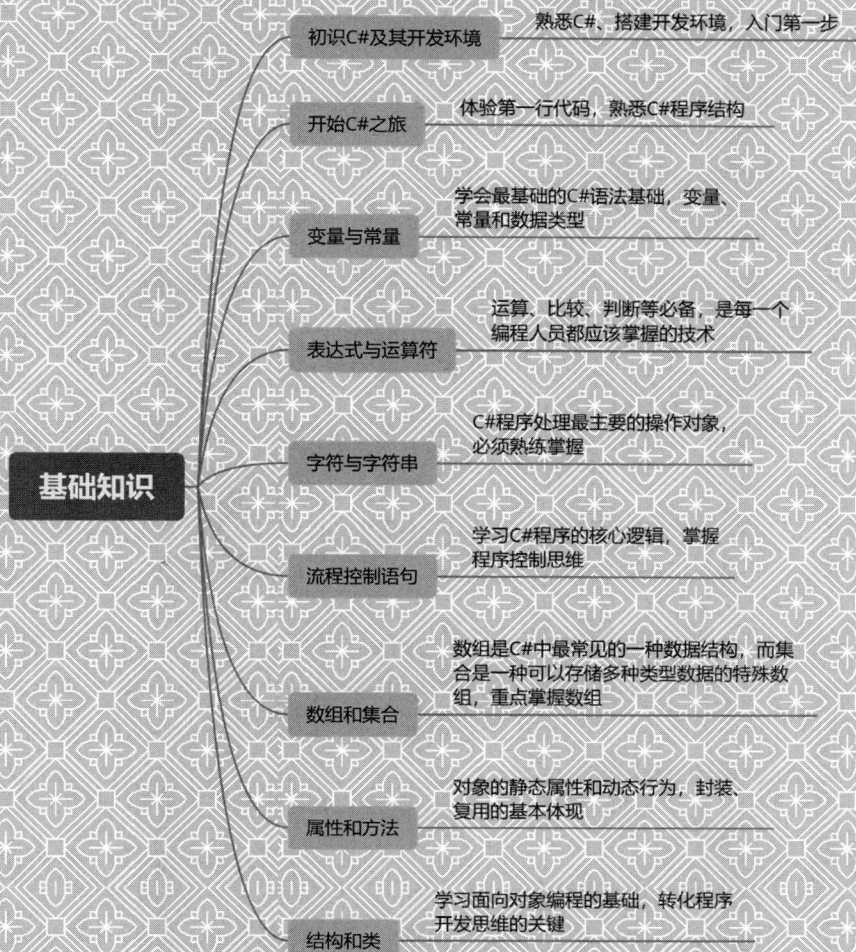

基础知识

- 初识C#及其开发环境 —— 熟悉C#，搭建开发环境，入门第一步
- 开始C#之旅 —— 体验第一行代码，熟悉C#程序结构
- 变量与常量 —— 学会最基础的C#语法基础，变量、常量和数据类型
- 表达式与运算符 —— 运算、比较、判断等必备，是每一个编程人员都应该掌握的技术
- 字符与字符串 —— C#程序处理最主要的操作对象，必须熟练掌握
- 流程控制语句 —— 学习C#程序的核心逻辑，掌握程序控制思维
- 数组和集合 —— 数组是C#中最常见的一种数据结构，而集合是一种可以存储多种类型数据的特殊数组，重点掌握数组
- 属性和方法 —— 对象的静态属性和动态行为，封装、复用的基本体现
- 结构和类 —— 学习面向对象编程的基础，转化程序开发思维的关键

第 1 章

初识 C# 及其开发环境

C#是微软公司推出的一种语法简洁、类型安全的面向对象的编程语言，开发人员可以通过它编写在.NET Framework 上运行的各种安全可靠的应用程序。本书中涉及的程序都是通过 Visual Studio 2019 开发环境编译的，Visual Studio 2019 开发环境是开发 C#应用程序最好的工具。本章将详细介绍 C#语言的相关内容，并且通过图文并茂的形式介绍安装与卸载 Visual Studio 2019 开发环境的全过程。

本章知识架构及重点、难点如下。

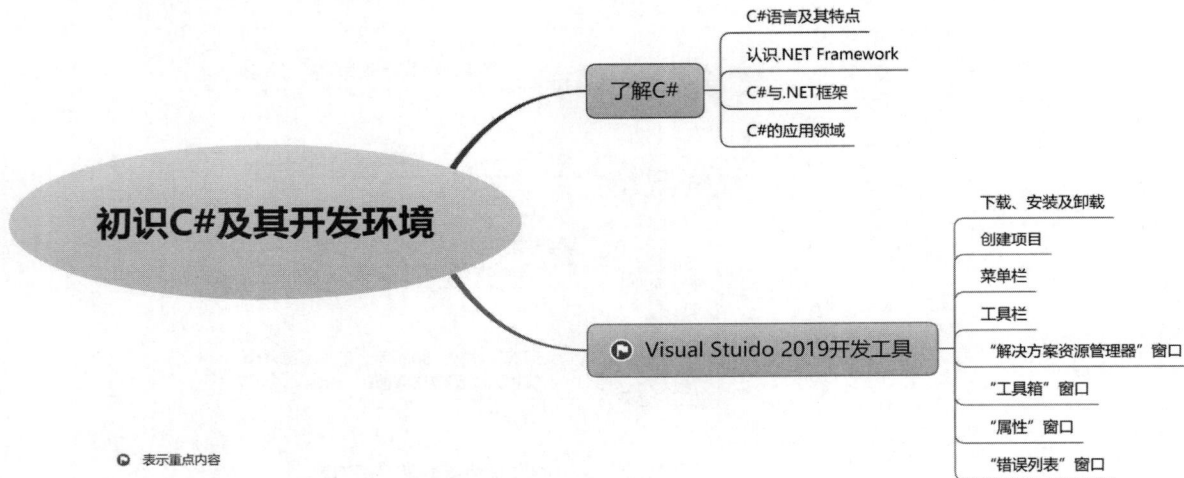

1.1　C#概述

C#是一种面向对象的编程语言，主要用于开发可以运行在.NET 平台上的应用程序。C#的语言体系都构建在.NET 框架上，近几年 C#呈现上升趋势，这也说明了 C#语言的简单、现代、面向对象和类型安全等特点正在被更多人所认同，在 TIOBE 编程语言排行榜上，C#语言也常年排行前列。本节将详细介绍 C#语言的特点以及 C#与.NET 的关系。

1.1.1　C#语言及其特点

C#由微软公司开发设计，是从 C 和 C++派生来的一种简单、现代、面向对象和类型安全的编程语言，能够与.NET 框架完美结合。C#具有以下突出的特点。

- ☑ 语法简洁。C#不允许直接操作内存，去掉了指针操作。
- ☑ 彻底的面向对象设计。C#具有面向对象语言所应有的一切特性（封装、继承和多态）。
- ☑ 与 Web 紧密结合。C#支持绝大多数的 Web 标准，例如 HTML、XML、SOAP 等。
- ☑ 强大的安全性机制。可消除软件开发中常见的错误（如语法错误），.NET 提供的垃圾回收器能够帮助开发者有效地管理内存资源。
- ☑ 兼容性。C#遵循.NET 的公共语言规范（CLS），能够与其他语言开发的组件兼容。
- ☑ 灵活的版本处理技术。C#语言内置了版本控制功能，开发、维护起来更加容易。
- ☑ 完善的错误、异常处理机制，使程序在交付应用时更加健壮。

1.1.2　认识.NET Framework

.NET Framework 是微软公司推出的完全面向对象的软件开发与运行平台。.NET Framework 具有两个主要组件：公共语言运行时（common language runtime，CLR）和类库。

- ☑ 公共语言运行时：公共语言运行时负责管理和执行由.NET 编译器编译产生的中间语言代码（.NET 程序执行原理如图 1.1 所示）。由于公共语言运行库的存在，解决了很多传统编译语言的一些致命缺点，如垃圾内存回收、安全性检查等。
- ☑ 类库：类库比较好理解，就好比一个大仓库里装满了工具。类库里有很多现成的类，可以拿来直接使用。例如，文件操作时，可以直接使用类库里的 IO 类。

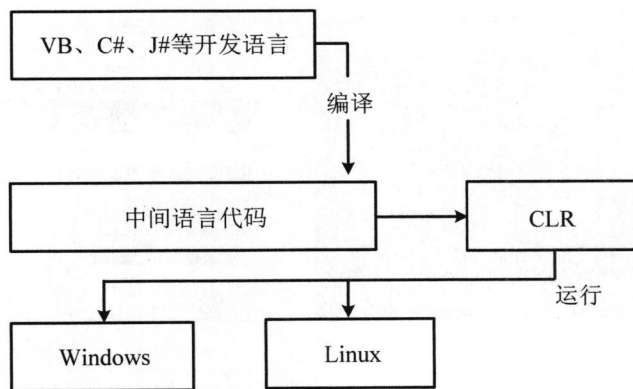

图 1.1　.NET 程序执行原理

1.1.3　C#与.NET 框架

.NET 框架是微软公司推出的一个全新的编程平台，目前的版本是.NET 5.0。C#是专门为与微软公司的.NET Framework 一起使用而设计的（.NET Framework 是一个功能非常丰富的平台，可开发、部署和执行分布式应用程序）。C#就其本身而言只是一种语言，尽管它是用于生成面向.NET 环境的代码，但它本身不是.NET 的一部分。.NET 支持的一些特性，C#并不支持。而 C#语言支持的另一些特性，.NET 却不支持（例如运算符重载）。

1.1.4 C#的应用领域

在当前的主流开发语言中，C/C++一般用在底层和桌面程序；PHP 等一般只是用在 Web 开发上；而只有 C#，它几乎可用于所有领域，如嵌入式、便携式计算机，电视，电话，手机和其他大量设备上运行。C#的用途数不胜数，它拥有无可比拟的能力。C#主要应用领域如下。

- ☑ 游戏软件开发。
- ☑ 桌面应用系统开发。
- ☑ 交互式系统开发。
- ☑ 智能手机程序开发。
- ☑ 多媒体系统开发。
- ☑ 网络系统开发。
- ☑ RIA 应用程序（Silverlight）开发。
- ☑ 操作系统平台开发。
- ☑ Web 应用开发。

C#无处不在，它可应用于任何地方、任何领域，如果仔细观察，就会发现，C#就在我们身边。例如，我们经常使用的免费视频播放软件 PPTV 桌面版、金融巨头中国工商银行官方网站、国内最大的分类信息网 58 同城官方网站、国内旅游巨头携程旅行网官方网站等项目都是使用 C#编写的，它们的效果分别如图 1.2～图 1.5 所示。

图 1.2　PPTV 播放器

图 1.3　中国工商银行官方网站

图 1.4　58 同城官方网站

图 1.5　携程旅行网官方网站

1.2　安装与卸载 Visual Studio 2019

Visual Studio 2019 是微软为了配合.NET 战略推出的 IDE 开发环境，同时也是目前开发 C#程序最新的工具，本节将对 Visual Studio 2019 的安装与卸载进行详细讲解。

1.2.1　安装 Visual Studio 2019 必备条件

安装 Visual Studio 2019 之前，首先要了解安装 Visual Studio 2019 所需的必备条件，检查计算机的软硬件配置是否满足 Visual Studio 2019 开发环境的安装要求。具体要求如表 1.1 所示。

表 1.1　安装 Visual Studio 2019 所需的必备条件

名　　称	说　　明
处理器	2.0 GHz 双核处理器，建议使用四核处理器或者更高
RAM	4 GB，建议使用 8 GB 内存
可用硬盘空间	系统盘上最少需要 10 GB 的可用空间（典型安装需要 20～50 GB 可用空间）
操作系统及所需补丁	Windows 7（SP1）、Windows 8.1、Windows Server 2012 R2（x64）、Windows Server 2016、Windows Server 2019、Windows 10；另外建议使用 64 位

1.2.2　下载 Visual Studio 2019

这里以 Visual Studio 2019 社区版为例讲解具体的下载及安装步骤。

在浏览器中输入地址 https://www.visualstudio.com/zh-hans/downloads/，打开如图 1.6 所示的下载页面，单击 Community 下面的"免费下载"按钮，即可下载 Visual Studio 2019 社区版。

图 1.6　下载 Visual Studio 2019

1.2.3　安装 Visual Studio 2019

Visual Studio 社区版的安装文件是可执行文件（exe），其命名格式为"vs_ community_编译版本号.exe"。下面介绍 Visual Studio 2019 社区版的安装过程。

（1）双击安装文件（这里下载的安装文件为 vs_community_ vs_community_1782859289.1611536897.exe），开始安装。

（2）Visual Studio 2019 的安装界面如图 1.7 所示，单击"继续"按钮。

（3）程序加载完成后，自动跳转到安装选择界面，如图 1.8 所示。选中".NET 桌面开发"和"ASP.NET 和 Web 开发"复选框（其他复选框，读者可根据需要确定是否安装），在下面的"位置"处选择要安装的路径，这里不建议安装在系统盘上，可选择一个其他磁盘进行安装。设置完成后，单击"安装"按钮。

图 1.7　Visual Studio 2019 安装界面

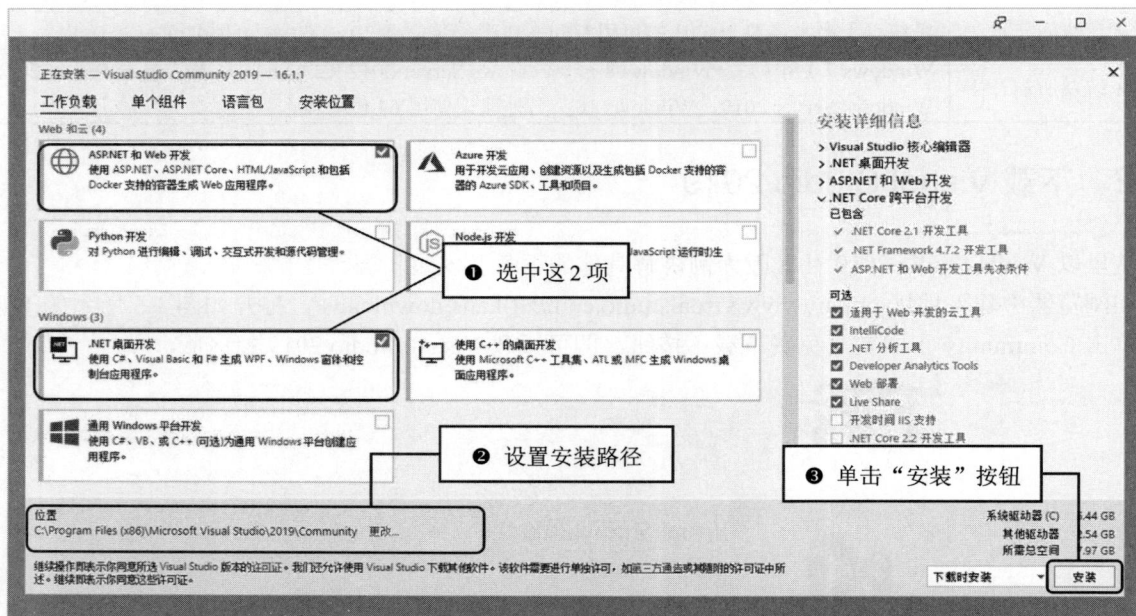

图 1.8　Visual Studio 2019 安装选择界面

注意

在安装 Visual Studio 2019 开发环境时，一定要确保计算机处于联网状态，否则无法正常安装。

（4）跳转到如图 1.9 所示的安装进度界面，等待一段时间后，即可安装完成。

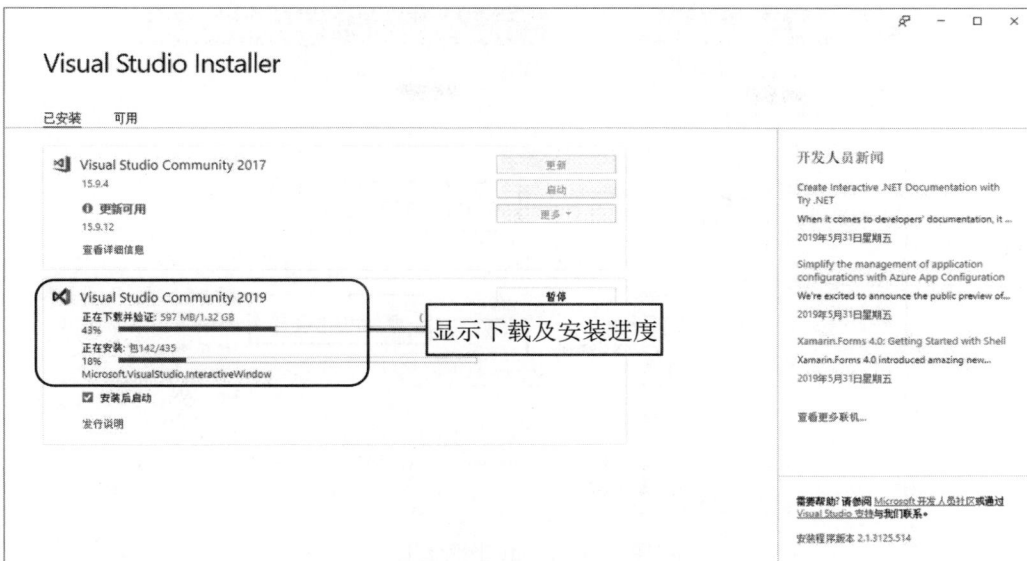

图 1.9　Visual Studio 2019 安装进度界面

（5）在系统"开始"菜单中选择 Visual Studio 2019 程序，启动 Visual Studio 2019 程序，如图 1.10 所示。

如果是第一次启动 Visual Studio 2019，会出现如图 1.11 所示的提示框，单击"以后再说"超链接，进入 Visual Studio 2019 开发环境的"开始使用"界面，如图 1.12 所示。

图 1.10　启动 Visual Studio 2019 程序

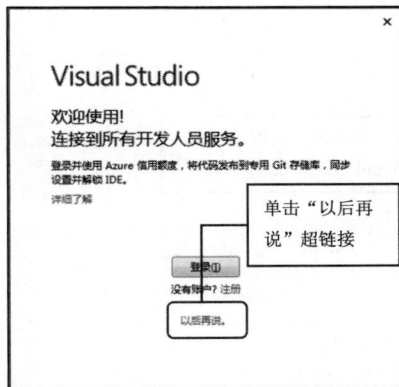

图 1.11　启动 Visual Studio 2019

图 1.12　Visual Studio 2019"开始使用"界面

1.2.4　卸载 Visual Studio 2019

卸载 Visual Studio 2019 开发环境的操作步骤如下。

（1）在 Windows 10 操作系统中，依次选择进入"控制面板"→"程序"→"程序和功能"，在打开的窗口中选中"Visual Studio Community 2019"选项，如图 1.13 所示。

图 1.13　添加或删除程序

（2）单击"卸载"按钮，进入 Visual Studio 2019 的卸载页面，如图 1.14 所示。单击"确定"按钮，即可卸载 Visual Studio 2019。

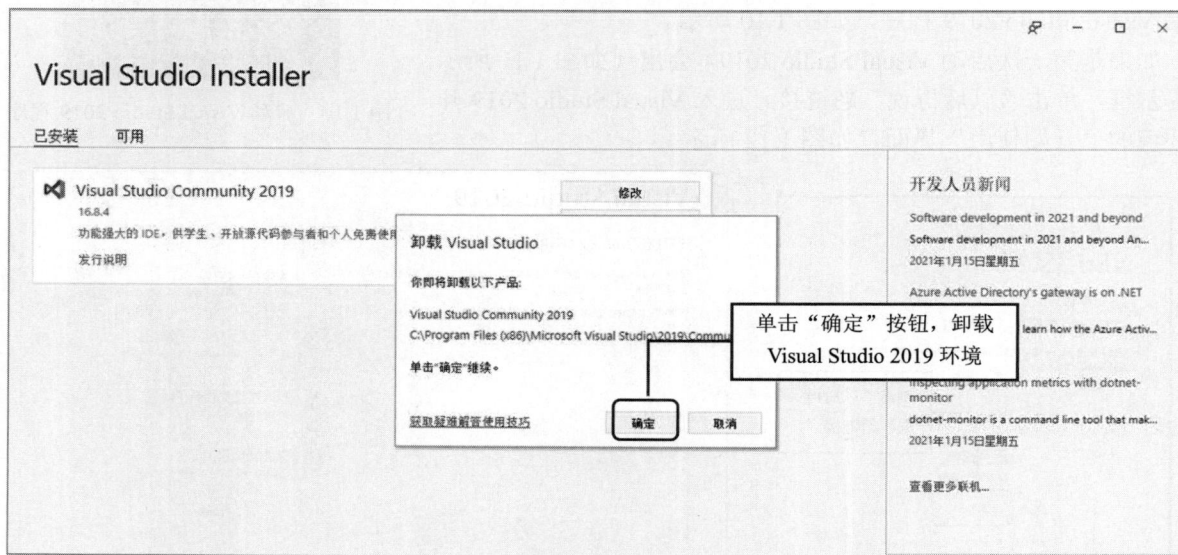

图 1.14　Visual Studio 2019 的卸载页面

1.3　熟悉 Visual Studio 2019 开发环境

本节对 Visual Studio 2019 开发环境中的菜单栏、工具栏、"解决方案资源管理器"窗口、"工具箱"窗口、"属性"窗口、"错误列表"窗口等进行介绍。

1.3.1　创建项目

初期学习 C#语法和面向对象编程主要在 Windows 控制台应用程序环境下完成，下面将按步骤介绍控制台应用程序的创建过程。

创建控制台应用程序的操作步骤如下。

（1）选择"开始"→"所有程序"→Visual Studio 2019 菜单，进入 Visual Studio 2019 开发环境的开始使用界面，单击"创建新项目"选项，如图 1.15 所示。

图 1.15　Visual Studio 2019 开始使用界面

（2）进入"创建新项目"页面，在右侧选择"控制台应用(.NET Framework)"选项，单击"下一步"按钮，如图 1.16 所示。

> **说明**
>
> 在图 1.16 中选择"Windows 窗体应用(.NET Framework)"，即可创建 Windows 窗体程序。

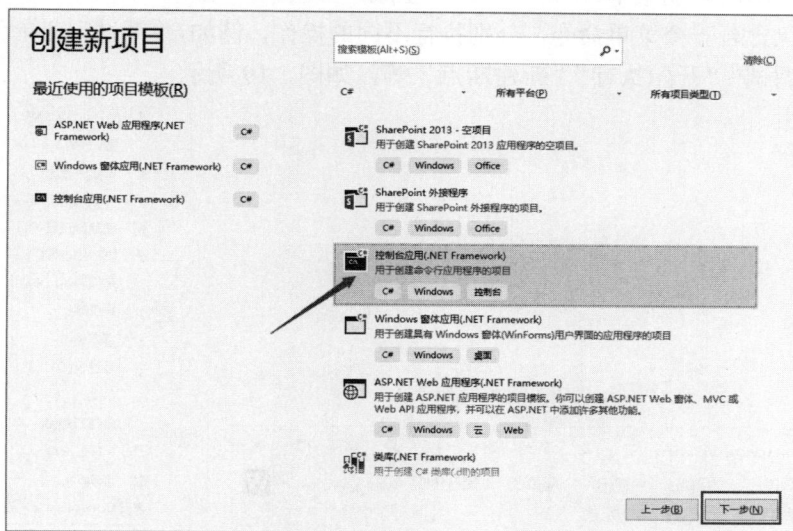

图 1.16　"创建新项目"页面

（3）进入"配置新项目"页面，该页面中输入程序名称，并选择保存路径和使用的.NET 框架版本，然后单击"创建"按钮，即可创建一个控制台应用程序，如图 1.17 所示。

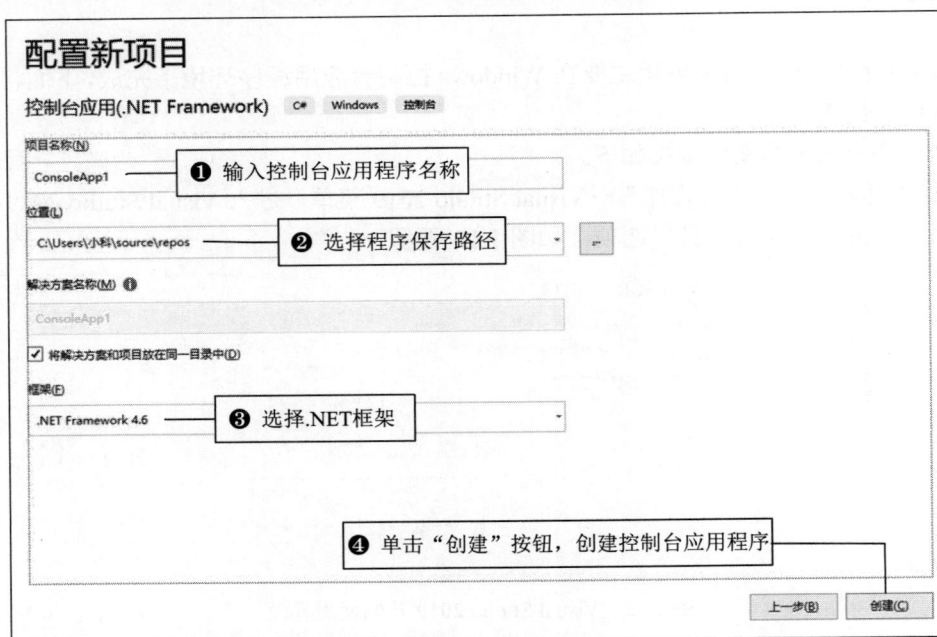

图 1.17　"配置新项目"对话框

1.3.2　菜单栏

菜单栏显示了所有可用的 Visual Studio 2019 命令，除了"文件""编辑""视图""窗口""帮助"菜单，还提供编程专用的功能菜单，如"项目""生成""调试""工具""测试"等，如图 1.18 所示。

每个菜单项都包含若干个菜单命令，分别执行不同的操作，例如，"调试"菜单包括调试程序的各种命令，如"开始调试""开始执行""新建断点"等，如图 1.19 所示。

图 1.18　Visual Studio 2019 菜单栏

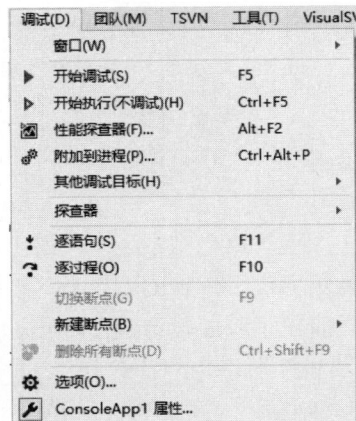

图 1.19　"调试"菜单

1.3.3　工具栏

为了操作更方便、快捷，菜单项中常用的命令按功能分组分别放入相应的工具栏中。通过工具栏可以快速访问常用的菜单命令。常用的工具栏有标准工具栏和调试工具栏，下面分别介绍。

（1）标准工具栏包括大多数常用的命令按钮，如新建项目、添加新项、打开文件、保存、全部保存等。标准工具栏如图 1.20 所示。

（2）调试工具栏包括对应用程序进行调试的快捷按钮，如图 1.21 所示。

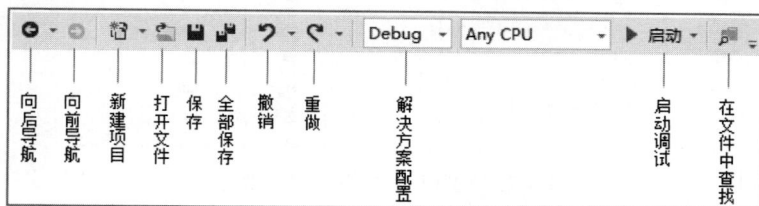

图 1.20　Visual Studio 2019 标准工具栏

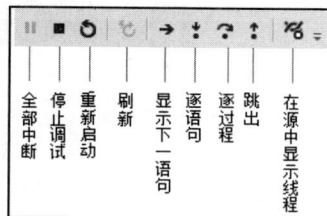

图 1.21　Visual Studio 2019 调试工具栏

说明

在调试程序或运行程序的过程中，通常可用以下 4 种快捷键来操作。

（1）按 F5 快捷键实现调试运行程序。

（2）按 Ctrl+F5 快捷键实现不调试运行程序。

（3）按 F11 快捷键实现逐语句调试程序。

（4）按 F10 快捷键实现逐过程调试程序。

1.3.4　"解决方案资源管理器"窗口

"解决方案资源管理器"窗口（见图 1.22）提供了项目及文件的视图，并且提供对项目和文件相关命令的便捷访问。与此窗口关联的工具栏提供了适用于列表中突出显示项的常用命令。若要访问解决方案资源管理器，可以选择"视图"→"解决方案资源管理器"命令打开。

1.3.5　"工具箱"窗口

"工具箱"窗口是 Visual Studio 2019 的重要工具，每一个开发人员都必须对这个工具非常熟悉。工具箱提供了进行 C#程序开发所必需的控件。通过工具箱，开发人员可以方便地进行可视化的窗体设计，简化了程序设计的工作量，提高了工作效率。根据控件功能的不同，将工具箱划分为 10 个栏目，如图 1.23 所示。

单击某个栏目，显示该栏目下的所有控件，如图 1.24 所示。当需要某个控件时，可以通过双击所需要的控件直接将控件加载到 Windows 窗体中，也可以先单击选择需要的控件，再将其拖曳到 Windows 窗体上。

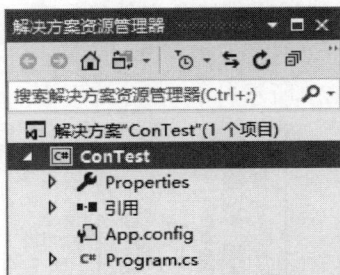

图 1.22 "解决方案资源管理器"窗口　　图 1.23 "工具箱"窗口　　图 1.24 展开后的"工具箱"窗口

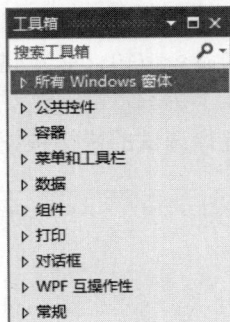

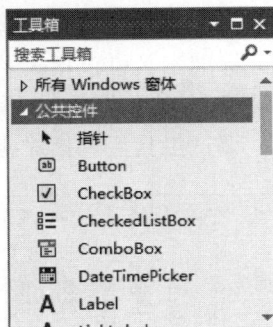

1.3.6 "属性"窗口

"属性"窗口是 Visual Studio 2019 中另一个重要的工具，如图 1.25 所示。该窗口为 C#程序的开发提供了简单的属性修改方式。对 Windows 窗体中的各个控件属性都可以由"属性"窗口设置完成。"属性"窗口不仅提供了属性的设置及修改功能，还提供了事件的管理功能。"属性"窗口可以管理控件的事件，方便编程时对事件的处理。

另外，"属性"窗口采用了两种方式管理属性和方法，分别为按分类方式和按字母顺序方式。读者可以根据自己的习惯采用不同的方式。该窗口的下方还有简单的帮助，方便开发人员对控件的属性进行操作和修改，"属性"窗口的左侧是属性名称，相对应的右侧是属性值。

1.3.7 "错误列表"窗口

图 1.25 "属性"窗口

"错误列表"窗口为代码中的错误提供了即时的提示和可能的解决方法。例如，当某句代码结束时忘记了输入分号，错误列表中会显示如图 1.26 所示的错误。错误列表就好像是一个错误提示器，它可以将程序中的错误代码及时显示给开发人员，并通过提示信息找到相应的错误代码。

图 1.26 "错误列表"窗口

说明

双击错误列表中的某项，Visual Studio 2019 开发环境会自动定位到发生错误的代码。

1.4　实践与练习

基础练习 1：有关 C#的描述，以下正确的选项是（　　　）。

A．C#是一种面向对象的编程语言　　　　B．C#程序书写自由，一个语句可以写在多行上

C．C#程序的基本单位是方法　　　　　　D．C#中字母大小写通用

基础练习 2：解决方案文件的扩展名为（　　　）。

A．.cs　　　　　　B．.sln　　　　　　C．.exe　　　　　　D．.csproj

基础练习 3：以下选项中，对 C#特点的描述不正确是（　　　）。

A．具有丰富的运算符和数据类型　　　　B．可以直接对硬件操作

C．语法限制非常严格，程序设计自由度小　D．具有良好的移植性

基础练习 4：C#是由安德斯·海尔斯伯格在 C 和 C++基础上衍生出来的一种面向对象的编程语言，它借鉴了（　　　）的一个特点，与 COM（组件对象模型）直接集成，并且新增了许多功能及语法。

A．VC++　　　　　B．Delphi　　　　　C．Java　　　　　　D．VB

基础练习 5：可以在（　　　）中设置窗体及窗体上各控件的属性。

A．"代码编辑器"窗口　　　　　　　　　B．"工具箱"窗口

C．"属性"窗口　　　　　　　　　　　　D．"解决方案资源管理器"窗口

基础练习 6：要想在窗体上添加控件，可以使用（　　　）。

A．"代码编辑器"窗口　　　　　　　　　B．"工具箱"窗口

C．"属性"窗口　　　　　　　　　　　　D．"解决方案资源管理器"窗口

基础练习 7：面向对象语言的主要特点不包括（　　　）。

A．封装　　　　　　B．继承　　　　　　C．多态　　　　　　D．安全

基础练习 8：在 Visual Studio 2019 中，按（　　　）快捷键可以运行程序。

A．F5　　　　　　　B．F9　　　　　　　C．F10　　　　　　D．F11

第 2 章

开始 C#之旅

本章将详细介绍如何编写一个 C#程序，以及 C#程序的基本结构，另外，还对 C#程序的常用编写规范进行介绍。

本章知识架构及重点、难点如下。

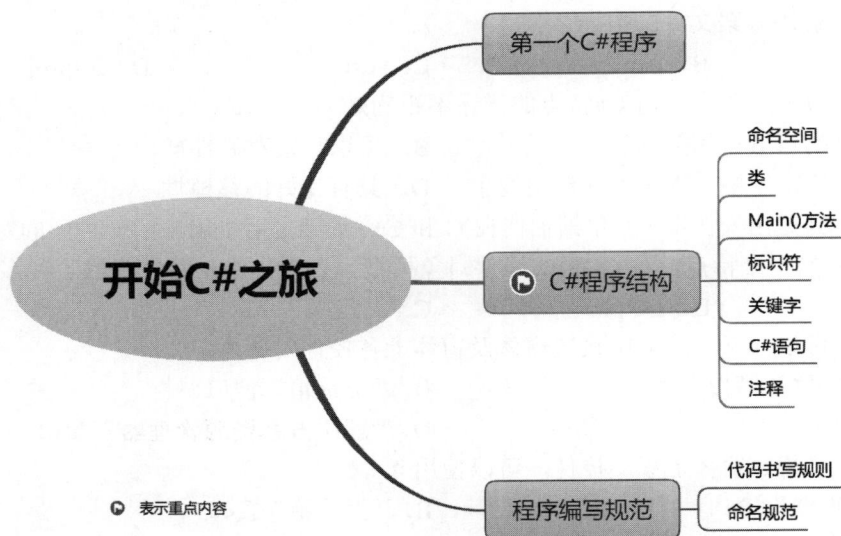

2.1　编写第一个 C#程序

在大多数书籍中，编写的第一个小程序通常是输出"Hello World！"这里使用 Visual Studio 2019 和 C#语言来编写这个程序，程序在控制台上显示字符串"Hello World！"具体操作步骤如下。

（1）在 Windows 操作系统的"开始"菜单界面中找到 Visual Studio 2019，单击打开。

（2）在 Visual Studio 2019 的开始使用窗口中单击"创建新项目"，打开"创建新项目"对话框，选择"控制台应用(.NET Framework)"，如图 2.1 所示。

（3）单击"下一步"按钮，打开"配置新项目"对话框，如图 2.2 所示，该对话框中将项目名称命名为"Hello_World"，选择保存路径和要使用的框架，然后单击"创建"按钮，创建一个控制台应用程序。

创建新项目

搜索模板(Alt+S)(S)

最近使用的项目模板(R)

所有语言(L)　　　所有平台(P)　　　所有项目类型(T)

- Windows 窗体应用 (.NET Framework) C#
- 类库(.NET Standard) C#
- ASP.NET Web 应用程序(.NET Framework) C#
- 控制台应用(.NET Core) C#
- 控制台应用(.NET Framework) C#
- ASP.NET Core Web 应用程序 C#

创建一个包含项目的全新解决方案

其他

控制台应用(.NET Framework)
用于创建命令行应用程序的项目
C#　Windows　控制台

Windows Forms App (.NET)
用于创建具有 Windows 窗体(WinForms)用户界面的应用程序的项目
C#　Windows　桌面

ASP.NET Web 应用程序(.NET Framework)
用于创建 ASP.NET 应用程序的项目模板。你可以创建 ASP.NET Web Forms、MVC 或 Web API 应用程序，并可以在 ASP.NET 中添加许多其他功能。
C#　Windows　云　Web

类库(.NET Framework)
用于创建 C# 类库(.dll)的项目

上一步(B)　下一步(N)

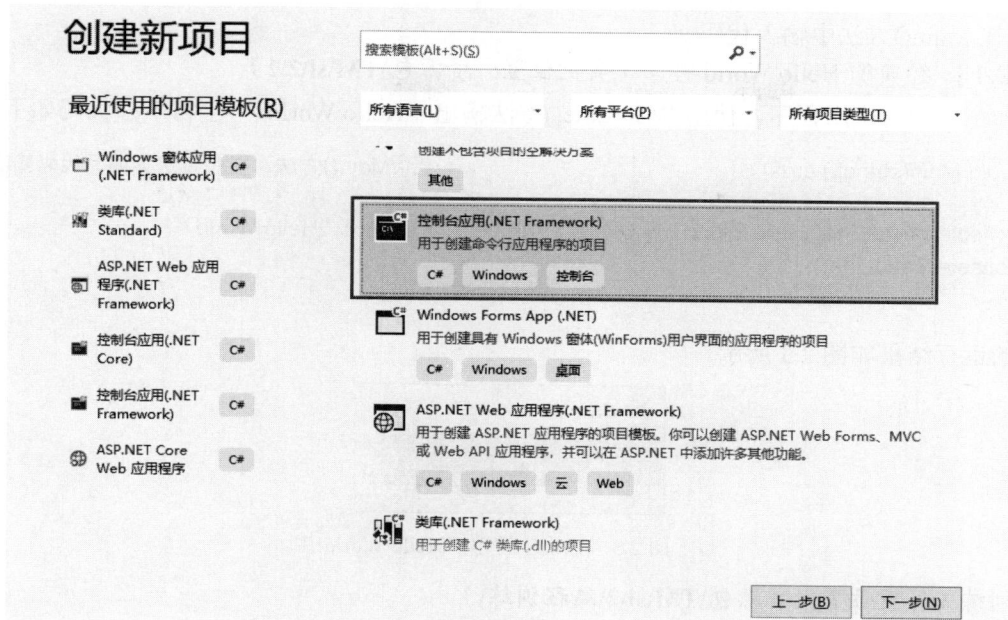

图 2.1　"创建新项目"对话框

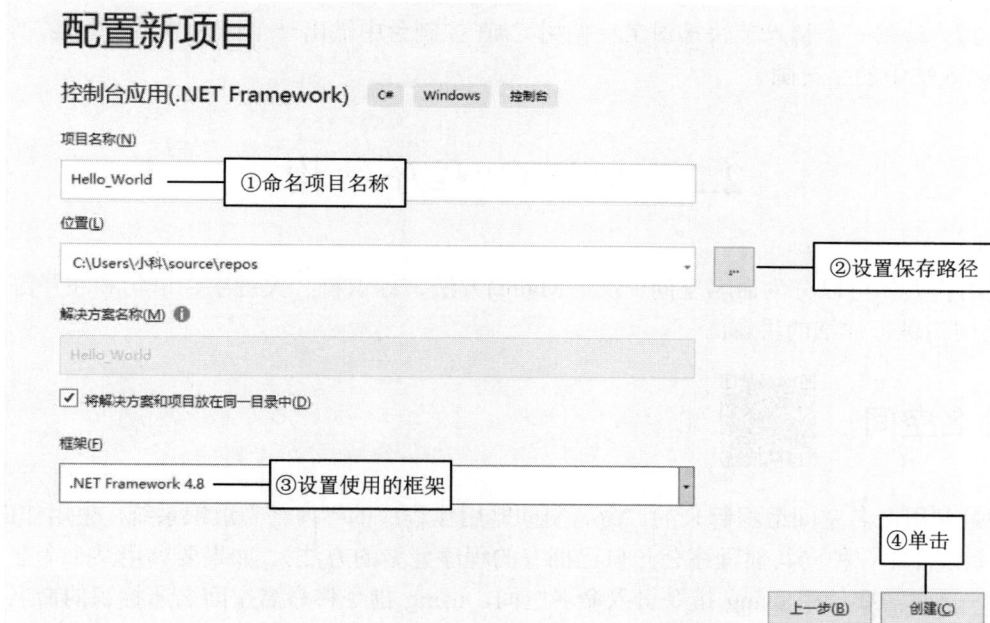

配置新项目

控制台应用(.NET Framework)　C#　Windows　控制台

项目名称(N)

Hello_World —— ①命名项目名称

位置(L)

C:\Users\小科\source\repos　　②设置保存路径

解决方案名称(M)

Hello_World

☑ 将解决方案和项目放在同一目录中(D)

框架(F)

.NET Framework 4.8 —— ③设置使用的框架

④单击

上一步(B)　创建(C)

图 2.2　"配置新项目"对话框

说明

　　设置项目框架时，建议选择版本较低的框架，比如.NET Framework 4.0，这样开发的程序兼容性更高。

（4）在 Main()方法中输入代码。

【例 2.1】 经典的 Hello World 程序（实例位置：**资源包\TM\sl\2\1**）

创建一个控制台应用程序，使用 WriteLine()方法输出"Hello World！"字符串，代码如下。

```
static void Main(string[ ] args)                    //Main()方法，在此方法下编写代码输出数据
{
    Console.WriteLine("Hello World！");             //输出"Hello World！"
    Console.ReadLine();
}
```

程序的运行结果如图 2.3 所示。

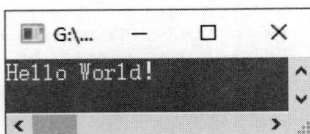

图 2.3　输出字符串"Hello World！"

编程训练（答案位置：资源包\TM\sl\2\编程训练\）

【训练 1】 输出一句话　在控制台应用程序中输出马云在阿里巴巴上市时说的一句话"梦想还是要有的，万一实现了呢！"

【训练 2】 绘制一个情人节快乐图案　使用 C#在控制台中输出一个情人节快乐图案。（提示：可以使用搜狗输入法中的字符画）

2.2　初识 C#程序结构

C#程序结构大体可以分为命名空间、类、Main()方法、标识符、关键字、语句和注释等。下面将对 C#程序的结构进行详细的讲解。

2.2.1　命名空间

C#程序是利用命名空间组织起来的。命名空间既用作程序的"内部"组织系统，也用作向"外部"公开的组织系统（即一种向其他程序公开自己拥有的程序元素的方法）。如果要调用某个命名空间中的类或者方法，首先需要使用 using 指令引入命名空间，using 指令将命名空间名所标识的命名空间内的类型成员导入当前编译单元中，从而可以直接使用每个被导入类型的标识符，而不必加上它们的完全限定名。

C#中，各命名空间就好像是一个存储了不同类型的仓库，using 指令就好比一把钥匙，命名空间的名称好比仓库的名称，可以通过钥匙打开指定名称的仓库，从而在仓库中获取所需的物品。

using 指令的基本形式为：

using　命名空间名;

【例 2.2】　命名空间的彼此调用（**实例位置：资源包\TM\sl\2\2**）

创建一个控制台应用程序，建立一个命名空间 MR.Data，在其中有一个类 Model，在项目中使用 using 指令引入命名空间 MR.Data，然后在命名空间 MR.View 中即可实例化命名空间 MR.Data 中的类 Model，最后调用此类中的 GetData()方法，代码如下。

```
using System;
using MR.Data;                                  //使用 using 指令引入命名空间 MR.Data

namespace MR.View
{
    class Program
    {
        static void Main(string[] args)
        {
            Model model = new Model();           //实例化 MR.Data 中的类 Model
            model.GetData();                     //调用类 Model 中的 GetData()方法
        }
    }
}
namespace MR.Data                               //建立命名空间 MR.Data
{
    class Model                                 //实例化命名空间 MR.Data 中的类 Model
    {
        public void GetData()
        {
            Console.WriteLine("明日之星网校：https://star.mingrisoft.com/");     //输出字符串
            Console.ReadLine();
        }
    }
}
```

程序的运行结果为"明日之星网校：https://star.mingrisoft.com/"。

2.2.2　类

类是一种数据结构，它可以封装数据成员、函数成员和其他的类。类是创建对象的模板。C#中所有的语句都必须位于类内。因此，类是 C#语言的核心和基本构成模块。C#支持自定义类，使用 C#编程就是编写自己的类来描述实际需要解决的问题。

类就好比医院的各个部门，如内科、骨科、泌尿科、眼科等，在各科室中都有自己的工作方法，相当于在类中定义的变量、方法等。如果要救治车祸重伤的病人，仅一个部门是不行的，可能要内科、骨科、脑科等多个部门一起治疗才行，这时可以让这几个部门临时组成一个小组，对病人进行治疗，这个小组就相当于类的继承，也就是该小组可以动用这几个部门中的所有资源和设备。

使用任何新的类之前都必须声明它，一个类一旦被声明，就可以当作一种新的类型来使用，在 C#中通过使用 class 关键字来声明类，声明形式如下。

```
[类修饰符]  class  [类名]  [基类或接口]
{
    [类体]
}
```

在 C#中，类名是一种标识符，必须符合标识符的命名规则。类名要能够体现类的含义和用途。类名一般采用第一个字母大写的名词，也可以采用多个词构成的组合词。

例如，声明一个最简单的类（此类没有任何意义，只演示如何声明一个类），代码如下。

```
class  MyClass
{
}
```

2.2.3 Main()方法

Main()方法是程序的入口点，C#程序中必须包含一个 Main()方法，在该方法中可以创建对象和调用其他方法，一个 C#程序中只能有一个 Main()方法，并且在 C#中所有的 Main()方法都必须是静态的。C#是一种面向对象的编程语言，即使是程序的启动入口点，它也是一个类的成员。由于程序启动时还没有创建类的对象，因此，必须将入口点 Main()方法定义为静态方法，使它可以不依赖于类的实例对象而执行。

Main()方法就相当于汽车的电瓶，在生产汽车时，将各个零件进行组装，相当于程序的编写。当汽车组装完成后，就要检测汽车是否可用，如果想启动汽车，就必须通过电瓶来启动汽车的各个部件，如发动机、车灯等，电瓶就相当于启动汽车的入口点。

可以用 3 个修饰符修饰 Main()方法，分别是 public、static 和 void。

- ☑　public：说明 Main()方法是共有的，在类的外面也可以调用整个方法。
- ☑　static：说明 Mian()方法是一个静态方法，即这个方法属于类的本身而不是这个类的特定对象。调用静态方法不能使用类的实例化对象，必须直接使用类名来调用。
- ☑　void：此修饰符说明 Mian()方法无返回值。

2.2.4 标识符及关键字

1. 标识符

标识符可以简单地理解为一个名字，用来标识类名、变量名、方法名、数组名、文件名的有效字符序列。

C#语言规定标识符由字母、下画线（_）和数字组成，并且第一个字符不能是数字。标识符不能是 C#中的保留关键字。

下面是合法标识符：

```
_ID
name
```

user_age

下面是非法标识符：

4word
string

在 C# 语言中，标识符中的字母是严格区分大小写的，如 good 和 Good 是不同的两个标识符。

2．关键字

关键字是 C# 语言中已经被赋予特定意义的一些单词，不可以把这些关键字作为标识符来使用。大家经常看到的 class、static 和 void 等都是关键字。C# 语言中的常用关键字如表 2.1 所示。

表 2.1　C#常用关键字

int	public	this	finally	boolean	abstract
continue	float	long	short	throw	return
break	for	foreach	static	new	interface
if	goto	default	byte	do	case
void	try	switch	else	catch	private
double	protected	while	char	class	using

2.2.5　C#语句

语句是构造所有 C# 程序的基本单位。语句可以声明局部变量或常数、调用方法、创建对象或将值赋给变量、属性或字段，语句通常以分号终止。

例如，下面的代码就是一条语句。

```
Console.WriteLine("Hello World！");
```

此语句便是调用 Console 类中的 WriteLine()方法，输出指定的字符串"Hello World！"

2.2.6　注释

编译器编译程序时不执行注释的代码或文字，其主要功能是对某行或某段代码进行说明，方便对代码的理解与维护，这一过程就好像是超市中各商品的下面都附有价格标签，对商品的价格进行说明。注释可以分为行注释和块注释两种，行注释都以"//"开头。

例如，在"Hello World！"程序中使用行注释，代码如下。

```
static void Main(string[ ] args)                        //程序的 Main()方法
{
    Console.WriteLine("Hello World！");                 //输出"Hello World！"
    Console.ReadLine();
}
```

如果注释的行数较少，一般使用行注释。对于连续多行的大段注释，则使用块注释，块注释通常以"/*"开始，以"*/"结束，注释的内容放在它们之间。

例如，在"Hello World！"程序中使用块注释，代码如下。

```
/*程序的 Main()方法中可以输出"Hello World！"字符串        //块注释开始
static void Main(string[ ] args)                         //Main()方法
{
    Console.WriteLine("Hello World！");                   //输出"Hello World！"字符串
    Console.ReadLine();
}
*/                                                       //块注释结束
```

说明

注释可出现在代码的任意位置，但不能分隔关键字和标识符。例如，下面的代码注释是错误的：

static void   //错误的注释 Main(string[] args)

编程训练（答案位置：资源包\TM\sl\2\编程训练\）

【训练3】：模拟手机充值　在控制台应用程序中模拟以下场景：

计算机输出：欢迎使用×××充值业务，请输入充值金额：

用户输入：100

计算机输出：充值成功，您本次充值100元。

【训练4】：输出百花园图案　使用C#在控制台中输出一个百花园图案。（提示：可以使用搜狗输入法中的字符画。）

2.3　程序编写规范

本节将详细介绍代码的书写规则以及命名规范，使用代码书写规则和命名规范可以使程序代码更加规范化，对代码的理解与维护起到至关重要的作用。

2.3.1　代码书写规则

代码书写规则通常对应用程序的功能没有影响，但它们对于改善对源代码的理解是有帮助的。养成良好的习惯对于软件的开发和维护都是很有益的，下面介绍一些代码书写规则。

- ☑　尽量使用接口，然后使用类实现接口，以提高程序的灵活性。
- ☑　尽量不要手工更改计算机生成的代码，若必须更改，一定要改成和计算机生成的代码风格一样。
- ☑　关键的语句（包括声明关键的变量）必须要写注释。
- ☑　建议局部变量在最接近使用它的地方声明。
- ☑　不要使用 goto 系列语句，除非是用在跳出深层循环时。

☑　避免书写超过 5 个参数的方法。如果要传递多个参数，则使用结构。

☑　避免书写代码量过大的 try-catch 代码块。

☑　避免在同一个文件中放置多个类。

☑　生成和构建一个长的字符串时，一定要使用 StringBuilder 类型，而不用 string 类型。

☑　switch 语句一定要有 default 语句来处理意外情况。

☑　对于 if 语句，应该使用一对 "{}" 把语句块包含起来。

☑　尽量不使用 this 关键字引用。

2.3.2　命名规范

命名规范在编写代码中起到很重要的作用，虽然不遵循命名规范，程序也可以运行，但是使用命名规范可以很直观地了解代码所代表的含义。下面列出一些命名规范，供读者参考。

☑　用 Pascal 规则来命名方法和类型，Pascal 的命名规则是第一个字母必须大写，并且后面连接词的第一个字母均为大写。

例如，定义一个公共类，并在此类中创建一个公共方法，代码如下。

```csharp
public class User                          //创建一个公共类
{
    public void GetInfo()                  //在公共类中创建一个公共方法
    {
    }
}
```

☑　用 Camel 规则来命名局部变量和方法的参数，Camel 规则是指名称中第一个单词的第一个字母小写，并且后面连接词的第一个字母均为大写。

例如，声明一个字符串变量和创建一个公共方法，代码如下。

```csharp
string strUserName;                                      //声明一个字符串变量 strUserName
public void addUser(string strUserId, byte[] byPassword);   //创建一个具有两个参数的公共方法
```

☑　所有的成员变量前加前缀 "_"。

例如，在公共类 DataBase 中声明一个私有成员变量 _connectionString，代码如下。

```csharp
public class DataBase                      //创建一个公共类
{
    private string _connectionString;      //声明一个私有成员变量
}
```

☑　接口的名称加前缀 "I"。

例如，创建一个公共接口 Iconvertible，代码如下。

```csharp
public interface Iconvertible              //创建一个公共接口 Iconvertible
{
    byte ToByte();                         //声明一个 byte 类型的方法
}
```

☑　方法的命名，一般将其命名为动宾短语。

例如，在公共类 File 中创建 CreateFile()方法和 GetPath()方法，代码如下。

```
public class File                                           //创建一个公共类
{
    public void CreateFile(string filePath)                 //创建一个 CreateFile()方法
    {
    }
    public void GetPath(string path)                        //创建一个 GetPath()方法
    {
    }
}
```

☑　所有的成员变量声明在类的顶端，用一个换行把它和方法分开。

例如，在类的顶端声明两个私有变量 _productId 和 _productName，代码如下。

```
public class Product                                        //创建一个公共类
{
    private string _productId;                              //在类的顶端声明变量
    private string _productName;                            //在类的顶端声明变量
    //创建一个公共方法
    public void AddProduct(string productId,string productName)
    {
    }
}
```

📢 注意

　　在类中定义私有变量和私有方法，变量和方法只能在该类中使用，不能对类进行实例化，对其进行调用。

☑　用有意义的名字命名空间 namespace，如公司名、产品名。

例如，利用公司名和产品名命名空间 namespace，代码如下。

```
namespace Zivsoft                                           //公司命名
{
}
namespace ERP                                               //产品命名
{
}
```

☑　使用某个控件的值时，尽量命名局部变量。

例如，创建一个方法，在方法中声明一个字符串变量 title，使其等于 Label 控件的 Text 值，代码如下。

```
public string GetTitle()                                    //创建一个公共方法
{
    string title=lbl_Title.Text;                           //定义一个局部变量
    return title;                                          //使用这个局部变量
}
```

说明

在定义有返回值的方法时，必须在设置方法时，定义方法的类型，并在方法体结束后用 return 返回值。

2.4　实践与练习

（答案位置：资源包\TM\sl\2\实践与练习\）

综合练习 1：输出"世界上最好的 6 个医生"　编写程序换行输出"世界上最好的 6 个医生"。

1. 阳光
2. 休息
3. 锻炼
4. 饮食
5. 自信
6. 朋友

综合练习 2：输出古诗　使用 C#在控制台中输出曹操的《短歌行》。

综合练习 3：输出数学题　在控制台中输出数学计算题及对应结果，示例如下。

```
3 * 3 = ?
    9
5 + 12 = ?
    17
```

综合练习 4：输出矩形框　在控制台中输出一个矩形框。（提示：可以使用—和｜进行拼接。）

综合练习 5：输出软件安装界面　使用 C#在控制台中输出编程词典的软件安装界面，效果如下。

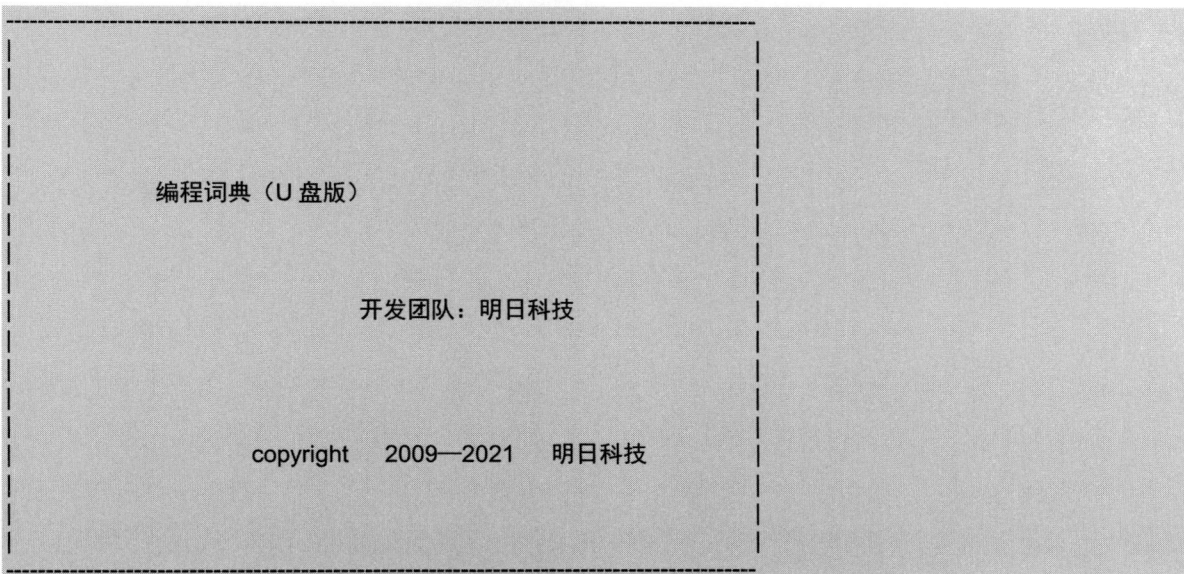

```
编程词典（U 盘版）



            开发团队：明日科技



    copyright    2009—2021    明日科技
```

2.5　动手纠错

（1）运行"资源包\TM\排错练习\02\01"文件夹下的程序，出现"当前上下文中不存在名称 Name"的错误提示，请根据注释改正程序。

（2）运行"资源包\TM\排错练习\02\02"文件夹下的程序，出现"应输入标识符；int 是关键字"的错误提示，请根据注释改正程序。

（3）运行"资源包\TM\排错练习\02\03"文件夹下的程序，出现"无法使用实例引用访问成员 Test03.Program.i；请改用类型名称对其加以限定"的错误提示，请根据注释改正程序。

（4）运行"资源包\TM\排错练习\02\04"文件夹下的程序，出现"使用了未赋值的局部变量 price"的错误提示，请根据注释改正程序。

（5）运行"资源包\TM\排错练习\02\05"文件夹下的程序，出现"Test05.Test.i 不可访问，因为它受保护级别限制"的错误提示，请根据注释改正程序。

第 3 章

变量与常量

应用程序的开发离不开变量与常量的应用。变量本身被用来存储特定类型的数据，而常量则存储不变的数据值。本章将详细介绍变量的类型和基本操作，同时也将对常量进行详细的讲解。为了便于读者理解，讲解过程中结合了大量的实例。

本章知识架构及重点、难点如下。

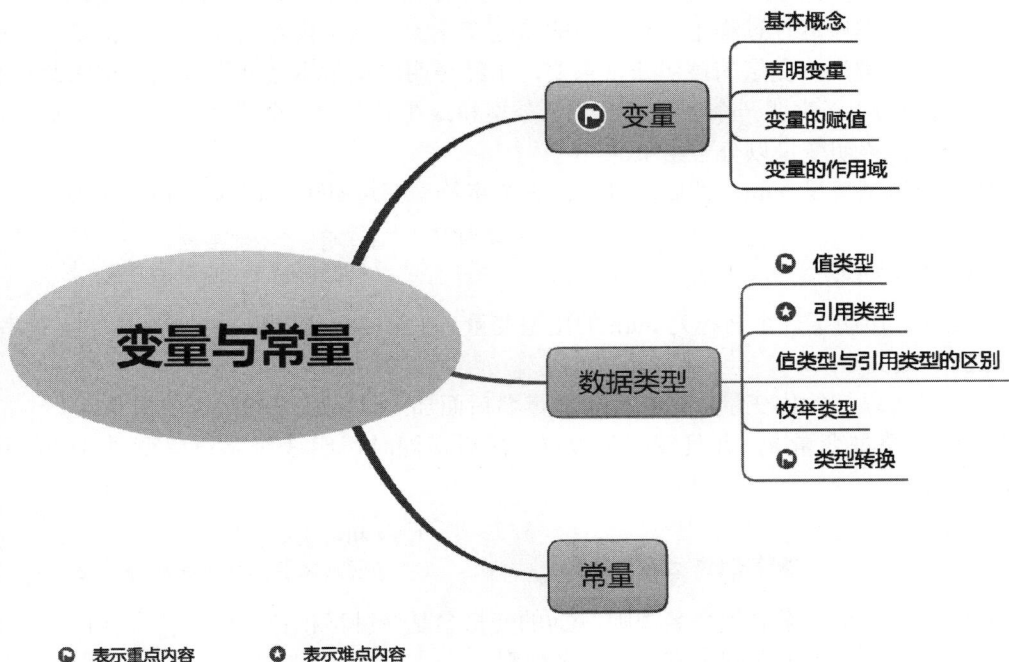

3.1　变量的基本概念

变量本身被用来存储特定类型的数据，可以根据需要随时改变变量中所存储的数据值。变量具有名称、类型和值。变量名是变量在程序源代码中的标识。变量类型确定它所代表的内存的大小和类型，变量值是指它所代表的内存块中的数据。在程序的执行过程中，变量的值可以发生变化。使用变量之前必须先声明变量，即指定变量的类型和名称。

3.2 变量的声明及赋值

变量在使用之前，必须进行声明并赋值，本节将对变量的声明及赋值，以及变量的作用域进行详细讲解。

3.2.1 声明变量

变量的使用是程序设计中一个十分重要的环节。为什么要定义变量呢？简单地说，就是要告诉编译器（compiler）这个变量属于哪一种数据类型，这样编译器才知道需要给它配置多少空间，以及它能存放什么样的数据。在程序运行过程中，空间内的值是变化的，这个内存空间就称为变量。声明变量就是指定变量的名称和类型，变量的声明非常重要，未经声明的变量本身并不合法，也因此没有办法在程序当中使用。在 C#中，声明一个变量是由一个类型和跟在后面的一个或多个变量名组成的，多个变量之间用逗号分开，声明变量以分号结束。

例如，声明一个整型变量 num，然后同时声明 3 个字符型变量 str1、str2 和 str3，代码如下。

```
int num;                                    //声明一个整型变量
string str1, str2, str3;                    //同时声明 3 个字符串变量
```

在第 1 行代码中，声明了一个名称为 num 的整型变量。在第二行代码中，声明了 3 个字符串变量，分别为 str1、str2 和 str3。

声明变量时，还可以初始化变量，即在每个变量名后面加上给变量赋初始值的指令。

例如，声明一个整型变量 a，并且赋值为 927。然后，同时声明 3 个字符串变量并初始化，代码如下。

```
int a = 927;                                //初始化整型变量 a
string x = "支付宝", y = "微信支付", z = "银联";    //初始化字符串变量 x、y 和 z
```

在声明变量时，要注意变量名的命名规则。C#的变量名是一种标识符，应该符合标识符的命名规则。变量名是区分大小写的，下面列出变量的命名规则。

变量名只能由数字、字母和下画线组成。

变量名的第一个符号只能是字母和下画线，不能是数字。

不能使用关键字作为变量名。

一旦在一个语句块中定义了一个变量名，那么在变量的作用域内都不能再定义同名的变量。

说明

在 C#语言中允许使用汉字或其他语言文字作为变量名，如"int 年龄 = 21"，在程序运行时并不会出现错误，但建议读者尽量不要使用这些语言文字作为变量名。

3.2.2 变量的赋值

在 C#中，使用赋值运算符 "="（等号）来给变量赋值，将等号右边的值赋给左边的变量。

例如，声明一个变量，并给变量赋值，代码如下。

```
int sum;                                    //声明一个变量
sum = 2021;                                 //使用赋值运算符 "=" 给变量赋值
```

3.2.1 节介绍的初始化变量，其实是一种特殊的赋值方式，它在声明变量的同时给变量赋值。在给变量赋值时，等号右边也可以是一个已经被赋值的变量。

例如，首先声明两个变量 sum 和 num，然后将变量 sum 赋值为 927，最后将变量 sum 赋值给变量 num，代码如下。

```
int sum,num;                                //声明两个变量
sum = 927;                                  //给变量 sum 赋值为 927
num = sum;                                  //将变量 sum 赋值给变量 num
```

误区警示

在对多个同类型的变量赋同一个值时，为了节省代码的行数，可以同时对多个变量进行初始化: int a, b, c, d, e; a = b = c = d = e = 0; 但一般不采用这种方法。

3.2.3 变量的作用域

由于变量被定义出来后只是暂存在内存中，等到程序执行到某一个点后，该变量会被释放掉，也就是说变量有它的生命周期。因此，变量的作用域是指程序代码能够访问该变量的区域，若超出该区域，则在编译时会出现错误。在程序中，一般会根据变量的有效范围将变量分为成员变量和局部变量。

1. 成员变量

在类体中定义的变量被称为成员变量，成员变量在整个类中都有效。类的成员变量又可分为两种，即静态变量和实例变量。

例如，声明静态变量和实例变量，实例代码如下。

```
class Test
{
    int x = 45;
    static int y = 90;
}
```

其中，x 为实例变量，y 为静态变量（也称类变量）。如果在成员变量的类型前面加上关键字 static，这样的成员变量称为静态变量。静态变量的有效范围可以跨类，甚至可达到整个应用程序之内。对于静态变量，除了能在定义它的类内存取，还能直接以 "类名.静态变量" 的方式在其他类内使用。

2. 局部变量

在类的方法体中定义的变量（方法内部定义，"{"与"}"之间的代码中声明的变量）称为局部变量。局部变量只在当前代码块中有效。

在类的方法中声明的变量，包括方法的参数，都属于局部变量。局部变量只有在当前定义的方法内有效，不能用于类的其他方法中。局部变量的生命周期取决于方法，当方法被调用时，C#编译器为方法中的局部变量分配内存空间，当该方法的调用结束后，会释放方法中局部变量占用的内存空间，局部变量也会被销毁。

变量的有效范围如图 3.1 所示。

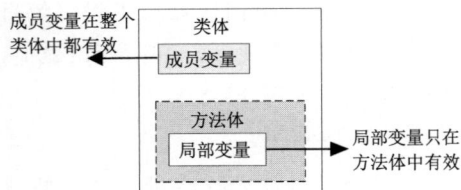

图 3.1　变量的有效范围

【**例 3.1**】　局部变量在循环中的使用（**实例位置：资源包\TM\ sl\3\1**）

创建一个控制台应用程序，使用 for 循环将从 0~20 的数字显示出来。然后在 for 语句中声明变量 i，此时 i 就是局部变量，其作用域只限于 for 循环体内，代码如下。

```
static void Main(string[ ] args)
{
    //调用 for 语句循环输出数字
    for (int i = 0; i <= 20; i++)                    //for 循环内的局部变量 i
    {
        Console.WriteLine(i.ToString());            //输出 0~20 的数字
    }
    Console.ReadLine();
}
```

程序运行结果为 0～20 的数字。

说明

上面代码用到了 for 语句，该语句是循环语句，将在第 6 章中详细讲解，此处了解即可。

编程训练（答案位置：资源包\TM\sl\3\编程训练\）

【**训练 1**】：输出京东"6·18"节日名称　使用一个 int 类型的变量记录每年京东的年中促销活动节日名称。（提示："6·18"）

【**训练 2**】：记录登录用户和时间　制作用户登录模块时，使用局部变量记录登录用户和登录时间。（提示：记录登录时间时，需要用到 DataTime 类，该类用来获取日期相关的信息。）

3.3　数　据　类　型

C#中的变量类型根据其定义可以分为两种：一种是值类型；另一种是引用类型。这两种类型的差异在于数据的存储方式，值类型的变量本身直接存储数据；而引用类型则存储实际数据的引用，程序通过此引用找到真正的数据。以下内容将会对这些类型进行详细讲解。

3.3.1　值类型

值类型变量直接存储其数据值，主要包含整数类型、浮点类型以及布尔类型等。值类型变量在栈中进行分配，因此效率很高，使用值类型主要目的是为了提高性能。值类型具有如下特性。

值类型变量都存储在栈中。

访问值类型变量时，一般都是直接访问其实例。

每个值类型变量都有自己的数据副本，因此对一个值类型变量的操作不会影响其他变量。

复制值类型变量时，复制的是变量的值，而不是变量的地址。

值类型变量不能为 null，必须具有一个确定的值。

值类型是从 System.ValueType 类继承而来的类型，下面详细介绍值类型中包含的几种数据类型。

1. 整数类型

整数类型用来存储整数数值，即没有小数部分的数值。可以是正数，也可以是负数。C#中内置的整数类型如表 3.1 所示。

表 3.1　C#内置的整数类型

类　　型	说明（8 位等于 1 字节）	范　　围
sbyte	8 位有符号整数	−128～127
short	16 位有符号整数	−32 768～32 767
int	32 位有符号整数	−2 147 483 648～2 147 483 647
long	64 位有符号整数	−9 223 372 036 854 775 808～9 223 372 036 854 775 807
byte	8 位无符号整数	0～255
ushort	16 位无符号整数	0～65 535
uint	32 位无符号整数	0～4 294 967 295
ulong	64 位无符号整数	0～18 446 744 073 709 551 615

注意

整型数据在 C#程序中有 3 种表示形式，分别为十进制、八进制和十六进制。

十进制：十进制的表现形式大家都很熟悉，如 120、0、-127。不能以 0 作为十进制数的开头（0 除外）。

八进制：如 0123（转换成十进制数为 83）、-0123（转换成十进制数为-83）。八进制必须以 0 开头。

十六进制：如 0x25（转换成十进制数为 37）、0Xb01e（转换成十进制数为 45086）。十六进制必须以 0X 或 0x 开头。

byte 类型以及 short 类型是范围比较小的整数，如果正整数的范围没有超过 65 535，声明为 ushort 类型即可，当然更小的数值直接以 byte 类型处理即可。只是使用这种类型时必须特别注意数值的大小，否则可能会导致运算溢出的错误。

【例 3.2】 程序中使用 int 和 byte 变量（**实例位置：资源包\TM\sl\3\2**）

创建一个控制台应用程序，在其中声明一个 int 类型的变量 ls 并初始化为 927、一个 byte 类型的变量 shj 并初始化为 255，最后输出，代码如下。

```
static void Main(string[ ] args)
{
    int ls = 927;                       //声明一个 int 类型的变量 ls
    byte shj = 255;                     //声明一个 byte 类型的变量 shj
    Console.WriteLine("ls={0}", ls);    //输出 int 类型变量 ls
    Console.WriteLine("shj={0}", shj);  //输出 byte 类型变量 shj
    Console.ReadLine();
}
```

程序运行结果如下。

```
ls=927
shj=255
```

此时，如果将 byte 类型的变量 shj 赋值为 266，重新编译程序，就会出现错误提示。主要原因是 byte 类型的变量是 8 位无符号整数，它的范围为 0～255，266 已经超出了 byte 类型的范围，所以编译程序会出现错误提示。

> **注意**
>
> 在定义局部变量时，要对其进行初始化。

2. 浮点类型

浮点类型变量主要用于处理含有小数的数值数据，浮点类型主要包含 float 和 double 两种数值类型。表 3.2 列出了这两种数值类型的描述信息。

表 3.2　浮点类型及描述

类　　型	说　　明	范　　围
float	精确到 7 位数	$\pm 1.5 \times 10^{-45} \sim \pm 3.4 \times 10^{38}$
double	精确到 15～16 位数	$\pm 5.0 \times 10^{-324} \sim \pm 1.7 \times 10^{308}$

如果不做任何设置，包含小数点的数值都被认为是 double 类型，例如 9.27，没有特别指定的情况下，这个数值是 double 类型。如果要将数值以 float 类型来处理，就应该通过强制使用 f 或 F 将其指定为 float 类型。

例如，下面的代码就是将数值强制指定为 float 类型。

```
float theMySum = 9.27f;             //使用 f 强制指定为 float 类型
float theMuSums = 1.12F;            //使用 F 强制指定为 float 类型
```

如果要将数值强制指定为 double 类型，则应该使用 d 或 D 进行设置，但加不加 d 或 D 没有硬性规定，可以加也可以不加。

例如，下面的代码就是将数值强制指定为 double 类型。

```
double myDou = 927d;                    //使用 d 强制指定为 double 类型
double mudou = 112D;                    //使用 D 强制指定为 double 类型
```

误区警示

如果需要使用 float 类型变量，必须在数值的后面跟随 f 或 F，否则编译器会直接将其作为 double 类型处理，也可以在 double 类型的值前面加上(float)，对其进行强制转换。

3．decimal 类型

decimal 类型表示 128 位数据类型，它是一种精度更高的浮点类型，其精度可以达到 28 位，取值范围为 $\pm1.0\times10^{-28}\sim\pm7.9\times10^{28}$。

由于 decimal 类型的高精度特性，它更适合于财务和货币计算。如果希望一个小数被当成 decimal 类型使用，需要使用后缀 m 或 M，例如：

```
decimal myMoney = 1.12m;
```

4．布尔类型

布尔类型主要用来表示 true 和 false 值，一个布尔类型的变量，其值只能是 true 或者 false，不能将其他的值指定给布尔类型变量，布尔类型变量不能转换为其他类型。布尔类型通常被用在流程控制中作为判断条件。

例如，将 927 赋值给布尔类型变量 x，代码如下。

☑　　bool x = 927;

这样赋值显然是错误的，编译器会返回错误提示"常量值 927 无法转换为 bool"。布尔类型的正确定义方式如下。

```
bool flag = true;
bool flag2 = false;
```

说明

（1）在定义全局变量时，如果没有特定的要求，不用对其进行初始化，整数类型和浮点类型的默认初始化为 0，布尔类型的初始化为 false。

（2）布尔类型变量大多数被应用到流程控制语句当中，例如，循环语句或者 if 语句等。

3.3.2　引用类型

引用类型是构建 C#应用程序的主要对象类型数据。在应用程序执行的过程中，预先定义的对象类型以 new 创建对象实例，并且存储在堆中。堆是一种由系统弹性配置的内存空间，没有特定大小及存活时间，因此可以被弹性地运用于对象的访问。引用类型就类似于生活中的代理商，代理商没有自己的产品，而是代理厂家的产品，这些被代理的产品就好像自己的产品一样。

引用类型具有如下特征。

☑ 必须在托管堆中为引用类型变量分配内存。

☑ 使用 new 关键字来创建引用类型变量。

☑ 在托管堆中分配的每个对象都有与之相关联的附加成员，这些成员必须被初始化。

☑ 引用类型变量是由垃圾回收机制来管理的。

☑ 多个引用类型变量可以引用同一对象，在这种情形下，对一个变量的操作会影响另一个变量所引用的同一对象。

☑ 引用类型被赋值前的值都是 null。

所有被称为"类"的都是引用类型，主要包括类、接口、数组和委托。下面通过一个实例来演示如何使用引用类型。

【例 3.3】 通过引用类型改变变量的值（**实例位置：资源包\TM\sl\3\3**）

创建一个控制台应用程序，在其中创建一个类 C，在此类中建立一个字段 Value，并初始化为 0，然后在程序的其他位置通过 new 关键字创建对此类的引用类型变量，最后输出，代码如下。

```
class Program
{
    class C                                                  //创建一个类 C
    {
        public int Value = 0;                                //声明一个公共 int 类型的变量 Value
    }
    static void Main(string[ ] args)
    {
        int v1 = 0;                                          //声明一个 int 类型的变量 v1，并初始化为 0
        int v2 = v1;                                         //声明一个 int 类型的变量 v2，并将 v1 赋值给 v2
        v2 = 927;                                            //重新将变量 v2 赋值为 927
        C r1 = new C();                                      //使用 new 关键字创建引用对象
        C r2 = r1;                                           //使 r1 等于 r2
        r2.Value = 112;                                      //设置变量 r2 的 Value 值
        Console.WriteLine("Values:{0},{1}", v1, v2);         //输出变量 v1 和 v2
        Console.WriteLine("Refs:{0},{1}", r1.Value, r2.Value); //输出引用类型对象的 Value 值
        Console.ReadLine();
    }
}
```

程序运行结果如下。

```
Values：0, 927
Refs：112, 112
```

3.3.3 值类型与引用类型的区别

从概念上看，值类型直接存储其值，而引用类型存储对其值的引用。这两种类型存储在内存的不同地方。在 C#中，必须在设计类型时就决定类型实例的行为。如果在编写代码时不能理解引用类型和值类型的区别，那么将会给代码带来不必要的异常。

从内存空间上看，值类型在栈中操作，而引用类型在堆中分配存储单元。栈在编译时就分配好内存空间，在代码中有栈的明确定义，而堆是程序运行中动态分配的内存空间，可以根据程序的运行情况动态地分配内存大小。因此，值类型总是在内存中占用一个预定义的字节数，而引用类型的变量则在堆中分配一个内存空间，这个内存空间包含的是对另一个内存位置的引用，这个位置是托管堆中的一个地址，即存放此变量实际值的地方。

也就是说，值类型相当于现金，要用就直接用，而引类型相当于存折，要用得先去银行取。

说明

> C#的所有值类型均隐式派生自 System.ValueType，而 System.ValueType 直接派生于 System.Object，即 System.ValueType 本身是一个类类型，而不是值类型。其关键在于 ValueType 重写了 Equals()方法，从而对值类型按照实例的值来比较，而不是引用地址来比较。

下面以一段代码来详细讲解一下值类型与引用类型的区别，代码如下。

```
namespace ConsoleApplication1
{
    class Program
    {
        static void Main(string[ ] args)
        {
            ReferenceAndValue.Demonstration();         //调用 ReferenceAndValue 类中的 Demonstration 方法
            Console.ReadLine();
        }
    }
    public class stamp                                  //定义一个类
    {
        public string Name { get; set; }               //定义引用类型
        public int Age { get; set; }                   //定义值类型
    }
    public static class ReferenceAndValue              //定义一个静态类
    {
        public static void Demonstration()             //定义一个静态方法
        {
            stamp Stamp_1 = new stamp { Name = "Premiere", Age = 25 };  //实例化
            stamp Stamp_2 = new stamp { Name = "Again", Age = 47 };     //实例化
            int age = Stamp_1.Age;                     //获取值类型 Age 的值
            Stamp_1.Age = 22;                          //修改值类型的值
            stamp guru = Stamp_2;                      //获取 Stamp_2 中的值
            Stamp_2.Name = "Again Amend";              //修改引用的 Name 值
            Console.WriteLine("Stamp_1's age:{0}", Stamp_1.Age);   //显示 Stamp_1 中的 Age 值
            Console.WriteLine("age's value:{0}", age);             //显示 age 值
            Console.WriteLine("Stamp_2's name:{0}", Stamp_2.Name); //显示 Stamp_2 中的 Name 值
            Console.WriteLine("guru's name:{0}", guru.Name);       //显示 guru 中的 Name 值
        }
    }
}
```

运行结果如图 3.2 所示。

从图 3.2 中可以看出，当改变了 Stamp_1.Age 的值时，age 没跟着变，而在改变了 Stamp_2.Name 的值后，guru.Name 却跟着变了，这就是值类型和引用类型的区别。在声明 age 值类型变量时，将 Stamp_1.Age 的值赋给它，这时，编译器在栈上分配了一块空间，然后把 Stamp_1.Age 的值填进去，二者没有任何关联，就像在计算机中复制文件一样，只是把 Stamp_1.Age 的值复制给 age。而引用

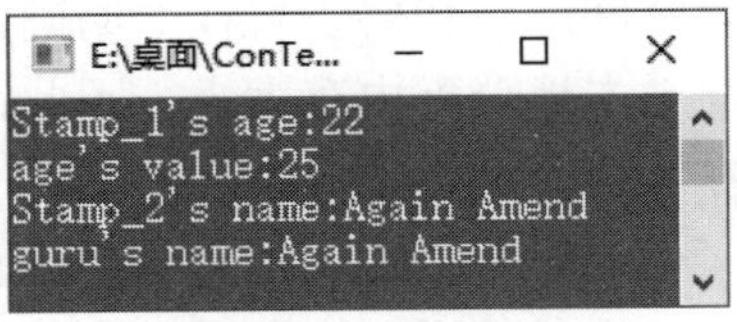

图 3.2　值类型与引用类型

类型则不同，在声明 guru 时把 Stamp_2 赋给它。前面说过，引用类型包含的只是堆上数据区域地址的引用，其实就是把 Stamp_2 的引用也赋给 guru，因此它们指向了同一块内存区域。既然是指向同一块区域，不管修改谁，另一个的值都会跟着改变。就像信用卡跟亲情卡一样，用亲情卡取了钱，与之关联的信用卡账户也会跟着发生变化。

3.3.4　枚举类型

枚举类型是一种独特的值类型，它用于声明一组具有相同性质的常量，编写与日期相关的应用程序时，经常需要使用年、月、日、星期等日期数据，可以将这些数据组织成多个不同名称的枚举类型。使用枚举可以增加程序的可读性和可维护性。同时，枚举类型可以避免类型错误。

> **说明**
>
> 在定义枚举类型时，如果不对其进行赋值，默认情况下，第一个枚举数的值为 0，后面每个枚举数的值依次递增 1。

在 C#中使用关键字 enum 类声明枚举，其形式如下。

```
enum 枚举名
{
    list1=value1,
    list2=value2,
    list3=value3,
    …
    listN=valueN,
}
```

其中，大括号"{}"中的内容为枚举值列表，每个枚举值均对应一个枚举值名称，value1~valueN 为整数数据类型，list1~listN 则为枚举值的标识名称。下面通过一个实例来演示如何使用枚举类型。

【例 3.4】 当前系统日期是星期几（**实例位置：资源包\TM\sl\3\4**）

创建一个控制台应用程序，通过使用枚举来判断当前系统日期是星期几，代码如下。

```
class Program
{
    enum MyDate                                //使用 enum 创建枚举
    {
        Sun = 0,                               //设置枚举值名称 Sun，枚举值为 0
```

```
        Mon = 1,                                   //设置枚举值名称 Mon，枚举值为 1
        Tue = 2,                                   //设置枚举值名称 Tue，枚举值为 2
        Wed = 3,                                   //设置枚举值名称 Wed，枚举值为 3
        Thu = 4,                                   //设置枚举值名称 Thu，枚举值为 4
        Fri = 5,                                   //设置枚举值名称 Fri，枚举值为 5
        Sat = 6                                    //设置枚举值名称 Sat，枚举值为 6
    }
    static void Main(string[ ] args)
    {
        int k = (int)DateTime.Now.DayOfWeek;       //获取代表星期几的返回值
        switch (k)
        {
            //如果 k 等于枚举变量 MyDate 中的 Sun 的枚举值，则输出"今天是星期日"
            case (int)MyDate.Sun: Console.WriteLine("今天是星期日"); break;
            //如果 k 等于枚举变量 MyDate 中的 Mon 的枚举值，则输出"今天是星期一"
            case (int)MyDate.Mon: Console.WriteLine("今天是星期一"); break;
            //如果 k 等于枚举变量 MyDate 中的 Tue 的枚举值，则输出"今天是星期二"
            case (int)MyDate.Tue: Console.WriteLine("今天是星期二"); break;
            //如果 k 等于枚举变量 MyDate 中的 Wed 的枚举值，则输出"今天是星期三"
            case (int)MyDate.Wed: Console.WriteLine("今天是星期三"); break;
            //如果 k 等于枚举变量 MyDate 中的 Thu 的枚举值，则输出"今天是星期四"
            case (int)MyDate.Thu: Console.WriteLine("今天是星期四"); break;
            //如果 k 等于枚举变量 MyDate 中的 Fri 的枚举值，则输出"今天是星期五"
            case (int)MyDate.Fri: Console.WriteLine("今天是星期五"); break;
            //如果 k 等于枚举变量 MyDate 中的 Sat 的枚举值，则输出"今天是星期六"
            case (int)MyDate.Sat: Console.WriteLine("今天是星期六"); break;
        }
        Console.ReadLine();
    }
}
```

程序运行的结果为"今天是星期五"。

查看程序运行的结果，因为当前日期是 2021 年 1 月 29 日星期五，所以输出的结果显示当天是星期五。程序首先通过 enum 关键字建立一个枚举，枚举值名称分别代表一周的 7 天，如果枚举值名称是 Sun，说明其代表的是一周中的星期日，其枚举值为 0，以此类推。然后，声明一个 int 类型的变量 k，用于获取当前表示的日期是星期几。最后，调用 switch 语句，输出当天是星期几。

3.3.5　类型转换

类型转换就是将一种类型转换成另一种类型，转换可以是隐式转换，也可以是显式转换，本节将详细介绍这两种转换方式，并讲解有关装箱和拆箱的内容。

1. 隐式转换

所谓隐式转换就是不需要声明就能进行的转换。进行隐式转换时，编译器不需要进行检查就能自动进行转换。表 3.3 列出了可以进行隐式转换的数据类型。

表 3.3　隐式类型转换表

源　类　型	目　标　类　型
sbyte	short、int、long、float、double、decimal
byte	short、ushort、int、uint、long、ulong、float、double 或 decimal
short	int、long、float、double 或 decimal
ushort	int、uint、long、ulong、float、double 或 decimal
int	long、float、double 或 decimal
uint	long、ulong、float、double 或 decimal
char	ushort、int、uint、long、ulong、float、double 或 decimal
float	double
ulong	float、double 或 decimal
long	float、double 或 decimal

从 int、uint、long 或 ulong 到 float，以及从 long 或 ulong 到 double 的转换可能导致精度损失，但是不会影响其数量级。其他的隐式转换不会丢失任何信息。

说明

当一种类型的值转换为大小相等或更大的另一种类型时，会发生扩大转换；当一种类型的值转换为较小的另一种类型时，则发生收缩转换。

例如，将 int 类型的值隐式转换成 long 类型，代码如下。

```
int i = 927;                                //声明一个整型变量 i 并初始化为 927
long j = i;                                 //隐式转换成 long 类型
```

2．显式转换

显式转换也可以称为强制转换，需要在代码中明确声明要转换的类型。如果要把高精度的变量值赋给低精度的变量，就需要使用显式转换。表 3.4 列出了需要进行显式转换的数据类型。

表 3.4　显式类型转换表

源　类　型	目　标　类　型
sbyte	byte、ushort、uint、ulong 或 char
byte	sbyte 和 char
short	sbyte、byte、ushort、uint、ulong 或 char
ushort	sbyte、byte、short 或 char
int	sbyte、byte、short、ushort、uint、ulong 或 char
uint	sbyte、byte、short、ushort、int 或 char
char	sbyte、byte 或 short
float	sbyte、byte、short、ushort、int、uint、long、ulong、char 或 decimal
ulong	sbyte、byte、short、ushort、int、uint、long 或 char

源 类 型	目 标 类 型
long	sbyte、byte、short、ushort、int、uint、ulong 或 char
double	sbyte、byte、short、ushort、int、uint、ulong、long、float、char 或 decimal
decimal	sbyte、byte、short、ushort、int、uint、ulong、long、float、char 或 double

由于显式转换包括所有隐式转换和显式转换，因此总是可以使用强制转换表达式从任何数值类型转换为任何其他的数值类型。

【例 3.5】 显式类型转换的使用（实例位置：资源包\TM\sl\3\5）

创建一个控制台应用程序，将 double 类型的 x 进行显式类型转换，代码如下。

```
static void Main(string[ ] args)
{
    double x = 19810927.0112;              //建立 double 类型变量 x
    int y = (int)x;                        //显示转换成整型变量 y
    Console.WriteLine(y);                  //输出整型变量 y
    Console.ReadLine();
}
```

程序运行结果为 19810927。

也可以通过 Convert 关键字进行显式类型转换，上述例子还可以通过下面的代码实现。

例如，创建一个控制台应用程序，通过 Convert 关键字进行显式类型转换，代码如下。

```
double x = 19810927.0112;                  //建立 double 类型变量 x
int y = Convert.ToInt32(x);                //通过 Convert 关键字转换
Console.WriteLine(y);                      //输出整型变量 y
Console.ReadLine();
```

3. 装箱和拆箱

将值类型转换为引用类型的过程叫作装箱，相反，将引用类型转换为值类型的过程叫作拆箱，下面将通过例子详细介绍装箱与拆箱的过程。

（1）装箱。装箱允许将值类型隐式转换成引用类型，下面通过一个实例演示如何进行装箱操作。

【例 3.6】 整型变量的装箱操作（实例位置：资源包\TM\sl\3\6）

创建一个控制台应用程序，声明一个整型变量 i 并赋值为 2048，然后将其复制到装箱对象 obj 中，最后再改变变量 i 的值，代码如下。

```
static void Main(string[ ] args)
{
    int i = 2048;                          //声明一个 int 类型变量 i，并初始化为 2048
    object obj = i;                        //声明一个 object 类型变量 obj，初始化值为 i
    Console.WriteLine("1、i 的值为{0}，装箱之后的对象为{1}", i, obj);
    i = 927;                               //重新将 i 赋值为 927
    Console.WriteLine("2、i 的值为{0}，装箱之后的对象为{1}", i, obj);
    Console.ReadLine();
```

```
            }
```

程序的运行结果如下。

```
1. i 的值为 2048，装箱之后的对象为 2048
2. i 的值为 927，装箱之后的对象为 2048
```

从程序运行结果可以看出，值类型变量的值复制到装箱得到的对象中，装箱后改变值类型变量的值，并不会影响装箱对象的值。

（2）拆箱。拆箱允许将引用类型显式转换为值类型，下面通过一个示例演示拆箱的过程。

【例 3.7】 拆箱操作的实现（**实例位置：资源包\ TM\sl\3\7**）

创建一个控制台应用程序，声明一个整型变量 i 并赋值为 112，然后将其复制到装箱对象 obj 中，最后，进行拆箱操作将装箱对象 obj 赋值给整型变量 j，代码如下。

```csharp
static void Main(string[ ] args)
{
    int i = 112;                              //声明一个 int 类型的变量 i，并初始化为 112
    object obj = i;                           //执行装箱操作
    Console.WriteLine("装箱操作：值为{0}，装箱之后对象为{1}", i, obj);
    int j = (int)obj;                         //执行拆箱操作
    Console.WriteLine("拆箱操作：装箱对象为{0}，值为{1}", obj, j);
    Console.ReadLine();
}
```

程序运行结果如下。

```
装箱操作：值为 112，装箱之后对象为 112
拆箱操作：装箱对象为 112，值为 112
```

查看程序运行结果，不难看出，拆箱后得到的值类型数据的值与装箱对象相等。需要读者注意的是，在执行拆箱操作时要符合类型一致的原则，否则会出现异常。

误区警示

装箱是将一个值类型转换为一个对象类型（object），拆箱则是将一个对象类型显式转换为一个值类型。对于装箱而言，它是复制出一个被装箱的值类型的副本来进行转换；而对于拆箱而言，需要注意类型的兼容性，如不能将一个值为 string 的 object 类型转换为 int 类型。

编程训练（答案位置：资源包\TM\sl\3\编程训练\）

【训练 3】：模拟输出中国联通流量提醒 定义两个浮点型变量，分别表示已用流量（3.592）和剩余流量（3.408），定义一个字符型变量，用来表示网址（http://u.10010.cn/tAE3v），编写一个程序，输出中国联通流量提醒。

【训练 4】：记录你的密码 编写一个程序，让用户输入密码，假设密码为 0oO1Il，要求把每次用户输入的密码保存到变量 pass 中，输入 6 次后输出每次输入的密码并退出程序。

3.4　常　量

常量就是其值固定不变的量，而且常量的值在编译时就已经确定了。常量的类型只能为下列类型之一：sbyte、byte、short、ushort、int、uint、long、ulong、char、float、double、decimal、bool、string等。C#中使用关键字 const 定义常量，并且在创建常量时必须设置它的初始值。常量就相当于每个公民的身份证号，一旦设置就不允许修改。

例如，声明一个正确的常量，同时再声明一个错误的常量，以便读者对比参考，代码如下。

```
const double PI = 3.1415926;            //正确的声明方法
const int MyInt;                        //错误：定义常量时没有初始化
```

与变量不同，常量在整个程序中只能被赋值一次。在为所有的对象共享值时，常量是非常有用的。下面通过一个例子演示常量与变量的差异。

【例 3.8】　不要修改常量的值（实例位置：资源包\TM\sl\3\8）

创建一个控制台应用程序，首先声明一个变量 MyInt 并且赋值为 927，然后声明一个常量 MyWInt 并赋值为 112，最后将变量 MyInt 赋值为 1039，关键代码如下。

```
static void Main(string[ ] args)
{
    int MyInt = 927;                            //声明一个整型变量
    const int MyWInt = 112;                     //声明一个整型常量
    Console.WriteLine("变量 MyInt={0}",MyInt);  //输出
    Console.WriteLine("常量 MyWInt={0}",MyWInt);//输出
    MyInt = 1039;                               //重新将变量赋值为 1039
    Console.WriteLine("变量 MyInt={0}", MyInt); //输出
    Console.ReadLine();
}
```

执行程序，输出的结果如下。

```
变量 MyInt=927
常量 MyWInt=112
变量 MyInt=1039
```

变量 MyInt 的初始化值为 927，而常量 MyWInt 的值等于 112，由于变量的值是可以修改的，所以变量 MyInt 可以重新被赋值为 1039 后输出。通过查看输出结果，可以看到变量 MyInt 的值已经被修改，如果尝试修改常量 MyWInt 的值，编译器会出现错误信息，阻止进行这样的操作。

编程训练（答案位置：资源包\TM\sl\3\编程训练\）

【训练 5】：计算圆的面积　圆面积的计算公式为 πr^2，其中 π 是一个常量，因此可以使用常量表示 π，然后通过用户输入的圆半径，动态计算圆的面积。

【训练 6】：常量的调用问题　在程序中定义一个常量，调用时出现如图 3.3 所示的错误提示，请尝试改正程序。

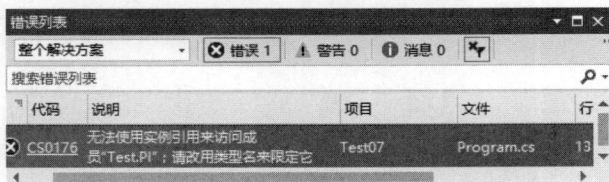

图 3.3　常量的调用错误

3.5　实践与练习

（答案位置：资源包\TM\sl\3\实践与练习\）

综合练习 1：设置百度地图常用地点　在使用百度地图时，会弹出设置常用地点的对话框。请定义家庭住址和单位地址的变量，保存输入的家庭地址和单位地址。（提示：使用 Console.ReadLine()方法进行控制台输入。）

综合练习 2：保存搜索热词　网上购物时，在搜索栏，大家输入较多的词会被作为搜索热词显示在搜索栏下面，以备用户快速搜索。编写一个程序，模拟搜索热词的功能。首先提示用户输入搜索词，如输入 Java，如图 3.4 所示。Java 会自动添加到搜索栏上，效果如图 3.5 所示。（提示：使用 Console.ForegroundColor 设置控制台文字颜色。）

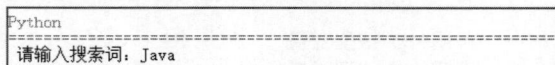

图 3.4　提示用户输入搜索词

图 3.5　Java 出现在搜索栏上，继续提示用户输入搜索词

综合练习 3：模拟商品入库功能　商品入库管理模块是进销存类软件必备的功能，编写一个程序，模拟实现简单的商品入库。首先输出类似图 3.6 的入库界面（不带商品信息等内容），然后要求用户分别输入商品编号、商品名称、商品规格、商品价格和入库数量，如图 3.7 所示。输入完成后，输出带数据的商品入库单如图 3.8 所示。

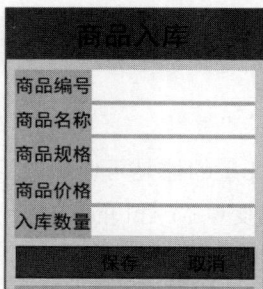

图 3.6　商品入库界面

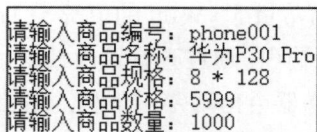

图 3.7　输入信息

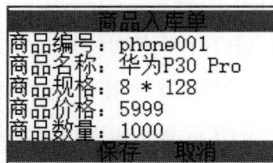

图 3.8　输出商品入库单

综合练习 4：京东商城支付成功界面　编写一个程序，首先提示用户输入支付金额（输入 80～200之间的数字），然后输出包含刚输入金额的支付成功页面，支付成功页面实现效果如图 3.9 所示。（提示：使用 DateTime 结构获取交易的日期时间。）

```
请输入支付金额：89

            支付成功
            京东商城

        89元
优惠金额                    10.00元
支付方式                    工商银行储蓄卡(5009)
交易时间                    2019/7/11 11:21:18
订单编号                    893412929
```

图 3.9 实现效果图

综合练习 5：计算牛奶中蛋白质的总量 已知每盒牛奶（200 ml）中含有蛋白质 6.4 g，编写一个程序，帮助用户计算购买牛奶袋数与蛋白质的质量。（提示：使用 {0:f1} 控制显示几位小数，0 表示占位符，f 为固定格式，1 表示显示 1 位小数。）

3.6 动 手 纠 错

（1）运行"资源包\TM\排错练习\03\01"文件夹下的程序，出现"常量值 300 无法转换为 byte"的错误提示，请根据注释改正程序。

（2）运行"资源包\TM\排错练习\03\02"文件夹下的程序，出现"意外的字符 '；'"的错误提示，请根据注释改正程序。

（3）运行"资源包\TM\排错练习\03\03"文件夹下的程序，出现"不能隐式地将 double 类型转换为 float 类型；请使用 F 后缀创建此类型"的错误提示，请根据注释改正程序。

（4）运行"资源包\TM\排错练习\03\04"文件夹下的程序，出现"无法将类型 double 隐式转换为 int。存在一个显式转换（是否缺少强制转换?)"的错误提示，请根据注释改正程序。

（5）运行"资源包\TM\排错练习\03\05"文件夹下的程序，出现"未处理 InvalidCastException 指定的转换无效"的错误提示，请根据注释改正程序。

（6）运行"资源包\TM\排错练习\03\06"文件夹下的程序，出现"赋值号左边必须是变量、属性或索引器"的错误提示，请根据注释改正程序。

（7）运行"资源包\TM\排错练习\03\07"文件夹下的程序，出现"无法使用实例引用访问成员 Test07.Test.PI；请改用类型名称对其加以限定"的错误提示，请根据注释改正程序。

第 4 章

表达式与运算符

表达式在 C#程序中应用广泛，尤其是计算功能，往往需要大量的表达式。大多数表达式都使用运算符，运算符结合一个或一个以上的操作数，便形成了表达式，并且返回运算结果。本章将对 C#中的表达式与运算符进行详细讲解。

本章知识架构及重点、难点如下。

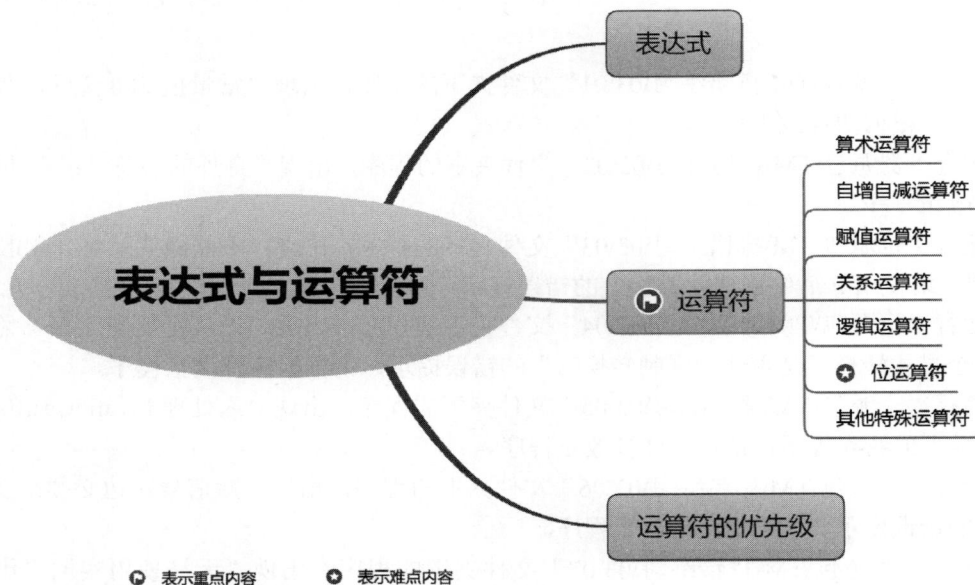

```
                                        ┌─ 表达式
                                        │
                                        │        ┌─ 算术运算符
                                        │        ├─ 自增自减运算符
                                        │        ├─ 赋值运算符
   表达式与运算符 ──────────────────────┤        ├─ 关系运算符
                                        ├─ ⊙ 运算符 ├─ 逻辑运算符
                                        │        ├─ ✪ 位运算符
                                        │        └─ 其他特殊运算符
                                        │
                                        └─ 运算符的优先级
```

⊙ 表示重点内容　　✪ 表示难点内容

4.1　表　达　式

表达式是由运算符和操作数组成的。运算符设置将对操作数进行什么样的运算。例如，"+""–""*"和"/"都是运算符，操作数包括文本、常量、变量和表达式等。

例如，下面几行代码就是简单的表达式。

```
int i = 927;                    //声明一个 int 类型的变量 i 并初始化为 927
i = i * i + 112;                //改变变量 i 的值
int j = 2020;                   //声明一个 int 类型的变量 j 并初始化为 2020
j = j / 2;                      //改变变量 j 的值
```

C#中，如果表达式最终的计算结果为所需类型值，则表达式可以出现在需要值或对象的任意位置。

【例 4.1】　数据的简单运算（**实例位置：资源包\TM\sl\4\1**）

创建一个控制台应用程序，声明两个 int 类型的变量 i 和 j，并将其分别初始化为 927 和 112，然后输出 i*i+j*j 的正弦值，代码如下。

```
int i = 927;                                //声明一个 int 类型的变量 i 并初始化为 927
int j = 112;                                //声明一个 int 类型的变量 j 并初始化为 112
Console.WriteLine(Math.Sin(i*i+j*j));       //表达式作为参数输出
Console.ReadLine();
```

程序的运行结果为-0.599423085852245。其中，表达式 i*i+j*j 作为方法 Math.Sin 的参数来使用，同时，表达式 Math.Sin(i*i+j*j)还是方法 Console.WriteLine 的参数。

4.2　运　算　符

运算符是一些特殊的符号，主要用于数学函数、一些类型的赋值语句和逻辑比较运算。C#中提供了丰富的运算符，如算术运算符、赋值运算符、比较运算符等。本节将向读者介绍这些运算符。

4.2.1　算术运算符

"+" "−" "*" "/" "%" 运算符都称为算术运算符，分别用于进行加、减、乘、除和模（求余数）运算。C#中算术运算符的功能及使用方法如表 4.1 所示。

表 4.1　C#中算术运算符的功能及使用方法

运 算 符	说　　明	实　　例	结　　果
+	加	12.45f+15	27.45
−	减	4.56-0.16	4.4
*	乘	5L*12.45f	62.25
/	除	7/2	3
%	取余数	12%10	2

其中，"+"和"−"运算符还可以作为数据的正负符号，如+5、−7。

【例 4.2】　简易计算器（**实例位置：资源包\TM\sl\4\2**）

制作一个简易的计算器程序，具体实现时，提示用户输入 3 个整型或浮点型数值，并分别对这 3 个数进行加、减、乘、除、求余运算，代码如下。

```
static void Main(string[] args)
{
    Console.Title = "简易计算器";                   //设置控制台标题
    Console.Write("输入第 1 个数字：");              //提示用户输入第 1 个数值
    double d = double.Parse(Console.ReadLine());     //得到第 1 个数值
    Console.Write("输入第 2 个数字：");              //提示用户输入第 2 个数值
```

```
double d2 = double.Parse(Console.ReadLine());        //得到第 2 个数值
Console.Write("输入第 3 个数字：");                     //提示用户输入第 3 个数值
double d3 = double.Parse(Console.ReadLine());        //得到第 3 个数值
Console.WriteLine("加法计算结果：{0} ＋ {1} ＋ {2} = {3}", d, d2, d3, d + d2 + d3);
Console.WriteLine("减法计算结果：{0} － {1} － {2} = {3}", d, d2, d3, d - d2 - d3);
Console.WriteLine("乘法计算结果：{0} × {1} × {2} = {3}", d, d2, d3, d * d2 * d3);
Console.WriteLine("除法计算结果：{0} ÷ {1} ÷ {2} = {3}", d, d2, d3, d / d2 / d3);
Console.WriteLine("求余计算结果：{0} % {1} % {2} = {3}", d, d2, d3, d % d2 % d3);
Console.ReadLine();                                  //等待回车继续
}
```

程序的运行结果如图 4.1 所示。

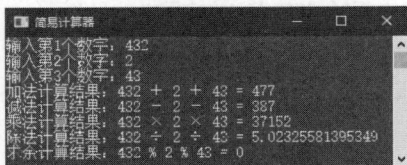

图 4.1　简易计算器

误区警示

　　在用算术运算符（+、－、*、/）运算时，产生的结果可能会超出所涉及数值类型的值的范围，这样，会导致运行结果不正确；另外，在执行除法和求余运算时，除数一定不能为 0。

4.2.2　自增自减运算符

使用算术运算符时，如果需要对数值型变量的值进行加 1 或者减 1 操作，可以使用下面的代码。

```
int i=5;
i=i+1;
i=i-1;
```

针对以上功能，C#还提供了另外的实现方式：自增、自减运算符。它们分别用++和--表示，下面分别对它们进行讲解。

自增自减运算符是单目运算符，在使用时有两种形式，分别是++expr、expr++或者--expr、expr--。其中，++expr、--expr是前置形式，表示 expr 自身先加 1 或者减 1，其自身修改后的值再参与其他运算；而 expr++、expr--是后置形式，它也表示自身加 1 或者减 1，但其运算结果是自身未修改的值，也就是说，expr++、expr--是先参加其他运算，然后再进行自身加 1 或者减 1 操作，自增、自减运算符放在不同位置时的运算示意图如图 4.2 所示。

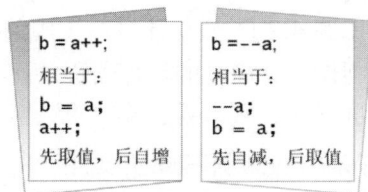

```
b = a++;
相当于：
b = a;
a++;
先取值，后自增
```

```
b =--a;
相当于：
--a;
b = a;
先自减，后取值
```

图 4.2　自增自减运算符放在不同位置

说明

　　如果程序中不需要使用操作数原来的值，只是需要其自身进行加（减）1，那么建议使用前置自加（减），因为后置自加（减）必须先保存原来的值，而前置自加（减）不需要保存原来的值。

　　例如，下面代码演示了自增运算符放在变量的不同位置时的运算结果。

```
int i = 0, j = 0;          // 定义 int 类型的 i、j
int post_i, pre_ j;        // post_i 表示后置形式运算的返回结果，pre_ j 表示前置形式运算的返回结果
post_i = i++;              // 后置形式的自增，post_i 是 0
Console.WriteLine(i);      // 输出结果是 1
pre_ j = ++j;              // 前置形式的自增，pre_ j 是 1
Console.WriteLine(j);      // 输出结果是 1
```

误区警示

　　自增自减运算符只能作用于变量，因此，下面的形式是不合法的。

```
3++;                       // 不合法，因为 3 是一个常量
(i+j)++;                   // 不合法，因为 i+j 是一个表达式
```

4.2.3　赋值运算符

　　赋值运算符为变量、属性、事件等元素赋新值。赋值运算符主要有"=""+=""−=""*=""/=""%=""&=""|=""^=""<<=""">>="运算符。赋值运算符的左操作数必须是变量、属性访问、索引器访问或事件访问类型的表达式，如果赋值运算符两边操作数的类型不一致，就需要首先进行类型转换，然后再赋值。

　　在使用赋值运算符时，右操作数表达式所属的类型必须可隐式转换为左操作数所属的类型，运算将右操作数的值赋给左操作数指定的变量、属性或索引器元素。C#中的赋值运算符及其运算规则如表 4.2 所示。

表 4.2　C#中的赋值运算符及其运算规则

名　　称	运　算　符	运　算　规　则	意　　义
赋值	=	将表达式赋值给变量	将右边的值赋值给左边
加赋值	+=	x+=y	x=x+y
减赋值	−=	x− =y	x=x−y
除赋值	/=	x/=y	x=x/y
乘赋值	*=	x*=y	x=x*y
模赋值	%=	x%=y	x=x%y
位与赋值	&=	x&=y	x=x&y
位或赋值	|=	x|=y	x=x|y
右移赋值	>>=	x>>=y	x=x>>y

名　称	运　算　符	运　算　规　则	意　义
左移赋值	<<=	x<<=y	x=x<<y
异或赋值	^=	x^=y	x=x^y

下面以加赋值（+=）运算符为例，举例说明赋值运算符的用法。

【例 4.3】 赋值运算符的使用（实例位置：资源包\TM\sl\4\3）

创建一个控制台应用程序，声明一个 int 类型的变量 i，并初始化为 927。然后通过加赋值运算符改变 i 的值，使其在原有的基础上增加 112，代码如下。

```
static void Main(string[ ] args)
{
    int i = 927;                              //声明一个 int 类型的变量 i 并初始化为 927
    i += 112;                                 //使用加赋值运算符
    Console.WriteLine("最后 i 的值为：{0}",i);   //输出最后变量 i 的值
    Console.ReadLine();
}
```

程序的运行结果如下。

最后 i 的值为：1039

说明

在 C#中可以把赋值运算符连在一起使用。如：

x = y = z = 5;

在这个语句中，变量 x、y、z 都得到同样的值 5，但在程序开发中不建议使用这种赋值语法。

4.2.4　关系运算符

关系运算符属于二元运算符，用于程序中的变量之间、变量和自变量之间以及其他类型的信息之间的比较。关系运算返回一个代表运算结果的布尔值。当运算符对应的关系成立时，运算结果为 true，否则为 false。关系运算符通常作为判断的依据在条件语句中使用。C#中的关系运算符共有 6 个，如表 4.3 所示。

表 4.3　关系运算符

运　算　符	作　用	举　例	操　作　数　据	结　果
>	比较左方是否大于右方	'a'>'b'	整型、浮点型、字符型	false
<	比较左方是否小于右方	156 < 456	整型、浮点型、字符型	true
==	比较左方是否等于右方	'c'=='c'	基本数据类型、引用型	true
>=	比较左方是否大于或等于右方	479>=426	整型、浮点型、字符型	true
<=	比较左方是否小于或等于右方	12.45<=45.5	整型、浮点型、字符型	true
!=	比较左方是否不等于右方	'y'!='t'	基本数据类型、引用型	true

关系运算符就好像对两个铁球进行比较，看看这两个铁球哪个大，重量是否相等，并给出一个"真"或"假"的值。

【例 4.4】　各种关系运算符的使用（实例位置：资源包\TM\sl\4\4）

创建一个控制台应用程序，声明 3 个 int 类型的变量，并分别对它们进行初始化，然后分别使用 C#中的各种关系运算符对它们的大小关系进行比较，代码如下。

```
static void Main(string[] args)
{
    int num1 = 4, num2 = 7, num3 = 7;                                    //定义 3 个 int 变量，并初始化
    //输出 3 个变量的值
    Console.WriteLine("num1=" + num1 + ", num2=" + num2 + ", num3=" + num3);
    Console.WriteLine();                                                 //换行
    Console.WriteLine("num1<num2 的结果：" + (num1 < num2));              //小于操作
    Console.WriteLine("num1>num2 的结果：" + (num1 > num2));              //大于操作
    Console.WriteLine("num1==num2 的结果：" + (num1 == num2));            //等于操作
    Console.WriteLine("num1!=num2 的结果：" + (num1 != num2));            //不等于操作
    Console.WriteLine("num1<=num2 的结果：" + (num1 <= num2));            //小于等于操作
    Console.WriteLine("num2>=num3 的结果：" + (num2 >= num3));            //大于等于操作
    Console.ReadLine();
}
```

程序的运行结果如图 4.3 所示。

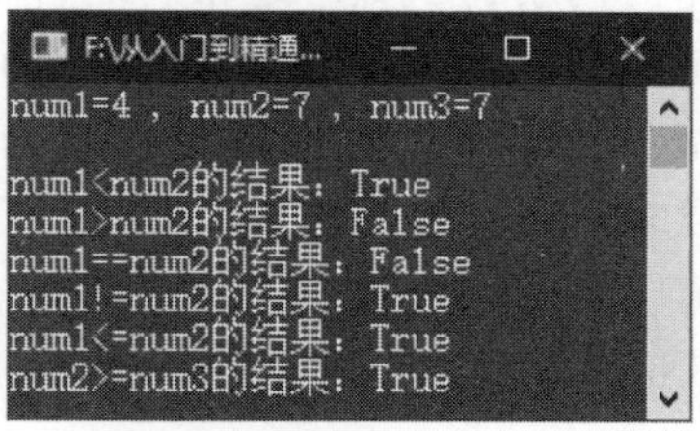

图 4.3　3 个变量的比较

说明

（1）不等运算符(!=)是与相等运算符相反的运算符，它与!(a==b)是等效的。

（2）关系运算符一般常用于判断或循环语句中。

4.2.5　逻辑运算符

返回类型为布尔值的表达式，可以被组合在一起构成一个更复杂的表达式，这是通过逻辑运算符来实现的。C#中的逻辑运算符主要包括"&（&&）（逻辑与）""||（逻辑或）""!（逻辑非）"。逻辑运算符的操作元必须是 bool 型数据。在逻辑运算符中，除了"!"是一元运算符之外，其他都是二元运算符。表 4.4 给出了逻辑运算符的用法和含义。

表 4.4   逻辑运算符的用法和含义

运 算 符	含 义	用 法	结 合 方 向
&&、&	逻辑与	op1&&op2	左到右
||	逻辑或	op1||op2	左到右
!	逻辑非	!op	右到左

结果为 bool 类型的变量或表达式可以通过逻辑运算符组合为逻辑表达式。

用逻辑运算符进行逻辑运算时，结果如表 4.5 所示。

表 4.5   使用逻辑运算符进行逻辑运算

表达式 1	表达式 2	表达式 1&&表达式 2	表达式 1||表达式 2	！表达式 1
true	true	true	true	false
true	false	false	true	false
false	false	false	false	true
false	true	false	true	true

逻辑运算符"&&"与"&"都表示"逻辑与"，那么它们之间的区别在哪里呢？从表 4.5 可以看出，当两个表达式都为 true 时，"逻辑与"的结果才会是 true。使用逻辑运算符"&"会判断两个表达式；而逻辑运算符"&&"则是针对 bool 类型的类进行判断，当第一个表达式为 false 时则不去判断第二个表达式，直接输出结果从而节省计算机判断的次数。通常将这种在逻辑表达式中从左端表达式即可推断出整个表达式值的方式为"短路"，而那些始终执行逻辑运算符两边的表达式的方式称为"非短路"。"&&"属于"短路"运算符，而"&"则属于"非短路"运算符。

【例 4.5】 判断用户是否可以登录网站（实例位置：资源包\TM\sl\4\5）

在明日学院网站首页中，用户可以使用账户名、手机号或者电子邮箱进行登录。请判断某用户是否可以登录。（已知服务器中有如下记录，账户名：明日；手机号：136×××0204；电子邮箱：mingrisoft@mingrisoft.com；默认密码为 123456），代码如下。

```
static void Main(string[] args)
{
    Console.Write("用户名：");
    string name = Console.ReadLine();
    Console.Write("密　码：");
    string pwd = Console.ReadLine();
    Console.WriteLine("用户是否可以登录明日学院网站首页：" +
        ((name == "明日" || name == "136****0204"|| name == "mingrisoft@mingrisoft.com") &&
pwd=="123456"));
    Console.ReadLine();
}
```

程序的运行结果如图 4.4 所示。

图 4.4   判断用户登录

4.2.6　位运算符

位运算符除"按位与""按位或"运算符外，其他运算符只能用于处理整数操作数。位运算是完全针对位方面的操作。整型数据在内存中以二进制的形式表示，如 int 型变量 7 的二进制表示是 00000000 00000000 00000000 00000111。

左边最高位是符号位，最高位是 0 表示正数，若为 1 则表示负数。负数采用补码表示，如-8 的二进制表示为 11111111 11111111 11111111 11111000，这样就可以对整型数据进行按位运算。

1．"按位与"运算

"按位与"运算的运算符为"&"，"按位与"运算的运算法则是：如果两个整型数据 a、b 对应位都是 1，则结果位才是 1；否则结果为 0。如果两个操作数的精度不同，则结果的精度与精度高的操作数相同，如图 4.5 所示。

2．"按位或"运算

"按位或"运算的运算符为"|"，"按位或"运算的运算法则是：如果两个操作数对应位都是 0，则结果位才是 0；否则结果为 1。如果两个操作数的精度不同，则结果的精度与精度高的操作数相同，如图 4.6 所示。

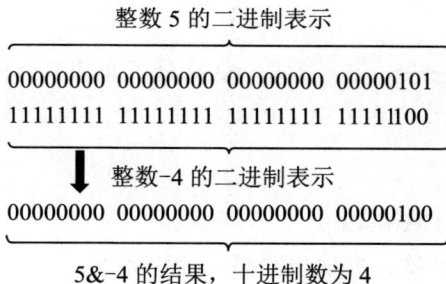

整数 5 的二进制表示
00000000 00000000 00000000 00000101
11111111 11111111 11111111 11111100

↓ 整数-4 的二进制表示
00000000 00000000 00000000 00000100

5&-4 的结果，十进制数为 4

图 4.5　5&-4 的运算过程

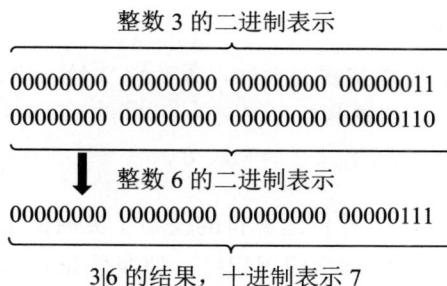

整数 3 的二进制表示
00000000 00000000 00000000 00000011
00000000 00000000 00000000 00000110

↓ 整数 6 的二进制表示
00000000 00000000 00000000 00000111

3|6 的结果，十进制表示 7

图 4.6　3|6 的运算过程

3．"按位取反"运算

"按位取反"运算也称"按位非"运算，运算符为"~"，为单目运算符。"按位取反"就是将操作数二进制中的 1 修改为 0，0 修改为 1，如图 4.7 所示。

4．"按位异或"运算

"按位异或"运算的运算符是"^"，"按位异或"运算的运算法则是：当两个操作数的二进制表示相同（同时为 0 或同时为 1）时，结果为 0；否则结果为 1。若两个操作数的精度不同，则结果数的精度与精度高的操作数相同，如图 4.8 所示。

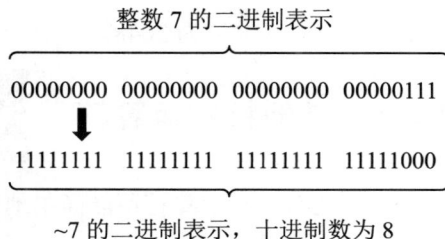

整数 7 的二进制表示
00000000 00000000 00000000 00000111

↓

11111111 11111111 11111111 11111000

~7 的二进制表示，十进制数为 8

图 4.7　~7 的运算过程

5．移位操作

除了上述位运算符之外，还可以对数据按二进制位进行移位操作。C#中的移位运算符有两种：<<：左移，>>：右移。

对于 X<<N 或 X>>N 形式的运算，含义是将 X 向左或向右移动 N 位，得到的结果的类型与 X 相同。在此处，X 的类型只能是 int、uint、long 或 ulong，N 的类型只能是 int，或者显示转换为这些类型之一，否则编译程序时会出现错误。具体执行时，左移就是将左边的操作数在内存中的二进制数据左移右边操作数指定的位数，右边移空的部分补 0。右移则复杂一些。当使用"`>>`"运算符时，如果最高位是 0，左侧移空的位就填入 0；如果最高位是 1，左侧移空的位就填入 1，如图 4.9 所示。

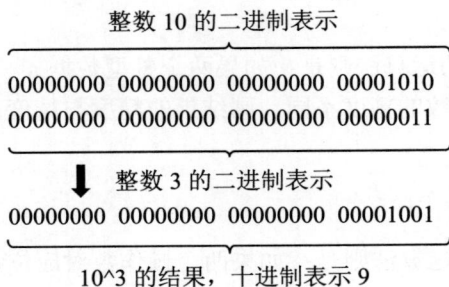

整数 10 的二进制表示

00000000 00000000 00000000 00001010
00000000 00000000 00000000 00000011

整数 3 的二进制表示
00000000 00000000 00000000 00001001

10^3 的结果，十进制表示 9

图 4.8　10^3 的运算过程

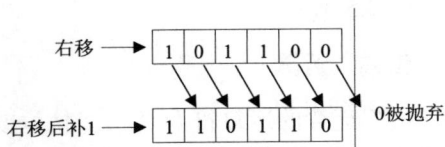

右移 → [1][0][1][1][0][0]

右移后补1 → [1][1][0][1][1][0]　0被抛弃

图 4.9　右移

技巧

移位可以实现整数除以或乘以 2 的 *n* 次方的效果。例如，y<<2 与 y*4 的结果相同；y>>1 的结果与 y/2 的结果相同。总之，一个数左移 *n* 位，就是将这个数乘以 2 的 *n* 次方；一个数右移 *n* 位，就是将这个数除以 2 的 *n* 次方。

【例 4.6】 移位运算符的使用（实例位置：资源包\TM\sl\4\6）

创建一个控制台应用程序，使变量 intmax 向左移位 8 次，并输出结果，代码如下。

```
uint intmax = 8;                        //声明 uint 类型变量 intmax
uint bytemask;                          //声明 uint 类型变量 bytemask
bytemask = intmax << 8;                 //使 intmax 左移 8 次
Console.WriteLine(bytemask);            //输出结果
Console.ReadLine();
```

程序的运行结果为 2048。

4.2.7　其他特殊运算符

C#中还有一些运算符不能简单地归到某个类型中，下面对这些特殊的运算符进行详细讲解。

1．is 运算符

is 运算符用于检查变量是否为指定的类型。如果是，返回真；否则，返回假。

【例 4.7】 使用 is 检查变量类型（实例位置：资源包\TM\sl\4\7）

创建一个控制台应用程序，判断整型变量 i 是否为整型，可以通过下面的代码进行判断，代码如下。

```
int i = 0;                                          //声明整型变量 i
bool result = i is int;                             //判断 i 是否为整型
Console.WriteLine(result);                          //输出结果
Console.ReadLine();
```

因为 i 是整型，所以运行程序返回值为 true。

注意

不能重载 is 运算符。is 运算符只考虑引用转换、装箱转换和取消装箱转换。不考虑其他转换，如用户定义的转换。

2. 条件运算符

条件运算符（? :）根据布尔型表达式的值返回两个值中的一个。如果条件为 true，则计算第一个表达式并以它的计算结果为准；如果为 false，则计算第二个表达式并以它的计算结果为准。使用格式如下。

```
条件式? 值1：值2
```

【例 4.8】 判断是否为闰年（实例位置：资源包\TM\sl\4\8）

创建一个控制台应用程序，判断用户输入的年份是不是闰年，代码如下。

```
static void Main(string[ ] args)
{
    Console.Write("请输入一个年份：");              //屏幕输入提示字符串
    string str = Console.ReadLine();                //获取用户输入的年份
    int year = Int32.Parse(str);                    //将输入的年份转换成 int 类型
    //计算输入的年份是否为闰年
    bool isleapyear=((year%400)==0)||(((year%4)==0)&&((year%100)!=0));
    string yesno = isleapyear ? "是" : "不是";       //利用条件运算符输入"是"或者"不是"
    Console.WriteLine("{0}年{1}闰年",year,yesno);   //输出结果
    Console.ReadLine();
}
```

3. new 运算符

new 运算符用于创建一个新的类型实例，它有以下 3 种形式。

对象创建表达式，用于创建一个类类型或值类型的实例。

数组创建表达式，用于创建一个数组类型实例。

代表创建表达式，用于创建一个新的代表类型实例。

【例 4.9】 new 运算符的使用（实例位置：资源包\TM\sl\4\9）

创建一个控制台应用程序，使用 new 运算符创建一个数组，向数组中添加项目，然后输出数组中的项，代码如下。

```
string[] phone = new string[5];                     //创建具有 5 个项目的 string 类型数组
phone[0] = "华为 Mate 40";                          //为数组第一项赋值
```

```
phone[1] = "荣耀 V40";                          //为数组第二项赋值
phone[2] = "小米 11";                           //为数组第三项赋值
phone[3] = "VIVO X60";                          //为数组第四项赋值
phone[4] = "OPPO Reno5";                        //为数组第五项赋值
Console.WriteLine(phone[0]);                    //输出数组第一项
Console.WriteLine(phone[1]);                    //输出数组第二项
Console.WriteLine(phone[2]);                    //输出数组第三项
Console.WriteLine(phone[3]);                    //输出数组第四项
Console.WriteLine(phone[4]);                    //输出数组第五项
Console.ReadLine();
```

程序的运行结果如图 4.10 所示。

4．typeof 运算符

typeof 运算符用于获得系统原型对象的类型，也就是 Type 对象。Type 类包含关于值类型和引用类型的信息。typeof 运算符可以在 C#语言的各种位置使用，以找出关于引用类型和值类型的信息。

【例 4.10】 获取字符串原始类型（实例位置：资源包\TM\sl\4\10）

创建一个控制台应用程序，利用 typeof 运算符获取 string 字符串类的原始类型信息，并输出结果，代码如下。

```
static void Main(string[] args)
{
    Type mytype = typeof(string);               //获取 string 类型的原型对象
    Console.WriteLine("类型：{0}", mytype);      //输出结果
    Console.ReadLine();
}
```

程序的运行结果如图 4.11 所示。

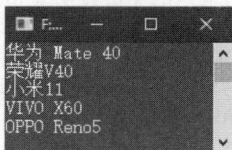

图 4.10　运行结果　　　　　　　　　　图 4.11　运行结果

编程训练（答案位置：资源包\TM\sl\4\编程训练\）

【训练 1】：模拟支付宝蚂蚁庄园的饲料产生过程　蚂蚁庄园是支付宝推出的网上公益活动，网友可以通过使用支付宝付款来领取鸡饲料，使用鸡饲料喂鸡之后，可以获得鸡蛋，并可用鸡蛋进行爱心捐赠。本训练的功能就是模拟蚂蚁庄园一日产生的鸡饲料数量（提示：完成一次支付产生 180g 鸡饲料），编写程序计算一共产生多少鸡饲料。

【训练 2】：出租车车费计价　2021 年，深圳出租车统一了计价标准，起步价为 10 元起步里程 2 千米，里程价为 2.6 元/千米，燃油费 3 元/次。编写一个简单的出租车计价程序，实现按以上标准，用户输入运行距离即里程数，程序计算普通打车应收费用和四舍五入后的实收费用。普通方式（不计算等候、长途等情况）车费计算公式：车费 = 起步价 + 里程价×（里程数 - 起步里程数）+ 燃油费，出租车车费收取时按四舍五入的方式收费。

4.3　运算符优先级

C#中的表达式是使用运算符连接起来的符合 C#规范的式子,运算符的优先级决定了表达式中运算执行的先后顺序。运算符优先级其实就相当于进销存的业务流程,如进货、入库、销售、出库,只能按这个步骤进行操作。运算符的优先级就是这样按照一定的级别进行计算的。通常,优先级由高到低的顺序依次是:增量和减量运算→算术运算→关系运算→逻辑运算→赋值运算。

如果两个运算符有相同的优先级,那么左边的表达式要比右边的表达式先被处理。在表达式中,可以通过括号"()"来调整运算符的运算顺序,将想要优先运算的运算符放置在括号"()"内。当程序开始执行时,括号"()"内的运算符会被优先执行。表 4.6 列出了所有运算符从高到低的优先级顺序。

表 4.6　运算符从高到低的优先级顺序

分　类	运　算　符	优先级次序
基本	x.y、f(x)、a[x]、x++、x--、new、typeof、checked、unchecked	高
一元	+、-、!、~、++x、--x、(T)x	
乘除	*、/、%	
加减	+、-	
移位	<<、>>	
比较	<、>、<=、>=、is、as	
相等	==、!=	
位与	&	
位异或	^	
位或	|	
逻辑与	&&	
逻辑或	||	
条件	?:	低
赋值	=、+=、-=、*=、/=、%=、&=、|=、^=、<<=、>>=	

技巧

在编写程序时尽量使用括号"()"运算符来限定运算次序,以免产生错误的运算顺序。

4.4　实践与练习

（答案位置：资源包\TM\sl\4\实践与练习\）

综合练习 1:+运算符的两种应用　尝试开发一个程序,要求用"+"运算符进行加法和串联字符串"15"。

综合练习 2:++运算符前后对比　尝试开发一个程序,分别通过"++x"和"x++"运算符求和,对比查看它们在不同位置的作用。

综合练习 3: 人生路程计算器　英国的专家们提出了这样一个问题：一个人一生中大约能走多少路？每天大约步行多远？经过一些时间的研究和计算得出一个确定的结论：居住在现代城市中的人一生中大约步行 80 500 公里。如果按人的平均寿命 70 岁计算，一年 365 天，编写一个程序，计算一下现在的城市人如果一生步行 80 500 公里，那么需要每天走多少公里，每年走多少公里？（提示：使用 {0:F2} 格式对小数进行格式化，使其保留两位小数。）

综合练习 4: 淘宝能量兑换红包　淘宝集能是淘宝搞的一项活动，获得的能量可兑换成红包奖励，编写程序，输入我的能量（如 2305），计算输入的能量可以兑换多少红包（假设 100 能量可兑换 1 元红包）。

综合练习 5: 数字加法验证码　雅虎是世界上最早的互联网公司，也是互联网时代早期最重要的免费邮件提供商。在那个年代，还没有网络验证码这个东西，雅虎的邮箱每天都受到数以万计的垃圾邮件的"狂轰滥炸"。当时年仅 21 岁的编程天才——Luis von Ahn，巧妙地设计了一种网络验证方式，很好地解决了网络邮箱验证的问题。原理是计算机先产生一个随机的字符串，然后用程序把这个字符串的图像进行随机的扭曲变形，能辨认出变形字符串的就是用户，否则认为是黑客或恶意用户使用软件进行的机器识别。现在验证码被广泛应用于各种网络平台，验证方式也五花八门。假设你刚刚被 Mipso 公司聘用，公司正在做一个大数据项目，你被安排做验证模块。其中一个工作是生成数字计算的验证码，如生成 $3 \times 9 = ?$ 或 $8 + 3 = ?$ 。（提示：使用 Random 对象的 Next 方法生成随机用于作为加法验证码的数字。）

4.5 动手纠错

（1）运行"资源包\TM\排错练习\04\01"文件夹下的程序，出现"未处理 DivideByZeroException 尝试除以零"的错误提示，请根据注释改正程序。

（2）运行"资源包\TM\排错练习\04\02"文件夹下的程序，对比程序中将"--"自减运算符放在操作数前后的运算结果。

（3）运行"资源包\TM\排错练习\04\03"文件夹下的程序，出现"无法将类型 double 隐式转换为 int。存在一个显式转换（是否缺少强制转换?）"的错误提示，请根据注释改正程序。

（4）运行"资源包\TM\排错练习\04\04"文件夹下的程序，出现"无法将类型 int 隐式转换为 bool"的错误提示，请根据注释改正程序。

（5）运行"资源包\TM\排错练习\04\05"文件夹下的程序，出现"System.Console 是'类型'，但此处被当作'变量'来使用"的错误提示，请根据注释改正程序。

（6）运行"资源包\TM\排错练习\04\06"文件夹下的程序，出现"只有 assignment、call、increment、decrement、await 和 new 对象表达式可用作语句"的错误提示，请根据注释改正程序。

（7）运行"资源包\TM\排错练习\04\07"文件夹下的程序，出现"意外的字符'""'"的错误提示，请根据注释改正程序。

（8）运行"资源包\TM\排错练习\04\08"文件夹下的程序，出现"未将对象引用设置到对象的实例"的错误提示，请根据注释改正程序。

第 5 章

字符与字符串

本章主要介绍字符和字符串，C#使用 Char、String 等类来表示它们。C#对于文字的处理大多是通过对字符和字符串的操作来实现的。本章将详细介绍字符与字符串的相关内容，为了便于读者理解，讲解过程中结合了大量的实例。

本章知识架构及重点、难点如下。

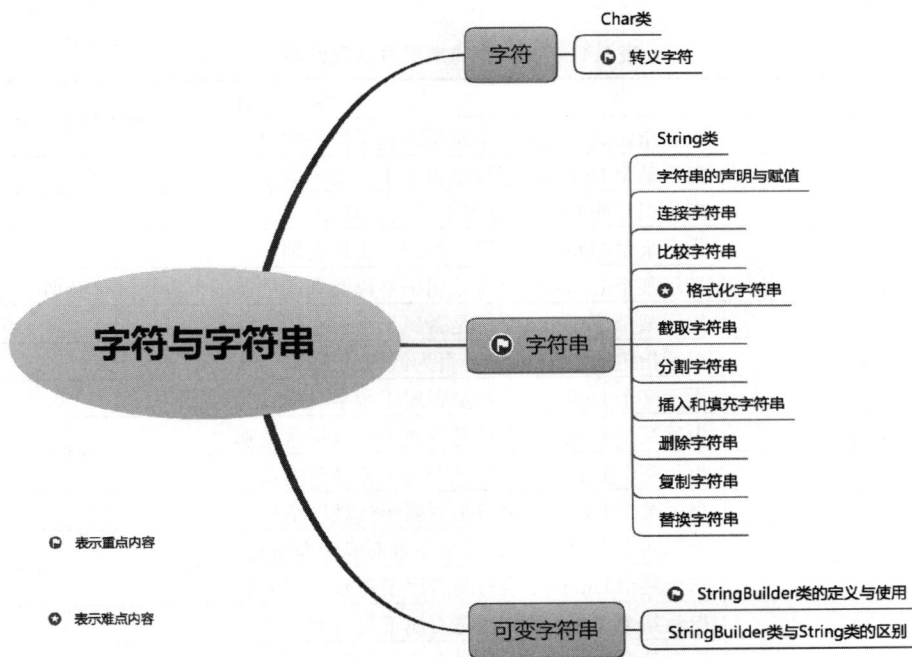

5.1　字符类 Char 的使用

5.1.1　Char 类概述

Char 类主要用来存储单个字符，占用 16 位（两个字节）的内存空间。在定义字符型变量时，要以单引号表示，如's'表示一个字符。而"s"则表示一个字符串，虽然其只有一个字符，但由于使用双引号，所以它仍然表示字符串，而不是字符。Char 的定义非常简单，可以通过下面的代码定义字符。

```
Char ch1='L';
char ch2='1';
```

说明

  Char 只定义一个 Unicode 字符。Unicode 字符是目前计算机中通用的字符编码，它为针对不同语言中的每个字符设定了统一的二进制编码，用于满足跨语言、跨平台的文本转换、处理等要求。

5.1.2　Char 类的使用

  Char 类为开发人员提供了许多方法，开发人员可以通过这些方法灵活地操作字符。Char 类的常用方法及说明如表 5.1 所示。

表 5.1　Char 类的常用方法及说明

os	说　　明
IsControl	指示指定的 Unicode 字符是否属于控制字符类别
IsDigit	指示某个 Unicode 字符是否属于十进制数字类别
IsHighSurrogate	指示指定的 Char 对象是否为高代理项
IsLetter	指示某个 Unicode 字符是否属于字母类别
IsLetterOrDigit	指示某个 Unicode 字符是属于字母类别还是属于十进制数字类别
IsLower	指示某个 Unicode 字符是否属于小写字母类别
IsLowSurrogate	指示指定的 Char 对象是否为低代理项
IsNumber	指示某个 Unicode 字符是否属于数字类别
IsPunctuation	指示某个 Unicode 字符是否属于标点符号类别
IsSeparator	指示某个 Unicode 字符是否属于分隔符类别
IsSurrogate	指示某个 Unicode 字符是否属于代理项字符类别
IsSurrogatePair	指示两个指定的 Char 对象是否形成代理项对
IsSymbol	指示某个 Unicode 字符是否属于符号字符类别
IsUpper	指示某个 Unicode 字符是否属于大写字母类别
IsWhiteSpace	指示某个 Unicode 字符是否属于空白类别
Parse	将指定字符串的值转换为它的等效 Unicode 字符
ToLower	将 Unicode 字符的值转换为它的小写等效项
ToLowerInvariant	使用固定区域性的大小写规则，将 Unicode 字符的值转换为其小写等效项
ToString	将此实例的值转换为其等效的字符串表示
ToUpper	将 Unicode 字符的值转换为它的大写等效项
ToUpperInvariant	使用固定区域性的大小写规则，将 Unicode 字符的值转换为其大写等效项
TryParse	将指定字符串的值转换为它的等效 Unicode 字符

  可以看到 Char 提供了非常多的实用方法，其中以 Is 和 To 开头的比较重要。以 Is 开头的方法大多是判断 Unicode 字符是否为某个类别，以 To 开头的方法主要是转换为其他 Unicode 字符。

【例 5.1】　字符类 Char 的常用方法应用（实例位置：资源包\TM\sl\5\1）

创建一个控制台应用程序，演示如何使用 Char 类提供的常见方法，代码如下。

```
static void Main(string[ ] args)
{
    char a = 'a';                                          //声明字符 a
    char b = '8';                                          //声明字符 b
    char c = 'L';                                          //声明字符 c
    char d = '.';                                          //声明字符 d
    char e = '|';                                          //声明字符 e
    char f = ' ';                                          //声明字符 f
    //使用 IsLetter()方法判断 a 是否为字母
    Console.WriteLine("IsLetter()方法判断 a 是否为字母：{0}", Char.IsLetter(a));
    //使用 IsDigit()方法判断 b 是否为数字
    Console.WriteLine("IsDigit()方法判断 b 是否为数字：{0}", Char.IsDigit(b));
    //使用 IsLetterOrDigit()方法判断 c 是否为字母或数字
    Console.WriteLine("IsLetterOrDigit()方法判断 c 是否为字母或数字：{0}", Char.IsLetterOrDigit(c));
    //使用 IsLower()方法判断 a 是否为小写字母
    Console.WriteLine("IsLower()方法判断 a 是否为小写字母：{0}", Char.IsLower(a));
    //使用 IsUpper()方法判断 c 是否为大写字母
    Console.WriteLine("IsUpper()方法判断 c 是否为大写字母：{0}", Char.IsUpper(c));
    //使用 IsPunctuation()方法判断 d 是否为标点符号
    Console.WriteLine("IsPunctuation()方法判断 d 是否为标点符号：{0}", Char.IsPunctuation(d));
    //使用 IsSeparator()方法判断 e 是否为分隔符
    Console.WriteLine("IsSeparator()方法判断 e 是否为分隔符：{0}", Char.IsSeparator(e));
    //使用 IsWhiteSpace()方法判断 f 是否为空白
    Console.WriteLine("IsWhiteSpace()方法判断 f 是否为空白：{0}", Char.IsWhiteSpace(f));
    Console.ReadLine();
}
```

程序的运行结果如图 5.1 所示。

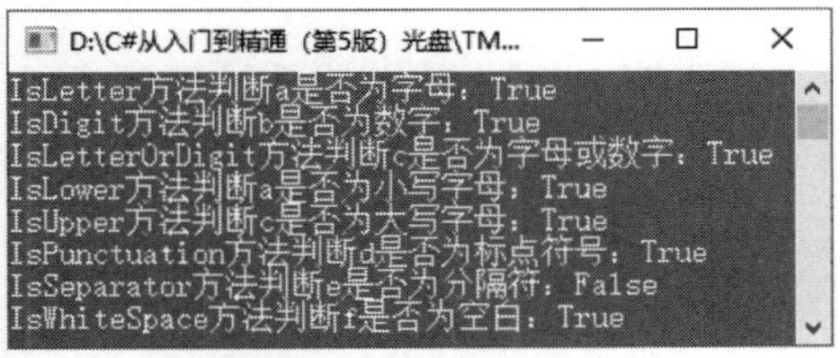

图 5.1　Char 类常用方法的应用

5.1.3　转义字符

转义字符是一种特殊的字符变量，其以反斜线"\"开头，后跟一个或多个字符。转义字符具有特定的含义，不同于字符原有的意义，故称转义。例如，定义一个字符，而这个字符是单引号，如果不使用转义字符，则会产生错误。

转义字符就相当于一个电源变换器，电源变换器就是通过一定的手段获得所需的电源形式，例如交流变为直流、高电压变为低电压、低频变为高频等。转义字符也是，它是将字符转换成另一种操作形式，或是将无法一起使用的字符进行组合。

> **注意**
>
> 转义字符"\"（单个反斜杠）只针对后面紧跟着的单个字符进行操作。

例如，不使用转义字符定义字符，字符的值为单引号，产生错误，代码如下。

```
static void Main(string[ ] args)                        //Main()方法
{
    char M=''';                                         //声明一个字符变量，值为单引号
}
```

程序的运行结果如图 5.2 所示。

例如，为了避免此错误，应该使用转义字符，代码如下。

```
static void Main(string[ ] args)                        //Main()方法
{
    char a='\'';                                        //使用转义字符定义字符的值为单引号
}
```

此外还有其他转义字符，如表 5.2 所示。

表 5.2　转义字符

转 义 字 符	说　　　明	转 义 字 符	说　　　明
\n	按 Enter 键换行	\r	按 Enter 键
\t	横向跳到下一制表位置	\f	换页
\"	双引号	\\	反斜线符
\b	退格	\'	单引号符

说明

大多数重要的正则表达式语言运算符都是非转义的单个字符。转义字符"\"（单个反斜杠）通知正则表达式分析器反斜杠后面的字符不是运算符。例如，分析器将 r 视为字符，而将后跟 r 的反斜杠（\r）视为按 Enter 键功能。

【例 5.2】　输出特殊效果的字符（实例位置：资源包\TM\sl\5\2）

使用转义字符输出带特殊效果的内容，代码如下。

```
static void Main(string[] args)
{
    char c1 = '\\';                                     //反斜杠转义字符
    char c2 = '\'';                                     //单引号转义字符
    char c3 = '\"';                                     //双引号转义字符
    char c4 = '\u2605';                                 //十六进制表示的字符
    char c5 = '\t';                                     //制表符转义字符
    char c6 = '\n';                                     //换行符转义字符
    Console.WriteLine("[" + c1 + "]");
    Console.WriteLine("[" + c2 + "]");
    Console.WriteLine("[" + c3 + "]");
    Console.WriteLine("[" + c4 + "]");
    Console.WriteLine("[" + c5 + "]");
    Console.WriteLine("[" + c6 + "]");
    Console.ReadLine();
```

```
}
```

程序的运行结果如图 5.3 所示。

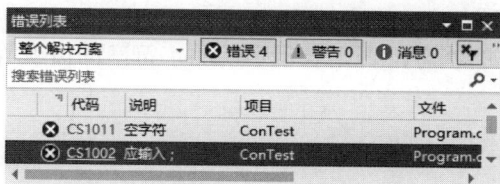

图 5.1　错误提示

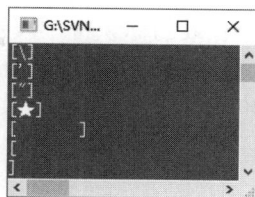

图 5.2　使用转义字符输出带特殊效果的内容

编程训练（答案位置：资源包\TM\sl\5\编程训练\）

【训练 1】：打印保险单　打印保险单详细列表时，使用 Char 类型记录用户的性别是 M（男）还是 W（女），效果如下。

> 您的保险单信息
>
> 保险单号：20171211
> 年　　龄：25
> 保险额度：50000
> 性　　别：M

【训练 2】：输出 Windows 系统目录　在 C#程序中使用转义字符输出 Windows 的系统目录。（提示：Windows 系统目录默认为 C:\Windows\。）

5.2　字符串类 String 的使用

前面介绍了 Char 类型，它只能表示单个字符，不能表示由多个字符连接而成的字符串。在 C#语言中字符串作为对象来处理，可以通过 String 类来创建字符串对象。

5.2.1　字符串的声明及赋值

在 C#语言中，字符串必须包含在一对""""（双引号）之内。例如：

`"23.23"、"ABCDE"、"你好"`

这些都是字符串常量，字符串常量是系统能够显示的任何文字信息，甚至是单个字符。

误区警示

　　在 C#中由双引号（""）包围的都是字符串，不能作为其他数据类型来使用，如 "1+2" 的输出结果永远也不会是 3。

可以通过以下语法格式来声明字符串变量。

```
String str = [null]
```

String： 指定该变量为字符串类型。

str： 任意有效的标识符，表示字符串变量的名称。

null： 如果省略 null，表示 str 变量是未初始化的状态；否则表示声明的字符串的值就等于 null。

例如，声明字符串变量 s，实例代码如下。

```
String s;
```

说明

声明字符串变量必须经过初始化才能使用，否则编译器会报出"使用了未赋值的变量"。

声明字符串之后，需要对其进行赋值，字符串的赋值使用"="，例如，声明一个字符串变量 str，并为其赋值"C#编程词典"，代码如下。

```
string str = "C#编程词典";
```

5.2.2 连接多个字符串

使用"+"运算符可完成对多个字符串连接的功能。"+"运算符可以连接多个字符串并产生一个 String 对象。

例如，定义两个字符串，使用"+"运算符连接，代码如下。

```
String s1 = "hello";          //声明 String 对象 s1
String s2 = "world";          //声明 String 对象 s2
String s = s1 + " " + s2;     //将对象 s1 和 s2 连接后的结果赋值给 s
```

误区警示

C#中一句相连的字符串不能分开在两行中写。例如：

```
Console.WriteLine("I like
C#")
```

这种写法是错误的，如果一个字符串太长，为了便于阅读，可以将这个字符串分为两行书写。此时可以使用"+"将两个字符串连起来，之后在加号处换行。因此，上面的语句可以修改为：

```
Console.WriteLine ("I like"+
"C#");
```

5.2.3 比较字符串

对字符串值进行比较时，可以使用前面学过的比较运算符"=="实现。

例如，使用比较运算符比较两个字符串的值是否相等，实例代码如下。

```
string str1 = "mingrikeji";
```

```
string str2 = "mingrikeji";
Console.WriteLine((str1 == str2));
```

此时，输出结果为 true。

除了使用比较运算符 "=="，在 C#中最常见的比较字符串的方法还有 Compare()、CompareTo()和 Equals()方法等，这些方法都归属于 String 类。下面对这 3 种方法进行详细的介绍。

1．Compare()方法

Compare()方法用来比较两个字符串是否相等，它有很多个重载方法，其中最常用的两种方法如下。

```
Int compare (string strA, string strB)
Int Compare (string strA, string strB, bool ignorCase)
```

strA 和 strB：代表要比较的两个字符串。

ignorCase：是一个布尔类型的参数，如果这个参数的值是 true，那么在比较字符串时就忽略大小写的差别。Compare()方法是一个静态方法，所以在使用时，可以直接引用。

【例 5.3】 使用 Compare()方法比较两个字符串（实例位置：资源包\TM\sl\5\3）

创建一个控制台应用程序，声明两个字符串变量，然后使用 Compare()方法比较两个字符串是否相等，代码如下。

```
static void Main(string[ ] args)
{
    string Str1 = "华为 P30";                      //声明一个字符串 Str1
    string Str2 = "华为 P30 Pro";                   //声明一个字符串 Str2
    Console.WriteLine(String.Compare(Str1, Str2));   //输出字符串 Str1 与 Str2 比较后的返回值
    Console.WriteLine(String.Compare(Str1, Str1));   //输出字符串 Str1 与 Str1 比较后的返回值
    Console.WriteLine(String.Compare(Str2, Str1));   //输出字符串 Str2 与 Str1 比较后的返回值
    Console.ReadLine();
}
```

程序的运行结果如下。

```
-1
0
1
```

📢注意

比较字符串并非比较字符串长度的大小，而是比较字符串在英文字典中的位置。比较字符串按照字典排序的规则，判断两个字符串的大小。在英文字典中，前面的单词小于后面的单词。

2．CompareTo()方法

CompareTo()方法与 Compare()方法相似，都可以比较两个字符串是否相等，不同的是 CompareTo()方法以实例对象本身与指定的字符串作比较，其语法如下。

```
public int CompareTo (string strB)
```

例如，对字符串 stra 和字符串 strb 进行比较，代码如下。

stra.**CompareTo**(strb)

如果 stra 的值与 strb 的值相等，则返回 0；如果 stra 的值大于 strb 的值，则返回 1；否则返回-1。

【例 5.4】 使用 CompareTo()方法比较字符串（**实例位置：资源包\TM\sl\5\4**）

创建一个控制台应用程序，使用 CompareTo()方法比较两个字符串，代码如下。

```
static void Main(string[ ] args)
{
    string Str1 = "支付宝";                          //声明一个字符串 Str1
    string Str2 = "微信支付";                        //声明一个字符串 Str2
    Console.WriteLine(Str1.CompareTo(Str2));        //输出 Str1 与 Str2 比较后的返回值
    Console.ReadLine();
}
```

由于字符串 Str1 在字典中的位置比字符串 Str2 的位置靠后，所以运行结果为 1。

3．Equals()方法

Equals()方法主要用于比较两个字符串是否相同，如果相同返回值是 true；否则为 false。其常用的两种方式的语法如下。

```
public bool Equals (string value)
public static bool Equals (string a,string b)
```

value：是与实例比较的字符串。

a 和 b：是要进行比较的两个字符串。

【例 5.5】 使用 Equals()方法比较字符串（**实例位置：资源包\TM\sl\5\5**）

创建一个控制台应用程序，声明两个字符串变量，然后使用 Equals()方法比较两个字符串是否相同，代码如下。

```
static void Main(string[ ] args)
{
    string Str1 = "支付宝";                          //声明一个字符串 Str1
    string Str2 = "微信支付";                        //声明一个字符串 Str2
    Console.WriteLine(Str1.Equals(Str2));           //用 Equals()方法比较字符串 Str1 和 Str2
    Console.WriteLine(String.Equals(Str1, Str2));   //用 Equals()方法比较字符串 Str1 和 Str2
    Console.ReadLine();
}
```

程序的运行结果为：

```
false
false
```

说明

Equals()方法执行顺序（区分大小写和区域性）比较。

5.2.4　格式化字符串

C#中，String 类提供了一个静态的 Format()方法，用于将字符串数据格式化成指定的格式，其语法格式如下。

```
public static string Format(string format, object obj);
```

format：用来指定字符串所要格式化的形式。

obj：要被格式化的对象。

格式化字符串主要有两种情况，分别是数值类型数据的格式化和日期时间类型数据的格式化，下面分别讲解。

> **说明**
>
> format 参数由零或多个文本序列与零或多个索引占位符混合组成，其中索引占位符称为格式项，它们与此方法的参数列表中的对象相对应。格式设置过程将每个格式项替换为相应对象值的文本表示形式。格式项的语法是{索引[,对齐方式][:格式字符串]}，它指定了一个强制索引、格式化文本的可选长度和对齐方式，以及格式说明符字符的可选字符串，其中格式说明符字符用于控制如何设置相应对象的值的格式。

1．数值类型的格式化

实际开发中，数值类型有多种显示方式，比如货币形式、百分比形式等，C#支持的标准数值格式规范如表 5.3 所示。

表 5.3　C#支持的标准数值格式规范

格式说明符	名　称	说　明	示　例
C 或 c	货币	结果：货币值 受以下类型支持：所有数值类型 精度说明符：小数位数	¥123 或-¥123.456
D 或 d	Decimal	结果：整型数字，负号可选 受以下类型支持：仅整型 精度说明符：最小位数	1 234 或-001 234
E 或 e	指数（科学型）	结果：指数记数法 受以下类型支持：所有数值类型 精度说明符：小数位数	1.052 033E+003 或 -1.05e+003
F 或 f	定点	结果：整数和小数，负号可选 受以下类型支持：所有数值类型 精度说明符：小数位数	1 234.57 或-1 234.560 0
N 或 n	Number	结果：整数和小数、组分隔符和小数分隔符，负号可选 受以下类型支持：所有数值类型 精度说明符：所需的小数位数	1 234.57 或-1 234.560

续表

格式说明符	名　称	说　明	示　例
P 或 p	百分比	结果：乘以 100 并显示百分比符号的数字 受以下类型支持：所有数值类型 精度说明符：所需的小数位数	100.00 %或 100 %
X 或 x	十六进制	结果：十六进制字符串 受以下类型支持：仅整型 精度说明符：结果字符串中的位数	FF 或 00ff

【例 5.6】 格式化不同的数值类型数据（实例位置：资源包\TM\sl\5\6）

创建一个控制台应用程序，使用表 5.3 中的标准数值格式规范对不同的数值类型数据进行格式化，并输出，代码如下。

```
static void Main(string[] args)
{
    //输出金额
    Console.WriteLine(string.Format("1251+3950 的结果是（以货币形式显示）：{0:C}", 1251 + 3950));
    //输出科学计数法
    Console.WriteLine(string.Format("120000.1 用科学计数法表示：{0:E}", 120000.1));
    //输出以分隔符显示的数字
    Console.WriteLine(string.Format("12800 以分隔符数字显示的结果是：{0:N0}", 12800));
    //输出小数点后两位
    Console.WriteLine(string.Format("π 取两位小数点：{0:F2}", Math.PI));
    //输出十六进制
    Console.WriteLine(string.Format("33 的十六进制结果是：{0:X4}", 33));
    //输出百分号数字
    Console.WriteLine(string.Format("天才是由 {0:P0} 的灵感，加上 {1:P0} 的汗水 。", 0.01, 0.99));
    Console.ReadLine();
}
```

程序的运行结果如下。

```
1251+3950 的结果是（以货币形式显示）：￥5,201.00
120000.1 用科学计数法表示：1.200001E+005
12800 以分隔符数字显示的结果是：12,800
π 取两位小数点：3.14
33 的十六进制结果是：0021
天才是由 1% 的灵感，加上 99% 的汗水。
```

2．日期时间的格式化

如果希望日期时间按照某种格式输出，那么可以使用 Format()方法将日期时间格式化成指定的格式。在 C#中，已经提供了一些用于日期时间的格式规范，具体描述如表 5.4 所示。

表 5.4　用于日期时间的格式规范

格　式　规　范	说　明
d	简短日期格式（YYYY-MM-dd）
D	完整日期格式（YYYY 年 MM 月 dd 日）

格 式 规 范	说 明
t	简短时间格式（hh:mm）
T	完整时间格式（hh:mm:ss）
f	简短的日期/时间格式（YYYY-MM-dd　hh:mm）
F	完整的日期/时间格式（YYYY 年 MM 月 dd 日　hh:mm:ss）
g	简短的可排序的日期/时间格式（YYYY-MM-dd　hh:mm）
G	完整的可排序的日期/时间格式（YYYY-MM-dd　hh:mm:ss）
M 或 m	月/日格式（MM 月 dd 日）
Y 或 y	年/月格式（YYYY 年 MM 月）

下面通过一个实例，演示如何使用日期时间的格式规范，以格式规范 D 为例。

【例 5.7】 格式化日期并输出（实例位置：资源包\TM\sl\5\7）

创建一个控制台应用程序，声明一个 DateTime 类型的变量 dt，用于获取系统的当前日期时间，然后通过使用格式规范 D 将日期时间格式化为"YYYY 年 MM 月 dd 日"的格式，代码如下。

```
static void Main(string[ ] args)
{
    DateTime dt = DateTime.Now;              //获取系统当前日期
    string strB = String.Format("{0:D}", dt);   //格式化成完整日期格式
    Console.WriteLine(strB);                 //输出日期
    Console.ReadLine();
}
```

程序的运行结果为"2021 年 1 月 26 日"。

误区警示

通过在 ToString 方法中传入指定的"格式说明符"，也可以实现对数值型数据和日期时间型数据的格式化。例如，下面的代码分别使用 ToString 方法将数字 1298 格式化为货币形式，将当前日期格式化为年/月格式，代码如下。

```
int money = 1298;
Console.WriteLine(money.ToString("C"));      //使用 ToString 方法格式化数值类型
DateTime dTime = DateTime.Now;
Console.WriteLine(dTime.ToString("Y"));      //使用 ToString 方法格式化日期时间类型
```

5.2.5 截取字符串

String 类提供了一个 Substring()方法，该方法可以截取字符串中指定位置和指定长度的子字符串，其语法格式如下。

```
public string Substring (int startIndex,int length)
```

startIndex：子字符串起始位置的索引。

length：子字符串中的字符数。

【例 5.8】 从字符串指定位置截取指定个数的子字符串（实例位置：资源包\TM\sl\5\8）

创建一个控制台应用程序，声明两个 string 类型的变量 StrA 和 StrB，并将 StrA 初始化为"今天你消耗了多少卡路里"，然后使用 Substring()方法从索引 2 开始截取 4 个字符，赋值给 StrB，并输出 StrB，代码如下。

```
static void Main(string[ ] args)
{
    string StrA = "今天你消耗了多少卡路里";          //声明字符串 StrA
    string StrB = "";                            //声明字符串 StrB
    StrB = StrA.Substring(2, 4);                 //截取字符串
    Console.WriteLine(StrB);                     //输出截取后的字符串
    Console.ReadLine();
}
```

程序的运行结果为"你消耗了"。

说明

在用 Substring()方法截取字符串时，如果 length 参数的长度大于截取字符串的长度，将从起始位置的索引处截取之后的所有字符。

5.2.6   分割字符串

String 类提供了一个 Split()方法，用于分割字符串，此方法的返回值是包含所有分割子字符串的数组对象，可以通过数组取得所有分割的子字符串，其语法格式如下。

```
public string[ ] Split ( params char[ ] separator);
```

separator：是一个数组，包含分隔符。

【例 5.9】 按指定字符对字符串进行分割（实例位置：资源包\TM\ sl\5\9）

创建一个控制台应用程序，声明一个 string 类型变量 StrA，初始化为"AI 时代已经到来，你还在等什么"，然后通过 Split()方法分割变量 StrA，并输出分割后的字符串，代码如下。

```
static void Main(string[ ] args)
{
    string StrA = "AI 时代已经到来，你还在等什么";       //声明字符串 StrA
    char[] separator ={',  '};                      //声明分割字符的数组
    String[] splitstrings = new String[100];        //声明一个字符串数组
    splitstrings = StrA.Split(separator);           //分割字符串
    for (int i = 0; i < splitstrings.Length; i++)
    {
        Console.WriteLine("item{0}:{1}", i, splitstrings[i]);
    }
    Console.ReadLine();
```

```
}
```

程序的运行结果如下。

```
item0：AI 时代已经到来
item1：你还在等什么
```

5.2.7　插入和填充字符串

1．插入字符串

String 类提供了一个 Insert()方法，用于向字符串的任意位置插入新元素，其语法格式如下。

```
public string Insert (int startIndex, string value);
```

- ☑　startIndex：指定所要插入的位置，索引从 0 开始。
- ☑　value：指定所要插入的字符串。

【例 5.10】　在字符串指定位置插入字符（**实例位置：资源包\TM\sl\5\10**）

创建一个控制台应用程序，声明 3 个 string 类型的变量 str1、str2 和 str3。将变量 str1 初始化为"梦想还是要有的，万一实现了呢！"。然后使用 Insert()方法在字符串 str1 的索引 0 处插入字符串"马云说："，并赋给字符串 str2。最后在字符串 str2 的索引 19 处插入字符串"你信吗"，赋给字符串 str3 并输出 str3，代码如下。

```
static void Main(string[ ] args)                          //Main()方法
{
    string str1 = "梦想还是要有的，万一实现了呢！";        //声明字符串变量 str1 并赋值
    string str2;                                          //声明字符串变量 str2
    str2 = str1.Insert(0,"马云说：");                     //使用 Insert()方法向字符串 str1 中插入字符串
    string str3 = str2.Insert(19,"你信吗");               //使用 Insert()方法向字符串 str2 中插入字符串
    Console.WriteLine(str3);                              //输出字符串变量 str3
    Console.ReadLine();
}
```

程序的运行结果为"马云说：梦想还是要有的，万一实现了呢！你信吗"。

技巧

如果想在字符串的尾部插入字符串，可以用字符串变量的 Length 属性来设置插入的起始位置。

2．填充字符串

String 类提供了 PadLeft()/PadRight()方法用于填充字符串，PadLeft()方法在字符串的左侧进行字符填充，而 PadRight()方法在字符串的右侧进行字符填充。PadLeft()方法的语法格式如下。

```
public string PadLeft(int totalWidth,char paddingChar)
```

PadRight()方法的语法格式如下。

```
public string PadRight(int totalWidth,char paddingChar)
```

totalWidth：指定填充后的字符串长度。

paddingChar：指定所要填充的字符，如果省略，则填充空格符号。

【例 5.11】 给笑脸符号添加一对括号（**实例位置：资源包\TM\sl\5\11**）

创建一个控制台应用程序，声明 3 个 string 类型的变量：str1、str2 和 str3。将 str1 初始化为"*^__^*"。然后使用 PadLeft()方法在 str1 的左侧填充字符"("，并赋给字符串 str2。最后使用 PadRight()方法在字符串 str2 的右侧填充字符")"，得到字符串"(*^__^*)"，赋给字符串 str3 并输出字符串 str3，代码如下。

```
static void Main(string[ ] args)
{
string str1 = "*^__^*";                              //声明一个字符串变量 str1
//声明一个字符串变量 str2，并使用 PadLeft()方法在 str1 的左侧填充字符"("
string str2 = str1.PadLeft(7, '(');
//声明一个字符串变量 str3，并使用 PadRight()方法在 str2 右侧填充字符")"
string str3 = str2.PadRight(8, ')');
Console.WriteLine("补充字符串之前："+str1);             //输出字符串 str1
Console.WriteLine("补充字符串之后："+str3);             //输出字符串 str2
Console.ReadLine();
}
```

程序的运行结果如下。

```
补充字符串之前：*^__^*
补充字符串之后：(*^__^*)
```

5.2.8 删除字符串

String 类提供了一个 Remove()方法，用于从一个字符串的指定位置开始，删除指定数量的字符，其语法格式如下。

```
public String Remove ( int startIndex);
public String Remove ( int startIndex, int count);
```

startIndex：用于指定开始删除的位置，索引从 0 开始。

count：指定删除的字符数量。

误区警示

参数 count 的值不能为 0 或是负数（startIndex 参数也不能为负数）。如果为负数，将会引发 ArgumentOutOfRangeException 异常（当参数值超出调用的方法所定义的允许取值范围时引发的异常）；如果为 0，则删除无意义，也就是没有进行删除。

Remove()方法有两种语法格式，第一种格式删除字符串中从指定位置到最后位置的所有字符；第二种格式从字符串中指定位置开始删除指定数目的字符。

【例 5.12】 删除指定索引后的所有字符（实例位置：资源包\TM\sl\5\12）

创建一个控制台应用程序，声明一个 string 类型的变量 str1，并初始化为".NET 也开源了！"，然后使用 Remove()方法的第一种语法格式删除索引 4 后面的所有字符，代码如下。

```
static void Main(string[ ] args)                    //Main()方法
{
    string str1 = ".NET 也开源了！";                  //声明一个字符串变量 str1
    //声明一个字符串变量 str2，并使用 Remove()方法从字符串 str1 的索引 4 处开始删除
    string str2 = str1.Remove(4);
    Console.WriteLine(str2);                         //输出字符串 str2
    Console.ReadLine();
}
```

程序的运行结果为".NET"。

下面再通过实例演示如何使用 Remove()方法的第二种语法格式。

【例 5.13】 从指定位置删除指定个数的字符（实例位置：资源包\TM\sl\5\13）

创建一个控制台应用程序，声明一个 string 类型变量 str1，并初始化为".NET 也开源了！"，然后使用 Remove()方法的第二种语法格式从索引位置 0 开始，删除 4 个字符，代码如下。

```
static void Main(string[ ] args)                    //Main()方法
{
    string str1 = ".NET 也开源了！";                  //声明一个字符串变量 str1，并初始化
    //声明一个字符串变量 str2，并使用 Remove()方法从字符串 str1 的索引 0 处开始删除 4 个字符
    string str2 = str1.Remove(0,4);
    Console.WriteLine(str2);                         //输出字符串 str2
    Console.ReadLine();
}
```

程序的运行结果为"也开源了！"。

5.2.9　复制字符串

String 类提供了 Copy()和 CopyTo()方法，用于将字符串或子字符串复制到另一个字符串或 Char 类型的数组中。

1．Copy()方法

创建一个与指定的字符串具有相同值的字符串的新实例，其语法格式如下。

```
public static string Copy (string str)
```

☑　　str：代表要复制的字符串。

☑　　返回值：与 str 具有相同值的字符串。

【例 5.14】 使用 Copy()方法复制字符串（实例位置：资源包\TM\sl\5\14）

创建一个控制台应用程序，声明一个 string 类型的变量 stra，并初始化为"AI 时代"，然后使用 Copy()方法复制字符串 stra，并赋给字符串 strb，代码如下。

```
string stra = "AI 时代";                             //声明一个字符串变量 stra 并初始化
```

```
string strb;                                      //声明一个字符串变量 strb
//使用 String 类的 Copy()方法，复制字符串 stra 并赋值给 strb
strb = String.Copy(stra);
Console.WriteLine(strb);                           //输出字符串 strb
Console.ReadLine();
```

程序的运行结果为"AI 时代"。

2．CopyTo()方法

CopyTo()方法的功能与 Copy()方法基本相同，但是 CopyTo()方法可以将字符串的某一部分复制到另一个数组中，其语法格式如下。

public void CopyTo(int sourceIndex,char[ ]destination,int destinationIndex,int count);

CopyTo()方法的参数及说明如表 5.5 所示。

表 5.5　CopyTo()方法的参数及说明

参　　数	说　　明	参　　数	说　　明
sourceIndex	需要复制的字符的起始位置	destinationIndex	指定目标数组中的开始存放位置
destination	目标字符数组	count	指定要复制的字符个数

误区警示

如果参数 sourceIndex、destinationIndex 或 count 为负数，或者参数 count 大于从 startIndex 到实例末尾的子字符串的长度，又或者 count 大于从 destinationIndex 到 destination 末尾的子数组的长度，则引发 ArgumentOutOfRangeException 异常（当参数值超出调用的方法所定义的允许取值范围时引发的异常）。

下面通过实例演示如何使用 CopyTo()方法。

【例 5.15】　CopyTo()方法的使用（实例位置：资源包\TM\sl\5\15）

创建一个控制台应用程序，声明一个 string 类型变量 str1，并将其初始化为"机器学习及深度学习"。然后声明一个 char 类型的数组 str，使用 CopyTo()方法将"机器学习"复制到数组 str 中，代码如下。

```
static void Main(string[ ] args)
{
    string str1 = "机器学习及深度学习";              //声明一个字符串变量 str1 并初始化
    char[] str=new char[100];                      //声明一个字符数组 str
    //将字符串 str 从索引 0 开始的 4 个字符复制到字符数组 str 中
    str1.CopyTo(0,str,0,4);
    Console.WriteLine(str);                         //输出字符数组中的内容
    Console.ReadLine();
}
```

程序的运行结果为"机器学习"。

5.2.10　替换字符串

String 类提供了一个 Replace()方法，用于将字符串中的某个字符或字符串替换成其他的字符或字符串，其语法格式如下。

```
public string Replace(char OChar,char NChar)
public string Replace(string OValue,string NValue)
```

Replace()方法的参数及说明如表 5.6 所示。

表 5.6 Replace()方法的参数及说明

参 数	说 明	参 数	说 明
OChar	待替换的字符	OValue	待替换的字符串
NChar	替换后的新字符	NValue	替换后的新字符串

上述 Replace()方法有两种语法格式：第一种语法格式主要用于替换字符串中指定的字符；第二种语法格式主要用于替换字符串中指定的字符串。下面通过实例演示这两种语法格式的用法。

【例 5.16】 通过替换字符串使句子首字母大写（实例位置：资源包\TM\sl\5\16）

创建一个控制台应用程序，声明一个 string 类型变量 a，并初始化为"one world,one dream"。然后使用 Replace()方法的第一种语法格式将字符串中的","替换成"*"。最后使用 Replace()方法的第二种语法格式将字符串中的"one world"替换成"One World"，代码如下。

```
static void Main(string[ ] args)
{
    string a = "one world,one dream";              //声明一个字符串变量 a 并初始化
    //使用 Replace()方法将字符串 a 中的","替换为"*"，并赋值给字符串变量 b
    string b = a.Replace(',','*');
    Console.WriteLine(b);                          //输出字符串变量 b
    //使用 Replace()方法将字符串 a 中的"one world"替换为"One World"
    string c = a.Replace("one world", "One World");
    Console.WriteLine(c);                          //输出字符串变量 c
    Console.ReadLine();
}
```

程序的运行结果如下。

```
one world*one dream
One World,one dream
```

编程训练（答案位置：资源包\TM\sl\5\编程训练\）

【训练 3】：你有"理想"吗？ 定义一个字符串"世界上最快乐的事，莫过于为理想而奋斗！"，然后确认该字符串中是否存在关键字"理想"。

【训练 4】：打印商品及价格信息 在控制台中显示 3 种商品，分别为"1. 华为 Mate 30(64G) 6888""2. 荣耀 30(高配版) 3999"和"3. 一部手机 7T 2999.99"，然后根据用户输入的编号，提示用户购买的商品及价格，其中价格以货币形式显示。

5.3 可变字符串类

对于创建成功的字符串对象，它的长度是固定的，内容不能被改变和编译。虽然使用"+"可以达

到附加新字符或字符串的目的，但"+"会产生一个新的 String 实例，会在内存中创建新的字符串对象。如果重复地对字符串进行修改，将极大地增加系统开销。而 C#中提供了一个可变的字符序列 StringBuilder 类，大大提高了频繁增加字符串的效率。本节将对其使用进行讲解。

5.3.1 StringBuilder 类的定义

StringBuilder 类有 6 种不同的构造方法，本节只介绍最常用的一种，其语法格式如下。

```
public StringBuilder (string value,int cap)
```

value：StringBuilder 对象引用的字符串。

cap：设定 StringBuilder 对象的初始大小。

例如，创建一个 StringBuilder 对象，其初始引用的字符串为"Hello World!"，代码如下。

```
StringBuilder MyStringBuilder = new StringBuilder("Hello World!");
```

说明

StringBuilder 类表示值为可变字符序列中类似字符串的对象。之所以说值是可变的，是因为在通过追加、移除、替换或插入字符而创建它后可以对它进行修改。

5.3.2 StringBuilder 类的使用

StringBuilder 类存在于 System.Text 命名空间中，如果要创建 StringBuilder 对象，首先必须引用此命名空间。StringBuilder 类中常用的方法及说明如表 5.7 所示。

表 5.7　StringBuilder 类中常用的方法及说明

方　　法	说　　明
Append	将文本或字符串追加到指定对象的末尾
AppendFormat	自定义变量的格式并将这些值追加到 StringBuilder 对象的末尾
Insert	将字符串或对象添加到当前 StringBuilder 对象中的指定位置
Remove	从当前 StringBuilder 对象中移除指定数量的字符
Replace	用另一个指定的字符来替换 StringBuilder 对象内的字符

下面通过实例来演示如何使用 StringBuilder 类中的这 5 种方法。

【例 5.17】 StringBuilder 类的使用（实例位置：**资源包\TM\sl\5\17**）

创建一个控制台应用程序，声明一个 int 类型的变量 Num，并初始化为 1000，然后创建一个 StringBuilder 对象，并初始化，初始大小为 100。最后使用 StringBuilder 类的 Append()、AppendFormat()、Insert()、Remove()和 Replace()方法操作 StringBuilder 对象，代码如下。

```
static void Main(string[ ] args)
{
    int Num = 1000;                            //声明一个 int 类型变量 Num 并初始化为 1000
```

```
//实例化一个 StringBuilder 类，并初始化为"荣耀自称科技标杆"
StringBuilder honorvsxiaomi = new StringBuilder("荣耀自称科技标杆", 100);
//使用 Append()方法将字符串追加到 honorvsxiaomi 的末尾
honorvsxiaomi.Append("VS 小米死磕高性价比");
Console.WriteLine(honorvsxiaomi);                    //输出 honorvsxiaomi
//使用 AppendFormat()方法将字符串按照指定的格式追加到 honorvsxiaomi 的末尾
honorvsxiaomi.AppendFormat("{0:C}", Num);
Console.WriteLine(honorvsxiaomi);
honorvsxiaomi.Insert(0, "PK：");                      //使用 Insert()方法将"PK："追加到 honorvsxiaomi 的开头
Console.WriteLine(honorvsxiaomi);
//使用 Remove()方法从 honorvsxiaomi 中删除索引 21 以后的字符串
honorvsxiaomi.Remove(21, honorvsxiaomi.Length - 21);
Console.WriteLine(honorvsxiaomi);
honorvsxiaomi.Replace("PK", "相爱相杀");              //使用 Replace()方法将"PK："替换成"相爱相杀"
Console.WriteLine(honorvsxiaomi);
Console.ReadLine();
}
```

程序的运行结果如图 5.4 所示。

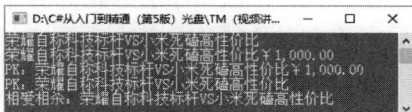

图 5.4　StringBuilder 类中几种方法的应用

5.3.3　StringBuilder 类与 String 类的区别

String 对象是不可改变的，每次使用 String 类中的方法时，都要在内存中创建一个新的字符串对象，这就需要为该新对象分配新的空间。在需要对字符串执行重复修改的情况下，与创建新的 String 对象相关的系统开销可能会非常昂贵。如果要修改字符串而不创建新的对象，则可以使用 StringBuilder 类。例如，当在一个循环中将许多字符串连接在一起时，使用 StringBuilder 类可以提升性能。

【例 5.18】 验证字符串和可变字符串的效率（实例位置：资源包\TM\sl\5\18）

创建一个控制台应用程序，在 Mian()方法中编写如下代码，验证字符串操作和可变字符串操作的效率。

```
static void Main(string[ ] args)
{
    String str = "";                                 //创建空字符串
    //定义对字符串执行操作的起始时间
    long starTime = DateTime.Now.Millisecond;
    for (int i = 0; i < 10000; i++)
    {                                                //利用 for 循环执行 10000 次操作
        str = str + i;                               //循环追加字符串
    }
    long endTime = DateTime.Now.Millisecond;         //定义对字符串操作后的时间
    long time = endTime - starTime;                  //计算对字符串执行操作的时间
```

```
Console.WriteLine("String 消耗时间： " + time);        //将执行的时间输出
StringBuilder builder = new StringBuilder("");          //创建字符串生成器
starTime = DateTime.Now.Millisecond;                    //定义操作执行前的时间
for (int j = 0; j < 10000; j++)
{                                                       //利用 for 循环进行操作
    builder.Append(j);                                  //循环追加字符
}
endTime = System.DateTime.Now.Millisecond;              //定义操作后的时间
time = endTime - starTime;                              //追加操作执行的时间
Console.WriteLine("StringBuilder 消耗时间： " + time);  //将操作时间输出
Console.ReadLine();
}
```

运行结果如图 5.5 所示。

通过这一实例可以看出，二者执行的时间差距很大。如果在程序中频繁地附加字符串，建议使用 StringBuilder 类。

编程训练　　　　　　（答案位置：资源包\TM\sl\5\编程训练\）

图 5.5　验证字符串操作和可变字符串操作的效率

【训练 5】：对比 string 与 StringBuilder string 是不可变字符串，StringBuilder 是可变字符串，编写一个程序，分别使用 string 和 StringBuilder 存储相同的字符串，然后调用 Insert 方法分别向其中插入一个相同的字符串，并使用 GetHashCode 方法分别获取插入前后字符串对象的哈希值，观察它们的变化。

【训练 6】：使用可变字符串存储用户名　将用户的姓名存储到一个 StringBuilder 可变字符串中，然后向用户显示一条打招呼的消息，比如 "Hello Mike!"。

5.4　实践与练习

（答案位置：资源包\TM\sl\5\实践与练习\）

综合练习 1：字符串颠倒输出　尝试开发一个程序，要求将字符串中的每个字符颠倒输出。

综合练习 2：删除字符串中的所有空格　尝试开发一个程序，要求去掉字符串中的所有空格。

综合练习 3：分离文件相关信息　尝试开发一个程序，主要实现从字符串中分离文件路径、文件名及扩展名的功能。

综合练习 4：提取居民身份证的生日、性别　编写一个程序，输入身份证号，输出对应的生日和性别，居民身份证信息所代表的意义如图 5.6 所示。

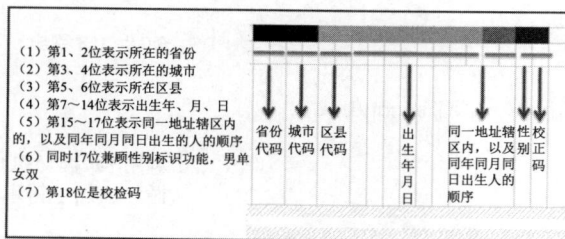

图 5.6　居民身份证信息所代表的意义

综合练习 5：根据车牌号获取归属地　将"津 A·12345""沪 A·23456""京 A·34567"这三张号牌放到 string 类型的数组中，然后在遍历数组的过程中完成对每张号牌归属地的判断。

5.5　动手纠错

（1）运行"资源包\TM\排错练习\05\01"文件夹下的程序，出现"无法将类型 string 隐式转换为 char"的错误提示，请根据注释改正程序。

（2）运行"资源包\TM\排错练习\05\02"文件夹下的程序，出现"与 Test.Program.ShowInfo(string) 最匹配的重载方法具有一些无效参数"的错误提示，请根据注释改正程序。

（3）运行"资源包\TM\排错练习\05\03"文件夹下的程序，出现"字符文本中的字符太多"的错误提示，请根据注释改正程序。

（4）运行"资源包\TM\排错练习\05\04"文件夹下的程序，出现"未处理 Argument Out Of Range Exception 索引和长度必须引用该字符串内的位置"的错误提示，请根据注释改正程序。

（5）运行"资源包\TM\排错练习\05\05"文件夹下的程序，出现"无法识别的转义序列"的错误提示，请根据注释改正程序。

（6）运行"资源包\TM\排错练习\05\06"文件夹下的程序，出现"未处理 NullReferenceException 未将对象引用设置到对象的实例"的错误提示，请根据注释改正程序。

（7）运行"资源包\TM\排错练习\05\07"文件夹下的程序，出现"与 string.PadLeft(int, char)最匹配的重载方法具有一些无效参数"的错误提示，请根据注释改正程序。

第6章

流程控制语句

　　流程控制对于任何一门编程语言来说都是至关重要的，它提供了控制程序步骤的基本手段。如果没有流程控制语句，整个程序将按照线性的顺序来执行，不能根据用户的输入决定执行的序列。本章将对 C#中的流程控制语句进行详细讲解。

　　本章知识架构及重点、难点如下。

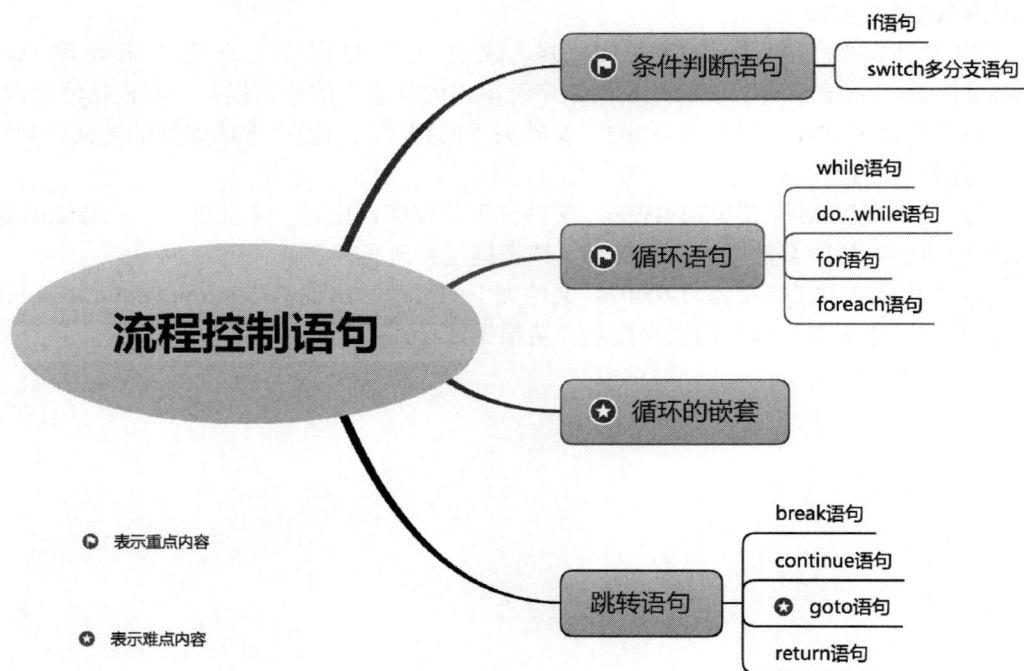

　　　　　　　　　　　　　　　　　　　　　　　　　　　　　　　　　　　　　if语句
　　　　　　　　　　　　　　　　　　　　　　　条件判断语句
　　　　　　　　　　　　　　　　　　　　　　　　　　　　　　　　　　　　　switch多分支语句

　　　　　　　　　　　　　　　　　　　　　　　　　　　　　　　　　　　　　while语句

　　　　　　　　　　　　　　　　　　　　　　　　　　　　　　　　　　　　　do...while语句
　　　　　　　　　　　　　　　　　　　　　　　循环语句
　　　　　　　　　　　　　　　　　　　　　　　　　　　　　　　　　　　　　for语句
　流程控制语句
　　　　　　　　　　　　　　　　　　　　　　　　　　　　　　　　　　　　　foreach语句

　　　　　　　　　　　　　　　　　　　　　　　循环的嵌套

　　表示重点内容
　　　　　　　　　　　　　　　　　　　　　　　　　　　　　　　　　　　　　break语句

　　　　　　　　　　　　　　　　　　　　　　　　　　　　　　　　　　　　　continue语句
　　表示难点内容
　　　　　　　　　　　　　　　　　　　　　　　跳转语句　　　　　　　　　　　goto语句

　　　　　　　　　　　　　　　　　　　　　　　　　　　　　　　　　　　　　return语句

6.1　条件判断语句

　　条件判断语句用于根据某个表达式的值从若干条给定语句中选择一个来执行。这就好像在商场买东西，结账时用现金还是刷卡，如果刷卡，是用信用卡还是银行卡，可以将其理解为一个事物的选择过程。条件判断语句包括 if 语句和 switch 语句两种，下面进行详细讲解。

6.1.1　if 语句

使用 if 条件语句，可选择是否要执行紧跟在条件之后的那个语句。关键字 if 之后是作为条件的"布尔表达式"，如果该表达式返回的结果为 true，则执行其后的语句；若为 false，则不执行 if 条件之后的语句。if 条件语句可分为简单 if 语句、if…else 语句和 if…else if 多分支语句。

1．简单 if 语句

简单 if 语句的语法格式如下。

```
if(布尔表达式)
{
    语句块
}
```

☑　布尔表达式：必要参数，表示它最后返回的结果必须是一个布尔值。它可以是一个单纯的布尔变量或常量，也可以是使用关系或布尔运算符的表达式。

☑　语句块：可选参数。可以是一条或多条语句，当表达式的值为 true 时执行这些语句。若语句块中仅有一条语句，则可以省略条件语句中的"{ }"。

例如，使用 if 语句判断用户输入的数字是不是偶数，代码如下。

```
int i = Convert.ToInt32(Console.ReadLine());;          //记录用户输入
if (i % 2 == 0)                                         //调用 if 语句判断
{
    Console.WriteLine("i 是一个偶数");
}
```

说明

这里，虽然 if 后的语句块只有一条语句，省略"{ }"也不会出现语法错误，但为了增强程序的可读性，最好不要省略。

简单的 if 语句的执行过程如图 6.1 所示。

2．if…else 语句

if…else 语句是条件语句中最常用的一种形式，它会针对某种条件有选择地做出处理。通常表现为：如果满足某种条件，就进行某种处理，否则就进行另一种处理。语法格式如下。

```
if(布尔表达式)
{
    语句块
}
else
{
    语句块
}
```

if 后面括号()内表达式的值必须为 bool 型。如果表达式的值为 true，则执行紧跟 if 语句的语句块；如果表达式的值为 false，则执行 else 后面的语句块。if…else 语句的执行过程如图 6.2 所示。

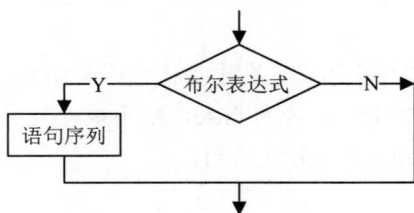

图 6.1   if 语句执行过程   图 6.2   if…else 语句执行过程

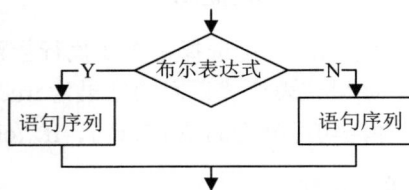

技巧

if…else 语句可以使用三元条件运算符进行简化。例如，如下求绝对值的代码：

if(a > 0)

  b = a;

else

  b = -a;

可以简写成：

b = a > 0?a:-a;

这里，如果 a > 0，就把 a 的值赋值给变量 b，否则将-a 赋值给变量 b。也就是说，如果 "?" 前的表达式为真，就将问号、冒号间表达式的结果赋给 b；否则将冒号后表达式的结果赋值给 b。

使用三元运算符可以使代码更简洁，并且有一个返回值。

【例 6.1】 模拟拨打电话场景（**实例位置：资源包\TM\sl\6\1**）

官方电话号码为 4006751066，如果输入的电话号码是 4006751066，显示 "电话正在接通，请等待……"，否则，提示拨打的号码不存在。代码如下。

```
static void Main(string[] args)
{
    Console.WriteLine("请输入要拨打的电话号码: ");
    string phone = Console.ReadLine();          //记录用户的输入
    if (phone == "4006751066")                  //判断输入的电话号码是否为 4006751066
    {
        Console.WriteLine("电话正在接通，请等待……");
    }
    else
    {
        Console.WriteLine("对不起，您拨打的号码不存在！");
    }
    Console.ReadLine();
}
```

程序的运行结果如图 6.3 所示。

图 6.3　if…else 语句的使用

3．if…else if 多分支语句

if…else if 多分支语句用于针对某一事件的多种情况进行处理。通常表现为：如果满足某种条件，就进行某种处理；否则如果满足另一种条件，则执行另一种处理。语法格式如下。

```
if(条件表达式 1){
    语句块 1
}
else if(条件表达式 2){
    语句块 2
}
…
else if(条件表达式 n){
    语句块 n
}
```

☑　条件表达式 1~条件表达式 n：必要参数。可以由多个表达式组成，但最后返回的结果一定要为 bool 类型。

☑　语句块：可以是一条或多条语句，当条件表达式 1 的值为 true 时，执行语句块 1；当条件表达式 2 的值为 true 时，执行语句块 2，以此类推。当省略任意一组语句块时，可以保留其外面的 "{ }"，也可以将 "{ }" 替换为 ";"。

if…else if 多分支语句的执行过程如图 6.4 所示。

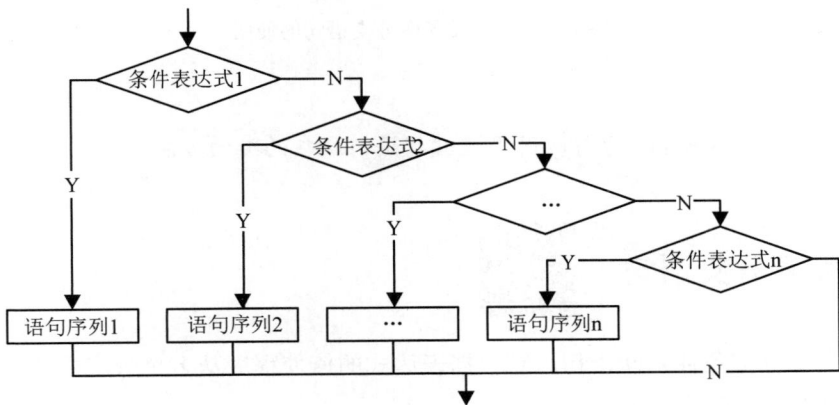

图 6.4　if…else if 多分支语句执行过程

【例 6.2】 模拟设计游戏关卡（**实例位置：资源包\TM\sl\6\2**）

要求根据输入的数字，直接进入对应的关卡。例如，输入的是数字 3，控制台输出"当前进入第 3 关"，因为游戏设置只有 3 关，所以，当输入不是 1、2、3 的数字时，提示"请输入正确的关数，当前游戏只有 3 关"。代码如下。

```
static void Main(string[] args)
{
    Console.Write("请输入关卡:");                          //提示用户输入关卡
    int num = Convert.ToInt32(Console.ReadLine());        //记录用户输入的数
    if (num == 1)                                         //判断输入的数等于
    {
        Console.WriteLine("当前进入第 1 关……"); //进入第一关
    }
    else if (num == 2)                                   //输入的关卡数等于 2
    {
        Console.WriteLine("当前进入第 2 关……"); //进入第二关
    }
    else if (num == 3)                                   //输入的关卡数等于 3
    {
        Console.WriteLine("当前进入第 3 关……"); //进入第三关
    }
    else
    {
        Console.WriteLine("请输入正确的关数，当前游戏只有 3 关！"); //提示信息
    }
    Console.ReadLine();
}
```

程序的运行结果如图 6.5 所示。

图 6.5　if…else if 多分支语句的使用

在 if 语句中可以使用 return 语句，用于退出 if 语句所在的类的方法。

6.1.2　switch 多分支语句

switch 语句是多分支条件判断语句，它根据表达式的值使程序从多个分支中选择一个用于执行的分支。switch 语句的基本格式如下。

```
switch(表达式)
{
case    常量表达式：语句块
break;
case    常量表达式：语句块
break;
```

```
…
case   常量表达式：语句块
default:语句块
break;
}
```

switch 关键字后面括号()中的内容为条件表达式,大括号 { }中的程序代码是由多个 case 子句组成的。每个 case 关键字后面都有语句块,这些语句块都是 switch 语句可能执行的语句块。如果符合条件值,case 下的语句块就会被执行,语句块执行完毕后,紧接着会执行 break 语句,使程序跳出 switch 语句。在 switch 语句中,表达式的类型必须是 sbyte、byte、short、ushort、int、uint、long、ulong、char、string 或者枚举类型中的一种。常量表达式的值必须是与表达式的类型兼容的常量,并且在一个 switch 语句中,不同 case 关键字后面的常量表达式必须不同。如果指定了相同的常量表达式,会导致编译时出错。一个 switch 语句中只能有一个 default 标签。在 switch 语句中,编程人员在 case 子句的语句块后经常在使用 break 语句,其主要作用是跳出 switch 语句。下面通过实例演示如何使用 break 语句跳出 switch 语句。switch 语句的执行过程如图 6.6 所示。

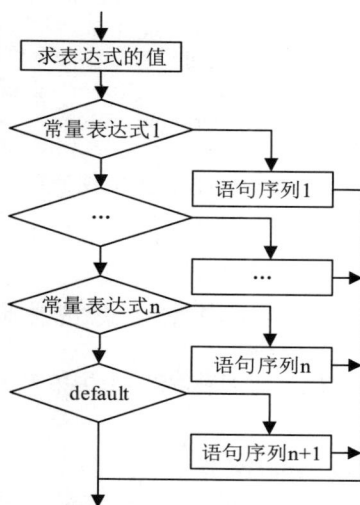

图 6.6 switch 语句执行过程

注意

switch 语句可以包括任意数目的 case 子句,但是任何两个 case 语句都不能具有相同的值。

【例 6.3】 高考录取分数线查询（实例位置：资源包\TM\sl\6\3）

创建一个控制台应用程序,使用 switch 多分支语句实现查询高考录取分数线的功能,其中,民办本科录取分数线为 350 分、艺术类本科录取分数线为 290 分、体育类本科录取分数线为 280 分、二本录取分数线为 445 分、一本录取分数线为 555 分,代码如下。

```
static void Main(string[ ] args)
{
    //输出提示问题
    Console.WriteLine("请输入要查询的录取分数线（比如民办本科、艺术类本科、体育类本科、二本、一本）");
    string strNum = Console.ReadLine();        //获取用户输入的数据
    switch (strNum)
    {
        case "民办本科":                       //查询民办本科分数线
            Console.WriteLine("民办本科录取分数线：350");
            break;
        case "艺术类本科":                      //查询艺术类本科分数线
            Console.WriteLine("艺术类本科录取分数线：290");
            break;
        case "体育类本科":                      //查询体育类本科分数线
            Console.WriteLine("体育类本科录取分数线：280");
```

```
            break;
        case "二本":                        //查询二本分数线
            Console.WriteLine("二本录取分数线：445");
            break;
        case "一本":                        //查询一本分数线
            Console.WriteLine("一本录取分数线：555");
            break;
        default:                           //如果不是以上输入，则输入错误
            Console.WriteLine("您输入的查询信息有误！");
            break;
    }
    Console.ReadLine();
}
```

程序的运行结果如下。

```
请输入要查询的录取分数线（比如民办本科、艺术类本科、体育类本科、二本、一本）
一本
一本录取分数线：555
```

误区警示

在 switch 语句中，case 语句后常量表达式的值可以为整数，但绝不可以是浮点数。例如，下面的代码就是不合法的：

```
case 1.1;
```

在许多情况下，switch 语句可以简化 if…else 语句，而且执行效率更高。

【例 6.4】 查询某个月份属于哪个季节（实例位置：资源包\TM\sl\6\4）

创建一个控制台应用程序，如果使用 if…else 语句判断用户输入的月份所在的季节，是非常烦琐的。而使用 switch 语句进行判断，相对就变得非常简单明了，代码如下。

```
static void Main(string[ ] args)
{
    Console.WriteLine("请您输入一个月份：");      //输出提示信息
    int MyMouth = int.Parse(Console.ReadLine());  //声明一个 int 类型变量用于获取用户输入的数据
    string MySeason;                              //声明一个字符串变量
    switch (MyMouth)                             //调用 switch 语句
    {
        case 12:
        case 1:
        case 2:
            MySeason = "您输入的月份属于冬季！";   //如果输入的数据是 1、2 或者 12 则执行此分支
            break;                               //跳出 switch 语句
        case 3:
        case 4:
        case 5:
            MySeason = "您输入的月份属于春季！";   //如果输入的数据是 3、4 或 5 则执行此分支
            break;                               //跳出 switch 语句
```

```
    case 6:
    case 7:
    case 8:
        MySeason = "您输入的月份属于夏季！";        //如果输入的数据是 6、7 或 8 则执行此分支
        break;                                   //跳出 switch 语句
    case 9:
    case 10:
    case 11:
        MySeason = "您输入的月份属于秋季！";        //如果输入的数据是 9、10 或 11 则执行此分支
        break;                                   //跳出 switch 语句
    //如果输入的数据不满足以上 4 个分支的内容则执行 default 语句
    default:
        MySeason = "月份输入错误！";
        break;                                   //跳出 switch 语句
    }
    Console.WriteLine(MySeason);                  //输出字符串 MySeason
    Console.ReadLine();
}
```

程序的运行结果如图 6.7 所示。

编程训练（答案位置：资源包\TM\sl\6\编程训练\）

【训练 1】：模拟拨打电话场景　模拟拨打电话场景：官方电话号码为 4006751066，如果输入的电话号码是 4006751066，显示"电话正在接通，请等待……"，否则，提示拨打的号码不存在。

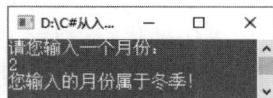

图 6.7　根据输入的月份输出相应的季节

【训练 2】：根据用户选择输出玫瑰花语　女生都喜欢玫瑰花，因为每种玫瑰花都代表着不同的含义，例如：红玫瑰代表"我爱你、热恋，希望与你泛起激情的爱"；白色的玫瑰代表"纯洁、谦卑。尊敬，我们的爱情是纯洁的"；粉玫瑰代表"初恋，喜欢你那灿烂的笑容，年轻漂亮"；蓝色的玫瑰代表"憨厚、善良"。本练习的功能是选择对应的玫瑰，输出对应的花语。

6.2　循　环　语　句

循环语句主要用于重复执行嵌入语句，在 C#中，常见的循环语句有 while 语句、do…while 语句、for 语句和 foreach 语句。下面将对这几种循环语句做详细讲解。

6.2.1　while 语句

while 语句用于根据条件值执行一条语句零次或多次，每次当 while 语句中的代码执行完毕时，程序将重新查看其运行结果是否符合条件值，若符合则再次执行相同的程序代码，否则跳出 while 语句，执行其他程序代码。

1．基本的 while 循环

while 语句的基本格式如下。

```
while(布尔表达式)
{
     语句块
}
```

while 语句的执行顺序如下。

☑ 计算布尔表达式的值。

☑ 如果布尔表达式的值为 true，程序执行语句块。执行完毕重新计算布尔表达式的值是否为 true。

☑ 如果布尔表达式的值为 false，则控制将转移到 while 语句的结尾。

while 语句在现实生活中就相当于公园中的木马，当按下"启动"按钮时（也就是布尔表达式设置为 true），木马将不停地转动。如果按下"停止"按钮（也就是布尔表达式设为 false），木马将停止转动。while 循环语句的执行过程如图 6.8 所示。

下面通过实例演示如何使用 while 语句。

图 6.8　while 语句执行过程

【例 6.5】 循环显示现在互联网主要在线支付方式（实例位置：资源包\TM\sl\6\5）

创建一个控制台应用程序，声明一个 string 类型的数组，并初始化数组，然后通过 while 语句循环输出数组中的所有成员，代码如下。

```
static void Main(string[ ] args)
{
    Console.WriteLine("现在互联网主要在线支付方式：");
    //声明一个 string 类型的数组，并初始化
    string[ ] Players = new string[ ] {"支付宝", "微信支付", "QQ 支付", "银联", "京东白条" };
    int i = 0;                             //声明一个 int 类型的变量 i 并初始化为 0
    while (i < Players.Length)             //调用 while 语句当 i 小于数组长度时执行
    {
        Console.WriteLine(Players[i]);     //输出数组中的值
        i++;                               //i 自增 1
    }
    Console.ReadLine();
}
```

程序的运行结果如下。

```
现在互联网主要在线支付方式：
支付宝
微信支付
QQ 支付
银联
京东白条
```

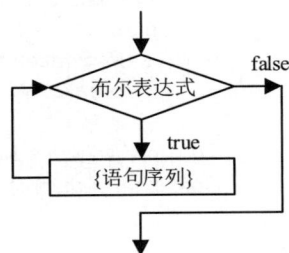

误区警示

初学者经常犯的一个错误就是在 while 表达式的括号后加 ";"。如:

while(x = = 5);
Console.WriteLine ("x 的值为 5");

这时,程序会认为要执行一条空语句,而进入无限循环,C#编译器又不会报错,这可能会浪费很多时间去调试,应注意这个问题。

2. 跳出或执行下一次循环

在 while 语句的嵌入语句块中,break 语句用于将控制转到 while 语句的结束点,而 continue 语句可用于将控制直接转到下一次循环。

说明

在循环语句中,可以通过 goto、return 或 throw 语句退出。

【**例 6.6**】 输出 40 以内的所有奇数(实例位置:资源包\TM\ sl\6\6)

创建一个控制台应用程序,声明两个 int 类型的变量 s 和 num,分别初始化为 0 和 80。然后通过 while 语句循环输出,当 s 大于 40 时,使用 break 语句终止循环。当 s 是偶数时,使用 continue 语句将程序转到下一次循环,从而输出 40 以内的所有奇数,代码如下。

```
static void Main(string[ ] args)
{
    int s = 0, num = 80;                  //声明两个 int 类型的变量并初始化
    while (s < num)                        //调用 while 语句,当 s 小于 num 时执行
    {
        s++;                              //s 自增 1
        if (s > 40)                       //使用 if 语句判断 s 是否大于 40
        {
            break;                        //使用 break 语句终止循环
        }
        if ((s % 2) == 0)                 //调用 if 语句判断 s 是否为偶数
        {
            continue;                     //使用 continue 语句将程序转到下一次循环
        }
        Console.WriteLine(s);             //输出 s
    }
    Console.ReadLine();
}
```

程序的运行结果为"1~39 的所有奇数"。

6.2.2 do...while 语句

do...while 循环语句与 while 循环语句类似，它们之间的区别是：while 语句为先判断条件是否成立再执行循环体；而 do...while 循环语句则先执行一次循环后，再判断条件是否成立。也就是说 do...while 循环语句中 "{}" 内的程序段至少要被执行一次。do...while 循环语句基本形式如下。

```
do
{
    语句块
}while(布尔表达式);
```

do...while 语句的执行顺序如下。

☑ 程序首先执行语句块。

☑ 当程序到达语句块的结束点时，计算布尔表达式的值。如果布尔表达式的值是 true，程序转到 do...while 语句的开头；否则，结束循环。

与 while 语句的一个明显区别是 do...while 语句在结尾处多了一个分号（;）。根据 do...while 循环语句的语法特点总结出 do...while 循环语句的执行过程，如图 6.9 所示。

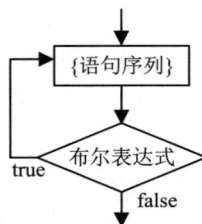

图 6.9   do...while 语句执行过程

【例 6.7】 输出足球领域三大赛事（实例位置：资源包\TM\sl\6\7）

创建一个控制台应用程序，定义一个 string 类型的数组，并初始化数组，然后使用 do...while 语句循环输出数组中的值，代码如下。

```
static void Main(string[ ] args)
{
    string[ ] myArray = new string[3] { "世界杯", "欧洲杯", "欧冠" };    //声明一个 string 数组并初始化
    int i = 0;
    do                                                              //调用 do...while 语句
    {
        Console.WriteLine(myArray[i]);                              //输出数组中数据
        i++;
    } while (i < myArray.Length);                                   //设置 do...while 语句的条件
    Console.ReadLine();
}
```

程序的运行结果如下。

```
世界杯
欧洲杯
欧冠
```

6.2.3 for 语句

for 语句是 C#程序设计中最有用的循环语句之一。for 语句用于计算一个初始化序列，然后当某个

条件为真时，重复执行嵌套语句并计算一个迭代表达式序列；如果为假，则终止并退出 for 循环。for 语句的基本形式如下。

```
for(初始化表达式;条件表达式;迭代表达式)
{
    语句块
}
```

初始化表达式由一个局部变量声明或者由一个逗号分隔的表达式列表组成。用初始化表达式声明的局部变量的作用域从变量的声明开始，一直到嵌入语句的结尾。条件表达式必须是一个布尔表达式。迭代表达式必须包含一个用逗号分隔的表达式列表。

for 语句的执行原理就好像是复印机复印纸张一样，可以在复印机上设置要复印的张数，也就是设置循环条件，然后开始复印。当复印的张数等于设置的张数时，也就是循环条件为假时，将停止复印。

for 语句执行的顺序如下。

☑　如果有初始化表达式，则按变量初始值设定项或语句表达式的书写顺序指定它们，此步骤只执行一次。

☑　如果存在条件表达式，则对其进行计算。

☑　如果不存在条件表达式，则程序将转移到嵌入语句。如果程序到达了嵌入语句的结束点，按顺序计算 for 循环表达式，然后从上一个步骤中 for 条件的计算开始，执行另一次循环。

for 语句的执行过程如图 6.10 所示。

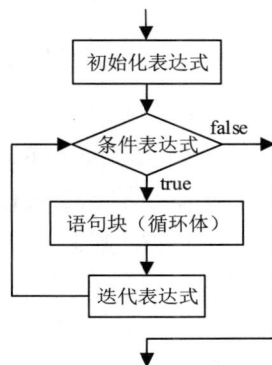

图 6.10　for 语句执行过程

说明

在应用 for 循环体时，循环体中的 3 个条件不能为空，如 for(; ;)，for 语句将出现死循环。

【例 6.8】 实现 1 到 100 的累加（**实例位置：资源包\TM\sl\6\8**）

使用 for 循环编写程序实现 1 到 100 的累加，代码如下。

```
static void Main(string[] args)
{
    int iSum = 0;                                   //记录每次累加后的结果
    for (int iNum = 1; iNum <= 100; iNum++)
    {
        iSum += iNum;                               //把每次的 iNum 的值累加到上次累加的结果中
    }
    Console.WriteLine("1 到 100 的累加结果是：" + iSum);    //输出结果
    Console.ReadLine();
}
```

程序的运行结果如下。

```
1 到 100 的累加结果是：5050
```

6.2.4 foreach 语句

foreach 语句是 for 语句的特殊简化版本，任何 foreach 语句都可以改写为 for 语句版本，但是 foreach 语句并不能完全取代 for 语句。foreach 语句用于枚举一个集合的元素，并对该集合中的每个元素执行一次嵌入语句。但是 foreach 语句不应用于更改集合内容，以避免产生不可预知的错误。foreach 语句的基本形式如下。

```
foreach(类型 迭代变量名 in 集合类型表达式)
{
    语句块
}
```

其中，类型和迭代变量名用于声明迭代变量，迭代变量相当于一个范围覆盖整个语句块的局部变量。在 foreach 语句执行期间，迭代变量表示当前正在为其执行迭代的集合元素。

集合类型表达式必须有一个从该集合的元素类型到迭代变量的类型的显示转换，如果集合类型表达式的值为 null，则会出现异常。

【例 6.9】 循环输出 2021 春节档热门电影（实例位置：资源包\TM\sl\6\9）

创建一个控制台应用程序，实例化一个 ArrayList 集合，并向该集合中添加值，然后通过使用 foreach 语句遍历整个集合，并输出集合中的值，代码如下。

```
static void Main(string[ ] args)
{
    ArrayList alt = new ArrayList();                    //实例化 ArrayList 类
    alt.Add("唐人街探案 3");                             //使用 Add()方法向对象中添加数据
    alt.Add("你好，李焕英");                             //使用 Add()方法向对象中添加数据
    alt.Add("刺杀小说家");                               //使用 Add()方法向对象中添加数据
    alt.Add("侍神令");                                   //使用 Add()方法向对象中添加数据
    alt.Add("人潮汹涌");                                 //使用 Add()方法向对象中添加数据
    Console.WriteLine("2021 春节档热门上映电影：");       //输出提示
    foreach (string InternetName in alt)                //使用 foreach 语句输出数据
    {
        Console.WriteLine(InternetName);                //输出 ArrayList 对象中的所有数据
    }
    Console.ReadLine();
}
```

程序的运行结果如图 6.11 所示。

编程训练（答案位置：资源包\TM\sl\6\编程训练\）

【训练 3】：一道经典的面试题 经典面试题：有一组数 1、1、2、3、5、8、13、21、34…，要求算出这组数的第 30 个数是多少？

【训练 4】：猜数字小游戏 使用 C#开发一个猜数字的小游戏，随机生成一个 1～200 的数字作为基准数，玩家每次通过键盘输入一个数字，如果输入的数字和基准数相同，则成功过关，否则重新输入。如果玩家输入-1，表示退出游戏。

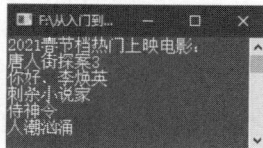

图 6.11 输出集合值

6.3　循环的嵌套

一个循环可以包含另一个循环，组成循环的嵌套，而里层循环还可以继续进行循环的嵌套，构成多层循环结构。

3 种循环（while 循环、do…while 循环和 for 循环）之间都可以相互嵌套。例如，下面的 6 种嵌套都是合法的嵌套形式。

1. while 循环中嵌套 while 循环

```
while（表达式）
{
    语句组
    while（表达式）
    {
        语句组
    }
}
```

2. do…while 循环中嵌套 do…while 循环

```
do
{
    语句组
    do
    {
        语句组
    }
    while（表达式）；
}while（表达式）；
```

3. for 循环中嵌套 for 循环

```
for(表达式;表达式;表达式)
{
    语句组
    for（表达式;表达式;表达式）
    {
        语句组
    }
}
```

4. while 循环中嵌套 do…while 循环

```
while(表达式)
{
    语句组
    do
    {
        语句组
    }
    while(表达式)；
}
```

5. while 循环中嵌套 for 循环

```
while(表达式)
{
    语句组
    for(表达式;表达式;表达式)
    {
        语句组
    }
}
```

6. for 循环中嵌套 while 循环

```
for(表达式;表达式;表达式)
{
    语句组
    while(表达式)
    {
        语句组
    }
}
```

【例 6.10】 打印九九乘法表（**实例位置：资源包\TM\sl\6\10**）

使用嵌套的 for 循环打印九九乘法表，代码如下。

```
static void Main(string[] args)
{
    int iRow, iColumn;                                              //定义行数和列数
    for (iRow = 1; iRow < 10; iRow++)                               //行数循环
    {
        for (iColumn = 1; iColumn <= iRow; iColumn++)              //列数循环
        {
            Console.Write("{0}*{1}={2} ", iColumn, iRow, iRow * iColumn);  //输出每一行的数据
        }
        Console.WriteLine();                                       //换行
    }
    Console.ReadLine();
}
```

程序运行效果如图 6.12 所示。

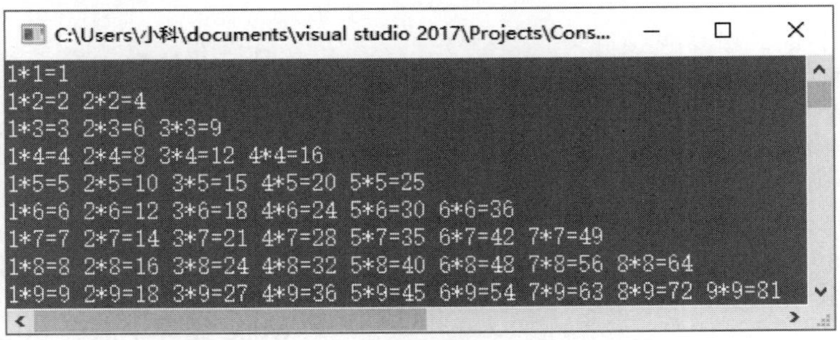

图 6.12　使用循环嵌套打印九九乘法表

编程训练（答案位置：资源包\TM\sl\6\编程训练\）

【训练 5】：输出金字塔形状　使用循环嵌套输出金字塔形状，具体实现时，需要考虑的问题有以下 3 点：首先要控制三角形输出的行数，其次控制三角形的空白位置，最后显示三角形。

【训练 6】：百钱买百鸡算法实现　百钱买百鸡：5 文钱可以买一只公鸡，3 文钱可以买一只母鸡，1 文钱可以买 3 只雏鸡，现在用 100 文钱买 100 只鸡，那么公鸡、母鸡、雏鸡各有多少只？

6.4　跳　转　语　句

跳转语句主要用于无条件地转移控制，跳转语句会将控制转到某个位置，这个位置就成为跳转语句的目标。如果跳转语句出现在一个语句块内，而跳转语句的目标却在该语句块之外，则称该跳转语句退出该语句块。跳转语句主要包括 break 语句、continue 语句、goto 语句和 return 语句，本节将对这几种跳转语句分别进行介绍。

6.4.1　break 语句

break 语句只能应用在 switch、while、do…while、for 或 foreach 语句中，当多个 switch、while、 do…while、for 或 foreach 语句互相嵌套时，break 语句只应用于最里层的语句。如果要穿越多个嵌套层，则必须使用 goto 语句。

下面主要举例说明 break 语句在 switch 语句和 for 语句中的使用。

1. break 语句在 switch 语句中的应用

【例 6.11】 输出当前是星期几（实例位置：资源包\TM\sl\6\11）

创建一个控制台应用程序，声明一个 int 类型的变量 i 用于获取当前日期的返回值，然后通过使用 switch 语句根据变量 i 的值输出当前日期是星期几，代码如下。

```
static void Main(string[ ] args)
{
    int i = Convert.ToInt32(DateTime.Today.DayOfWeek);    //获取当前日期的数值
    switch (i)                                            //调用 switch 语句
    {
        case 1: Console.WriteLine("今天是星期一"); break;    //如果 i 是 1，则输出"今天是星期一"
        case 2: Console.WriteLine("今天是星期二"); break;    //如果 i 是 2，则输出"今天是星期二"
        case 3: Console.WriteLine("今天是星期三"); break;    //如果 i 是 3，则输出"今天是星期三"
        case 4: Console.WriteLine("今天是星期四"); break;    //如果 i 是 4，则输出"今天是星期四"
        case 5: Console.WriteLine("今天是星期五"); break;    //如果 i 是 5，则输出"今天是星期五"
        case 6: Console.WriteLine("今天是星期六"); break;    //如果 i 是 6，则输出"今天是星期六"
        case 0: Console.WriteLine("今天是星期日"); break;    //如果 i 是 7，则输出"今天是星期日"
    }
    Console.ReadLine();
}
```

程序的运行结果为"今天是星期三"。

2. break 语句在 for 语句中的应用

【例 6.12】 使用 break 终止内层 for 循环（实例位置：资源包\TM\sl\6\12）

创建一个控制台应用程序，使用两个 for 语句做嵌套循环，在内层的 for 语句中使用 break 语句，当 int 类型变量 j 等于 12 时，跳出内循环，代码如下。

```
static void Main(string[ ] args)
{
    for (int i = 0; i < 4; i++)                       //调用 for 语句
    {
        Console.Write("\n 第{0}次循环：",i+1);          //输出提示是第几次循环
        for (int j = 0; j < 200; j++)                 //调用 for 语句
        {
            if (j == 12)                              //如果 j 的值等于 12
                break;                                //跳出内循环
            Console.Write(j+" ");                     //输出 j
        }
    }
    Console.ReadLine();
}
```

程序的运行结果如下。

```
第 1 次循环：0 1 2 3 4 5 6 7 8 9 10 11
第 2 次循环：0 1 2 3 4 5 6 7 8 9 10 11
第 3 次循环：0 1 2 3 4 5 6 7 8 9 10 11
第 4 次循环：0 1 2 3 4 5 6 7 8 9 10 11
```

从程序的运行结果可以看出，使用 break 语句只终止了内层循环，并没有影响到外部的循环，所以程序依然经历了 4 次循环。

6.4.2   continue 语句

continue 语句只能应用于 while、do…while、for 或 foreach 语句中，用来忽略循环语句块内位于其后面的代码而直接开始一次新的循环。当多个 while、do…while、for 或 foreach 语句互相嵌套时，continue 语句只能使直接包含它的循环语句开始一次新的循环。

说明

在循环体中，不要在同一个语句块中使用多个跳转语句。

【例 6.13】 循环 4 次输出 20 以内的所有奇数（实例位置：资源包\TM\sl\6\13）

创建一个控制台应用程序，使用两个 for 语句做嵌套循环，在内层的 for 语句中，使用 continue 语句，实现当 int 类型变量 j 为偶数时，不输出，重新开始下一次内层的 for 循环，只输出 0~20 的所有奇数，代码如下。

```csharp
    static void Main(string[ ] args)
{
    for (int i = 0; i < 4; i++)                  //调用 for 循环
    {
        Console.Write("\n 第{0}次循环：",i+1);    //输出提示第几次循环
        for (int j = 0; j < 20; j++)             //调用 for 循环
        {
            if (j % 2 == 0)                      //调用 if 语句判断 j 是否是偶数
                continue;                        //如果是偶数则使用 continue 语句继续下一循环
            Console.Write(j+" ");                //输出 j
        }
        Console.WriteLine();
    }
    Console.ReadLine();
}
```

程序的运行结果如下。

```
第 1 次循环：1 3 5 7 9 11 13 15 17 19
第 2 次循环：1 3 5 7 9 11 13 15 17 19
第 3 次循环：1 3 5 7 9 11 13 15 17 19
第 4 次循环：1 3 5 7 9 11 13 15 17 19
```

从程序的运行结果可以看出，当 int 类型的变量 j 为偶数时，使用 continue 语句，忽略它后面的代码，而重新执行内层的 for 循环，输出 0~20 的奇数，在这期间，并没有影响外部的 for 循环，程序依然执行了 4 次循环。

6.4.3　goto 语句

goto 语句用于将控制转移到由标签标记的语句。goto 语句可以应用 switch 语句中的 case 标签和 default 标签，以及标记语句所声明的标签。goto 语句的 3 种形式如下。

```
goto 【标签】
goto case 【参数表达式】
goto default
```

goto【标签】语句的目标是具有给定标签的标记语句，goto case 语句的目标是它所在的 switch 语句中的某个语句列表，此列表包含一个具有给定常数值的 case 标签，goto default 语句的目标是它所在的 switch 语句中的 default 标签。

说明

goto 的一个通常用法是将控制传递给特定的 switch…case 标签或 switch 语句中的默认标签。goto 语句还用于跳出深嵌套循环。

【例 6.14】 使用 goto 实现字符串查找（实例位置：资源包\TM\sl\6\14）
创建一个控制台应用程序，使用 goto 语句将程序跳转到指定语句，代码如下。

```
static void Main(string[ ] args)
{
    Console.WriteLine("请输入要查找的文字：");          //输出提示信息
    string inputstr = Console.ReadLine();              //获取输入值
    string[ ] mystr = new string[5];                   //创建一个字符串数组
    mystr[0] = "支付宝";                               //向数组中添加第一个元素
    mystr[1] = "微信支付";                             //向数组中添加第二个元素
    mystr[2] = "QQ 支付";                              //向数组中添加第三个元素
    mystr[3] = "银联";                                 //向数组中添加第四个元素
    mystr[4] = "京东白条";                             //向数组中添加第五个元素
    for (int i = 0; i < mystr.Length; i++)             //调用 for 循环语句
    {
        //通过 if 语句判断是否存在输入的字符串
        if (mystr[i].Equals(inputstr))
        {
            goto Found;                                //调用 goto 语句跳转到 Found
        }
    }
    Console.WriteLine("您查找的{0}不存在！", inputstr);  //输出信息
    goto Finish;                                       //调用 goto 语句跳转到 Finish
Found:
```

```
        Console.WriteLine("您查找的{0}存在！", inputstr);          //输出信息，提示存在输入的字符串
Finish:
        Console.WriteLine("查找完毕！");                          //输出信息，提示查找完毕
        Console.ReadLine();
}
```

程序的运行结果如图 6.13 所示。

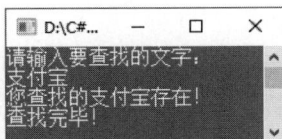

图 6.13　查找指定字符串

误区警示

　　虽然 goto 语句有一定的使用价值，但是目前对它的使用存在争议。有人建议避免使用它，有人建议把它用来作为排除错误的基本工具，各种观点截然不同。虽然许多人不用 goto 语句也能够编程，但是仍然有人使用它。所以要小心使用，同时一定要确保程序是可维护的。

6.4.4　return 语句

　　return 语句表示返回，当把 return 语句用在普通的程序代码中时，它表示返回，并且不再执行 return 之后的代码。当把 return 语句用在类中的方法时，它就是控制返回方法的调用者，如果方法有返回类型，return 语句必须返回这个类型的值；而如果方法没有返回类型，则应该使用没有表达式的 return 语句。

　　【例 6.15】 return 的使用（**实例位置：资源包\TM\sl\6\15**）

　　创建一个控制台应用程序，定义一个返回类型为 string 类型的方法，利用 return 语句，返回一个 string 类型的值，然后在 Main()方法中调用这个自定义的方法，并输出这个方法的返回值，代码如下。

```
        static string MyStr(string str)                      //创建一个 string 类型的方法
        {
            string OutStr;                                   //声明一个字符串变量
            OutStr = "您输入的数据是：" + str;                  //为字符串变量赋值
            return OutStr;                                   //使用 return 语句返回字符串变量
        }
        static void Main(string[ ] args)
        {
            Console.WriteLine("请您输入内容：");               //输出提示信息
            string inputstr = Console.ReadLine();            //获取输入的数据
            Console.WriteLine(MyStr(inputstr));              //调用 MyStr()方法并将结果显示出来
            Console.ReadLine();
        }
```

程序的运行结果如图 6.14 所示。

编程训练（答案位置：资源包\TM\sl\6\编程训练\）

　　【训练 7】：判断是否为素数　通过键盘输入一个整数，判断这个数是否是素数（只能被 1 和其自

身整除的数为素数）。

【训练 8】：判断指定公司是否存在 在循环中使用 goto 语句来查询指定公司是否存在。（提示：该程序实现时，需要使用 string[] mystr = { "明日科技", "百度", "阿里巴巴", "腾讯" };定义一个数组，然后查询用户输入的公司名称是否在此数组中。）

图 6.14 return 语句的应用

6.5 实践与练习

（答案位置：资源包\TM\sl\6\实践与练习\）

综合练习 1：编程求解分段函数 编写程序代码，求解下面的分段函数。

b=3a (a<50)
b=6a+60 (50≤a<500)
b=9a-90 (a≥500)

根据输入的 a 判断 b 的结果。

综合练习 2：模拟加油站加油场景 某加油站有 90 号、93 号、97 号 3 种汽油和 0 号柴油，售价分别为 6.8、6.42、7.02 和 5.75 元/升，加油站提供了两个服务等级，如果用户自己加油可以优惠 10%，如果需要工作人员协助加油可以优惠 5%。编程实现针对用户输入的加油量 x 和汽油的种类 y 以及服务的等级 z，输出用户应付的金额。

综合练习 3：公告文字超长省略或换行 在淘宝的公告中，如果公告的文字过长，超过公告区域的长度，将对公告内容超过区域部分进行省略，编写一个程序，实现按根据输入内容长度要求对文字内容进行省略显示。

综合练习 4：输出模拟福彩 3D 号码 中国福利彩票"3D"是由中国福利彩票发行中心统一发行的一种彩票。"3D"彩票是以一个 3 位自然数为投注号码的彩票，投注者在 000～999 内选择一个 3 位数进行投注，所中奖金采用固定奖金结构。小明是一个彩民，每期都买 6 注彩票。他想编写一个程序，除了可以输入 3 注固定号码彩票,程序还要帮他随机产生 3 注彩票，然后统一输出。（提示：使用 Random 对象的 Next()随机生成 3 条 3 位数的记录。）

综合练习 5：自动添加编号 学生管理系统中，每个学生有一个唯一的学生编码。编写一个程序，录入某校新入学的学生，学生编码根据录入的先后顺序自动建立，学生编码为普通的数字序号即可。

6.6 动 手 纠 错

（1）运行"资源包\TM\排错练习\06\01"文件夹下的程序，出现"无法将类型 int 隐式转换为 bool"的错误提示，请根据注释改正程序。

（2）运行"资源包\TM\排错练习\06\02"文件夹下的程序，出现如图 6.15 所示的错误提示，请根据注释改正程序。

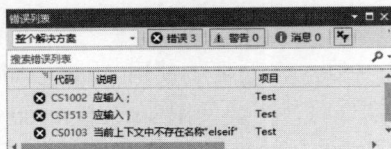

图 6.15　错误提示

（3）运行"资源包\TM\排错练习\06\03"文件夹下的程序，出现"控制不能从一个 case 标签（case "ICBC":）贯穿到另一个 case 标签"的错误提示，请根据注释改正程序。

（4）运行"资源包\TM\排错练习\06\04"文件夹下的程序，发现程序会无限制输出，显然是出现了死循环，请根据注释改正程序。

（5）运行"资源包\TM\排错练习\06\05"文件夹下的程序，出现"应输入;"的错误提示，请根据注释改正程序。

（6）运行"资源包\TM\排错练习\06\06"文件夹下的程序，出现"空语句可能有错误"的警告信息，请根据注释改正程序。

（7）运行"资源包\TM\排错练习\06\07"文件夹下的程序，本意是想输出 1～100 数字自身的和，结果却没有任何输出，请根据注释改正程序。

（8）运行"资源包\TM\排错练习\06\08"文件夹下的程序，出现"没有要中断或继续的封闭循环"的错误提示，请根据注释改正程序。

（9）运行"资源包\TM\排错练习\06\09"文件夹下的程序，出现"Test.Program.Div(int, int): 并非所有的代码路径都返回值"的错误提示，请根据注释改正程序。

第 7 章

数组和集合

数组是最为常见的一种数据结构，是相同类型的、用一个标识符封装到一起的基本类型数据序列或对象序列。可以用一个统一的数组名和下标来唯一确定数组中的元素。实质上数组是一个简单的线性序列，因此数组访问起来很快。而集合可以看成是一种特殊的数组，它也可以存储多个数据，C#中常用的集合包括 ArrayList 集合和 Hashtable（哈希表）。

本章知识架构及重点、难点如下。

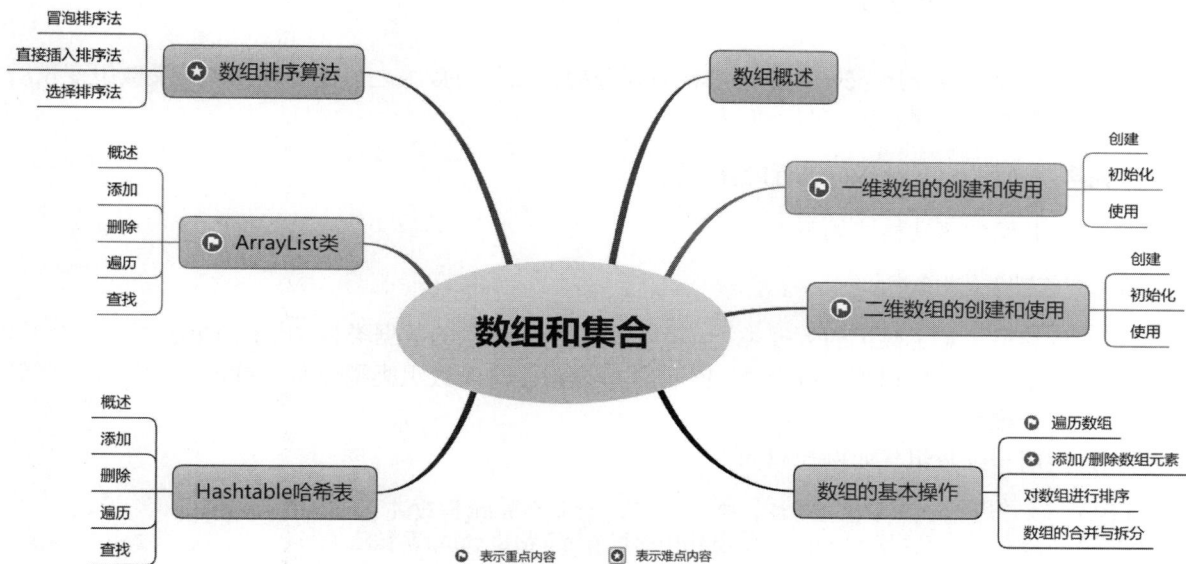

7.1 数 组 概 述

数组是大部分编程语言（如 C、C++、C#、Java 等）都支持的一种数据类型。顾名思义，数组是具有相同数据类型的一组数据的集合，就好比生活中常见的集合，如球类集合（足球、篮球、羽毛球等）、电器集合（电视机、洗衣机、电风扇等）。数组中的每个变量称为一个数组元素，数组能够容纳元素的数量称为数组的长度。数组中的每个元素都具有唯一的索引与其相对应，数组的索引从零开始。

数组是通过指定数组的元素类型、数组的秩（维数）及数组每个维度的上限和下限来定义的，即一个数组的定义需要包含元素类型、数组维数和每个维数的上下限。

在程序设计中引入数组，可以更有效地管理和处理数据。根据数组的维数，可将数组分为一维数组、二维数组等。下面来详细介绍。

7.2　一维数组的创建和使用

一维数组实质上是一组相同类型数据的线性集合，当在程序中需要处理一组数据，或者传递一组数据时，可以应用这种类型的数组。一维数组就好比一个大型的零件生产公司，公司中的各个车间（如车间1、车间2、车间3等，这些名称相当于数组中的索引号）就相当于一维数组中的各元素，这些车间既可以单独使用，也可以一起使用。本节将介绍一维数组的创建及使用。

7.2.1　一维数组的创建

数组作为对象允许使用 new 关键字进行内存分配。在使用数组之前，必须首先定义数组变量所属的类型。一维数组的创建有以下两种形式。

1．先声明再用 new 运算符进行内存分配

声明一维数组的语法格式如下。

> 数组元素类型[ ] 数组名字;

数组元素类型决定了数组的数据类型。它可以是 C#中任意的数据类型，包括简单类型和组合类型。数组名字为一个合法的标识符，符号"[ ]"指明该变量是一个数组类型变量。单个"[ ]"表示要创建的数组是一个一维数组。

例如，声明一维数组，实例代码如下。

```
int[ ] arr;              //声明 int 型数组，数组中的每个元素都是 int 型数值
string[ ] str;           //声明 string 数组，数组中的每个元素都是 string 型数值
```

声明数组后，还不能访问它的任何元素，因为声明数组只是给出了数组名字和元素的数据类型，要想真正使用数组，还要为它分配内存空间。在为数组分配内存空间时必须指明数组的长度。为数组分配内存空间的语法格式如下。

> 数组名字 = new 数组元素类型[数组元素的个数];

☑　数组名字：被连接到数组变量的名称。

☑　数组元素个数：指定数组中变量的个数，即数组的长度。

使用 new 关键字分配数组时，必须指定数组元素的类型和数组元素的个数，即数组的长度。

例如，为数组分配内存，代码如下。

```
arr = new int[5];
```

以上代码表示要创建一个有 5 个元素的整型数组，并且将创建的数组对象赋给引用变量 arr，即引

用变量 arr 引用这个数组，如图 7.1 所示。

在图 7.1 中 arr 为数组名称，方括号（[ ]）中的值为
数组的下标。数组通过下标来区分不同的元素。数组的
下标是从 0 开始的。由于创建的数组 arr 中有 5 个元素，
因此数组中元素的下标为 0~4。

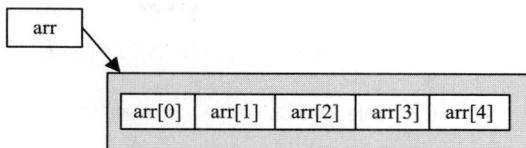

图 7.1　一维数组的内存模式

![说明]

　　使用 new 关键字为数组分配内存时，整型数组中各个元素的初始值都为 0。

2．声明的同时为数组分配内存

这种创建数组的方法是将数组的声明和内存的分配合在一起执行的。语法格式如下。

```
数组元素类型[ ] 数组名 = new 数组元素类型[数组元素的个数];
```

例如，声明并为数组分配内存，代码如下。

```
int[ ] month = new int[12]
```

上面的代码创建数组 month，并指定了数组长度为 12。这种创建数组的方法也是 C#程序编写过程
中普遍的做法。

7.2.2　一维数组的初始化

数组可以与基本数据类型一样进行初始化操作。数组的初始化可分别初始化数组中的每个元素。
数组的初始化有以下两种形式。

```
int[] arr = new int[ ]{1,2,3,5,25};          //第一种初始化方式
int[ ]arr2 = {34,23,12,6};                   //第二种初始化方式
```

从中可以看出，数组的初始化就是初始化大括号之内用逗号分开的表达式列表。用逗号（,）分割
数组中的各个元素，系统自动为数组分配一定的空间。第一种初始化方式将创建 5 个元素的数组，依
次为 1、2、3、5、25；第二种初始化方式会创建 4 个元素的数组，依次为 34、23、12、6。

7.2.3　一维数组的使用

一维数组是一种常见的数据结构。下面的实例是使用一维数组输出 1~12 月各月的天数。

【例 7.1】　输出每月的天数（实例位置：资源包\TM\sl\7\1）

创建一个控制台应用程序，定义一个 int 型的一维数组，将各月的天数输出，程序代码如下。

```
static void Main(string[ ] args)
{
    //创建并初始化一维数组
    int[] day = new int[ ] { 31, 28, 31, 30, 31, 30, 31, 31, 30, 31, 30, 31 };
    for (int i = 0; i < 12; i++)                        //利用循环将信息输出
```

```
    {
        Console.WriteLine((i + 1) + "月有" + day[i] + "天");          //输出的信息
    }
    Console.ReadLine();
}
```

按 Ctrl+F5 快捷键查看运行结果，如图 7.2 所示。

编程训练（答案位置：资源包\TM\sl\7\编程训练\）

【训练1】：使用数组存取学生成绩　定义一个数组，保存学生的成绩，并输出学生成绩。

【训练2】：随机抽取 4 张扑克牌　从一副牌中随机抽取 4 张牌。（提示：实现时需要用到 Random 类的 Next 方法，Random 类是一个生成随机数的类，其 Next 方法用来随机生成指定范围内的数字。）

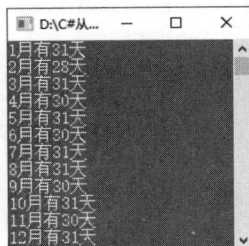

图 7.2　输出 1~12 月各月的天数

7.3　二维数组的创建和使用

二维数组常用于表示表，表中的信息以行和列的形式组织，第一个下标代表元素所在的行，第二个下标代表元素所在的列。

7.3.1　二维数组的创建

二维数组可以看作是特殊的一维数组，声明二维数组的语法如下。

```
数组元素类型[,] 数组名字;
```

例如，声明二维数组，实例代码如下。

```
int[,] myarr;
```

同一维数组一样，二维数组在声明时也没有分配内存空间，同样要使用关键字 new 来分配内存，然后才可以访问每个元素。

对于高维数组，有两种为数组分配内存的方式。

（1）直接为每一维分配内存空间。

例如，为每一维数组分配内存，实例代码如下。

```
int[,] a=new int[2,4];
```

上述代码创建了二维数组 a，二维数组 a 中包括两个长度为 4 的一维数组，内存分配如图 7.3 所示。

（2）分别为每一维分配内存空间。

例如，分别为每一维分配内存，实例代码如下。

```
int[ ][ ] a = new int[2][ ];
a[0] = new int[2];
a[1] = new int[3];
```

通过第二种方式为二维数组分配内存，如图 7.4 所示。

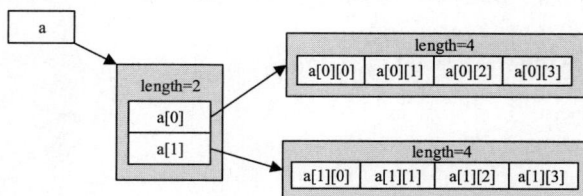

图 7.3　二维数组内存分配（第一种方式）

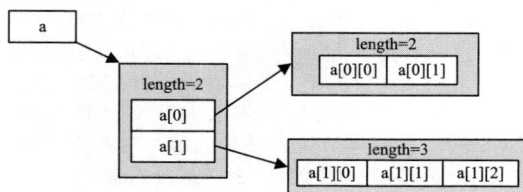

图 7.4　二维数组内存分配（第二种方式）

7.3.2　二维数组初始化

二维数组的初始化同一维数组初始化类似，同样可以使用大括号（{}）完成。
语法如下：

```
type[,] arrayname = {value1,value2…valuen};
```

☑　type：数组数据类型。

☑　arrayname：数组名称，一个合法的标识符。

☑　value：数组中各元素的值。

例如，初始化二维数组，实例代码如下。

```
int[,] myarr1 = new int[,]{ { 12, 0 }, { 45, 10 } };
int[,] myarr2 = {{12,0},{45,10}};
```

初始化二维数组后，要明确数组的下标都是从 0 开始。例如，上面代码中 myarr[1,1]的值为 10。

int 型二维数组是以 int[,] myarr1 来定义的，所以可以直接给 myarr1[x,y]赋值。例如，给 myarr1[1]
的第 2 个元素赋值的语句如下。

```
myarr1[1,1] = 20;
```

7.3.3　二维数组的使用

需要存储表格的数据时，可以使用二维数组。一个 4
行 3 列二维数组的存储结构如图 7.5 所示。

【例 7.2】 模拟火车订票 （实例位置：资源包\TM\
sl\7\2）

创建一个控制台应用程序，使用二维数组存储火车票信
息，输入车次和姓名后，可以模拟预订火车票的功能。代

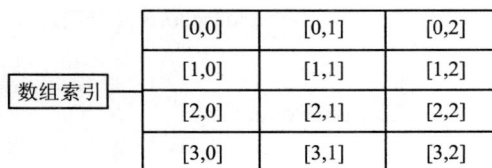

[0,0]	[0,1]	[0,2]
[1,0]	[1,1]	[1,2]
[2,0]	[2,1]	[2,2]
[3,0]	[3,1]	[3,2]

图 7.5　二维数组的存储结构

码如下。

```
static void Main(string[] args)
{
    string train = "", destination = "", startTime = "";//定义 3 个字符串，分别用来存储车次、车次信息及出发时间
    string[] columnName = { "车次", "出发站-到达站", "出发时间", "到达时间", "历时" };   //定义字符串输出
    //定义二维数组，用来存储车次信息
    string[,] tableValue = { { "T40", "长春-北京", "00:12", "\t12:20", "\t12:08" },
        { "T298", "长春-北京", "00:06", "\t10:50", "\t10:44" },
        { "Z158", "长春-北京", "12:48", "\t21:06", "\t08:18" },
        { "K1084", "长春-北京", "12:39", "\t02:16", "\t13:37" } };
    // 遍历一维数组，用来输出标题
    for (int i = 0; i < columnName.Length; i++)
    {
        Console.Write(columnName[i] + "\t");
    }
    String messages = "";                                    //定义字符串，存储获取到的各车次信息
    Console.WriteLine();                                      //换行
    //通过遍历二维数组显示各车次详细信息
    for (int i = 0; i < tableValue.GetLength(0); i++)
    {
        for (int j = 0; j < tableValue.GetLength(1); j++)
        {
            Console.Write(tableValue[i,j] + "\t");
        }
        train = tableValue[i,0];                             //获取车次
        destination = tableValue[i,1];                       //获取出发站及到达站
        startTime = tableValue[i,2];                         //获取出发时间
        //拼接车次信息
        messages += train + "次列车    " + destination + " " + startTime + "开" + ",";
        Console.WriteLine();                                 //换行
    }
    Console.WriteLine("请输入要购买的车次：");
    string ticket = Console.ReadLine();          //获取输入的车次
    string[] message = messages.Split(new char[] { ',' });   //对车次信息字符串进行分割，存储到一维数组
    for (int i = 0; i < message.Length; i++)
    {
        if (message[i].Contains(ticket))
        {//判断是否有用户输入的车次
            Console.WriteLine("请输入乘车人(用逗号分隔)：");        //提示用户输入乘车人
            String names = Console.ReadLine();                //存储输入的乘车人
            //模拟现实购票信息
            Console.WriteLine("您已购" + message[i] + ",请" + names + "尽快换取纸质车票。【铁路客服】");
        }
    }
    Console.ReadLine();
}
```

按 Ctrl+F5 快捷键查看运行结果，如图 7.6 所示。

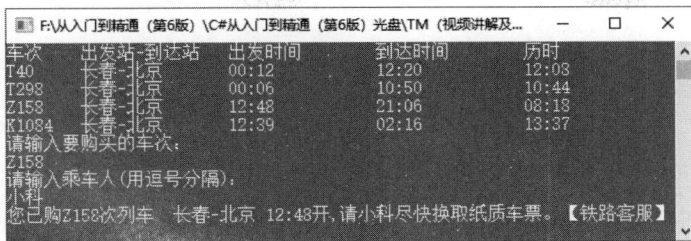

图 7.6　使用二维数组模拟火车订票

编程训练（答案位置：资源包\TM\sl\7\编程训练\）

【训练 3】：输出横版和竖版的古诗　利用二维数组分别以横版和竖版形式输出《春晓》。

【训练 4】：模拟淘宝购物车场景　模拟淘宝购物车场景（记录商品名称、数量和价格，并统计总金额）。（提示：购物车中的商品、数量、价格以二维数组存储，具体形式为 string[,] info = { { "C#项目开发实战入门", "1", "68.8" }, { "零基础学 C#", "\t2", "59.8" }, { "华为 P30 Pro", "\t1", "5999" } };。）

7.4　数组的基本操作

C#中的数组是由 System.Array 类派生而来的引用对象，因此可以使用 Array 类中的各种方法对数组进行各种操作。本节将对数组的常用操作进行详细讲解。

7.4.1　遍历数组

遍历数组就是获取数组中的每个元素，在 C#中可以使用 foreach 语句实现数组的遍历功能。

例如，下面创建一个 int 类型的一维数组，该数组中包含 10 个元素，然后使用 foreach 语句遍历该数组中的元素，代码如下。

```
int[ ] arr = new int[10] { 10, 20, 30, 40, 50, 60, 70, 80, 90, 100 };
    foreach (int number in arr)              //采用 foreach 语句对 arr 数组进行遍历
    Console.WriteLine(number);
Console.ReadLine();
```

程序运行结果如下。

```
10
20
30
40
50
60
70
80
90
100
```

7.4.2 添加/删除数组元素

1. 添加数组元素

添加数组元素有两种情况：一是在数组中添加一个元素；二是在数组中添加一个数组。下面通过实例分别对这两种情况进行介绍。

【例 7.3】 数组中添加单个元素（实例位置：资源包\TM\sl\7\3）

创建一个控制台应用程序，首先自定义一个 AddArray()方法，用来在指定索引号的后面添加元素，并返回新得到的数组；然后在 Main()方法中调用该自定义方法，向指定的一维数组中添加元素，代码如下。

```csharp
/// <summary>
///  增加单个数组元素
/// </summary>
/// <param name="ArrayBorn">要向其中添加元素的一维数组</param>
/// <param name="Index">添加索引</param>
/// <param name="Value">添加值</param>
/// <returns></returns>
static int[ ] AddArray(int[] ArrayBorn, int Index, int Value)
{
    if (Index >= (ArrayBorn.Length))                    //判断添加索引是否大于或等于数组的长度
        Index = ArrayBorn.Length - 1;                   //将添加索引设置为数组的最大索引
    int[ ] TemArray = new int[ArrayBorn.Length + 1];    //声明一个新的数组
    for (int i = 0; i < TemArray.Length; i++)           //遍历新数组的元素
    {
        if (Index >= 0)                                 //判断添加索引是否大于或等于 0
        {
            if (i < (Index + 1))                        //判断遍历到的索引是否小于添加索引加 1
                TemArray[i] = ArrayBorn[i];             //交换元素值
            else if (i == (Index + 1))                  //判断遍历到的索引是否等于添加索引加 1
                TemArray[i] = Value;                     //为遍历到的索引设置添加值
            else
                TemArray[i] = ArrayBorn[i - 1];         //交换元素值
        }
        else
        {
            if (i == 0)                                 //判断遍历到的索引是否为 0
                TemArray[i] = Value;                     //为遍历到的索引设置添加值
            else
                TemArray[i] = ArrayBorn[i - 1];         //交换元素值
        }
    }
    return TemArray;                                     //返回插入元素后的新数组
}
static void Main(string[ ] args)
{
    int[ ] ArrayInt = new int[] { 0, 1, 2, 3, 4, 6, 7, 8, 9 };   //声明一个一维数组
    Console.WriteLine("原数组元素：");
```

```
    foreach (int i in ArrayInt)                          //遍历声明的一维数组
        Console.Write(i+" ");                            //输出数组中的元素
    Console.WriteLine();                                 //换行
    ArrayInt = AddArray(ArrayInt, 4, 5);                 //调用自定义方法向数组中插入单个元素
    Console.WriteLine("插入之后的数组元素：");
    foreach (int i in ArrayInt)                          //遍历插入元素后的一维数组
        Console.Write(i+" ");                            //输出数组中的元素
    Console.ReadLine();
}
```

程序运行结果如图 7.7 所示。

【例 7.4】 数组中添加数组（实例位置：资源包\TM\sl\7\4）

创建一个控制台应用程序，首先自定义一个 AddArray()方法，用来在指定索引号的后面添加一个数组，并返回新得到的数组；然后在 Main()方法中调用该自定义方法，向指定的一维数组中添加一个数组，代码如下。

```
/// <summary>
/// 向一维数组中添加一个数组
/// </summary>
/// <param name="ArrayBorn">源数组</param>
/// <param name="ArrayAdd">要添加的数组</param>
/// <param name="Index">添加索引</param>
/// <returns>新得到的数组</returns>
static int[] AddArray(int[] ArrayBorn, int[] ArrayAdd, int Index)
{
    if (Index >= (ArrayBorn.Length))                     //判断添加索引是否大于或等于数组的长度
        Index = ArrayBorn.Length - 1;                    //将添加索引设置为数组的最大索引
    int[] TemArray = new int[ArrayBorn.Length + ArrayAdd.Length];//声明一个新的数组
    for (int i = 0; i < TemArray.Length; i++)            //遍历新数组的元素
    {
        if (Index >= 0)                                  //判断添加索引是否大于或等于 0
        {
            if (i < (Index + 1))                         //判断遍历到的索引是否小于添加索引加 1
                TemArray[i] = ArrayBorn[i];              //交换元素值
            else if (i == (Index + 1))                   //判断遍历到的索引是否等于添加索引加 1
            {
                for (int j = 0; j < ArrayAdd.Length; j++) //遍历要添加的数组
                    TemArray[i + j] = ArrayAdd[j];       //为遍历到的索引设置添加值
                i = i + ArrayAdd.Length - 1;             //将遍历索引设置为要添加数组的索引最大值
            }
            else
                TemArray[i] = ArrayBorn[i - ArrayAdd.Length];//交换元素值
        }
        else
        {
            if (i == 0)                                  //判断遍历到的索引是否为 0
            {
                for (int j = 0; j < ArrayAdd.Length; j++) //遍历要添加的数组
                    TemArray[i + j] = ArrayAdd[j];       //为遍历到的索引设置添加值
```

```
                        i = i + ArrayAdd.Length - 1;              //将遍历索引设置为要添加数组的索引最大值
                    }
                    else
                        TemArray[i] = ArrayBorn[i - ArrayAdd.Length];//交换元素值
                }
            }
            return TemArray;                                       //返回添加数组后的新数组
}
static void Main(string[ ] args)
{
    int[ ] ArrayInt = new int[ ] { 0, 1, 2, 3, 8, 9 };            //声明一个数组，用来作为源数组
    int[ ] ArrayInt1 = new int[ ] { 4, 5, 6, 7 };                 //声明一个数组，用来作为要添加的数组
    Console.WriteLine("源数组:");
    foreach (int i in ArrayInt)                                   //遍历源数组
        Console.Write(i+" ");                                     //输出源数组元素
    Console.WriteLine();                                          //换行
    Console.WriteLine("要添加的数组:");
    foreach (int i in ArrayInt1)                                  //遍历要添加的数组
        Console.Write(i + " ");                                   //输出要添加的数组中的元素
    Console.WriteLine();                                          //换行
    ArrayInt = AddArray(ArrayInt, ArrayInt1, 3);                  //向数组中添加数组
    Console.WriteLine("添加后的数组:");
    foreach (int i in ArrayInt)                                   //遍历添加后的数组
        Console.Write(i+" ");                                     //输出添加后的数组中的元素
    Console.ReadLine();
}
```

程序运行结果如图 7.8 所示。

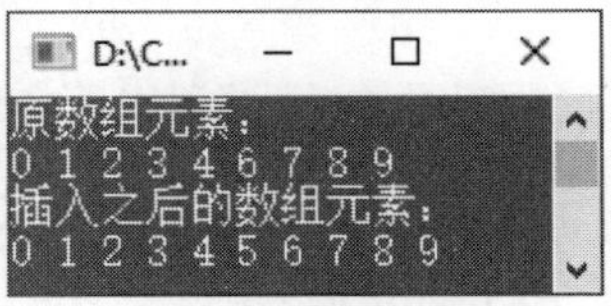

图 7.7　向数组中添加元素

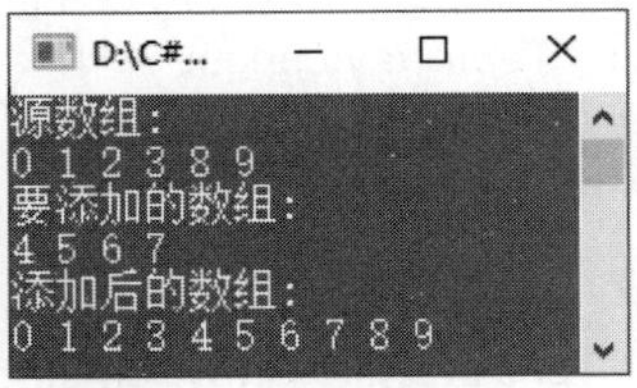

图 7.8　向数组中添加数组

2．删除数组元素

删除数组元素主要有两种情况：一是在不改变数组元素总数的情况下删除指定元素（也就是用删除元素后面的元素覆盖要删除的元素）；二是删除指定元素后，根据删除元素的个数 n，使删除后的数组长度减 n。下面通过实例分别对这两种情况进行介绍。

【例 7.5】　不改变长度删除数组元素（实例位置：资源包\TM\sl\7\5）

创建一个控制台应用程序，首先自定义一个 DeleteArray()方法，用来在不改变长度的情况下从数组的指定索引处删除指定长度的元素；然后在 Main()方法中调用该自定义方法，从指定的数组中删除一个元素，代码如下。

```
/// <summary>
///  删除数组中的元素
```

```
/// </summary>
/// <param name="ArrayBorn">要从中删除元素的数组</param>
/// <param name="Index">删除索引</param>
/// <param name="Len">删除的长度</param>
static void DeleteArray(string[ ] ArrayBorn, int Index, int Len)
{
    if (Len <= 0)                                      //判断删除长度是否小于或等于 0
        return;                                        //返回
    if (Index == 0 && Len >= ArrayBorn.Length)         //判断删除长度是否超出了数组范围
        Len = ArrayBorn.Length;                        //将删除长度设置为数组的长度
    else if ((Index + Len) >= ArrayBorn.Length)        //判断删除索引和长度的和是否超出了数组范围
        Len = ArrayBorn.Length - Index - 1;            //设置删除的长度
    int i = 0;                                         //定义一个 int 变量，用来标识开始遍历的位置
    for (i = 0; i < ArrayBorn.Length - Index - Len; i++)   //遍历删除的长度
        ArrayBorn[i + Index] = ArrayBorn[i + Len + Index];  //覆盖要删除的值
    //遍历删除长度后面的数组元素值
    for (int j = (ArrayBorn.Length - 1); j > (ArrayBorn.Length - Len - 1); j--)
        ArrayBorn[j] = null;                           //设置数组为空
}
static void Main(string[ ] args)
{
    string[ ] ArrayStr = new string[ ] { "m", "r", "s", "o", "f", "t" };  //声明一个字符串数组
    Console.WriteLine("源数组：");
    foreach (string i in ArrayStr)                     //遍历源数组
        Console.Write(i+" ");                          //输出数组中的元素
    Console.WriteLine();                               //换行
    DeleteArray(ArrayStr, 0, 1);                       //删除数组中的元素
    Console.WriteLine("删除元素后的数组：");
    foreach (string i in ArrayStr)                     //遍历删除元素后的数组
        Console.Write(i+" ");                          //输出数组中的元素
    Console.ReadLine();
}
```

程序运行结果如图 7.9 所示。

【例 7.6】　删除数组元素后改变长度（实例位置：资源包\TM\sl\7\6）

创建一个控制台应用程序，自定义方法 ret_DeleteArray 在删除元素或指定区域的元素后，改变数组的长度，代码如下。

```
/// <summary>
///  删除数组中的元素，并改变数组的长度
/// </summary>
/// <param name="ArrayBorn">要从中删除元素的数组</param>
/// <param name="Index">删除索引</param>
/// <param name="Len">删除的长度</param>
/// <returns>得到的新数组</returns>
static string[ ] DeleteArray(string[ ] ArrayBorn, int Index, int Len)
{
    if (Len <= 0)                                      //判断删除长度是否小于等于 0
        return ArrayBorn;                              //返回源数组
```

```
        if (Index == 0 && Len >= ArrayBorn.Length)        //判断删除长度是否超出了数组范围
            Len = ArrayBorn.Length;                        //将删除长度设置为数组的长度
        else if ((Index + Len) >= ArrayBorn.Length)        //判断删除索引和长度的和是否超出了数组范围
            Len = ArrayBorn.Length - Index - 1;            //设置删除的长度
        string[ ] temArray = new string[ArrayBorn.Length - Len];  //声明一个新的数组
        for (int i = 0; i < temArray.Length; i++)          //遍历新数组
        {
            if (i >= Index)                                //判断遍历索引是否大于或等于删除索引
                temArray[i] = ArrayBorn[i + Len];          //为遍历到的索引元素赋值
            else
                temArray[i] = ArrayBorn[i];                //为遍历到的索引元素赋值
        }
        return temArray;                                   //返回得到的新数组
}
static void Main(string[ ] args)
{
        string[ ] ArrayStr = new string[ ] { "m", "r", "s", "o", "f", "t" };  //声明一个字符串数组
        Console.WriteLine("源数组：");
        foreach (string i in ArrayStr)                     //遍历源数组
            Console.Write(i + " ");                        //输出数组中的元素
        Console.WriteLine();                               //换行
        string[ ] newArray = DeleteArray(ArrayStr, 0, 1);  //删除数组中的元素
        Console.WriteLine("删除元素后的数组：");
        foreach (string i in newArray)                     //遍历删除元素后的数组
            Console.Write(i + " ");                        //输出数组中的元素
        Console.ReadLine();
}
```

程序运行结果如图 7.10 所示。

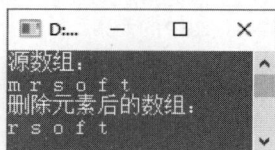

图 7.9　不改变长度删除数组中的元素　　　　图 7.10　改变长度删除数组中的元素

7.4.3　对数组进行排序

C#提供了用于对数组进行排序的方法：Array.Sort()和 Array.Reverse()。其中，Array.Sort()方法用于对一维 Array 数组中的元素进行排序，Array.Reverse()方法用于反转一维 Array 数组或部分 Array 数组中元素的顺序。

例如，下面使用 Array.Sort()方法对数组中的元素进行从小到大的排序，代码如下。

```
int[ ] arr = new int[ ] { 3, 9, 27, 6, 18, 12, 21, 15 };
Array.Sort(arr);                                        //对数组元素排序
```

注意

> 在 Sort()方法中使用的数组不能为空，也不能是多维数组，它只对一维数组进行排序。

例如，下面使用 Array. Reverse()方法对数组的元素进行反向排序，代码如下。

```
int[ ] arr = new int[ ] { 3, 9, 27, 6, 18, 12, 21, 15 };
Array. Reverse(arr);                              //对数组元素反向排序
```

7.4.4　数组的合并与拆分

数组的合并与拆分在很多情况下都会被应用，在对数组进行合并或拆分时，数组与数组之间的类型应一致。下面对数组的合并及拆分进行详细讲解。

1. 数组的合并

数组的合并实际上就是将多个一维数组合并成一个一维数组，或者将多个一维数组合并成一个二维数组或多维数组。

注意

> 在合并数组时，如果是将两个一维数组合并成一个一维数组，那么新生成数组的元素个数必须为要合并的两个一维数组元素个数的和。

【例 7.7】 将一维数组合并为二维数组（实例位置：资源包\TM\sl\7\7）

创建一个控制台应用程序，首先将两个一维数组合并成一个新的一维数组，然后再将定义的两个一维数组合并为一个新的二维数组，程序代码如下。

```
static void Main(string[ ] args)
{
    //定义两个一维数组
    int[ ] arr1 = new int[ ] { 1, 2, 3, 4, 5 };
    int[ ] arr2 = new int[ ] { 6, 7, 8, 9, 10 };
    int n = arr1.Length + arr2.Length;
    int[ ] arr3 = new int[n];               //根据定义的两个一维数组的长度的和定义一个新的一维数组
    for (int i = 0; i < arr3.Length; i++)   //将定义的两个一维数组中的元素添加到新的一维数组中
    {
        if (i < arr1.Length)
            arr3[i] = arr1[i];
        else
            arr3[i] = arr2[i - arr1.Length];
    }
    Console.WriteLine("合并后的一维数组：");
    foreach (int i in arr3)
        Console.Write("{0}", i + " ");
    Console.WriteLine();
    int[,] arr4 = new int[2, 5];            //定义一个要合并的二维数组
```

```
        for (int i = 0; i < arr4.Rank; i++)        //将两个一维数组循环添加到二维数组中
        {
            switch (i)
            {
                case 0:
                    {
                        for (int j = 0; j < arr1.Length; j++)
                            arr4[i, j] = arr1[j];
                        break;
                    }
                case 1:
                    {
                        for (int j = 0; j < arr2.Length; j++)
                            arr4[i, j] = arr2[j];
                        break;
                    }
            }
        }
        Console.WriteLine("合并后的二维数组：");
        for (int i = 0; i < arr4.Rank; i++)                //显示合并后的二维数组
        {
            for (int j = 0; j < arr4.GetUpperBound(arr4.Rank - 1) + 1; j++)
                Console.Write(arr4[i, j] + " ");
            Console.WriteLine();
        }
}
```

按 Ctrl+F5 快捷键查看运行结果，如图 7.11 所示。

2. 数组的拆分

数组的拆分实际上就是将一个一维数组拆分成多个一维数组，或是将多维数组拆分成多个一维数组或多个多维数组。

【例 7.8】 将二维数组拆分为一维数组（实例位置：资源包\TM\sl\7\8）

创建一个控制台应用程序，将一个 int 类型的二维数组拆分成两个 int 类型的一维数组，程序代码如下。

```
static void Main(string[ ] args)
{
    int[,] arr1 = new int[2, 3] { { 1, 3, 5 }, { 2, 4, 6 } };        //定义一个二维数组，并赋值
    //定义两个一维数组，用来存储拆分的二维数组中的元素
    int[] arr2 = new int[3];
    int[] arr3 = new int[3];
        for (int i = 0; i < 2; i++)
        {
            for (int j = 0; j < 3; j++)
            {
                switch (i)
                {
                    case 0: arr2[j] = arr1[i, j]; break;        //如果是第一行中的元素，则添加到第一个数组中
```

```
                    case 1: arr3[j] = arr1[i, j]; break;        //如果是第二行中的元素，则添加到第二个数组中
                }
            }
        }
    Console.WriteLine("数组一：");
    foreach (int n in arr2)                                      //输出拆分后的第一个一维数组
        Console.Write(n + " ");
    Console.WriteLine();
    Console.WriteLine("数组二：");                                //输出拆分后的第二个一维数组
    foreach (int n in arr3)
        Console.Write(n + " ");
    Console.WriteLine();
}
```

按 Ctrl+F5 快捷键查看运行结果，如图 7.12 所示。

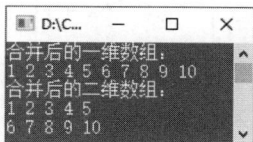

图 7.11　数组合并运行结果

图 7.12　数组拆分运行结果

编程训练（答案位置：资源包\TM\sl\7\编程训练\）

【训练 5】：九宫格　输出一个九宫格（分别填入 1～9 中的 9 个数，使得每一行、列和对角线上的和都等于 15）。

【训练 6】：输出有意思的名字　现在很多家长给孩子起名都非常有意思，甚至融入了自己平时玩的游戏，比如"王者荣耀""黄埔军校""高富帅""白富美""徐栩如生"等，请输出这些比较好玩的名字。

7.5　数组排序算法

数组有很多常用的算法，本节将介绍常用的排序算法，包括冒泡排序法、直接插入排序法和选择排序法。

7.5.1　冒泡排序法

冒泡排序法因其简洁的思想与实现方法而备受青睐，是广大初学者最先接触的一个排序算法。该方法在排序数组元素的过程中总是将小数往前放，大数往后放，类似水中气泡的上升，所以称作冒泡排序法。

1．基本思想

冒泡排序法的基本思想是对比相邻的元素值，如果满足条件就交换元素值，把较小的元素移动到

111

数组前面，把大的元素移动到数组后面（也就是交换两个元素的位置），这样较小的元素就像气泡一样从底部上升到顶部。

2．算法示例

冒泡算法由双层循环实现，其中外层循环用于控制排序轮数，其值一般为要排序的数组长度减 1 次，因为最后一次循环只剩下一个数组元素，所以不需要对比，此时数组已经完成了排序；内层循环主要用于对比数组中每个临近元素的大小，以确定是否交换位置，对比和交换次数随排序轮数的增加而减少。例如，一个拥有 6 个元素的数组，其排序过程中每一次循环的排序过程和结果如图 7.13 所示。

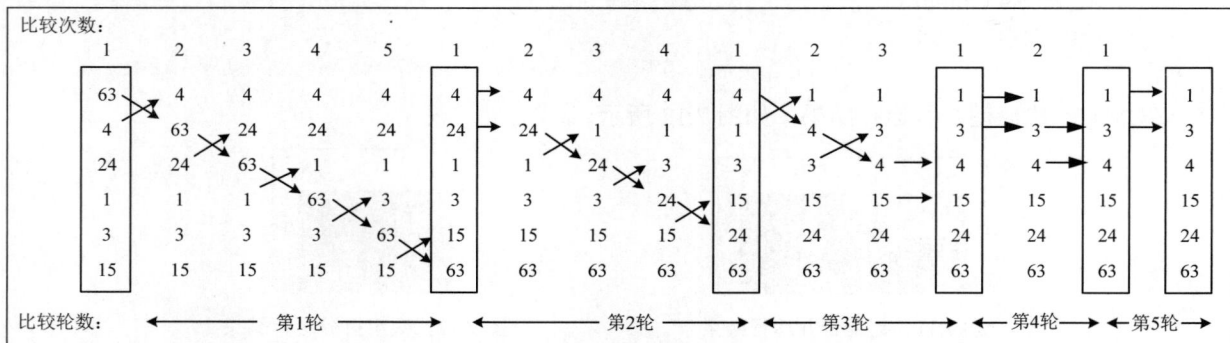

图 7.13　6 个元素数组的排序过程

第一轮外层循环时把最大的元素值 63 移动到了最后（相应的比 63 小的元素向前移动，类似气泡上升），第二轮外层循环不再对比最后一个元素值 63，因为它已经确认为最大（不需要上升），应该放在最后，需要对比和移动的是其他剩余元素，这次将元素 24 移动到了 63 的前一个位置。其他循环将以此类推，继续完成排序任务。

【例 7.9】 冒泡排序法的实现（**实例位置：资源包\TM\sl\7\9**）

创建一个控制台应用程序，使用冒泡排序法对数组中的元素从小到大进行排序，程序代码如下。

```
static void Main(string[ ] args)
{
    int[ ] arr = new int[ ] {63, 4, 24, 1, 3, 15};        //定义一个一维数组，并赋值
    //定义两个 int 类型的变量，分别用来表示数组下标和存储新的数组元素
    int j, temp;
    for (int i = 0; i < arr.Length - 1; i++)              //根据数组下标的值遍历数组元素
    {
        j = i + 1;
        id:                                               //定义一个标识，以便从这里开始执行语句
        if (arr[i] > arr[j])                              //判断前后两个数的大小
        {
            temp = arr[i];                                //将比较后大的元素赋值给定义的 int 变量
            arr[i] = arr[j];                              //将后一个元素的值赋值给前一个元素
            arr[j] = temp;                                //将 int 变量中存储的元素值赋值给后一个元素
            goto id;                                      //返回标识，继续判断后面的元素
        }
        else
```

```
            if (j < arr.Length - 1)                   //判断是否执行到最后一个元素
            {
                j++;                                  //如果没有，则再往后判断
                goto id;                              //返回标识，继续判断后面的元素
            }
        }
    foreach (int n in arr)                            //循环遍历排序后的数组元素并输出
        Console.Write(n + " ");
    Console.WriteLine();
}
```

按 Ctrl+F5 快捷键查看运行结果，如图 7.14 所示。从运行结果来看，数组中的元素已经按从小到大的顺序完成排序。

冒泡排序法的主要思想：把相邻两个元素进行比较，如满足一定条件则进行交换（如判断大小或日期前后等），每次循环可将最大（或最小）的元素排在最后，下一次循环是对数组中其他的元素进行类似操作。

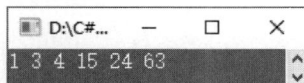

图 7.14　冒泡排序法运行结果

说明

在对数组进行遍历时，要用当前数组的 Length 属性来获取数组的元素个数。

7.5.2　直接插入排序法

直接插入排序法是一种常用的数组排序算法，是初学者应该掌握的。

1. 基本思想

直接插入排序法是一种最简单的排序方法，其基本操作是将一个记录插入已排好序的有序表中，从而得到一个新的、记录数增 1 的有序表，然后从剩下的关键字中选取下一个插入对象，反复执行此操作直到整个序列有序。

2. 算法示例

直接插入排序法实现时，将 n 个有序数存放在数组 a 中，要插入的数为 x，首先确定 x 在数组中要插入的位置 p，数组中 p 之后的元素都向后移一个位置，空出 a(p)，将 x 放入 a(p)。这样即可实现插入后数列仍然有序。例如：

```
初始数组资源    【63   4    24    1    3    15】
第一趟排序后    【4    63】 24    1    3    15
第二趟排序后    【4    24   63】  1    3    15
第三趟排序后    【1    4    24   63】 3    15
第四趟排序后    【1    3    4    24   63】15
第五趟排序后    【1    3    4    15   24   63】
```

【例 7.10】　直接插入排序法的实现（实例位置：资源包\TM\sl\7\10）

创建一个控制台应用程序，使用直接插入排序法对数组中的元素从小到大进行排序，程序代码如下。

```
static void Main(string[ ] args)
{
    int[ ] arr = new int[ ] { 63, 4, 24, 1, 3, 15 };          //定义一个一维数组，并赋值
    for (int i = 0; i < arr.Length; ++i)                       //循环访问数组中的元素
        {
            int temp = arr[i];                                //定义一个 int 变量，并使用获得的数组元素值赋值
            int j = i;
            while ((j > 0) && (arr[j − 1] > temp))             //判断数组中的元素是否大于获得的值
            {
                arr[j] = arr[j - 1];                          //如果是，则将后一个元素的值提前
                −j;
            }
        arr[j] = temp;                                        //最后将 int 变量存储的值赋值给最后一个元素
    }
    Console.WriteLine("排序后结果为：");
    foreach (int n in arr)                                    //循环访问排序后的数组元素并输出
        Console.Write("{0}", n + " ");
    Console.WriteLine();
}
```

按 Ctrl+F5 快捷键查看运行结果，如图 7.15 所示。

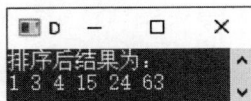

图 7.15　直接插入排序法运行结果

7.5.3　选择排序法

选择排序法的排序速度要比冒泡排序法快一些，也是常用的排序算法，是初学者应该掌握的。

1．基本思想

选择排序法的基本思想是将指定排序位置与其他数组元素分别对比，如果满足条件就交换元素值。注意，这里应区别于冒泡排序，不是交换相邻元素，而是把满足条件的元素与指定的排序位置交换（如从第一个元素开始排序），这样，完成排序的部分逐渐扩大，最后整个数组完成排序。

这就好比有一个小学生，从包含数字 1～10 的乱序的数字堆中分别选择合适的数字，组成一个从 1～10 的排序，而这个学生首先从数字堆中选出 1，放在第一位，然后选出 2（注意这时数字堆中已经没有 1 了），放在第二位，以此类推，直到其找到数字 9，放到 8 的后面，最后剩下 10，此时不用再选择，直接放到最后即可。

与冒泡排序法相比，选择排序法的交换次数要少很多，所以速度会快些。

2．算法示例

每一趟在 n 个记录中选取关键字最小的记录作为有序序列的第 I 个记录，并且令 I 为 1～n-1，进行 n-1 趟选择操作。例如：

```
初始数组资源【63    4    24    1    3    15】
第一趟排序后【1】   4    24    63   3    15
第二趟排序后【1     3】  24    63   4    15
第三趟排序后【1     3    4】   63   24   15
第四趟排序后【1     3    4    15】 24   63
第五趟排序后【1     3    4    15   24】 63
```

【例 7.11】 选择排序法的实现（实例位置：资源包\TM\sl\7\11）

创建一个控制台应用程序，使用选择排序法对数组中的元素从小到大进行排序，程序代码如下。

```
static void Main(string[ ] args)
{
    int[ ] arr = new int[ ] { 63, 4, 24, 1, 3, 15 };     //定义一个一维数组，并赋值
    int min;                                             //定义一个 int 变量，用来存储数组下标
        for (int i = 0; i < arr.Length - 1; i++)         //循环访问数组中的元素值（除最后一个）
        {
            min = i;                                     //为定义的数组下标赋值
            for (int j = i + 1; j < arr.Length; j++)     //循环访问数组中的元素值（除第一个）
            {
                if (arr[j] < arr[min])                   //判断相邻两个元素值的大小
                    min = j;
            }
            int t = arr[min];                            //定义一个 int 变量，用来存储比较大的数组元素值
            arr[min] = arr[i];                           //将小的数组元素值移动到前一位
            arr[i] = t;                                  //将 int 变量中存储的较大的数组元素值向后移
        }
    Console.WriteLine("排序后结果为：");
    foreach (int n in arr)                               //循环访问排序后的数组元素并输出
        Console.Write("{0}", n + " ");
    Console.WriteLine();
}
```

按 Ctrl+F5 快捷键查看运行结果，如图 7.16 所示。

编程训练（答案位置：资源包\TM\sl\7\编程训练\）

【训练7】：冒泡排序法排序　　修改【例 7.19】，使用冒泡排序法对一维数组进行倒序排序。

【训练8】：选择排序法排序　　修改【例 7.21】，使用选择排序法对一维数组进行倒序排序。

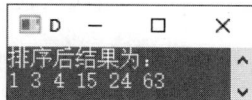

图 7.16　选择排序法运行结果

7.6　ArrayList 类

ArrayList 类相当于一种高级的动态数组，它是 Array 类的升级版本，本节将对该类进行详细介绍。

7.6.1　ArrayList 类概述

ArrayList 类位于 System.Collections 命名空间下，它可以动态添加和删除元素。可以将 ArrayList 类看作扩充了功能的数组，但它并不等同于数组。

与数组相比，ArrayList 类为开发人员提供了以下功能。

☑　数组的容量是固定的，而 ArrayList 的容量可以根据需要自动扩充。

☑　ArrayList 提供添加、删除和插入某一范围元素的方法，但在数组中，只能一次获取或设置一个元素的值。

☑　ArrayList 提供将只读和固定大小包装返回集合的方法，而数组不提供。

☑　ArrayList 只能是一维形式，而数组可以是多维的。

ArrayList 提供了 3 个构造器，通过这 3 个构造器可以有 3 种声明方式，下面分别介绍。

（1）默认的构造器，将会以默认（16 位）的大小来初始化内部数组。构造器格式如下。

```
public ArrayList();
```

使用以上构造器声明 ArrayList 的语法格式如下。

```
ArrayList List = new ArrayList();
```

List：ArrayList 对象名。

例如，声明一个 ArrayList 对象，并为其添加 10 个 int 类型的元素值，代码如下。

```
ArrayList List = new ArrayList();
for (int i = 0; i < 10; i++)     //给 ArrayList 对象添加 10 个 int 元素
    List.Add(i);
```

（2）用一个 ICollection 对象来构造，并将该集合的元素添加到 ArrayList 中。构造器格式如下。

```
public ArrayList(ICollection);
```

使用以上构造器声明 ArrayList 的语法格式如下。

```
ArrayList List = new ArrayList(arryName);
```

☑　List：ArrayList 对象名。

☑　arryName：要添加集合的数组名。

例如，声明一个 int 类型的一维数组，然后声明一个 ArrayList 对象，同时将已经声明的一维数组中的元素添加到该对象中，代码如下。

```
int[ ] arr = new int[ ] { 1, 2, 3, 4, 5, 6, 7, 8, 9 };
ArrayList List = new ArrayList(arr);
```

（3）用指定的大小初始化内部数组。构造器格式如下。

```
public ArrayList(int);
```

使用以上构造器声明 ArrayList 的语法格式如下。

```
ArrayList List = new ArrayList(n);
```

☑ List：ArrayList 对象名。

☑ n：ArrayList 对象的空间大小。

例如，声明一个具有 10 个元素的 ArrayList 对象，并为其赋初始值，代码如下。

```
ArrayList List = new ArrayList(10);
for (int i = 0; i < List.Count; i++)          //给 ArrayList 对象添加 10 个 int 元素
    List.Add(i);
```

ArrayList 常用属性及说明如表 7.1 所示。

表 7.1 ArrayList 常用属性及说明

属　　性	说　　明
Capacity	获取或设置 ArrayList 可包含的元素数
Count	获取 ArrayList 中实际包含的元素数
IsFixedSize	获取一个值，该值指示 ArrayList 是否具有固定大小
IsReadOnly	获取一个值，该值指示 ArrayList 是否为只读
IsSynchronized	获取一个值，该值指示是否同步对 ArrayList 的访问
Item	获取或设置指定索引处的元素
SyncRoot	获取可用于同步 ArrayList 访问的对象

7.6.2　ArrayList 元素的添加

向 ArrayList 集合中添加元素时，可以使用 ArrayList 类提供的 Add()方法和 Insert()方法，下面对这两个方法进行详细介绍。

1．Add()方法

Add()方法用来将对象添加到 ArrayList 集合的结尾处，其语法格式如下。

```
public virtual int Add (Object value)
```

☑ value：要添加到 ArrayList 末尾处的 Object，该值可以为空引用。

☑ 返回值：ArrayList 索引，已在此处添加了 value。

说明

> ArrayList 允许 null 值作为有效值，并且允许重复的元素。

例如，声明一个包含 6 个元素的一维数组，并使用该数组实例化一个 ArrayList 对象，然后使用 Add()方法为该 ArrayList 对象添加元素，代码如下。

```
int[ ] arr = new int[ ] { 1, 2, 3, 4, 5, 6 };
ArrayList List = new ArrayList(arr);          //使用声明的一维数组实例化一个 ArrayList 对象
List.Add(7);                                  //为 ArrayList 对象添加元素
```

2．Insert()方法

Insert()方法用来将元素插入 ArrayList 集合的指定索引处，其语法格式如下。

```
public virtual void Insert (
    int index,
    Object value)
```

☑　index：从零开始的索引，应在该位置插入 value。

☑　value：要插入的 Object，该值可以为空引用。

说明

如果 ArrayList 实际存储元素数已经等于 ArrayList 可存储的元素数，则会通过自动重新分配内部数组增加 ArrayList 的容量，并在添加新元素之前将现有元素复制到新数组中。

例如，声明一个包含 6 个元素的一维数组，并使用该数组实例化一个 ArrayList 对象，然后使用 Insert() 方法在该 ArrayList 对象的指定索引处添加一个元素，代码如下。

```
nt[ ] arr = new int[ ] { 1, 2, 3, 4, 5, 6 };
ArrayList List = new ArrayList(arr);          //使用声明的一维数组实例化一个 ArrayList 对象
List.Insert(3, 7);                            //在 ArrayList 集合的指定位置添加一个元素
```

【例 7.12】动态向 ArrayList 中添加数据（实例位置：资源包\TM\sl\7\12）

创建一个控制台应用程序，其中定义了一个 int 类型的一维数组，并使用该数组实例化一个 ArrayList 对象，然后分别使用 ArrayList 对象的 Add()方法和 Insert()方法向 ArrayList 集合的结尾处和指定索引处添加元素，程序代码如下。

```
static void Main(string[ ] args)
{
    int[ ] arr = new int[ ] { 1, 2, 3, 4, 5, 6 };
    ArrayList List = new ArrayList(arr);           //使用声明的一维数组实例化一个 ArrayList 对象
    Console.WriteLine("原 ArrayList 集合：");
    foreach (int i in List)                        //遍历 ArrayList 集合并输出
    {
        Console.Write(i + " ");
    }
    Console.WriteLine();
    for (int i = 1; i < 5; i++)
    {
        List.Add(i + arr.Length);                  //为 ArrayList 集合添加元素
    }
    Console.WriteLine("使用 Add()方法添加：");
    foreach (int i in List)                        //遍历添加元素后的 ArrayList 集合并输出
    {
        Console.Write(i + " ");
    }
    Console.WriteLine();
    List.Insert(6, 6);                             //在 ArrayList 集合的指定位置添加元素
```

```
        Console.WriteLine("使用 Insert()方法添加：");
        foreach (int i in List)                          //遍历最后的 ArrayList 集合并输出
        {
            Console.Write(i + " ");
        }
        Console.WriteLine();
}
```

按 Ctrl+F5 快捷键查看运行结果，如图 7.17 所示。

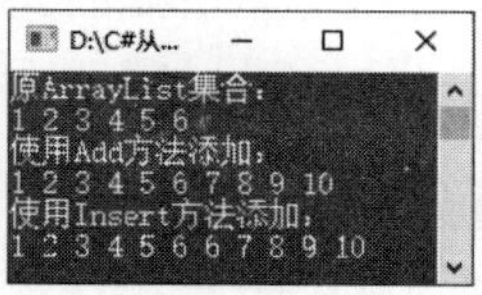

图 7.17　ArrayList 元素的添加运行结果

注意

使用 ArrayList 类时，需要在命名空间区域添加 using System.Collections;，下面将不再提示。

7.6.3　ArrayList 元素的删除

在 ArrayList 集合中删除元素时，可以使用 ArrayList 类提供的 Clear()方法、Remove()方法、RemoveAt()方法和 RemoveRange()方法。下面对这 4 个方法进行详细介绍。

1．Clear()方法

Clear()方法用来从 ArrayList 中移除所有元素，其语法格式如下。

```
public virtual void Clear()
```

例如，声明一个包含 6 个元素的一维数组，并使用该数组实例化一个 ArrayList 对象，然后使用 Clear()方法清除 ArrayList 中的所有元素，代码如下。

```
int[ ] arr = new int[ ] { 1, 2, 3, 4, 5, 6 };
ArrayList List = new ArrayList(arr);
List.Clear();
```

2．Remove()方法

Remove()方法用来从 ArrayList 中移除特定对象的第一个匹配项，其语法格式如下。

```
public virtual void Remove (Object obj)
```

obj：要从 ArrayList 移除的 Object，该值可以为空引用。

说明

在删除 ArrayList 中的元素时，如果不包含指定对象，则 ArrayList 将保持不变。

例如，声明一个包含 6 个元素的一维数组，并使用该数组实例化一个 ArrayList 对象，然后使用 Remove()方法从声明的 ArrayList 对象中移除与 3 匹配的元素，代码如下。

```
int[ ] arr = new int[ ] { 1, 2, 3, 4, 5, 6 };
ArrayList List = new ArrayList(arr);
List.Remove(3);
```

3．RemoveAt()方法

RemoveAt()方法用来从 ArrayList 中移除指定索引处的元素，其语法格式如下。

```
public virtual void RemoveAt (int index)
```

index：要移除元素的索引值（从零开始）。

例如，声明一个包含 6 个元素的一维数组，并使用该数组实例化一个 ArrayList 对象，然后使用 RemoveAt()方法从声明的 ArrayList 对象中移除索引为 3 的元素，代码如下。

```
int[ ] arr = new int[ ] { 1, 2, 3, 4, 5, 6 };
ArrayList List = new ArrayList(arr);
List.RemoveAt(3);
```

4．RemoveRange()方法

RemoveRange()方法用来从 ArrayList 中移除一定范围的元素，其语法格式如下。

```
public virtual void RemoveRange (
    int index,
    int count)
```

☑ index：要移除的元素的范围，即从零开始的起始索引。
☑ count：要移除的元素数。

误区警示

在 RemoveRange()方法中，参数 count 的长度不能超出数组的总长度减去参数 index 的值。

例如，声明一个包含 6 个元素的一维数组，并使用该数组实例化一个 ArrayList 对象，然后在该 ArrayList 对象中使用 RemoveRange()方法从索引 3 处删除两个元素，代码如下。

```
int[ ] arr = new int[ ] { 1, 2, 3, 4, 5, 6 };
ArrayList List = new ArrayList(arr);
List.RemoveRange(3,2);
```

【例 7.13】 一次删除 ArrayList 中的多个元素（实例位置：资源包\TM\sl\7\13）

创建一个控制台应用程序，使用 RemoveRange()方法删除 ArrayList 集合中的一批元素，程序代码如下。

```
static void Main(string[ ] args)
{
    int[ ] arr = new int[ ] { 1, 2, 3, 4, 5, 6, 7, 8, 9 };
    ArrayList List = new ArrayList(arr);              //使用声明的一维数组实例化一个 ArrayList 对象
    Console.WriteLine("原 ArrayList 集合：");
```

```
    foreach (int i in List)                         //遍历 ArrayList 集合中的元素并输出
    {
        Console.Write(i.ToString() + " ");
    }
Console.WriteLine();
List.RemoveRange(0, 5);                             //从 ArrayList 集合中移除指定下标位置的元素
Console.WriteLine("删除元素后的 ArrayList 集合：");
    foreach (int i in List)                         //遍历删除元素后的 ArrayList 集合并输出其元素
    {
        Console.Write(i.ToString() + " ");
    }
    Console.WriteLine();
}
```

按 Ctrl+F5 快捷键查看运行结果，如图 7.18 所示。

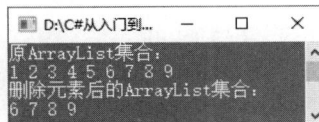

7.6.4　ArrayList 的遍历

图 7.18　ArrayList 元素的删除运行结果

ArrayList 集合的遍历与数组类似，都可以使用 foreach 语句。

【例 7.14】　遍历 ArrayList 集合（实例位置：资源包\TM\sl\7\14）

创建一个控制台应用程序，其中实例化了一个 ArrayList 对象，并使用 Add()方法向 ArrayList 集合中添加了两个元素，然后使用 foreach 语句遍历 ArrayList 集合中的各个元素并输出，程序代码如下。

```
static void Main(string[ ] args)
{
    ArrayList list = new ArrayList();               //实例化一个 ArrayList 对象
    list.Add("TM");                                 //向 ArrayList 集合中添加元素
    list.Add("C#从入门到精通");
    foreach (string str in list)                    //遍历 ArrayList 集合中的元素并输出
    {
        Console.WriteLine(str);
    }
}
```

按 Ctrl+F5 快捷键查看运行结果，如图 7.19 所示。

7.6.5　ArrayList 元素的查找

图 7.19　ArrayList 的遍历运行结果

查找 ArrayList 集合中的元素时，可以使用 ArrayList 类提供的 Contains()方法、IndexOf()方法和 LastIndexOf()方法。IndexOf()方法和 LastIndexOf()方法的用法与 string 字符串类的同名方法的用法基本相同，下面主要对 Contains()方法进行详细介绍。

Contains()方法用来确定某元素是否在 ArrayList 集合中，其语法格式如下。

```
public virtual bool Contains (Object item)
```

☑　item：要在 ArrayList 中查找的 Object，该值可以为空引用。

☑　返回值：如果在 ArrayList 中找到 item，则为 true；否则为 false。

例如，声明一个包含 6 个元素的一维数组，并使用该数组实例化一个 ArrayList 对象，然后使用 Contains()方法判断数字 2 是否在 ArrayList 集合中，代码如下。

```
int[ ] arr = new int[ ] { 1, 2, 3, 4, 5, 6 };
ArrayList List = new ArrayList(arr);
Console.Write(List.Contains(2));                    //判断 ArrayList 集合中是否包含指定的元素
```

运行结果为 true。

编程训练（答案位置：资源包\TM\sl\7\编程训练\）

【训练 9】：向班级集合中添加学生信息 集合在程序开发中经常用到，比如可以将学生信息、商品信息等存储到集合中，以便随时更新，这里将使用 ArrayList 集合实现存储学生信息的功能。添加的学生信息如下。

```
小王 男 1980-01-01
小刘 女 1981-01-01
小明 男 1990-01-01
```

【训练 10】：优化【训练 9】 在【训练 9】的基础上，将学生的出生年月显示为"****年**月**日"这种格式。（提示：可以使用 string 类的 Format 方法实现。）

7.7   Hashtable

Hashtable（哈希表）是一种重要的集合类型，本节将对 Hashtable 的概念及使用方法进行详细介绍。

7.7.1   Hashtable 概述

Hashtable 通常称为哈希表，它表示键/值对的集合，这些键/值对根据键的哈希代码进行组织。它的每个元素都是一个存储在 DictionaryEntry 对象中的键/值对。键不能为空引用，但值可以。

Hashtable 的构造函数有多种，这里介绍两种最常用的。

（1）使用默认的初始容量、加载因子、哈希代码提供程序和比较器来初始化 Hashtable 类的新的空实例，语法如下。

```
public Hashtable()
```

（2）使用指定的初始容量、默认加载因子、默认哈希代码提供程序和默认比较器来初始化 Hashtable 类的新的空实例，语法如下。

```
public Hashtable(int capacity)
```

capacity：Hashtable 对象最初可包含的元素的近似数目。

Hashtable 常用属性及说明如表 7.2 所示。

表 7.2　Hashtable 常用属性及说明

属　　性	说　　明
Count	获取包含在 Hashtable 中的键/值对的数目
IsFixedSize	获取一个值，该值指示 Hashtable 是否具有固定大小
IsReadOnly	获取一个值，该值指示 Hashtable 是否为只读
IsSynchronized	获取一个值，该值指示是否同步对 Hashtable 的访问
Item	获取或设置与指定的键相关联的值
Keys	获取包含 Hashtable 中的键的 ICollection
SyncRoot	获取可用于同步 Hashtable 访问的对象
Values	获取包含 Hashtable 中的值的 ICollection

7.7.2　Hashtable 元素的添加

向 Hashtable 中添加元素时，可以使用 Hashtable 类提供的 Add()方法。下面对该方法进行详细介绍。Add()方法用来将带有指定键和值的元素添加到 Hashtable 中，其语法格式如下。

```
public virtual void Add(Object key,Object value)
```

☑　key：要添加的元素的键。
☑　value：要添加的元素的值，该值可以为空引用。

说明

如果指定了 Hashtable 的初始容量，则不用限定向 Hashtable 对象中添加的因子个数。容量会根据加载的因子自动增加。

【例 7.15】 向哈希表中添加元素（实例位置：资源包\TM\sl\7\15）
创建一个控制应用程序，其中实例化一个 Hashtable 对象，然后使用 Add()方法为该 Hashtable 对象添加 3 个元素，代码如下。

```
Hashtable hashtable = new Hashtable();              //实例化 Hashtable 对象
hashtable.Add("id", "BH0001");                      //向 Hashtable 中添加元素
hashtable.Add("name", "TM");
hashtable.Add("sex", "男");
Console.WriteLine(hashtable.Count);                 //获得 Hashtable 中的元素个数
```

运行结果为 3。

7.7.3　Hashtable 元素的删除

在 Hashtable 中删除元素时，可以使用 Hashtable 类提供的 Clear()方法和 Remove()方法。下面对这两个方法进行详细介绍。

1．Clear()方法

Clear()方法用来从 Hashtable 中移除所有元素，其语法格式如下。

```
public virtual void Clear()
```

【例 7.16】 清空哈希表（实例位置：资源包\TM\sl\7\16）

创建一个控制应用程序，其中实例化一个 Hashtable 对象，同时使用 Add()方法为该 Hashtable 对象添加 3 个元素，然后使用 Clear()方法移除 Hashtable 中的所有元素，代码如下。

```
Hashtable hashtable = new Hashtable();        //实例化 Hashtable 对象
hashtable.Add("id", "BH0001");                //向 Hashtable 中添加元素
hashtable.Add("name", "TM");
hashtable.Add("sex", "男");
hashtable.Clear();                            //移除 Hashtable 中的元素
Console.WriteLine(hashtable.Count);
```

运行结果为 0。

2．Remove()方法

Remove()方法用来从 Hashtable 中移除带有指定键的元素，其语法格式如下。

```
public virtual void Remove(Object key)
```

☑ key：要移除的元素的键。

【例 7.17】 删除哈希表中指定键的元素（实例位置：资源包\TM\sl\7\17）

创建一个控制应用程序，其中实例化一个 Hashtable 对象，同时使用 Add()方法为该 Hashtable 对象添加 3 个元素，然后使用 Remove()方法移除 Hashtable 中键为 sex 的元素，代码如下。

```
Hashtable hashtable = new Hashtable();        //实例化 Hashtable 对象
hashtable.Add("id", "BH0001");                //向 Hashtable 中添加元素
hashtable.Add("name", "TM");
hashtable.Add("sex", "男");
hashtable.Remove("sex");                      //移除 Hashtable 中的指定元素
Console.WriteLine(hashtable.Count);
```

运行结果为 2。

7.7.4　Hashtable 的遍历

Hashtable 的遍历与数组类似，都可以使用 foreach 语句。这里需要注意的是，由于 Hashtable 中的元素是一个键/值对，因此需要使用 DictionaryEntry 结构来进行遍历。DictionaryEntry 结构表示一个键/值对的集合。下面通过一个实例说明如何遍历 Hashtable 中的元素。

【例 7.18】 遍历哈希表（实例位置：资源包\TM\sl\7\18）

创建一个控制台应用程序，其中实例化了一个 Hashtable 对象，并使用 Add()方法向 Hashtable 中添加了 3 个元素，然后使用 foreach 语句遍历 Hashtable 中的各个键/值对并输出，程序代码如下。

```
static void Main(string[ ] args)
```

```
{
    Hashtable hashtable = new Hashtable();            //实例化 Hashtable 对象
    hashtable.Add("id", "BH0001");                    //向 Hashtable 中添加元素
    hashtable.Add("name", "TM");
    hashtable.Add("sex", "男");
    Console.WriteLine("\t 键\t 值");
    foreach (DictionaryEntry dicEntry in hashtable)   //遍历 Hashtable 中的元素并输出其键/值对
    {
        Console.WriteLine("\t " + dicEntry.Key + "\t " + dicEntry.Value);
    }
    Console.WriteLine();
}
```

按 Ctrl+F5 快捷键查看运行结果，如图 7.20 所示。

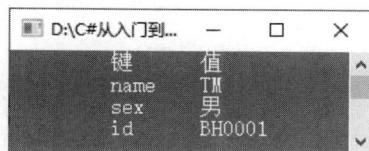

7.7.5　Hashtable 元素的查找

在 Hashtable 中查找元素时，可以使用 Hashtable 类提供的 Contains() 方法、ContainsKey() 方法和 ContainsValue() 方法。下面主要对这 3 个方法进行详细介绍。

图 7.20　Hashtable 的遍历运行结果

1．Contains()方法

Contains() 方法用来确定 Hashtable 中是否包含特定键，其语法格式如下。

```
public virtual bool Contains (Object key)
```

☑　key：要在 Hashtable 中定位的键。

☑　返回值：如果 Hashtable 包含具有指定键的元素，则为 true；否则为 false。

【例 7.19】　Hashtable 中是否存在指定键（实例位置：资源包\TM\sl\7\19）

创建一个控制台应用程序，其中实例化一个 Hashtable 对象，同时使用 Add() 方法为该 Hashtable 对象添加 3 个元素，然后使用 Contains() 方法判断键 id 是否在 Hashtable 中，代码如下。

```
Hashtable hashtable = new Hashtable();            //实例化 Hashtable 对象
hashtable.Add("id", "BH0001");                    //向 Hashtable 中添加元素
hashtable.Add("name", "TM");
hashtable.Add("sex", "男");
Console.WriteLine(hashtable.Contains("id"));      //判断 Hashtable 中是否包含指定的键
```

运行结果为 true。

📖 **说明**

ContainsKey() 方法和 Contains() 方法实现的功能、语法都相同，这里不再详细说明。

2．ContainsValue()方法

ContainsValue() 方法用来确定 Hashtable 中是否包含特定值，其语法格式如下。

public virtual bool ContainsValue (Object value)

☑ value：要在 Hashtable 中定位的值，该值可以为空引用。

☑ 返回值：如果 Hashtable 包含带有指定的 value 的元素，则为 true；否则为 false。

【例 7.20】 Hashtable 中是否存在指定值（实例位置：资源包\TM\sl\7\20）

创建一个控制台应用程序，其中实例化一个 Hashtable 对象，同时使用 Add()方法为该 Hashtable 对象添加 3 个元素，然后使用 ContainsValue()方法判断值 id 是否在 Hashtable 中，代码如下。

```
Hashtable hashtable = new Hashtable();              //实例化 Hashtable 对象
hashtable.Add("id", "BH0001");                      //向 Hashtable 中添加元素
hashtable.Add("name", "TM");
hashtable.Add("sex", "男");
Console.WriteLine(hashtable.ContainsValue("id"));   //判断 Hashtable 中是否包含指定的键值
```

运行结果为 false。

编程训练（答案位置：资源包\TM\sl\7\编程训练\）

【训练 11】：使用 Hashtable 对 XML 文件进行查询 开发网络电台应用程序时，可以将网络电台的地址及名称存放到 XML 文件中，这时如果需要将 XML 文件中存储的所有电台地址及对应名称显示出来，可以使用 Hashtable 来实现。（提示：本训练需要创建 Windows 窗体应用，并且用到 ComboBox 控件，可以学完第 11 章之后再做。）

【训练 12】：优化【训练 11】 在【训练 11】的基础上，实现选择"电台名称"时，在"电台网址"下拉列表中自动显示对应的电台网址。

7.8 实践与练习

（答案位置：资源包\TM\sl\7\实践与练习\）

综合练习 1：希尔排序法的实现 希尔排序又称"缩小增量排序"，其基本思想是，先将整个待排序的一组序列分割成为若干子序列，然后分别进行直接插入排序，待整个序列中的数"基本有序"时再对全体记录进行一次直接插入排序。尝试开发一个程序，要求使用希尔排序法对定义的一维数组进行排序。

综合练习 2：获取集合中包含的汉字个数 尝试开发一个程序，当用户输入一个字符串之后，判断该字符串中包含几个汉字。（提示：可以使用 ArrayList 集合实现。）

综合练习 3：为古诗配上拼音 编写一个程序，用数组 poem 存储古诗《大风歌》，然后用 spell 存储《大风歌》的拼音。然后分别输出《大风歌》、拼音版《大风歌》和带拼音的《大风歌》。原始数据如下。

```
string[] poem = { "《大风歌》", "大风起兮云飞扬，", "威加海内兮归故乡。", "安得猛士兮守四方。" };
string[] spell = { "《dà fēng gē 》", "dà fēng qǐ xī yún fēi yáng ，", "wēi jiā hǎi nèi xī guī gù xiāng，", "ān dé měng shì xī shǒu sì fāng 。" };
```

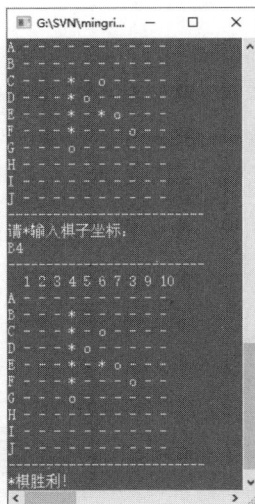

图 7.21 五子棋游戏

综合练习 4：按行和列输出中国十大高铁站 旅行，既是为了追寻远方的美丽风景，也是为了遇见另一个更好的自己。如今，乘坐高铁旅游的人越来越多，高铁已经成为人们出行的主要交通工具。我国最大的十大高铁车站是西安北站、郑州东站、上海虹桥站、昆明南站、重庆西站、贵阳北站、杭州东站、南京南站、广州南站、重庆北站。编写一个程序，将十大高铁站保存到数组中，然后通过索引分别按行和列输出数组中的奇数位高铁站、偶数位高铁站。

综合练习 5：五子棋游戏（单机版） 编写一个简易的五子棋游戏，利用二维数组控制一个 10×10 的棋盘，通过控制台输入棋子的坐标来下棋。效果如图 7.21 所示。

7.9 动 手 纠 错

（1）运行"资源包\TM\排错练习\07\01"文件夹下的程序，出现"应输入长度为 5 的数组初始值设定项"的错误提示，请根据注释改正程序。

（2）运行"资源包\TM\排错练习\07\02"文件夹下的程序，出现"未处理 IndexOutOfRangeException 索引超出了数组界限"的错误提示，请根据注释改正程序。

（3）运行"资源包\TM\排错练习\07\03"文件夹下的程序，出现"无法将类型 int 隐式转换为 string"的错误提示，请根据注释改正程序。

（4）运行"资源包\TM\排错练习\07\04"文件夹下的程序，出现"无效的秩说明符：应为','或']'"的错误提示，请根据注释改正程序。

（5）运行"资源包\TM\排错练习\07\05"文件夹下的程序，程序可以正常运行，但是获取的二维数组的行数并不正确，请根据注释改正程序。

（6）运行"资源包\TM\排错练习\07\06"文件夹下的程序，出现"未处理 InvalidCastException 无法将类型为 System.Int32 的对象强制转换为类型 System.String"的错误信息，请根据注释改正程序。

第 8 章

属性和方法

属性和方法是 C#程序中的两个重要组成部分，其中，属性提供灵活的机制来读取、编写或计算私有字段的值，而方法则以一部分代码构成代码块的形式存在，用来实现特定的功能。本章将对属性和方法进行详细讲解。

本章知识架构及重点、难点如下。

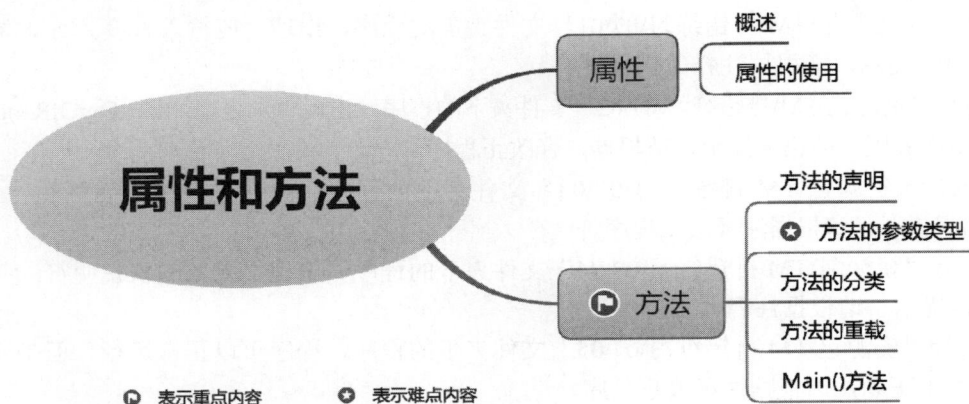

8.1 属 性

属性提供功能强大的方法以将声明信息与 C#代码（类型、方法、属性等）相关联，一旦属性与程序实体关联，即可使用名为反射的技术对属性进行查询。本节将对属性进行详细讲解。

8.1.1 属性概述

属性是一种用于访问对象或类的特性的成员，它可以表示字体大小、窗体标题和客户名称等内容。

属性有访问器，这些访问器指定在它们的值被读取或写入时需要执行的语句。因此属性提供了一种机制，它把读取和写入对象的某些特性与一些操作关联起来。可以像使用公共数据成员一样使用属性，但实际上它们是被称为"访问器"的一种特殊方法，这使得数据在被轻松访问的同时，仍能提供方法的安全性和灵活性。

对于属性的理解其实并不难，相信大家都玩过游戏，其实在游戏中也能找到属性，比如人物属性，常见的有攻击、防御、速度、智力、敏捷、力量、生命值、魔法值等；而物品属性是用来加强人物属性的，常见的有加强攻击力、加强防御力、增加生命值、增加魔法值、加强抗性等。

注意

> 属性不能作为 ref 参数或 out 参数传递。

属性具有以下特点。

- ☑　属性可向程序中添加元数据。元数据是嵌入程序中的信息，如编译器指令或数据描述。
- ☑　程序可以使用反射检查自己的元数据。
- ☑　通常使用属性与 COM 交互。

属性以两种形式存在：一种是在公共语言运行库的基类库中定义的属性；另一种是自己创建、可以向代码中添加附加信息的自定义属性。

例如，下面代码将 System.Reflection.TypeAttributes.Serializable 属性用于自定义类，以便使该类中的成员可以序列化，代码如下。

```
[System.Serializable]
public class MyClass
{ }
```

上面代码中的 Serialzable 为.NET Framework 类库中定义的属性。

自定义属性在类中是通过以下方式声明的：指定属性的访问级别，后面是属性的类型，接下来是属性的名称，然后是声明 get 访问器和（或）set 访问器的代码模块，其语法格式如下。

```
访问修饰符 数据类型 属性名
{
    get
    {
        return 变量名;
    }
    set
    {
        变量名 = value;
    }
}
```

访问修饰符用来确定属性的可用范围，下面介绍常用的几个访问修饰符。

- ☑　public：不限制对该属性的访问。
- ☑　protected：只能从其所在类和所在类的子类（派生类）进行访问。
- ☑　internal：只有其所在类才能访问。
- ☑　private：私有访问修饰符，只能在其声明类中使用。

例如，自定义一个 TradeCode 属性，表示商品编号，要求该属性为可读可写属性，并设置其访问级别为 public，代码如下。

```
private string tradecode = "";
public string TradeCode
{
```

```
        get { return tradecode; }
        set { tradecode = value; }
}
```

由于属性的 set 访问器可以包含大量的语句，因此可以对赋予的值进行检查，如果值不安全或者不符合要求，可以进行处理操作，这样能够避免因为给属性设置了错误的值而导致异常。

例如，模拟淘宝商家某种商品的库存量，比如控制库存不能低于 10、高于 100。代码如下。

```
class cStockInfo                              //商品信息类
{
        private int num = 0;                  //声明一个私有变量，用来表示数量
        public int Num                        //库存数量属性
        {
            get
            {
                return num;
            }
            set
            {
                if (value > 10 && value <= 100)    //控制数量在 10～100 之间
                {
                    num = value;
                }
                else
                {
                    Console.WriteLine("库存数量输入有误！");
                }
            }
        }
}
```

说明

get 访问器与方法体相似，它必须返回属性类型的值；而 set 访问器类似于返回类型为 void 的方法，它使用称为 value 的隐式参数，此参数的类型是属性的类型。

另外，C#支持自动实现的属性，即在属性的 get 和 set 访问器中没有任何逻辑，代码如下。

```
public int Age
{
    get;
    set;
}
```

使用自动实现的属性，就不能在属性设置中进行属性的有效验证，例如，在模拟淘宝商家某种商品库存量的示例中，如果使用自动实现属性，就不能检查商品库存量在 10～100；另外，如果要使用自动实现的属性，则必须同时拥有 get 访问器和 set 访问器，只有 get 或者只有 set 的代码会出现错误，例如，下面的代码是不合法的。

```
public int Age
{
    get;
}
```

8.1.2 属性的使用

程序中调用属性的语法格式如下。

对象名.属性名

注意

（1）如果要在其他类中调用自定义属性，必须将自定义属性的访问级别设置为 public。

（2）如果属性为只读属性，就不能在调用时为其赋值，否则将产生异常。

【例 8.1】 用属性封装用户基本信息（实例位置：**资源包\TM\sl\8\1**）

创建一个控制台应用程序，其中定义了一个 MyClass 类，并在该类中定义了两个 string 类型的变量，分别用来记录用户的编号和姓名，然后在该类中自定义两个属性，用来表示用户编号和姓名。定义完成后，在 Program 主程序类中实例化自定义类 MyClass 的一个对象，并分别给其中定义的用户编号和用户姓名属性赋值，最后调用 Console 类的 WriteLine()方法将赋值后的用户编号和用户姓名输出，程序代码如下。

```
class MyClass
{
    private string id = "";              //定义一个 string 类型的变量，用来记录用户编号
    private string name = "";            //定义一个 string 类型的变量，用来记录用户姓名
    public string ID                     //定义用户编号属性，该属性为可读可写属性
    {
        get
        {
            return id;
        }
        set
        {
            id = value;
        }
    }
    public string Name                   //定义用户姓名属性，该属性为可读可写属性
    {
        get
        {
            return name;
        }
        set
        {
            name = value;
        }
```

```
        }
    }
class Program
{
    static void Main(string[ ] args)
    {
        MyClass myclass = new MyClass();                          //实例化 MyClass 类对象
        myclass.ID = "BH001";                                     //为用户编号属性赋值
        myclass.Name = "TM1";                                     //为用户姓名属性赋值
        Console.WriteLine(myclass.ID + " " + myclass.Name);       //输出用户编号和用户姓名
        myclass.ID = "BH002";                                     //重新为用户编号属性赋值
        myclass.Name = "TM2";                                     //重新为用户姓名属性赋值
        Console.WriteLine(myclass.ID + " " + myclass.Name);       //再次输出用户编号和用户姓名
    }
}
```

按 Ctrl+F5 快捷键查看运行结果，如图 8.1 所示。

编程训练（答案位置：资源包\TM\sl\8\编程训练\）

【训练 1】：完善用户信息　修改【例 8.1】，添加用户性别和年龄属性，并控制年龄属性的取值为 0～100。

【训练 2】：控制商品库存量为 10～100　模拟淘宝商家某种商品的库存量，比如控制库存不能低于 10、高于 100。（提示：通过在 set 属性中进行设置。）

图 8.1　属性的使用运行结果

8.2　方　　法

方法是一种用于实现可以由对象或类执行的计算或操作的成员。类的方法主要是和类相关联的动作，它是类的外部界面。对于那些私有的字段来说，外部界面实现对它们的操作一般只能通过方法来实现。

方法是为达到某种目的而采取的途径、步骤、手段等。若将方法比喻成公司职员，可以进行如下描述。方法先生，现任 C#部门工程师；工作分配：用 C#语言编写公司指定的项目，并对其进行测试。此处，方法先生相当于方法的名称，而工作分配则相当于方法要实现的目的。

本节将对方法进行详细讲解。

8.2.1　方法的声明

方法是包含一系列语句的代码块，在 C#中，每个执行指令都是在方法的上下文中完成的。

方法在类或结构中声明，声明时需要指定访问级别、返回值、方法名称及方法参数，方法参数放在括号中，并用逗号隔开。若括号中没有内容，则表示声明的方法没有参数。

方法声明可以包含一组特性和 private、public、protected、internal 这 4 个访问修饰符的任何一个有效组合，还可以包含 new、static、virtual、override、sealed、abstract 以及 extern 等修饰符。

如果以下所有条件都为真，则表明所声明的方法具有一个有效的修饰符组合。

☑　该声明包含一个有效的访问修饰符组合。

☑　该声明中所包含的修饰符彼此各不相同。

☑　该声明最多包含下列修饰符中的一个：static、virtual 和 override。

☑　该声明最多包含下列修饰符中的一个：new 和 override。

☑　如果该声明包含 abstract 修饰符，则该声明不包含下列任何修饰符：static、virtual、sealed 或 extern。

☑　如果该声明包含 private 修饰符，则该声明不包含下列任何修饰符：virtual、override 或 abstract。

☑　如果该声明包含 sealed 修饰符，则该声明还包含 override 修饰符。

方法声明的返回类型指定了由该方法计算和返回值的类型，如果该方法并不返回值，则其返回类型为 void。

一个方法的名称和形参列表定义了该方法的签名。具体地讲，一个方法的签名由它的名称以及它的形参个数、修饰符和类型组成。返回类型不是方法签名的组成部分，形参的名称也不是方法签名的组成部分。

注意

一个方法的返回类型和它的形参列表中所引用的各个类型必须至少具有与该方法本身相同的可访问性。

对于 abstract 和 extern 方法，方法主体只包含一个分号。对于所有其他方法，方法主体由一个块组成，该块指定了在调用方法时要执行的语句。

方法的名称必须与在同一个类中声明的所有其他非方法成员的名称都不相同。此外，一个方法的签名必须与在同一个类中声明的所有其他方法的签名都不相同，并且在同一类中声明的两个方法的签名不能只有 ref 和 out 不同。

例如，声明一个 public 类型的无返回值方法 method()，代码如下。

```
public void method()
{
    Console.Write("方法声明");
}
```

8.2.2　方法的参数类型

调用方法时可以给该方法传递一个或多个值，传给方法的值叫作实参，在方法内部，接收实参的变量叫作形参，形参在紧跟着方法名的括号中声明，形参的声明语法与变量的声明语法一样。形参只在括号内部有效。声明方法参数时，可以通过关键字 params、ref 和 out 实现，下面分别对这 3 种参数类型进行讲解。

1．params 参数

params 参数用来指定在参数数目可变时采用的方法参数，params 参数必须是一维数组。

【例 8.2】 一次向方法中传递多个同类型参数（实例位置：资源包\TM\sl\8\2）

本实例声明一个静态方法 UseParams()，接收一个 string[ ] 类型的参数，然后利用 for 循环输出数组的元素，代码如下。

```csharp
static void UseParams(params string[ ] list)
{
    for (int i = 0; i < list.Length; i++)
    {
        Console.WriteLine(list[i]);
    }
}
static void Main()
{
    string[ ] strName = new string[5] { "我", "是", "中", "国", "人" };
    UseParams(strName);
    Console.Read();
}
```

按 Ctrl+F5 快捷键查看运行结果，如图 8.2 所示。

2．ref 参数

ref 参数使方法参数按引用传递，其效果是：当控制权传递回调用方法时，在方法中对参数所做的任何更改都将反映在该变量中。如果要使用 ref 参数，则方法声明和调用方法都必须显式使用 ref 关键字。

【例 8.3】 ref 参数的使用（实例位置：资源包\TM\sl\8\3）

本实例声明一个静态方法 Method()，并接收一个 int 型的 ref 参数，代码如下。

图 8.2　params 参数的使用

```csharp
public static void Method(ref int i)
{
    i = 44;
}
public static void Main()
{
    int val = 0;
    Method(ref val);
    Console.WriteLine(val);
    Console.Read();
}
```

运行结果如下。

44

3．out 参数

out 关键字用来定义输出参数，它会导致参数通过引用来传递，这与 ref 关键字类似，不同之处在于 ref 要求变量必须在传递之前进行初始化，而使用 out 关键字定义的参数，不用进行初始化即可使用。如果要使用 out 参数，则方法声明和调用方法都必须显式使用 out 关键字。

【例 8.4】　使用 out 参数为变量赋值（**实例位置：资源包\TM\sl\8\4**）

本实例声明一个静态方法 Method()，并接收一个 out 类型的参数，代码如下。

```
public static void Method(out int i)
{
    i = 44;
}
public static void Main()
{
    int value;
    Method(out value);
    Console.WriteLine("输出参数："+value);
    Console.Read();
}
```

运行结果如下。

输出参数：44

8.2.3　方法的分类

方法分为静态方法和非静态方法，如果一个方法声明中含有 static 修饰符，则称该方法为静态方法；如果没有 static 修饰符，则称该方法为非静态方法。下面分别对静态方法和非静态方法进行介绍。

1．静态方法

静态方法不对特定实例进行操作，调用时，需要直接使用类名进行调用。

【例 8.5】　使用类名调用静态方法（**实例位置：资源包\TM\sl\8\5**）

创建一个控制台应用程序，其中定义了一个静态的方法 Add()，该方法有两个参数，其返回类型为 int，它主要用来实现两个整数相加的功能，然后在主函数 Main()中使用类名直接调用自定义的静态方法，并传递两个参数，程序代码如下。

```
public static int Add(int x, int y)                          //定义一个静态方法
{
    return x + y;
}
static void Main(string[ ] args)
{
    Console.WriteLine("结果为：" + Program.Add(3, 5));        //使用类名调用静态方法
}
```

运行结果如下。

结果为：8

2．非静态方法

非静态方法是对类的某个给定的实例进行操作，调用时，需要使用类的实例（对象）进行调用。

【例 8.6】 使用对象名调用非静态方法（**实例位置：资源包\TM\sl\8\6**）

创建一个控制台应用程序，并定义一个非静态的方法 Add()，该方法有两个参数，返回类型为 int，主要用来实现两个整数相加的功能；然后在主函数 Main()中实例化 Program 类的一个对象，使用该对象名调用自定义的非静态方法，并传递两个参数，程序代码如下。

```
public int Add(int x, int y)                          //定义一个非静态方法
{
    return x + y;
}
static void Main(string[ ] args)
{
    Program program = new Program();                  //实例化类对象
    Console.WriteLine("结果为：" + program.Add(3, 5)); //使用类对象调用定义的非静态方法
}
```

> **说明**
>
> 调用非静态方法时，也可以使用 this 关键字。

按 Ctrl+F5 快捷键查看运行结果，如图 8.3 所示。

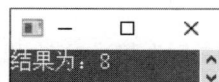

图 8.3　非静态方法的使用运行结果

8.2.4　方法的重载

方法重载是指方法名相同，但参数的数据类型、个数或顺序不同的方法。只要类中有两个以上的同名方法，但是使用的参数类型、个数或顺序不同，调用时，编译器即可判断在哪种情况下调用哪种方法。

【例 8.7】 计算不同类型数据的和（**实例位置：资源包\TM\sl\8\7**）

创建一个控制台应用程序，定义一个重载方法 Add()，在 Main()方法中分别调用各种重载形式对传入的参数进行计算，程序代码如下。

```
public static int Add(int x, int y)     //定义静态方法 Add()，返回值为 int 类型，有两个 int 型参数
{
    return x + y;
}
public double Add(int x, double y)      //重新定义方法 Add()，它与第一个的返回值类型及参数类型不同
{
    return x + y;
}
public int Add(int x, int y,int z)      //重新定义方法 Add()，它与第一个的参数个数不同
{
    return x + y + z;
}
static void Main(string[ ] args)
{
```

```
Program program = new Program();  //实例化类对象
int x = 3;
int y = 5;
int z = 7;
double y2 = 5.5;
//根据传入的参数类型及参数个数的不同调用不同的 Add()重载方法
Console.WriteLine(x + "+" + y + "=" + Program.Add(x, y));
Console.WriteLine(x + "+" + y2 + "=" + program.Add(x, y2));
Console.WriteLine(x + "+" + y + "+" + z + "=" + program.Add(x, y, z));
}
```

按 Ctrl+F5 快捷键查看运行结果，如图 8.4 所示。

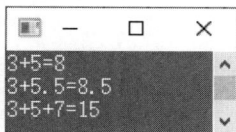

```
3+5=8
3+5.5=8.5
3+5+7=15
```

图 8.4 方法的重载运行结果

8.2.5 Main()方法

Main()方法是程序的入口点，程序将在此处创建对象和调用其他方法，一个 C#程序中只能有一个入口点，每新建一个项目，程序都会自动生成一个 Main()方法，默认的 Main()方法代码如下。

```
static void Main(string[ ] args){}
```

说明

Main()方法默认访问级别为 private。

Main()方法是一个特别重要的方法，使用时需要注意以下几点。

☑ Main()方法是程序的入口点，程序控制在该方法中开始和结束。

☑ Main()方法在类或结构的内部声明，它必须为静态方法，而且不应该为公共方法。

☑ Main()方法可以具有 void 或 int 返回类型。

☑ 声明 Main()方法时既可以使用参数，也可以不使用参数。

☑ 参数可以作为从零开始索引的命令行参数来读取。

编程训练（答案位置：资源包\TM\sl\8\编程训练\）

【训练 3】：模拟不同类型数据的乘法   定义一个可重载方法，模拟不同类型数据的乘法运算，例如，进行如下数据的计算。

```
3×5=8
3×5.5=16.5
8.2×5×7=287
```

【训练 4】：通过定义方法求平方   在数学运算中，求平方是经常遇到的一个问题。求一个数的平方，实际上就是将这个数乘以其自身所得到的结果。通过自定义方法来计算一个数的平方。

8.3 实践与练习

（答案位置：资源包\TM\sl\8\实践与练习\）

综合练习 1：用属性控制一星期不超过 7 天　尝试开发一个程序，要求在自定义类中定义一个星期的属性，并且最大值不能超过 7 天。

综合练习 2：方法的互相调用　尝试开发一个程序，要求在自定义类中定义两个方法，然后在 Program 主程序类中定义一个方法，通过两个类中方法的互相调用，输出"这是一个方法的示例！"字样。

综合练习 3：输出 NBA 各个年代的第一人　使用方法的重载模拟输出 NBA 各个年代的第一人。

1950	1960	1970	1980	1990	2000	2010
麦肯	拉塞尔	贾巴尔	魔鸟	乔丹	邓科鲨	詹姆斯

综合练习 4：根据促销规则计算优惠后金额　一家商场的促销如下。

满 500 可享受 9 折优惠
满 1000 可享受 8 折优惠
满 2000 可享受 7 折优惠
满 3000 可享受 6 折优惠

使用方法实现计算顾客优惠后的金额。

8.4 动手纠错

（1）运行"资源包\TM\排错练习\08\01"文件夹下的程序，出现"Test.MyClass.ID 不可访问，因为它受保护级别限制"的错误提示，请根据注释改正程序。

（2）运行"资源包\TM\排错练习\08\02"文件夹下的程序，出现"无法对属性或索引器 Test.MyClass.ID 赋值——它是只读的"的错误提示，请根据注释改正程序。

（3）运行"资源包\TM\排错练习\08\03"文件夹下的程序，出现"Test.Program.Add(int, int, int)：并非所有的代码路径都返回值"的错误提示，请根据注释改正程序。

（4）运行"资源包\TM\排错练习\08\04"文件夹下的程序，出现"Add()方法没有任何重载采用两个参数"的错误提示，请根据注释改正程序。

（5）运行"资源包\TM\排错练习\08\05"文件夹下的程序，出现"类型 Test.Program 已定义了一个名为 Add 的具有相同参数类型的成员"的错误提示，请根据注释改正程序。

（6）运行"资源包\TM\排错练习\08\06"文件夹下的程序，出现"非静态字段、方法或属性 Test.Program.Add(int, int)要求对象引用"的错误提示，请根据注释改正程序。

（7）运行"资源包\TM\排错练习\08\07"文件夹下的程序，出现"与 Test.Program.ShowInfo(string) 最匹配的重载方法具有一些无效参数"及"参数 1：无法从 int 转换为 string"的错误提示，请根据注释改正程序。

第 9 章

结构和类

本章将介绍 C#中两个重要的概念：结构和类。结构是从过程化程序设计中保留下来的一种数据类型，而类则是面向对象程序设计中最基本、最重要的一个概念。本章将对面向对象技术、结构和类进行详细讲解。

本章知识架构及重点、难点如下。

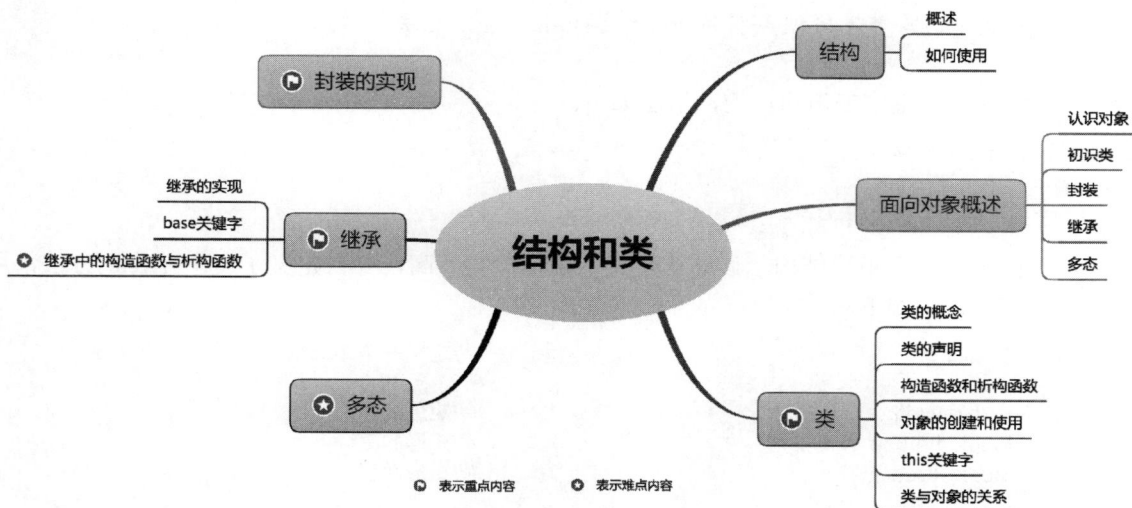

9.1　结　　构

结构是几个数据组成的数据结构，它与类共享几乎所有相同的语法，但结构比类受到的限制更多。本节将对结构进行详细讲解。

9.1.1　结构概述

结构是一种值类型，通常用来封装一组相关的变量，结构可以包括构造函数、常量、字段、方法、属性、运算符、事件和嵌套类型等。但如果要同时包括上述几种成员，则应该考虑使用类。

结构实际是将多个相关的变量包装成一个整体使用。在结构体中的变量，可以是相同、部分相同，或完全不同的数据类型。例如，可以将公司里的职员看作一个结构体，将个人信息放入结构体中，主要包含姓名、年龄、出生年月、性别、籍贯、婚否、职务。

结构具有以下特点。

☑ 结构是值的类型。

☑ 向方法传递结构时，结构是通过传值方式传递的，而不是作为引用传递的。

☑ 结构的实例化可以不使用 new 运算符。

☑ 结构可以声明构造函数，但它们必须带参数。

☑ 一个结构不能从另一个结构或类继承。所有结构都直接继承自 System.ValueType，后者继承自 System.Object。

☑ 结构可以实现接口。

☑ 在结构中初始化实例字段是错误的。

说明

> 在结构声明中，除非字段被声明为 const 或 static，否则无法初始化。

C#中使用 struct 关键字来声明结构，语法如下。

```
结构修饰符 struct 结构名
{
}
```

例如，下面声明一个矩形结构，该结构定义了矩形的宽和高，并自定义了一个 Area()方法，用来计算矩形的面积，代码如下。

```
public struct Rect                                  //定义一个矩形结构
{
    public double width;                            //矩形的宽
    public double height;                           //矩形的高
    public double Area()                            //矩形面积
    {
        return width * height;
    }
}
```

9.1.2 结构的使用

下面通过一个实例说明如何在程序中使用结构。

【例 9.1】 使用结构计算矩形面积（**实例位置：资源包\TM\sl\9\1**）

创建一个控制台应用程序，其中声明一个矩形结构，该结构中定义了矩形的宽和高。在该结构中定义一个构造函数，该构造函数中有两个参数，用来初始化矩形的宽和高，接着自定义一个 Area()方法，用来计算矩形的面积。然后在 Main()方法中实例化矩形结构的一个对象，并通过调用结构中的自定义方法计算矩形的面积，最后使用矩形结构的构造函数再次实例化矩形结构的一个对象，并再次调用结构中的自定义方法计算矩形的面积，程序代码如下。

```
public struct Rect                                  //定义一个矩形结构
```

```
{
    public double width;                                    //矩形的宽
    public double height;                                   //矩形的高
    public Rect(double x, double y)                         //构造函数，初始化矩形的宽和高
    {
        width = x;
        height = y;
    }
    public double Area()                                    //矩形面积
    {
        return width * height;
    }
}
static void Main(string[ ] args)
{
    Rect rect1;                                             //实例化矩形结构
    rect1.width = 5;                                        //为矩形宽赋值
    rect1.height = 3;                                       //为矩形高赋值
    Console.WriteLine("矩形面积为：" + rect1.Area());
    Rect rect2 = new Rect(6, 4);                            //使用构造函数实例化矩形结构
    Console.WriteLine("矩形面积为：" + rect2.Area());
}
```

按 Ctrl+F5 快捷键查看运行结果，如图 9.1 所示。

编程训练（答案位置：资源包\TM\sl\9\编程训练\）

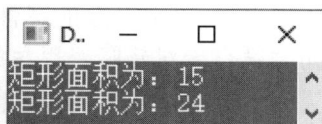

【训练 1】：通过结构计算圆形的面积　圆形面积的计算公式是 πr^2，其中，r 表示圆形的半径。本训练要求定义一个圆形结构，其中定义圆形的半径，并且自定义一个 Area 方法，用来计算圆形的面积；当在程序中具体使用时，只需要对结构中定义的圆形半径赋值，然后调用自定义方法即可计算圆形的面积。

图 9.1　结构的使用运行结果

【训练 2】：通过结构计算三角形的面积　三角形的面积等于底乘高的积除以 2，请使用结构实现计算三角形的面积。

9.2　面向对象概述

在程序开发初期，人们使用结构化开发语言，但随着软件的规模越来越庞大，结构化语言的弊端也逐渐暴露出来，开发周期被无休止地拖延，产品的质量也不尽如人意，结构化语言已经不再适合当前的软件开发。这时人们开始将另一种开发思想引入程序中，即面向对象的开发思想。面向对象思想是人类最自然的一种思考方式，它将所有预处理的问题抽象为对象，同时了解这些对象具有哪些相应的属性以及展示这些对象的行为，以解决这些对象面临的一些实际问题，这样就在程序开发中引入了面向对象设计的概念，面向对象设计实质上就是对现实世界的对象进行建模操作。

9.2.1　认识对象

在面向对象中，算法与数据结构被看作一个整体，称为对象。现实世界中任何类的对象都具有一定的

属性和操作，也总能用数据结构与算法两者合二为一来描述，所以可以用下面的等式来定义对象和程序。

对象=(算法+数据结构)，程序=对象+对象+…

从上面的等式可以看出，程序就是许多对象在计算机中相继表现自己，而对象则是一个个程序实体。

现实世界中，随处可见的一种事物就是对象，对象是事物存在的实体，如人类、书桌、计算机、高楼大厦等。人类解决问题的方式总是将复杂的事物简单化，于是就会思考这些对象都是由哪些部分组成的。通常都会将对象划分为两个部分，即静态部分与动态部分。静态部分，顾名思义就是不能动的部分，这个部分被称为"属性"，任何对象都会具备其自身属性，如一个人，其属性包括高矮、胖瘦、性别、年龄等。具有这些属性的人会执行哪些动作也是一个值得探讨的部分，这个人可以哭泣、微笑、说话、行走，这些是这个人具备的行为（动态部分），人类通过探讨对象的属性和观察对象的行为了解对象。

在计算机的世界中，面向对象程序设计的思想要以对象来思考问题，首先要将现实世界的实体抽象为对象，然后考虑这个对象具备的属性和行为。例如，现在面临一只大雁要从北方飞往南方这样一个实际问题，试着以面向对象的思想来解决这一实际问题，步骤如下。

（1）可以从这一问题中抽象出对象，这里抽象出的对象为大雁。

（2）识别对象的属性。对象具备的属性都是静态属性，如大雁有一对翅膀、黑色的羽毛等，如图9.2所示。

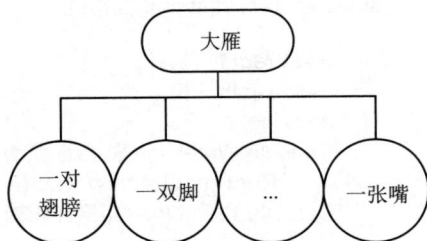

图9.2 识别对象的属性

（3）识别对象的动态行为，即这只大雁可以进行的动作，如飞行、觅食等，这些行为都是因为这个对象基于其属性而具有的动作，如图9.3所示。

（4）识别出这些对象的属性和行为后，这个对象就被定义，然后可以根据这只大雁具有的特性制定它从北方飞向南方的具体方案以解决问题。

实质上究其本质，所有的大雁都具有以上的属性和行为，可以将这些属性和行为封装起来描述大雁这类动物。由此可见，类实质上就是封装对象属性和行为的载体，而对象则是类抽象出来的一个实例，二者之间的关系如图9.4所示。

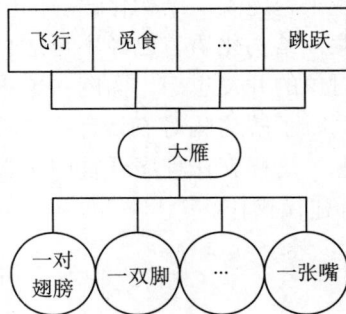

图9.3 识别对象的动态行为

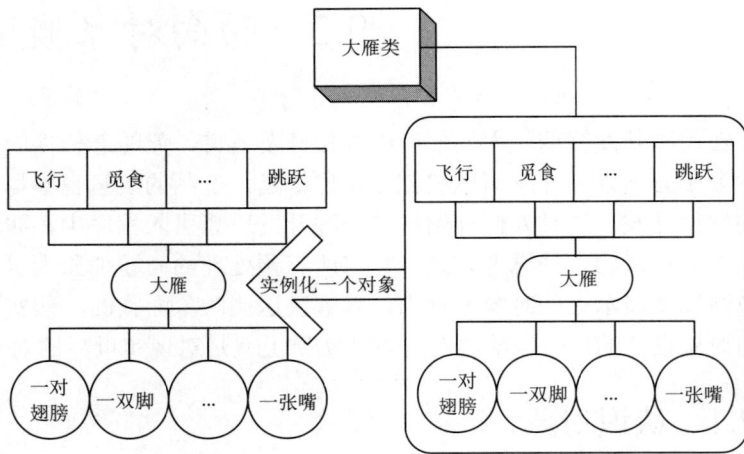

图9.4 描述对象与类之间的关系

9.2.2 初识类

不能将所谓的一个事物描述成一类事物，如一只鸟不能称为鸟类。如果需要对同一类事物进行统称，就不得不说明类这个概念。

类就是同一类事物的统称，如果将现实世界中的一个事物抽象成对象，类就是这类对象的统称，如鸟类、家禽类、人类等。类是构造对象时所依赖的规范，如一只鸟具有一对翅膀，它可以通过这对翅膀飞行，而基本上所有的鸟都具有翅膀这个特性和飞行的技能，这样的具有相同特性和行为的一类事物就称为类，类的思想就是这样产生的。图 9.4 已经描述过类与对象之间的关系，对象就是符合某个类定义所产生出来的实例。更为恰当的描述是，类是世间事物的抽象称呼，而对象则是这个事物相对应的实体。如果面临实际问题，通常需要实例化类对象来解决。例如，解决大雁南飞的问题，这里只能拿这只大雁来处理这个问题，不能拿大雁类或是鸟类来解决问题。

类是封装对象的属性和行为的载体，反过来说具有相同属性和行为的一类实体被称为类，例如，一个鸟类。鸟类封装了所有鸟的共同属性和应具有的行为，其结构如图 9.5 所示。

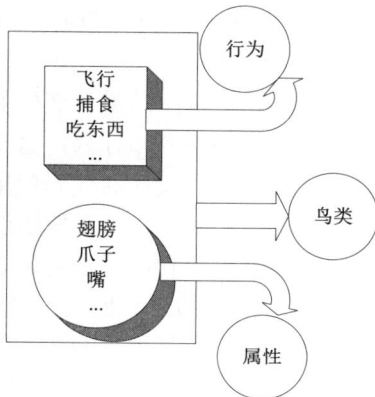

图 9.5 鸟类结构

定义完成鸟类之后，可以根据这个类抽象出一个实体对象，最后通过实体对象来解决相关的实际问题。

在 C#语言中，类中对象的行为是以方法的形式定义的，对象的属性是以成员变量的形式定义的，而类包括对象的属性和方法，有关类的具体实现会在后续章节中进行介绍。

9.2.3 封装

面向对象程序设计具有封装、继承、多态 3 个特点。

封装是面向对象编程的核心思想，将对象的属性和行为封装起来，而将对象的属性和行为封装起来的载体就是类。类通常对客户隐藏其实现细节，这就是封装的思想。例如，用户使用计算机，只需要用手指敲击键盘就可以实现一些功能，而无须知道计算机内部是如何工作的，即使用户可能知道计算机的工作原理，但在使用计算机时并不完全依赖于计算机工作原理这些细节。

采用封装的思想保证了类内部数据结构的完整性，应用该类的用户不能轻易直接操作此数据结构，而只能执行类允许公开的数据。这样就避免了外部对内部数据的影响，提高了程序的可维护性。

使用类实现封装特性如图 9.6 所示。

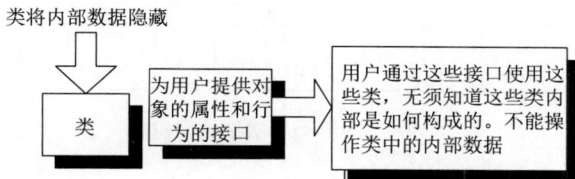

图 9.6 封装特性示意图

9.2.4 继承

类与类之间同样具有关系，如一个百货公司类与销售员类相联系。类之间的这种关系被称为关联。关联是描述两个类之间的一般二元关系，例如，一个百货公司类与销售员类就是一个关联，学生类与教师类也是一个关联。两个类之间的关系有很多种，继承是关联中的一种。

当处理一个问题时，可以将一些有用的类保留下来，当遇到同样问题时拿来复用。假如这时需要解决信鸽送信的问题，我们很自然就会想到如图9.5所示的鸟类。由于鸽子属于鸟类，鸽子具有与鸟类相同的属性和行为，因此可以在创建信鸽类时将鸟类拿来复用，并且保留鸟类具有的属性和行为。不过，并不是所有的鸟都有送信的习惯，因此还需要再添加一些信鸽具有的独特属性以及行为。鸽子类保留了鸟类的属性和行为，这样便节省了定义鸟和鸽子共同具有的属性和行为的时间，这就是继承的基本思想。可见软件的代码使用继承思想可以缩短软件开发的时间，复用那些已经定义好的类可以提高系统性能，减少系统在使用过程中出现错误的概率。

继承性主要利用特定对象之间的共有属性。例如，平行四边形是四边形（正方形、矩形也都是四边形），平行四边形与四边形具有共同特性——拥有4条边，因此可以将平行四边形类看作四边形的延伸。平行四边形复用了四边形的属性和行为，同时添加了平行四边形独有的属性和行为，如平行四边形的对边平行且相等。这里可以将平行四边形类看作是从四边形类中继承的。在C#语言中将类似于平行四边形的类称为子类，将类似于四边形的类称为父类。值得注意的是，可以说平行四边形是特殊的四边形，但不能说四边形是平行四边形，也就是说子类的实例都是父类的实例，但不能说父类的实例是子类的实例。图9.7阐明了图形类之间的继承关系。

从图9.7中可以看出，继承关系可以使用树形关系来表示，父类与子类存在一种层次关系。一个类处于继承体系中，它既可以是其他类的父类，为其他类提供属性和行为，也可以是其他类的子类，继承父类的属性和方法，如三角形既是图形类的子类同时也是等边三角形的父类。

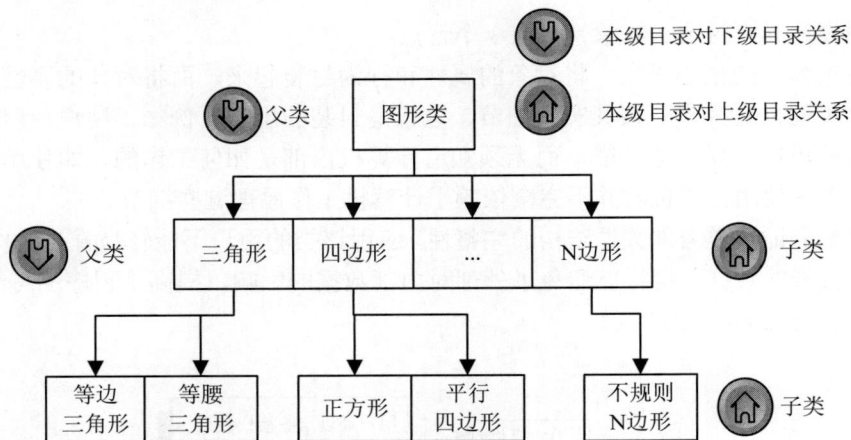

图9.7 图形类层次结构示意图

9.2.5　多态

在 9.2.4 节中介绍了继承，了解了父类和子类，其实将父类对象应用于子类的特征就是多态。依然以图形类来说明多态，每个图形都拥有绘制自己的能力，这个能力可以看作是该类具有的行为，如果将子类的对象统一看作是父类的实例对象，这样当绘制任何图形时，简单地调用父类也就是图形类绘制图形的方法即可绘制任何图形，这就是多态最基本的思想。

多态性允许以统一的风格编写程序，以处理种类繁多的已存在的类以及相关类。该统一风格可以由父类来实现，根据父类统一风格的处理，就可以实例化子类的对象。由于整个事件的处理都只依赖于父类的方法，所以日后只要维护和调整父类的方法即可，这样就降低了维护的难度，节省了时间。

在提到多态的同时，不得不提到抽象类和接口，因为多态的实现并不依赖具体类，而是依赖于抽象类和接口。

再回到绘制图形的实例上来。作为所有图形的父类图形类，它具有绘制图形的能力，这个方法可以称为"绘制图形"，但如果要执行这个"绘制图形"的命令，没有人知道应该画什么样的图形，并且如果要在图形类中抽象出一个图形对象，没有人能说清这个图形究竟是什么图形，所以使用"抽象"这个词汇来描述图形类比较恰当。在 C#语言中称这样的类为抽象类，抽象类不能实例化对象。在多态的机制中，父类通常会被定义为抽象类，在抽象类中给出一个方法的标准，而不给出实现的具体流程。实质上这个方法也是抽象的，如图形类中的"绘制图形"方法只提供一个可以绘制图形的标准，并没有提供具体绘制图形的流程，因为没有人知道究竟需要绘制什么形状的图形。

在多态的机制中，比抽象类更为方便的方式是将抽象类定义为接口。由抽象方法组成的集合就是接口。接口的概念在现实中也极为常见，如从不同的五金商店买来螺丝帽和螺丝钉，螺丝帽很轻松地就可以拧在螺丝钉上，虽然螺丝帽和螺丝钉可能产自不同的厂家，但这两个物品可以很轻易地组合在一起，这是因为生产螺丝帽和螺丝钉的厂家都遵循着一个标准，这个标准在 C#中就是接口。依然拿"绘制图形"来说明，可以将"绘制图形"作为一个接口的抽象方法，然后使图形类实现这个接口，同时实现"绘制图形"这个抽象方法，当三角形类需要绘制时，就可以继承图形类，重写其中的"绘制图形"方法，并改写这个方法为"绘制三角形"，这样就可以通过这个标准绘制不同的图形。

9.3　类

类（class）是一种数据结构，它可以包含数据成员（常量和变量）、函数成员（方法、属性、事件、索引器、运算符、构造函数和析构函数）和嵌套类型。类支持继承，继承是一种使子类（派生类）可以对基类进行扩展和专用化的机制。

类实际上是对某种类型的对象定义变量和方法的原型，它表示为对现实生活中一类具有共同特征的事物的抽象，是面向对象编程的基础。

本节将对类进行详细讲解。

9.3.1 类的概念

类是对象概念在面向对象编程语言中的反映，是相同对象的集合。类描述了一系列在概念上有相同含义的对象，并为这些对象统一定义了编程语言上的属性和方法。比如水果就可以看作一个类，苹果、梨、葡萄都是该类的子类（派生类），苹果的生产地、名称（如富士苹果）、价格等相当于该类的属性，苹果的种植方法相当于类方法。果汁也可以看作一个类，包含苹果汁、葡萄汁、草莓汁等。如果想知道苹果汁是用什么地方产的苹果制成的，可以查看水果类中关于苹果的相关属性。这时就用到了类的继承，也就是说果汁类是水果类的继承类。简而言之，类是 C#中功能最为强大的数据类型，像结构一样，类也定义了数据类型的数据和行为。然后，程序开发人员可以创建作为此类的对象。与结构不同，类支持继承，而继承是面向对象编程的基础部分。

9.3.2 类的声明

C#中，类是使用 class 关键字来声明的，语法如下。

```
类修饰符  class  类名
{
}
```

例如，下面以汽车为例声明一个类，代码如下。

```
public class Car
{
    public int number;          //编号
    public string color;        //颜色
    private string brand;       //厂家
}
```

public 是类的修饰符，下面介绍常用的几个类修饰符。

☑ new：仅允许在嵌套类声明时使用，表明类中隐藏了由基类继承而来的、与基类成员同名的成员。

☑ public：不限制对该类的访问。

☑ protected：只能从其所在类和所在类的子类（派生类）进行访问。

☑ internal：同一程序集的任何代码都可以访问。

☑ private：只有其所在类才能访问。

☑ abstract：抽象类，不允许建立类的实例。

☑ sealed：密封类，不允许被继承。

说明

类定义可在不同的源文件之间进行拆分。

9.3.3 构造函数和析构函数

构造函数和析构函数是类中比较特殊的两种成员函数，主要用来对对象进行初始化和回收对象资源。一般来说，对象的生命周期从构造函数开始，以析构函数结束。如果一个类含有构造函数，在实例化该类的对象时就会调用，如果含有析构函数，则会在销毁对象时调用。构造函数的名字和类名相同，析构函数和构造函数的名字相同，但析构函数要在名字前加一个波浪号（～）。当退出含有该对象的成员时，析构函数将自动释放这个对象所占用的内存空间。本节将详细介绍如何在程序中使用构造函数和析构函数。

1. 构造函数的概念及使用

构造函数是在创建给定类型的对象时执行的类方法。构造函数具有与类相同的名称，它通常初始化新对象的数据成员。

构造函数的定义语法如下。

```
public class Book
{
    public Book()              //无参数构造方法
    {
    }
    public Book(int args)      //有参数构造方法
    {
        args = 2 + 3;
    }
}
```

- ☑ public：构造函数修饰符。
- ☑ Book：构造函数的名称。
- ☑ args：构造函数的参数。

定义类时，如果没有定义构造函数，则编译器会自动创建一个不带参数的默认构造函数；但是，如果在定义类时，定义了含有参数的构造函数，这时如果还想使用默认构造函数，就需要显式地进行定义了。

【例 9.2】 构造函数的使用（实例位置：资源包\TM\sl\9\2）

创建一个控制台应用程序，在 Program 类中定义了 3 个 int 类型的变量，分别用来表示加数、被加数和加法的和，然后声明 Program 类的一个构造函数，并在该构造函数中为加法的和赋值，最后在 Main() 方法中实例化 Program 类的对象，并输出加法的和，程序代码如下。

```
class Program
{
    public int x = 3;              //定义 int 型变量，作为加数
    public int y = 5;              //定义 int 型变量，作为被加数
    public int z = 0;              //定义 int 型变量，记录加法运算的和
    public Program()
    {
        z = x + y;                 //在构造函数中为和赋值
```

```
    }
    static void Main(string[ ] args)
    {
        Program program = new Program();          //使用构造函数实例化 Program 对象
        Console.WriteLine("结果：" + program.z);    //使用实例化的 Program 对象输出加法运算的和
    }
}
```

按 Ctrl+F5 快捷键查看运行结果，如图 9.8 所示。

图 9.8　构造函数的使用实例运行结果

> **注意**
>
> 不带参数的构造函数称为"默认构造函数"。无论何时，只要使用 new 运算符实例化对象，并且不为 new 提供任何参数，就会调用默认构造函数。

2．析构函数的概念及使用

析构函数是以类名加"～"来命名的。.NET Framework 类库有垃圾回收功能，当某个类的实例被认为不再有效，并符合析构条件时，.NET Framework 类库的垃圾回收功能就会调用该类的析构函数实现垃圾回收。

【例 9.3】 析构函数的自动调用（**实例位置：资源包\TM\sl\9\3**）

创建一个控制台应用程序，其中在 Program 类中声明了其析构函数，并在该析构函数中输出了一个字符串。这时在 Main()方法中实例化 Program 类的对象，运行程序时，自动调用析构函数，并实现析构函数中的功能，程序代码如下。

```
class Program
{
    ~Program()                                    //析构函数
    {
        Console.WriteLine("析构函数自动调用");        //输出一个字符串
    }
    static void Main(string[ ] args)
    {
        Program program = new Program();          //实例化 Program 对象
    }
}
```

运行结果为"析构函数自动调用"。

> **注意**
>
> 一个类中只能有一个析构函数，并且无法调用析构函数，它是被自动调用的。

9.3.4　对象的创建和使用

C#是一门面向对象的程序设计语言，对象是由类抽象出来的，所有的问题都是通过对象来处理的，对象可以操作类的属性和方法解决相应的问题，所以了解对象的产生、操作和消亡对学习 C#是十分必要的。本节就来讲解对象在 C#语言中的应用。

1．对象的创建

对象可以认为是在一类事物中抽象出某一个特例，通过这个特例来处理这类事物出现的问题。在 C#语言中通过 new 操作符来创建对象。前文在讲解构造函数时介绍过每实例化一个对象就会自动调用一次构造函数，实质上这个过程就是创建对象的过程。准确地说，可以在 C#语言中使用 new 操作符调用构造函数创建对象。

语法如下。

```
Test test=new Test();
Test test=new Test("a");
```

创建对象语法中的参数说明如表 9.1 所示。

表 9.1　创建对象语法中的参数说明

参　　数	说　　明	参　　数	说　　明
Test	类名	new	创建对象操作符
test	创建 Test 类对象	"a"	构造函数的参数

test 对象被创建出来时，就是一个对象的引用，这个引用在内存中为对象分配了存储空间；另外，可以在构造函数中初始化成员变量，当创建对象时，自动调用构造函数，也就是说，在 C#语言中初始化与创建是被捆绑在一起的。

每个对象都是相互独立的，在内存中占据独立的内存地址，并且每个对象都具有自己的生命周期，当一个对象的生命周期结束时，对象变成了垃圾，由.NET 自带的垃圾回收机制处理。

注意

在 C#语言中，对象和实例事实上可以通用。

下面来看一个创建对象的示例。

例如，在项目中创建 CreateObject 类，在该类中创建对象并在主方法中创建对象。

```
public class CreateObject
{
public CreateObject()                    //构造函数
{
        Console.WriteLine("创建对象");
    }
    public static void main(String args[ ])    //主方法
{
```

```
        new CreateObject();                    //创建对象
    }
}
```

在上述实例的主方法中使用 new 操作符创建对象，在创建对象的同时，将自动调用构造函数中的代码。

2. 访问对象的属性和行为

用户使用 new 操作符创建一个对象后，便可以使用"对象.类成员"来获取对象的属性和行为。前文提到，对象的属性和行为在类中是通过类成员变量和成员方法的形式来表示的，所以当对象获取类成员时，也就相应地获取了对象的属性和行为。

【例 9.4】 使用对象调用类成员（**实例位置：资源包\TM\sl\9\4**）

在项目中创建 Program 类，在该类中说明对象是如何调用类成员的。

```csharp
class Program
{
    int i = 47;                                //定义成员变量
    public void call()                         //定义成员方法
    {
        Console.WriteLine("调用 call()方法");
        for (i = 0; i < 3; i++)
        {
            Console.Write(i + " ");
            if (i == 2)
            {
                Console.WriteLine("\n");
            }
        }
    }
    public Program()                           //定义构造函数
    {
    }
    static void Main(string[ ] args)
    {
        Program t1 = new Program();            //创建一个对象
        Program t2 = new Program();            //创建另一个对象
        t2.i = 60;                             //将类成员变量赋值为 60
        //使用第一个对象调用类成员变量
        Console.WriteLine("第一个实例对象调用变量 i 的结果：" + t1.i++);
        t1.call();                             //使用第一个对象调用类成员方法
        //使用第二个对象调用类成员变量
        Console.WriteLine("第二个实例对象调用变量 i 的结果：" + t2.i);
        t2.call();                             //使用第二个对象调用类成员方法
        Console.ReadLine();
    }
}
```

运行程序，结果如图 9.9 所示。

在上述代码的主方法中首先实例化一个对象，然后使用"."操作符调用类的成员变量和成员方法。

但是在运行结果中可以看到，虽然使用两个对象调用同一个成员变量，结果却不相同，因为在打印这个成员变量的值之前将该值重新赋值为 60，但在赋值时使用的是第二个对象 t2 调用成员变量，所以在第一个对象 t1 调用成员变量打印该值时仍然是成员变量的初始值。由此可见，两个对象的产生是相互独立的，改变 t2 的 i 值，不会影响到 t1 的 i 值。在内存中这两个对象的布局如图 9.10 所示。

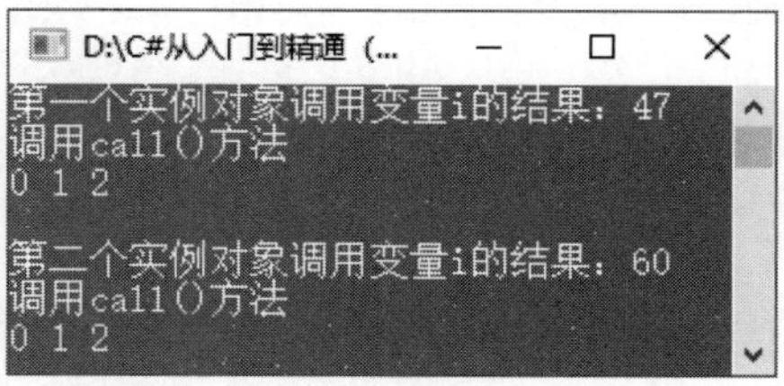

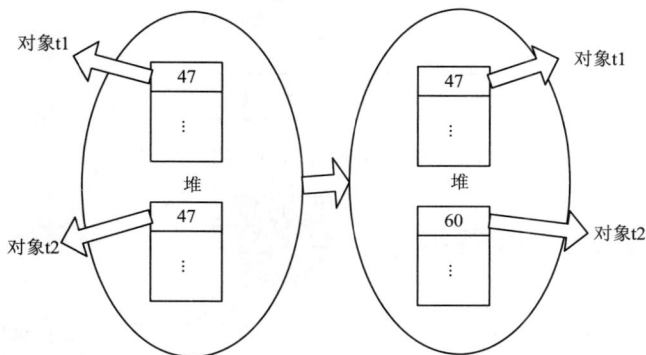

图 9.9　使用对象调用类成员运行结果

图 9.10　内存中 t1、t2 两个对象的布局

3．对象的引用

尽管一切都可以看作对象，但真正的操作标识符实质上是一个引用。语法格式如下。

类名　对象引用名称

如一个 Book 类的引用可以使用以下代码。

Book book;

通常一个引用不一定需要有一个对象相关联，引用与对象相关联的语法如下。

Book book=new Book();

- ☑　Book：类名。
- ☑　book：对象。
- ☑　new：创建对象操作符。

误区警示

引用只是存放一个对象的内存地址，并非存放一个对象。严格地说，引用和对象是不同的，但是可以将这种区别忽略，如可以简单地说 book 是 Book 类的一个对象，而事实上应该是 book 包含 Book 对象的一个引用。

4．对象的销毁

每个对象都有生命周期，当对象的生命周期结束时，分配给该对象的内存地址将会被回收。在其他语言中需要手动回收废弃的对象，但是 C#拥有一套完整的垃圾回收机制，用户不必担心废弃的对象占用内存，垃圾回收器将回收无用的但占用内存的资源。

在谈到垃圾回收机制之前，首先需要了解何种对象会被.NET 垃圾回收器视为垃圾。主要包括以下两种情况。

- ☑ 对象引用超过其作用范围，则这个对象将被视为垃圾将消亡，如图 9.11 所示。
- ☑ 将对象赋值为 null 值时将消亡，如图 9.12 所示。

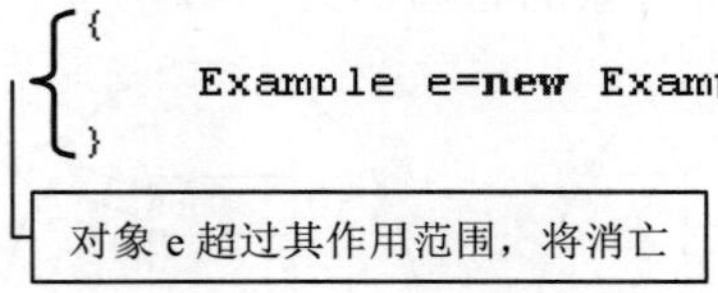

```
{                                                    {
       Example e=new Example();                            Example e=new Example();
}                                                           e=null;
                                                     }
└── 对象 e 超过其作用范围，将消亡                           └── 当对象被置 null 值时，将消亡
```

图 9.11　对象引用超过作用范围将消亡 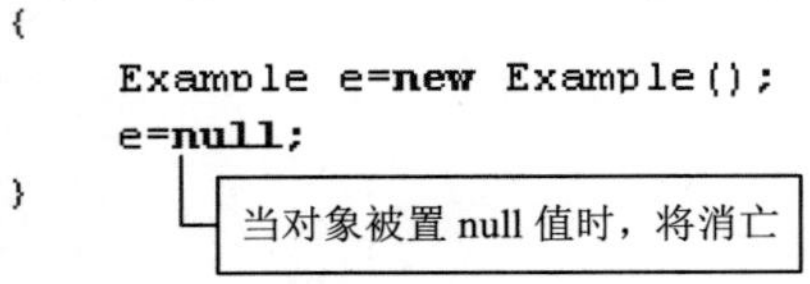　　　　　图 9.12　对象被置为 null 值时将消亡

9.3.5　this 关键字

例如，在项目中创建一个类文件，该类中定义了 setName()方法，并将该方法的参数值赋予类中的成员变量。

```
private void setName(String name)      //定义一个 setName()方法
{
    this.name=name;                    //将参数值赋予类中的成员变量
}
```

在上述代码中可以看到，成员变量与在 setName()方法中的形式参数的名称相同，都为 name，那么该如何在类中区分使用的是哪一个变量呢？C#语言规定，使用 this 关键字来代表本类对象的引用，this 关键字被隐式地用于引用对象的成员变量和方法，如在上述代码中，this.name 指的就是 Book 类中的 name 成员变量，而 this.name=name 语句中的第二个 name 则指的是形参 name。实质上，setName()方法实现的功能就是将形参 name 的值赋予成员变量 name。

在这里，读者明白了 this 可以调用成员变量和成员方法，但 C#语言中最常规的调用方式是使用"对象.成员变量"或"对象.成员方法"进行调用。

既然 this 关键字和对象都可以调用成员变量和成员方法，那么 this 关键字与对象之间具有怎样的关系呢？

事实上，this 引用的就是本类的一个对象，在局部变量或方法参数覆盖了成员变量时，如上面代码的情况，就要添加 this 关键字明确引用的是类成员还是局部变量或方法参数。

如果省略 this 关键字，直接写成 name = name，那只是把参数 name 赋值给参数变量本身而已，成员变量 name 的值没有改变，因为参数 name 在方法的作用域中覆盖了成员变量 name。

其实，this 除了可以调用成员变量或成员方法之外，还可以作为方法的返回值。

例如，在项目中创建一个类文件，在该类中定义 Book 类型的方法，并通过 this 关键字进行返回。

```
public Book getBook()
{
    return this;           //返回 Book 类引用
}
```

在 getBook()方法中，方法的返回值为 Book 类，所以在方法体中使用 return this 这种形式将 Book 类的对象进行返回。

9.3.6 类与对象的关系

类是一种抽象的数据类型，但是其抽象的程度可能不同，而对象就是一个类的实例，例如，将农民设计为一个类，张三和李四就可以各为一个对象。

从这里可以看出，张三和李四有很多共同点，他们都在某个农村生活，早上都要出门务农，晚上都会回家。对于这样相似的对象可以将其抽象出一个数据类型，此处抽象为农民。这样，只要将农民这个数据类型编写好，程序中就可以方便地创建张三和李四这样的对象。在代码需要更改时，只需要对农民类型进行修改即可。

综上所述，可以看出类与对象的区别：类是具有相同或相似结构、操作和约束规则的对象组成的集合，而对象是某一类的具体化实例，每一个类都是具有某些共同特征的对象的抽象。

编程训练（答案位置：资源包\TM\sl\9\编程训练\）

【训练 3】：输出库存的商品名称 创建一个控制台应用程序，在程序中创建一个 StockInfo 类，表示库存商品类，在该类中定义一个 FullName 属性和 ShowGoods 方法；然后在 Program 类中创建 StockInfo 类的对象，并使用该对象调用其中的属性和方法，输出商品名称，如商品为"笔记本电脑"。

【训练 4】：控制水池中水量 创建一个控制台应用程序，在其中定义一个静态变量，用来表示水池中的水量；创建注水方法和放水方法，同时控制水池中的水量，并输出执行注水和放水操作后的水池水量。

9.4 封装的实现

在 C#中，可以使用类来达到数据封装的效果，这样就可以使数据与方法封装成单一元素，以便于通过方法存取数据。除此之外，还可以控制数据的存取方式。

在面向对象编程中，大多数都以类作为数据封装的基本单位。类将数据和操作数据的方法结合成一个单位。设计类时，不希望直接存取类中的数据，而是希望通过方法来存取数据，这样就可以达到封装数据的目的，方便以后的维护升级，也可以在操作数据时多一层判断。

此外，封装还可以解决数据存取的权限问题，可以使用封装将数据隐藏起来，形成一个封闭的空间，然后设置哪些数据只能在这个空间中使用，哪些数据可以在空间外部使用。一个类中包含敏感数据，有些人可以访问，有些人不能访问，如果不对这些数据的访问加以限制，后果将非常严重。所以在编写程序时，要对类的成员使用不同的访问修饰符，从而定义它们的访问级别。

封装的目的是增强安全性和简化编程，使用者不必了解具体的实现细节，只通过外部接口这一特定的访问权限来使用类的成员。比如充电器，它将 220 V 的电源经过降压整流滤波后，用导线与电池相连，然后进行充电。而降压整流滤波这一过程就相当于类的封装。

【例 9.5】 通过封装类求两个数的和（实例位置：资源包\TM\sl\9\5）

创建一个控制台应用程序，其中自定义了一个 MyClass 类，该类用来封装加数和被加数属性；然后自定义一个 Add()方法，该方法用来返回该类中两个 int 属性的和；Program 主程序类中，实例化自

定义类的对象，并分别为 MyClass 类中的两个属性赋值，最后调用 MyClass 类中的自定义方法 Add()
返回两个属性的和，程序代码如下。

```csharp
class MyClass                                   //自定义类，封装加数和被加数属性
{
    private int x = 0;                          //定义 int 型变量，作为加数
    private int y = 0;                          //定义 int 型变量，作为被加数
    /// <summary>
    /// 加数
    /// </summary>
    public int X
    {
        get
        {
            return x;
        }
        set
        {
            x = value;
        }
    }
    public int Y                                //被加数
    {
        get
        {
            return y;
        }
        set
        {
            y = value;
        }
    }
    public int Add()                            //求和
    {
        return X + Y;
    }
}
class Program
{
    static void Main(string[] args)
    {
        MyClass myclass = new MyClass();        //实例化 MyClass 的对象
        myclass.X = 3;                          //为 MyClass 类中的属性赋值
        myclass.Y = 5;                          //为 MyClass 类中的属性赋值
        Console.WriteLine(myclass.Add());       //调用 MyClass 类中的 Add()方法求和
        Console.ReadLine();
    }
}
```

运行结果为 8。

编程训练（答案位置：资源包\TM\sl\9\编程训练\）

　　【训练5】：用户信息的封装及输出　　定义一个 User 类，其中包含用户的姓名、年龄和性别，在类中定义有参数的构造函数，对用户的信息进行初始化，然后定义一个 ShowInfo 方法，输出用户信息。

　　【训练6】：使用面向对象思想查找字符串中的所有数字　　查找字符串中的所有数字时，首先需要将所有数字存储到一个字符串数组中，然后循环遍历要在其中查找数字的字符串，如果与定义的字符串数组中的某一项相匹配，则记录该项，循环执行该操作，最后得到的结果就是字符串中的所有数字。

9.5　继　　承

　　继承是面向对象编程最重要的特性之一。任何类都可以从另外一个类继承，这就是说，这个类拥有它继承的类的所有成员。在面向对象编程中，被继承的类称为父类或基类。C#中提供了类的继承机制，但只支持单继承，而不支持多重继承，即在 C#中一次只允许继承一个类，不能同时继承多个类。

9.5.1　继承的实现

　　继承的基本思想是基于某个父类的扩展，制定出一个新的子类，子类可以继承父类原有的属性和方法，也可以增加原来父类所不具备的属性和方法，或者直接重写父类中的某些方法。例如，平行四边形是特殊的四边形，可以说平行四边形类继承了四边形类，这时平行四边形类将所有四边形具有的属性和方法都保留下来，并基于四边形类扩展了一些新的平行四边形类特有的属性和方法。

　　下面演示一下继承性。创建一个新类 Test，同时创建另一个新类 Test2 继承 Test 类，其中包括重写的父类成员方法以及新增成员方法等。图 9.13 描述了类 Test 与 Test2 的结构以及二者之间的关系。

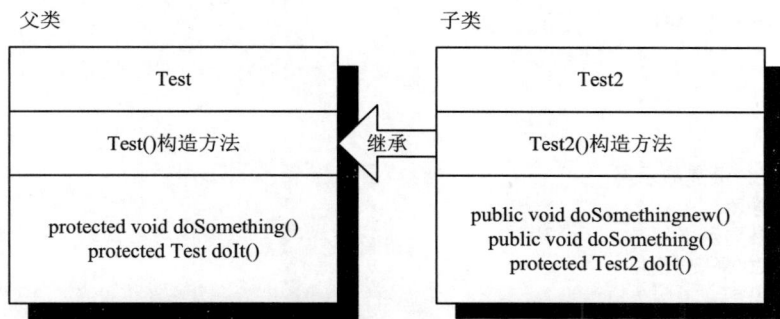

图 9.13　Test 与 Test2 类之间的继承关系

　　在 C#中使用"："来标识两个类的继承关系。继承一个类时，类成员的可访问性是一个重要的问题。子类（派生类）不能访问基类的私有成员，但是可以访问其公共成员。这就是说，只要使用 public 声明类成员，就可以让一个类成员被基类和子类（派生类）同时访问，同时也可以被外部的代码访问。

　　为了解决基类成员访问问题，C#还提供了另一种可访问性：protected。只有子类（派生类）才能访问 protected 成员，基类和外部代码都不能访问 protected 成员。

![说明图标] **说明**

　　继承类时，需要使用冒号加类名。当对一个类应用 sealed 修饰符时，此修饰符会阻止其他类从该类继承。

【例 9.6】 使用继承表现 Pad 和计算机的关系（实例位置：**资源包\TM\sl\9\6**）

　　创建一个电脑类 Computer，Computer 类中有屏幕属性 screen 和开机方法 startup()；现 Computer 类有一个子类 Pad（平板电脑）类，除了和 Computer 类具有相同的屏幕属性和开机方法以外，Pad 类还有电池属性 battery，使用继承表现 Pad 和 Computer 的关系。代码如下。

```
class Computer
{                                               //父类：电脑
    public string screen = "液晶显示屏";          //属性：屏幕
    public void Startup()
    {   //方法：开机
        Console.WriteLine("电脑正在开机，请等待...");
    }
}
class Pad : Computer
{                                               //子类：平板电脑
    public string battery = "5000 毫安电池";      //平板电脑的属性：电池
    static void Main(string[] args)
    {
        Computer pc = new Computer();                          //创建电脑类对象
        Console.WriteLine("Computer 的屏幕是：" + pc.screen);
        pc.Startup();                                          //电脑类对象调用开机方法
        Pad ipad = new Pad();                                  //创建平板电脑类对象
        Console.WriteLine("Pad 的屏幕是：" + ipad.screen);      //平板电脑类对象使用父类属性
        Console.WriteLine("Pad 的电池是：" + ipad.battery);     //平板电脑类对象使用自己的属性
        ipad.Startup();                                        //平板电脑类对象使用父类方法
        Console.ReadLine();
    }
}
```

运行结果如下。

```
Computer 的屏幕是：液晶显示屏
电脑正在开机，请等待...
Pad 的屏幕是：液晶显示屏
Pad 的电池是：5000 毫安电池
电脑正在开机，请等待...
```

9.5.2　base 关键字

　　继承并不只是扩展父类的功能，还可以重写父类的成员方法。重写（还可以称为覆盖）就是在子类中将父类的成员方法的名称保留，重写成员方法的实现内容，更改成员方法的存储权限，或是修改成员方法的返回值类型。

　　如果子类重写了父类的方法，就无法调用到父类的方法了吗？如果想在子类的方法中实现父类原有的方法怎么办？为了解决这种需求，C#中提供了 base 关键字。

　　base 关键字的使用方法与 this 关键字类似。this 关键字代表本类对象，base 关键字代表父类对象，使用方法如下。

```
base.property;                          //调用父类的属性
base.method();                          //调用父类的方法
```

说明

　　如果要在子类中使用 base 关键字调用父类的属性或者方法，父类的属性和方法必须定义为 public 或者 protected 类型。

　　另外，使用 base 关键字还可以指定创建派生类实例时应调用的基类构造函数。例如，在基类 Goods 中定义一个构造函数，用来为定义的属性赋初始值，代码如下。

```
public Goods(string tradecode, string fullname)
{
    TradeCode = tradecode;
    FullName = fullname;
}
```

　　在派生类 JHInfo 中定义构造函数时，即可使用 base 关键字调用基类的构造函数，代码如下。

```
public JHInfo(string jhid, string tradecode, string fullname) : base(tradecode, fullname)
{
    JHID = jhid;
}
```

误区警示

　　访问父类成员只能在构造函数、实例方法或实例属性中进行，因此，从静态方法中使用 base 关键字是错误的。

　　在继承中还有一种特殊的重写方式，子类与父类的成员方法返回值、方法名称、参数类型及个数完全相同，唯一不同的是方法实现内容，这种特殊重写方式被称为重构。

误区警示

　　当重写父类方法时，修改方法的修饰权限只能从小的范围到大的范围改变，例如，父类中 doit() 方法的修饰权限为 protected，继承后子类中的方法 doit() 的修饰权限只能修改为 public，不能修改为 private。图 9.14 中的重写关系就是错误的。

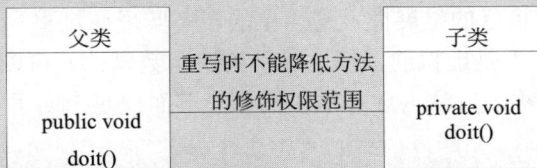

父类		子类
	重写时不能降低方法的修饰权限范围	
public void doit()		private void doit()

图 9.14　重写时不能降低方法的修饰权限范围

9.5.3　继承中的构造函数与析构函数

在进行类的继承时，派生类的构造函数会隐式地调用基类的无参构造函数。但是，如果基类也是从其他类派生的，C#会根据层次结构找到最顶层的基类，并调用基类的构造函数，然后再依次调用各级派生类的构造函数。析构函数的执行顺序正好与构造函数相反。继承中的构造函数和析构函数执行顺序示意图如图9.15所示。

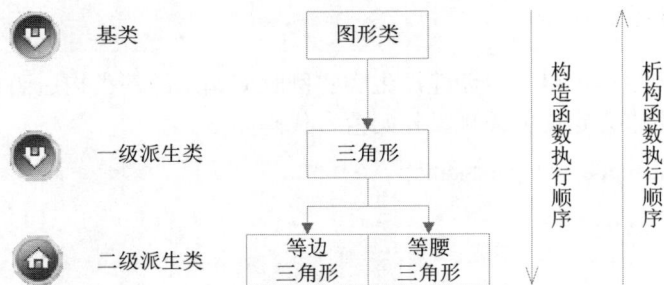

图9.15　继承中的构造函数和析构函数执行顺序示意图

编程训练（答案位置：资源包\TM\sl\9\编程训练\）

【**训练7**】：通过继承描述 Computer 和 Pad　在 Computer 类中定义一个 Name 属性，在 Pad 类中使用 base 关键字访问父类中的 Name 属性，并为其赋值，在重写的 sayHello 方法中使用 base.Name 输出电脑的类型。

【**训练8**】：使用继承表现平板电脑和计算机的关系　创建一个计算机类 Computer，Computer 类中有屏幕属性 Screen 和开机方法 Startup()；现 Computer 类有一个子类 Pad（平板电脑）类，除了和 Computer 类具有相同的屏幕属性和开机方法以外，Pad 类还有电池属性 Battery，使用继承表现 Pad 和 Computer 的关系。

9.6　多　态

多态使子类（派生类）的实例可以直接赋予基类的变量（这里不需要进行强制类型转换），然后直接通过这个变量调用子类（派生类）的方法。

利用多态可以使程序具有良好的扩展性，最简单的多态实现通过重写虚方法实现。

C#中，方法在默认情况下不是虚拟的，但（除了构造函数以外）可以显式地声明为 virtual，在方法前面加上关键字 virtual，则称该方法为虚方法。例如，下面代码声明了一个虚方法。

```
public virtual void Move()
{
    Console.WriteLine("交通工具都可以移动");
}
```

定义为虚方法后，可以在派生类中重写虚方法，重写虚方法使用 override 关键字，这样在调用方法时，可以调用对象类型的合适方法。例如，使用 override 关键字重写上面的虚方法。

```
public override void Move()
{
    Console.WriteLine("火车都可以移动");
}
```

注意

类中的成员字段和静态方法不能声明为 virtual，因为 virtual 只对类中的实例函数和属性有意义。

【例 9.7】　通过使用类的多态性来确定人类的说话行为（**实例位置：资源包\TM\sl\9\7**）

首先定义一个 People 类，该类中定义一个虚方法 Say，用来输出人的说话方式；然后定义两个派生类 Chinese 和 American，这两个派生类都继承自 People 类，在这两个派生类中重写基类中的虚方法 Say，输出相应的说话方式。代码如下。

```
class People                                    //定义基类
{
    public virtual void Say(string name)        //定义一个虚方法，用来表示人的说话行为
    {
        Console.WriteLine(name);                //输出人的名字
    }
}
class Chinese : People                          //定义派生类，继承于 People 类
{
    public override void Say(string name)       //重写基类中的虚方法
    {
        base.Say(name + "说汉语！");
    }
}
class American : People                         //定义派生类，继承于 People 类
{
    public override void Say(string name)       //重写基类中的虚方法
    {
        base.Say(name + "说英语！");
    }
}
class Program
{
    static void Main(string[] args)
    {
        Console.Write("请输入姓名：");
        string strName = Console.ReadLine();     //记录用户输入的名字
        People[ ] people = new People[2];        //声明 People 类型数组
        people[0] = new Chinese();               //使用第一个派生类的对象初始化数组的第一个元素
        people[1] = new American();              //使用第二个派生类的对象初始化数组的第二个元素
        for (int i = 0; i < people.Length; i++)  //遍历赋值后的数组
```

159

```
    {
        people[i].Say(strName);              //根据数组元素调用相应派生类中的重写方法
    }
    Console.ReadLine();
    }
}
```

运行程序，结果如图 9.16 所示。

图 9.16　多态的实现

技巧

（1）在派生于同一个类的不同对象上执行任务时，多态是一种极为有效的技巧，使用的代码最少。可以把一组对象放到一个数组中然后调用它们的方法，在这种情况下多态的作用就体现出来了，这些对象不必是相同类型的对象。当然如果它们都继承自某个类，那么可以把这些子类（派生类）都放到一个数组中。如果这些对象都有同名方法，则可以调用每个对象的同名方法。

（2）在 C#中实现多态还可以通过方法的重载、抽象类、接口等技术，方法的重载请参见第 8 章 8.2.4 节，抽象类与接口将在本书第 17 章进行详细讲解。

编程训练（答案位置：资源包\TM\sl\9\编程训练\）

【训练 9】：通过重写虚方法实现两个数相加或相乘　首先在 Operation 类中定义一个虚方法 operation，用于实现两个数相加；然后创建一个子类 Addition，继承自 Operation 类，在子类中重写虚方法 operation，实现两个数相乘。

【训练 10】：设计生成汽车和鞋子的工厂类　创建工厂类，工厂类中有一个抽象的生产方法，创建汽车厂和鞋厂，汽车厂生产的是汽车，鞋厂生产的是鞋。

本章主要介绍了面向对象技术的两个最重要的概念：结构和类。其中，结构不支持继承，它自动派生于 System.ValueType 类，而类支持单继承。本章中首先对结构及其使用进行了详细介绍，然后对面向对象基础进行了介绍，最后着重讲解了类的声明、构造函数和析构函数，同时对类的封装、继承和多态性进行了重点讲解。学习完本章，读者应该熟练掌握结构和类的使用，并能够在实际应用中充分使用类的封装、继承和多态性。

9.7　实践与练习

（答案位置：资源包\TM\sl\9\实践与练习\）

综合练习 1：通过类的继承实现矩形面积的计算　尝试开发一个程序，要求自定义一个类，该类中封装矩形的长和宽，然后再定义一个类，继承自已经定义的类，在继承类中根据基类中封装的矩形的长和宽求矩形的面积。

综合练习 2：控制台背景色的切换 设计一个用户界面类，要求控制台背景色在周末是绿色，在工作日是红色，尝试使用静态构造函数进行设置。

综合练习 3：模拟银行账户资金交易管理 使用面向对象思想实现一个银行账号的资金交易管理，包括存款、取款和打印交易详情。交易详情中会包含每一次交易的时间、存款或取款对应的金额，以及每一次交易后的余额。参考效果如下。

```
日期********************存入********************支出********************余额

2020-01-06————————2000——————————————————————2000
2020-01-08————————3000——————————————————————5000
2020-02-01————————5000——————————————————————10000
2020-02-11————————1000——————————————————————11000
2020-03-01————————————————200————————————————10800
2020-03-02————————————————400————————————————10400
2020-03-05————————————————600————————————————9800
2020-03-10————————————————300————————————————9500
```

综合练习 4：进销存管理系统中的库存管理 在进销存管理系统中，商品的库存信息有很多种类，比如商品型号、商品名称、商品库存量等。在面向对象编程中，这些商品的信息可以存储到属性中，然后当需要使用这些信息时，再从对应的属性中读取出来。这里使用面向对象思想输出库存商品的信息，具体实现时，首先定义一个库存商品类，该类中定义商品的名称、型号和数量属性，其中控制数量为 0～1 000；定义一个方法，显示库存商品信息；然后使用库存商品类的对象调用相应的属性为库存商品的信息进行赋值，并使用该对象调用定义的方法显示库存商品信息。

第 2 篇

核心技术

本篇介绍 Windows 窗体、Windows 应用程序常用控件、Windows 应用程序高级控件、数据访问技术、DataGridView 数据控件、LINQ 数据访问技术、程序调试与异常处理等。学习完这一部分，能够开发一些小型应用程序。

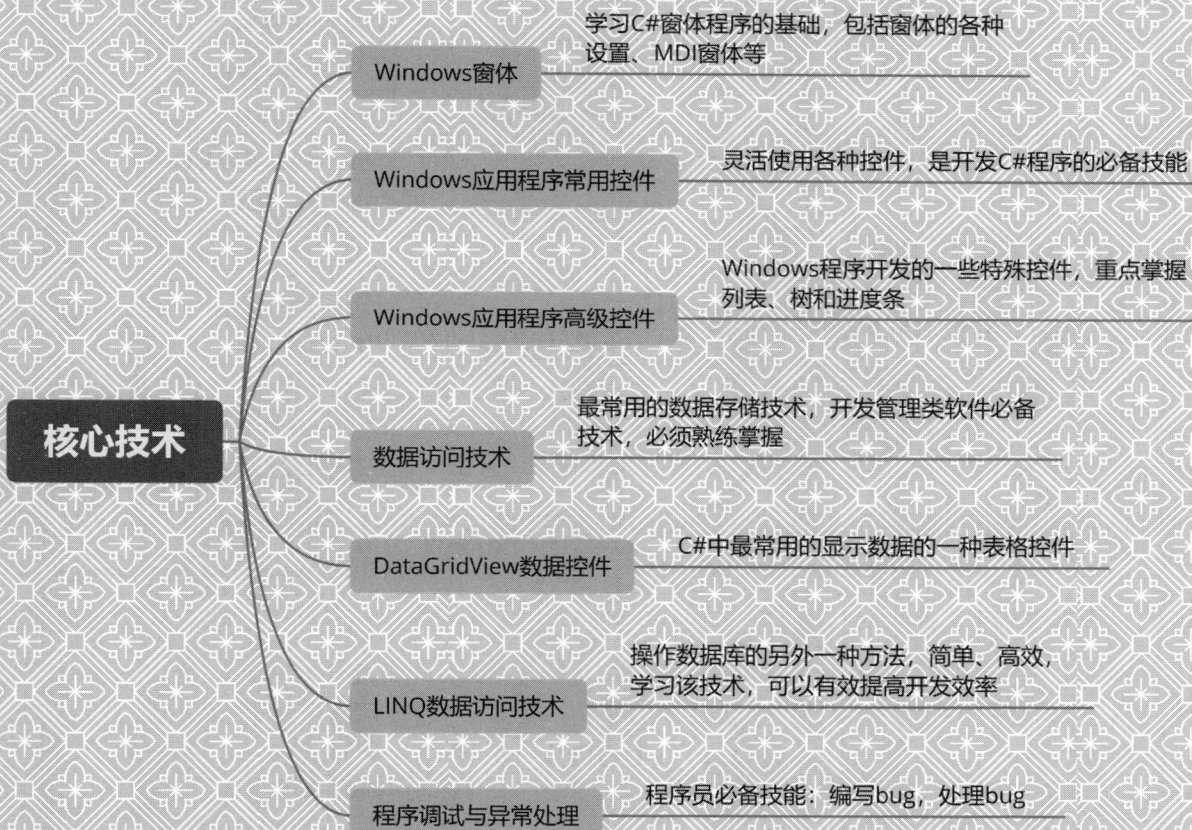

核心技术

Windows窗体 —— 学习C#窗体程序的基础，包括窗体的各种设置、MDI窗体等

Windows应用程序常用控件 —— 灵活使用各种控件，是开发C#程序的必备技能

Windows应用程序高级控件 —— Windows程序开发的一些特殊控件，重点掌握列表、树和进度条

数据访问技术 —— 最常用的数据存储技术，开发管理类软件必备技术，必须熟练掌握

DataGridView数据控件 —— C#中最常用的显示数据的一种表格控件

LINQ数据访问技术 —— 操作数据库的另外一种方法，简单、高效，学习该技术，可以有效提高开发效率

程序调试与异常处理 —— 程序员必备技能：编写bug，处理bug

第 10 章

Windows 窗体

Windows 环境中主流的应用程序都是窗体应用程序，Windows 窗体应用程序比命令行应用程序要复杂得多，理解它的结构的基础是理解窗体，所以深刻认识 Windows 窗体显得尤为重要。本章将详细介绍 Windows 窗体的相关知识，讲解过程中为了便于读者理解结合了大量的实例。

本章知识架构及重点、难点如下。

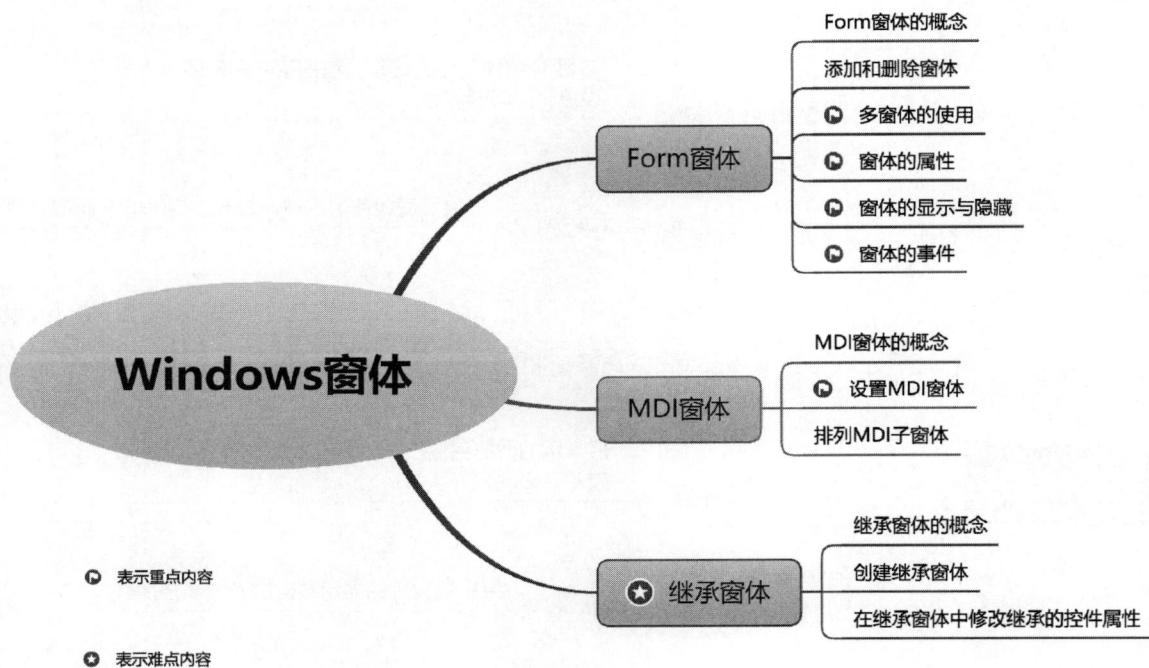

10.1　Form 窗体

Form 窗体也称为窗口，是.NET 框架的智能客户端技术，使用窗体可以显示信息、请求用户输入以及通过网络与远程计算机通信，使用 Visual Studio 2019 可以轻松地创建 Form 窗体。下面将对 Form 窗体的相关内容进行详细介绍。

10.1.1　Form 窗体的概念

在 Windows 中，窗体是向用户显示信息的可视图面，是 Windows 应用程序的基本单元。窗体都具有自己的特征，可以通过编程来设置。窗体也是对象，窗体类定义了生成窗体的模板，每实例化一个窗体类，就产生一个窗体。.NET 框架类库的 System.Windows.Forms 命名控件中定义的 Form 类是所有窗体类的基类。编写窗体应用程序时，首先需要设计窗体的外观和在窗体中添加控件或组件。虽然可以通过编写代码来实现，但是却不直观，也不方便，而且很难精确地控制界面。如果要编写窗体应用程序，推荐使用 Visual Studio 2019。Visual Studio 2019 提供了一个图形化的可视化窗体设计器，可以实现所见即所得的设计效果，可以快速开发窗体应用程序。

10.1.2　添加和删除窗体

添加或删除窗体，首先要创建一个 Windows 应用程序，在第 1 章已经介绍过如何创建应用程序，此处不再赘述。图 10.1 是一个新创建的 Windows 应用程序。

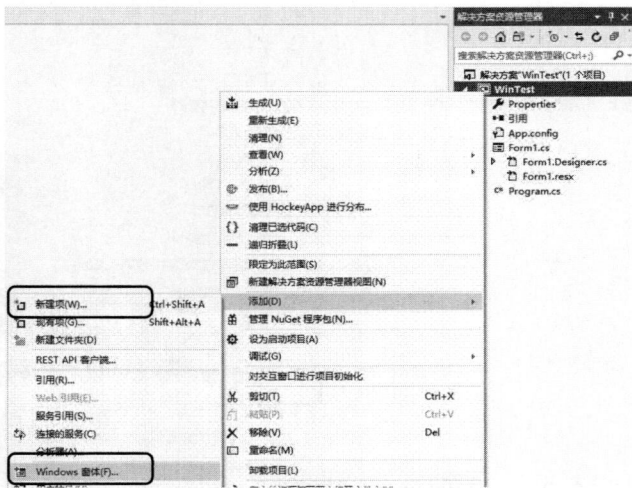

如果要向项目中添加一个新窗体，可以在项目名称上右击，在弹出的快捷菜单中选择"添加"→"Windows 窗体"或者"添加"→"新建项"命令，如图 10.2 所示。

图 10.1　Windows 应用程序　　　　图 10.2　添加新窗体的右键菜单

选择"新建项"或者"Windows 窗体"命令后，打开"添加新项"对话框，如图 10.3 所示。

选择"Windows 窗体"选项，输入窗体名称后单击"添加"按钮，即可向项目中添加一个新的窗体。

说明

在设置窗体的名称时，不要用 C# 关键字进行设置。

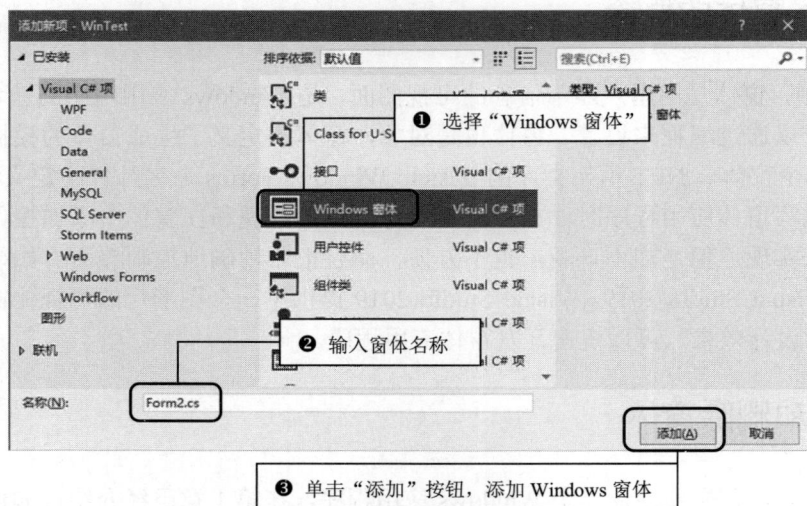

图 10.3　"添加新项"对话框

删除窗体的方法非常简单，只需在要删除的窗体名称上右击，在弹出的快捷菜单中选择"删除"命令，即可将窗体删除，如图 10.4 所示。

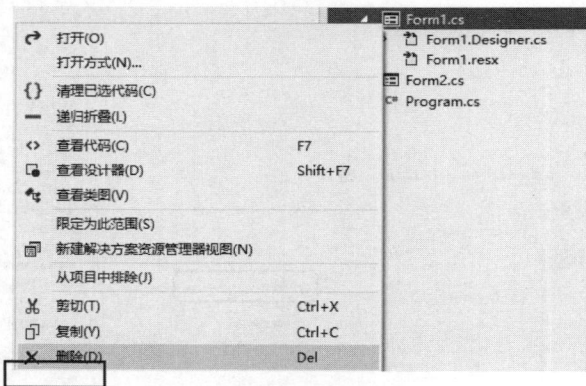

图 10.4　删除窗体

10.1.3　多窗体的使用

一个完整的 Windows 应用程序是由多个窗体组成的。因此，编程人员需要对多窗体设计有所了解。多窗体即向项目中添加多个窗体，在这些窗体中实现不同的功能。下面对多窗体的建立以及如何设置启动窗体进行讲解。

1．多窗体的建立

多窗体的建立是向某个项目中添加多个窗体。用 10.1.2 节介绍的方法建立多窗体应用程序，如图 10.5 所示。

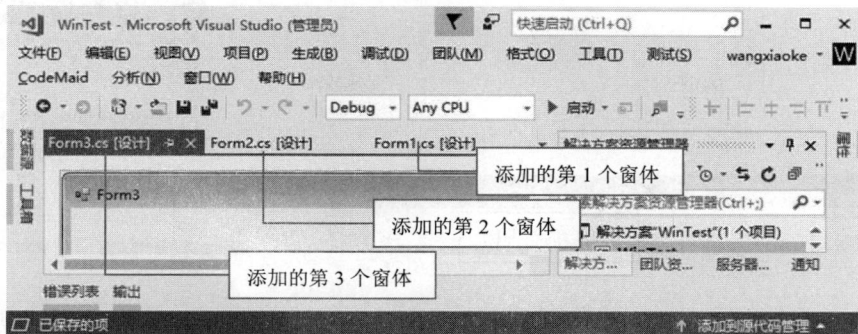

图 10.5　向项目中添加多个窗体

在图 10.5 中添加了 3 个窗体，在实际项目中可以添加任意多个窗体。

2．设置启动窗体

向项目中添加了多个窗体以后，如果要调试程序，必须要设置先运行的窗体。这样就需要设置项目的启动窗体。项目的启动窗体是在 Program.cs 文件中设置的，在 Program.cs 文件中改变 Run()方法的参数，即可实现设置启动窗体。

Run()方法用于在当前线程上运行标准应用程序，并使指定窗体可见。

语法如下。

```
public static void Run(Form mainForm)
```

☑　mainForm：代表要设为启动窗体的窗体。

例如，要将 Form1 窗体设置为项目的启动窗体，可以通过下面的代码实现。

```
Application.Run(new Form1());
```

10.1.4　窗体的属性

窗体都包含一些基本的组成要素，包括图标、标题、位置和背景等，这些要素可以通过窗体的"属性"面板进行设置，也可以通过代码实现。为了快速开发窗体应用程序，通常会使用"属性"面板进行设置。下面详细介绍窗体的常见属性设置。

1．更换窗体的图标

添加一个新的窗体后，窗体的图标是系统默认的图标。如果想更换窗体的图标，可以在"属性"面板中设置窗体的 Icon 属性，窗体的默认图标和更换后的图标如图 10.6 所示。更换窗体图标的过程非常简单，具体操作如下。

（1）选中窗体，然后在窗体的"属性"面板中选中 Icon 属性，会出现 ⋯ 按钮，如图 10.7 所示。

📢**注意**

在添加窗体图标时，其图片格式只能是 ico。

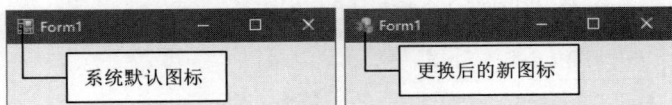

图 10.6　窗体的默认图标与更换后的图标

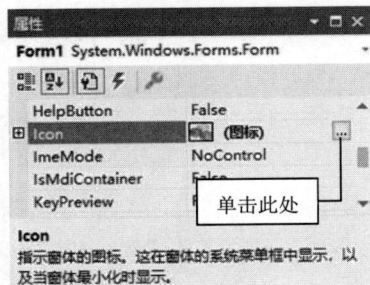

图 10.7　窗体的 Icon 属性

（2）单击 ⋯ 按钮，打开选择图标文件的窗体，如图 10.8 所示。

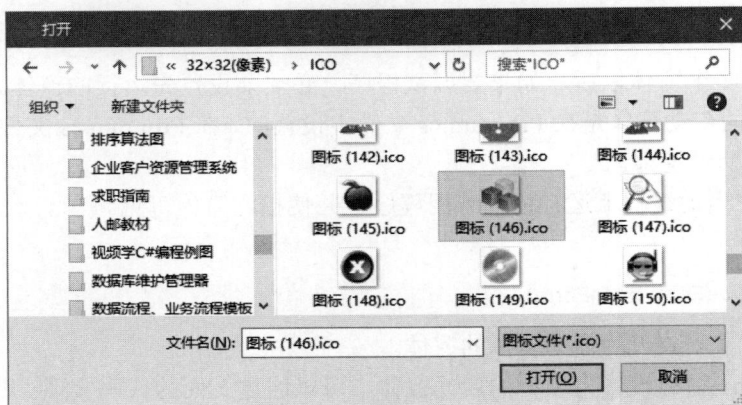

图 10.8　选择图标文件的窗体

（3）选择新的窗体图标文件之后，单击"打开"按钮，完成窗体图标的更换。

2．隐藏窗体的标题栏

在某种情况下需要隐藏窗体的标题栏。例如，软件的加载窗体，大多数都采用无标题栏的窗体。通过设置窗体中 FormBorderStyle 属性的属性值，可隐藏窗体的标题栏。FormBorderStyle 属性有 7 个属性值，其属性值及说明如表 10.1 所示。

表 10.1　FormBorderStyle 属性的属性值及说明

属　性　值	说　　明	属　性　值	说　　明
Fixed3D	固定的三维边框	None	无边框
FixedDialog	固定的对话框样式的粗边框	Sizable	可调整大小的边框
FixedSingle	固定的单行边框	SizableToolWindow	可调整大小的工具窗口边框
FixedToolWindow	不可调整大小的工具窗口边框		

隐藏窗体的标题栏，只需将 FormBorderStyle 属性设置为 None 即可。

3. 控制窗体的显示位置

可以通过窗体的 StartPosition 属性，设置加载窗体时窗体在显示器中的位置。StartPosition 属性有 5 个属性值，其属性值及说明如表 10.2 所示。

表 10.2　StartPosition 属性的属性值及说明

属 性 值	说 明
CenterParent	窗体在其父窗体中居中
CenterScreen	窗体在当前显示窗口中居中，其尺寸在窗体大小中指定
Manual	窗体的位置由 Location 属性确定
WindowsDefaultBounds	窗体定位在 Windows 默认位置，其边界也由 Windows 默认决定
WindowsDefaultLocation	窗体定位在 Windows 默认位置，其尺寸在窗体大小中指定

在设置窗体的显示位置时，只需根据不同的需要选择属性值即可。

4. 修改窗体的大小

在窗体的属性中，通过 Size 属性设置窗体的大小。双击窗体属性面板中的 Size 属性，可以看到其下拉菜单中有 Width 和 Height 两个属性，分别用于设置窗体的宽和高。修改窗体的大小，只需更改 Width 和 Height 属性的值即可。

注意

在设置窗体的大小时，其值是 int 类型的，不要用单精度和双精度进行设置。

5. 设置图像背景的窗体

为使窗体设计更加美观，通常会设置窗体的背景。可以设置窗体的背景颜色，也可以设置窗体的背景图片。通过设置窗体的 BackgroundImage 属性，可以设置窗体的背景图片。具体操作如下。

（1）选中窗体"属性"面板中的 BackgroundImage 属性，会出现 button 按钮，如图 10.9 所示。

（2）单击 button 按钮，打开"选择资源"对话框，如图 10.10 所示。

图 10.9　BackgroundImage 属性

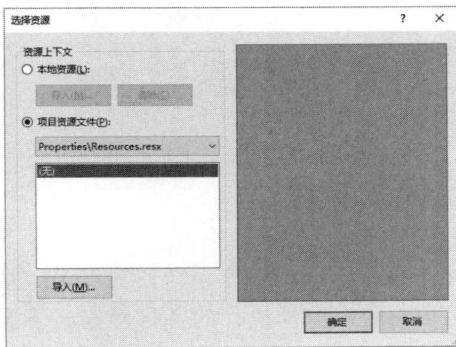

图 10.10　"选择资源"对话框

在图 10.10 中，有两个单选按钮：一个是"本地资源"；另一个是"项目资源文件"。其差别是选中"本地资源"单选按钮后，直接选择图片，保存的是图片的路径；而选中"项目资源文件"单选按钮后，会将选择的图片保存到项目资源文件 Resources.resx 中。无论选择哪种方式，都需要单击"导入"按钮选择背景图片，然后单击"确定"按钮完成窗体背景图片的设置。Form1 窗体背景图片设置前后对比如图 10.11 所示。

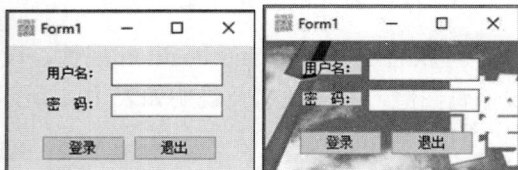

图 10.11　设置窗体背景图片前后对比

10.1.5　窗体的显示与隐藏

1.　窗体的显示

如果要在一个窗体中通过按钮打开另一个窗体，就必须通过调用 Show()方法显示窗体。语法如下。

```
public void Show()
```

例如，在 Form1 窗体中添加一个 Button 按钮，在按钮的 Click 事件中调用 Show()方法，打开 Form2 窗体，代码如下。

```
Form2 frm2 = new Form2();          //实例化 Form2
frm2.Show();                       //调用 Show()方法显示 Form2 窗体
```

程序的运行结果如图 10.12 所示。

2.　窗体的隐藏

通过调用 Hide()方法隐藏窗体。语法格式如下。

```
public void Hide()
```

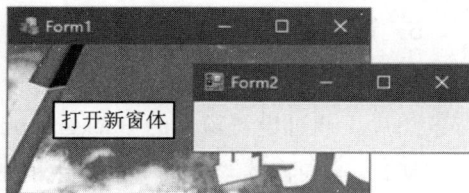

图 10.12　使用 Show()方法显示窗体

例如，通过登录窗口登录系统，输出用户名和密码后，单击"登录"按钮，隐藏登录窗口，显示主窗体，关键代码如下。

```
    this.Hide();                      //调用 Hide()方法隐藏当前窗体
    frmMain frm = new frmMain();      //实例化 frmMain
    frm.Show();                       //调用 Show()方法打开窗体
```

10.1.6　窗体的事件

Windows 是事件驱动的操作系统，对 Form 类的任何交互都是基于事件来实现的。Form 类提供了大量的事件用于响应对窗体执行的各种操作。下面详细介绍窗体的 Click、Load 和 FormClosing 事件。

1.　Click（单击）事件

单击窗体时，将会触发窗体的 Click 事件。语法格式如下。

```
public event EventHandler Click
```

例如，在窗体的 Click 事件中编写代码，实现当单击窗体时，弹出提示框，代码如下。

```
private void Form1_Click(object sender, EventArgs e)          //窗体的 Click 事件
{
    MessageBox.Show("已经单击了窗体！");                         //弹出提示框
}
```

程序的运行结果如图 10.13 所示。

图 10.13　单击窗体触发 Click 事件

2．Load（加载）事件

窗体加载时，将触发窗体的 Load 事件。语法格式如下。

```
public event EventHandler Load
```

技巧

可以在 Load 事件中分配窗体的使用资源。

例如，当窗体加载时，弹出提示框，询问是否查看窗体，单击"是"按钮，查看窗体，代码如下。

```
private void Form1_Load(object sender, EventArgs e)          //窗体的 Load 事件
{
    //使用 if 语句判断是否单击了"是"按钮
    if (MessageBox.Show("是否查看窗体！", "",MessageBoxButtons.YesNo, MessageBoxIcon.Information) ==
        DialogResult.Yes)
    {
    }
}
```

程序的运行结果如图 10.14 所示。

3．FormClosing（关闭）事件

窗体关闭时，触发窗体的 FormClosing 事件。语法格式如下。

```
public event FormClosingEventHandler FormClosing
```

（1）可以使用此事件执行一些任务，如释放窗体使用的资源，还可使用此事件保存窗体中的信息或更新其父窗体。

（2）如果要防止窗体的关闭，应使用 FormClosing 事件，并将传递给事件处理程序的 CancelEventArgs 的 Cancel 属性设置为 true。

【例 10.1】 关闭窗体时弹出确认对话框（**实例位置：资源包\TM\sl\10\1**）

创建一个 Windows 应用程序，实现在关闭窗体之前，弹出提示框，询问是否关闭当前窗体，单击"是"按钮，关闭窗体，代码如下。

```
private void Form1_FormClosing(object sender, FormClosingEventArgs e)
{
    DialogResult dr = MessageBox.Show("是否关闭窗体", "提示", MessageBoxButtons.YesNo,
                            MessageBoxIcon. Warning);
    if (dr == DialogResult.Yes)                    //使用 if 语句判断是否单击"是"按钮
    {
        e.Cancel = false;                          //如果单击"是"按钮则关闭窗体
    }
    else                                           //否则
    {
        e.Cancel = true;                           //不执行操作
    }
}
```

程序的运行结果如图 10.15 所示。

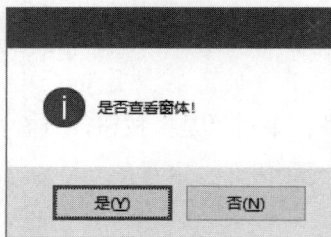

图 10.14　是否查看窗体提示框　　　图 10.15　是否关闭窗体提示框

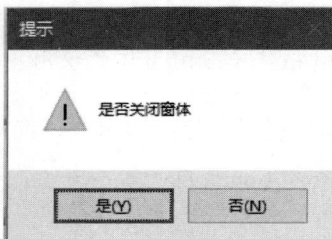

编程训练（答案位置：资源包\TM\sl\10\编程训练\）

【训练 1】：控制窗体的标题及显示位置　创建一个名称为"CMS"的 Windows 窗体应用程序，将窗体的标题设置为"内容管理系统"，并设置窗体运行时，默认加载位置在桌面中间。

【训练 2】：根据桌面大小自动调整窗体　窗体与桌面的大小比例是软件运行时用户经常会注意到的一个问题。例如，在分辨率为 1634×768 的桌面上，如果放置一个很大（如分辨率为 1280×1634）或者很小（如分辨率为 10×10）的窗体，会显得非常不协调。因此，这里尝试创建一个窗体，使其能够根据桌面的大小自动对窗体进行调整。（提示：实现时需要使用 Screen 类获取桌面的宽度和高度。）

10.2　MDI 窗体

窗体是所有界面的基础，这就意味着为了打开多个文档，需要具有能够同时处理多个窗体的应用程序。为了适应这个需求，产生了 MDI 窗体，即多文档界面。

大家可能都玩过游戏，比如《超级玛丽》，该游戏只能对一个人物进行控制，除非用两个游戏手柄才能分别对主副人物进行操作，这就相当于 Form 窗体。而在系列游戏"红色警戒"中，玩家可以用鼠标选中多个人物，并同时对其进行操作，也相当于 MDI 窗体。

下面将详细介绍 MDI 窗体的相关内容。

10.2.1　MDI 窗体的概念

多文档界面（multiple-document interface）简称 MDI 窗体，十分常见。MDI 窗体用于同时显示多个文档，每个文档显示在各自的窗口中。MDI 窗体中通常包含子菜单的窗口菜单，用于在窗口或文档之间进行切换。图 10.16 显示了一个 MDI 窗体界面。

MDI 窗体的应用非常广泛。例如，如果某公司的库存系统需要实现自动化，则需要使用窗体来输入客户和货物的数据，发出订单以及跟踪订单。这些窗体必须链接或者从属于一个界面，并且必须能够同时处理多个文件。这样，就需要建立 MDI 窗体以解决这些需求。

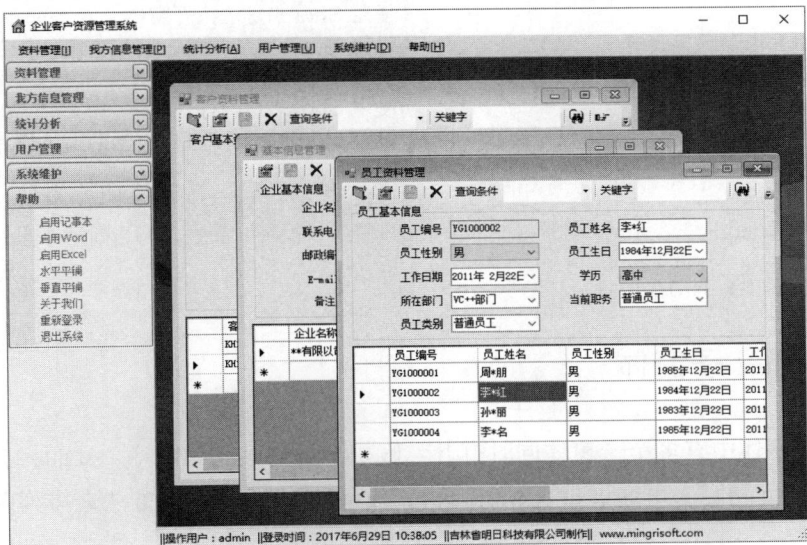

图 10.16　MDI 窗体界面

10.2.2　设置 MDI 窗体

在 MDI 窗体中，起容器作用的窗体称为父窗体，可放在父窗体中的其他窗体称为子窗体，也称为

MDI 子窗体。当 MDI 应用程序启动时，首先会显示父窗体。所有的子窗体都在父窗体中打开，在父窗体中用户可以在任何时候打开多个子窗体。每个应用程序只能有一个父窗体，其他子窗体不能移出父窗体的框架区域。下面介绍如何将窗体设置成父窗体或子窗体。

1. 设置父窗体

要将某个窗体设置为父窗体，只要在窗体属性面板中将 IsMdiContainer 属性设置为 True 即可，如图 10.17 所示。

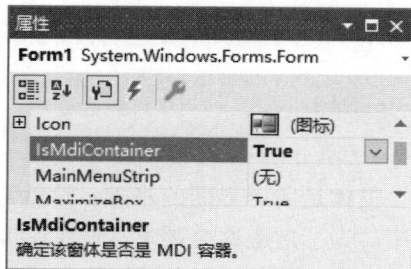

图 10.17　设置父窗体

2. 设置子窗体

设置完父窗体后，通过设置窗体的 MdiParent 属性来确定子窗体。语法格式如下。

```
public Form MdiParent { get; set; }
```

☑　属性值：MDI 父窗体。

例如，将 Form2、Form3、Form4、Form5 这 4 个窗体设置成子窗体，并且在父窗体中打开这 4 个子窗体，代码如下。

```
Form2 frm2 = new Form2();              //实例化 Form2
frm2.Show();                           //使用 Show()方法打开窗体
frm2.MdiParent = this;                 //设置 MdiParent 属性，将当前窗体作为父窗体
Form3 frm3 = new Form3();              //实例化 Form3
frm3.Show();                           //使用 Show()方法打开窗体
frm3.MdiParent = this;                 //设置 MdiParent 属性，将当前窗体作为父窗体
Form4 frm4 = new Form4();              //实例化 Form4
frm4.Show();                           //使用 Show()方法打开窗体
frm4.MdiParent = this;                 //设置 MdiParent 属性，将当前窗体作为父窗体
Form5 frm5 = new Form5();              //实例化 Form5
frm5.Show();                           //使用 Show()方法打开窗体
frm5.MdiParent = this;                 //设置 MdiParent 属性，将当前窗体作为父窗体
```

程序的运行结果如图 10.16 所示。

10.2.3　排列 MDI 子窗体

如果一个 MDI 窗体中有多个子窗体同时打开，假如不调整其排列顺序，界面将会非常混乱，不易浏览。如何解决这个问题呢？可通过带有 MdiLayout 枚举的 LayoutMdi()方法来排列多文档界面父窗体中的子窗体。

LayoutMdi()方法的语法格式如下。

```
public void LayoutMdi (MdiLayout value)
```

☑　value：是 MdiLayout 枚举值之一，用来定义 MDI 子窗体的布局。
☑　MdiLayout 枚举用于指定 MDI 父窗体中子窗体的布局。语法格式如下。

```
public enum MdiLayout
```

MdiLayout 的枚举成员及说明如表 10.3 所示。

表 10.3　MdiLayout 的枚举成员及说明

枚 举 成 员	说　　　明
Cascade	所有 MDI 子窗体均层叠在 MDI 父窗体的工作区内
TileHorizontal	所有 MDI 子窗体均水平平铺在 MDI 父窗体的工作区内
TileVertical	所有 MDI 子窗体均垂直平铺在 MDI 父窗体的工作区内

下面通过一个实例演示如何使用带有 MdiLayout 枚举的 LayoutMdi()方法来排列多文档界面父窗体中的子窗体。

【例 10.2】　设置并排列 MDI 子窗体（**实例位置：资源包\TM\sl\10\2**）

创建一个 Windows 应用程序，向项目中添加 4 个窗体，然后使用 LayoutMdi()方法及 MdiLayout 枚举设置窗体的排列，开发步骤如下。

（1）新建一个 Windows 应用程序，命名为 Test02，默认窗体为 Form1.cs。

（2）将窗体 Form1 的 IsMdiContainer 属性设置为 true，以用作 MDI 父窗体，然后添加 3 个 Windows 窗体，用作 MDI 子窗体。

（3）在 Form1 窗体中，添加一个 MenuStrip 控件，用作该父窗体的菜单项。

（4）通过 MenuStrip 控件建立 4 个菜单项，分别为"加载子窗体""水平平铺""垂直平铺""层叠排列"。运行程序时，单击"加载子窗体"菜单后，可以加载所有的子窗体，代码如下。

```
private void  加载子窗体 ToolStripMenuItem_Click(object sender, EventArgs e)
{
    Form2 frm2 = new Form2();                    //实例化 Form2
    frm2.MdiParent = this;                       //设置 MdiParent 属性，将当前窗体作为父窗体
    frm2.Show();                                 //使用 Show()方法打开窗体
    Form3 frm3 = new Form3();                    //实例化 Form3
    frm3.MdiParent = this;                       //设置 MdiParent 属性，将当前窗体作为父窗体
    frm3.Show();                                 //使用 Show()方法打开窗体
    Form4 frm4 = new Form4();                    //实例化 Form4
    frm4.MdiParent = this;                       //设置 MdiParent 属性，将当前窗体作为父窗体
    frm4.Show();                                 //使用 Show()方法打开窗体
}
```

程序的运行结果如图 10.18 所示。

（5）加载所有的子窗体之后，单击"水平平铺"菜单，使窗体中所有的子窗体水平排列，代码如下。

```
private void  水平平铺 ToolStripMenuItem_Click(object sender, EventArgs e)
{
    LayoutMdi(MdiLayout.TileHorizontal);         //使用 MdiLayout 枚举实现窗体的水平平铺
}
```

程序的运行结果如图 10.19 所示。

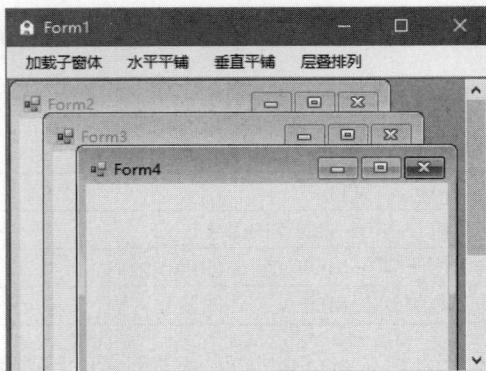

图 10.18　加载所有子窗体

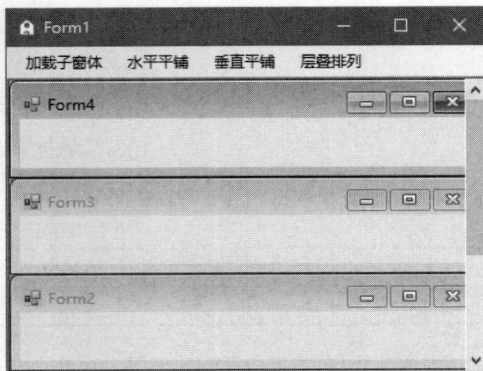

图 10.19　水平平铺子窗体

（6）单击"垂直平铺"菜单，使窗体中所有的子窗体垂直排列，代码如下。

```
private void 垂直平铺 ToolStripMenuItem_Click(object sender, EventArgs e)
{
    LayoutMdi(MdiLayout.TileVertical);                //使用 MdiLayout 枚举实现窗体的垂直平铺
}
```

程序的运行结果如图 10.20 所示。

（7）单击"层叠排列"菜单，使窗体中所有的子窗体层叠排列，代码如下。

```
private void 层叠排列 ToolStripMenuItem_Click(object sender, EventArgs e)
{
    LayoutMdi(MdiLayout.Cascade);                    //使用 MdiLayout 枚举实现窗体的层叠排列
}
```

程序的运行结果如图 10.21 所示。

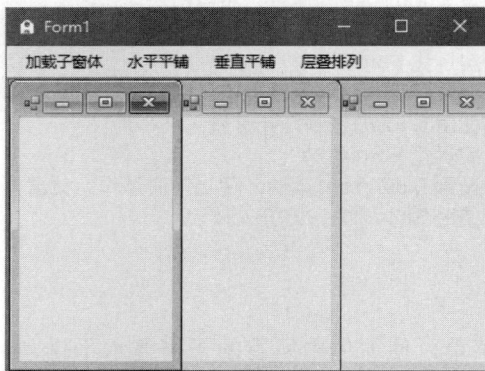

图 10.20　垂直平铺子窗体

图 10.21　层叠排列子窗体

编程训练（答案位置：资源包\TM\sl\10\编程训练\）

【训练 3】：以最大化方式打开子窗体　创建一个 Windows 窗体应用程序，并在其中添加多个窗体，设置为 MDI 窗体程序，然后设置打开子窗体时，以最大化方式打开。

【训练 4】：控制子窗体不重复打开　使用 MDI 窗体时，默认是可以多次打开同一个子窗体的，那么如何控制不重复打开同一个子窗体呢？尝试创建一个程序，实现这个功能。（提示：使用 MDI 窗体的 MdiChildren 属性获取子窗体的数组对象，通过遍历确定是否已经打开子窗体。）

10.3　继　承　窗　体

10.3.1　继承窗体的概念

继承窗体就是根据现有窗体的结构创建一个与其一样的新窗体，这种从现有窗体继承的过程称为可视化继承。在某种情况下，项目可能需要一个与在以前的项目中创建的窗体类似的窗体；或者希望创建一个基本窗体，其中含有随后将在项目中再次使用的控件布局之类的设置，每次重复使用时，都会对该原始窗体模板进行修改，这时就需要创建继承窗体。通过从基窗体继承，来创建新 Windows 窗体是重复最佳工作成果的快捷方法，从而不必每次需要窗体时都重新创建一个。为了从一个窗体继承，包含该窗体的文件或命名空间必须已编译成可执行文件或 DLL（动态链接库文件）。

继承窗体就好像是游戏的升级版本，升级版本不但有原版本的一切功能，还添加了一些新功能，或是对原版本进行了一些改动。

10.3.2　创建继承窗体

了解什么是继承窗体之后，接下来介绍如何创建继承窗体。创建继承窗体的方法有两种：一种是通过编程方式创建继承窗体；另一种是使用继承选择器创建继承窗体。下面对这两种方法分别进行介绍。

> **说明**
>
> 为了从一个窗体继承，包含该窗体的文件或命名空间必须已编译成可执行文件或 DLL。

1．通过编程方式创建继承窗体

以编程方式创建继承窗体时，主要是在类定义中将引用添加到其所要继承的窗体。引用应包含该窗体的命名空间，后面跟一个句点，然后是基窗体本身的名称。

【例 10.3】　继承窗体的实现（**实例位置：资源包\TM\sl\10\3**）

创建一个 Windows 应用程序，以 Form1 为基窗体，将 Form2 设置为继承窗体，开发步骤如下。

（1）创建一个 Windows 应用程序，默认窗体为 Form1.cs。

（2）在 Form1 窗体上添加一个 TextBox 控件、一个 Button 控件和一个 Label 控件。在 Button 控件的 Click 事件中添加代码，实现 Label 控件显示 TextBox 控件中输入的内容。

（3）向项目中添加一个新的 Windows 窗体，命名为 Form2。

（4）修改 Form2 窗体代码文件中 Form2 类所继承的基类。

Form2 窗体的原始代码如下。

```
namespace Test03                                          //项目名称
{
    public partial class Form2 : Form                     //表示当前窗体继承于 Form 类
    {
    }
}
```

修改后的代码如下。

```
namespace Test03                                          //项目名称
{
    public partial class Form2 : Test03.Form1             //使 Form2 窗体继承项目 Test03 的 Form1 窗体
    {
    }
}
```

运行 Form2 窗体，其修改前后对比如图 10.22 和图 10.23 所示。

图 10.22　Form2 的起始运行窗体　　　　　　图 10.23　成为 Form1 窗体的继承窗体

2．使用继承选择器创建继承窗体

继承窗体或其他对象的最简便方法是使用"继承选择器"对话框。通过该对话框，可利用已经在其他解决方案中创建的代码或用户界面。为了使用"继承选择器"对话框从某个窗体继承，包含该窗体的项目必须已生成为可执行文件或 DLL。若要生成项目，可以选择"生成"菜单中的"生成解决方案"命令。下面介绍如何使用继承选择器创建继承窗体。

（1）在"解决方案资源管理器"面板的项目名称上右击，在弹出的快捷菜单中选择"添加"→"新建项"命令，打开"添加新项"对话框。

（2）从"添加新项"对话框中选择继承的窗体后，单击"添加"按钮，打开"继承选择器"对话框。

（3）从"继承选择器"对话框中选择添加的继承窗体的基窗体后，单击"确定"按钮，完成继承窗体的添加。

10.3.3　在继承窗体中修改继承的控件属性

在向窗体中添加控件时，其 Modifiers 属性默认为 private。因此，如果继承这样的窗体，在继承窗体中，控件的属性全部为不可编辑状态。如果希望在继承窗体中编辑各个控件的属性，首先要将基窗体中控件的 Modifiers 属性全部设置为 public。

【例 10.4】 在继承窗体中修改基窗体中控件的属性（**实例位置：资源包\TM\sl\10\4**）

创建一个 Windows 应用程序，具体步骤如下。

（1）创建一个 Windows 应用程序，默认窗体为 Form1.cs。

（2）在 Form1 窗体中添加一个 Button 控件，设置其 Text 属性为"AI 智能时代"，并将其 Modifiers 属性设置为 Public，如图 10.24 所示。

（3）添加一个继承窗体，命名为 Form2。

（4）继承窗体 Form2 的运行结果与基窗体 Form1 相同，但是由于将基窗体中 Button 控件的 Modifiers 属性设置为 Public，所以在继承窗体 Form2 中可以修改 Button 控件的属性。

（5）将 Button 控件的 Text 属性重新设置为"机器学习与深度学习"，其前后对比如图 10.25 和图 10.26 所示。

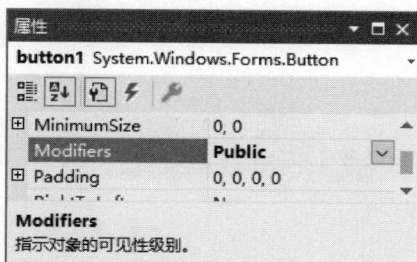

图 10.24 设置 Modifiers 属性　　　图 10.25 修改前继承 Form1 窗体　　　图 10.26 修改后的 Button 控件

10.4 实践与练习

（**答案位置：资源包\TM\sl\10\实践与练习**）

综合练习 1：设计半透明渐显窗体　尝试制作一个窗体，该窗体要求为半透明渐显窗体。

综合练习 2：使控件大小随窗体自动调整　在软件开发中，随着窗体大小的变化，界面和设计时相比会出现较大的差异，这样控件和窗体的大小会不成比例，从而出现非常不美观的界面。本练习将演示如何使控件的大小能够随着窗体的变化而自动调整。（提示：设置控件的 Anchor 属性。）

综合练习 3：使背景图片自动适应窗体的大小　开发人员在开发 Windows 窗体应用程序时，有时为一个窗体设置了背景图片，但是由于图片的大小与窗体的大小并不一定相同，所以就可能导致图片显示不全，那么如何来避免这种情况的发生呢？本任务要求编写 C#代码来使背景图片能够自动适应窗体的大小。（提示：设置窗体的 BackgroundImage 属性和 BackgroundImageLayout 属性。）

综合练习 4：自定义最大化、最小化和关闭按钮　用户在制作应用程序时，为了使用户界面更加美观，一般都自己设计窗体的外观，以及窗体的最大化、最小化和关闭按钮。本要求使用资源文件来存储窗体的外观，以及最大化、最小化和关闭按钮的图片，再通过鼠标移入、移出事件来实现按钮的动态效果。

第 11 章

Windows 应用程序常用控件

控件是窗体设计的基本组成单位，通过使用控件可以高效地开发 Windows 应用程序。所以，熟练掌握控件是合理、有效地进行程序开发的重要前提。本章将详细介绍 Windows 应用程序常用控件，讲解过程中为了便于读者理解，结合了大量的实例。

本章知识架构及重点、难点如下。

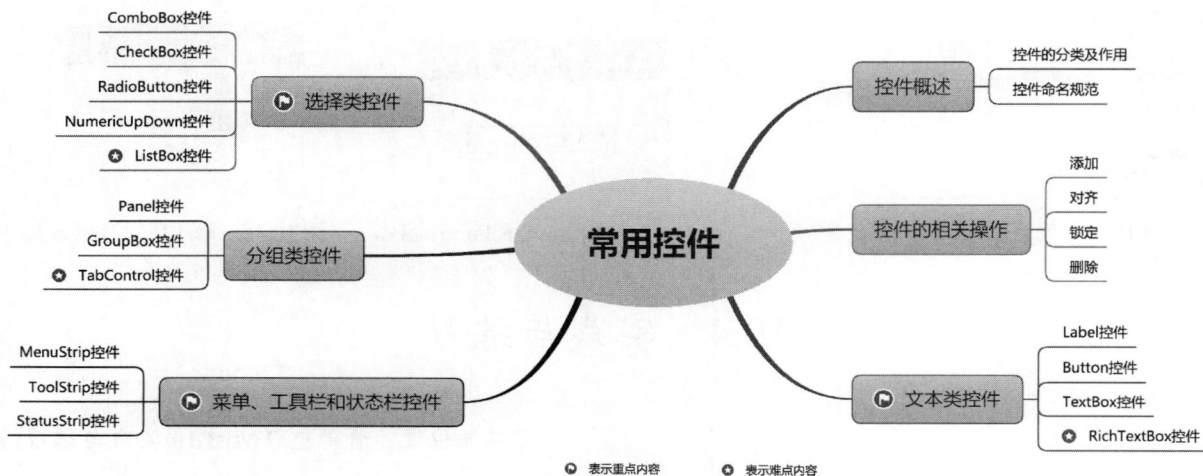

11.1 控件概述

窗口是由控件构成的，所以熟悉控件是合理、有效地开发程序的重要前提。

控件是用户可以输入或操作数据的对象，相当于汽车中的方向盘、油门、刹车、离合器等，它们都是对汽车进行操作的控件。Windows 应用程序中，控件分为常用控件和高级控件，本章介绍常用控件，第 12 章将介绍高级控件。

11.1.1 控件的分类及作用

Visual Studio 2019 中，常用控件包括文本控件、选择控件、分组控件、菜单控件、工具栏控件以及状态栏控件。Windows 应用程序控件的基类是位于 System.Windows.Forms 命名空间的 Control 类。

该类定义了控件类的共同属性、方法和事件，其他的控件类都直接或间接地派生自 Control 类。

几种常用控件的作用如表 11.1 所示。

表 11.1　常用控件的作用

控 件 分 类	作　　用
文本控件	文本控件可以在控件上显示文本
选择控件	主要为用户提供选择的项目
分组控件	使用分组控件可以将窗体中的其他控件进行分组处理
菜单控件	为系统制作功能菜单，将应用程序命令分组，使它们更容易访问
工具栏控件	提供了主菜单中常用的相关工具
状态栏控件	用于显示窗体上的对象的相关信息，或者可以显示应用程序的信息

11.1.2　控件命名规范

在使用控件的过程中，可以通过控件默认的名称调用。如果自定义控件名称，就要遵循控件的命名规范。控件的常用命名规范如表 11.2 所示。

表 11.2　控件的常用命名规范

控 件 名 称	简　　称	控 件 名 称	简　　称	控 件 名 称	简　　称
TextBox	txt	RichTextBox	rtbox	HelpProvider	hpro
Button	btn	CheckedListBox	clbox	ListView	lv
ComboBox	cbox	RadioButton	rbtn	TreeView	tv
Label	lab	NumericUpDown	nudown	PictrueBox	pbox
DataGridView	dgv	Panel	pl	NotifyIcon	nicon
ListBox	lb	GroupBox	gbox	DateTimePicker	dtpicker
Timer	tmr	TabControl	tcl	MonthCalendar	mcalen
CheckBox	chb	ErrorProvider	epro	ToolTip	ttip
LinkLabel	llbl	ImageList	ilist		

11.2　控件的相关操作

控件的相关操作包括添加控件、对齐控件、锁定控件和删除控件等，下面将对这几种操作进行讲解。通过本节的学习，读者可以掌握操作 Windows 控件的方法。

11.2.1　添加控件

1. 在窗体上绘制控件

在工具箱中单击要添加到窗体的控件，在该窗体上单击希望控件左上角所处的位置，然后拖曳鼠标到希望该控件右下角所处的位置，控件即按指定的位置和大小添加到窗体中。

2．将控件拖曳到窗体上

在工具箱中单击所需的控件并将其拖曳到窗体上，控件以其默认大小添加到窗体上的指定位置。

3．以编程方式向窗体添加控件

通过 new 关键字实例化要添加控件所在的类，然后将实例化的控件添加到窗体中。

例如，通过 Button 按钮的 Click 事件添加一个 TextBox 控件，代码如下。

```
private void button1_Click(object sender, System.EventArgs e)      //Button 按钮的 Click 事件
{
    TextBox myText = new TextBox();                                //实例化 TextBox 类
    myText.Location = new Point(25,25);                            //设置对象的 Location 属性
    this.Controls.Add (myText);                                    //将控件添加到当前窗体中
}
```

11.2.2　对齐控件

选定一组控件，可以将其对齐。执行对齐之前，首先选定主导控件（首先被选定的控件就是主导控件）。控件组的最终位置取决于主导控件的位置，再选择菜单栏中的"格式"→"对齐"命令，然后选择如下几种对齐方式中的一种。

- ☑ 左对齐：将选定控件沿它们的左边对齐。
- ☑ 居中对齐：将选定控件沿它们的中心点水平对齐。
- ☑ 右对齐：将选定控件沿它们的右边对齐。
- ☑ 顶端对齐：将选定控件沿它们的顶边对齐。
- ☑ 中间对齐：将选定控件沿它们的中心点垂直对齐。
- ☑ 底部对齐：将选定控件沿它们的底边对齐。

11.2.3　锁定控件

在控件的"属性"窗口中，单击 Locked 属性，并选择 true 选项，可以锁定控件。此外，还可以右击控件，在快捷菜单中选择"锁定控件"命令来锁定控件。如果要锁定窗体上的所有控件，可以在菜单栏中选择"格式"→"锁定控件"命令。

技巧

完成窗体设置后，为了避免误操作而改变窗体的控件设置，可通过锁定控件对控件进行定位。

11.2.4　删除控件

删除控件的方法非常简单，可以在控件上右击，在弹出的快捷菜单中选择"删除"命令进行删除。

或者选中控件，然后按下 Delete 键。

11.3　文本类控件

文本类控件主要包括 Label 控件（标签控件）、Button 控件（按钮控件）、TextBox 控件（文本框控件）和 RichTextBox 控件（有格式文本控件）。通过本节的学习，读者可以掌握文本类控件的基本用法。

11.3.1　Label 控件

Label 控件主要用于显示用户不能编辑的文本，标识窗体上的对象（如给文本框、列表框等添加描述信息）；也可以通过编写代码来设置要显示的文本信息。如果添加一个 Label 控件，系统会自动创建标签控件的一个对象。

1. 设置标签文本

设置 Label 控件显示的文本，有两种方法。一是直接在 Label 控件的属性面板中设置 Text 属性；二是通过代码设置 Text 属性。

例如，向窗体中拖曳一个 Label 控件，然后将其显示文本设置为"AI 人工智能"，如图 11.1 所示。也可以通过代码设置 Text 属性，代码如下。

```
label1.Text = "AI 人工智能";                              //设置 Label 控件的 Text 属性
```

2. 显示/隐藏控件

通过设置 Visible 属性，可设置显示或隐藏 Label 控件。如果 Visible 属性的值为 true，则显示控件；如果 Visible 属性的值为 false，则隐藏控件。

例如，可按如图 11.2 所示的方式将 Visible 属性设置为 true，从而显示标签控件（Label 控件）。

图 11.1　设置 Text 属性　　　　　　　图 11.2　设置 Visible 属性

也可以通过代码将其 Visible 属性设置为 true，代码如下。

```
label1.Visible = true;                                   //设置 Label 控件的 Visible 属性
```

11.3.2 Button 控件

Button 控件允许用户通过单击来执行操作。Button 控件既可以显示文本，也可以显示图像。当该控件被单击时，先被按下，然后被释放。

1．响应按钮的单击事件

单击 Button 控件时将引发 Click 事件，执行 Click 事件中的代码。

【例 11.1】 执行按钮的单击事件（实例位置：资源包\TM\sl\11\1）

创建一个 Windows 应用程序，单击 Button 控件时引发 Click 事件，弹出提示框，代码如下。

```
private void button1_Click(object sender, EventArgs e)        //按钮的 Click 事件
{
    MessageBox.Show("单击了按钮，引发了 Click 事件");        //弹出提示框
}
```

程序的运行结果如图 11.3 所示。

2．将按钮设置为窗体的"接受"按钮

通过设置窗体的 AcceptButton 属性，可以设置窗体的"接受"按钮。如果设置了此按钮，则用户每次按下 Enter 键都相当于单击该按钮。

【例 11.2】 将按钮设置为"接受"按钮（实例位置：资源包\TM\sl\11\2）

创建一个 Windows 应用程序，将 button1 按钮设置为 Form1 窗体的"接受"按钮，代码如下。

```
private void Form1_Load(object sender, EventArgs e)          //窗体的 Load 事件
{
    this.AcceptButton = button1;                            //将 button1 按钮设置为窗体的"接受"按钮
}
private void button1_Click(object sender, EventArgs e)      //按钮的 Click 事件
{
    MessageBox.Show("引发了接受按钮");                       //弹出提示框
}
```

运行程序，按下 Enter 键时，会激发 button1 按钮的 Click 事件，与单击 button1 按钮的结果一样，如图 11.4 所示。

3．将按钮设置为窗体的"取消"按钮

通过设置窗体的 CancelButton 属性，可以设置窗体的"取消"按钮。如果设置该属性，则每次用户按下 Esc 键都相当于单击了该按钮。

【例 11.3】 按 Esc 键时触发按钮单击事件（实例位置：资源包\TM\sl\11\3）

创建一个 Windows 应用程序，将 button1 按钮设置为 Form1 窗体的"取消"按钮，代码如下。

```
private void Form1_Load(object sender, EventArgs e)          //窗体的 Load 事件
{
    this.CancelButton = button1;                            //将 button1 按钮设置为窗体的"取消"按钮
}
```

```
private void button1_Click(object sender, EventArgs e)          //按钮的 Click 事件
{
    MessageBox.Show("单击了取消按钮");                          //弹出提示框
}
```

运行程序，按下 Esc 键，激发 button1 按钮，如图 11.5 所示。

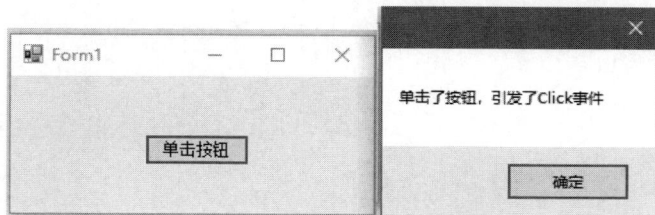

图 11.3　引发 Click 事件　　　　图 11.4　设置为"接受"　　图 11.5　设置为"取消"

说明

如果想实现鼠标移入和移出按钮，改变按钮的样式或字体样式，可以用 OnMouseEnter（在鼠标指针进入控件时发生）和 OnMouseLeave（在鼠标离开控件的可见部分时发生）事件来实现。

11.3.3　TextBox 控件

TextBox 控件用于获取用户输入的数据或显示文本。文本框控件通常用于可编辑文本，也可使其成为只读控件。文本框可以显示多行，可以对文本换行使其符合控件的大小。

1. 创建只读文本框

通过设置 TextBox 控件的 ReadOnly 属性，可以设置文本框是否为只读。如果 ReadOnly 属性为 true，那么不能编辑文本框，而只能通过文本框显示数据。

【例 11.4】　设置文本框为只读（实例位置：资源包\TM\sl\11\4）

创建一个 Windows 应用程序，将文本框设置为只读，并且使文本框显示"手机支付"，代码如下。

```
private void Form1_Load(object sender, EventArgs e)          //窗体的 Load 事件
{
    textBox1.ReadOnly = true;                               //将文本框设置为只读
    textBox1.Text = "手机支付";                             //设置其 Text 属性
}
```

程序的运行结果如图 11.6 所示。

2. 创建密码文本框

通过设置文本框的 PasswordChar 属性或者 UseSystemPasswordChar 属性可以将文本框设置成密码文本框，使用 PasswordChar 属性可以设置在文本框中显示密码字符（例如，将密码显示成"*"或"#"等）；如果将 UseSystemPasswordChar 属性设置为 true，则输入密码时，文本框中的密码显示为"*"。

【例 11.5】 设置密码文本框（实例位置：**资源包\TM\sl\11\5**）

创建一个 Windows 应用程序，使用 PasswordChar 属性将密码文本框中的字符自定义显示为"@"，也可以将 UseSystemPasswordChar 属性设置为 true，使密码文本框中的字符显示为"*"，代码如下。

```csharp
private void Form1_Load(object sender, EventArgs e)        //窗体的 Load 事件
{
    textBox1.PasswordChar = '@';                           //设置文本框的 PasswordChar 属性为字符@
    //设置文本框的 UseSystemPasswordChar 属性为 true
    textBox2.UseSystemPasswordChar = true;
}
```

程序的运行结果如图 11.7 所示。

3．创建多行文本框

默认情况下，TextBox 控件只允许输入单行数据，如果将其 Multiline 属性设置为 true，TextBox 控件就可以输入多行数据。

【例 11.6】 在文本框中分行显示古诗词（实例位置：**资源包\TM\sl\11\6**）

创建一个 Windows 应用程序，将文本框的 Multiline 属性设置为 true，使其能够输入多行数据，代码如下。

```csharp
private void Form1_Load(object sender, EventArgs e)        //窗体的 Load 事件
{
    textBox1.Multiline = true;                             //设置文本框的 Multiline 属性，使其多行显示
    //设置文本框的 Text 属性
    textBox1.Text = "昨夜星辰昨夜风，画楼西畔桂堂东。身无彩凤双飞翼，心有灵犀一点通。";
    textBox1.Height = 100;                                 //设置文本框的高
}
```

程序的运行结果如图 11.8 所示。

图 11.6　设置文本框为只读　　　图 11.7　设置 PasswordChar 属性　　　图 11.8　Multiline 属性设置为 true

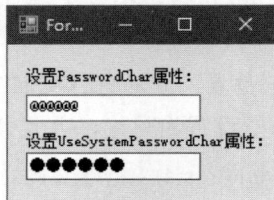

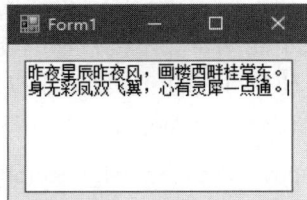

4．突出显示文本框中的文本

在 TextBox 控件中，可以通过编程方式选择文本。可以通过 SelectionStart 属性和 SelectionLength 属性设置突出显示的文本，SelectionStart 属性用于设置选择的起始位置，SelectionLength 属性用于设置选择文本的长度。

【例 11.7】 突出显示文本框中指定长度的字符（实例位置：**资源包\TM\sl\11\7**）

创建一个 Windows 应用程序，从字符串索引为 5 的位置开始选择，选择文本的长度为 5，将选择的文本突出显示，代码如下。

```
private void Form1_Load(object sender, EventArgs e)        //窗体的 Load 事件
{
    textBox1.Multiline = true;                              //设置文本框的 Multiline 属性，使其多行显示
    textBox1.Text = "昨夜星辰昨夜风，画楼西畔桂堂东。身无彩凤双飞翼，心有灵犀一点通。";
    textBox1.Height = 100;                                  //设置文本框的高
    textBox1.SelectionStart = 5;                            //从文本框中索引为 5 的位置开始选择
    textBox1.SelectionLength = 5;                           //选择长度是 5 个字符
}
```

程序的运行结果如图 11.9 所示。

5．响应文本框的文本更改事件

当文本框中的文本发生更改时，将会引发文本框的 TextChanged 事件。

【例 11.8】 实时显示文本框中的输入（实例位置：资源包\TM\sl\11\8）

创建一个 Windows 应用程序，在文本框的 TextChanged 事件中编写代码。实现当文本框中的文本更改时，Label 控件显示更改后的文本，代码如下。

```
//文本框的 TextChanged 事件
private void textBox1_TextChanged(object sender, EventArgs e)
{
    label1.Text = textBox1.Text;                           //Label 控件显示的文字随文本框中的数据而改变
}
```

程序的运行结果如图 11.10 所示。

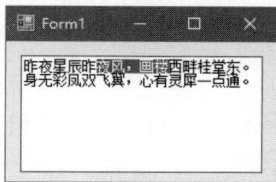

图 11.9　突出显示文本框中指定的文本　　　　图 11.10　显示更改后的文本

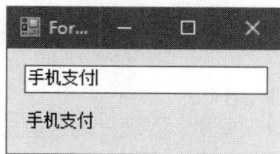

11.3.4　RichTextBox 控件

RichTextBox 控件用于显示、输入和操作带有格式的文本。RichTextBox 控件除了执行 TextBox 控件的所有功能之外，还可以显示字体、颜色和链接，从文件加载文本和嵌入的图像，撤销和重复编辑操作以及查找指定的字符。

1．在 RichTextBox 控件中显示滚动条

通过设置 RichTextBox 控件的 Multiline 属性，可以控制控件中是否显示滚动条。Multiline 属性为 true，显示滚动条；为 false，不显示滚动条。默认情况下，此属性被设置为 true。

滚动条分为水平滚动条和垂直滚动条，通过 ScrollBars 属性可以设置如何显示滚动条。ScrollBars 属性的属性值及说明如表 11.3 所示。

表 11.3　ScrollBars 属性的属性值及说明

属 性 值	说 明
Both	只有当文本超过控件的宽度或长度时，才显示水平滚动条或垂直滚动条，或两个滚动条都显示
None	从不显示任何类型的滚动条
Horizontal	只有当文本超过控件的宽度时，才显示水平滚动条。必须将 WordWrap 属性设置为 false，才会出现这种情况
Vertical	只有当文本超过控件的高度时，才显示垂直滚动条
ForcedHorizontal	当 WordWrap 属性设置为 false 时，显示水平滚动条。在文本未超过控件的宽度时，该滚动条显示为浅灰色
ForcedVertical	始终显示垂直滚动条。在文本未超过控件的长度时，该滚动条显示为浅灰色
ForcedBoth	始终显示垂直滚动条。当 WordWrap 属性设置为 false 时，显示水平滚动条。在文本未超过控件的宽度或长度时，两个滚动条均显示为灰色

【例 11.9】　在文本框中显示垂直滚动条（实例位置：资源包\TM\sl\11\10）

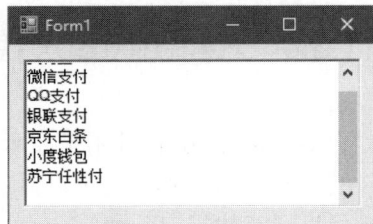

注意

当 WordWrap（指示多行文本框控件在必要时是否自动换行到下一行的开始）属性为 true 时，则不论 ScrollBars 属性的值是什么，都不会显示水平滚动条。

创建一个 Windows 应用程序，使 RichTextBox 控件只显示垂直滚动条，首先将 Multiline 属性设为 true，然后设置 ScrollBars 属性的值为 Vertical，代码如下。

```
private void Form1_Load(object sender, EventArgs e)
{
    richTextBox1.Multiline = true;                    //将 Multiline 属性设为 true，实现多行显示
    //设置 ScrollBars 属性，实现只显示垂直滚动条
    richTextBox1.ScrollBars = RichTextBoxScrollBars.Vertical;
}
```

运行程序，向控件中输入数据，如图 11.11 所示。

2. 在 RichTextBox 控件中设置字体属性

通过 SelectionFont 属性可以设置 RichTextBox 控件中文本的字体、大小和字样，通过 SelectionColor 属性可以设置字体的颜色。

【例 11.10】　将文本框中的文字设置为蓝色楷体显示

（实例位置：资源包\TM\sl\11\10）

图 11.11　显示垂直滚动条

创建一个 Windows 应用程序，在 RichTextBox 控件中设置文本的字体为楷体、字号大小为12、字样是粗体，文本的颜色为蓝色，代码如下。

```
private void Form1_Load(object sender, EventArgs e)        //窗体的 Load 事件
{
    richTextBox1.Multiline = true;                    //将 Multiline 属性设为 true，实现多行显示
    //设置 ScrollBars 属性，实现只显示垂直滚动条
    richTextBox1.ScrollBars = RichTextBoxScrollBars.Vertical;
```

```
//设置 SelectionFont 属性，实现控件中的文本为楷体，大小为 12，字样是粗体
richTextBox1.SelectionFont = new Font("楷体", 12, FontStyle.Bold);
//设置 SelectionColor，实现控件中的文本颜色为蓝色
richTextBox1.SelectionColor = System.Drawing.Color.Blue;
}
```

程序的运行结果如图 11.12 所示。

3．将 RichTextBox 控件显示为超链接样式

RichTextBox 控件可以将 Web 链接显示为彩色或下画线形式。可以编写代码，在单击链接时打开浏览器窗口，该窗口中显示链接文本指定的网站。通过 Text 属性，设置控件中含有超链接的文本。然后在控件的 LinkClicked 事件中编写事件处理程序，将所需的文本发送到浏览器。

【例 11.11】　在文本框中实现超链接（实例位置：资源包\TM\sl\11\11）

创建一个 Windows 应用程序，在控件的文本内容中含有超链接地址，超链接地址显示为彩色并且带有下画线，单击这个超链接地址后，会打开相应的网站，代码如下。

```
private void Form1_Load(object sender, EventArgs e)
{
    richTextBox1.Multiline = true;                      //将 Multiline 属性设为 true，实现多行显示
    //设置 ScrollBars 属性，实现只显示垂直滚动条
    richTextBox1.ScrollBars = RichTextBoxScrollBars.Vertical;
    //设置控件的 Text 属性
    richTextBox1.Text = "欢迎登录 http://www.mingrisoft.com 明日学院";
}
private void richTextBox1_LinkClicked(object sender, LinkClickedEventArgs e)
{
    //在控件的 LinkClicked 事件中编写如下代码，实现内容中的网址带下画线
    System.Diagnostics.Process.Start(e.LinkText);
}
```

程序的运行结果如图 11.13 所示。

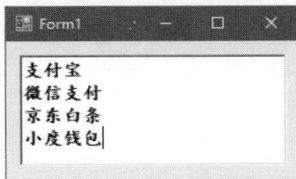

图 11.12　设置控件中文本的字体属性　　　　图 11.13　文本中含有超链接地址

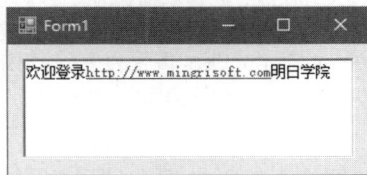

误区警示

在 RichTextBox 控件的文本中设置超链接时，必须用 "http://" 开头，且 http 的前面不能用数字和字母，只能用空格或是汉字，否则将无法实现超链接操作。

4．在 RichTextBox 控件中设置段落格式

RichTextBox 控件具有多个用于设置所显示的文本格式的选项。可以通过设置 SelectionBullet 属性

将选定的段落设置为项目符号列表的格式，也可以使用 SelectionIndent 和 SelectionHangingIndent 属性设置段落相对于控件的左右边缘进行缩进。

【例 11.12】 以项目符号列表形式显示文本框中的内容（**实例位置：资源包\TM\sl\11\12**）

创建一个 Windows 应用程序，将控件的 SelectionBullet 属性设为 true，使控件中的内容以项目符号列表的格式排列，代码如下。

```
private void Form1_Load(object sender, EventArgs e)
{
    richTextBox1.Multiline = true;                         //将 Multiline 属性设为 true，实现多行显示
    //设置 ScrollBars 属性，实现只显示垂直滚动条
    richTextBox1.ScrollBars = RichTextBoxScrollBars.Vertical;
    //将控件的 SelectionBullet 属性设为 true，使控件中的内容以项目符号列表的格式排列
    richTextBox1.SelectionBullet = true;
}
```

运行程序，向控件中输入数据，结果如图 11.14 所示。

通过 SelectionIndent 属性设置一个整数，该整数表示控件的左边缘和文本的左边缘之间的距离（以像素为单位）。通过 SelectionRightIndent 属性设置一个整数，该整数表示控件的右边缘与文本的右边缘之间的距离（以像素为单位）。

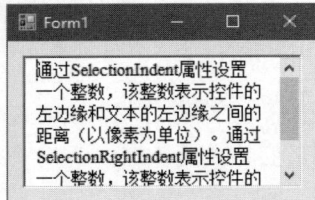

【例 11.13】 设置文本的段落格式（**实例位置：资源包\TM\sl\11\13**）

创建一个 Windows 应用程序，设置 SelectionIndent 属性的值为 8，使控件中数据的左边缘与控件左边缘之间的距离为 8 像素。设置 SelectionRightIndent 属性为 12，使控件中文本的右边缘与控件右边缘的距离为 12 像素，代码如下。

```
private void Form1_Load(object sender, EventArgs e)
{
    richTextBox1.Multiline = true;                         //将 Multiline 属性设为 true，实现多行显示
    //设置 ScrollBars 属性，实现只显示垂直滚动条
    richTextBox1.ScrollBars = RichTextBoxScrollBars.Vertical;
    //设置 SelectionIndent 属性的值为 8，使控件中数据的左边缘与控件左边缘之间的距离为 8 像素
    richTextBox1.SelectionIndent = 8;
    //设置 SelectionRightIndent 属性为 12，使控件中文本的右边缘与控件右边缘的距离为 12 像素
    richTextBox1.SelectionRightIndent = 12;
}
```

运行程序，向控件中输入数据，结果如图 11.15 所示。

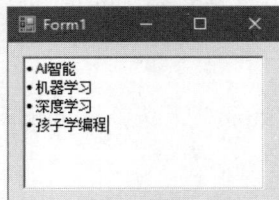

图 11.14　将控件中的内容设置为项目符号列表　　图 11.15　设置文本的段落格式

编程训练（答案位置：资源包\TM\sl\11\编程训练\）

【训练1】:控制文本框中只能输入数字　创建一个Windows 窗体应用程序，通过 Char结构的 IsDigit 方法控制在 TextBox 控件中只能输入数字的功能。

【训练2】：关键字描红　在 RichTextBox 控件中实现关键字描红，输入一段话，然后在一个文本框中输入关键字，单击按钮，实现将输入的一段话中包含的所有关键字描红。

11.4　选择类控件

选择类控件主要包括 ComboBox 控件（下拉组合框控件）、CheckBox 控件（复选框控件）、RadioButton 控件（单选按钮控件）、NumericUpDown 控件（数值选择控件）和 ListBox 控件（列表控件），本节将对这些控件进行详细讲解。

11.4.1　ComboBox 控件

ComboBox 控件用于在下拉组合框中显示数据。ComboBox 控件主要由两部分组成：一个允许用户输入列表项的文本框，一个列表框。

1. 创建只可以选择的下拉框

通过 DropDownStyle 属性，可以将 ComboBox 控件设置为可选择的下拉框。DropDownStyle 属性有 3 个属性值，分别对应不同的样式。

☑　Simple：ComboBox 控件的列表部分总是可见。

☑　DropDown：默认值，用户可以编辑 ComboBox 控件的文本框部分，只有单击右侧的箭头时才显示列表部分。

☑　DropDownList：用户不能编辑 ComboBox 控件的文本框部分，呈现下拉框的样式。

将控件的 DropDownStyle 属性设置为 DropDownList，控件就只能是可以选择的下拉框，不能编辑文本框部分的内容。

【例 11.14】 设置只能进行选择的下拉框（**实例位置：资源包\TM\sl\11\14**）

创建一个 Windows 应用程序，将 ComboBox 控件的 DropDownStyle 属性设置为 DropDownList，并且向控件中添加 3 个项目，使其成为只可以进行选择操作的下拉框，代码如下。

```
private void Form1_Load(object sender, EventArgs e)        //窗体的 Load 事件
{
    //设置 DropDownStyle 属性，使控件呈现下拉框的样式
    comboBox1.DropDownStyle = ComboBoxStyle.DropDownList;
    comboBox1.Items.Add("支付宝");                          //向控件中添加数据
    comboBox1.Items.Add("微信支付");                        //向控件中添加数据
    comboBox1.Items.Add("京东白条");                        //向控件中添加数据
}
```

程序的运行结果如图 11.16 所示。

2．选中下拉框中可编辑部分的所有文本

通过 SelectAll()方法，可以选择 ComboBox 控件的可编辑部分的所有文本。语法格式如下。

```
public void SelectAll()
```

使用 SelectAll()方法之前，要将控件的 DropDownStyle 属性设置为 DropDown，这样才能在文本框部分对选择项进行编辑。

【**例 11.15**】 选中下拉框中的所有项目（**实例位置：资源包\TM\ sl\11\15**）

创建一个 Windows 应用程序，将控件的 DropDownStyle 属性设置为 DropDown，然后向控件中添加 3 个项目。选择下拉框中的某项，然后单击"选择"按钮调用控件的 SelectAll()方法。当再次查看下拉框时，可以看到可编辑文本框中的内容已经被选中，代码如下。

```
private void Form1_Load(object sender, EventArgs e)
{
    //设置 DropDownStyle 属性，使控件呈现下拉框的样式
    comboBox1.DropDownStyle = ComboBoxStyle.DropDown;
    //向控件中添加项目
    comboBox1.Items.Add("支付宝");
    comboBox1.Items.Add("微信支付");
    comboBox1.Items.Add("京东白条");
}
private void button1_Click(object sender, EventArgs e)
{
    //使用 SelectAll()方法。当再次查看下拉列表时，可以看到可编辑文本框中的内容已经被选中
    comboBox1.SelectAll();
}
```

程序的运行结果如图 11.17 所示。

3．响应下拉框的选项值更改事件

当下拉框的选择项发生改变时，将会引发控件的 SelectedValueChanged 事件。

【**例 11.16**】 实时显示下拉框中的选中项（**实例位置：资源包\TM\sl\11\16**）

创建一个 Windows 应用程序，当下拉框的选择项发生改变时，引发控件的 SelectedValueChanged 事件。在控件的 SelectedValueChanged 事件中，使 Label 控件的 Text 属性等于控件的选择项，代码如下。

```
private void Form1_Load(object sender, EventArgs e)
{
    //设置 DropDownStyle 属性，使控件呈现下拉框的样式
    comboBox1.DropDownStyle = ComboBoxStyle.DropDown;
    //向控件中添加项目
    comboBox1.Items.Add("支付宝");
    comboBox1.Items.Add("微信支付");
    comboBox1.Items.Add("京东白条");
}
private void comboBox1_SelectedValueChanged(object sender, EventArgs e)
{
    //在控件的 SelectedValueChanged 事件中，使 Label 控件的 Text 属性等于控件的选择项
```

```
        label1.Text = comboBox1.Text;
}
```

程序的运行结果如图 11.18 所示。

图 11.16　只可以选择的下拉框　　　图 11.17　SelectAll()方法的使用　　　图 11.18　获取控件改变后的值

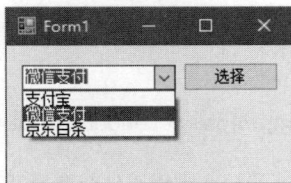

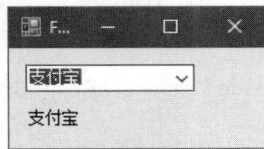

11.4.2　CheckBox 控件

CheckBox 控件用来表示是否选取了某个选项条件，常用于为用户提供具有是/否或真/假值的选项。

1. 判断复选框是否选中

通过在控件的 Click 事件中判断 CheckState 属性的返回值，可得知复选框是否被选中。CheckState 属性的返回值有两个：Checked 表示控件处于选中状态；Unchecked 表示控件处于取消选中状态。

【例 11.17】　判断复选框是否被选中（实例位置：资源包\TM\sl\11\17）

创建一个 Windows 应用程序，在控件的 Click 事件中判断控件是否被选中，并弹出相应的提示，代码如下。

```
private void checkBox1_Click(object sender, EventArgs e)
{
    if (checkBox1.CheckState == CheckState.Checked)          //使用 if 语句判断控件是否被选中
    {
        MessageBox.Show("CheckBox 控件被选中");              //如果被选中弹出相应提示
    }
    else                                                     //否则
    {
        MessageBox.Show("CheckBox 控件选择被取消");          //提示该控件的选择被取消
    }
}
```

程序的运行结果如图 11.19 和图 11.20 所示。

图 11.19　控件被选中　　　　　　　　图 11.20　控件取消选择

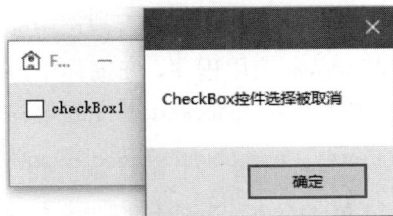

2．响应复选框的选中状态更改事件

当控件的选择状态发生改变时，将会引发控件的 CheckStateChanged 事件。

【例 11.18】 触发复选框的选中状态更改事件（实例位置：资源包\TM\sl\11\18）

创建一个 Windows 应用程序，在控件的 CheckStateChanged 事件中编写代码，实现当控件的选择状态发生改变时，弹出提示框，代码如下。

```
private void checkBox1_CheckStateChanged(object sender, EventArgs e)
{
    //在 CheckStateChanged 事件中编写代码，实现当控件的选择状态发生改变时，弹出提示框
    MessageBox.Show("控件的选择状态发生改变");
}
```

程序的运行结果如图 11.21 所示。

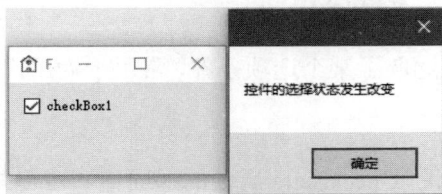

图 11.21　选中状态更改引发 CheckStateChanged 事件

11.4.3　RadioButton 控件

RadioButton 控件为用户提供由两个或多个互斥选项组成的选项集。当用户选中某单选按钮时，同一组中的其他单选按钮不能同时选定。

> **说明**
>
> 单选按钮必须在同一组中才能实现单选效果。

1．判断单选按钮是否被选中

通过在控件的 Click 事件中判断 Checked 属性的返回值，可以判断单选按钮是否被选中。如果返回值是 true，则控件处于选中状态；返回值为 false，则控件处于取消选中状态。

【例 11.19】 判断单选按钮是否被选中（实例位置：资源包\TM\sl\11\19）

创建一个 Windows 应用程序，在窗体中添加两个 RadioButton 控件，分别在两个控件的 Click 事件中通过 if 语句判断控件的 Checked 属性的返回值是否为 true，代码如下。

```
private void Form1_Load(object sender, EventArgs e)
{
    //设置两个单选按钮的 Checked 属性为 false
    radioButton1.Checked = false;
    radioButton2.Checked = false;
```

```
}
private void radioButton2_Click(object sender, EventArgs e)
{
    //在控件的 Click 事件中，通过 if 语句判断控件的 Checked 属性的返回值是否为 true
    if (radioButton2.Checked)
    {
        MessageBox.Show("RadioButton2 控件被选中");
    }
}
private void radioButton1_Click(object sender, EventArgs e)
{
    //控件的 Click 事件中通过 if 语句判断控件的 Checked 属性的返回值是否为 true
    if (radioButton1.Checked)
    {
        MessageBox.Show("RadioButton1 控件被选中");
    }
}
```

程序的运行结果如图 11.22 和图 11.23 所示。

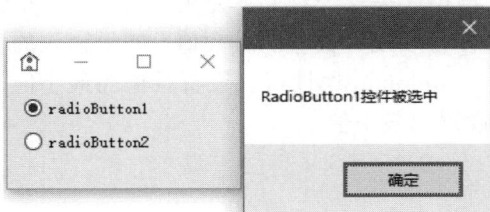

图 11.22　RadioButton1 控件被选中　　　　图 11.23　RadioButton2 控件被选中

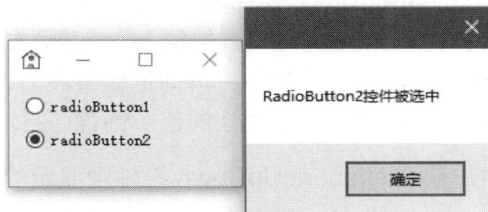

2．响应单选按钮选中状态更改事件

当控件的选中状态发生更改时，会引发控件的 CheckedChanged 事件。

【例 11.20】 单选按钮选中状态更改时执行操作（实例位置：**资源包\TM\sl\11\20**）

创建一个 Windows 应用程序，在窗体中添加一个 RadioButton 控件和两个 Button 控件，单击 Button1 按钮，选中 RadioButton 控件；单击 Button2 按钮，取消 RadioButton 控件的选中状态，代码如下。

```
private void radioButton1_CheckedChanged(object sender, EventArgs e)
{
    //在控件的 CheckedChanged 事件中编写代码，实现当控件的选择状态改变时弹出提示
    MessageBox.Show("RadioButton1 控件的选中状态被更改");
}
private void button1_Click(object sender, EventArgs e)
{
    radioButton1.Checked = true;                //选中单选按钮
}
private void button2_Click(object sender, EventArgs e)
{
    radioButton1.Checked = false;               //取消单选按钮的选中状态
}
private void Form1_Load(object sender, EventArgs e)
{
```

```
    radioButton1.Checked = false;                    //设置单选按钮的 Checked 属性为 false
}
```

程序的运行结果如图 11.24 和图 11.25 所示。

图 11.24　选中 RadioButton 控件

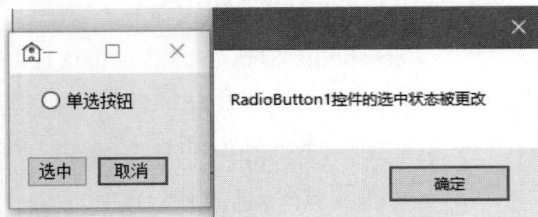

图 11.25　取消选中 RadioButton 控件

11.4.4　NumericUpDown 控件

NumericUpDown 控件是一个显示和输入数值的控件。该控件提供一对上下箭头，用户可以单击上下箭头选择数值，也可以直接输入。该控件的 Maximum 属性可以设置数值的最大值，如果输入的数值大于这个属性的值，程序将自动把数值改为设置的最大值。Minimum 属性可以设置数值的最小值，如果输入的数值小于这个属性的值，则程序自动把数值改为设置的最小值。

1．获取 NumericUpDown 控件中显示的数值

通过控件的 Value 属性，可以获取 NumericUpDown 控件中显示的数值。语法格式如下。

```
public decimal Value { get; set; }
```

属性值：NumericUpDown 控件的数值。

【例 11.21】　实时获取选择的数字（实例位置：资源包\TM\sl\11\21）

创建一个 Windows 应用程序，向窗体中添加一个 NumericUpDown 控件和一个 Label 控件，在窗体的 Load 事件中，首先设置控件的 Maximum 属性为 20，Minimum 属性为 1。当控件的值发生改变时，通过 Label 控件显示更改后的控件中的数值，代码如下。

```
private void Form1_Load(object sender, EventArgs e)
{
    numericUpDown1.Maximum = 20;                    //设置控件的最大值为 20
    numericUpDown1.Minimum = 1;                     //设置控件的最小值为 1
}
private void numericUpDown1_ValueChanged(object sender, EventArgs e)
{
    //实现当控件的值改变时，显示当前的值
    label1.Text = "当前控件中显示的数值：" + numericUpDown1.Value;
}
```

程序的运行结果如图 11.26 所示。

2．设置 NumericUpDown 控件中数值的显示方式

DecimalPlaces 属性用于确定在小数点后显示几位数，默认值为 0。ThousandsSeparator 属性用于确定是否每隔 3 个十进制数字位就插入一个分隔符，默认情况下为 false。如果将 Hexadecimal 属性设置为 true，则该控件可以用十六进制（而不是十进制格式）显示值，默认情况下为 false。

误区警示

DecimalPlaces 属性的值不能小于 0，或大于 99；否则会出现 ArgumentOutOfRangeException 异常（当参数值超出调用的方法所定义的允许取值范围时引发的异常）。

【例 11.22】　设置数值选择控件中显示小数（实例位置：资源包\TM\sl\11\22）

创建一个 Windows 应用程序，通过设置 NumericUpDown 控件的 DecimalPlaces 属性为 2，可以使控件中数值的小数点后显示两位数，代码如下。

```
private void Form1_Load(object sender, EventArgs e)
{
    numericUpDown1.Maximum = 20;            //设置控件的最大值为 20
    numericUpDown1.Minimum = 1;             //设置控件的最小值为 1
    //设置控件的 DecimalPlaces 属性，使控件中数值的小数点后显示两位数
    numericUpDown1.DecimalPlaces = 2;
}
```

程序的运行结果如图 11.27 所示。

图 11.26　获取控件中显示的数字

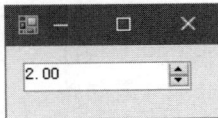

图 11.27　DecimalPlaces 属性设置为 2

11.4.5　ListBox 控件

ListBox 控件用于显示一个列表，用户可以从中选择一项或多项。如果选项总数超出可以显示的项数，则控件会自动添加滚动条。

1．在 ListBox 控件中添加和移除项

通过 ListBox 控件的 Items 属性的 Add()方法，可以向 ListBox 控件中添加项目。通过 ListBox 控件的 Items 属性的 Remove()方法，可以将 ListBox 控件中选中的项目移除。

【例 11.23】　向 ListBox 控件中添加和移除项（实例位置：资源包\TM\sl\11\23）

创建一个 Windows 应用程序，通过 ListBox 控件中 Items 属性的 Add()方法和 Remove()方法，实现向控件中添加项目以及移除选中项目，代码如下。

```
private void button1_Click(object sender, EventArgs e)
{
    if (textBox1.Text == "")                              //使用 if 语句判断文本框中是否输入数据
    {
        MessageBox.Show("请输入要添加的数据");              //弹出提示
    }
    else                                                 //否则
    {
        listBox1.Items.Add(textBox1.Text);                //使用 Add()方法向控件中添加数据
        textBox1.Text = "";                               //清空文本框
    }
}
private void button2_Click(object sender, EventArgs e)
{
    if (listBox1.SelectedItems.Count == 0)                //判断是否选择项目
    {
        MessageBox.Show("请选择要删除的项目");              //如果没有选择项目，弹出提示
    }
    else                                                 //否则
    {
        listBox1.Items.Remove(listBox1.SelectedItem);     //使用 Remove()方法移除选中项
    }
}
```

程序的运行结果如图 11.28 所示。

2. 创建总显示滚动条的列表控件

通过设置控件的 HorizontalScrollbar 属性和 ScrollAlwaysVisible 属性可以使控件总显示滚动条。如果将 HorizontalScrollbar 属性设置为 true，则显示水平滚动条；如果将 ScrollAlwaysVisible 属性设置为 true，则始终显示垂直滚动条。

【例 11.24】 在列表中显示滚动条（实例位置：资源包\TM\sl\11\24）

创建一个 Windows 应用程序，向窗体中添加一个 ListBox 控件、一个 TextBox 控件和一个 Button 控件，将 ListBox 控件的 HorizontalScrollbar 属性和 ScrollAlwaysVisible 属性都设置为 true，使其能显示水平和垂直方向的滚动条，代码如下。

```
private void Form1_Load(object sender, EventArgs e)
{
    //将 HorizontalScrollbar 属性设置为 true，使其能显示水平方向的滚动条
    listBox1.HorizontalScrollbar = true;
    //将 ScrollAlwaysVisible 属性设置为 true，使其能显示垂直方向的滚动条
    listBox1.ScrollAlwaysVisible = true;
}
private void button1_Click(object sender, EventArgs e)
{
    if (textBox1.Text == "")                              //判断文本框中是否输入数据
    {
        MessageBox.Show("添加项目不能为空");               //如果没有输入数据，弹出提示
    }
}
```

```
    else                                        //否则
    {
        listBox1.Items.Add(textBox1.Text);      //使用 Add()方法向控件中添加数据
        textBox1.Text = "";                     //清空文本框
    }
}
```

程序的运行结果如图 11.29 所示。

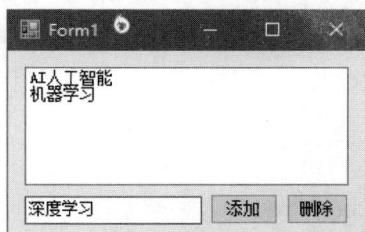

图 11.28　向 ListBox 控件中添加和移除项　　　　　图 11.29　控件总显示滚动条

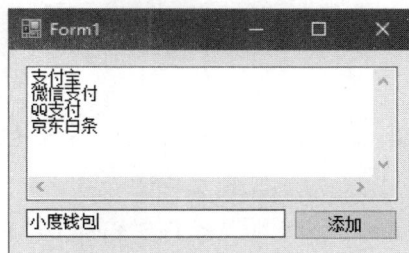

说明

在 ListBox 控件中可使用 MultiColumn 属性指示该控件是否支持多列，如果将其设置为 true，则支持多列显示。

3. 在 ListBox 控件中选择多项

通过设置 SelectionMode 属性，可在 ListBox 控件中选择多项。SelectionMode 的属性值是 SelectionMode 枚举值之一，默认为 SelectionMode.One。其枚举成员及说明如表 11.4 所示。

表 11.4　SelectionMode 枚举成员及说明

枚 举 成 员	说　　　明
MultiExtended	可以选择多项，并且用户可使用 Shift 键、Ctrl 键和箭头键来进行选择
MultiSimple	可以选择多项
None	无法选择项
One	只能选择一项

下面以 MultiExtended 为例介绍如何使用枚举成员。

【**例 11.25**】　设置列表中选择多项（**实例位置：资源包\TM\sl\11\25**）

创建一个 Windows 应用程序，通过设置控件的 SelectionMode 属性值为 SelectionMode 枚举成员 MultiExtended，实现在控件中可以选择多项，并且用户可使用 Shift 键、Ctrl 键和箭头键来进行选择，代码如下。

```
private void Form1_Load(object sender, EventArgs e)
{
    //SelectionMode 属性值为 SelectionMode 枚举成员 MultiExtended，实现在控件中可以选择多项
    listBox1.SelectionMode = SelectionMode.MultiExtended;
}
```

```
private void button2_Click(object sender, EventArgs e)
{
    if (textBox1.Text == "")                          //判断文本框中是否输入数据
    {
        MessageBox.Show("添加项目不能为空");           //如果没有输入数据弹出提示
    }
    else                                              //否则
    {
        listBox1.Items.Add(textBox1.Text);            //使用 Add()方法向控件中添加数据
        textBox1.Text = "";                           //清空文本框
    }
}
private void button1_Click(object sender, EventArgs e)
{
    //显示选择项目的数量
    label1.Text = "共选择了："  + listBox1.SelectedItems.Count.ToString() + "项";
}
```

程序的运行结果如图 11.30 所示。

编程训练（答案位置：资源包\TM\sl\11\编程训练\）

【训练3】：实现单选题　使用单选按钮替代如下问题中ABCD4
个选项字母，并将如下题目显示在窗体中。

> 下面四句诗，哪一句是描写夏天的？
> A.秋风萧瑟天气凉，草木摇荡露为霜
> B.白雪纷纷何所似，撒盐空中差可拟
> C.接天莲叶无穷碧，映日荷花别样红
> D.竹外桃花三两枝，春江水暖鸭先知

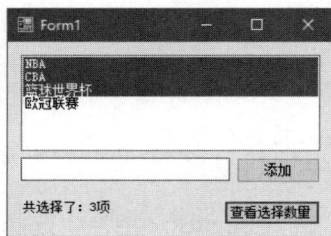

图 11.30　ListBox 控件中选择多项

【训练4】：设计一个带查询功能的 ComboBox　实现从 ComboBox 控件中查询已存在的项，自动
完成控件内容的输入。当用户在 ComboBox 控件中输入一个字符时，ComboBox 控件会自动列出最有
可能与之匹配的选项。

11.5　分组类控件

分组类控件主要包括容 Panel 控件（容器控件）、GroupBox 控件（分组框控件）和 TabControl
控件（选项卡控件），下面将对这些控件进行详细的讲解。通过本节的学习，读者可以掌握分组类控件
的使用方法。

11.5.1　Panel 控件

Panel 控件用于为其他控件提供可识别的分组。Panel 控件可以使窗体分类更详细，更便于理解，
同时可以有滚动条。

　　Panel 控件就好像是商场的各个楼层，如 1 楼是化妆品层、2 楼是男装层、3 楼是女装层等。当然，也可以在各层中继续划分，也就是说，可以在 Panel 控件中嵌套放置多个 Panel 控件。

　　使用 Panel 控件的 Show() 方法可以显示控件。语法格式如下。

```
public void Show()
```

【例 11.26】　仿百度搜索的智能提示（实例位置：资源包\TM\sl\11\26）

　　创建一个 Windows 应用程序，如果文本框中输入的文本是"明日科技"，则调用 Show() 方法显示 Panel 控件。Panel 控件中有一个 RichTextBox 控件，用于显示"明日科技"的相关信息，代码如下。

```
private void Form1_Load(object sender, EventArgs e)
{
    panel1.Visible = false;                              //隐藏 panel 控件
    //设置 RichTextBox 控件的 Text 属性
    richTextBox1.Text = "姓名：明日科技\n 性别：男\n 年龄：19\n 民族：汉\n 职业：IT ";
}
private void button1_Click(object sender, EventArgs e)
{
    if (textBox1.Text == "")                             //判断文本框中是否输入数据
    {
        MessageBox.Show("请输出姓名");                    //如果没有输入数据弹出提示
        textBox1.Focus();                               //使光标焦点处于文本框中
    }
    else                                                 //否则
    {
        if (textBox1.Text.Trim() == "明日科技")           //判断文本框中是否输入"明日科技"
        {
            panel1.Show();                              //如果输入"明日科技"，则显示 panel 控件
        }
        else                                             //否则
        {
            MessageBox.Show("查无此人");                  //弹出提示
            textBox1.Text = "";                         //清空文本框
        }
    }
}
```

程序的运行结果如图 11.31 所示。

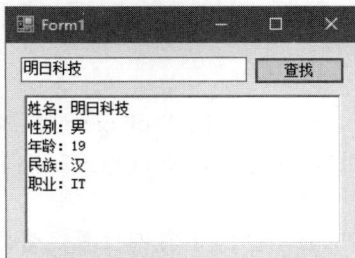

图 11.31　显示 Panel 控件

> **说明**
>
> 如果将 Panel 控件的 Enabled 属性（设置控件是否可以对用户交互做出响应）设置为 false，那么该容器中的所有控件将被设为不可用状态。

11.5.2　GroupBox 控件

GroupBox 控件主要为其他控件提供分组，按照控件的分组来细分窗体的功能。其在所包含的控件集周围总是显示边框，并且可以显示标题，但是 GroupBox 控件没有滚动条。

可以通过控件的 Text 属性来设置控件要显示的标题。语法格式如下。

```
public override string Text { get; set;}
```

【例 11.27】　设置分组框标题（实例位置：资源包\TM\sl\11\27）

创建一个 Windows 应用程序，通过设置 GroupBox 控件的 Text 属性，使 GroupBox 控件的标题为"诗词"，代码如下。

```
private void Form1_Load(object sender, EventArgs e)
{
    groupBox1.Text = "诗词";                          //设置控件的 Text 属性，使其显示"诗词"
}
```

程序的运行结果如图 11.32 所示。

11.5.3　TabControl 控件

TabControl 控件用来添加多个选项卡，并可在选项卡上添加子控件。这样就可以把窗体设计成多页，使窗体功能划分为多个部分。选项卡中可包含图片或其他控件。选项卡控件还可以用来创建用于设置一组相关属性的属性页。

图 11.32　设置控件的标题

TabControl 控件包含选项卡页，TabPage 控件表示选项卡，TabControl 控件的 TabPages 属性表示其中所有 TabPage 控件的集合。TabPages 集合中 TabPage 选项卡的顺序，反映了 TabControl 控件中选项卡的顺序。

1．改变选项卡的显示样式

通过 TabControl 控件和组成控件上各选项卡的 TabPage 对象属性，可更改 Windows 窗体中选项卡的外观。可使用编程方式在选项卡上显示图像，以垂直方式（而非水平方式）显示选项卡，显示多行选项卡，以及启用或禁用选项卡。

【例 11.28】　在选项卡的标签部位显示图标（实例位置：资源包\TM\sl\11\28）

创建一个 Windows 应用程序，向窗体中添加一个 ImageList 控件，然后将图像添加到 ImageList 控件的图像列表中。将 TabControl 控件的 ImageList 属性设置为 ImageList 控件，将 TabPage 的 ImageIndex

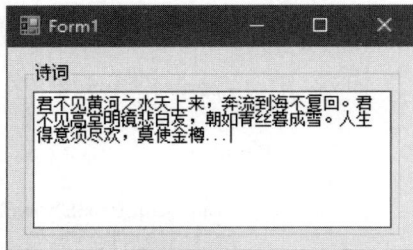

属性设置为列表中相应图像的索引，代码如下。

```
    private void Form1_Load(object sender, EventArgs e)
{
    tabControl1.ImageList = imageList1;                 //设置控件的 ImageList 属性为 imageList1
    //第一个选项卡的图标是 imageList1 中索引为 0 的图标
    tabPage1.ImageIndex = 0;
    tabPage1.Text = "选项卡 1";                          //设置控件第一个选项卡的 Text 属性
    //第二个选项卡的图标是 imageList1 中索引为 0 的图标
    tabPage2.ImageIndex = 0;
    tabPage2.Text = "选项卡 2";                          //设置控件第二个选项卡的 Text 属性
}
```

程序的运行结果如图 11.33 所示。

技巧

　　为了使用户能更了解选项卡的作用，可以在鼠标移入选项卡时，弹出一个提示信息，对当前选项卡的作用或操作步骤进行详细说明。其设置步骤如下：将 tabPage 属性中的 ShowToolTips 属性设置为 true，然后在 tabPage 属性的 ToolTipText 属性中输入相关的说明文字。

　　将 TabControl 控件的 Appearance 属性设置为 Buttons 或 FlatButtons，即可将选项卡显示为按钮样式。如果设置为 Buttons，则选项卡具有三维按钮的外观。如果设置为 FlatButtons，则选项卡具有平面按钮的外观。

　　【例 11.29】 将选项卡显示为按钮（**实例位置：资源包\TM\sl\11\29**）

　　创建一个 Windows 应用程序，将控件的 Appearance 属性设置为 Buttons，使选项卡具有三维按钮的外观，代码如下。

```
private void Form1_Load(object sender, EventArgs e)
{
    tabControl1.ImageList = imageList1;                 //设置控件的 ImageList 属性为 imageList1
    //第一个选项卡的图标是 imageList1 中索引为 0 的图标
    tabPage1.ImageIndex = 0;
    //第二个选项卡的图标是 imageList1 中索引为 0 的图标
    tabPage2.ImageIndex = 0;
    //将控件的 Appearance 属性设置为 Buttons，使选项卡具有三维按钮的外观
    tabControl1.Appearance = TabAppearance.Buttons;
}
```

程序的运行结果如图 11.34 所示。

2．在选项卡中添加控件

　　如果要在选项卡中添加控件，可以通过 TabPage 的 Controls 属性的 Add()方法实现。Add()方法主要用于将指定的控件添加到控件集合中。语法格式如下。

```
public virtual void Add (Control value)
```

　　其中，value 表示要添加到控件集合的控件。

【例 11.30】 向选项卡中添加控件（实例位置：资源包\TM\sl\11\30）

创建一个 Windows 应用程序，通过 TabPage 的 Controls 属性的 Add()方法，向 tabPage1 中添加一个按钮控件，代码如下。

```
private void Form1_Load(object sender, EventArgs e)
{
    tabControl1.ImageList = imageList1;                //设置控件的 ImageList 属性为 imageList1
    //第一个选项卡的图标是 imageList1 中索引为 0 的图标
    tabPage1.ImageIndex = 0;
    //第二个选项卡的图标是 imageList1 中索引为 0 的图标
    tabPage2.ImageIndex = 0;
    Button btn1 = new Button();                        //实例化一个 Button 类，动态生成一个按钮
    btn1.Text = "新增按钮";                            //设置按钮的 Text 属性
    tabPage1.Controls.Add(btn1);                       //使用 Add()方法，将这个按钮添加到选项卡 1 中
}
```

程序的运行结果如图 11.35 所示。

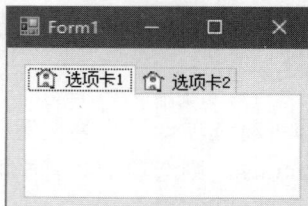

图 11.33　标签部位显示图标　　　图 11.34　将选项卡显示为按钮　　　图 11.35　向 tabPage1 中添加按钮

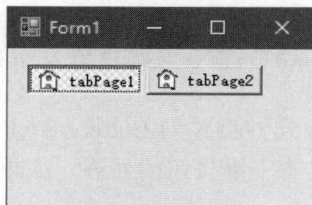

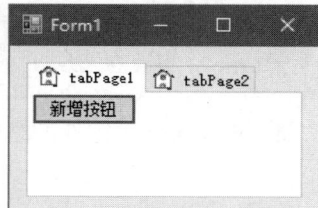

3．添加和移除选项卡

（1）以编程方式添加选项卡。

默认情况下，TabControl 控件包含两个 TabPage 控件，可使用 TabPages 属性的 Add()方法添加新的选项卡。

Add()方法主要用于将 TabPage 添加到集合（选项卡页的顺序反映了选项卡在控件中出现的顺序）。语法格式如下。

```
public void Add (TabPage value)
```

其中，value 表示要添加的 TabPage。

【例 11.31】 动态添加选项卡（实例位置：资源包\TM\sl\11\31）

创建一个 Windows 应用程序，使用 TabControl 控件中 TabPages 属性的 Add()方法，向控件中添加新的选项卡，代码如下。

```
private void Form1_Load(object sender, EventArgs e)
{
    tabControl1.ImageList = imageList1;                //设置控件的 ImageList 属性为 imageList1
    //第一个选项卡的图标是 imageList1 中索引为 0 的图标
    tabPage1.ImageIndex = 0;
    //第二个选项卡的图标是 imageList1 中索引为 0 的图标
    tabPage2.ImageIndex = 0;
```

```
//声明一个字符串变量，用于生成新增选项卡的名称
string Title = "新增选项卡 " + (tabControl1.TabCount + 1).ToString();
TabPage MyTabPage = new TabPage(Title);          //实例化 TabPage
//使用 TabControl 控件中 TabPages 属性的 Add()方法添加新的选项卡
tabControl1.TabPages.Add(MyTabPage);
}
```

程序的运行结果如图 11.36 所示。

（2）以编程方式移除选项卡。

如果要移除控件中的某个选项卡，可以使用 TabPages 属性的 Remove()方法。

Remove()方法的功能是从集合中移除 TabPage。语法格式如下。

```
public void Remove (TabPage value)
```

其中，value 表示要移除的 TabPage。

说明

在用 TabPages 属性的 Remove（value）方法删除选项卡时，如果参数 value 的值为空，则引发异常。

【例 11.32】　动态删除指定选项卡（**实例位置：资源包\TM\sl\11\32**）

创建一个 Windows 应用程序，通过使用 TabPages 属性的 Remove()方法，删除指定的选项卡，代码如下。

```
private void button1_Click(object sender, EventArgs e)
{
    //声明一个字符串变量，用于生成新增选项卡的名称
    string Title = "新增选项卡 " + (tabControl1.TabCount + 1).ToString();
    TabPage MyTabPage = new TabPage(Title);          //实例化 TabPage
    //使用 TabControl 控件中 TabPages 属性的 Add()方法添加新的选项卡
    tabControl1.TabPages.Add(MyTabPage);
}
private void button2_Click(object sender, EventArgs e)
{
    if (tabControl1.SelectedIndex == 0)              //判断是否选择了要删除的选项卡
    {
        MessageBox.Show("请选择要删除的选项卡");       //如果没有选择，弹出提示
    }
    else
    {
        //使用 TabControl 控件中 TabPages 属性的 Remove()方法删除指定的选项卡
        tabControl1.TabPages.Remove(tabControl1.SelectedTab);
    }
}
```

程序的运行结果如图 11.37 所示。

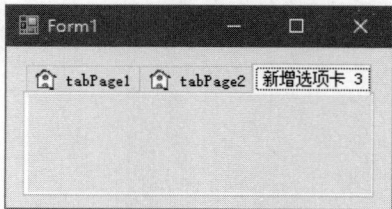

图 11.36　添加选项卡

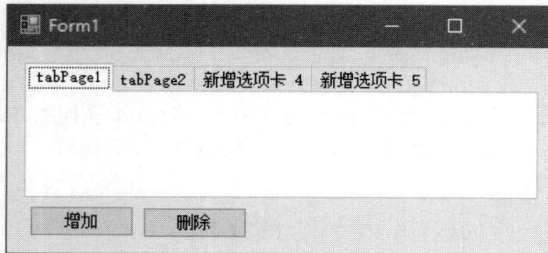

图 11.37　删除指定的选项卡

如果要删除所有的选项卡，可以使用 TabPages 属性的 Clear()方法。

Clear()方法主要用于从集合中移除所有的选项卡页。语法格式如下。

public virtual void Clear()

例如，删除控件中所有的选项卡，代码如下。

tabControl1.TabPages.**Clear**();	//使用 Clear()方法删除所有的选项卡

编程训练（答案位置：资源包\TM\sl\11\编程训练\）

【**训练 5**】：**设计登录窗体**　借助 GroupBox 控件设计一个登录窗体，将窗体分成"系统登录"和"操作"两个区域。

【**训练 6**】：**查询商品信息**　创建一个 Windows 应用程序，如果文本框中输入的文本是已经存在的商品名称，则调用 Show 方法显示 Panel 控件，显示商品的详细信息，否则，弹出"查无此商品"的提示信息。（提示：Panel 控件中可以使用 RichTextBox 显示商品的相关信息。）

11.6　菜单、工具栏和状态栏控件

菜单是窗体应用程序主要的用户界面要素，工具栏为应用程序提供了操作系统的界面，状态栏显示系统的一些状态信息。下面将对 MenuStrip 控件（菜单控件）、ToolStrip 控件（工具栏控件）和 StatusStrip 控件（状态栏控件）进行详细讲解。

11.6.1　MenuStrip 控件

MenuStrip 控件是程序的主菜单。MenuStrip 控件取代了先前版本的 MainMenu 控件，支持多文档界面、菜单合并、工具提示和溢出。编程人员可以通过添加访问键、快捷键、选中标记、图像和分隔条，来增强菜单的可用性和可读性。

【**例 11.33**】　创建文件菜单（**实例位置：资源包\TM\sl\11\33**）

创建一个 Windows 应用程序，演示如何通过 MenuStrip 控件创建一个类似 Word 的"文件"菜单，具体步骤如下。

（1）创建一个 Windows 应用程序，从工具箱中将 MenuStrip 控件拖曳到窗体中，如图 11.38 所示。

（2）在输入菜单名称时，系统会自动产生输入下一个菜单名称的提示，如图 11.39 所示。

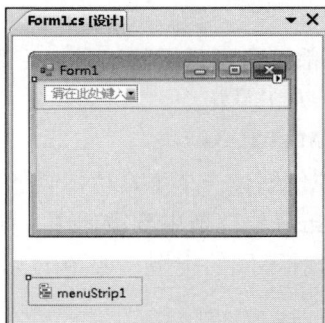

图 11.38　将 MenuStrip 控件拖曳到窗体中

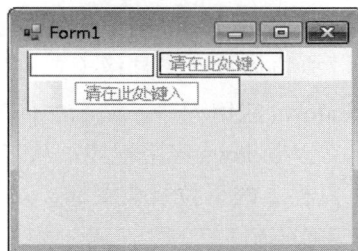

图 11.39　输入菜单名称

（3）在文本框中输入"文件(&F)"后，就会产生"文件(F)"。在此处，"&"被识别为确认快捷键的字符。例如，"文件(F)"菜单就可以通过按 Alt+F 快捷键打开。同样，在"文件(F)"菜单下创建新建(N)、打开(O)、关闭(C)、保存(S)子菜单。单击"文件"菜单，可以在弹出的菜单中右击，添加其他的内容，如图 11.40 所示。

（4）添加完毕，最后效果如图 11.41 所示。

图 11.40　添加菜单内容

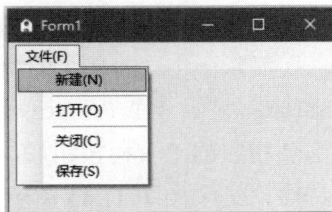

图 11.41　菜单示意

说明

在使用菜单中的快捷键时，首先要选择主菜单，在弹出下拉列表后，才可以在键盘中单击子菜单所对应的快捷键。

11.6.2　ToolStrip 控件

ToolStrip 控件是.NET 框架 3.5 以上增加的新控件，它替换了早期版本的 ToolBar 控件、ToolStrip

及其关联的类，可以创建具有 Windows XP、Office、Internet Explorer 或自定义的外观和行为的工具栏及其他用户界面元素。这些元素支持溢出及运行时重新排序。

工具栏其实就相当于工厂每个工人的工具箱，每个工人都有自己常用的工具（可以是工厂发的，也可以是自己做的），为了方便工作，将这些常用工具放入个人工具箱中。

【例 11.34】 为窗体设计工具栏（实例位置：资源包\TM\sl\11\34）

创建一个 Windows 应用程序，演示如何通过 ToolStrip 控件创建一个工具栏，具体步骤如下。

（1）创建一个 Windows 应用程序，从工具箱中将 ToolStrip 控件拖曳到窗体中，如图 11.42 所示。

（2）单击工具栏上的下拉箭头图标，在下拉菜单中有 8 种不同的类型，如图 11.43 所示。

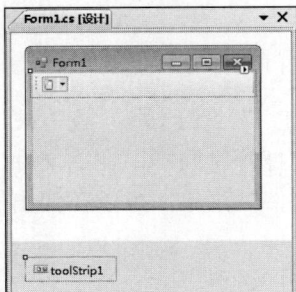

图 11.42　将 ToolStrip 控件拖曳到窗体中

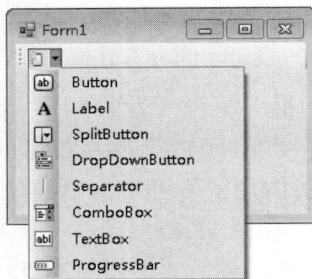

图 11.43　添加工具栏项目

☑　Button：包含文本和图像中可让用户选择的项。

☑　Label：包含文本和图像的项，不可以让用户选择，可以显示超链接。

☑　SplitButton：在 Button 的基础上增加了一个下拉菜单。

☑　DropDownButton：用于下拉菜单选择项。

☑　Separator：分隔符。

☑　ComboBox：显示一个 ComboBox 的项。

☑　TextBox：显示一个 TextBox 的项。

☑　ProgressBar：显示一个 ProgressBar 的项。

（3）选择添加相应的工具栏按钮后，可以设置按钮显示的图像，如图 11.44 所示。

（4）运行程序，结果如图 11.45 所示。

图 11.44　设置按钮图像

图 11.45　程序运行结果

11.6.3　StatusStrip 控件

StatusStrip 控件通常处于窗体的最底部，用于显示窗体上对象的相关信息，或者可以显示应用程序的信息。通常，StatusStrip 控件由 ToolStripStatusLabel 对象组成，每个这样的对象都可以显示文本、图标或同时显示这两者。StatusStrip 还可以包含 ToolStripDropDownButton、ToolStripSplitButton 和 ToolStripProgressBar 控件。

【例 11.35】　在窗体中显示当前日期和一个进度条（实例位置：资源包\TM\sl\11\35）

创建一个 Windows 应用程序，使用 StatusStrip 控件制作状态栏，在状态栏中显示当前日期，以及 ToolStripProgressBar 控件，单击"加载"按钮后，加载进度条，代码如下。

```
private void Form1_Load(object sender, EventArgs e)
{
    //在任务栏上显示系统的当前日期
    this.toolStripStatusLabel2.Text = DateTime.Now.ToShortDateString();
}
private void button1_Click(object sender, EventArgs e)
{
    this.toolStripProgressBar1.Minimum = 0;          //进度条的起始数值
    this.toolStripProgressBar1.Maximum = 5000;       //进度条的最大值
    this.toolStripProgressBar1.Step = 2;             //进度条的增值
    for (int i = 0; i <= 4999; i++)                  //使用 for 循环读取数据
    {
        this.toolStripProgressBar1.PerformStep();    //按照 Step 属性的数量增加进度栏的当前位置
    }
}
```

程序的运行结果如图 11.46 所示。

图 11.46　状态栏的应用

> **说明**
>
> ToolStripProgressBar 控件只能以水平方向显示。

编程训练（答案位置：资源包\TM\sl\11\编程训练\）

【训练 7】：工具栏的设计　使用 ToolStrip 设计一个带提示的、同时显示图标和文本的工具栏。

【训练 8】：实时显示当前系统时间　本训练要求在状态栏中实时显示当前系统时间。（提示：需要使用 Timer 组件间隔性地获取系统时间。）

11.7　实践与练习

（答案位置：资源包\TM\sl\11\实践与练习\）

综合练习 1：给按钮设置图标　尝试开发一个程序，要求在 Button 按钮中显示自定义的图标。

综合练习 2：利用选择控件实现权限设置　注册用户时，给用户一些相应的权限，这样能更好地利用资源，维护计算机的安全，防止非法用户或没有相关权限的用户登录系统查看或修改相关数据。本训练要求，当在程序中选择相应模块前的复选框时，当前用户可以使用该模块；如果取消相应模块前复选框的选择，则该模块处于不可用状态，即当前用户无权使用该模块。

综合练习 3：带自动匹配功能的浏览器网址输入框　使用 ComboBox 控件制作一个浏览器网址输入框，具体实现时，默认在 ComboBox 控件输入任意个数的网址，当用户在其中输入网址时，程序会自动与现有项匹配。

综合练习 4：动态添加按钮　根据用户的单击位置，在窗体中动态添加多个 Button 控件。

第 12 章

Windows 应用程序高级控件

第 11 章已经讲解了 Windows 应用程序的常用控件，除此之外，Windows 应用程序还有一些高级控件。熟练地掌握这些高级控件，在开发应用程序过程中可以快速地实现一些复杂的功能。本章将详细介绍 Windows 应用程序的高级控件，讲解过程中为了便于读者理解，结合了大量的实例。

本章知识架构及重点、难点如下。

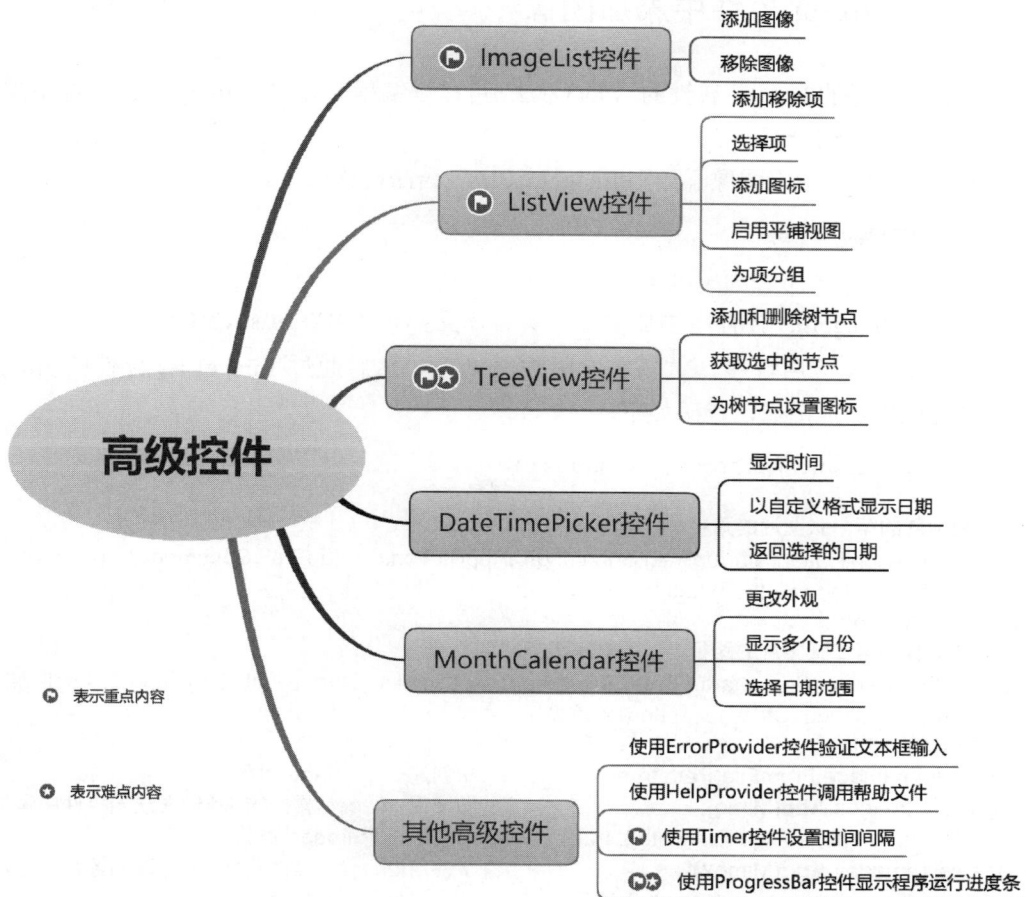

12.1　ImageList 控件

ImageList 控件用于存储图像资源，并在控件上显示出来，这样就简化了对图像的管理。ImageList 控件的主要属性是 Images，它包含关联控件将要使用的图片。每个单独的图像可通过其索引值或其键值来访问。所有图像都将以同样的大小显示，该大小由 ImageSize 属性设置，较大的图像将缩小至适当的尺寸。

ImageList 控件实际上相当于一个图片集，也就是将多个图片存储到图片集中，当想要对某一图片进行操作时，只需根据其图片的编号，就可以找出该图片，并对其进行操作。

12.1.1　在 ImageList 控件中添加图像

使用 ImageList 控件的 Images 属性的 Add()方法，可以以编程的方式向 ImageList 控件中添加图像。下面对 Add()方法进行详细介绍。

Add()方法的功能是将指定图像添加到 ImageList 中。语法格式如下。

```
public void Add (Image value)
```

其中，value 表示要添加到列表的图像。

【例 12.1】　在 ImageList 控件中添加图像（**实例位置：资源包\TM\sl\12\1**）

创建一个 Windows 应用程序，首先获取图像的路径，然后通过 ImageList 控件的 Images 属性的 Add()方法向控件中添加图像，代码如下。

```
private void Form1_Load(object sender, EventArgs e)
{
    //设置要加载的第一张图片的路径
    string Path = Application.StartupPath.Substring(0,Application.StartupPath.Substring(0,Application.
    StartupPath. LastIndexOf("\\")).LastIndexOf("\\"));
    Path += @"\01.jpg";
    //设置要加载的第二张图片的路径
    string Path2 = Application.StartupPath.Substring(0, Application.StartupPath.Substring(0, Application.
    StartupPath. LastIndexOf("\\")).LastIndexOf("\\"));
    Path2 += @"\02.jpg";
    Image Mimg=Image.FromFile(Path,true);                //创建一个 Image 对象
    imageList1.Images.Add(Mimg);                         //使用 Images 属性的 Add()方法向控件中添加图像
    Image Mimg2 = Image.FromFile(Path2, true);           //创建一个 Image 对象
    imageList1.Images.Add(Mimg2);                        //使用 Images 属性的 Add()方法向控件中添加图像
    imageList1.ImageSize = new Size(200,165);            //设置显示图片的大小
    pictureBox1.Width = 200;                             //设置 pictureBox1 控件的宽
    pictureBox1.Height = 165;                            //设置 pictureBox1 控件的高
}
private void button1_Click(object sender, EventArgs e)
```

```
{
    //设置 pictureBox1 的图像索引是 imageList1、控件索引为 0 的图片
    pictureBox1.Image = imageList1.Images[0];
}
private void button2_Click(object sender, EventArgs e)
{
    //设置 pictureBox1 的图像索引是 imageList1、控件索引为 1 的图片
    pictureBox1.Image = imageList1.Images[1];
}
```

程序的运行结果如图 12.1 所示。

图 12.1　显示添加后的图像

说明

在向 ImageList 组件中存储图片时，可以通过该组件的 ImageSize 属性设置图片的尺寸，其默认尺寸是 16 像素×16 像素，最大尺寸是 256 像素×256 像素。

12.1.2　在 ImageList 控件中移除图像

在 ImageList 控件中，使用 RemoveAt()方法可移除单个图像，使用 Clear()方法可移除图像列表中的所有图像。

RemoveAt()方法用于从列表中移除图像。语法格式如下。

public void RemoveAt (int index)

☑　index：要移除的图像的索引。如果索引无效（超出范围），则发生运行异常。

Clear()方法主要用于从 ImageList 中移除所有图像。语法格式如下。

public void Clear()

【例 12.2】 移除 ImageList 中的图像（实例位置：资源包\TM\sl\12\2）

创建一个 Windows 应用程序，设置在控件上显示的图像，使用 Images 属性的 Add()方法添加到控件中。运行程序，单击"加载图像"按钮显示图像，再单击"移除图像"按钮移除图像，然后重新单击"加载图像"按钮，弹出"没有图像"的提示，代码如下。

```
    private void Form1_Load(object sender, EventArgs e)
{
    pictureBox1.Width = 200;                              //设置 pictureBox1 控件的宽
    pictureBox1.Height = 165;                             //设置 pictureBox1 控件的高
    //设置要加载图片的路径
    string Path = Application.StartupPath.Substring(0, Application.StartupPath.Substring(0, Application.
    StartupPath. LastIndexOf("\\")).LastIndexOf("\\"));
    Path += @"\01.jpg";
    Image img = Image.FromFile(Path, true);               //创建 Image 对象
    imageList1.Images.Add(img);                           //使用 Images 属性的 Add()方法向控件中添加图像
    imageList1.ImageSize = new Size(200,165);             //设置显示图片的大小
}
private void button1_Click(object sender, EventArgs e)
{
    if (imageList1.Images.Count == 0)                     //判断 imageList1 中是否存在图像
    {
        MessageBox.Show("没有图像");                       //如果没有图像弹出提示
    }
    else                                                  //否则
{

        //使 pictureBox1 控件显示 imageList1 控件中索引为 0 的图像
        pictureBox1.Image = imageList1.Images[0];
    }
}
private void button2_Click(object sender, EventArgs e)
{
    imageList1.Images.RemoveAt(0);                        //使用 RemoveAt()方法移除图像
}
```

程序的运行结果如图 12.2 所示。

还可以使用 Clear()方法从 ImageList 中移除所有图像，代码如下。

```
imageList1.Images.Clear();    //使用 Clear()方法移除所有图像
```

编程训练（答案位置：资源包\TM\sl\12\编程训练\）

【训练 1】：模拟交通红绿灯　使用单选按钮模拟交通红绿灯，其中绿灯对应的单选按钮被默认选中。（提示：本训练需要借助 PictureBox 控件显示红、黄、绿灯图片。）

图 12.2　移除控件中的图像

12.2　ListView 控件

ListView 控件用于显示带图标的选项列表，可以显示大图标、小图标和数据。使用 ListView 控件可以创建类似 Windows 资源管理器右窗口的用户界面。

通过 View 属性可设置控件中显示的方式，View 属性的值及说明如表 12.1 所示。

表 12.1　View 属性的值及说明

属 性 值	说　　明
Details	每个项显示在不同的行上，并带有关于列中所排列的各项的进一步信息。最左边的列包含一个小图标和标签，后面的列包含应用程序指定的子项。列显示一个标头，它可以显示列的标题。用户可以在运行时调整各列的大小
LargeIcon	每个项都显示为一个最大的图标，在它的下面有一个标签。这是默认的视图模式
List	每个项都显示为一个小图标，在它右边带一个标签，各项排列在列中，没有列标头
SmallIcon	每个项都显示为一个小图标，在它右边带一个标签
Tile	每个项都显示为一个完整大小的图标，在它的右边带项标签和子项信息。显示的子项信息由应用程序指定

12.2.1　在 ListView 控件中添加移除项

1．添加项

可以使用 ListView 控件 Items 属性的 Add()方法向控件中添加项。语法格式如下。

```
public virtual ListViewItem Add (string text,int imageIndex)
```

☑　text：项的文本。
☑　imageIndex：要为该项显示的图像的索引。
☑　返回值：已添加到集合中的 ListViewItem。

【例 12.3】　在 ListView 中添加项（**实例位置：资源包\TM\sl\12\3**）

创建一个 Windows 应用程序，通过使用 ListView 控件的 Items 属性的 Add()方法向控件中添加项，代码如下。

```
private void button1_Click(object sender, EventArgs e)
{
    if (textBox1.Text == "")                        //判断文本框中是否输入数据
    {
        MessageBox.Show("项目不能为空");            //如果没有输入数据则弹出提示
    }
    else                                            //否则
{
        //使用 ListView 控件的 Items 属性的 Add()方法向控件中添加项
        listView1.Items.Add(textBox1.Text.Trim());
    }
}
```

程序的运行结果如图 12.3 所示。

技巧

在 ListView 控件中添加完项目后，可以用 CheckBoxes 属性显示复选框，以便用户可以选中要对其执行操作的项。

2. 移除项

通过使用控件中 Items 属性的 RemoveAt()或 Clear()方法可以移除控件中的项。RemoveAt()方法用于移除指定的项，而 Clear()方法用于移除列表中所有的项。下面介绍 RemoveAt()和 Clear()方法。

RemoveAt()方法用于移除集合中指定索引处的项。语法格式如下。

```
public virtual void RemoveAt (int index)
```

☑ index：从零开始的索引（属于要移除的项）。

Clear()方法用于从集合中移除所有项。语法格式如下。

```
public virtual void Clear()
```

【例 12.4】 添加并移除项（实例位置：资源包\TM\sl\12\4）

创建一个 Windows 应用程序，向控件中添加 3 个项目。然后选择要移除的项，单击"移除项"按钮，即可通过控件的 Items 属性的 RemoveAt()方法移除指定的项，单击"清空"按钮可以调用 Clear()方法清空所有的项，代码如下。

```
private void button1_Click(object sender, EventArgs e)
{
    if (textBox1.Text == "")                          //判断文本框中是否输入数据
    {
        MessageBox.Show("项目不能为空");              //如果没有输入数据则弹出提示
    }
    else                                              //否则
    {
        listView1.Items.Add(textBox1.Text.Trim());    //使用 Add()方法向控件中添加数据
    }
}
private void button3_Click(object sender, EventArgs e)
{
    if (listView1.Items.Count == 0)                   //判断控件中是否存在项目
    {
        MessageBox.Show("项目中已经没有项目");         //如果没有项目则弹出提示
    }
    else                                              //否则
    {
        listView1.Items.Clear();                      //使用 Clear()方法移除所有项目
    }
}
private void button2_Click(object sender, EventArgs e)
{
    if (listView1.SelectedItems.Count == 0)           //判断是否选择了要删除的项
    {
        MessageBox.Show("请选择要删除的项");           //如果没有选择则弹出提示
    }
    else                                              //否则
    {
        //使用 RemoveAt()方法移除选择的项目
```

```
            listView1.Items.RemoveAt(listView1.SelectedItems[0].Index);
            listView1.SelectedItems.Clear();                    //取消控件的选择
        }
}
```

程序的运行结果如图 12.4 和图 12.5 所示。

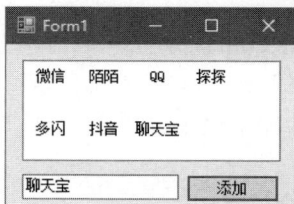
图 12.3　添加项目

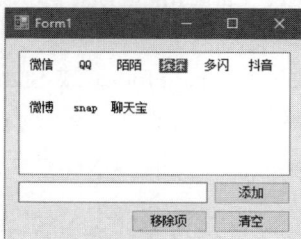
图 12.4　移除项目之前

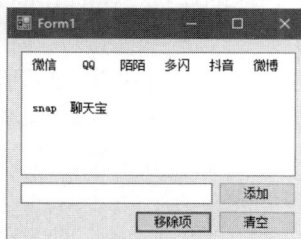
图 12.5　移除项目之后

误区警示

在删除 ListView 控件中的项目前，必须对项目的个数进行判断。如果为 0，则不进行项目的删除；否则会触发异常。

12.2.2　选择 ListView 控件中的项

可以通过控件的 Selected 属性设置控件中的选择项，下面介绍 Selected 属性。
Selected 属性用于获取或设置一个值，该值指示是否选定此项。语法格式如下。

```
public bool Selected { get; set; }
```

☑　属性值：如果选定此项，则为 true；否则为 false。

【例 12.5】　设置 ListView 中的默认选中项（实例位置：资源包\TM\sl\12\5）

创建一个 Windows 应用程序，向 ListView 控件中添加 3 个项目，然后设置控件中第三项的 Selected 属性为 true，即设置为选择项，代码如下。

```
private void Form1_Load(object sender, EventArgs e)
{
    listView1.Items.Add("支付宝");                      //使用 Add()方法向控件中添加项目
    listView1.Items.Add("微信支付");                    //使用 Add()方法向控件中添加项目
    listView1.Items.Add("小度钱包");                    //使用 Add()方法向控件中添加项目
    listView1.Items[2].Selected = true;                //使用 Selected()方法选中第三项
}
```

程序的运行结果如图 12.6 所示。

12.2.3　为 ListView 控件中的项添加图标

如果为 ListView 控件中的项添加图标，则需要与 ImageList 控件相结

图 12.6　设置控件选择项

217

合。使用 ImageList 控件设置 ListView 控件中项的图标，ListView 控件可显示 3 个图像列表中的图标。List 视图、Details 视图和 SmallIcon 视图显示 SmallImageList 属性中指定的图像列表中的图像。LargeIcon 视图显示 LargeImageList 属性中指定的图像列表中的图像。列表视图还可以在大图标或小图标旁显示 StateImageList 属性中设置的一组附加图标，实现步骤如下。

（1）将相应的属性（SmallImageList、LargeImageList 或 StateImageList）设置为想要使用的现有 ImageList 组件。

（2）为每个具有关联图标的列表项设置 ImageIndex 或 StateImageIndex 属性。这些属性可在代码中设置，或在"ListViewItem 集合编辑器"中进行设置。若要打开"ListViewItem 集合编辑器"，可在"属性"窗口中单击 Items 属性旁的省略号按钮，这些属性可在设计器中使用"属性"窗口进行设置，也可在代码中设置。

【例 12.6】 为 ListView 项添加图标（**实例位置：资源包\TM\sl\12\6**）

创建一个 Windows 应用程序，设置 ListView 控件的 LargeImageList 和 SmallImageList 属性为控件 imageList1。然后用代码向 ImageList 控件添加图标，并且向 ListView 控件添加两个项目，设置这两个项目的 ImageIndex 属性分别为 0 和 1，代码如下。

```
private void Form1_Load(object sender, EventArgs e)
{
    listView1.LargeImageList = imageList1;                    //设置控件的 LargeImageList 属性
    imageList1.ImageSize = new Size(37,36);                   //设置 imageList 控件图标的大小
    //向 imageList1 中添加两个图标
    imageList1.Images.Add(Image.FromFile("01.png"));
    imageList1.Images.Add(Image.FromFile("02.png"));
    listView1.SmallImageList = imageList1;                    //设置控件的 SmallImageList 属性
    //向控件中添加两项
    listView1.Items.Add("支付宝");
    listView1.Items.Add("微信支付");
    listView1.Items[0].ImageIndex = 0;                        //控件中第一项的图标索引为 0
    listView1.Items[1].ImageIndex = 1;                        //控件中第二项的图标索引为 1
}
```

程序的运行结果如图 12.7 所示。

12.2.4　在 ListView 控件中启用平铺视图

启用 ListView 控件的平铺视图功能，可以在图形信息和文本信息之间提供一种视觉平衡。为平铺视图中的某项显示的文本信息与为详细信息视图定义的列信息相同。在 ListView 控件中，平铺视图与分组功能或插入标记功能一起结合使用。如果要启用平铺视图，需要将 View 属性设

图 12.7　为控件中的项添加图标

置为 Tile，可以通过设置 TileSize 属性来调整平铺的大小。关于 View 属性的值及说明如表 12.1 所示。

【例 12.7】 以平铺方式显示列表项（**实例位置：资源包\TM\sl\12\7**）

创建一个 Windows 应用程序，将控件 View 属性设置为 Tile，启用平铺视图。为 ImageList 控件添加两个图片作为 ListView 控件中项的图标，向 ListView 控件中添加 5 项，设置各项的图标，通过

控件的 TileSize 属性设置平铺的宽、高分别为 100 和 50，代码如下。

```
private void Form1_Load(object sender, EventArgs e)
{
    listView1.View = View.Tile;                              //设置 listView1 控件的 View 属性
    //设置控件的 LargeImageList 属性，其大图标在 imageList1 控件中选择
    listView1.LargeImageList = imageList1;
    //向 imageList1 控件中添加 5 张图片
    imageList1.Images.Add(Image.FromFile("01.png"));
    imageList1.Images.Add(Image.FromFile("02.png"));
    imageList1.Images.Add(Image.FromFile("03.png"));
    imageList1.Images.Add(Image.FromFile("04.png"));
    imageList1.Images.Add(Image.FromFile("05.png"));
    //向控件中添加项目
    listView1.Items.Add("支付宝");
    listView1.Items.Add("小度钱包");
    listView1.Items.Add("微信支付");
    listView1.Items.Add("京东白条");
    listView1.Items.Add("苏宁任性付");
    //设置控件中项目的图标
    listView1.Items[0].ImageIndex = 0;
    listView1.Items[1].ImageIndex = 1;
    listView1.Items[2].ImageIndex = 2;
    listView1.Items[3].ImageIndex = 3;
    listView1.Items[4].ImageIndex = 4;
    listView1.TileSize = new Size(100,50);                   //设置 listView1 控件的 TileSize 属性
}
```

程序的运行结果如图 12.8 所示。

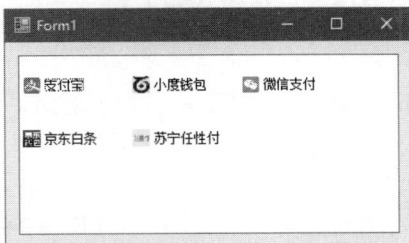

图 12.8　启用平铺视图

说明

在对 ListView 控件中的 GridLines（行和列之间是否显示网格线）和 FullRowSelect（单击某项是否选择其所有子项）属性进行操作时，必须将 View 属性设置为 View.Details。

12.2.5　为 ListView 控件中的项分组

使用 ListView 控件的分组功能可以用分组形式显示相关项组。在屏幕上，这些组由包含组标题的

水平组标头分隔。可以使用 ListView 组按字母顺序、日期或任何其他逻辑组合对项进行分组，从而简化大型列表的导航。若要启用分组，首先必须在设计器中或以编程方式创建一个或多个组。定义组后，可向组分配 ListView 项。此外，可以用编程方式将一个组中的项移至另一个组中。下面介绍为 ListView 控件中的项分组的方法。

1．添加组

使用 Groups 集合的 Add()方法可以向控件中添加组，即将指定的 ListViewGroup 添加到集合中。语法格式如下。

```
public int Add(ListViewGroup group)
```

☑ group：要添加到集合中的 ListViewGroup。

☑ 返回值：该组在集合中的索引。如果集合中已存在该组，则为-1。

例如，使用 Groups 集合的 Add()方法向控件 listView1 中添加一个分组，标题为"测试"，排列方式为左对齐，代码如下。

```
listView1.Groups.Add(new ListViewGroup("测试",_HorizontalAlignment.Left));
```

2．移除组

使用 Groups 集合的 RemoveAt 或 Clear()方法，可以移除指定的组或者移除所有的组。
RemoveAt()方法用于从集合中移除指定索引位置的组。语法格式如下。

```
public void RemoveAt(int index)
```

☑ index：要移除的 ListViewGroup 的集合中的索引。

Clear()方法用于从集合中移除所有组。语法格式如下。

```
public void Clear()
```

例如，使用 Groups 集合的 RemoveAt()方法移除索引为 1 的组，使用 Clear()方法移除所有的组，代码如下。

```
listView1.Groups.RemoveAt(1);                        //移除索引为 1 的组
listView1.Groups.Clear();                            //使用 Clear()方法移除所有的组
```

3．向组分配项或在组之间移动项

设置各个项的 System.Windows.Forms.ListViewItem.Group 属性，可以向组分配项或在组之间移动项。例如，将 ListView 控件的第一项分配到第一个组中，代码如下。

```
listView1.Items[0].Group = listView1.Groups[0];      //将 ListView 控件的第一项分配到第一个组中
```

【例 12.8】 为 ListView 控件中的项分组（实例位置：资源包\TM\sl\12\8）

创建一个 Windows 应用程序，将 ListView 控件的 View 属性设置为 SmallIcon。使用 Groups 集合的 Add()方法创建两个分组，标题分别为"名称"和"年龄"，排列方式为左对齐。向 ListView 控件中添加 6 项，然后设置每项的 Group 属性，将控件中的项进行分组，代码如下。

```
private void Form1_Load(object sender, EventArgs e)
{
    //设置 listView1 控件的 View 属性，设置样式
    listView1.View = View.SmallIcon;
    //为 listView1 建立两个组
    listView1.Groups.Add(new ListViewGroup("网游",HorizontalAlignment.Left));
    listView1.Groups.Add(new ListViewGroup("单机", HorizontalAlignment.Left));
    //向控件中添加项目
    listView1.Items.Add("王者荣耀");
    listView1.Items.Add("绝地求生");
    listView1.Items.Add("穿越火线");
    listView1.Items.Add("迷你世界");
    listView1.Items.Add("天天斗地主");
    listView1.Items.Add("汤姆猫跑酷");
    //将 listView1 控件中索引是 0、1 和 2 的项添加到第一个分组
    listView1.Items[0].Group = listView1.Groups[0];
    listView1.Items[1].Group = listView1.Groups[0];
    listView1.Items[2].Group = listView1.Groups[0];
    //将 listView1 控件中索引是 3、4 和 5 的项添加到第二个分组
    listView1.Items[3].Group = listView1.Groups[1];
    listView1.Items[4].Group = listView1.Groups[1];
    listView1.Items[5].Group = listView1.Groups[1];
}
```

程序的运行结果如图 12.9 所示。

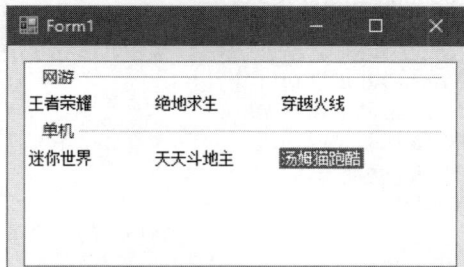

图 12.9　为 ListView 控件中的项分组

说明

如果想临时禁用分组功能，可将 ShowGroups 属性设置为 false。

编程训练（答案位置：资源包\TM\sl\12\编程训练\）

【训练 2】：ListView 间的数据移动　ListView 控件中可以显示多条数据，可以使用 ListView 控件中 Items 集合的 Add()方法向控件中添加数据信息。本训练要求向 ListView 中添加多条数据，然后通过 Button 按钮控制在两个 ListView 控件间移动数据。

12.3 TreeView 控件

TreeView 控件可以为用户显示节点层次结构，每个节点又可以包含子节点，包含子节点的节点叫父节点。就像在 Windows 操作系统的 Windows 资源管理器左窗格中显示文件和文件夹一样。

12.3.1 添加和删除树节点

1. 添加节点

使用 Nodes 属性的 Add()方法，可以向控件中添加节点。语法格式如下。

```
public virtual int Add (TreeNode node)
```

☑ node：要添加到集合中的 TreeNode。

☑ 返回值：添加到树节点集合中的 TreeNode 的从零开始的索引值。

【例 12.9】 为 TreeView 控件添加树节点（**实例位置：资源包\TM\sl\12\9**）

创建一个 Windows 应用程序，使用 TreeView 控件 Nodes 属性的 Add()方法向控件中添加 3 个父节点，然后使用 Add()方法分别向 3 个父节点添加 3 个子节点，代码如下。

```
private void Form1_Load(object sender, EventArgs e)
{
    TreeNode tn1 = treeView1.Nodes.Add("名称");        //为控件建立 3 个父节点
    TreeNode tn2 = treeView1.Nodes.Add("性别");
    TreeNode tn3 = treeView1.Nodes.Add("年龄");
    TreeNode Ntn1 = new TreeNode("马云");              //建立 3 个子节点
    TreeNode Ntn2 = new TreeNode("董明珠");
    TreeNode Ntn3 = new TreeNode("马化腾");
    tn1.Nodes.Add(Ntn1);                              //将以上的 3 个子节点添加到第一个父节点中
    tn1.Nodes.Add(Ntn2);
    tn1.Nodes.Add(Ntn3);
    TreeNode Stn1 = new TreeNode("男");               //再建立 3 个子节点，用于显示性别
    TreeNode Stn2 = new TreeNode("女");
    TreeNode Stn3 = new TreeNode("男");
    tn2.Nodes.Add(Stn1);                              //将 3 个显示性别的子节点添加到第二个父节点中
    tn2.Nodes.Add(Stn2);
    tn2.Nodes.Add(Stn3);
    TreeNode Atn1 = new TreeNode("28");               //继续建立 3 个子节点用于显示年龄
    TreeNode Atn2 = new TreeNode("27");
    TreeNode Atn3 = new TreeNode("26");
    tn3.Nodes.Add(Atn1);                              //将显示年龄的 3 个子节点添加到第 3 个父节点中
    tn3.Nodes.Add(Atn2);
    tn3.Nodes.Add(Atn3);
}
```

程序的运行结果如图 12.10 所示。

2. 移除节点

使用 Nodes 属性的 Remove() 方法可以从树节点集合中移除指定的树节点。语法格式如下。

```
public void Remove (TreeNode node)
```

其中，node 表示要移除的 TreeNode。

【例 12.10】 删除选中的树节点（**实例位置：资源包\TM\sl\12\10**）

创建一个 Windows 应用程序，通过 TreeView 控件 Nodes 属性的 Remove() 方法删除选中的子节点，代码如下。

```csharp
private void Form1_Load(object sender, EventArgs e)
{
    TreeNode tn1 = treeView1.Nodes.Add("名称");              //建立一个父节点
    TreeNode Ntn1 = new TreeNode("支付宝");                  //建立 3 个子节点
    TreeNode Ntn2 = new TreeNode("微信支付");
    TreeNode Ntn3 = new TreeNode("京东白条");
    tn1.Nodes.Add(Ntn1);                                     //将这 3 个子节点添加到父节点中
    tn1.Nodes.Add(Ntn2);
    tn1.Nodes.Add(Ntn3);
}
private void button1_Click(object sender, EventArgs e)
{
    //如果用户选择了"名称"证明没有选择要删除的子节点
    if (treeView1.SelectedNode.Text == "名称")
    {
        MessageBox.Show("请选择要删除的子节点");             //弹出提示
    }
    else                                                     //否则
    {
        treeView1.Nodes.Remove(treeView1.SelectedNode);     //使用 Remove()方法移除选择项
    }
}
```

程序的运行结果如图 12.11 所示。

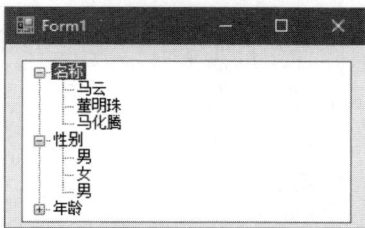

图 12.10　添加节点

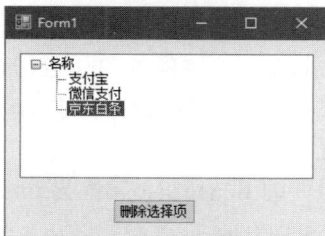

图 12.11　删除子节点

12.3.2　获取 TreeView 控件中选中的节点

可以在控件的 AfterSelect 事件中，使用 EventArgs 对象返回对已单击节点对象的引用。通过检查 TreeViewEventArgs 类（它包含与事件有关的数据），确定单击了哪个节点。下面通过实例演示如何在

AfterSelect 事件中获取控件中选中节点显示的文本。

> **说明**
>
> 在 BeforeCheck（在选中树节点复选框前发生）或 AfterCheck（在选中树节点复选框后发生）事件中尽可能不要使用 TreeNode.Checked 属性。

【例 12.11】 获取选中树节点的文本（**实例位置：资源包\TM\sl\12\11**）

创建一个 Windows 应用程序，在控件的 AfterSelect 事件中获取控件选中节点显示的文本，代码如下。

```csharp
private void Form1_Load(object sender, EventArgs e)
{
    TreeNode tn1 = treeView1.Nodes.Add("名称");           //建立一个父节点
    TreeNode Ntn1 = new TreeNode("支付宝");               //建立 3 个子节点
    TreeNode Ntn2 = new TreeNode("微信支付");
    TreeNode Ntn3 = new TreeNode("京东白条");
    tn1.Nodes.Add(Ntn1);                                  //将 3 个子节点添加到父节点中
    tn1.Nodes.Add(Ntn2);
    tn1.Nodes.Add(Ntn3);
}
private void treeView1_AfterSelect(object sender, TreeViewEventArgs e)
{
    label1.Text = "当前选中的节点：" + e.Node.Text;        //在 AfterSelect 事件中获取控件选中节点显示的文本

}
```

程序的运行结果如图 12.12 所示。

12.3.3 为 TreeView 控件中的节点设置图标

TreeView 控件可在每个节点旁显示图标。图标紧挨着节点文本的左侧。若要显示这些图标，必须使树视图与 ImageList 控件相关联。为 TreeView 控件中的节点设置图标的步骤如下。

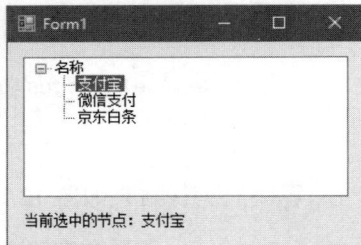

图 12.12　获取选中的节点

（1）设置 TreeView 控件的 ImageList 属性为想要使用的现有 ImageList 控件。这些属性可在设计器中使用"属性"窗口进行设置，也可在代码中设置。

例如，设置控件的 ImageList 属性为 imageList1，代码如下。

```csharp
treeView1.ImageList = imageList1;
```

（2）设置节点的 ImageIndex 和 SelectedImageIndex 属性。ImageIndex 属性确定正常和展开状态下的节点显示的图像，SelectedImageIndex 属性确定选定状态下的节点显示的图像。

例如，设置控件的 ImageIndex 属性，确定正常或展开状态下的节点显示的图像的索引为 0，设置 SelectedImageIndex 属性，确定选定状态下的节点显示的图像的索引为 1，代码如下。

```csharp
treeView1.ImageIndex = 0;
treeView1.SelectedImageIndex = 1;
```

【例 12.12】　使用 TreeView 控件显示公司组织结构（实例位置：资源包\TM\sl\12\12）

创建一个 Windows 应用程序，向控件中添加一个父节点和 3 个子节点。设置 TreeView 控件的 ImageList 属性为 imageList1，通过设置控件的 ImageIndex 属性实现正常状况下节点显示的图像的索引为 0，然后设置控件的 SelectedImageIndex 属性，实现选中某个节点后显示的图像的索引为 1，代码如下。

```
private void Form1_Load(object sender, EventArgs e)
{
    TreeNode tn1 = treeView1.Nodes.Add("组织结构");          //建立一个父节点
    TreeNode Ntn1 = new TreeNode("C#部门");                 //建立 3 个子节点
    TreeNode Ntn2 = new TreeNode("ASP.NET 部门");
    TreeNode Ntn3 = new TreeNode("VB 部门");
    tn1.Nodes.Add(Ntn1);                                    //将 3 个子节点添加到父节点中
    tn1.Nodes.Add(Ntn2);
    tn1.Nodes.Add(Ntn3);
    imageList1.Images.Add(Image.FromFile("1.png"));         //设置 imageList1 控件中显示的图像

    imageList1.Images.Add(Image.FromFile("2.png"));
    //设置 treeView1 的 ImageList 属性为 imageList1
    treeView1.ImageList = imageList1;
    imageList1.ImageSize = new Size(16,16);
    //设置 treeView1 控件节点的图标在 imageList1 控件中的索引为 0
    treeView1.ImageIndex = 0;
    //选择某个节点后显示的图标在 imageList1 控件中的索引为 1
    treeView1.SelectedImageIndex = 1;
}
```

程序的运行结果如图 12.13 和图 12.14 所示。

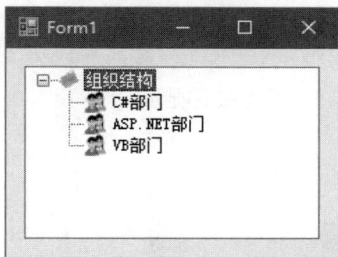

图 12.13　运行程序

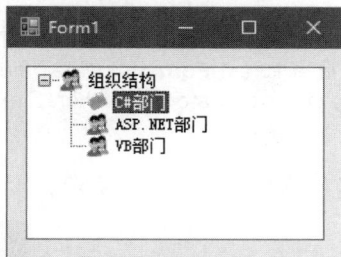

图 12.14　选中节点

编程训练　答案位置：（资源包\TM\sl\12\编程训练\）

【训练 3】：在 TreeView 控件中显示复选框　完善【例 12.12】，在显示的部门前面添加复选框。

12.4　DateTimePicker 控件

DateTimePicker 控件用于选择日期和时间，DateTimePicker 控件只能选择一个时间，而不是连续的时间段，也可以直接输入日期和时间。

12.4.1　使用 DateTimePicker 控件显示时间

通过将控件的 Format 属性设置为 Time，实现控件只显示时间。Format 属性用于获取或设置控件中显示的日期和时间格式。语法格式如下。

```
public DateTimePickerFormat Format { get; set; }
```

属性值：DateTimePickerFormat 值之一，默认为 Long。

DateTimePickerFormat 枚举的值及说明如表 12.2 所示。

表 12.2　DateTimePickerFormat 枚举值及说明

枚　举　值	说　　　明
Custom	DateTimePicker 控件以自定义格式显示日期/时间值
Long	DateTimePicker 控件以用户操作系统设置的长日期格式显示日期/时间值
Short	DateTimePicker 控件以用户操作系统设置的短日期格式显示日期/时间值
Time	DateTimePicker 控件以用户操作系统设置的时间格式显示日期/时间值

【例 12.13】 控制只显示时间（实例位置：资源包\TM\sl\12\13）

创建一个 Windows 应用程序，首先将控件的 Format 属性设置为 Time，实现控件只显示时间。然后获取控件中显示的数据，并显示到 TextBox 控件中，代码如下。

```
private void Form1_Load(object sender, EventArgs e)
{
    //设置 dateTimePicker1 的 Format 属性为 Time，使其只显示时间
    dateTimePicker1.Format = DateTimePickerFormat.Time;
    textBox1.Text = dateTimePicker1.Text;              //使用文本框获取控件显示的时间
}
```

程序的运行结果如图 12.15 所示。

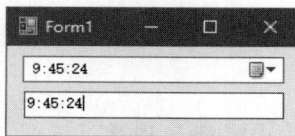

图 12.15　控制只显示时间

说明

如果想在该控件内用按钮调整时间值，需要将 ShowUpDown 属性设置为 true。

12.4.2　使用 DateTimePicker 控件以自定义格式显示日期

通过 DateTimePicker 控件的 CustomFormat 属性，可自定义日期/时间格式字符串。语法格式如下。

```
public string CustomFormat { get; set; }
```

☑　属性值：表示自定义日期/时间格式的字符串。

📢注意

Format 属性必须设置为 DateTimePickerFormat.Custom，才能影响显示的日期和时间的格式设置。

通过组合格式字符串，可以设置日期和时间格式，所有的有效格式字符串及其说明如表 12.3 所示。

表 12.3　有效格式字符串及其说明

格式字符串	说　　明
d	一位数或两位数的天数
dd	两位数的天数，一位数天数的前面加一个 0
ddd	3 个字符的星期几缩写
dddd	完整的星期几名称
h	12 小时格式的一位数或两位数小时数
hh	12 小时格式的两位数小时数，一位数数值前面加一个 0
H	24 小时格式的一位数或两位数小时数
HH	24 小时格式的两位数小时数，一位数数值前面加一个 0
M	一位数或两位数分钟值
mm	两位数分钟值，一位数数值前面加一个 0
M	一位数或两位数月份值
MM	两位数月份值，一位数数值前面加一个 0
MMM	3 个字符的月份缩写
MMMM	完整的月份名
s	一位数或两位数秒数
ss	两位数秒数，一位数数值前面加一个 0
T	单字母 A.M./P.M 缩写（A.M 将显示为 A）
tt	两字母 A.M./P.M 缩写（A.M.将显示为 AM）
y	一位数的年份（2001 显示为 1）
yy	年份的最后两位数（2001 显示为 01）
yyyy	完整的年份（2001 显示为 2001）

【例 12.14】 自定义日期显示格式（实例位置：资源包\TM\sl\12\14）

创建一个 Windows 应用程序，首先将控件的 Format 属性设置为 DateTimePicker Format.Custom，使用户自定义的时间格式生效。然后将控件的 CustomFormat 属性设置为自定义的格式，代码如下。

```
private void Form1_Load(object sender, EventArgs e)
{
    //设置 dateTimePicker1 的 Format 属性为 Custom，使其用户自定义的时间格式生效
    dateTimePicker1.Format = DateTimePickerFormat.Custom;
    //通过控件的 CustomFormat 属性设置自定义的格式
    dateTimePicker1.CustomFormat = "MMMM dd, yyyy - dddd";
```

```
    label1.Text = dateTimePicker1.Text;                //显示当前控件显示的自定义格式的日期
}
```

程序的运行结果如图 12.16 所示。

图 12.16　自定义时间格式

12.4.3　返回 DateTimePicker 控件中选择的日期

调用控件的 Text 属性以返回与控件中的格式相同的完整值，或调用 Value 属性的适当方法来返回部分值，这些方法包括 Year、Month 和 Day 等，使用 ToString 将信息转换成可显示给用户的字符串。

【例 12.15】　获取选中的日期（实例位置：资源包\TM\sl\12\15）

创建一个 Windows 应用程序，首先使用控件的 Text 属性获取当前控件选择的日期，然后使用 Value 属性的 Year、Month 和 Day 方法获取选择日期的年、月和日，代码如下。

```
private void Form1_Load(object sender, EventArgs e)
{
    //使用控件的 Text 属性获取当前控件选择的日期
    textBox1.Text = dateTimePicker1.Text;
    //使用 Value 属性的 Year 方法获取选择日期的年
    textBox2.Text = dateTimePicker1.Value.Year.ToString();
    //使用 Value 属性的 Month 方法获取选择日期的月
    textBox3.Text = dateTimePicker1.Value.Month.ToString();
    //使用 Value 属性的 Day 方法获取选择日期的日
    textBox4.Text = dateTimePicker1.Value.Day.ToString();
}
```

程序的运行结果如图 12.17 所示。

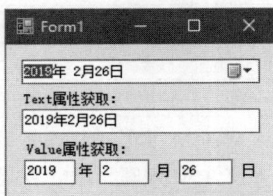

图 12.17　获取控件中选择的日期

📝 **说明**

如果想要直接获取当前系统的日期和时间，可以使用 Value 属性下的 ToShortDateString() 和 ToShortTimeString() 方法。

12.5　MonthCalendar 控件

MonthCalendar 控件提供了一个直观的图形界面，可以让用户查看和设置日期。在 MonthCalendar

控件中使用鼠标进行拖曳，可以选择一段连续的时间，此段连续的时间包括时间的起始和结束。

12.5.1　更改 MonthCalendar 控件的外观

MonthCalendar 控件允许用多种方法自定义月历的外观。例如，可以选择显示或隐藏周数和当前日期。

将 ShowWeekNumbers 属性设置为 true，实现在控件中显示周数；也可以用代码或在"属性"窗口中设置此属性。周数以单独的列出现在一周第一天的左边。

【例 12.16】　在显示日历时显示周数（实例位置：资源包\TM\sl\12\16）

创建一个 Windows 应用程序，将控件的 ShowWeekNumbers 属性设置为 true，在控件中显示周数，代码如下。

```
private void Form1_Load(object sender, EventArgs e)
{
    monthCalendar1.ShowWeekNumbers = true;        //将 ShowWeekNumbers 属性设置为 true，显示周数
}
```

程序的运行结果如图 12.18 所示。

12.5.2　在 MonthCalendar 控件中显示多个月份

MonthCalendar 控件最多可同时显示 12 个月。默认情况下，控件只显示 1 个月，但可以通过设置 CalendarDimensions 属性指定显示多少个月以及它们在控件中的排列方式。当更改月历尺寸时，控件的大小也会随之改变，因此应确保窗体上有足够的空间供新尺寸使用。

图 12.18　显示周数

【例 12.17】　在日历控件中显示多个月份（实例位置：资源包\TM\sl\12\17）

创建一个 Windows 应用程序，设置控件的 CalendarDimensions 属性，使控件在水平和垂直方向都显示两个月份，代码如下。

```
private void Form1_Load(object sender, EventArgs e)
{
    //设置控件的 CalendarDimensions 属性，使控件在水平和垂直方向都显示 2 个月份
    monthCalendar1.CalendarDimensions = new Size(2, 2);
}
```

程序的运行结果如图 12.19 所示。

说明

CalendarDimensions 属性一次只显示一个日历年，并且最多可显示 12 个月。行和列的有效组合得到的最大乘积为 12，对于大于 12 的值，将在最适合的基础上修改显示。

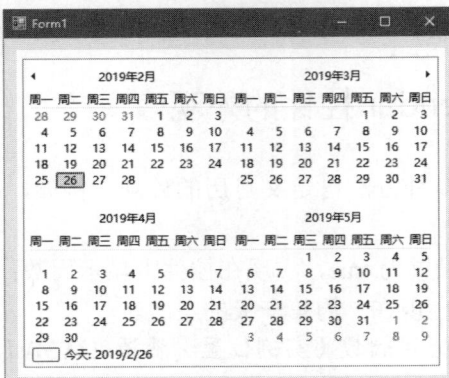

图 12.19　控件中显示多个月份

12.5.3　在 MonthCalendar 控件中选择日期范围

如果要在 MonthCalendar 控件中选择日期范围，必须设置 SelectionStart 和 SelectionEnd 属性。这两个属性分别用于设置日期的起始和结束。

【例 12.18】 获取日历控件中选择的日期范围（**实例位置：资源包\TM\sl\12\18**）

创建一个 Windows 应用程序，在控件的 DateChanged 事件中获取 SelectionStart 和 SelectionEnd 属性的值，当控件中选择的日期发生更改时引发 DateChanged 事件。运行程序，选择某个日期作为起始日期，然后按住 Shift 键，再选择结束日期，代码如下。

```
private void Form1_Load(object sender, EventArgs e)
{
    //获取控件当前的日期和时间
    textBox1.Text = monthCalendar1.TodayDate.ToString();
}
private void monthCalendar1_DateChanged(object sender, DateRangeEventArgs e)
{
    //通过 SelectionStart 属性获取用户选择的起始日期
    textBox2.Text = monthCalendar1.SelectionStart.ToString();
    //通过 SelectionEnd 属性获取用户选择的结束日期
    textBox3.Text = monthCalendar1.SelectionEnd.ToString();
}
```

程序的运行结果如图 12.20 所示。

图 12.20　设置控件中选择日期的范围

12.6　其他高级控件

除了上述的常用高级控件外，窗体中还包含其他高级控件，如 ErrorProvider 控件、HelpProvider 控件、Timer 控件和 ProgressBar 控件等。下面详细介绍这几种控件的一些常见用法。

12.6.1　使用 ErrorProvider 控件验证文本框输入

ErrorProvider 控件可以在不打扰用户的情况下向用户显示有错误发生。当验证用户在窗体中的输入或显示数据集内的错误时，一般要用到该控件。

ErrorProvider 控件通过 SetError()方法设置指定控件的错误描述字符串。

语法格式如下。

```
public void SetError (Control control,string value)
```

☑　control：要为其设置错误描述字符串的控件。

☑　value：错误描述字符串。

判断文本框中输入的数据是否准确，需要在控件的 Validating 事件中进行判断，然后设置 ErrorProvider 控件的错误描述字符串，当控件正在验证时会引发此事件。

【例 12.19】　验证订货数量必须为数字（实例位置：资源包\TM\sl\12\19）

创建一个 Windows 应用程序，在窗体中添加 3 个 TextBox 控件，在每个控件的 Validating 事件中判断是否输入了数据。如果输入的数据为空，则调用 ErrorProvider 控件的 SetError()方法设置错误描述字符串。当输入订货数量的文本框中没有输入数字时，会显示错误字符串"请输入一个数"，并在此文本框的后面显示错误图标。如果输入数字，则错误图标消失，代码如下。

```
private int a,b,c;
private void textBox1_Validating(object sender, System.ComponentModel.CancelEventArgs e)
{
    if (textBox1.Text == "")                    //判断是否输入商品名称
    {
        errorProvider1.SetError(textBox1, "不能为空"); //如果没有输入则激活 errorProvider1 控件
    }
    else                                        //否则
    {
        errorProvider1.SetError(textBox1,"");   // errorProvider1 控件不显示消息
        a = 1;                                  //将 a 赋值为 1
    }
}
private void textBox2_Validating(object sender, System.ComponentModel.CancelEventArgs e)
{
    if (textBox2.Text == "")                    //判断是否输入订货数量
    {
```

```
                    errorProvider2.SetError(textBox2, "不能为空")      //设置 errorProvider2 的错误提示
        }
        else                                                          //否则
        {
            try
            {
                int x = Int32.Parse(textBox2.Text);                   //判断是否输入数字，如果不是数字会出现异常
                errorProvider2.SetError(textBox2,"");                 // errorProvider2 控件不显示任何错误信息
                b = 1;                                                //将 b 赋值为 1
            }
            catch
            {
                //如果出现异常，设置 errorProvider2 控件的错误信息
                errorProvider2.SetError(textBox2, "请输入一个数");
            }
        }
}
private void textBox3_Validating(object sender, System.ComponentModel.CancelEventArgs e)
{
        if (textBox3.Text == "")                                      //判断是否输入订货数量
        {
            errorProvider3.SetError(textBox3, "不能为空");            //设置 errorProvider3 显示的错误消息
        }
        else                                                          //否则
        {
            errorProvider3.SetError(textBox3, "");                   // errorProvider3 控件不显示任何消息
            c = 1;                                                   //将 c 赋值为 1
        }
}
private void button2_Click(object sender, EventArgs e)
{
        //清空所有文本框
        textBox1.Text = "";
        textBox2.Text = "";
        textBox3.Text = "";
}
private void button1_Click(object sender, EventArgs e)
{
        if (a + b + c == 3)                                           //判断 a、b 和 c 的和是否等于 3
        {
            MessageBox.Show("数据录入成功","提示",
            MessageBoxButtons.OK,MessageBoxIcon.Warning); //弹出提示
        }
}
```

程序的运行结果如图 12.21 和图 12.22 所示。

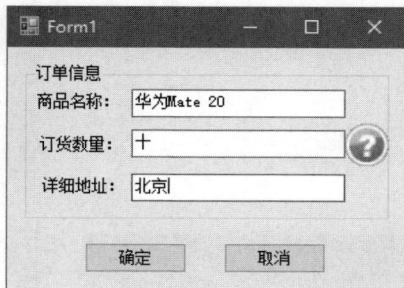

图 12.21　在"订货数量"文本框中输入字符　　　　图 12.22　输入正确的数据

12.6.2　使用 HelpProvider 控件调用帮助文件

HelpProvider 控件可以将帮助文件（.htm 文件或.chm 文件）与 Windows 应用程序相关联，为特定对话框或对话框中的特定控件提供区分上下文的帮助；可以打开帮助文件到特定部分，如目录、索引或搜索功能的主页。

通过设置控件的 HelpNamespace 属性以及 SetShowHelp()方法，实现当按 F1 键时，打开指定的帮助文件。

HelpNamespace 属性可以设置一个值，该值用于指定与 HelpProvider 对象关联的帮助文件名。语法格式如下。

```
public virtual string HelpNamespace { get; set; }
```

☑　属性值：帮助文件的名称。

SetShowHelp()方法用于指定是否显示指定控件的帮助信息。语法格式如下。

```
public virtual void SetShowHelp (Control ctl,bool value)
```

☑　ctl：控制其帮助信息已打开或关闭。

☑　value：如果显示控件的帮助信息，则为 true；否则为 false。

说明

如果没有对 HelpNamespace 属性进行设置，则必须使用 SetHelpString()方法提供帮助文本。

【例 12.20】　在程序中打开帮助文件（实例位置：资源包\TM\sl\12\20）

创建一个 Windows 应用程序，首先在程序的根目录中建立一个命名为 helpPage.htm 的帮助文件，然后设置 HelpNamespace 属性是 helpPage.htm 文件的路径，最后设置控件的 SetShowHelp()方法，指定是否显示指定控件的帮助信息，代码如下。

```
private void Form1_Load(object sender, EventArgs e)
{
    //设置帮助文件的位置
    string strPath = "helpPage.htm";
```

```
//设置 helpProvider1 控件的 pNamespace 属性，设置帮助文件的路径
helpProvider1.HelpNamespace = strPath;
//设置 SetShowHelp()方法指定是否显示指定控件的帮助信息
helpProvider1.SetShowHelp(this,true);
}
```

程序的运行结果如图 12.23 所示。

图 12.23　按 F1 键打开帮助文件

12.6.3　使用 Timer 控件设置时间间隔

Timer 控件可以定期引发事件，此控件是为 Windows 窗体环境设计的。时间间隔的长度由 Interval 属性定义，其值以毫秒为单位。若启用该组件，则每个时间间隔引发一个 Tick 事件，在 Tick 事件中添加要执行的代码。

Interval 属性用于设置计时器开始计时的时间间隔。语法格式如下。

```
public int Interval { get; set; }
```

☑　属性值：计时器每次开始计时之间的毫秒数，该值不小于 1。

当指定的计时器间隔已过去而且计时器处于启用状态时会引发控件的 Tick 事件。Enabled 属性用于设置是否启用计时器。语法格式如下。

```
public virtual bool Enabled { get; set; }
```

☑　属性值：如果计时器当前处于启用状态，则为 true；否则为 false。默认为 false。

【例 12.21】　实时显示当前系统日期时间（**实例位置：资源包\TM\sl\12\21**）

创建一个 Windows 应用程序，窗体加载时，设置 Timer 控件的 Interval 属性为 1 000 ms（1s），使计时器的时间间隔为 1s。然后在 Timer 控件的 Tick 事件中，使文本框中显示当前的系统时间。在按钮的 Click 事件中设置 Enabled 属性，以启用或停止计时器，代码如下。

```
private void Form1_Load(object sender, EventArgs e)
{
    timer1.Interval = 1000;                        //设置 Interval 属性为 1 000ms
}
private void timer1_Tick(object sender, EventArgs e)    // timer1 控件的 Tick 事件
{
    textBox1.Text = DateTime.Now.ToString();       //获取系统当前日期
}
private void button1_Click(object sender, EventArgs e)
```

```
{
    if (button1.Text == "开始")                            //判断按钮的 Text 属性是否为"开始"
    {
        timer1.Enabled = true;                             //启动 timer1 控件
        button1.Text ="停止";                              //设置按钮的 Text 属性为"停止"
    }
    else                                                   //否则
    {
        timer1.Enabled = false;                            //停止 timer1 控件
        button1.Text = "开始";                             //设置按钮的 Text 属性为"开始"
    }
}
```

程序的运行结果如图 12.24 所示。

图 12.24　制作系统时钟

说明

在启动和停止计时器时，也可以应用 Start 和 Stop 方法来实现。

12.6.4　使用 ProgressBar 控件显示程序运行进度条

ProgressBar 控件通过在水平放置的方框中显示适当数目的矩形，指示工作的进度。工作完成时，进度条被填满。进度条用于帮助用户了解等待一项工作完成的进度。

ProgressBar 控件比较重要的属性有 Value、Minimum 和 Maximum。Minimum 和 Maximum 属性主要用于设置进度条的最小值和最大值，Value 属性表示操作过程中已完成的进度。而控件的 Step 属性用于指定 Value 属性递增的值，然后调用 PerformStep()方法来递增该值。

注意

ProgressBar 控件只能以水平方向显示，如果想改变该控件的显示样式，可以用 ProgressBar Renderer 类来实现，如纵向进度条，或在进度条上显示文本。

【例 12.22】　进度条的使用（实例位置：资源包\TM\sl\12\22）

创建一个 Windows 应用程序，首先设置控件的 Minimum 和 Maximum 属性分别为 0 和 500，确定进度条的最小值和最大值。然后设置 Step 属性，使 Value 属性递增值为 1。最后在 for 语句中调用

PerformStep()方法递增该值，使进度条不断前进，直至 for 语句中设置为最大值为止，代码如下。

```
private void button1_Click(object sender, EventArgs e)
{
    button1.Enabled = false;                    //设置按钮的 Enabled 属性为 false 禁止使用
    progressBar1.Minimum = 0;                   //设置 progressBar1 控件的 Minimum 值为 0
    progressBar1.Maximum = 500;                 //设置 progressBar1 控件的 Maximum 值为 500
    progressBar1.Step = 1;                      //设置 progressBar1 控件的增值为 1
    for (int i = 0; i <500; i++)                //调用 for 语句循环递增
    {
        progressBar1.PerformStep();             //使用 PerformStep()方法按 Step 值递增
        textBox1.Text = "进度值：" + progressBar1.Value.ToString();
    }
}
```

程序的运行结果如图 12.25 所示。

编程训练（答案位置：资源包\TM\sl\12\编程训练\）

【训练 4】：上下飘动的窗体　使用 Timer 组件制作一个上下飘动的窗体，运行程序，窗体即可在桌面中上下飘动。

【训练 5】：模拟软件的启动窗体　在启动窗体中模拟加载资源的进度显示，当进度条多次重复加载完成后，关闭启动窗体，显示主窗体。

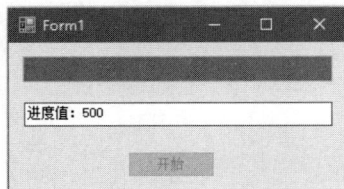

图 12.25　显示进度条

12.7　实践与练习

（答案位置：资源包\TM\sl\12\实践与练习\）

综合练习 1：添加图书信息时自动验证是否重复入的"书名目录"添加到图书目录列表中，并且如果有重复，可以弹出提示信息。（提示：可以使用 ListView 控件实现。）

综合练习 2：设置类似 Windows 资源管理器的目录结构　尝试开发一个程序，要求使用 TreeView 控件制作一个类似 Windows 资源管理器的目录结构，并能在该目录结构中选择目录，显示在 ListView 控件中。

综合练习 3：用树形列表动态显示菜单　将菜单中的内容动态添加到树形列表中，并根据菜单中的用户权限，对树形列表中的相应项进行设置。参考效果如图 12.26 所示。

尝试开发一个程序，用来直接将文本框中输

图 12.26　用树形列表动态显示菜单

第 13 章

数据访问技术

数据库是一门复杂的技术，其在当前的软件开发中得到了广泛的应用。数据库的出现为数据存储技术带来了新的方向，也产生了一门复杂的学问。为了使客户端能够访问服务器中的数据库，可以使用各种数据访问方法或技术，ADO.NET 就是这样一种技术，另外，微软还提供了另外一种操作数据库的框架，即 Entity Framework。本章将详细介绍数据访问技术，讲解过程中为了便于读者理解，结合了大量的实例。

本章知识架构及重点、难点如下。

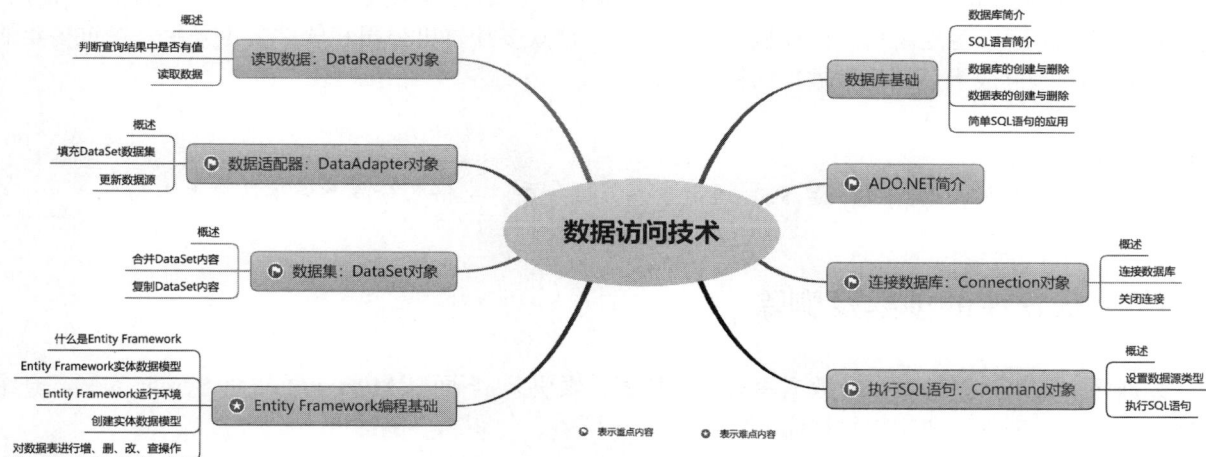

13.1 数据库基础

13.1.1 数据库简介

数据库是按照数据结构来组织、存储和管理数据的仓库，是存储在一起的相关数据的集合。使用数据库可以减少数据的冗余度，节省数据的存储空间。其具有较高的数据独立性和易扩充性，实现了数据资源的充分共享。计算机系统中只能存储二进制的数据，而数据存在的形式却是多种多样的。数据库可以将多样化的数据转换成二进制的形式，使其能够被计算机识别。同时，存储在数据库中的二进制数据能够以合理的方式转化为人们可以识别的逻辑数据。

随着数据库技术的发展，为了进一步提高数据库存储数据的高效性和安全性，关系型数据库产生了。

关系型数据库是由许多数据表组成的，数据表是由许多条记录组成的，而记录又是由许多字段组成的，每个字段对应一个对象。根据实际的要求，可以设置字段的长度、数据类型、是否必须存储数据。

数据库的种类有很多，常见的分类有以下几种。

☑ 按照是否支持联网分为单机版数据库和网络版数据库。

☑ 按照存储的容量分为小型数据库、中型数据库、大型数据库和海量数据库。

☑ 按照是否支持关系分为非关系型数据库和关系型数据库。

13.1.2 SQL 语言简介

SQL 是一种数据库查询和程序设计语言，用于存取数据以及查询、更新和管理关系型数据库系统。SQL 的含义是"结构化查询语言（structured query language）"。目前，SQL 语言有两个不同的标准，分别是美国国家标准学会（ANSI）和国际标准化组织（ISO）。SQL 是一种计算机语言，可以用它与数据库交互。SQL 本身不是一个数据库管理系统，也不是一个独立的产品。但 SQL 是数据库管理系统（DBMS）不可缺少的组成部分，它是与 DBMS 通信的一种语言和工具。由于它功能丰富，语言简洁，使用方法灵活，所以备受用户和计算机业界的青睐，被众多计算机公司和软件公司采用。经过多年的发展，SQL 语言已成为关系型数据库的标准语言。

说明

> 在编写 SQL 语句时，要注意 SQL 语句中各关键字要以空格来分隔，但不区分大小写。

13.1.3 数据库的创建及删除

数据库主要用于存储数据及数据库对象（如表、索引）。下面以 Microsoft SQL Server 为例，介绍如何通过管理器来创建和删除数据库。

1. 创建数据库

（1）在 Windows 10 操作系统的开始界面中找到 SQL Server 的 SQL Server Management Studio，单击打开如图 13.1 所示的"连接到服务器"对话框，在该对话框中选择登录的服务器名称和身份验证方式，然后输入登录用户名和登录密码。

（2）单击"连接"按钮，连接到指定的 SQL Server 服务器，然后展开服务器节点，选中"数据库"节点，右击，在弹出的快捷菜单中选择"新建数据库"命令，如图 13.2 所示。

说明

> 在创建数据库之前，首先要在数据库 SQL Server 中打开数据库的连接。

（3）打开如图 13.3 所示的"新建数据库"窗口，在该窗口中输入新建的数据库名称，选择数据库所有者和存放路径，这里的数据库所有者一般为默认。

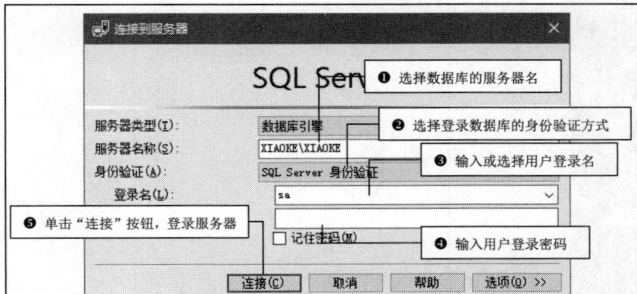

图 13.1 "连接到服务器"对话框

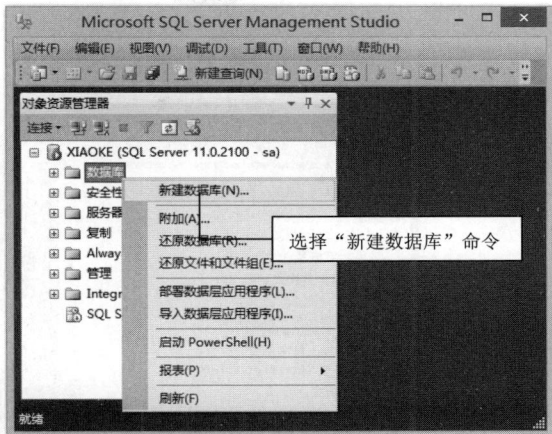

图 13.2 选择"新建数据库"命令

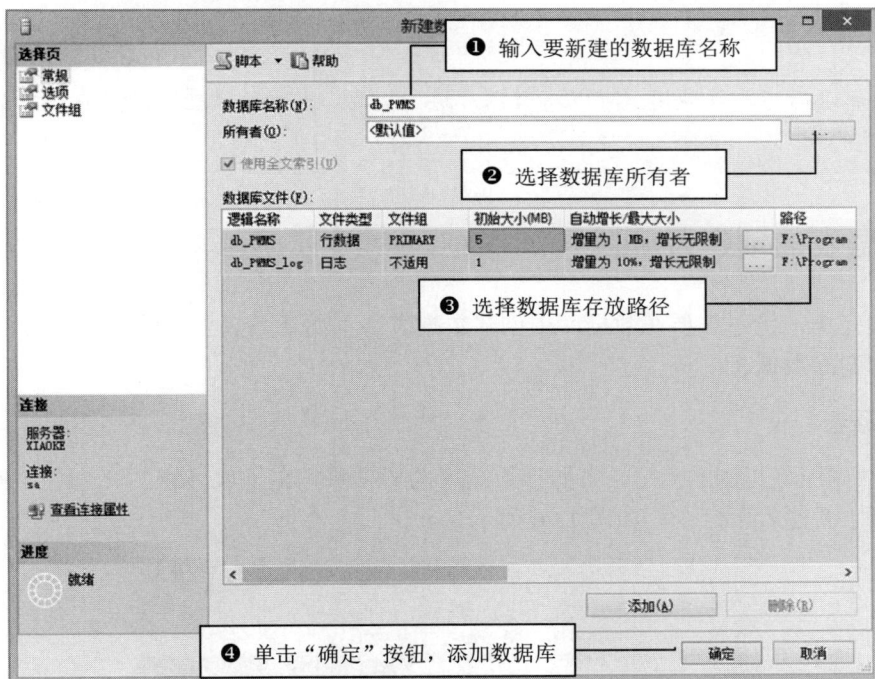

图 13.3 "新建数据库"窗口

（4）单击"确定"按钮，即可新建一个数据库，如图 13.4 所示。

2．删除数据库

删除数据库的方法很简单，只需在要删除的数据库上右击，在弹出的快捷菜单中选择"删除"命令即可，如图 13.5 所示。

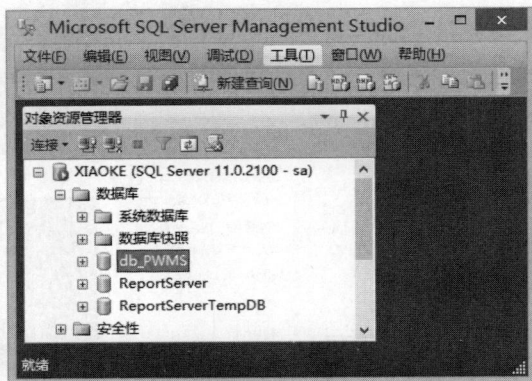

图 13.4 新建的数据库

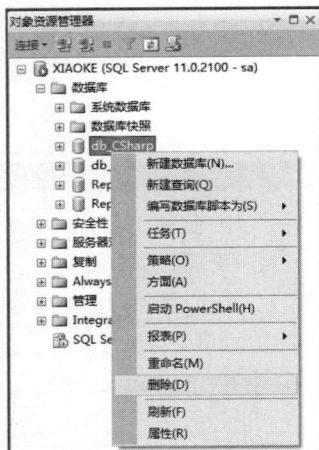

图 13.5 删除数据库

说明

　　如果数据库以后还要被使用，可以将数据库进行分离，在数据库上右击，在弹出的下拉列表中选择"任务"→"分离"命令。

13.1.4 数据表的创建及删除

　　数据库创建完毕，接下来要在数据库中创建数据表。下面还是以上述的数据库为例，介绍如何在数据库中创建和删除数据表。

1. 创建数据表

　　（1）单击数据库名左侧的"+"，打开该数据库的子项目，在子项目的"表"项上右击，在弹出的快捷菜单中选择"新建表"命令，如图 13.6 所示。

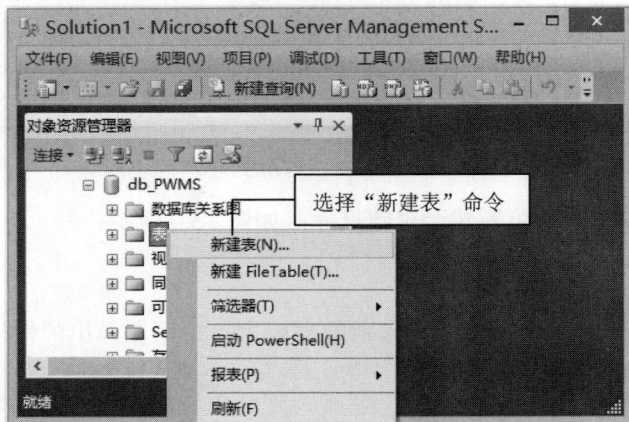

图 13.6 选择"新建表"命令

（2）在 SQL Server 管理器的右边显示一个新表，这里输入要创建的表中所需要的字段，并设置主键，如图 13.7 所示。

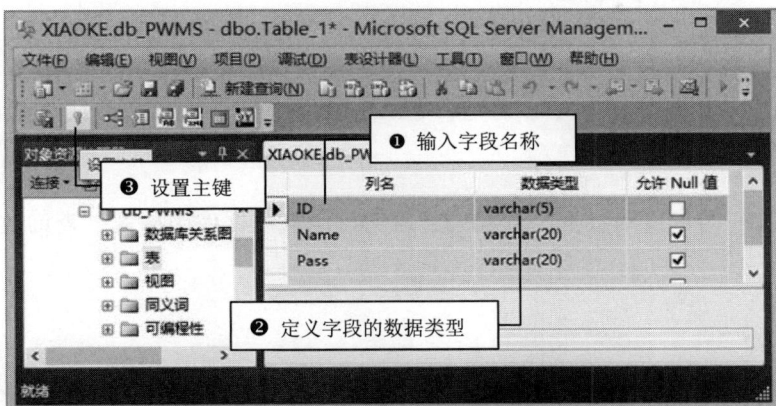

图 13.7　添加字段

（3）单击"保存"按钮，弹出"选择名称"对话框，如图 13.8 所示。输入要新建的数据表的名称，单击"确定"按钮，即可在数据库中添加一个数据表。

说明

> 在创建表结构时，有些字段可能需要设置初始值（如 int 型字段），可以在默认值文本框中输入相应的值。

2．删除数据表

如果要删除数据库中的某个数据表，只需右击数据表，在弹出的快捷菜单中选择"删除"命令即可，如图 13.9 所示。

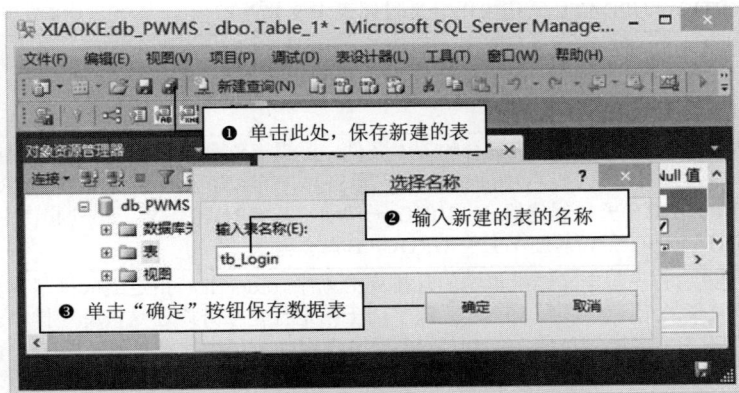

图 13.8　"选择名称"对话框

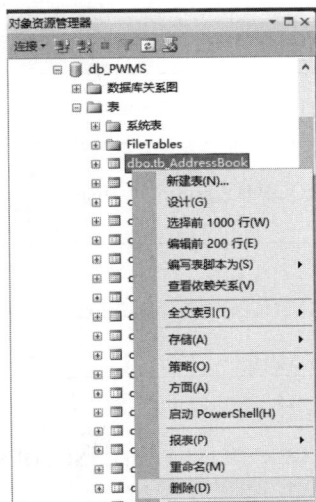

图 13.9　删除数据表

13.1.5　简单 SQL 语句的应用

通过 SQL 语句，可以实现对数据库进行查询、插入、更新和删除操作，使用的 SQL 语句分别是 SELECT 语句、INSERT 语句、UPDATE 语句和 DELETE 语句，下面简单介绍这几种语句。

1．查询数据

通常使用 SELECT 语句查询数据，SELECT 语句可以从数据库中检索、查询数据，并将查询结果以表格的形式返回。

语法如下。

```
SELECT select_list
[ INTO new_table ]
FROM table_source
[ WHERE search_condition ]
[ GROUP BY group_by_expression ]
[ HAVING search_condition ]
[ ORDER BY order_expression [ASC| DESC ]]
```

SELECT 语句的参数及说明如表 13.1 所示。

表 13.1　SELECT 语句的参数及说明

参　　数	说　　明
Select_list	指定由查询返回的列。它是一个用逗号分隔的表达式列表。每个表达式同时定义格式（数据类型和大小）和结果集列的数据来源。每个选择列表表达式通常是对从中获取数据的源表或视图的列的引用，但也可能是其他表达式，例如常量或 T-SQL 函数。在选择列表中使用"*"表达式指定返回源表中的所有列
INTO new_table_name	创建新表并将查询行插入新表中。new_table_name 指定新表的名称
FROM table_list	指定从其中检索行的表。这些来源可能包括基表、视图和链接表。FROM 子句还可包含连接说明，该说明定义了 SQL Server 用来在表之间进行导航的特定路径。FROM 子句还用在 DELETE 和 UPDATE 语句中，以定义要修改的表
WHERE search_conditions	WHERE 子句指定用于限制返回的行的搜索条件。WHERE 子句还用在 DELETE 和 UPDATE 语句中以定义目标表中要修改的行
GROUP BY group_by_list	GROUP BY 子句根据 group_by_list 列中的值将结果集分成组。例如，student 表在"性别"中有两个值。GROUP BY ShipVia 子句将结果集分成两组，每组对应于 ShipVia 的一个值
HAVING search_condition	HAVING 子句是指定组或聚合的搜索条件。逻辑上讲，Having 子句从中间结果集对行进行筛选，这些中间结果集是用 SELECT 语句中的 FROM、WHERE 或 GROUP BY 子句创建的。HAVING 子句通常与 GROUP BY 子句一起使用，尽管 HAVING 子句前面不必有 GROUP BY 子句
ORDER BY order_list [ASC | DESC]	ORDER BY 子句定义结果集中的行排列的顺序。order_list 指定组成排序列表的结果集的列。ASC 和 DESC 关键字用于指定行是按升序还是按降序排序。ORDER BY 之所以重要，是因为关系理论规定除非已经指定 ORDER BY，否则不能假设结果集中的行带有任何序列。如果结果集行的顺序对于 SELECT 语句来说很重要，那么在该语句中就必须使用 ORDER BY 子句

为使读者更好地了解 SELECT 语句的用法，下面举例说明如何使用 SELECT 语句。

例如，数据库 db_CSharp 的数据表 tb_test 中存储了一些商品的信息，使用 Select 语句查询数据表 tb_test 中商品的新旧程度为"二手"的数据，代码如下。

```
select * from tb_test where  新旧程度='二手'
```

查询结果如图 13.10 所示。

说明

如果想在数据库中查找空值，那么其条件必须为 where 字段名='' or 字段名=null。

2．插入数据

在 SQL 语句中，使用 INSERT 语句向数据表中插入数据。

语法如下。

```
INSERT[INTO]
  {table_name WITH(<table_hint_limited>[…n])
|view_name
|rowset_function_limited
}
{[(column_list)]
  {VALUES
  ({DEFAULT|NULL|expression}[...n])
  |derived_table
  |execute_statement
  }
}
|DEFAULT VALUES
```

INSERT 语句的参数及说明如表 13.2 所示。

表 13.2　INSERT 语句的参数及说明

参　　数	说　　明
[INTO]	一个可选的关键字，可以将它用在 INSERT 和目标表之前
table_name	将要接收数据的表或 table 变量的名称
view_name	视图的名称及可选的别名。通过 view_name 来引用的视图必须是可更新的
(column_list)	要在其中插入数据的一列或多列的列表。必须用圆括号将 clumn_list 括起来，并且用逗号进行分隔
VALUES	引入要插入的数据值的列表。对于 column_list（如果已指定）中或者表中的每个列，都必须有一个数据值。必须用圆括号将值列表括起来。如果 VALUES 列表中的值、表中的值与表中列的顺序不相同，或者未包含表中所有列的值，那么必须使用 column_list 明确指定存储每个传入值的列
DEFAULT	强制 SQL Server 装载为列定义的默认值。如果对于某列并不存在默认值，并且该列允许 NULL，那么就插入 NULL
expression	一个常量、变量或表达式。表达式不能包含 SELECT 或 EXECUTE 语句
derived_table	任何有效的 SELECT 语句，将返回装载到表中的数据行

误区警示

用户在使用 INSERT 语句添加数据时，必须注意以下几点。

（1）插入项的顺序和数据类型必须与表或视图中列的顺序和数据类型相对应。

（2）如果表中某列定义为不允许 NULL，则插入数据时，该列必须存在合法值。

（3）如果某列是字符型或日期型数据类型，则插入的数据应该加上单引号。

例如，使用 INSERT 语句，向数据表 tb_test 中插入一条新的商品信息，代码如下。

insert into tb_test(商品名称,商品价格,商品类型,商品产地,新旧程度) values('洗衣机',890,'家电','进口','全新')

运行结果如图 13.11 所示。

	编号	商品名称	商品价格	商品类型	商品产地	新旧程度
1	1	电动自行车	300	交通工具	国产	全新
2	2	手机	1300	家电	国产	二手
3	3	电脑	9000	家电	国产	二手
4	4	背包	350	服饰	国产	全新
5	5	MP4	299	家电	国产	全新
6	6	电视机	1350	家电	国产	全新

〈查询之前的所有商品信息〉

	编号	商品名称	商品价格	商品类型	商品产地	新旧程度
1	2	手机	1300	家电	国产	二手
2	3	电脑	9000	家电	国产	二手

〈查询新旧程度是"二手"的商品信息〉

图 13.10　用 SELECT 语句查询数据

	编号	商品名称	商品价格	商品类型	商品产地	新旧程度
1	1	电动自行车	300	交通工具	国产	全新
2	2	手机	1300	家电	国产	二手
3	3	电脑	9000	家电	国产	二手
4	4	背包	350	服饰	国产	全新
5	5	MP4	299	家电	国产	全新
6	6	电视机	1350	家电	国产	全新

〈添加新数据之前的商品信息〉

	编号	商品名称	商品价格	商品类型	商品产地	新旧程度
1	1	电动自行车	300	交通工具	国产	全新
2	2	手机	1300	家电	国产	二手
3	3	电脑	9000	家电	国产	二手
4	4	背包	350	服饰	国产	全新
5	5	MP4	299	家电	国产	全新
6	6	电视机	1350	家电	国产	全新
7	9	洗衣机	890	家电	进口	全新

〈添加新数据的商品信息〉

图 13.11　用 INSERT 语句插入数据

3. 更新数据

使用 UPDATE 语句更新数据，可以修改一个列或者几个列中的值，但一次只能修改一个表。语法如下。

```
UPDATE
  { table_name WITH(<table_hint_limited>[,…n])
  |view_name
  |rowset_function_limited
  }
  SET
  {column_name={expression|DEFAULT|NULL}
  |@variable=expression
  |@variable=column=expression}[,…n]
  {{[FROM{<table_source>}[,…n]]
    [WHERE
      <search_condition>]}
    |
    [WHERE CURRENT OF
    {{[GLOBAL]cursor_name}|cursor_variable_name}
    ]}
    [OPTION(<query_hint>[,…n])]
```

UPDATE 语句的参数及说明如表 13.3 所示。

表 13.3 UPDATE 语句的参数及说明

参 数	说 明
table_name	需要更新的表的名称。如果该表不在当前服务器或数据库中，或不为当前用户所有，那么这个名称可用链接服务器、数据库和所有者名称来限定
WITH(<table_hint_limited>[,…n])	指定目标表所允许的一个或多个表提示。需要有 WITH 关键字和圆括号。不允许有 READPAST、NOLOCK 和 READUNCOMMITTED
view_name	要更新的视图的名称。通过 view_name 来引用的视图必须是可更新的。用 UPDATE 语句进行的修改，至多只能影响视图的 FROM 子句所引用的基表中的一个
rowset_function_limited	OPENQUERY 或 OPENROWSET 函数，视提供程序功能而定
SET	指定要更新的列或变量名称的列表
column_name	含有要更改数据的列的名称。column_name 必须驻留于 UPDATE 子句中所指定的表或视图中。标识列不能进行更新
expression	变量、字面值、表达式或加上括弧的返回单个值的 subSELECT 语句。expression 返回的值将替换 column_name 或@variable 中的现有值
DEFAULT	指定使用对列定义的默认值替换列中的现有值。如果该列没有默认值并且定义为允许空值，则可将该列更改为 NULL
@variable	已声明的变量，该变量将设置为 expression 所返回的值
FROM <table_source>	指定用表来为更新操作提供准则
WHERE	指定条件来限定所更新的行
<search_condition>	为要更新行指定需满足的条件。搜索条件也可以是连接所基于的条件。对搜索条件中可以包含的谓词数量没有限制
CURRENT OF	指定更新在指定游标的当前位置进行
GLOBAL	指定 cursor_name 是全局游标
cursor_name	要从中进行提取的开放游标的名称。如果同时存在名为 cursor_name 的全局游标和局部游标，则在指定了 GLOBAL 时， cursor_name 指的是全局游标；如果未指定 GLOBAL，则 cursor_name 指局部游标。游标必须允许更新
cursor_variable_name	游标变量的名称。cursor_variable_name 必须引用允许更新的游标
OPTION(<query_hint>[,…n])	指定优化程序提示用于自定义 SQL Server 的语句处理

下面通过一个例子演示如何使用 UPDATE 语句更新数据表中的数据。

例如，由于进口商品价格上调，所以洗衣机的价格随之上调，使用 Update 语句更新数据表 tb_test 中洗衣机的商品价格，代码如下。

```
//UPDATE 语句更新数据表 tb_test 中洗衣机的商品价格
update tb_test set 商品价格=1500 where 商品名称='洗衣机'
```

运行结果如图 13.12 所示。

4．删除数据

使用 DELETE 语句删除数据，可以使用一个单一的 DELETE 语句删除一行或多行。当表中没有行满足 WHERE 子句中指定的条件时，就没有行会被删除，也没有错误产生。

语法如下。

```
DELETE
    [ FROM ]
        { table_name WITH ( < table_hint_limited > [ ,...n ] )
         | view_name
         | rowset_function_limited
        }
        [ FROM { < table_source > } [ ,...n ] ]
    [ WHERE
        { < search_condition >
        | { [ CURRENT OF
                { { [ GLOBAL ] cursor_name }
                    | cursor_variable_name
                }
            ] }
        }
    ]
    [ OPTION ( < query_hint > [ ,...n ] ) ]
```

DELETE 语句的参数及说明如表 13.4 所示。

表 13.4 DELETE 语句的参数及说明

参　　数	说　　明
table_name	需要更新的表的名称。如果该表不在当前服务器或数据库中，或不为当前用户所有，那么这个名称可用链接服务器、数据库和所有者名称来限定
WITH(<table_hint_limited>[,…n])	指定目标表所允许的一个或多个表提示。需要有 WITH 关键字和圆括号。不允许有 READPAST、NOLOCK 和 READUNCOMMITTED
view_name	要更新的视图的名称。通过 view_name 来引用的视图必须是可更新的。用 UPDATE 语句进行的修改，至多只能影响视图中 FROM 子句所引用的基表中的一个
rowset_function_limited	OPENQUERY 或 OPENROWSET 函数，视提供程序功能而定
FROM<table_source>	指定用表来为更新操作提供准则
WHERE	指定条件来限定所更新的行
<search_condition>	为要更新行指定需满足的条件。搜索条件也可以是连接所基于的条件。对搜索条件中可以包含的谓词数量没有限制
CURRENT OF	指定更新在指定游标的当前位置进行
GLOBAL	指定 cursor_name 指的是全局游标
cursor_name	要从中进行提取的开放游标的名称。如果同时存在名为 cursor_name 的全局游标和局部游标，则在指定了 GLOBAL 时， cursor_name 指的是全局游标；如果未指定 GLOBAL，则 cursor_name 指局部游标。游标必须允许更新
cursor_variable_name	游标变量的名称。cursor_variable_name 必须引用允许更新的游标
OPTION(<query_hint>[,…n])	指定优化程序提示用于自定义 SQL Server 的语句处理

例如，删除数据表 tb_test 中商品名称为"洗衣机"，并且商品产地是"进口"的商品信息，代码如下。

```
delete from tb_test where  商品名称='洗衣机' and  商品产地='进口'
```

运行结果如图 13.13 所示。

编号	商品名称	商品价格	商品类型	商品产地	新旧程度
1	电动自行车	300	交通工具	国产	全新
2	手机	1300	家电	国产	二手
3	电脑	9000	家电	国产	二手
4	背包	350	服饰	国产	全新
5	MP4	299	家电	国产	全新
6	电视机	1350	家电	国产	全新
7	9	洗衣机	890		进口	全新

〈更新数据之前的商品信息〉

编号	商品名称	商品价格	商品类型	商品产地	新旧程度
1	电动自行车	300	交通工具	国产	全新
2	手机	1300	家电	国产	二手
3	电脑	9000	家电	国产	二手
4	背包	350	服饰	国产	全新
5	MP4	299	家电	国产	全新
6	电视机	1350	家电	国产	全新
7	8	洗衣机	890		进口	全新

〈删除数据之前〉

编号	商品名称	商品价格	商品类型	商品产地	新旧程度
1	电动自行车	300	交通工具	国产	全新
2	手机	1300	家电	国产	二手
3	电脑	9000	家电	国产	二手
4	背包	350	服饰	国产	全新
5	MP4	299	家电	国产	全新
6	电视机	1350	家电	国产	全新
7	9	洗衣机	890		进口	全新

〈将洗衣机的商品价格更新为1500〉

编号	商品名称	商品价格	商品类型	商品产地	新旧程度
1	电动自行车	300	交通工具	国产	全新
2	手机	1300	家电	国产	二手
3	电脑	9000	家电	国产	二手
4	背包	350	服饰	国产	全新
5	MP4	299	家电	国产	全新
6	电视机	1350	家电	国产	全新

〈删除数据之后〉

图 13.12　更新商品信息　　　　　图 13.13　用 DELETE 语句删除数据

编程训练（答案位置：资源包\TM\sl\13\编程训练\）

【训练 1】：查询数据　查询 tb_test 数据表中所有"商品类型"是"家电"的数据。

【训练 2】：修改数据　将 tb_test 数据表中所有"商品类型"是"家电"的记录修改为"数码家电"。

13.2　ADO.NET 简介

ADO.NET 是一组向.NET 程序员公开数据访问服务的类。ADO.NET 为创建分布式数据共享应用程序提供了一组丰富的组件。它提供了一系列的方法，用于支持对 Microsoft SQL Server 和 XML 等数据源进行访问，还通过 OLE DB 和 XML 公开的数据源提供了一致访问的方法。数据客户端应用程序可以使用 ADO.NET 来连接这些数据源，并查询、添加、删除和更新所包含的数据。

ADO.NET 支持两种访问数据的模型：无连接模型和连接模型。无连接模型将数据下载到客户机上，并在客户机上将数据封装到内存中，然后像访问本地关系数据库一样访问内存中的数据（如 DataSet）。连接模型依赖于逐记录的访问，这种访问要求打开并保持与数据源的连接。

这里可以用趣味形象化的方式理解 ADO.NET 对象模型的各个部分，参照图 13.14 可以用对比的方法来形象地理解 ADO.NET 中每个对象的作用。

下面根据图 13.14 对 ADO.NET 对象模型之间的关系进行一下描述。

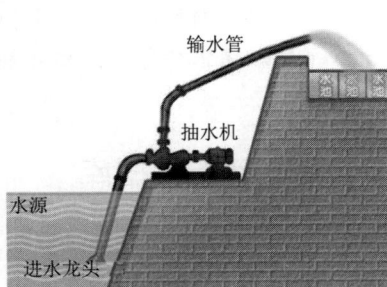

图 13.14　趣味理解 ADO.NET 对象模型

（1）数据库好比水源，存储了大量的数据。

（2）Connection 对象好比伸入水中的进水龙头，保持与水的接触，只有它与水进行了"连接"，其他对象才可以抽到水。

（3）Command 对象则像抽水机，为抽水提供动力和执行方法，然后通过"水龙头"把水返给上面的"水管"。

（4）DataAdapter、DataReader 对象就像输水管，担任着水的传输任务，并起着桥梁的作用。DataAdapter 对象像一根输水管，通过发动机，把水从水源输送到水库里进行保存。而 DataReader 对象也像一种水管，和 DataAdapter 对象不同的是，它不把水输送到水库里，而是单向地直接把水送到需要水的用户那里或田地里，所以传输速度要比在水库中转的水管更快。

（5）DataSet 对象就好比一个大水库，把抽上来的水按一定关系的池子进行存放。即使撤掉"抽水装置"（断开连接，离线状态），也可以保持"水"的存在。这也正是 ADO.NET 的核心。

（6）DataTable 对象则像水库中每个独立的水池子，分别存放不同种类的水。一个大水库由一个或多个这样的水池子组成。

13.3　用 Connection 对象连接数据库

13.3.1　Connection 对象概述

Connection 对象是一个连接对象，主要功能是建立与物理数据库的连接。其主要包括 4 种访问数据库的对象类，也可称为数据提供程序，分别介绍如下。

- ☑ SQL Server 数据提供程序，位于 System.Data.SqlClient 命名空间。
- ☑ ODBC 数据提供程序，位于 System.Data.Odbc 命名空间。
- ☑ OLEDB 数据提供程序，位于 System.Data.OleDb 命名空间。
- ☑ Oracle 数据提供程序，位于 System.Data.OracleClient 命名空间。

说明

根据使用数据库的不同，引入不同的命名空间，然后通过命名空间中的 Connection 对象连接类连接数据库。例如，连接 SQL Server 数据库，首先要通过 using System.Data.SqlClient 命令引用 SQL Server 数据提供程序，然后才能调用空间下的 SqlConnection 类连接数据库。

13.3.2　连接数据库

以 SQL Server 数据库为例，如果要连接 SQL Server 数据库，必须使用 System.Data.SqlClient 命名空间下的 SqlConnection 类。所以首先要通过 using System.Data.SqlClient 命令引用命名空间，连接数据库之后，通过调用 SqlConnection 对象的 Open()方法打开数据库。通过 SqlConnection 对象的 State 属性

判断数据库的连接状态。

语法如下。

```
public override ConnectionState State { get; }
```

☑　属性值：ConnectionState 枚举。

ConnectionState 枚举的值及说明如表 13.5 所示。

表 13.5　ConnectionState 枚举的值及说明

枚 举 值	说 明
Broken	与数据源的连接中断。只有在连接打开之后才可能发生这种情况。可以关闭处于这种状态的连接，然后重新打开
Closed	连接处于关闭状态
Connecting	连接对象正在与数据源连接
Executing	连接对象正在执行命令
Fetching	连接对象正在检索数据
Open	连接处于打开状态

【例 13.1】　使用 C#连接 SQL Server 数据库　　　　　　　（实例位置：资源包\TM\sl\13\1）

创建一个 Windows 应用程序，在窗体中添加一个 TextBox 控件、一个 Button 控件和一个 Label 控件，分别用于输入要连接的数据库名称、执行连接数据库的操作以及显示数据库的连接状态，然后引入 System.Data.SqlClient 命名空间，使用 SqlConnection 类连接数据库，代码如下。

```csharp
private void button1_Click(object sender, EventArgs e)
{
    if (textBox1.Text == "")                            //判断是否输入数据库名称
    {
        MessageBox.Show("请输入要连接的数据库名称");      //弹出提示信息
    }
    else                                                //否则
    {
        try                                             //调用 try…catch 语句
        {
            //声明一个字符串，用于存储连接数据库字符串
            string ConStr = "server=.;database=" + textBox1.Text.Trim() + ";uid=sa;pwd=";
            //创建一个 SqlConnection 对象
            SqlConnection conn = new SqlConnection(ConStr);
            conn.Open();                                //打开连接
            if (conn.State == ConnectionState.Open)     //判断当前连接的状态
            {
                //显示状态信息
                label2.Text = "数据库【" + textBox1.Text.Trim() + "】已经连接并打开";
            }
        }
        catch
        {
            MessageBox.Show("连接数据库失败");            //出现异常弹出提示
        }
    }
```

}

程序的运行结果如图 13.15 所示。

13.3.3 关闭连接

当对数据库操作完毕后，要关闭与数据库的连接，释放占用的
资源。通过调用 SqlConnection 对象的 Close 方法或 Dispose 方法关
闭与数据库的连接，这两种方法的主要区别如下。Close 方法用于关
闭一个连接；而 Dispose 方法不仅关闭一个连接，还可以清理连接所
占用的资源。使用 Close 方法关闭连接后，可以调用 Open 方法打开连接，不会产生任何错误；而如果使
用 Dispose 方法关闭连接，就不可以再次直接用 Open 方法打开连接，必须重新初始化连接再打开。

图 13.15　连接数据库

【例 13.2】关闭并释放数据库连接资源（实例位置：**资源包\TM\sl\13\2**）

创建一个 Windows 应用程序，首先向窗体中添加一个 TextBox 控件和一个 RichTextBox 控件，分别用
于输入连接的数据库名称和显示连接信息及错误提示。然后再添加 3 个 Button 控件，分别用于连接数
据库、调用 Close 方法关闭连接，再调用 Open 方法打开连接以及调用 Dispose 方法关闭并释放连接，
然后调用 Open 方法打开连接，代码如下。

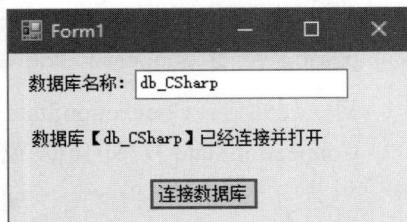

```
SqlConnection conn;                              //声明一个 SqlConnection 对象
private void button1_Click(object sender, EventArgs e)
{
    if (textBox1.Text == "")                      //判断是否输入数据库名称
    {
        MessageBox.Show("请输入数据库名称");        //如果没有输入则弹出提示
    }
    else                                         //否则
    {
        try                                      //调用 try…catch 语句
        {
            //建立连接数据库字符串
            string str = "server=.;database=" + textBox1.Text.Trim() + ";uid=sa;pwd=";
            conn = new SqlConnection(str);        //创建一个 SqlConnection 对象
            conn.Open();                          //打开连接
            if (conn.State == ConnectionState.Open)  //判断当前连接状态
            {
                MessageBox.Show("连接成功");        //弹出提示
            }
        }
        catch(Exception ex)
        {
            MessageBox.Show(ex.Message);          //出现异常弹出错误信息
            textBox1.Text = "";                   //清空文本框
        }
    }
}
private void button2_Click(object sender, EventArgs e)
```

```
{
    try                                         //调用 try…catch 语句
    {
        string str="";                          //声明一个字符串变量
        conn.Close();                           //使用 Close 方法关闭连接
        if (conn.State == ConnectionState.Closed)   //判断当前连接是否关闭
        {
            str="数据库已经成功关闭\n";             //如果关闭则弹出提示
        }
        conn.Open();                            //重新打开连接
        if (conn.State == ConnectionState.Open)     //判断连接是否打开
        {
            str += "数据库已经成功打开\n";           //弹出提示
        }
        richTextBox1.Text = str;                //向 richTextBox1 中添加提示信息
    }
    catch (Exception ex)
    {
        richTextBox1.Text = ex.Message;         //出现异常，将异常添加到 richTextBox1 中
    }
}
private void button3_Click(object sender, EventArgs e)
{
    try                                         //调用 try…catch 语句
    {
        conn.Dispose();                         //使用 Dispose 方法关闭连接
        conn.Open();                            //重新使用 Open 方法打开会出现异常
    }
    catch (Exception ex)
    {
        richTextBox1.Text = ex.Message;         //将异常显示在 richTextBox1 控件中
    }
}
```

程序的运行结果如图 13.16 和图 13.17 所示。

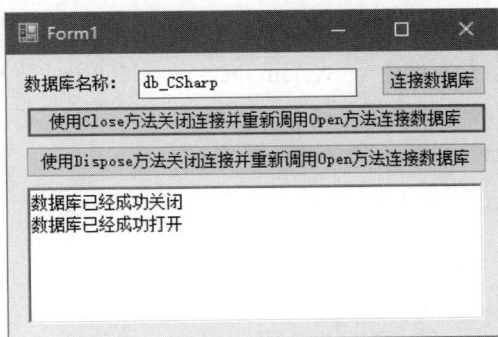

图 13.16　调用 Close 方法关闭连接

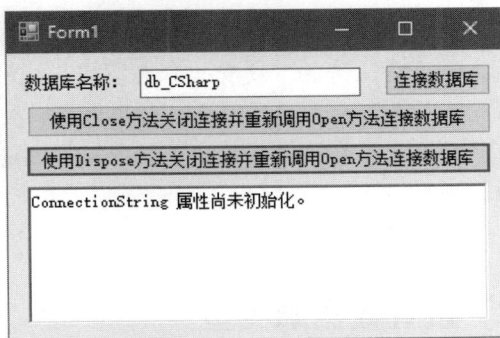

图 13.17　调用 Dispose 方法关闭并释放连接

📦 **说明**

在编写应用程序时，对数据库操作完成后，要及时关闭数据库的连接，以防止对数据库进行其他操作时，数据库被占用。

编程训练（答案位置：资源包\TM\sl\13\编程训练\）

【训练3】：Windows 验证连接 SQL Server 数据库　尝试以"Windows 身份验证方式"连接 SQL Server 数据库。

【训练4】：连接 Access 数据库　创建一个 Windows 窗体，该程序主要用来连接 Access 数据库（数据库名称为 Test.accdb，路径为 Debug 文件夹）。

13.4　用 Command 对象执行 SQL 语句

13.4.1　Command 对象概述

Command 对象是一个数据命令对象，主要功能是向数据库发送查询、更新、删除、修改操作的 SQL 语句。Command 对象主要有以下几种方式。

- ☑ SqlCommand：用于向 SQL Server 数据库发送 SQL 语句，位于 System.Data. SqlClient 命名空间。
- ☑ OleDbCommand：用于向使用 OLEDB 公开的数据库发送 SQL 语句，位于 System.Data.OleDb 命名空间。例如，Access 数据库和 MySQL 数据库都是 OLEDB 公开的数据库。
- ☑ OdbcCommand：用于向 ODBC 公开的数据库发送 SQL 语句，位于 System.Data.Odbc 命名空间。有些数据库没有提供相应的连接程序，则可以配置好 ODBC 连接后，使用 OdbcCommand。
- ☑ OracleCommand：用于向 Oracle 数据库发送 SQL 语句，位于 System.Data.OracleClient 命名空间。

🐝 **注意**

在使用 OracleCommand 向 Oracle 数据库发送 SQL 语句时，要引入 System.Data.OracleClient 命名空间。但是默认情况下没有此命名空间，此时，需要将程序集 System.Data.OracleClient 引入项目中。引入程序集的方法是在项目名称上右击，在弹出的快捷菜单中选择"添加引用"命令，打开"添加引用"对话框。在该对话框中选择 System.Data.OracleClient 程序集，单击"确定"按钮，即可将其添加到项目中。

13.4.2　设置数据源类型

Command 对象有 3 个重要的属性，分别是 Connection 属性、CommandText 属性和 CommandType 属性。Connection 属性用于设置 SqlCommand 使用的 SqlConnection。CommandText 属性用于设置要对数据源执行的 SQL 语句或存储过程。CommandType 属性用于设置指定 CommandText 的类型。

CommandType 属性的值是 CommandType 枚举值，CommandType 枚举有 3 个枚举成员，分别介绍如下。

- ☑　StoredProcedure：存储过程的名称。
- ☑　TableDirect：表的名称。
- ☑　Text：SQL 文本命令。

如果要设置数据源的类型，便可以通过设置 CommandType 属性来实现，下面通过实例演示如何使用 Command 对象的这 3 个属性，以及如何设置数据源类型。

【例 13.3】　在 C#中获取数据库数据（实例位置：资源包\TM\sl\13\3）

创建一个 Windows 应用程序，向窗体中添加一个 Button 控件、一个 TextBox 控件和一个 Label 控件，分别用于执行 SQL 语句、输入要查询的数据表名称以及显示数据表中数据的数量，在 Button 控件的 Click 事件中设置 Command 对象的 Connection 属性、CommandText 属性和 CommandType 属性，代码如下。

```csharp
SqlConnection conn;                                      //声明一个 SqlConnection 变量
private void Form1_Load(object sender, EventArgs e)
{
    //实例化 SqlConnection 变量 conn
    conn = new SqlConnection("server=.;database=db_CSharp;uid=sa;pwd=");
    conn.Open();                                         //打开连接
}
private void button1_Click(object sender, EventArgs e)
{
    try                                                  //调用 try…catch 语句
    {
        //判断是否打开连接或者文本框不为空
        if (conn.State == ConnectionState.Open || textBox1.Text != "")
        {
            SqlCommand cmd = new SqlCommand();           //创建一个 SqlCommand 对象
            cmd.Connection = conn;                       //设置 Connection 属性
            //设置 CommandText 属性，设置 SQL 语句
            cmd.CommandText = "select count(*) from " + textBox1.Text.Trim();
            //设置 CommandType 属性为 Text，使其只执行 SQL 语句文本形式
            cmd.CommandType = CommandType.Text;
            //使用 ExecuteScalar()方法获取指定数据表中的数据数量
            int i = Convert.ToInt32(cmd.ExecuteScalar());
            label2.Text = "数据表中共有：" + i.ToString() + "条数据";
        }
    }
    catch (Exception ex)
    {
        MessageBox.Show(ex.Message);
    }
}
```

程序的运行结果如图 13.18 所示。

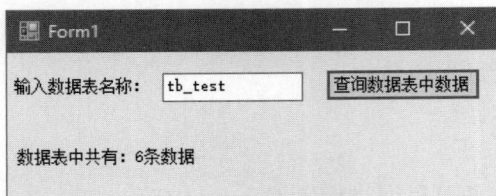

图 13.18 SqlCommand 对象执行查询语句

13.4.3 执行 SQL 语句

Command 对象需要取得将要执行的 SQL 语句，通过调用该类提供的多种方法，向数据库提交 SQL 语句。下面详细介绍 SqlCommand 对象中几种执行 SQL 语句的方法。

1．ExecuteNonQuery()方法

执行 SQL 语句，并返回受影响的行数，在使用 SqlCommand 向数据库发送增、删、改命令时，通常使用 ExecuteNonQuery()方法执行发送的 SQL 语句。

语法如下。

```
public override int ExecuteNonQuery ()
```

☑ 返回值：受影响的行数。

【例 13.4】 三八妇女节为女员工谋福利（实例位置：资源包\ TM\sl\13\4）

创建一个 Windows 应用程序，在三八妇女节那天，公司决定为每位女员工发放奖金 50 元。因此，需要向数据发送更新命令，将数据库中所有女员工的奖金数额加上 50，所以要使用 ExecuteNonQuery()方法执行发送的 SQL 语句，并获取受影响的行数，代码如下。

```
SqlConnection conn;                                    //声明一个 SqlConnection 变量
private void button1_Click(object sender, EventArgs e)
{
    //实例化 SqlConnection 变量 conn
    conn = new SqlConnection("server=.;database=db_CSharp;uid=sa;pwd=");
    conn.Open();                                       //打开连接
    SqlCommand cmd = new SqlCommand();                 //创建一个 SqlCommand 对象
    //设置 Connection 属性，指定其使用 conn 连接数据库
    cmd.Connection = conn;
    //设置 CommandText 属性，设置其执行的 SQL 语句
    cmd.CommandText = "update tb_command set 奖金=50 where 性别='女'";
    //设置 CommandType 属性为 Text，使其只执行 SQL 语句文本形式
    cmd.CommandType = CommandType.Text;
    //使用 ExecuteNonQuery()方法执行 SQL 语句
    int i = Convert.ToInt32(cmd.ExecuteNonQuery());
    label2.Text = "共有" + i.ToString() + "名女员工获得奖金";
}
```

程序的运行结果如图 13.19 所示。

![说明图标] **说明**

如果想执行存储过程，应将 CommandType 属性设置为 StoredProcedure，将 CommandText 属性设置为存储过程的名称。

2．ExecuteReader()方法

执行 SQL 语句，并生成一个包含数据的 SqlDataReader 对象的实例。

语法如下。

```
public SqlDataReader ExecuteReader ()
```

☑ 返回值：一个 SqlDataReader 对象。

【例 13.5】 获取数据表中指定字段所对应的数据（实例位置：资源包\TM\sl\13\5）

创建一个 Windows 应用程序，根据 select * from tb_command 语句进行查询，调用 ExecuteReader()方法返回一个包含 tb_command 表中所有数据的 SqlDataReader 对象，代码如下。

```
SqlConnection conn;                                    //声明一个 SqlConnection 对象
private void button1_Click(object sender, EventArgs e)
{
    //实例化 SqlConnection 变量 conn
    conn = new SqlConnection("server=.;database=db_CSharp;uid=sa;pwd=");
    conn.Open();                                       //打开连接
    SqlCommand cmd = new SqlCommand();                 //创建一个 SqlCommand 对象
    //设置 Connection 属性，指定其使用 conn 连接数据库
    cmd.Connection = conn;
    //设置 CommandText 属性，设置其执行的 SQL 语句
    cmd.CommandText = "select * from tb_command";
    //设置 CommandType 属性为 Text，使其只执行 SQL 语句文本形式
    cmd.CommandType = CommandType.Text;
    //使用 ExecuteReader()方法实例化一个 SqlDataReader 对象
    SqlDataReader sdr = cmd.ExecuteReader();
    while (sdr.Read())                                 //调用 while 语句，读取 SqlDataReader
    {
        listView1.Items.Add(sdr[1].ToString());        //将内容添加到 listView1 控件中
    }
    conn.Dispose();                                    //释放连接
    button1.Enabled = false;                           //禁用按钮
}
```

程序的运行结果如图 13.20 所示。

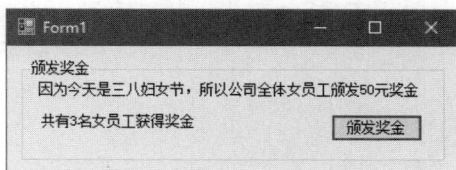

图 13.19 对数据表执行更新操作

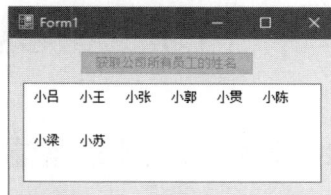

图 13.20 获取员工姓名

3．ExecuteScalar()方法

执行 SQL 语句，返回结果集中的第一行的第一列。

语法如下。

public override Object ExecuteScalar()

☑　　返回值：结果集中第一行的第一列或空引用（如果结果集为空）。

在例 13.3 中，已经使用 ExecuteScalar()方法获取指定数据表中的数据数量，此处不再赘述，读者可参见例 13.3 中的代码，理解 ExecuteScalar()方法的使用，ExecuteScalar()方法通常与聚合函数一起使用，常见的聚合函数及说明如表 13.6 所示。

表 13.6　常见的聚合函数及说明

聚 合 函 数	说　　明
AVG(expr)	列平均值，该列只能包含数字数据
COUNT(expr)、COUNT(*)	列值的计数（如果将列名指定为 expr）、表或分组中所有行的计数（如果指定*）忽略空值，但 COUNT(*)在计数中包含空值
MAX(expr)	列中最大值（文本数据类型中按字母顺序排在最后的值），忽略空值
MIN(expr)	列中最小值（文本数据类型中按字母顺序排在最前的值），忽略空值
SUM(expr)	列值的合计，该列只能包含数字数据

编程训练（答案位置：资源包\TM\sl\13\编程训练\）

【训练5】：删除指定的数据　删除 db_EMS 数据库中 tb_PDic 数据表内 ID 为 2 的记录。

【训练6】：调用存储过程修改数据　在 db_EMS 数据库中，使用存储过程 proc_EditData 修改 tb_PDic 数据表中 ID 为 1 的记录，将 Name 值修改为"C#开发"，Money 值修改为 79.8。proc_EditData 存储过程代码如下。

```
CREATE PROCEDURE [dbo].[proc_EditData]
(
    @id int,
    @name varchar(20),
    @money decimal
)
as
begin
    update tb_PDic set Name=@name,Money=@money where ID=@id
end
```

13.5　用 DataReader 对象读取数据

13.5.1　DataReader 对象概述

DataReader 对象是数据读取器对象，提供只读、向前的游标，如果应用程序需要每次从数据库中

取出最新的数据，或者只是需要快速读取数据，并不需要修改数据，那么就可以使用 DataReader 对象进行读取。对于不同的数据库连接，有不同的 DataReader 类型。

- ☑　在 System.Data.SqlClient 命名空间下时，可以调用 SqlDataReader 类。
- ☑　在 System.Data.OleDb 命名空间下时，可以调用 OleDbDataReader 类。
- ☑　在 System.Data.Odbc 命名空间下时，可以调用 OdbcDataReader 类。
- ☑　在 System.Data.Oracle 命名空间下时，可以调用 OracleDataReader 类。

在使用 DataReader 对象读取数据时，可以使用 ExecuteReader()方法，根据 SQL 语句的结果创建一个 SqlDataReader 对象。

例如，使用 ExecuteReader()方法创建一个读取 tb_command 表中所有数据的 SqlDataReader 对象，代码如下。

```
conn = new SqlConnection("server=.;database=db_CSharp;uid=sa;pwd=");    //连接数据库
conn.Open();                                                            //打开数据库
SqlCommand cmd = new SqlCommand();                                      //创建 SqlCommand 对象
cmd.Connection = conn;                                                  //设置对象的连接
cmd.CommandText = "select * from tb_command";                          //设置 SQL 语句
cmd.CommandType = CommandType.Text;                                    //设置以文本形式执行 SQL 语句
//使用 ExecuteReader()方法创建 SqlDataReader 对象
SqlDataReader sdr = cmd.ExecuteReader();
```

13.5.2　判断查询结果中是否有值

可以通过 SqlDataReader 对象的 HasRows 属性获取一个值，该值指示 SqlDataReader 是否包含一行或多行，即判断查询结果中是否有值。

语法如下。

```
public override bool HasRows { get; }
```

- ☑　属性值：如果 SqlDataReader 包含一行或多行，则为 true；否则为 false。

【例 13.6】　判断数据库表中是否有数据（实例位置：资源包\TM\sl\13\6）

创建一个 Windows 应用程序，向窗体中添加一个 TextBox 控件和一个 Button 控件，分别用于输入要查询的表名以及执行查询操作。通过 SqlDataReader 对象的 HasRows 属性进行判断，如果 SqlDataReader 包含一行或多行，则为 true；否则为 false，代码如下。

```
private void button1_Click(object sender, EventArgs e)
{
    try
    {
        //实例化 SqlConnection 变量 conn
        SqlConnection conn = new SqlConnection("server=.;database=db_CSharp;uid=sa;pwd=");
        //打开连接
        conn.Open();
        //创建一个 SqlCommand 对象
        SqlCommand cmd = new SqlCommand("select * from "+textBox1.Text.Trim(), conn);
        //使用 ExecuteReader()方法创建 SqlDataReader 对象
        SqlDataReader sdr = cmd.ExecuteReader();
```

```
            sdr.Read();                                    //调用 Read()方法读取 SqlDataReader
            if (sdr.HasRows)                               //使用 HasRows 属性判断结果中是否有数据
            {
                MessageBox.Show("数据表中有值");            //弹出提示信息
            }
            else                                           //否则
            {
                MessageBox.Show("数据表中没有任何数据");
            }
        }
        catch (Exception ex)
        {
            MessageBox.Show(ex.Message);
        }
}
```

程序的运行结果如图 13.21 所示。

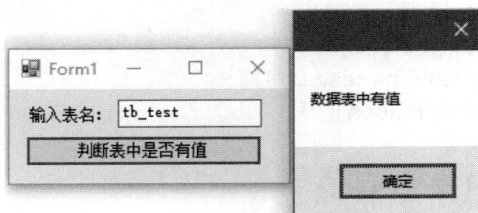

图 13.21　判断指定的数据表中是否有值

13.5.3　读取数据

如果要读取数据表中的数据，通过 ExecuteReader()方法，根据 SQL 语句创建一个 SqlDataReader 对象后，再调用 SqlDataReader 对象的 Read()方法读取数据。Read()方法使 SqlDataReader 前进到下一条记录，SqlDataReader 的默认位置在第一条记录前面。因此，必须调用 Read()方法访问数据。对于每个关联的 SqlConnection，一次只能打开一个 SqlDataReader，在第一个关闭之前，打开另一个的任何尝试都将失败。

语法如下。

public override bool Read ()

☑　返回值：如果存在多个行，则为 true；否则为 false。

在使用完 SqlDataReader 对象后，要使用 Close()方法关闭 SqlDataReader 对象。

语法如下。

public override void Close ()

例如，关闭 SqlDataReader 对象，代码如下。

```
//实例化 SqlConnection 变量 conn
SqlConnection conn = new SqlConnection("server=.;database=db_CSharp;uid=sa;pwd=");
```

```
//打开连接
conn.Open();
//创建一个 SqlCommand 对象
SqlCommand cmd = new SqlCommand("select * from "+textBox1.Text.Trim(), conn);
//使用 ExecuteReader()方法创建 SqlDataReader 对象
SqlDataReader sdr = cmd.ExecuteReader();
sdr.Close();
```

误区警示

　　在使用 SqlDataReader 对象之前，必须打开数据库连接。如果针对一个 SqlConnection，创建多个 SqlDataReader 对象，则在创建下一个 SqlDataReader 对象之前，要通过 Close()方法关闭上一个 SqlDataReader 对象。

　　编程训练（答案位置：资源包\TM\sl\13\编程训练\）

　　【训练 7】：实现用户的登录　创建一个 Windows 窗体应用程序，主要实现用户的登录功能，具体实现时，使用 SqlDataReader 从数据表（tb_power）中获取用户名和密码数据。

　　【训练 8】：获取并显示数据表中的所有数据　使用 SqlDataReader 获取数据表（tb_power）中的所有数据，并显示在 DataGridView 数据表格控件中。（提示：首先需要在 DataGridView 控件中添加列。）

13.6　DataAdapter 对象

13.6.1　DataAdapter 对象概述

　　DataAdapter 对象是一个数据适配器对象，是 DataSet 与数据源之间的桥梁。DataAdapter 对象提供了 4 个属性，用于实现与数据源之间的互通。

☑　SelectCommand 属性：向数据库发送查询 SQL 语句。
☑　DeleteCommand 属性：向数据库发送删除 SQL 语句。
☑　InsertCommand 属性：向数据库发送插入 SQL 语句。
☑　UpdateCommand 属性：向数据库发送更新 SQL 语句。

　　在对数据库进行操作时，只要将这 4 个属性设置成相应的 SQL 语句即可。DataAdapter 对象中还有几个主要的方法，具体如下。

　　（1）Fill()方法用数据填充 DataSet。

　　语法如下。

`public int Fill (DataSet dataSet,string srcTable)`

☑　dataSet：要用记录和架构（如果必要）填充的 DataSet。
☑　srcTable：用于表映射的源表的名称。
☑　返回值：已在 DataSet 中成功添加或刷新的行数，不包括受不返回行的语句影响的行。

（2）Update()方法更新数据库时，DataAdapter 将调用 DeleteCommand、InsertCommand 以及 UpdateCommand 属性。

语法如下。

```
public int Update (DataTable dataTable)
```

☑　dataTable：用于更新数据源的 DataTable。

☑　返回值：DataSet 中成功更新的行数。

例如，如果使用 DataAdapter 对象的 Fill()方法从数据源中提取数据并填充到 DataSet，就会用到 SelectCommand 属性中设置的命令对象。

13.6.2　填充 DataSet 数据集

通过 DataAdapter 对象的 Fill()方法填充 DataSet 数据集，Fill()方法使用 Select 语句从数据源中检索数据。与 Select 命令关联的 Connection 对象必须有效，但不需要将其打开。

【例 13.7】　通过 DataSet 数据集存储数据库中获取的数据（**实例位置：资源包\TM\sl\13\7**）

创建一个 Windows 应用程序，向窗体中添加一个 Button 控件和一个 DataGridView 控件，分别用于执行数据绑定以及显示数据表中的数据。单击 Button 控件后，程序首先连接数据库，然后创建一个 SqlDataAdapter 对象，使用该对象的 Fill()方法填充 DataSet 数据集，最后设置 DataGridView 控件的数据源，显示查询的数据，代码如下。

```
SqlConnection conn;
private void button1_Click(object sender, EventArgs e)
{
    //实例化 SqlConnection 变量 conn
    conn = new SqlConnection("server=.;database=db_CSharp;uid=sa;pwd=");
    //创建一个 SqlCommand 对象
    SqlCommand cmd=new SqlCommand("select * from tb_command",conn);
    //创建一个 SqlDataAdapter 对象
    SqlDataAdapter sda = new SqlDataAdapter();
    //设置 SqlDataAdapter 对象的 SelectCommand 属性为 cmd
    sda.SelectCommand = cmd;
    创建一个 DataSet 对象
    DataSet ds = new DataSet();
    //使用 SqlDataAdapter 对象的 Fill()方法填充 DataSet 数据集
    sda.Fill(ds,"cs");
    //设置 dataGridView1 控件的数据源
    dataGridView1.DataSource = ds.Tables[0];
}
```

程序的运行结果如图 13.22 所示。

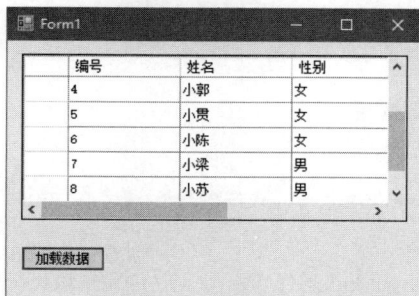

图 13.22 使用 Fill()方法填充 DataSet 数据集

13.6.3 更新数据源

使用 DataAdapter 对象的 Update()方法，可以将 DataSet（13.7 节将会介绍 DataSet 对象）中修改过的数据及时更新到数据库中。在调用 Update()方法之前，要实例化一个 CommandBuilder 类，这里为 SqlCommandBuilder 类，该类可以自动生成单表命令,用于将对 DataSet 所做的更改与关联的 SQL Server 数据库的更改相协调，具体使用时，它能自动根据 DataAdapter 的 SelectCommand 的 SQL 语句判断其他的 InsertCommand、UpdateCommand 和 DeleteCommand，这样，就不用设置 DataAdapter 的 InsertCommand、UpdateCommand 和 DeleteCommand 属性，而直接使用 DataAdapter 的 Update()方法来更新 DataSet、DataTable 或 DataRow。

> **误区警示**
>
> 使用 Update()方法更新数据时，要求更新的数据表必须有主键，否则将会产生异常信息，无法执行更新操作。

【例 13.8】 使用 Update 方法修改数据（实例位置：资源包\TM\sl\13\8）

创建一个 Windows 应用程序，查询 tb_command 表中的所有数据并显示在 DataGrid View 控件中，单击某条数据，显示其详细信息。对某条数据进行修改，然后单击"修改"按钮，并使用 DataAdapter 对象的 Update()方法更新数据源，代码如下。

```
SqlConnection conn;                                    //声明一个 SqlConnection 变量
DataSet ds;                                            //声明一个 DataSet 变量
SqlDataAdapter sda;                                    //声明一个 SqlDataAdapter 变量
private void Form1_Load(object sender, EventArgs e)
{
    //实例化 SqlConnection 变量 conn，连接数据库
    conn = new SqlConnection("server=.;database=db_CSharp;uid=sa;pwd=");
    //创建一个 SqlCommand 对象
    SqlCommand cmd = new SqlCommand("select * from tb_command", conn);
    //实例化 SqlDataAdapter 对象
    sda = new SqlDataAdapter();
    //设置 SqlDataAdapter 对象的 SelectCommand 属性为 cmd
    sda.SelectCommand = cmd;
    //实例化 DataSet
```

```
        ds = new DataSet();
        //使用 SqlDataAdapter 对象的 Fill()方法填充 DataSet
        sda.Fill(ds, "cs");
        //设置 dataGridView1 控件的数据源
        dataGridView1.DataSource = ds.Tables[0];
}
private void button1_Click(object sender, EventArgs e)
{
        DataTable dt = ds.Tables["cs"];                          //创建一个 DataTable
        sda.FillSchema(dt, SchemaType.Mapped);                   //把表结构加载到 tb_command 表中
        DataRow dr = dt.Rows.Find(txtNo.Text);                   //创建一个 DataRow
        //设置 DataRow 中的值
        dr["姓名"] = txtName.Text.Trim();
        dr["性别"] = this.txtSex.Text.Trim();
        dr["年龄"] = this.txtAge.Text.Trim();
        dr["奖金"] = this.txtJJ.Text.Trim();
        //实例化一个 SqlCommandBuilder
        SqlCommandBuilder cmdbuilder = new SqlCommandBuilder(sda);
        //调用其 Update()方法，将 DataTable 更新到数据库中
        sda.Update(dt);
}
private void dataGridView1_CellClick(object sender, DataGridViewCellEventArgs e)
{
        //在 dataGridView1 控件的 CellClick 事件中实现单击某条数据显示详细信息
        txtNo.Text = dataGridView1.SelectedCells[0].Value.ToString();
        txtName.Text = dataGridView1.SelectedCells[1].Value.ToString();
        txtSex.Text = dataGridView1.SelectedCells[2].Value.ToString();
        txtAge.Text = dataGridView1.SelectedCells[3].Value.ToString();
        txtJJ.Text = dataGridView1.SelectedCells[4].Value.ToString();
}
```

程序的运行结果如图 13.23 所示。

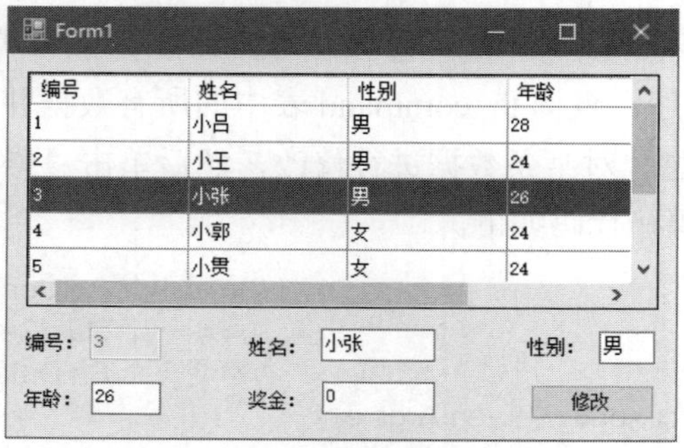

图 13.23　更新数据源

说明

在 DataTable 对象上可以多次使用 Fill()方法。如果主键存在，则传入行会与已有的匹配行合并；如果主键不存在，则传入行会追加到 DataTable 中。

13.7　DataSet 对象

13.7.1　DataSet 对象概述

DataSet 对象就像存放于内存中的一个小型数据库。它可以包含数据表、数据列、数据行、视图、约束以及关系。通常，DataSet 的数据来源于数据库或者 XML，为了从数据库中获取数据，需要使用数据适配器从数据库中查询数据。

例如，使用数据适配器从数据库中查询数据，调用其 Fill()方法填充 DataSet 对象，代码如下。

```
//连接数据库
conn = new SqlConnection("server=.;database=db_CSharp;uid=sa;pwd=");
DataSet ds = new DataSet();                                        //创建一个 DataSet
SqlDataAdapter sda = new SqlDataAdapter("select * from tb_test", conn);   //创建一个 SqlDataAdapter 对象
sda.Fill(ds);                                                     //使用 Fill()方法填充 DataSet
```

13.7.2　合并 DataSet 内容

可以使用 DataSet 的 Merge()方法将 DataSet、DataTable 或 DataRow 数组的内容并入现有的 DataSet 中。Merge()方法将指定的 DataSet 及其架构与当前的 DataSet 合并，在此过程中，将根据给定的参数保留或放弃在当前 DataSet 中的更改并处理不兼容的架构。

语法如下。

```
public void Merge (
        DataSet dataSet,
        bool preserveChanges,
        MissingSchemaAction    missingSchemaAction
)
```

☑　dataSet：其数据和架构将被合并到 DataSet 中。

☑　preserveChanges：要保留当前 DataSet 中的更改，则为 true；否则为 false。

☑　missingSchemaAction：MissingSchemaAction 枚举值之一。

MissingSchemaAction 枚举成员及说明如表 13.7 所示。

表 13.7　MissingSchemaAction 枚举成员及说明

枚 举 成 员	说　　　明
Add	添加必需的列以完成架构
AddWithKey	添加必需的列和主键信息以完成架构，用户可以在每个 DataTable 上显式设置主键约束。这将确保对与现有记录匹配的传入记录进行更新，而不是追加
Error	如果缺少指定的列映射，则生成 InvalidOperationException
Ignore	忽略额外列

📢**注意**

当 DataSet 对象为 null 时，无法进行合并。

【例 13.9】 合并数据集内容并显示（实例位置：资源包\TM\sl\13\9）

创建一个 Windows 应用程序，向窗体中添加一个 DataGridView 控件。首先获取数据表 tb_test 中的数据，并存储在 DataSet 对象 ds 中，然后再获取数据表 tb_man 中的数据，存储在另一个 DataSet 对象 ds1 中。最后调用 DataSet 对象的 Merge()方法，将 ds 与 ds1 合并，代码如下。

```
SqlConnection conn;
private void Form1_Load(object sender, EventArgs e)
{
    //实例化 SqlConnection 变量 conn，连接数据库
    conn = new SqlConnection("server=.;database=db_CSharp;uid=sa;pwd=");
    //创建两个 DataSet
    DataSet ds = new DataSet();
    DataSet ds1 = new DataSet();
    //创建一个 SqlDataAdapter 对象
    SqlDataAdapter sda = new SqlDataAdapter("select * from tb_test", conn);
    //使用 Fill()方法填充 DataSet
    sda.Fill(ds);
    //创建一个 SqlDataAdapter 对象
    SqlDataAdapter sda1 = new SqlDataAdapter("select * from tb_man", conn);
    //创建一个 SqlCommandBuilder 对象
    SqlCommandBuilder sbl = new SqlCommandBuilder(sda1);
    //使用 Fill()方法填充 DataSet
    sda1.Fill(ds1);
    //使用 Merge()方法将 ds 合并到 ds1 中
    ds1.Merge(ds,true,MissingSchemaAction.AddWithKey);
    //设置 dataGridView1 控件的数据源
    dataGridView1.DataSource = ds1.Tables[0];
}
```

程序的运行结果如图 13.24 所示。

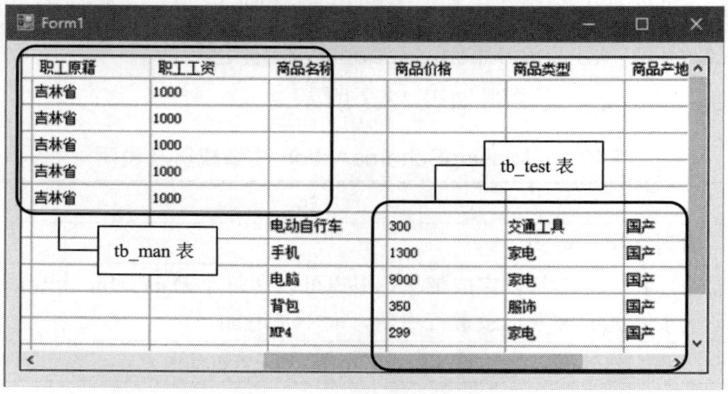

图 13.24　合并 DataSet

13.7.3 复制 DataSet 内容

为了在不影响原始数据的情况下使用数据，或者使用 DataSet 中数据的子集，可以创建 DataSet 的副本。当复制 DataSet 时，可以进行以下操作。

☑ 创建 DataSet 的原样副本，其中包含架构、数据、行状态信息和行版本。

☑ 创建包含现有 DataSet 的架构但仅包含已修改行的 DataSet。可以返回已修改的所有行或者指定特定的 DataRowState。有关行状态的更多信息，可参见行状态与行版本。

☑ 仅复制 DataSet 的架构（即关系结构），而不复制任何行。可以使用 ImportRow 将行导入现有的 DataTable。

可以使用 DataSet 对象的 Copy()方法创建包含架构和数据的 DataSet 的原样副本。Copy()方法的功能是复制指定 DataSet 的结构和数据。

语法如下。

```
public DataSet Copy ()
```

☑ 返回值：新的 DataSet，具有与该 DataSet 相同的结构（表架构、关系和约束）和数据。

【例 13.10】 复制 DataSet 数据集的内容（实例位置：资源包\TM\sl\13\10）

创建一个 Windows 应用程序，向窗体中添加两个 DataGridView 控件和一个 Button 控件。第一个 DataGridView 控件用于显示数据表 tb_test 中的数据，当单击 Button 控件后，通过 DataSet 对象的 Copy() 方法复制第一个 DataGridView 控件的 DataSet，并作为第二个 DataGridView 控件的数据源，代码如下。

```
SqlConnection conn;                                     //声明一个 SqlConnection 变量
DataSet ds;                                             //声明一个 DataSet 变量
private void Form1_Load(object sender, EventArgs e)
{
    //实例化 SqlConnection 变量 conn，连接数据库
    conn = new SqlConnection("server=.;database=db_CSharp;uid=sa;pwd=");
    //创建一个 SqlCommand 对象
    SqlCommand cmd = new SqlCommand("select * from tb_test",conn);
    //创建一个 SqlDataAdapter 对象
    SqlDataAdapter sda = new SqlDataAdapter();
    //设置 SqlDataAdapter 对象的 SelectCommand 属性，设置执行的 SQL 语句
    sda.SelectCommand = cmd;
    //实例化 DataSet
    ds = new DataSet();
    //使用 SqlDataAdapter 对象的 Fill()方法填充 DataSet
    sda.Fill(ds,"test");
    //设置 dataGridView1 的数据源
    dataGridView1.DataSource = ds.Tables[0];
}
private void button1_Click(object sender, EventArgs e)
{
```

```
        DataSet ds1 = ds.Copy();                    //调用 DataSet 的 Copy()方法复制 ds 中的内容
        dataGridView2.DataSource = ds1.Tables[0];   //将 ds1 作为 dataGridView2 的数据源
}
```

程序的运行结果如图 13.25 所示。

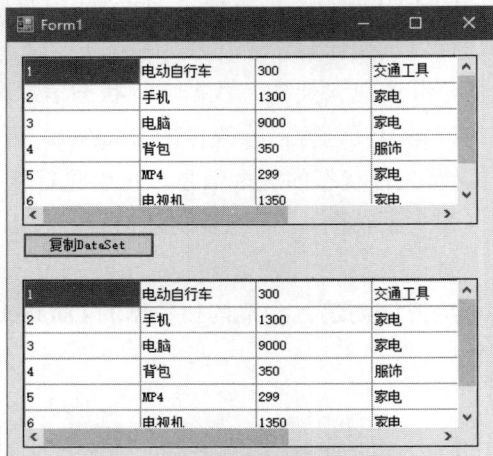

图 13.25　复制 DataSet

编程训练（答案位置：资源包\TM\sl\13\编程训练\）

【训练 9】：查找价格在指定范围内的商品　查找 tb_PDic 数据表中价格（Money 字段）在 100～500 以内的编程词典版本。

【训练 10】：查找名称中包含指定字符的商品　查找 tb_PDic 数据表中名称（Name 字段）包含"C#"的所有数据。

13.8　Entity Framework 编程基础

13.8.1　Entity Framework 概述

Entity Framework（以下简称为 EF）是微软官方发布的 ORM 框架，它是基于 ADO.NET 的。通过 EF 可以很方便地将表映射到实体对象或将实体对象转换为数据库表。

> **说明**
>
> ORM 是将数据存储从域对象自动映射到关系型数据库的工具。ORM 主要包括 3 个部分：域对象、关系数据库对象、映射关系。ORM 使类提供自动化 CRUD，使开发人员从数据库 API 和 SQL 中解放出来。

EF 有 3 种使用场景，分别如下。

☑　从数据库生成 Class。

☑　由实体类生成数据库表结构。

☑　通过数据库可视化设计器设计数据库，同时生成实体类。

EF 的 3 种使用场景示意图如图 13.26 所示。

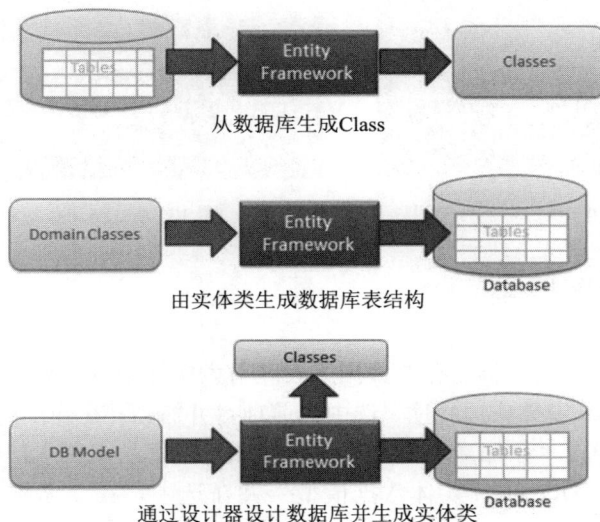

图 13.26　EF 的 3 种使用场景示意图

13.8.2　Entity Framework 实体数据模型

Entity Framework 的实体数据模型（EDM，见图 13.27）包括概念模型、映射和存储模型，分别如下。

☑　概念模型：概念模型由概念架构定义语言文件（.csdl）来定义，包含模型类和它们之间的关系，独立于数据库表的设计。

☑　映射：映射由映射规范语言文件（.msl）来定义，包含有关如何将概念模型映射到存储模型的信息。

☑　存储模型：存储模型由存储架构定义语言文件（.ssdl）来定义，它是数据库设计模型，包括表、视图、存储的过程以及它们的关系和键。

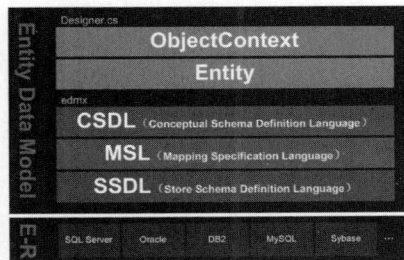

图 13.27　EDM 实体数据模型

EDM 模式在项目中的表现形式就是扩展名为.edmx 的文件，这个文件本质是一个 xml 文件，可以手动编辑此文件以自定义 CSDL、MSL 与 SSDL 这 3 个部分。

13.8.3　Entity Framework 运行环境

Entity Framework 框架曾经是.NET Framework 的一部分，在 Version 6 之后从.NET Framework 中分

离出来。其中，EF 5.0 由两部分组成：EF API 和.NET Framework 4.0/4.5。而 EF 6.0 是独立的 EntityFramework.dll，不依赖.NET Framework。使用 NuGet 即可安装 EF，在安装 Visual Studio 2019 开发环境时，会自动安装 EF 5.0 和 6.0 版本。EF 5.0 运行环境示意图如图 13.28 所示，EF 6.0 运行环境示意图如图 13.29 所示。

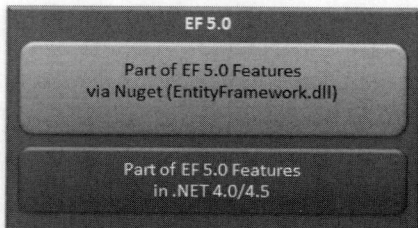

图 13.28　EF 5.0 运行环境示意图

图 13.29　EF 6.0 运行环境示意图

13.8.4　创建实体数据模型

下面以 db_EMS 数据库为例，将已有的数据库表映射为实体数据，操作步骤如下。

（1）创建一个 Windows 窗体应用程序，选中当前项目并右击，在弹出的快捷菜单中依次选择"添加"→"新建项"命令，弹出"添加新项"对话框，并该对话框的左侧"已安装"下选择"Visual C# 项"，在右侧列表中找到"ADO.NET 实体数据模型"并在选中，在"名称"文本框中输入实体数据模型的名称，可以与数据库名相同，如图 13.30 所示，然后单击"添加"按钮。

（2）弹出"实体数据模型向导"对话框，在该对话框中选择"来自数据库的 EF 设计器"，如图 13.31 所示。

图 13.30　选择"ADO.NET 实体数据模型"

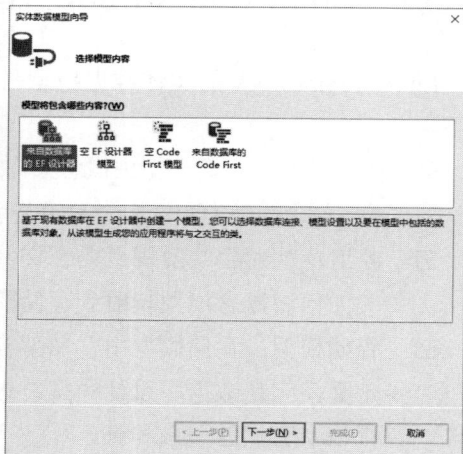

图 13.31　选择"来自数据库的 EF 设计器"

（3）单击"下一步"按钮，在弹出的窗口中单击"新建连接"按钮，弹出"选择数据源"对话框，如图 13.32 所示。在该对话框中选择"Microsoft SQL Server"。

（4）单击"继续"按钮，弹出"连接属性"对话框，如图 13.33 所示，该对话框中的设置如下。

☑ 数据源：单击"更改"按钮，选择"Microsoft SQL Server (SqlClient)"选项，如果默认为该选项，请忽略。

☑ 服务器名：单击下拉列表右侧的下拉按钮，系统会自动寻找本机名称，如果数据库在本地，那么选择自己的机器名即可。

☑ 身份验证：在"身份验证"下拉列表中选择"SQL Server 身份验证"选项，填写用户名和密码（数据库登录名和密码）。

图 13.32　"选择数据源"对话框

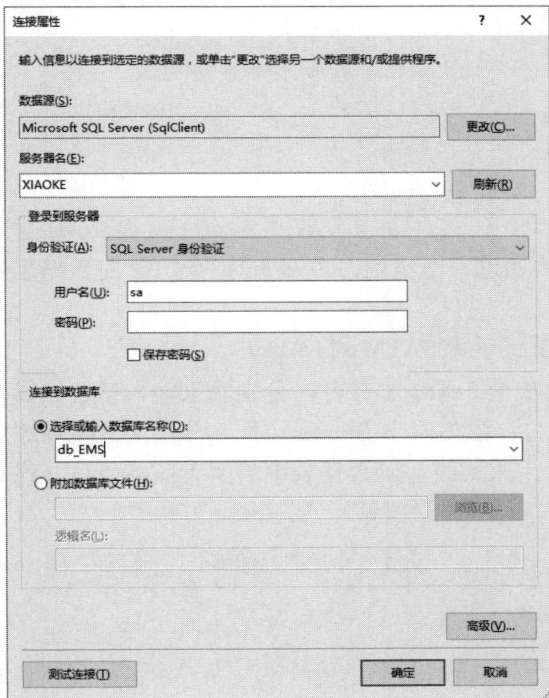

☑ 选中"选择或输入数据库名称"单选按钮，在其下拉列表中单击右侧的下拉按钮，找到想要映射的数据库名称，本例为 db_EMS。

（5）以上信息配置完毕后，单击"确定"按钮，返回"实体数据模型向导"对话框。单击"下一步"按钮，跳转到"选择您的版本"对话框，如图 13.34 所示。在该对话框中可以根据自己的实际需要进行选择，这里选中"实体框架 6.x"单选按钮。

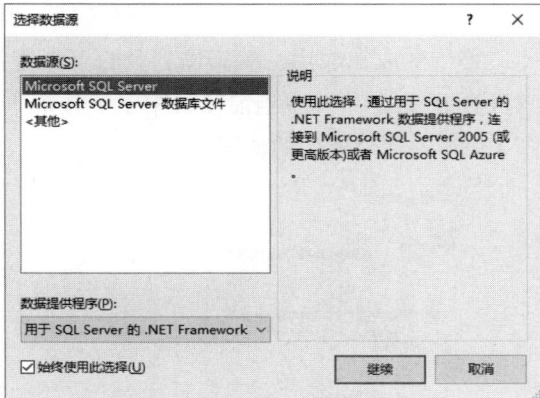

图 13.33　配置连接数据库

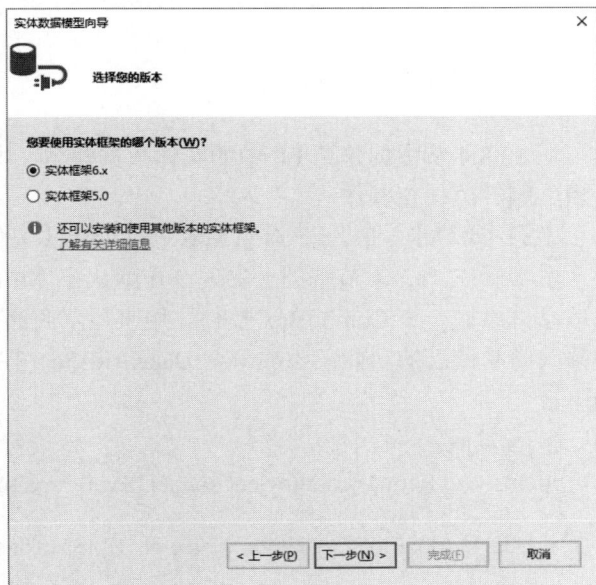

图 13.34　"选择您的版本"对话框

（6）单击"下一步"按钮，跳转到"选择您的数据库对象和设置"对话框，这里暂时用不到"视图"或"存储过程和函数"，所以只选择"表"选项即可，如图 13.35 所示，单击"完成"按钮。

等待生成完成后，编辑器自动打开模型图页面以展示关联性，这里直接关闭即可。打开"解决方案资源管理器"，发现当前项目中多了一个"db_EMS.edmx"文件，这就是模型实体和数据库上下文类。图 13.36 为整个架构的情况。

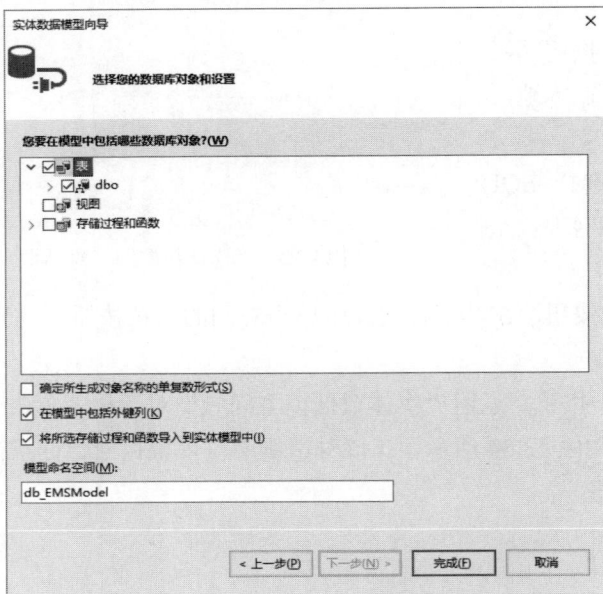

图 13.35　选择要映射的内容（此处选择"表"）

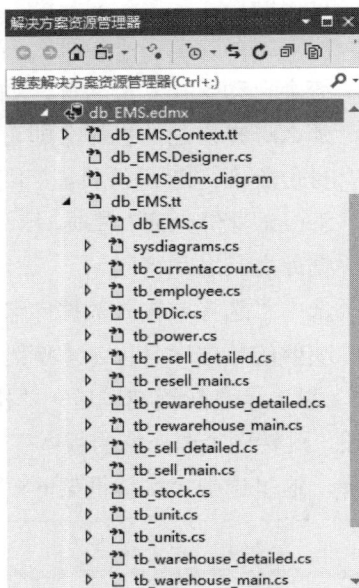

图 13.36　EF 生成实体架构

13.8.5　数据表操作

在 13.8.4 节中创建了 EF 中的实体数据模型，本节将通过一个实例，讲解如何通过 EF 对数据表进行增、删、改、查操作。

【例 13.11】 通过 EF 对数据表进行操作（**实例位置：资源包\TM\sl\13\11**）

本实例在 13.8.4 节基础上实现。在默认窗体中添加 7 个 TextBox 控件，分别用来输入或者编辑商品信息；添加一个 ComboBox 控件，用来显示商品的单位；添加两个 Button 控件，分别用来实现添加和修改商品信息的功能；添加一个 DataGridView 控件，用来实时显示数据表中的所有商品信息，代码如下。

```csharp
string strID = "";                                      //记录选中的商品编号
private void Form1_Load(object sender, EventArgs e)
{
    using (db_EMSEntities db = new db_EMSEntities())
    {
        dgvInfo.DataSource = db.tb_stock.ToList();      //显示数据表中所有信息
    }
}
private void btnAdd_Click(object sender, EventArgs e)
```

```
{
    using (db_EMSEntities db = new db_EMSEntities())
    {
        tb_stock stock = new tb_stock
        {
            //为 tb_stock 类中的商品实体赋值
            tradecode = txtID.Text,
            fullname = txtName.Text,
            unit = cbox.Text,
            type = txtType.Text,
            standard = txtISBN.Text,
            produce = txtAddress.Text,
            qty = Convert.ToInt32(txtNum.Text),
            price = Convert.ToDouble(txtPrice.Text)
        };
        db.tb_stock.Add(stock);                              //构造添加 SQL 语句
        db.SaveChanges();                                    //进行数据库添加操作
        dgvInfo.DataSource = db.tb_stock.ToList();           //重新绑定数据源
    }
}
private void btnEdit_Click(object sender, EventArgs e)
{
    using (db_EMSEntities db = new db_EMSEntities())
    {
        tb_stock stock = new tb_stock { tradecode = txtID.Text, fullname = txtName.Text };
        db.tb_stock.Attach(stock);                           //构造修改 SQL 语句
        //重新为各个字段赋值
        stock.unit = cbox.Text;
        stock.type = txtType.Text;
        stock.standard = txtISBN.Text;
        stock.produce = txtAddress.Text;
        stock.qty = Convert.ToInt32(txtNum.Text);
        stock.price = Convert.ToDouble(txtPrice.Text);
        db.SaveChanges();                                    //进行数据库修改操作
        dgvInfo.DataSource = db.tb_stock.ToList();           //重新绑定数据源
    }
}
private void 删除 ToolStripMenuItem_Click(object sender, EventArgs e)
{
    using (db_EMSEntities db = new db_EMSEntities())
    {
        //查找要删除的记录
        tb_stock stock = db.tb_stock.Where(W => W.tradecode == strID).FirstOrDefault();
        if (stock != null)                                   //判断要删除的记录是否存在
        {
            db.tb_stock.Remove(stock);                       //构造删除 SQL 语句
            db.SaveChanges();                                //执行删除操作
            dgvInfo.DataSource = db.tb_stock.ToList();       //重新绑定数据源
            MessageBox.Show("商品信息删除成功");
```

```
                }
            else
                MessageBox.Show("请选择要删除的商品！");
        }
    }
    private void dgvInfo_CellClick(object sender, DataGridViewCellEventArgs e)
    {
        if (e.RowIndex > 0)                                    //判断是否选择了行
        {
            //获取选中的商品编号
            strID = Convert.ToString(dgvInfo[0, e.RowIndex].Value).Trim();
            using (db_EMSEntities db = new db_EMSEntities())
            {
                //获取指定编号的商品信息
                tb_stock stock = db.tb_stock.Where(W => W.tradecode == strID).FirstOrDefault();
                if (stock != null)                             //判断查询结果是否为空
                {
                    txtID.Text = stock.tradecode;              //显示商品编号
                    txtName.Text = stock.fullname;             //显示商品全称
                    cbox.Text = stock.unit;                    //显示商品单位
                    txtType.Text = stock.type;                 //显示商品类型
                    txtISBN.Text = stock.standard;             //显示商品规格
                    txtAddress.Text = stock.produce;           //显示商品产地
                    txtNum.Text = stock.qty.ToString();        //显示商品数量
                    txtPrice.Text = stock.price.ToString();    //显示商品价格
                }
            }
        }
    }
```

程序运行结果如图 13.37 所示。

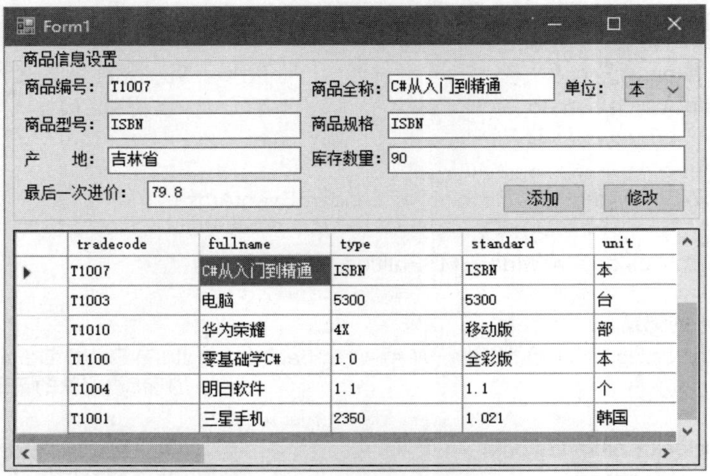

图 13.37　通过 EF 对数据表进行增、删、改、查操作

编程训练（答案位置：资源包\TM\sl\13\编程训练\）

【训练11】：**使用 EF 技术实现数据的添加功能**　通过 EF 技术对 db_EMS 数据库中的 tb_employee 数据表执行添加数据的操作，同时将该表中的数据显示到 DataGridView 控件中。

【训练12】：**使用 EF 技术实现数据的删除功能**　通过 EF 技术实现删除 db_EMS 数据库中 tb_employee 数据表内指定数据的功能。

13.9　实践与练习

（答案位置：资源包\TM\sl\13\实践与练习\）

综合练习 1：批量写入数据　通过 INSERT 语句可以向数据库中写入数据记录，但是每执行一次 INSERT INTO 语句只可以写入一条数据记录，那么怎样可以实现批量写入数据呢？本练习可以通过在 INSERT INTO 语句中嵌入 SELECT 语句，将 SELECT 语句的查询结果写入指定的数据表，从而实现批量写入数据的功能。

综合练习 2：综合查询职工信息　本练习要求使用综合条件查询来查询职工的详细信息。运行程序，在"设置查询条件"区域设置要查询的职工信息，单击"查询"按钮，即可按设置的条件查询职工信息，并将查询到的信息显示在窗体下方的数据表格中。参考效果如图 13.38 所示。

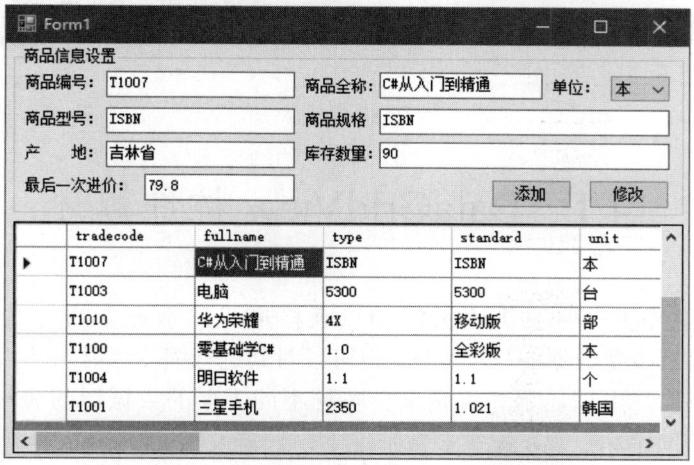

图 13.38　综合查询职工信息

综合练习 3：查询销售量占前 50%的商品信息　本练习要求实现在销售信息表中查询销售数量占前 50%的商品信息。（提示：使用 top 50 percent 进行查询。）

第 14 章

DataGridView 数据控件

开发 WinForms 应用程序需要使用数据库存储数据。使用 DataGridView 控件可以快速地将数据库中的数据显示给用户，并且可以通过 DataGridView 控件直接对数据进行操作，大大提高了操作数据库的效率。本章将详细介绍 DataGridView 数据控件，讲解过程中为了便于读者理解，结合了大量的实例。

本章知识架构及重点、难点如下。

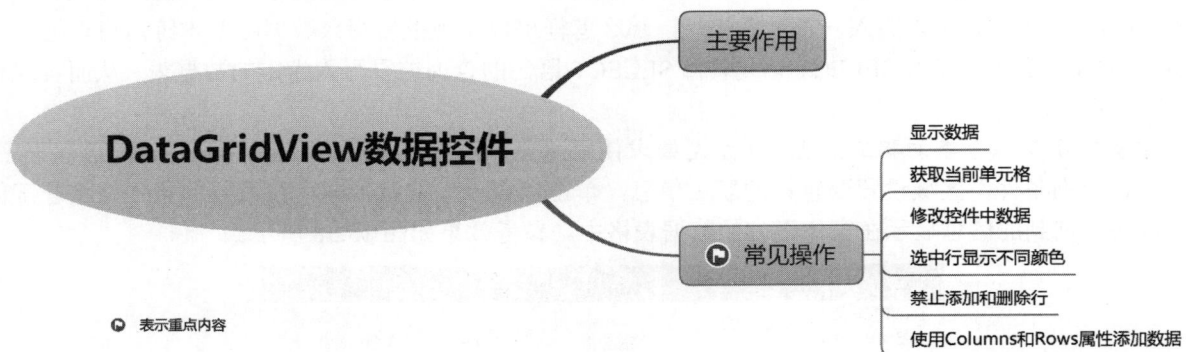

14.1　DataGridView 控件概述

DataGridView 控件提供一种强大而灵活的以表格形式显示数据的方式。编程人员可以使用 DataGridView 控件来显示少量数据的只读视图，也可以对其进行缩放以显示特大数据集的可编辑视图。使用 DataGridView 控件，可以显示和编辑来自多种不同类型的数据源的表格数据。将数据绑定到 DataGridView 控件非常简单和直观，在大多数情况下，只需设置 DataSource 属性即可。DataGridView 控件具有极高的可配置性和可扩展性，它提供了大量的属性、方法和事件，可以用来对该控件的外观和行为进行自定义。当需要在 Windows 窗体应用程序中显示表格数据时，首先应考虑使用 DataGridView 控件。若要以小型网格显示只读值或者使用户能够编辑具有数百万条记录的表，DataGridView 控件将提供可以方便地进行编程并有效利用内存的解决方案。

14.2　DataGridView 控件显示数据

通过 DataGridView 控件显示数据表中的数据，首先需要使用 DataAdapter 对象查询指定的数据，然后通过该对象的 Fill()方法填充 DataSet，最后设置 DataGridView 控件的 DataSource 属性为 DataSet 的表格数据。

DataSource 属性用于获取或设置 DataGridView 控件所显示数据的数据源。语法格式如下。

```
public Object DataSource { get; set; }
```

☑　属性值：包含 DataGridView 控件要显示的数据的对象。

【例 14.1】　使用表格显示员工信息（实例位置：资源包\TM\sl\14\1）

创建一个 Windows 应用程序，向窗体中添加一个 DataGridView 控件，然后将数据表 tb_emp 中的数据绑定到控件中，代码如下。

```
private void Form1_Load(object sender, EventArgs e)
{
    //实例化 SqlConnection 变量 conn，连接数据库
    SqlConnection conn = new SqlConnection("server=.;database=db_CSharp;uid=sa;pwd=");
    //创建一个 SqlDataAdapter 对象
    SqlDataAdapter sda = new SqlDataAdapter("select * from tb_emp",conn);
    //创建一个 DataSet 对象
    DataSet ds = new DataSet();
    //使用 SqlDataAdapter 对象的 Fill()方法填充 DataSet
    sda.Fill(ds,"emp");
    //设置 dataGridView1 控件数据源
    dataGridView1.DataSource = ds.Tables[0];
}
```

程序的运行结果如图 14.1 所示。

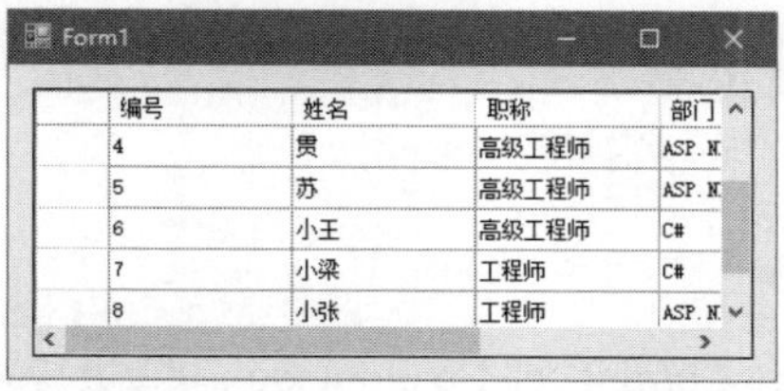

图 14.1　显示 tb_emp 数据表中的数据

> **说明**
>
> 在用 DataGridView 控件显示数据时，可以将 Columns[列的索引号]属性的 Visible 属性设置为 false，以隐藏指定的列。

14.3　获取 DataGridView 控件当前单元格

若要与 DataGridView 进行交互，通常要求通过编程方式发现哪个单元格处于活动状态。如果需要更改当前单元格，可通过 DataGridView 控件的 CurrentCell 属性来获取当前单元格信息。

CurrentCell 属性用于获取当前处于活动状态的单元格。

语法格式如下。

```
public DataGridViewCell CurrentCell { get; set; }
```

☑　属性值：表示当前单元格的 DataGridViewCell，如果没有当前单元格，则为空引用。默认值是第一列中的第一个单元格，如果控件中没有单元格，则为空引用。

【例 14.2】　获取选中单元格的信息（实例位置：资源包\TM\sl\14\2）

创建一个 Windows 应用程序，向窗体中添加一个 DataGridView 控件、一个 Button 控件和一个 Label 控件，主要用于显示数据、获取指定单元格信息以及显示单元格信息。单击 Button 控件之后，会通过 DataGridView 的 CurrentCell 属性来获取当前单元格信息，代码如下。

```csharp
SqlConnection conn;                              //声明一个 SqlConnection 变量
SqlDataAdapter sda;                              //声明一个 SqlDataAdapter 变量
DataSet ds = null;                               //声明一个 DataSet 变量
private void Form1_Load(object sender, EventArgs e)
{
    //实例化 SqlConnection 变量 conn，连接数据库
    conn = new SqlConnection("server=.;database=db_CSharp;uid=sa;pwd=");
    //实例化 SqlDataAdapter 对象
    sda = new SqlDataAdapter("select * from tb_teacher", conn);
    //实例化 DataSet 对象
    ds = new DataSet();
    //使用 SqlDataAdapter 对象的 Fill()方法填充 DataSet
    sda.Fill(ds, "teacher");
    //设置 dataGridView1 控件的数据源
    dataGridView1.DataSource = ds.Tables[0];
}
private void button1_Click(object sender, EventArgs e)
{
    //使用 CurrentCell.RowIndex 和 CurrentCell.ColumnIndex 获取数据的行和列坐标
    string msg = String.Format("第{0}行,第{1}列", dataGridView1.CurrentCell.RowIndex,
    dataGridView1.CurrentCell.ColumnIndex);
    label1.Text = "选择的单元格为： " + msg;
}
```

程序的运行结果如图 14.2 所示。

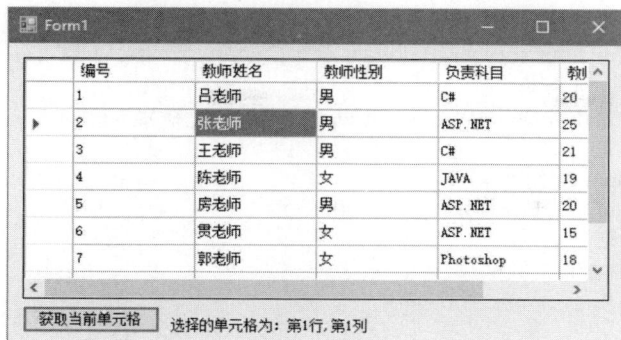

图 14.2　获取单元格的信息

14.4　修改 DataGridView 控件中数据

在 DataGridView 控件中修改数据，主要用到 DataTable 的 ImportRow()方法和 DataAdapter 对象的 Update()方法。实现的过程是通过 DataTable 的 ImportRow()方法将更改后的数据复制到一个 DataTable 中，然后通过 DataAdapter 对象的 Update()方法，将 DataTable 中的数据更新到数据库中。

ImportRow()方法用于将 DataRow 复制到 DataTable 中，保留任何属性设置以及初始值和当前值。语法格式如下。

```
public void ImportRow (DataRow row)
```

☑　row：要导入的 DataRow。

DataAdapter 对象的 Update()方法在第 13 章已经做过详细介绍，此处不再赘述。下面通过一个实例演示如何在 DataGridView 控件中直接修改数据，然后进行批量更新。

误区警示

默认情况下，用户可以通过在当前 DataGridView 文本框单元格中输入或按 F2 键来编辑该单元格的内容。在控件单元格中编辑内容的前提是 DataGridView 控件已启用，并且单元格、行、列和控件的 ReadOnly 属性都设置为 false。ReadOnly 属性用于指示用户是否可以编辑 DataGridView 控件的单元格。

【例 14.3】　在 DataGridView 控件中修改数据（**实例位置：资源包\TM\sl\14\3**）

创建一个 Windows 应用程序，向窗体中添加一个 DataGridView 控件和两个 Button 控件。DataGridView 控件用于显示、修改数据，两个 Button 控件分别用于加载数据和将修改后的数据更新到数据库中，代码如下。

```
SqlConnection conn;                              //声明一个 SqlConnection 变量
SqlDataAdapter adapter;                          //声明一个 SqlDataAdapter 变量
private void button1_Click(object sender, EventArgs e)
{
```

```
    //实例化 SqlConnection 变量 conn，连接数据库
    conn = new SqlConnection("server=.;database=db_CSharp;uid=sa;pwd=");
    //实例化 SqlDataAdapter 对象
    SqlDataAdapter sda = new SqlDataAdapter("select * from tb_emp",conn);
    //实例化 DataSet 对象
    DataSet ds = new DataSet();
    //使用 SqlDataAdapter 对象的 Fill()方法填充 DataSet
    sda.Fill(ds);
    //设置 dataGridView1 控件的数据源
    dataGridView1.DataSource = ds.Tables[0];
    //禁止显示行标题
    dataGridView1.RowHeadersVisible = false;
    //使用 for 循环设置控件的列宽
    for (int i = 0; i < dataGridView1.ColumnCount;i++ )
    {
        dataGridView1.Columns[i].Width = 84;
    }
    //禁用按钮
    button1.Enabled = false;
    //将控件设置为只读
    dataGridView1.Columns[0].ReadOnly = true;
}
private DataTable dbconn(string strSql)              //建立一个 DataTable 类型的方法
{
    conn.Open();                                    //打开连接
    this.adapter = new SqlDataAdapter(strSql, conn);//实例化 SqlDataAdapter 对象
    DataTable dtSelect = new DataTable();           //实例化 DataTable 对象
    int rnt = this.adapter.Fill(dtSelect);          //使用 Fill()方法填充 DataTable 对象
    conn.Close();                                   //关闭连接
    return dtSelect;                                //返回 DataTable 对象
}
private void button2_Click(object sender, EventArgs e)
{
    if (dbUpdate())                                 //判断 dbUpdate()方法返回的值是否为 true
    {
        MessageBox.Show("修改成功！");               //弹出提示
    }
}
private Boolean dbUpdate()                           //建立一个 Boolean 类型的 dbUpdate()方法
{
    string strSql = "select * from tb_emp";         //声明 SQL 语句
    DataTable dtUpdate = new DataTable();           //实例化 DataTable
    dtUpdate = this.dbconn(strSql);                 //调用 dbconn()方法
    dtUpdate.Rows.Clear();                          //调用 Clear()方法
    DataTable dtShow = new DataTable();             //实例化 DataTable
    dtShow = (DataTable)this.dataGridView1.DataSource;
    for (int i = 0; i < dtShow.Rows.Count; i++)     //使用 for 循环遍历行
    {
        dtUpdate.ImportRow(dtShow.Rows[i]);         //使用 ImportRow()方法复制 dtShow 中的值
```

```
        }
        try
        {
            this.conn.Open();                              //打开连接
            SqlCommandBuilder CommandBuilder;              //声明 SqlCommandBuilder 变量
            CommandBuilder = new SqlCommandBuilder(this.adapter);
            this.adapter.Update(dtUpdate);                 //调用 Update()方法更新数据
            this.conn.Close();                             //关闭连接
        }
        catch (Exception ex)
        {
            MessageBox.Show(ex.Message.ToString());        //出现异常弹出提示
            return false;
        }
        dtUpdate.AcceptChanges();                          //提交更改
        return true;
    }
```

程序的运行结果如图 14.3 所示。

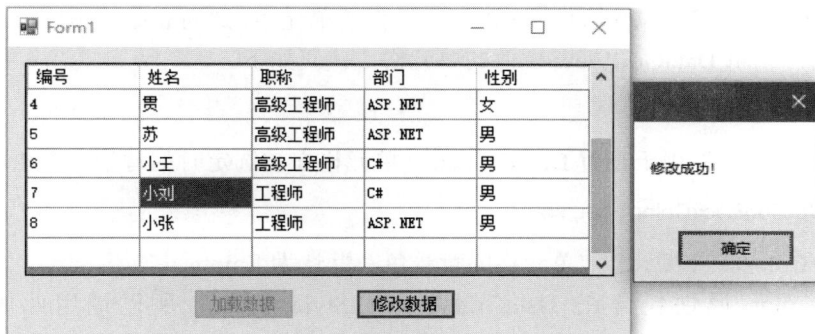

图 14.3　在 DataGridView 控件中修改数据

14.5　设置 DataGridView 控件选中行的颜色

可以利用 DataGridView 控件的 SelectionMode、ReadOnly 和 SelectionBackColor 属性实现当选中 DataGridView 控件中的行时显示不同的颜色。

SelectionMode 用于设置如何选择 DataGridView 的单元格。语法格式如下。

```
public DataGridViewSelectionMode SelectionMode { get; set; }
```

☑　属性值：DataGridViewSelectionMode 值之一，默认为 RowHeaderSelect。
DataGridViewSelectionMode 枚举值及说明如表 14.1 所示。

表 14.1　DataGridViewSelectionMode 枚举值及说明

枚　举　值	说　　　　明
CellSelect	可以选定一个或多个单元格
ColumnHeaderSelect	可以通过单击列的标头单元格选定此列，通过单击某个单元格可以单独选定此单元格
FullColumnSelect	通过单击列的标头或该列所包含的单元格选定整个列
FullRowSelect	通过单击行的标头或是该行所包含的单元格选定整个行
RowHeaderSelect	通过单击行的标头单元格选定此行，通过单击某个单元格可以单独选定此单元格

说明

在更改 SelectionMode 属性的值时，会清除当前的选择，所以在更改行的颜色时，要注意更改和选中的顺序。

ReadOnly 属性用于设置是否可以编辑 DataGridView 控件的单元格。语法格式如下。

public bool ReadOnly { get; set; }

☑　属性值：如果用户不能编辑 DataGridView 控件的单元格，则为 true；否则为 false。默认为 false。例如，禁止用户编辑 DataGridView 控件的单元格，代码如下。

dataGridView1.ReadOnly = true;

SelectionBackColor 属性用于设置 DataGridView 单元格在被选定时的背景色。语法格式如下。

public Color SelectionBackColor { get; set; }

☑　属性值：Color，它表示选定单元格的背景色，默认为 Empty。

SelectionBackColor 属性包含在 DataGridViewCellStyle 类中，所以调用此属性之前要调用 DataGridViewCellStyle 属性。

【例 14.4】 选中某行时显示不同的颜色（实例位置：资源包\TM\sl\14\4）

创建一个 Windows 应用程序，向窗体中添加一个 DataGridView 控件，用于显示 tb_emp 表中的所有数据。然后通过 DataGridView 控件的 SelectionMode、ReadOnly 和 SelectionBackColor 属性实现选中某一行时，行的背景变色，代码如下。

```
SqlConnection conn;                                    //声明 SqlConnection 变量
private void Form1_Load(object sender, EventArgs e)
{
    //实例化 SqlConnection 变量 conn，连接数据库
    conn = new SqlConnection("server=.;database=db_CSharp;uid=sa;pwd=");
    //实例化 SqlDataAdapter 对象
    SqlDataAdapter sda = new SqlDataAdapter("select * from tb_emp", conn);
    //实例化 DataSet 对象
    DataSet ds = new DataSet();
    //使用 SqlDataAdapter 对象的 Fill()方法填充 DataSet
    sda.Fill(ds);
    //设置 dataGridView1 控件的数据源
    dataGridView1.DataSource = ds.Tables[0];
```

```
//设置 SelectionMode 属性为 FullRowSelect，使控件能够整行选择
dataGridView1.SelectionMode = DataGridViewSelectionMode.FullRowSelect;
//设置 dataGridView1 控件的 ReadOnly 属性，使其为只读
dataGridView1.ReadOnly = true;
//设置 dataGridView1 控件的 DefaultCellStyle.SelectionBackColor 属性，使其选择行为黄绿色
dataGridView1.DefaultCellStyle.SelectionBackColor = Color.YellowGreen;
}
```

程序的运行结果如图 14.4 所示。

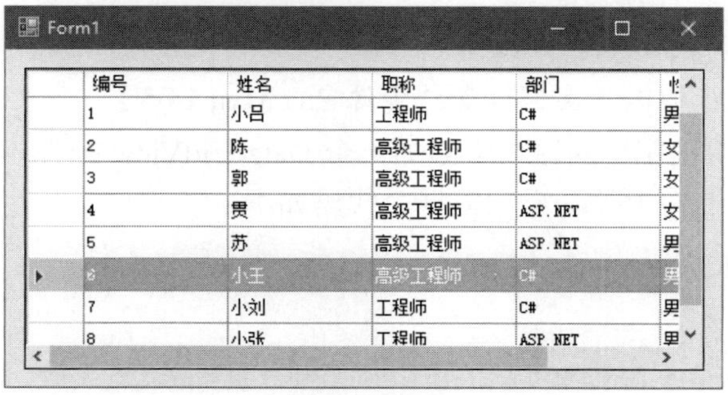

图 14.4　选中的行显示颜色

14.6　禁止在 DataGridView 控件中添加和删除行

通过设置 DataGridView 控件的公共属性 AllowUserToAddRows、AllowUserToDeleteRows 和 ReadOnly，可以禁止在 DataGridView 控件中添加和删除行。AllowUserToAddRows 属性设置一个值，该值指示是否向用户显示添加行的选项；AllowUserToDeleteRows 属性设置一个值，该值指示是否允许用户从 DataGridView 中删除行；ReadOnly 属性设置一个指示网格是否处于只读模式的值。

例如，禁止在 DataGridView 控件中添加和删除行，可以通过下面的代码实现。

```
dataGridView1.AllowUserToAddRows = false;        //禁止添加行
dataGridView1.AllowUserToDeleteRows = false;     //禁止删除行
dataGridView1.ReadOnly = true;                   //控件中的数据为只读
```

14.7　使用 Columns 和 Rows 属性添加数据

通过设置 DataGridView 控件的 Columns 和 Rows 属性值，可以向数据控件 DataGridView 中添加数据项，使其能够手动添加数据。

Columns 属性用于获取一个包含控件中所有列的集合。语法格式如下。

```
public DataGridViewColumnCollection Columns { get; }
```

☑　属性值：一个 DataGridViewColumnCollection，包含 DataGridView 控件中的所有列。

Rows 属性获取一个集合，该集合包含 DataGridView 控件中的所有行。语法格式如下。

```
public DataGridViewRowCollection Rows { get; }
```

☑ 属性值：一个 DataGridViewRowCollection，包含 DataGridView 控件中的所有行。

说明

如果想在 DataGridView 控件的单元格中添加下拉列表，可以通过 DataGridViewCombo BoxColumn 类来实现。

【例 14.5】 动态添加行数据（实例位置：资源包\TM\sl\14\5）

创建一个 Windows 应用程序，向窗体中添加一个 DataGridView 控件，在窗体的 Load 事件中通过 Columns 和 Rows 属性，向控件中手动添加数据，代码如下。

```
private void Form1_Load(object sender, EventArgs e)
{
    //指定 DataGridView 控件显示的列数
    dataGridView1.ColumnCount = 4;
    dataGridView1.ColumnHeadersVisible = true;            //显示列标题
    //设置 DataGridView 控件标题列的样式
    DataGridViewCellStyle columnHeaderStyle = new DataGridViewCellStyle();
    //设置列标题的背景颜色
    columnHeaderStyle.BackColor = Color.Beige;
    //设置列标题的字体大小、样式
    columnHeaderStyle.Font = new Font("Verdana", 10, FontStyle.Bold);
    dataGridView1.ColumnHeadersDefaultCellStyle = columnHeaderStyle;
    //设置 DataGridView 控件的标题列名
    dataGridView1.Columns[0].Name = "编号";
    dataGridView1.Columns[1].Name = "姓名";
    dataGridView1.Columns[2].Name = "年龄";
    dataGridView1.Columns[3].Name = "性别";
    //建立 6 行数据
    string[ ] row1 = new string[ ] { "0001", "小吕", "28","男" };
    string[ ] row2 = new string[ ] { "0002", "小张", "27", "男" };
    string[ ] row3 = new string[ ] { "0003", "小郭", "24", "女" };
    string[ ] row4 = new string[ ] { "0004", "小贯", "21", "女" };
    string[ ] row5 = new string[ ] { "0005", "小陈", "20", "女" };
    string[ ] row6 = new string[ ] { "0006", "小梁", "23", "男" };
    object[ ] rows = new object[ ] { row1, row2, row3, row4, row5, row6 };
    foreach (string[ ] rowArray in rows)                  //使用 foreach 语句循环添加
    {
        dataGridView1.Rows.Add(rowArray);                 //向控件中添加数据
    }
}
```

程序的运行结果如图 14.5 所示。

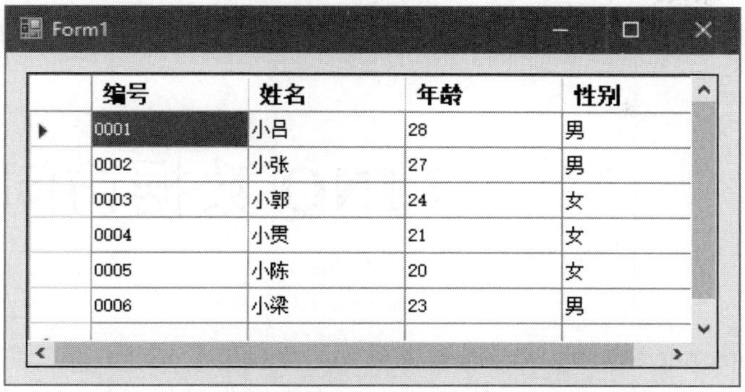

图 14.5　使用 Columns 和 Rows 属性添加数据

14.8　实践与练习

（答案位置: 资源包\TM\sl\14\实践与练习\）

综合练习 1: 在 DataGridView 中显示下拉列表　尝试开发一个程序，要求在 DataGridView 控件中实现一个下拉列表。

综合练习 2: 通过 DataGridView 分页查看数据　创建一个 Windows 窗体应用程序，在默认窗体中添加 6 个 Label 控件，分别用于显示页数索引、总页数和移动到指定分页；添加一个 DataGridView 控件，用于显示分页信息，这里操作的数据库表为 db_EMS 数据库中的 tb_PDic。

综合练习 3: 在 DataGridView 控件的单元格中添加复选框　本练习要求实现在 DataGridView 控件的单元格中添加复选框，当用户对 DataGridView 控件中的数据进行筛选时，可以通过选择复选框来筛选数据记录。

第 15 章

LINQ 数据访问技术

LINQ（Language-Integrated Query，语言集成查询）是微软公司提供的一项新技术，它能够将查询功能直接引入.NET Framework 所支持的编程语言中。查询操作可以通过编程语言自身来传达，而不是以字符串形式嵌入应用程序代码中。LINQ 主要包括 LINQ to SQL、LINQ to DataSet、LINQ to Objects 和 LINQ to XML 4 种关键技术，本章将对其进行详细讲解。

本章知识架构及重点、难点如下。

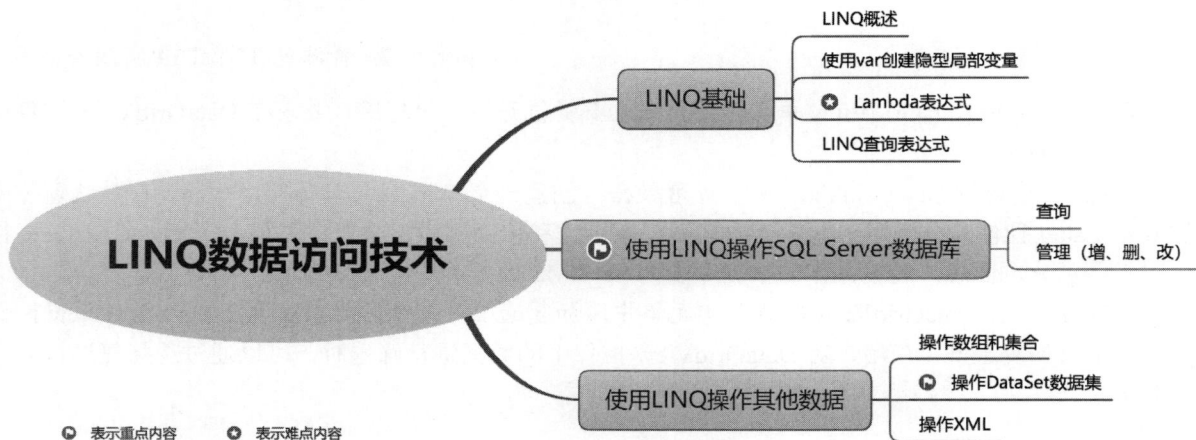

15.1 LINQ 基础

15.1.1 LINQ 概述

LINQ 可以为 C#和 Visual Basic 提供强大的查询功能。LINQ 引入了标准的、易于学习的查询和更新数据模式，可以对其技术进行扩展以支持几乎任何类型的数据存储。Visual Studio 2019 包含 LINQ 提供程序的程序集，这些程序集支持将 LINQ 与.NET Framework 集合、SQL Server 数据库、ADO.NET 数据集和 XML 文档一起使用，从而在对象领域和数据领域之间架起了一座桥梁。

LINQ 包括 LINQ to ADO.NET、LINQ to Objects 和 LINQ to XML 三部分。其中，LINQ to ADO.NET 可分为 LINQ to SQL 和 LINQ to DataSet。

LINQ 可以查询或操作任何存储形式的数据，LINQ 架构如图 15.1 所示。其组成说明如下。

☑ LINQ to SQL 组件，可以查询基于关系数据库的数据，并对这些数据进行检索、插入、修改、删除、排序、聚合、分区等操作。

☑ LINQ to DataSet 组件，可以查询 DataSet 对象中的数据，并对这些数据进行检索、过滤、排序等操作。

☑ LINQ to Objects 组件，可以查询 Ienumerable 或 Ienumerable<T>集合，也就是可以查询任何可枚举的集合，如数据（Array 和 ArrayList）、泛型列表 List<T>、泛型字典 Dictionary<T>等，以及用户自定义的集合，而不需要使用 LINQ 提供程序或 API。

☑ LINQ to XML 组件，可以查询或操作 XML 结构的数据（如 XML 文档、XML 片段、XML 格式的字符串等），并提供修改文档对象模型的内存文档和支持 LINQ 查询表达式等功能，以及处理 XML 文档的全新编程接口。

LINQ 可以查询或操作任何存储形式的数，如对象（集合、数组、字符串等）、关系（关系数据库、ADO.NET 数据集等）以及 XML。

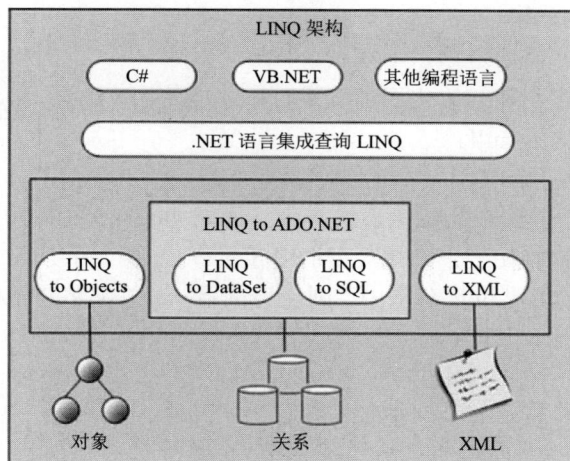

图 15.1　LINQ 架构

15.1.2　使用 var 创建隐型局部变量

var 关键字用来创建隐型局部变量，指示编译器根据初始化语句右侧的表达式推断变量的类型。推断类型可以是内置类型、匿名类型、用户定义类型、.NET Framework 类库中定义的类型或任何表达式。

例如，使用 var 关键字声明一个隐型局部变量，并赋值为 2021，代码如下。

```
var number = 2021;                                    //声明隐型局部变量
```

在很多情况下，var 是可选的，它只是提供了语法上的便利。但在使用匿名类型初始化变量时，需要使用它，这在 LINQ 查询表达式中很常见。由于只有编译器知道匿名类型的名称，因此必须在源代码中使用 var。如果已经使用 var 初始化了查询变量，则还必须使用 var 作为对查询变量进行循环访问的 foreach 语句中迭代变量的类型。

【例 15.1】　单词的大小写转换（实例位置：资源包\TM\sl\15\1）

创建一个控制台应用程序，首先定义一个字符串数组，然后通过定义隐型查询表达式将字符串数组中的单词分别转换为大写和小写，最后循环访问隐型查询表达式，并输出相应的大小写单词，代码如下。

```
static void Main(string[ ] args)
{
    string[ ] strWords = { "MingRi", "XiaoKe", "MRBccd" };        //定义字符串数组
    //定义隐型查询表达式
    var ChangeWord =
        from word in strWords
        select new { Upper = word.ToUpper(), Lower = word.ToLower() };
    //循环访问隐型查询表达式
    foreach (var vWord in ChangeWord)
    {
        Console.WriteLine("大写: {0}, 小写: {1}", vWord.Upper, vWord.Lower);//转换后的单词
    }
    Console.ReadLine();
}
```

程序运行结果如图 15.2 所示。

使用隐式类型的变量时，需要遵循以下规则。

☑ 只有在同一语句中声明和初始化局部变量时，才能使用 var；不能将该变量初始化为 null。

☑ 不能将 var 用于类范围的域。

☑ 由 var 声明的变量不能用在初始化表达式中，比如 var v = v++;，这样编译时会产生错误。

☑ 不能在同一语句中初始化多个隐式类型的变量。

☑ 如果一个名为 var 的类型位于范围中，则当尝试用 var 关键字初始化局部变量时，将产生编译错误。

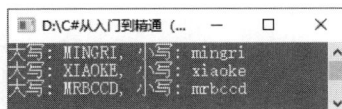

图 15.2 var 关键字的使用

15.1.3 Lambda 表达式

Lambda 表达式是一个匿名函数，包含表达式和语句，可用于创建委托或表达式目录树类型。所有 Lambda 表达式都使用 Lambda 运算符"=>"，（读为 goes to）。Lambda 运算符的左边是输入参数（如果有），右边包含表达式或语句块。例如，Lambda 表达式 x => x * x 读作 x goes to x times x。

Lambda 表达式的基本形式如下。

```
(input parameters) => expression
```

其中，input parameters 表示输入参数，expression 表示表达式。

说明

（1）Lambda 表达式用在基于方法的 LINQ 查询中，作为 Where 和 Where(IQueryable, String, Object[])等标准查询运算符方法的参数。

（2）使用基于方法的语法在 Enumerable 类中调用 Where()方法时（像在 LINQ to Objects 和 LINQ to XML 中那样），参数是委托类型 Func<T, TResult>，使用 Lambda 表达式创建委托最为方便。

（3）在 is 或 as 运算符的左侧不允许使用 Lambda 表达式。

【**例 15.2**】　使用 Lambda 表达式查找包含指定字符的字符串（**实例位置：资源包\TM\sl\15\2**）

创建一个控制台应用程序，首先定义一个字符串数组，然后通过使用 Lambda 表达式查找数组中包含"C#"的字符串，代码如下。

```
static void Main(string[ ] args)
{
    //声明一个数组并初始化
    string[ ] strLists = new string[ ] { "明日科技", "C#编程词典", "C#编程词典珍藏版" };
    //使用 Lambda 表达式查找数组中包含"C#"的字符串
    string[ ] strList = Array.FindAll(strLists, s => (s.IndexOf("C#") >= 0));
    //使用 foreach 语句遍历输出
    foreach (string str in strList)
    {
        Console.WriteLine(str);
    }
    Console.ReadLine();
}
```

程序运行结果如图 15.3 所示。

下列规则适用于 Lambda 表达式中的变量范围。

图 15.3　Lambda 表达式的使用

☑　捕获的变量将不会被作为垃圾回收，直至引用变量的委托超出范围为止。

☑　在外部方法中看不到 Lambda 表达式内引入的变量。

☑　Lambda 表达式无法从封闭方法中直接捕获 ref 或 out 参数。

☑　Lambda 表达式中的返回语句不会导致封闭方法返回。

☑　Lambda 表达式不能包含其目标位于所包含匿名函数主体外部或内部的 goto 语句、break 语句或 continue 语句。

15.1.4　LINQ 查询表达式

LINQ 是一组技术的名称，这些技术建立在将查询功能直接集成到 C#语言（以及 Visual Basic 和可能的任何其他.NET 语言）的基础上。借助于 LINQ，查询已是高级语言构造，就如同类、方法和事件等。

对于编写查询的开发人员来说，LINQ 最明显的"语言集成"部分是查询表达式。查询表达式是使用 C#中引入的声明性查询语法编写的。通过使用查询语法，开发人员可以使用最少的代码对数据源执行复杂的筛选、排序和分组操作，使用相同的基本查询表达式模式来查询和转换 SQL 数据库、ADO.NET 数据集、XML 文档和流以及.NET 集合中的数据等。

使用 LINQ 查询表达式时，需要注意以下几点。

☑　查询表达式可用于查询和转换来自任意支持 LINQ 的数据源中的数据。例如，单个查询可以从 SQL 数据库检索数据，并生成 XML 流作为输出。

☑　查询表达式容易掌握，因为它们使用许多常见的 C#语言构造。

☑　查询表达式中的变量都是强类型的，但许多情况下不需要显式提供类型，因为编译器可以推断类型。

☑ 在循环访问 foreach 语句中的查询变量之前，不会执行查询。

☑ 在编译时，根据 C#规范中设置的规则将查询表达式转换为"标准查询运算符"方法调用。任何可以使用查询语法表示的查询都可以使用方法语法表示，但是多数情况下查询语法更易读和简洁。

☑ 作为编写 LINQ 查询的一项规则，建议尽量使用查询语法，只在必须情况下才使用方法语法。

☑ 一些查询操作，如 Count 或 Max 等，由于没有等效的查询表达式子句，因此必须表示为方法调用。

☑ 查询表达式可以编译为表达式目录树或委托，具体取决于查询所应用到的类型。其中，IEnumerable<T>查询编译为委托，IQueryable 和 IQueryable<T>查询编译为表达式目录树。

LINQ 查询表达式包含 8 个基本子句，分别为 from、select、group、where、orderby、join、let 和 into，其说明如表 15.1 所示。

表 15.1　LINQ 查询表达式子句及说明

子　　句	说　　明
from	指定数据源和范围变量
select	指定执行查询时返回的序列中的元素将具有的类型和形式
group	按照指定的键值对查询结果进行分组
where	根据一个或多个由逻辑"与"和逻辑"或"运算符（&&或‖）分隔的布尔表达式筛选源元素
orderby	基于元素类型的默认比较器按升序或降序对查询结果进行排序
join	基于两个指定匹配条件之间的相等比较来连接两个数据源
let	引入一个用于存储查询表达式中子表达式结果的范围变量
into	提供一个标识符，它可以充当对 join、group 或 select 子句的结果的引用

【例 15.3】　查找长度小于 7 的所有数组项（实例位置：资源包\TM\sl\15\3）

创建一个控制台应用程序，首先定义一个字符串数组，然后使用 LINQ 查询表达式查找数组中长度小于 7 的所有项并输出，代码如下。

```csharp
static void Main(string[ ] args)
{
    //定义一个字符串数组
    string[ ] strName = new string[ ] { "明日科技","C#编程词典","C#从基础到项目实战","C#范例手册" };
    //定义 LINQ 查询表达式，从数组中查找长度小于 7 的所有项
    IEnumerable<string> selectQuery =
        from Name in strName
        where Name.Length<7
        select Name;
    //执行 LINQ 查询，并输出结果
    foreach (string str in selectQuery)
    {
        Console.WriteLine(str);
    }
    Console.ReadLine();
}
```

程序运行结果如图 15.4 所示。

编程训练（答案位置：资源包\TM\sl\15\编程训练\）

【训练 1】：检查序列中是否包含指定元素　编写 SQL 语句时，有时使用逻辑运算符 IN 或 EXISTS 检查某一数据表中是否包含指定的数据。本训练要求使用 LINQ 限定操作符实现同样的功能，检查人员列表中是否包含指定的人员对象。（提示：主要用到 Enumerable 类的 Contains 方法。）

图 15.4　LINQ 查询表达式的使用

【训练 2】：查找字符串中包含的大写字母　本训练要求使用 LINQ 查找指定字符串中包含的大写字母，并将大写字母显示到窗体中。（提示：在 LINQ 查询表达式的 where 子句部分使用 IsUpper 方法。）

15.2　使用 LINQ 操作 SQL Server 数据库

15.2.1　查询 SQL Server 数据库

使用 LINQ 查询 SQL 数据库时，首先需要创建 LinqToSql 类文件。创建 LinqToSql 类文件的步骤如下。

（1）启动 Visual Studio 2019 开发环境，建立一个项目。

（2）在"解决方案资源管理器"窗口中选中当前项目并右击，在弹出的快捷菜单中选择"添加"→"添加新项"命令，弹出"添加新项"对话框，如图 15.5 所示。

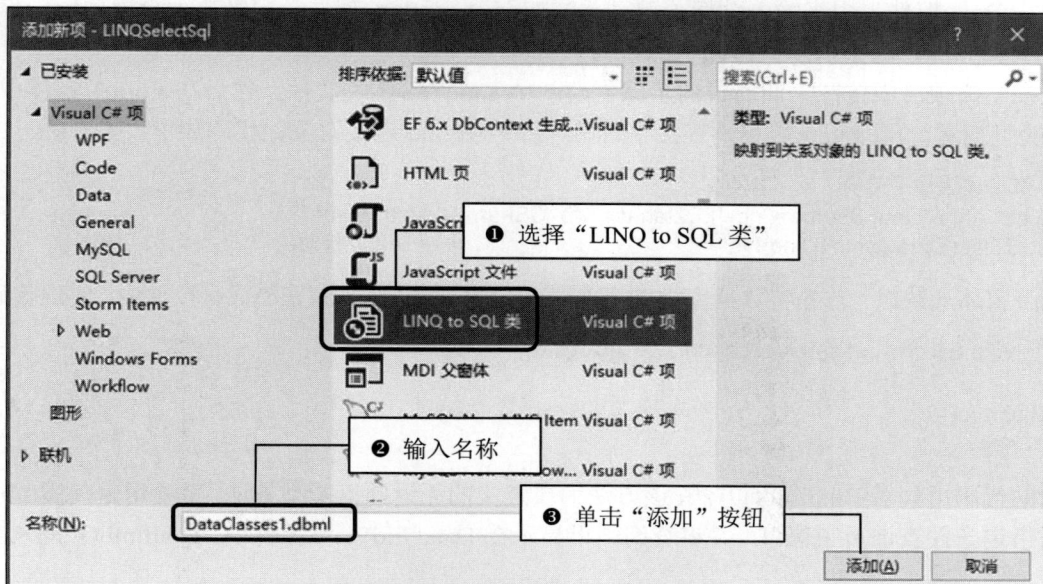

图 15.5　添加新项

（3）在图 15.5 所示的"添加新项"对话框中选择"LINQ to SQL 类"，在"名称"文本框中输入名称，单击"添加"按钮，添加一个 LinqToSql 类文件。

（4）在"服务器资源管理器"窗口中连接 SQL Server 数据库，然后将指定数据库中的表映射到.dbml 中（可以将表拖曳到设计视图中），如图 15.6 所示。

（5）.dbml 文件将自动创建一个名称为 DataContext 的数据上下文类，为数据库提供查询或操作数据库的方法，LINQ 数据源创建完毕。DataContext 类中的程序代码均自动生成，如图 15.7 所示。

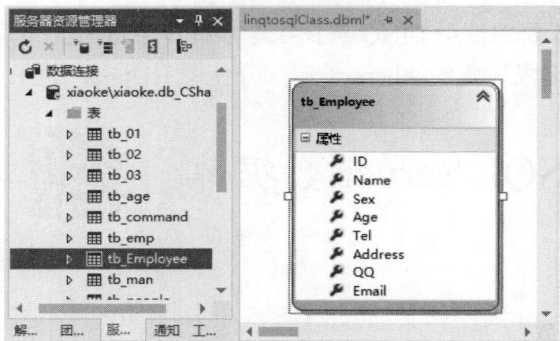

图 15.6 将数据表映射到.dbml 文件 　　　图 15.7 DataContext 类中自动生成程序代码

创建完 LinqToSql 类文件之后，接下来即可使用它。下面通过一个例子讲解如何使用 LINQ 查询 SQL Server 数据库。

【例 15.4】 使用 LINQ 查询数据（实例位置：资源包\TM\sl\15\4）

创建一个 Windows 应用程序，在 Form1 窗体中添加一个 ComboBox 控件，用来选择查询条件；添加一个 TextBox 控件，用来输入查询关键字；添加一个 Button 控件，用来执行查询操作；添加一个 DataGridView 控件，用来显示数据库中的数据。

首先在当前项目中依照上面所讲的步骤创建一个 LinqToSql 类文件，然后在 Form1 窗体中定义一个 string 类型变量，用来记录数据库连接字符串，并声明 linq 连接对象，代码如下。

```
//定义数据库连接字符串
string strCon = "Data Source=(local);Database=db_CSharp;Uid=sa;Pwd=;";
linqtosqlClassDataContext linq;                    //声明 linq 连接对象
```

Form1 窗体加载时，首先将数据库中的所有员工信息显示到 DataGridView 控件中，实现代码如下。

```
private void Form1_Load(object sender, EventArgs e)
{
    BindInfo();
}
```

上面的代码用到了 BindInfo()方法，该方法为自定义的无返回值类型方法，主要用来使用 LinqToSql 技术根据指定条件查询员工信息，并将查询结果显示在 DataGridView 控件中。BindInfo()方法实现代码如下。

```
#region  查询员工信息
/// <summary>
```

```
///  查询员工信息
/// </summary>
private void BindInfo()
{
    linq = new linqtosqlClassDataContext(strCon);            //创建 linq 连接对象
    if (txtKeyWord.Text == "")
    {
        //获取所有员工信息
        var result = from info in linq.tb_Employee
                     select new
                     {
                         员工编号 = info.ID,
                         员工姓名 = info.Name,
                         性别  = info.Sex,
                         年龄 = info.Age,
                         电话 = info.Tel,
                         地址 = info.Address,
                         QQ = info.QQ,
                         Email = info.Email
                     };
        dgvInfo.DataSource = result;                         //对 DataGridView 控件进行数据绑定
    }
    else
    {
        switch (cboxCondition.Text)
        {
            case "员工编号":
                //根据员工编号查询员工信息
                var resultid = from info in linq.tb_Employee
                               where info.ID == txtKeyWord.Text
                               select new
                               {
                                   员工编号  = info.ID,
                                   员工姓名 = info.Name,
                                   性别  = info.Sex,
                                   年龄 = info.Age,
                                   电话 = info.Tel,
                                   地址 = info.Address,
                                   QQ = info.QQ,
                                   Email = info.Email
                               };
                dgvInfo.DataSource = resultid;
                break;
            case "员工姓名":
                //根据员工姓名查询员工信息
                var resultname = from info in linq.tb_Employee
                                 where info.Name.Contains(txtKeyWord.Text)
                                 select new
                                 {
                                     员工编号 = info.ID,
                                     员工姓名 = info.Name,
                                     性别  = info.Sex,
                                     年龄 = info.Age,
```

```
                               电话  = info.Tel,
                               地址  = info.Address,
                               QQ = info.QQ,
                               Email = info.Email
                          };
              dgvInfo.DataSource = resultname;
              break;
          case "性别":
              //根据员工性别查询员工信息
              var resultsex = from info in linq.tb_Employee
                              where info.Sex == txtKeyWord.Text
                              select new
                              {
                                  员工编号  = info.ID,
                                  员工姓名  = info.Name,
                                  性别  = info.Sex,
                                  年龄  = info.Age,
                                  电话  = info.Tel,
                                  地址  = info.Address,
                                  QQ = info.QQ,
                                  Email = info.Email
                              };
              dgvInfo.DataSource = resultsex;
              break;
          }
      }
}
#endregion
```

单击"查询"按钮，调用 BindInfo()方法查询员工信息，并将查询结果显示到 DataGridView 控件中。"查询"按钮的 Click 事件代码如下。

```
private void btnQuery_Click(object sender, EventArgs e)
{
    BindInfo();
}
```

程序运行结果如图 15.8 所示。

图 15.8　使用 LINQ 查询 SQL Server 数据库

15.2.2　管理 SQL Server 数据库

使用 LINQ 管理 SQL Server 数据库时，主要有添加、修改和删除 3 种操作，下面详细讲解。

1．添加数据

使用 LINQ 向 SQL Server 数据库中添加数据时，需要使用 InsertOnSubmit()方法和 SubmitChanges()方法。其中，InsertOnSubmit()方法用来将处于 pending insert 状态的实体添加到 SQL 数据表中，其语法格式如下。

```
void InsertOnSubmit(Object entity)
```

其中，entity 表示要添加的实体。

SubmitChanges()方法用来记录要插入、更新或删除的对象，并执行相应命令以实现对数据库的更改，其语法格式如下。

```
public void SubmitChanges()
```

【例 15.5】　使用 LINQ 向数据表中添加数据（**实例位置：资源包\TM\sl\15\5**）

创建一个 Windows 应用程序，将 Form1 窗体设计为如图 15.9 所示界面。首先在当前项目中创建一个 LinqToSql 类文件，然后在 Form1 窗体中定义一个 string 类型的变量，用来记录数据库连接字符串，并声明 linq 连接对象，代码如下。

```
//定义数据库连接字符串
string strCon = "Data Source=(local);Database=db_CSharp;Uid=sa;Pwd=;";
linqtosqlClassDataContext linq;                    //声明 linq 连接对象
```

在 Form1 窗体中单击"添加"按钮，首先创建 linq 连接对象；然后创建 tb_Employee 类对象（该类为对应的 tb_Employee 数据表类），为 tb_Employee 类对象中的各个属性赋值；最后调用 linq 连接对象中的 InsertOnSubmit()方法添加员工信息，并调用其 SubmitChanges()方法将添加员工操作提交服务器。"添加"按钮的 Click 事件代码如下。

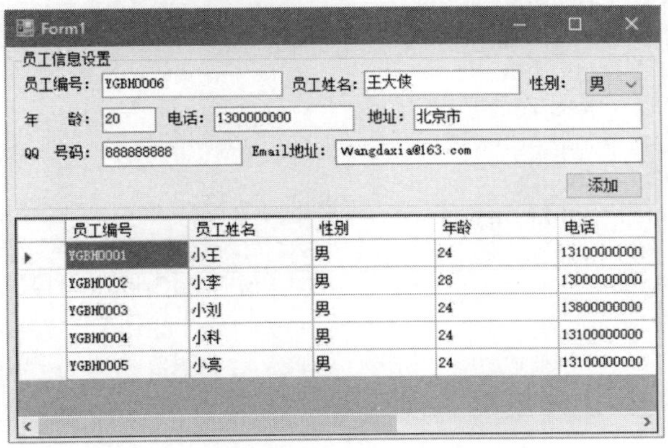

图 15.9　添加数据

```
private void btnAdd_Click(object sender, EventArgs e)
```

```
{
    linq = new linqtosqlClassDataContext(strCon);       //创建 linq 连接对象
    tb_Employee employee = new tb_Employee();           //创建 tb_Employee 类对象
    //为 tb_Employee 类中的员工实体赋值
    employee.ID = txtID.Text;
    employee.Name = txtName.Text;
    employee.Sex = cboxSex.Text;
    employee.Age = Convert.ToInt32(txtAge.Text);
    employee.Tel = txtTel.Text;
    employee.Address = txtAddress.Text;
    employee.QQ = Convert.ToInt32(txtQQ.Text);
    employee.Email = txtEmail.Text;
    linq.tb_Employee.InsertOnSubmit(employee);          //添加员工信息
    linq.SubmitChanges();                               //提交操作
    MessageBox.Show("数据添加成功");
    BindInfo();
}
```

上面的代码使用了 BindInfo()方法，该方法为自定义的无返回值类型方法，主要用来获取所有员工信息，并绑定到 DataGridView 控件上。BindInfo()方法实现代码如下。

```
#region  显示所有员工信息
/// <summary>
/// 显示所有员工信息
/// </summary>
private void BindInfo()
{
    linq = new linqtosqlClassDataContext(strCon);       //创建 linq 连接对象
    //获取所有员工信息
    var result = from info in linq.tb_Employee
                 select new
                 {
                     员工编号  = info.ID,
                     员工姓名  = info.Name,
                     性别  = info.Sex,
                     年龄  = info.Age,
                     电话  = info.Tel,
                     地址  = info.Address,
                     QQ = info.QQ,
                     Email = info.Email
                 };
    dgvInfo.DataSource = result;                        //对 DataGridView 控件进行数据绑定
}
#endregion
```

2．修改数据

使用 linq 修改 SQL Server 数据库中的数据时，需要用 SubmitChanges()方法。该方法在"添加数据"中已经做过详细介绍，此处不再赘述。

【**例 15.6**】　使用 LINQ 修改数据表中的数据（**实例位置：资源包\TM\sl\15\6**）

创建一个 Windows 应用程序，将 Form1 窗体设计为如图 15.10 所示界面。首先在当前项目中创建一个 LinqToSql 类文件，然后在 Form1 窗体中定义一个 string 类型的变量，用来记录数据库连接字符串，并声明 linq 连接对象，代码如下。

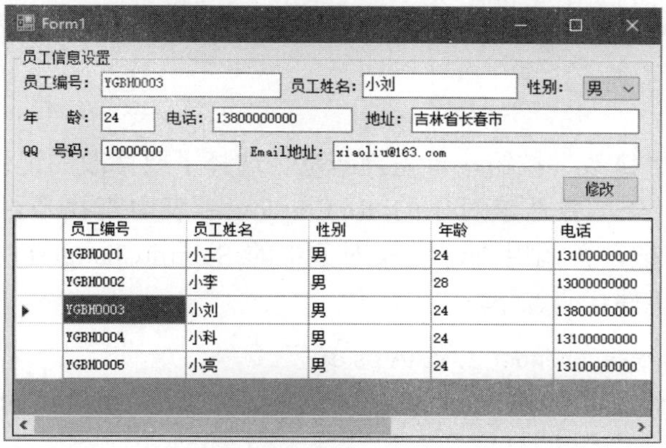

图 15.10　修改数据

```
//定义数据库连接字符串
string strCon = "Data Source=(local);Database=db_CSharp;Uid=sa;Pwd=;";
linqtosqlClassDataContext linq;                          //声明 linq 连接对象
```

当在 DataGridView 控件中选中某条记录时，根据选中记录的员工编号查找其详细信息，并显示在对应的文本框中，实现代码如下。

```
private void dgvInfo_CellClick(object sender, DataGridViewCellEventArgs e)
{
    linq = new linqtosqlClassDataContext(strCon);        //创建 linq 连接对象
    //获取选中的员工编号
    txtID.Text = Convert.ToString(dgvInfo[0, e.RowIndex].Value).Trim();
    //根据选中的员工编号获取其详细信息，并重新生成一个表
    var result = from info in linq.tb_Employee
                 where info.ID == txtID.Text
                 select new
                 {
                     ID = info.ID,
                     Name = info.Name,
                     Sex = info.Sex,
                     Age = info.Age,
                     Tel = info.Tel,
                     Address = info.Address,
                     QQ = info.QQ,
                     Email = info.Email
                 };
    //相应的文本框及下拉列表中显示选中员工的详细信息
    foreach (var item in result)
    {
```

```
        txtName.Text = item.Name;
        cboxSex.Text = item.Sex;
        txtAge.Text = item.Age.ToString();
        txtTel.Text = item.Tel;
        txtAddress.Text = item.Address;
        txtQQ.Text = item.QQ.ToString();
        txtEmail.Text = item.Email;
    }
}
```

在 Form1 窗体中单击"修改"按钮，首先判断是否选择了要修改的记录，如果没有，弹出提示信息；否则创建 linq 连接对象，并从该对象的 tb_Employee 表中查找是否有相关记录，如果有，为 tb_Employee 表中的字段赋值，并调用 linq 连接对象中的 SubmitChanges()方法修改指定编号的员工信息。"修改"按钮的 Click 事件代码如下。

```
private void btnEdit_Click(object sender, EventArgs e)
{
    if (txtID.Text == "")
    {
        MessageBox.Show("请选择要修改的记录");
        return;
    }
    linq = new linqtosqlClassDataContext(strCon);          //创建 linq 连接对象
    //查找要修改的员工信息
    var result = from employee in linq.tb_Employee
                    where employee.ID == txtID.Text
                    select employee;
    //对指定的员工信息进行修改
    foreach (tb_Employee tbemployee in result)
    {
        tbemployee.Name = txtName.Text;
        tbemployee.Sex = cboxSex.Text;
        tbemployee.Age = Convert.ToInt32(txtAge.Text);
        tbemployee.Tel = txtTel.Text;
        tbemployee.Address = txtAddress.Text;
        tbemployee.QQ = Convert.ToInt32(txtQQ.Text);
        tbemployee.Email = txtEmail.Text;
        linq.SubmitChanges();
    }
    MessageBox.Show("员工信息修改成功");
    BindInfo();
}
```

上面的代码用到了 BindInfo()方法，该方法为自定义的无返回值类型方法，主要用来获取所有员工信息，并绑定到 DataGridView 控件上。BindInfo()方法实现代码如下。

```
#region 显示所有员工信息
/// <summary>
/// 显示所有员工信息
/// </summary>
```

```
private void BindInfo()
{
    linq = new linqtosqlClassDataContext(strCon);          //创建 linq 连接对象
    //获取所有员工信息
    var result = from info in linq.tb_Employee
                    select new
                    {
                        员工编号 = info.ID,
                        员工姓名 = info.Name,
                        性别 = info.Sex,
                        年龄 = info.Age,
                        电话 = info.Tel,
                        地址 = info.Address,
                        QQ = info.QQ,
                        Email = info.Email
                    };
    dgvInfo.DataSource = result;                           //对 DataGridView 控件进行数据绑定
}
#endregion
```

3．删除数据

使用 LINQ 删除 SQL Server 数据库中的数据时，需要使用 DeleteAllOnSubmit()方法和 SubmitChanges()方法。其中 SubmitChanges()方法在"添加数据"中已做过详细介绍，这里主要讲解 DeleteAllOnSubmit()方法。

DeleteAllOnSubmit()方法用来将集合中的所有实体置于 pending delete 状态，其语法格式如下。

```
void DeleteAllOnSubmit(IEnumerable entities)
```

其中，entities 表示要移除所有项的集合。

【例 15.7】　使用 LINQ 删除数据表中的数据（实例位置：资源包\TM\sl\15\7）

创建一个 Windows 应用程序，在 Form1 窗体中添加一个 ContextMenuStrip 控件，用来作为"删除"快捷菜单；添加一个 DataGridView 控件，用来显示数据库中的数据，将 DataGridView 控件的 ContextMenuStrip 属性设置为 contextMenuStrip1。

首先在当前项目中依照上面所讲的步骤创建一个 LinqToSql 类文件；然后在 Form1 窗体中定义一个 string 类型的变量，用来记录数据库连接字符串，并声明 linq 连接对象；再声明一个 string 类型的变量，用来记录选中的员工编号，代码如下。

```
//定义数据库连接字符串
string strCon = "Data Source=(local);Database=db_CSharp;Uid=sa;Pwd=;";
linqtosqlClassDataContext linq;                           //声明 linq 连接对象
string strID = "";                                       //记录选中的员工编号
```

在 DataGridView 控件中选择行时，记录当前选中行的员工编号，并赋值给定义的全局变量，代码如下。

```
private void dgvInfo_CellClick(object sender, DataGridViewCellEventArgs e)
```

```
{
    strID = Convert.ToString(dgvInfo[0, e.RowIndex].Value).Trim();  //获取选中的员工编号
}
```

在 DataGridView 控件上右击，在弹出的快捷菜单中选择"删除"命令，首先判断要删除的员工编号是否为空，如果为空，则弹出提示信息；否则创建 linq 连接对象，并从该对象中的 tb_Employee 表中查找是否有相关记录，如果有，则调用 linq 连接对象中的 DeleteAllOnSubmit()方法删除员工信息，并调用其 SubmitChanges()方法将删除员工操作提交服务器。"删除"命令的 Click 事件代码如下。

```
private void 删除 ToolStripMenuItem_Click(object sender, EventArgs e)
{
    if (strID == "")
    {
        MessageBox.Show("请选择要删除的记录");
        return;
    }
    linq = new linqtosqlClassDataContext(strCon);              //创建 linq 连接对象
    //查找要删除的员工信息
    var result = from employee in linq.tb_Employee
                 where employee.ID == strID
                 select employee;
    linq.tb_Employee.DeleteAllOnSubmit(result);               //删除员工信息
    linq.SubmitChanges();                                      //创建 linq 连接对象提交操作
    MessageBox.Show("员工信息删除成功");
    BindInfo();
}
```

上面的代码用到了 BindInfo()方法，该方法为自定义的无返回值类型方法，主要用来获取所有员工信息，并绑定到 DataGridView 控件上。BindInfo()方法实现代码如下。

```
#region 显示所有员工信息
/// <summary>
/// 显示所有员工信息
/// </summary>
private void BindInfo()
{
    linq = new linqtosqlClassDataContext(strCon);              //创建 linq 连接对象
    //获取所有员工信息
    var result = from info in linq.tb_Employee
                 select new
                 {
                     员工编号 = info.ID,
                     员工姓名 = info.Name,
                     性别 = info.Sex,
                     年龄 = info.Age,
                     电话 = info.Tel,
                     地址 = info.Address,
                     QQ = info.QQ,
                     Email = info.Email
```

```
        };
    dgvInfo.DataSource = result;                              //对 DataGridView 控件进行数据绑定
}
#endregion
```

程序运行结果如图 15.11 所示。

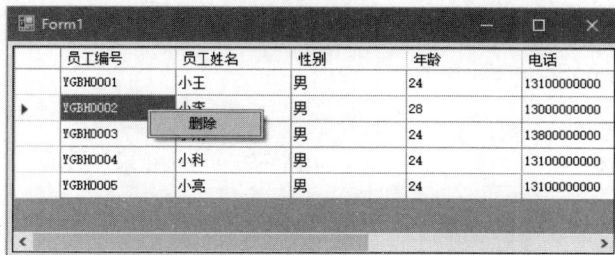

图 15.11　删除数据

编程训练（答案位置：资源包\TM\sl\15\编程训练\）

【训练 3】：使用 LINQ 技术查询前 5 名数据　本训练要求通过 LINQ to SQL 技术获取编号前 5 名的数据，首先将数据库中的数据检索出来显示到控件中，然后单击"获取编号前 5 名的数据"按钮。（提示：操作的数据表为 tb_User。）

【训练 4】：使用 LINQ 技术关联查询多表数据　开发销售管理系统时，与销售相关的信息需要从多个数据表中读取，例如从销售主表读取销售单据号和销售日期；从销售明细表读取销售数量、单价和金额；从商品信息表读取商品名称；从员工信息表读取销售员名称；从仓库基本信息表读取出货仓库名称；从客户信息表读取购买单位或个人的名称等。本训练通过使用 LINQ to SQL 关联查询上述列举的各个表实现销售相关信息的显示。

15.3　使用 LINQ 操作其他数据

15.3.1　操作数组和集合

对数组和集合进行操作时可以使用 LINQ to Objects 技术（一种新的处理集合的方法）。如果采用旧方法，程序开发人员必须编写指定如何从集合检索数据的复杂的 foreach 循环；而采用 LINQ to Objects 技术，只需编写描述要检索的内容的声明性代码。LINQ to Objects 能够直接使用 LINQ 查询 IEnumerable 或 IEnumerable<T>集合，而不需要使用 LINQ 提供程序或 API，可以说，使用 LINQ 能够查询任何可枚举的集合，例如数组、泛型列表等。

下面通过一个实例讲解如何使用 LINQ 技术操作数组和集合。

【例 15.8】　查找及格的所有分数（实例位置：资源包\TM\sl\15\8）

创建一个控制台应用程序，在 Main()方法中定义一个一维数组，然后使用 LINQ 技术从该数组中查找及格范围内的分数，最后循环访问查询结果并输出，实现代码如下。

```
static void Main(string[ ] args)
{
    int[] intScores = { 45, 68, 80, 90, 75, 76, 32 };      //定义 int 类型的一维数组
    //使用 LINQ 技术从数组中查找及格范围内的分数
    var score = from hgScroe in intScores
                where hgScroe >= 60
                orderby hgScroe ascending
                select hgScroe;
    Console.WriteLine("及格的分数：");
    foreach (var v in score)                              //循环访问查询结果并显示
    {
        Console.WriteLine(v.ToString());
    }
    Console.ReadLine();
}
```

程序运行结果如图 15.12 所示。

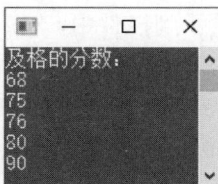

图 15.12　使用 LINQ 操作数组和集合

15.3.2　操作 DataSet 数据集

对 DataSet 数据集进行操作时可以使用 LINQ to DataSet 技术（LINQ to ADO.NET 中的一种独立技术），使查询 DataSet 对象更加方便、快捷。下面对 LINQ to DataSet 技术中的常用方法进行详细讲解。

1．AsEnumerable()方法

AsEnumerable()方法用于将 DataTable 对象转换为 EnumerableRowCollection<DataRow>对象，语法格式如下。

```
public static EnumerableRowCollection<DataRow> AsEnumerable(this DataTable source)
```

☑　source：可枚举的源 DataTable。
☑　返回值：一个 IEnumerable<T>对象，其泛型参数 T 为 DataRow。

2．CopyToDataTable()方法

CopyToDataTable()方法用于将 IEnumerable<T>对象的数据赋值到 DataTable 对象中，语法格式如下。

```
public static DataTable CopyToDataTable<T>(this IEnumerable<T> source) where T : DataRow
```

☑　source：源 IEnumerable<T>序列。

☑　返回值：一个 DataTable，其中包含作为 DataRow 对象的类型的输入序列。

3．AsDataView()方法

AsDataView()方法用于创建并返回支持 LINQ 的 DataView 对象，语法格式如下。

```
public static DataView AsDataView<T>(this EnumerableRowCollection<T> source) where T : DataRow
```

☑　source：从中创建支持 LINQ 的 DataView 的源 LINQ to DataSet 查询。

☑　返回值：支持 LINQ 的 DataView 对象。

4．Take()方法

Take()方法用于从序列开头返回指定数量的连续元素，语法格式如下。

```
public static IEnumerable<TSource> Take<TSource>(this IEnumerable<TSource> source,int count)
```

☑　source：要从其返回元素的序列。

☑　count：要返回的元素数量。

☑　返回值：一个 IEnumerable<T>，包含输入序列开头的指定数量的元素。

5．Sum()方法

Sum()方法用于计算数值序列之和，语法格式如下。

```
public static decimal Sum(this IEnumerable<decimal> source)
```

☑　source：一个要计算和的 Decimal 值序列。

☑　返回值：序列值之和。

说明

上面介绍的几种方法都有多种重载形式，这里只介绍了其常用的重载形式。

下面通过一个实例讲解如何在 DataGridView 控件中显示 DataSet 数据集中的数据。

【例 15.9】 使用 LINQ 查询 DataSet 数据集中的数据（实例位置：资源包\TM\sl\15\9）

创建一个 Windows 应用程序，在 Form1 窗体中添加一个 DataGridView 控件，用来显示 DataSet 数据集中的数据。窗体加载时，首先将数据库中的数据填充到 DataSet 数据集中，然后使用 LINQ 技术从 DataSet 数据集中查找信息并显示在 DataGridView 控件中，实现代码如下。

```
private void Form1_Load(object sender, EventArgs e)
{
//数据库连接字符串
    string strCon = "Data Source=(local);Database=db_CSharp;Uid=sa;Pwd=;";
    SqlConnection sqlcon;                           //声明 SqlConnection 对象
    SqlDataAdapter sqlda;                           //声明 SqlDataAdapter 对象
    DataSet myds;                                   //声明 DataSet 数据集对象
    sqlcon = new SqlConnection(strCon);             //创建数据库连接对象
```

```
sqlda = new SqlDataAdapter("select * from tb_Salary", sqlcon);  //创建数据库桥接器对象
myds = new DataSet();                                            //创建数据集对象
sqlda.Fill(myds, "tb_Salary");                                   //填充 DataSet 数据集
//使用 LINQ 从数据集中查询所有数据
var query = from salary in myds.Tables["tb_Salary"].AsEnumerable()
            select salary;
DataTable myDTable = query.CopyToDataTable<DataRow>();           //将查询结果转换为 DataTable 对象
dataGridView1.DataSource = myDTable;                             //显示查询到的数据集中的信息
}
```

程序运行结果如图 15.13 所示。

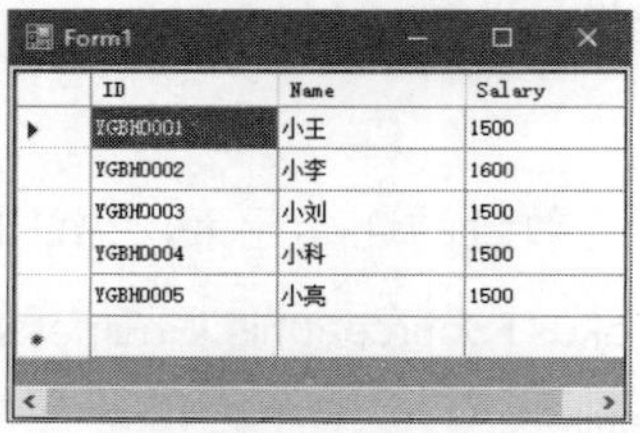

图 15.13　使用 LINQ 操作 DataSet 数据集

15.3.3　操作 XML

对 XML 文件进行操作时可以使用 LINQ to XML 技术（LINQ 技术中的一种，提供了修改文档对象模型的内存文档，并支持 LINQ 查询表达式等功能）。下面对 LINQ to XML 技术中的常用方法进行详细讲解。

1. XElement 类的 Load()方法

Xelement 类表示一个 XML 元素，其 Load()方法用来从文件加载 Xelement，该方法语法格式如下。

```
public static XElement Load(string uri)
```

☑　uri：一个 URI 字符串，用来引用要加载到新 XElement 中的文件。

☑　返回值：一个包含指定文件内容的 XElement。

2. XElement 类的 SetAttributeValue()方法

SetAttributeValue()方法用来设置属性的值、添加属性或移除属性，其语法格式如下。

```
public void SetAttributeValue(XName name,Object value)
```

☑　name：一个 XName，其中包含要更改的属性的名称。

☑　value：分配给属性的值。如果该值为 null，则移除该属性；否则，会将值转换为其字符串表示形式，并分配给该属性的 Value 属性。

3. XElement 类的 Add()方法

Add()方法用来将指定的内容添加为此 XContainer 的子级，其语法格式如下。

```
public void Add(Object content)
```

content 表示要添加的包含简单内容的对象或内容对象集合。

4．XElement 类的 ReplaceNodes()方法

ReplaceNodes()方法用来使用指定的内容替换此文档或元素的子节点，其语法格式如下。

```
public void ReplaceNodes(Object content)
```

content 表示一个用于替换子节点的包含简单内容的对象或内容对象集合。

5．XElement 类的 Save()方法

Save()方法用来序列化此元素的基础 XML 树，可以将输出保存到文件、XmlTextWriter、TextWriter 或 XmlWriter，其语法格式如下。

```
public void Save(string fileName)
```

fileName 是一个包含文件名称的字符串。

6．XDocument 类的 Save()方法

XDocument 类表示 XML 文档，其 Save()方法用来将此 XDocument 序列化为文件、TextWriter 或 XmlWriter，该方法语法格式如下。

```
public void Save(string fileName)
```

fileName 是一个包含文件名称的字符串。

7．XDeclaration 类

XDeclaration 类表示一个 XML 声明，其构造函数语法格式如下。

```
public XDeclaration(string version,string encoding,string standalone)
```

- ☑　version：XML 的版本，通常为"1.0"。
- ☑　encoding：XML 文档的编码。
- ☑　standalone：包含 yes 或 no 的字符串，用来指定 XML 是独立的还是需要解析外部实体。

说明

使用 LINQ to XML 技术中的类时，需要添加 System.Linq.Xml 命名空间。

下面通过一个实例讲解如何使用 LINQ 技术对 XML 文件进行操作。

【例 15.10】　对 XML 文件的增、删、改、查（实例位置：资源包\TM\sl\15\10）

创建一个 Windows 应用程序，将 Form1 窗体设计为如图 15.14 所示界面。在 Form1 窗体中先定义两个字符串类型的全局变量，分别用来记录 XML 文件路径及选中的 ID 编号，代码如下。

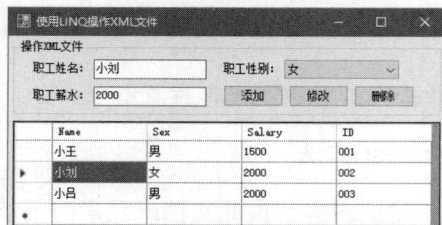

图 15.14　使用 LINQ 操作 XML 文件

```
static string strPath = "Employee.xml";                    //记录 XML 文件路径
static string strID = "";                                  //记录选中的 ID 编号
```

Form1 窗体加载时，将 XML 文件中的数据显示在 DataGridView 控件中。Form1 窗体的 Load 事件代码如下。

```
private void Form1_Load(object sender, EventArgs e)
{
    getXmlInfo();                                          //窗体加载时加载 XML 文件
}
```

上面的代码用到了 getXmlInfo()方法，该方法为自定义的无返回值类型方法，主要用来将 XML 文件中的内容绑定到 DataGridView 控件。getXmlInfo()方法实现代码如下。

```
#region  将 XML 文件内容绑定到 DataGridView 控件
/// <summary>
/// 将 XML 文件内容绑定到 DataGridView 控件
/// </summary>
private void getXmlInfo()
{
    DataSet myds = new DataSet();                          //创建 DataSet 数据集对象
    myds.ReadXml(strPath);                                 //读取 XML 结构
    dataGridView1.DataSource = myds.Tables[0];             //在 DataGridView 中显示 XML 文件中的信息
}
#endregion
```

单击"添加"按钮，使用 LINQ to XML 技术向指定的 XML 文件插入用户输入的数据，并重新保存 XML 文件。"添加"按钮的 Click 事件代码如下。

```
private void button2_Click(object sender, EventArgs e)
{
XElement xe = XElement.Load(strPath);                      //加载 XML 文档
//创建 IEnumerable 泛型接口
    IEnumerable<XElement> elements1 = from element in xe.Elements("People")
                                      select element;
    //生成新的编号
    string str = (Convert.ToInt32(elements1.Max(element => element.Attribute("ID").Value)) +
            1).ToString("000");
    XElement people = new XElement(                        //创建 XML 元素
        "People", new XAttribute("ID", str),               //为 XML 元素设置属性
        new XElement("Name", textBox11.Text),
```

```
            new XElement("Sex", comboBox1.Text),
            new XElement("Salary", textBox12.Text)
            );
    xe.Add(people);                                            //添加 XML 元素
    xe.Save(strPath);                                          //保存 XML 元素到 XML 文件
    getXmlInfo();
}
```

当用户在 DataGridView 控件中选择某记录时，使用 LINQ to XML 技术在 XML 文件中查找选中记录的详细信息，并显示到相应的文本框和下拉列表中，实现代码如下。

```
private void dataGridView1_CellClick(object sender, DataGridViewCellEventArgs e)
{
    strID = dataGridView1.Rows[e.RowIndex].Cells[3].Value.ToString();   //记录选中的 ID 编号
    XElement xe = XElement.Load(strPath);                      //加载 XML 文档
    //根据编号查找信息
    IEnumerable<XElement> elements = from PInfo in xe.Elements("People")
                                     where PInfo.Attribute("ID").Value == strID
                                     select PInfo;
    foreach (XElement element in elements)                     //遍历查找到的所有信息
    {
        textBox11.Text = element.Element("Name").Value;        //显示员工姓名
        comboBox1.SelectedItem = element.Element("Sex").Value; //显示员工性别
        textBox12.Text = element.Element("Salary").Value;      //显示员工薪水
    }
}
```

单击"修改"按钮，首先判断是否选定要修改的记录，如果已经选定，则使用 LINQ to XML 技术修改 XML 文件中的指定记录，并重新保存 XML 文件。"修改"按钮的 Click 事件代码如下。

```
private void button3_Click(object sender, EventArgs e)
{
    if (strID != "")                                           //判断是否选择了编号
    {
        XElement xe = XElement.Load(strPath);                  //加载 XML 文档
        //根据编号查找信息
        IEnumerable<XElement> elements = from element in xe.Elements("People")
                                         where element.Attribute("ID").Value == strID
                                         select element;
        if (elements.Count() > 0)                              //判断是否找到了信息
        {
            XElement newXE = elements.First();                 //获取找到的第一条记录
            newXE.SetAttributeValue("ID", strID);              //为 XML 元素设置属性值
            newXE.ReplaceNodes(                                //替换 XML 元素中的值
                new XElement("Name", textBox11.Text),
                new XElement("Sex", comboBox1.Text),
                new XElement("Salary", textBox12.Text)
                );
        }
        xe.Save(strPath);                                      //保存 XML 元素到 XML 文件
```

```
    }
    getXmlInfo();
}
```

单击"删除"按钮，首先判断是否选定要删除的记录，如果已经选定，则使用 LINQ to XML 技术删除 XML 文件中的指定记录，并重新保存 XML 文件。"删除"按钮的 Click 事件代码如下。

```
private void button4_Click(object sender, EventArgs e)
{
    if (strID != "")                                            //判断是否选择了编号
    {
        XElement xe = XElement.Load(strPath);                   //加载 XML 文档
        //根据编号查找信息
        IEnumerable<XElement> elements = from element in xe.Elements("People")
                                         where element.Attribute("ID").Value == strID
                                         select element;
        if (elements.Count() > 0)                               //判断是否找到了信息
            elements.First().Remove();                          //删除找到的 XML 元素信息
        xe.Save(strPath);                                       //保存 XML 元素到 XML 文件
    }
    getXmlInfo();
}
```

编程训练（答案位置：资源包\TM\sl\15\编程训练\）

【训练5】：使用 LINQ 技术实现数据分页 数据的分页查看在 Windows 应用程序中经常遇到，但是 Visual Studio 开发环境自带的数据控件 DataGridView 并没有这一项功能，那么这时就需要开发人员自己编写代码来实现数据分页功能，本训练要求使用 LINQ 技术来实现数据分页功能。

【训练6】：读取 XML 文件并更新到数据库 XML 是一种类似于 HTML 的标记语言，它以简易而标准的方式保存各种信息（如文字和数字等信息），适用于不同应用程序间的数据交换。本训练要求通过 LINQ 技术实现将 XML 文件中的数据更新到 SQL Server 数据库的功能。程序运行时，首先将 XML 文件中的数据显示在 DataGridView 控件中，然后单击"更新"按钮，将 DataGridView 控件中显示的 XML 数据更新到 SQL Server 数据库的 tb_XML 表中。

15.4 实践与练习

（答案位置：资源包\TM\sl\15\实践与练习\）

综合练习1：使用 LINQ 技术获取指定文件详细信息 尝试开发一个程序，要求使用 LINQ to Objects 技术演示如何获取选定文件的详细信息。

综合练习2：分类获取公司员工薪水 尝试开发一个程序，要求使用 LINQ to DataSet 技术演示如何分类获取公司员工的薪水。

综合练习3：防止 SQL 注入式攻击 尝试开发一个程序，要求使用 LINQ 技术实现防止 SQL 注入式攻击的功能。

第 16 章

程序调试与异常处理

开发应用程序的代码必须安全、准确。但是在编写的过程中，不可避免地会出现错误，而有的错误不容易被发觉，从而导致程序运行错误。为了排除这些非常隐蔽的错误，对编写好的代码要进行程序调试，这样才能确保应用程序成功运行。另外，开发程序时，不仅要注意程序代码的准确性与合理性，还要处理程序中可能出现的异常情况，.NET 框架提供了一套称为结构化异常处理的标准错误机制，在这种机制中，如果出现错误或者任何预期之外的事件，都会引发异常。本章将对.NET 中的程序调试与异常处理进行详细讲解。

本章知识架构及重点、难点如下。

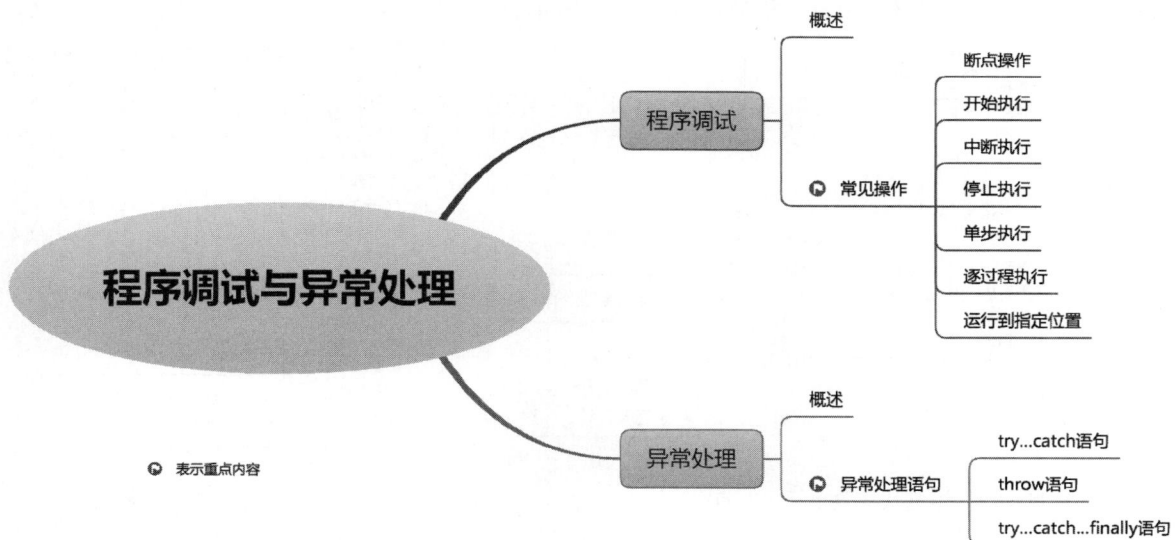

16.1 程序调试概述

程序调试是在程序中查找错误的过程，在开发过程中，程序调试是检查代码并验证它能够正常运行的有效方法。另外，在开发时，如果发现程序不能正常工作，就必须找出并解决有关问题。

在测试期间进行程序调试是很有用的，因为它对希望产生的代码结果提供了另一级的验证。发布程序之后，程序调试提供了重新创建和检测程序错误的方法，程序调试可以帮助查找代码中的错误。

16.2　常用的程序调试操作

为了保证代码能够正常运行，需要对代码进行调试。常用的程序调试操作包括断点操作、开始执行、中断执行、停止执行、单步执行和逐过程执行，以及运行到指定位置，下面详细介绍。

16.2.1　断点操作

断点通知调试器，应用程序在某点上（暂停执行）或某情况发生时中断。发生中断时，称程序和调试器处于中断模式。进入中断模式并不会终止或结束程序的执行，所有元素（如函数、变量和对象）都保留在内存中。执行可以在任何时候继续。

插入断点有 3 种方式：在要设置断点行旁边的灰色空白中单击；右击设置断点的代码行，在弹出的快捷菜单中选择"断点"→"插入断点"命令，如图 16.1 所示；单击要设置断点的代码行，选择菜单中的"调试"→"切换断点(G)"命令，如图 16.2 所示。

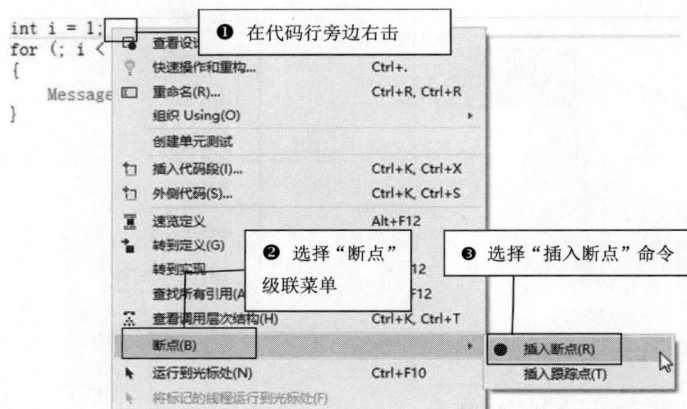

图 16.1　右键快捷菜单插入断点

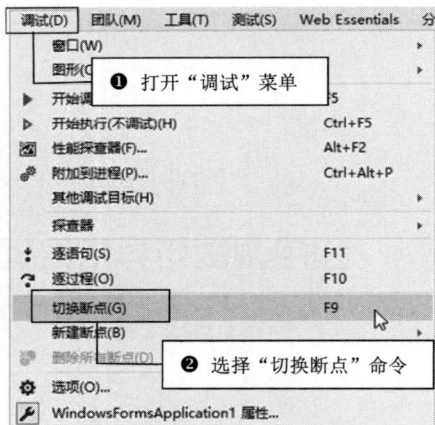

图 16.2　菜单栏插入断点

插入断点后，就会在设置断点的行旁边的灰色空白处出现一个红色圆点，并且该行代码也呈高亮显示，如图 16.3 所示。

删除断点主要有以下 3 种方式。

- ☑ 可以单击设置了断点的代码行左侧的红色圆点。
- ☑ 在设置了断点的代码行左侧的红色圆点上右击，在弹出的快捷菜单中选择"删除断点"命令。
- ☑ 在设置了断点的代码行上右击，在弹出的快捷菜单中选择"断点"→"删除断点"命令，如图 16.4 所示。

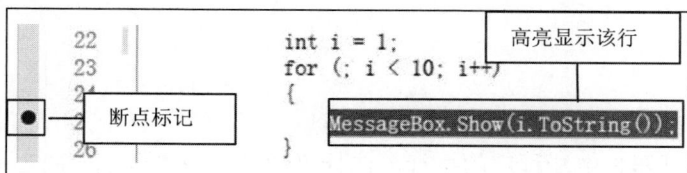

图 16.3 插入断点后效果图

图 16.4 右键快捷菜单删除断点

16.2.2 开始执行

开始执行是最基本的调试功能之一，方法有多种。

在"调试"菜单中选择"开始调试"命令，可以执行代码调试，如图 16.5 所示。

在代码中右击，执行代码中的某行，然后从弹出的快捷菜单中选择"运行到光标处"命令，如图 16.6 所示。

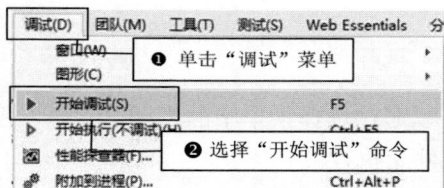

图 16.5 "调试"菜单

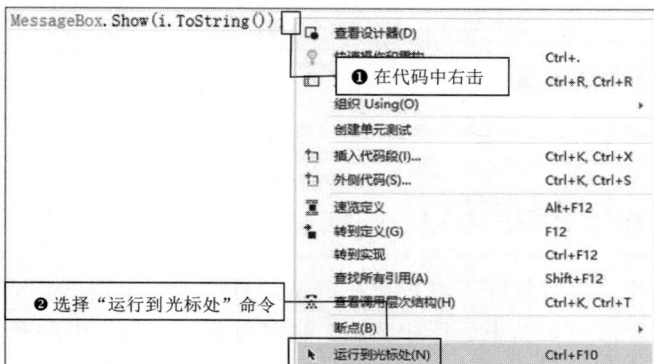

图 16.6 某行代码的右键菜单

除了上述方法外，还可以直接单击工具栏中的 ▶ 启动 按钮，启动调试，如图 16.7 所示。

如果选择"开始调试"命令，则应用程序启动并一直运行到断点。可以在任何时刻中断执行，以检查值、修改变量或检查程序状态，如图 16.8 所示。

图 16.7 工具栏中的"启动"调试按钮

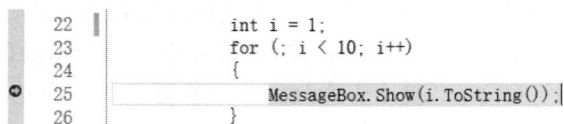

图 16.8 运行到断点

如果选择"运行到光标处"命令，则应用程序启动并一直运行到断点或光标位置，具体要看是断点在前还是光标在前，可以在源窗口中设置光标位置。如果光标在断点的前面，则代码首先运行到光标处，如图 16.9 所示。

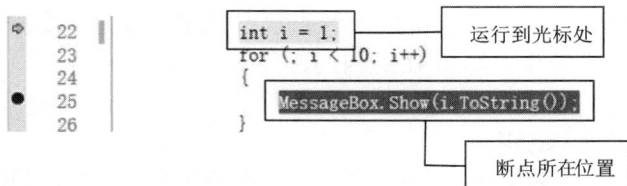

图 16.9 运行到光标处

16.2.3 中断执行

当执行到达一个断点或发生异常，调试器将中断程序的执行。选择"调试"→"全部中断"命令后，调试器将停止所有在调试器下运行的程序的执行。程序并不退出，可以随时恢复执行。调试器和应用程序现在处于中断模式。"调试"菜单中的"全部中断"命令如图 16.10 所示。

除了通过选择"调试"→"全部中断"命令中断执行外，也可以单击工具栏中的 ❚❚ 按钮中断执行，如图 16.11 所示。

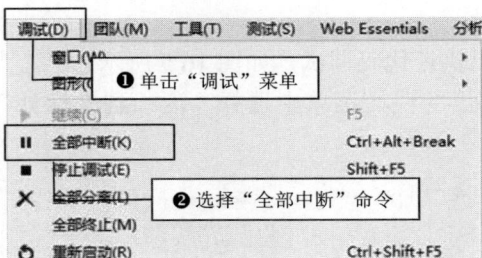

图 16.10　选择"调试"→"全部中断"命令

图 16.11　工具栏中的中断执行按钮

16.2.4 停止执行

停止执行意味着终止正在调试的进程并结束调试会话，可以通过选择菜单中的"调试"→"停止调试"命令来结束运行和调试，也可以单击工具栏中的 ■ 按钮停止执行。

16.2.5 单步执行和逐过程执行

通过单步执行，调试器每次只执行一行代码，单步执行主要是通过逐语句、逐过程和跳出这 3 种命令来实现的。"逐语句"和"逐过程"的主要区别是当某一行包含函数调用时，"逐语句"仅执行调用本身，然后在函数内的第一个代码行处停止；而"逐过程"执行整个函数，然后在函数外的第一行处停止。如果位于函数调用的内部并想返回调用函数，应使用"跳出"命令，"跳出"命令将一直执行代码，直到函数返回，然后在调用函数中的返回点处中断。

当启动调试后，可以单击工具栏中的 ➡ 按钮执行"逐语句"操作，单击 ➡ 按钮执行"逐过程"操作，或单击 ➡ 按钮执行"跳出"操作，如图 16.12 所示。

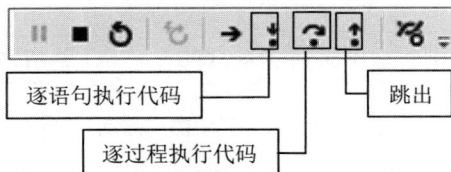

图 16.12　单步执行的 3 种命令

📝 **说明**

除了在工具栏中单击这 3 个按钮外，还可以通过快捷键执行这 3 种操作。启动调试后，可以按 F11 键执行"逐语句"操作，按 F10 键执行"逐过程"操作，或者按 Shift+F10 键执行"跳出"操作。

16.2.6　运行到指定位置

如果希望程序运行到指定的位置，可以在指定代码行上右击，在弹出的快捷菜单中选择"运行到光标处"命令，这样当程序运行到光标处时就会自动暂停；另外，也可以在指定的位置插入断点，同样可以使程序运行到插入断点的代码行时自动暂停。

16.3　异常处理概述

在编写程序时，不仅要关心程序的正常操作，还应该检查代码错误及可能发生的各类不可预期的事件。在现代编程语言中，异常处理是解决这些问题的主要方法。异常处理是一种功能强大的机制，用于处理应用程序可能产生的错误或是其他可以中断程序执行的异常情况。异常处理可以捕捉程序执行所发生的错误，通过异常处理可以有效、快速地构建各种用来处理程序异常情况的程序代码。

异常处理实际上就相当于大楼失火时（发生异常），烟雾感应器捕获到高于正常密度的烟雾（捕获异常），于是自动喷水进行灭火（处理异常）。

.NET 类库提供了针对各种异常情形所设计的异常类，这些类包含了异常的相关信息。配合异常处理语句，应用程序能够轻易地避免程序执行时可能中断应用程序的各种错误。.NET 框架中公共异常类如表 16.1 所示，这些异常类都是 System.Exception 的直接或间接子类。

表 16.1　公共异常类及说明

异　常　类	说　　明
System.ArithmeticException	在算术运算期间发生的异常
System.ArrayTypeMismatchException	当存储一个数组时，如果由于被存储的元素的实际类型与数组的实际类型不兼容而导致存储失败，就会引发此异常
System.DivideByZeroException	在试图用零除整数值时引发
System.IndexOutOfRangeException	在试图使用小于零或超出数组界限的下标索引数组时引发
System.InvalidCastException	如果从基类型或接口到派生类型的显示转换在运行时失败，就会引发此异常
System.NullReferenceException	在需要使用引用对象的场合，如果使用 null 引用，就会引发此异常
System.OutOfMemoryException	在分配内存的尝试失败时引发
System.OverflowException	在选中的上下文中进行算术运算、类型转换或转换操作溢出时引发的异常
System.StackOverflowException	挂起的方法调用过多而导致执行堆栈溢出时引发的异常
System.TypeInitializationException	静态构造函数引发异常并且没有捕捉到它的 catch 子句时引发的异常

16.4 异常处理语句

在 C#程序中，编程人员可以使用异常处理语句处理异常。主要的异常处理语句有 throw 语句、try…catch 语句和 try…catch…finally 语句，通过这 3 个异常处理语句，编程人员可以对可能产生异常的程序代码进行监控。下面将对这 3 个异常处理语句进行详细讲解。

16.4.1 try…catch 语句

try…catch 语句允许在 try 后面的大括号（{}）中放置可能发生异常情况的程序代码，从而对这些程序代码进行监控；在 catch 后面的大括号（{}）中，可以放置处理错误的程序代码，以处理程序发生的异常。try…catch 语句的基本格式如下。

```
try
{
    被监控的代码
}
catch(异常类名　异常变量名)
{
    异常处理
}
```

在 catch 子句中，异常类名必须为 System.Exception 或从 System.Exception 派生的类型。当 catch 子句指定了异常类名和异常变量名后，就相当于声明了一个具有给定名称和类型的异常变量，此异常变量表示当前正在处理的异常。

说明

只捕捉能够合法处理的异常，而不要在catch子句中创建特殊异常的列表。

【例 16.1】 捕获类型转换异常（实例位置：资源包\TM\sl\16\1）

创建一个控制台应用程序，声明一个 object 类型的变量 obj，其初始值为 null。然后将 obj 强制转换成 int 类型赋给 int 类型变量 N，使用 try…catch 语句捕获异常，代码如下。

```
static void Main(string[ ] args)
{
    try                                 //使用 try…catch 语句
    {
        object obj = null;              //声明一个 object 变量，初始值为 null
        int N = (int)obj;               //将 object 类型强制转换成 int 类型
    }
    catch (Exception ex)                //捕获异常
```

```
    {
        Console.WriteLine("捕获异常："+ex);          //输出异常
    }
    Console.ReadLine();
}
```

程序的运行结果如图 16.13 所示。

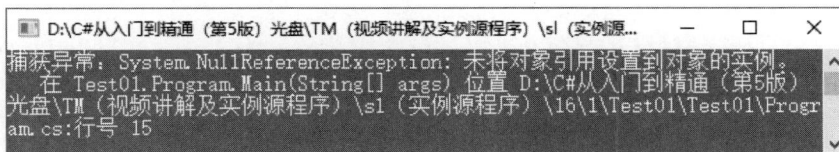

图 16.13 捕获异常

查看运行结果，抛出了异常。因为声明的 object 变量 obj 被初始化为 null，然后又将 obj 强制转换成 int 类型，这样就产生了异常。由于使用了 try…catch 语句，所以将这个异常捕获，并将异常输出。

上述实例是直接使用 System.Exception 类捕获异常，下面以 System.OverflowException 类为例介绍如何使用其他异常类捕获异常。

【例 16.2】 捕获数据溢出异常（实例位置：资源包\TM\sl\16\2）

创建一个控制台应用程序，声明 3 个 int 类型的变量 Inum1、Inum2 和 Num，并将变量 Inum1 和 Inum2 分别初始化为 6000000。然后使 Num 等于 Inum1 和 Inum2 的乘积，最后引发 System.OverflowException 类异常，代码如下。

```
static void Main(string[ ] args)
{
    try                                         //使用 try…catch 语句
    {
        checked                                 //使用 checked 关键字
        {
            int Inum1;                          //声明一个 int 类型变量 Inum1
            int Inum2;                          //声明一个 int 类型变量 Inum2
            int Num;                            //声明一个 int 类型变量 Num
            Inum1 = 6000000;                    //将 Inum1 赋值为 6000000
            Inum2 = 6000000;                    //将 Inum2 赋值为 6000000
            Num = Inum1 * Inum2;                //使 Num 的值等于 Inum1 与 Inum2 的乘积
        }
    }
    catch (OverflowException)                   //捕获异常
    {
        Console.WriteLine("引发 OverflowException 异常");
    }
    Console.ReadLine();
}
```

程序的运行结果为"引发 OverflowException 异常"。

16.4.2 throw 语句

throw 语句用于主动引发一个异常，使用 throw 语句可以在特定的情形下，自行抛出异常。throw 语句的基本格式如下。

throw   ExObject

ExObject：所要抛出的异常对象，这个异常对象是派生自 System.Exception 类的类对象。

说明

通常 throw 语句与 try…catch 或 try…finally 语句一起使用。当引发异常时，程序查找处理此异常的 catch 语句。也可以用 throw 语句重新引发已捕获的异常。

【例 16.3】 抛出除数为 0 的异常（实例位置：资源包\TM\sl\16\3）

创建一个控制台应用程序，创建一个 int 类型的方法 MyInt()，此方法有两个 string 类型的参数 a 和 b。在这个方法中，使 a 作分子，b 作分母，如果分母的值是 0，则通过 throw 语句抛出 DivideByZeroException 异常，这个异常被此方法中的 catch 子句捕获并输出，代码如下。

```
class Program
{
    class test                                      //创建一个类
    {
        public int MyInt(string a, string b)        //创建一个 int 类型的方法，参数分别是 a 和 b
        {
            int int1;                               //声明一个 int 类型的变量 int1
            int int2;                               //声明一个 int 类型的变量 int2
            int num;                                //声明一个 int 类型的变量 num
            try                                     //使用 try…catch 语句
            {
                int1 = int.Parse(a);                //将参数 a 强制转换成 int 类型后赋给 int1
                int2 = int.Parse(b);                //将参数 b 强制转换成 int 类型后赋给 int2
                if (int2 == 0)                      //判断 int2 是否等于 0，如果等于 0，抛出异常
                {
                    throw new DivideByZeroException();  //抛出 DivideByZeroException 类的异常
                }
                num = int1 / int2;                  //计算 int1 除以 int2 的值
                return num;                         //返回计算结果
            }
            catch (DivideByZeroException de)        //捕获异常
            {
                Console.WriteLine("用零除整数引发异常！");
                Console.WriteLine(de.Message);
                return 0;
            }
        }
    }
    static void Main(string[ ] args)
```

```
        {
            try                                         //使用 try…catch 语句
            {
                Console.WriteLine("请输入分子： ");       //提示输入分子
                string str1 = Console.ReadLine();        //获取键盘输入的值
                Console.WriteLine("请输入分母： ");       //提示输入分母
                string str2 = Console.ReadLine();        //获取键盘输入的值
                test tt = new test();                    //实例化 test 类
                //调用 test 类中的 MyInt()方法，获取键盘输入的分子与分母相除得到的值
                Console.WriteLine("分子除以分母的值： "+tt.MyInt(str1,str2));
            }
            catch(FormatException)                       //捕获异常
            {
                Console.WriteLine("请输入数值格式数据");  //输出提示
            }
            Console.ReadLine();
        }
}
```

程序的运行结果如图 16.14 所示。

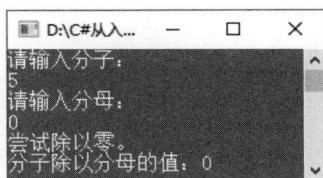

图 16.14　分母为 0 抛出异常

16.4.3　try…catch…finally 语句

将 finally 语句与 try…catch 语句相结合，形成 try…catch…finally 语句。finally 语句同样以区块的方式存在，它被放在所有 try…catch 语句的最后面，程序执行完毕，最后都会跳到 finally 语句区块，执行其中的代码。无论程序是否产生异常，最后都会执行 finally 语句区块中的程序代码，其基本格式如下。

```
try
{
    被监控的代码
}
catch(异常类名   异常变量名)
{
    异常处理
}
…
finally
{
    程序代码
```

```
}
```

对于 try…catch…finally 语句的理解并不复杂，它只是比 try…catch 语句多了一个 finally 语句，如果程序中有一些在任何情形中都必须执行的代码，那么就可以将它们放在 finally 语句的区块中。

技巧

> 使用 catch 子句是为了允许处理异常。无论是否引发了异常，使用 finally 子句即可执行清理代码。如果分配了昂贵或有限的资源（如数据库连接或流），则应将释放这些资源的代码放置在 finally 块中。

【例 16.4】 try…catch…finally 语句的使用（实例位置：资源包\TM\sl\16\4）

创建一个控制台应用程序，声明一个 string 类型变量 str，并初始化为 "明日科技"。然后声明一个 object 变量 obj，将 str 赋给 obj。最后声明一个 int 类型的变量 i，将 obj 强制转换成 int 类型后赋给变量 i，这样必然会导致转换错误，抛出异常。然后在 finally 语句中输出 "程序执行完毕…"，因此，无论程序是否抛出异常，都会执行 finally 语句中的代码，具体如下。

```
static void Main(string[ ] args)
{
    string str = "明日科技";                        //声明一个 string 类型的变量 str
    object obj = str;                              //声明一个 object 类型的变量 obj
    try                                            //使用 try…catch 语句
    {
        int i = (int)obj;                          //将 obj 强制转换成 int 类型
    }
    catch(Exception ex)                            //获取异常
    {
        Console.WriteLine(ex.Message);             //输出异常信息
    }
    finally                                        //finally 语句
    {
        Console.WriteLine("程序执行完毕...");        //输出 "程序执行完毕…"
    }
    Console.ReadLine();
}
```

程序的运行结果如下。

```
指定的转换无效。
程序执行完毕...
```

编程训练（答案位置：资源包\TM\sl\16\编程训练\）

【训练 1】：数组索引超出范围引发的异常　在控制台上演示一个整型数组（如"int a[] = { 1, 2, 3, 4 };"）遍历的过程；并体现出当 i 的值为多少时，会产生异常。

【训练 2】：重写空引用异常　用户新购买了一台电脑，这台电脑与其他的电脑不一样，无法正常启动开机（电脑品牌未声明）。使用继承来体现这个事件，并尝试利用 "电脑品牌" 引出空引用异常。

（提示：空引用异常使用 NullReferenceException 捕捉。）

16.5　实践与练习

（答案位置：资源包\TM\sl\16\实践与练习\）

综合练习 1：捕获数据库连接异常　尝试开发一个程序，要求使用异常处理语句捕捉连接数据库过程中出现的错误。

综合练习 2：捕获加法运算时的类型转换错误　尝试开发一个程序，要求在使用两个不同类型的数据进行加法计算时，使用异常处理语句捕获由于数据类型错误而出现的异常。

综合练习 3：捕获数字格式转换异常　银行账号中现有余额 1 023.79 元，模拟取款，当在控制台中输入的取款金额不是整数时，引起数字格式转换异常并捕获。

第 **3** 篇

高级应用

本篇介绍面向对象技术高级应用、迭代器和分部类、泛型、文件及数据流技术、GDI+图形图像技术、Windows 打印技术、网络编程技术、注册表技术、线程的使用等。学习完这一部分，能够开发文件流程序、图形图像程序、打印程序、多媒体程序、网络程序和多线程应用程序等。

高级应用

面向对象技术高级应用 —— 面向对象的核心技术，接口、抽象类、委托、索引器等，项目开发必须要熟练掌握

迭代器和分部类 —— 迭代器是一种可以自定义循环访问数据的类型，而分部类可以将一个类分别写在不同的位置，按需学习

泛型 —— 允许编写代码时定义一些可变部分，并在使用前指明

文件及数据流技术 —— 使用C#对文件及文件夹进行操作，而流是计算机中传输数据的形式

GDI+图形图像技术 —— C#绘图技术，可以绘制各种图形、文本和图表

Windows打印技术 —— C#原生的打印控件，执行一些简单的打印操作

网络编程技术 —— 学习IP扫描、Socket、TCP、UDP连接等技术，为开发网络应用打下基础

注册表技术 —— 熟悉使用C#对系统注册表进行操作

线程的使用 —— 执行大量运算、操作，或者需要区分不同优先级任务时使用，是窗体程序开发必备技能

面向对象技术高级应用

本章将介绍面向对象技术中几种比较高级的技术，主要包括抽象类与抽象方法、接口、集合、索引器、委托、匿名方法和事件等，这些内容相对于前面章节中所讲的内容更复杂，但为了能够使开发人员开发出结构良好、组织严密、扩展性好及运行稳定的程序，它们又是必不可少的。

本章知识架构及重点、难点如下。

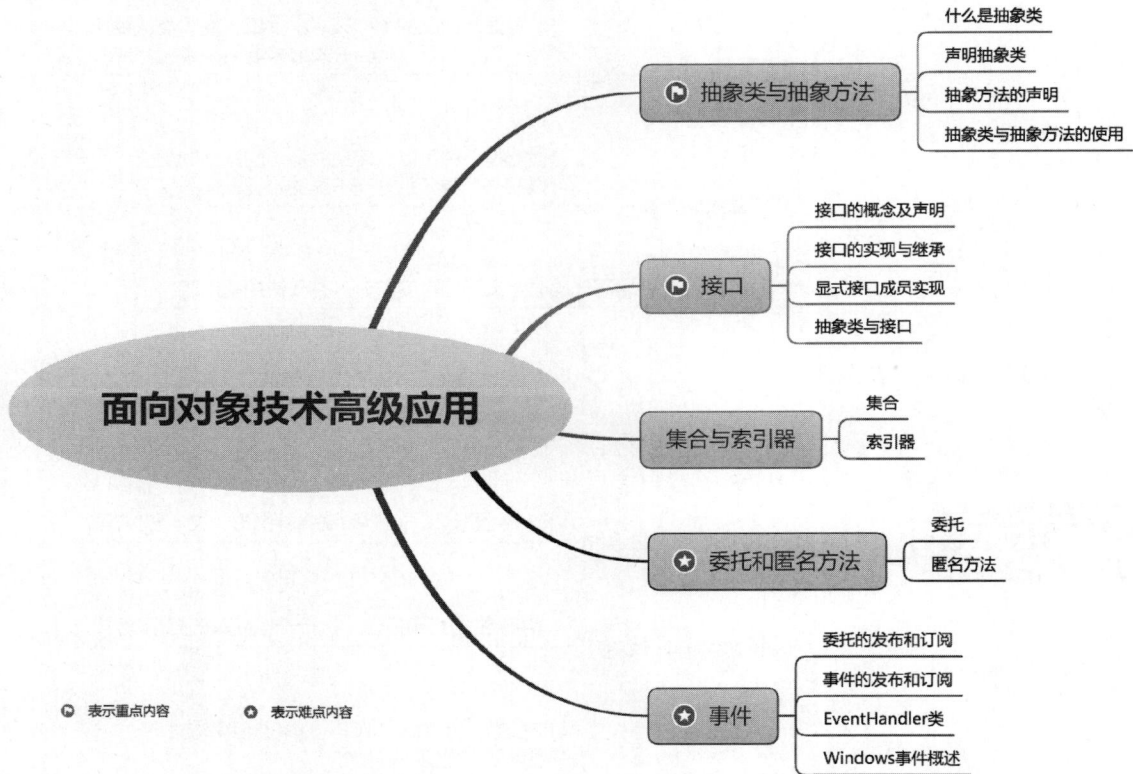

17.1 抽象类与抽象方法

通常可以说四边形具有 4 条边，或者说得更具体一点，平行四边形是具有对边平行且相等特性的特殊四边形，等腰三角形是腰相等的三角形，这些描述都是合乎情理的，但对于图形对象却不能使用具体的语言进行描述。它有几条边，究竟是什么图形，没有人能说清楚，这种类在 C#中被定义为抽象类。在抽象类中声明方法时，如果加上 abstract 关键字，则为抽象方法。本节将对抽象类及抽象方法进行详细介绍。

17.1.1　抽象类概述及声明

在解决实际问题时，一般将父类定义为抽象类，需要使用这个父类进行继承与多态处理。回想继承和多态原理，继承树中越是在上方的类越抽象，如鸽子类继承鸟类、鸟类继承动物类等。在多态机制中，并不需要将父类初始化对象，我们需要的只是子类对象，所以在 Java 语言中设置抽象类不可以实例化对象，因为图形类不能抽象出任何一种具体图形，但它的子类却可以。

C#中声明抽象类时需要使用 abstract 关键字，具体语法格式如下。

```
访问修饰符  abstract class  类名:基类或接口
{
    //类成员
}
```

📒 **说明**

> 声明抽象类时，除 abstract 关键字、class 关键字和类名外，其他的都是可选项。

其中，abstract 是定义抽象类的关键字。

使用 abstract 关键字定义的类称为抽象类，而使用这个关键字定义的方法称为抽象方法，抽象方法没有方法体，这个方法本身没有任何意义，除非它被重写，但承载这个抽象方法的抽象类必须被继承，实际上抽象类除了被继承之外没有任何意义。

反过来讲，如果声明一个抽象的方法，就必须将承载这个抽象方法的类定义为抽象类，不可能在非抽象类中获取抽象方法。换句话说，只要类中有一个抽象方法，此类就被标记为抽象类。

抽象类被继承后需要实现其中所有的抽象方法，也就是保证相同的方法名称、参数列表和相同返回值类型创建出非抽象方法，当然也可以是抽象方法。图 17.1 说明了抽象类的继承关系。

从图 17.1 中可以看出，继承抽象类的所有子类需要将抽象类中的抽象方法进行覆盖。这样在多态机制中，可以将父类修改为抽象类，将 draw()方法设置为抽象方法，然后每个子类都重写这个方法来处理。但这又会出现我们刚刚探讨多态时讨论的问题，程序中会有太多冗余的代码,同时这样的父类局限性很大，也许某个不需要 draw()方法的子类也不得不重写 draw()方法。如果将 draw()方法放置在另一个类中，便可以让那些需要 draw()方法的类继承该类，

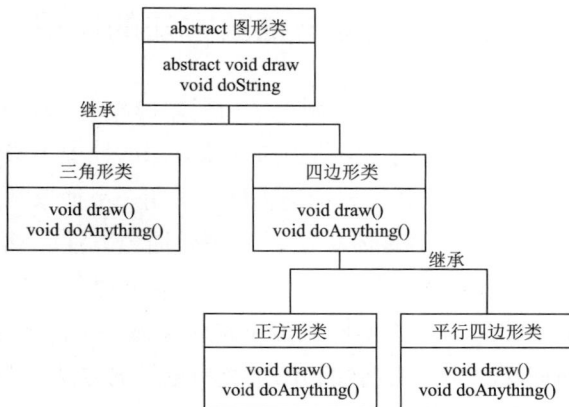

图 17.1　抽象类继承关系

而不需要 draw()方法的类继承图形类，但所有的子类都需要图形类，因为这些类是从图形类中被导出的，同时某些类还需要 draw()方法，但是在 C#中，类不能同时继承多个父类，面临这种问题，接口的概念便出现了。

例如，下面代码声明一个抽象类，该抽象类中包含一个 int 类型的变量和一个无返回值类型方法，实现代码如下。

```
public abstract class myClass
{
    public int i;
    public void method()
    { }
}
```

17.1.2　抽象方法概述及声明

抽象方法就是在声明方法时，加上 abstract 关键字，声明抽象方法时需要注意以下两点。

☑　抽象方法必须声明在抽象类中。

☑　声明抽象方法时，不能使用 virtual、static 和 private 修饰符。

抽象方法声明引入了一个新方法，但不提供该方法的实现，由于抽象方法不提供任何实际实现，因此抽象方法的方法体只包含一个分号。

当从抽象类派生一个非抽象类时，需要在非抽象类中重写抽象方法，以提供具体的实现，重写抽象方法时使用 override 关键字。

例如，下面代码声明了一个抽象类，并在该抽象类中声明一个抽象方法。

```
public abstract class myClass
{
    public abstract void method();        //抽象方法
}
```

17.1.3　抽象类与抽象方法的使用

本节通过一个实例介绍如何在程序中使用抽象类与抽象方法。

【例 17.1】 抽象类与抽象方法的使用（实例位置：资源包\ TM\sl\17\1）

创建一个控制台应用程序，声明一个抽象类 myClass，在该抽象类中声明两个属性和一个方法，为两个属性提供具体实现，方法为抽象方法。然后声明一个派生类 DriveClass，继承自 myClass，在 DriveClass 派生类中重写 myClass 抽象类中的抽象方法，并提供具体的实现。最后在主程序类 Program 的 Main()方法中实例化 DriveClass 派生类的一个对象，使用该对象实例化抽象类，并使用抽象类对象访问抽象类中的属性和派生类中重写的方法，程序代码如下。

```
public abstract class myClass
{
    private string id = "";
    private string name = "";
```

```
    public string ID                                      //编号属性及实现
    {
        get
        {
            return id;
        }
        set
        {
            id = value;
        }
    }
    public string Name                                    //姓名属性及实现
    {
        get
        {
            return name;
        }
        set
        {
            name = value;
        }
    }
    public abstract void ShowInfo();                      //抽象方法，用来输出信息
}
public class DriveClass:myClass                           //继承抽象类
{
    public override void ShowInfo()                       //重写抽象类中输出信息的方法
    {
        Console.WriteLine(ID + " " + Name);
    }
}
class Program
{
    static void Main(string[ ] args)
    {
        DriveClass driveclass = new DriveClass();         //实例化派生类
        myClass myclass = driveclass;                     //使用派生类对象实例化抽象类
        myclass.ID = "BH0001";                            //使用抽象类对象访问抽象类中的编号属性
        myclass.Name = "TM";                              //使用抽象类对象访问抽象类中的姓名属性
        myclass.ShowInfo();                               //使用抽象类对象调用派生类中的方法
    }
}
```

运行结果为 BH0001 TM。

编程训练（答案位置：资源包\TM\sl\17\编程训练\）

【训练 1】：模拟商场买衣服场景　去商场买衣服，通过这句话的描述，我们想确认到底去哪个商场买衣服，买什么样的衣服，是短衫、裙子，还是其他什么衣服？在"去商场买衣服"这句话中，并没有对"买衣服"这个行为指明一个确定的信息。本训练使用抽象类模拟商场买衣服场景，通过派

生类确定到底去哪个商场买衣服、买什么衣服。

【训练2】：进出货功能的实现　通过重写抽象方法输出进货信息和销售信息。

17.2　接　口

由于 C#中的类不支持多重继承，但是客观世界出现多重继承的情况又比较多，因此为了避免传统的多重继承给程序带来的复杂性等问题，同时保证多重继承带给程序员的诸多好处，提出了接口概念。通过接口可以实现多重继承的功能。本节将对接口进行详细讲解。

17.2.1　接口的概念及声明

接口是抽象类的延伸，可以将它看作是纯粹的抽象类，接口中的所有方法都没有方法体。对于 17.1.1 节中遗留的问题，可以将 draw()方法封装到一个接口中，使需要 draw()方法的类实现这个接口，同时也继承图形类，这就是接口存在的必要性。图 17.2 描述了各个子类继承图形类后使用接口的关系。

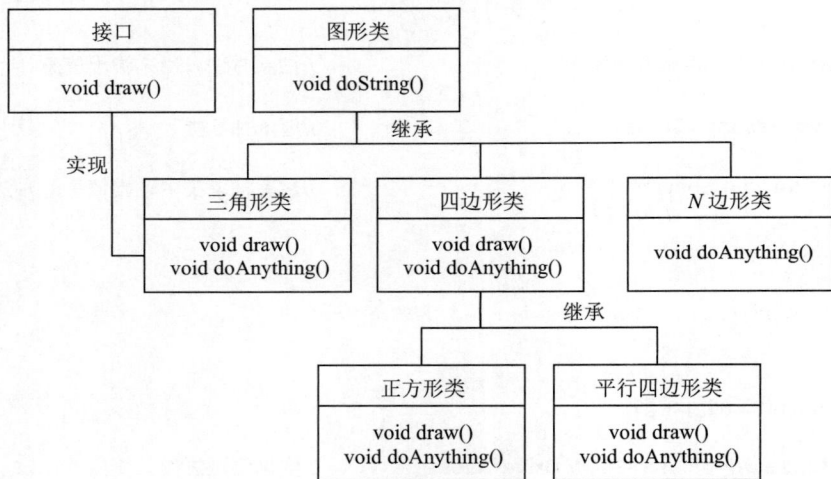

图 17.2　使用接口继承关系

接口是一种用来定义程序的协议，它描述可属于任何类或结构的一组相关行为。接口可由方法、属性、事件和索引器或这 4 种成员类型的任何组合构成，但不能包含字段。

类和结构可以像类继承基类或结构一样从接口继承，而且可以继承多个接口。当类或结构继承接口时，它继承成员定义但不继承实现。若要实现接口成员，类中的对应成员必须是公共的、非静态的，并且与接口成员具有相同的名称和签名。类的属性和索引器可以为接口上定义的属性或索引器定义额外的访问器。例如，接口可以声明一个带有 get 访问器的属性，而实现该接口的类可以声明同时带有 get 和 set 访问器的同一属性。但是，如果属性或索引器使用显式实现，则访问器必须匹配。

接口可以继承其他接口，类可以通过其继承的基类或接口多次继承某个接口。在这种情况下，如果将该接口声明为新类的一部分，则类只能实现该接口一次。如果没有将继承的接口声明为新类的一部分，其实现将由声明它的基类提供。基类可以使用虚拟成员实现接口成员。在这种情况下，继承接口的类可通过重写虚拟成员来更改接口行为。

说明

接口可以将方法、属性、索引器和事件作为成员，但是并不能设置这些成员的具体值。也就是说，只能定义，但不能给它定义的东西赋值。

综上所述，接口具有以下特征。
- ☑　接口类似于抽象基类：继承接口的任何非抽象类型都必须实现接口的所有成员。
- ☑　不能直接实例化接口。
- ☑　接口可以包含事件、索引器、方法和属性。
- ☑　接口不包含方法的实现。
- ☑　类和结构可从多个接口继承。
- ☑　接口自身可从多个接口继承。

在 C#中声明接口时，使用 interface 关键字，其语法格式如下。

```
修饰符 interface 接口名称:继承的接口列表
{
    接口内容;
}
```

说明

声明接口时，除 interface 关键字和接口名称外，其他都是可选项。
可使用 new、public、protected、internal、private 等修饰符声明接口，但接口成员必须是公共的。

例如，下面的代码声明了一个接口，该接口包含编号和姓名两个属性，还包含一个自定义方法 ShowInfo()，该方法用来显示定义的编号和属性，代码如下。

```
interface ImyInterface
{
    string ID                    //编号（可读可写）
    {
        get;
        set;
    }
    string Name                  //姓名（可读可写）
    {
        get;
        set;
    }
    void ShowInfo();             //显示定义的编号和姓名
}
```

17.2.2　接口的实现与继承

接口的实现通过类继承来实现，一个类虽然只能继承一个基类，但可以继承任意接口。声明实现接口的类时，需要在基类列表中包含类所实现的接口的名称。

【例17.2】接口的实现与继承（**实例位置：资源包\TM\sl\17\2**）

创建一个控制台应用程序，该程序在例17.1的基础上实现，Program 类继承自接口 ImyInterface，并实现了该接口中的所有属性和方法，然后在 Main()方法中实例化 Program 类的一个对象，并使用该对象实例化 ImyInterface 接口，最后通过实例化的接口对象访问派生类中的属性和方法，程序代码如下。

```
class Program:ImyInterface                              //继承自接口
{
    string id = "";
    string name = "";
    public string ID                                    //编号
    {
        get
        {
            return id;
        }
        set
        {
            id = value;
        }
    }
    public string Name                                  //姓名
    {
        get
        {
            return name;
        }
        set
        {
            name = value;
        }
    }
    public void ShowInfo()                              //显示定义的编号和姓名
    {
        Console.WriteLine("编号\t 姓名");
        Console.WriteLine(ID + "\t " + Name);
    }
    static void Main(string[ ] args)
    {
        Program program = new Program();                //实例化 Program 类对象
        ImyInterface imyinterface = program;            //使用派生类对象实例化接口 ImyInterface
        imyinterface.ID = "TM";                         //为派生类中的 ID 属性赋值
        imyinterface.Name = "C#从入门到精通";           //为派生类中的 Name 属性赋值
```

```
                imyinterface.ShowInfo();                    //调用派生类中的方法显示定义的属性值
        }
}
```

按 Ctrl+F5 快捷键查看运行结果，如图 17.3 所示。

上面的实例只继承了一个接口，接口还可以多重继承，使用多重继承时，要继承的接口之间用逗号（,）分隔。

【例 17.3】接口的多重继承实现 （实例位置：资源包\TM\sl\17\3）

创建一个控制台应用程序，其中声明了 3 个接口：IPeople、ITeacher 和 IStudent。其中，ITeacher 和 IStudent 继承自 IPeople，然后使用 Program 类继承这 3 个接口，并分别实现这 3 个接口中的属性和方法，程序代码如下。

图 17.3　接口的实现实例运行结果

```
interface IPeople
{
        string Name                             //姓名
        {
            get;
            set;
        }
        string Sex                              //性别
        {
            get;
            set;
        }
}
interface ITeacher:IPeople                      //继承公共接口
{
        void teach();                           //教学方法
}
interface IStudent:IPeople                      //继承公共接口
{
        void study();                           //学习方法
}
class Program:IPeople,ITeacher,IStudent         //多接口继承
{
        string name = "";
        string sex = "";
        public string Name                      //姓名
        {
            get
            {
                return name;
            }
            set
            {
                name = value;
            }
        }
```

```
        public string Sex                              //性别
        {
            get
            {
                return sex;
            }
            set
            {
                sex = value;
            }
        }
        public void teach()                            //教学方法
        {
            Console.WriteLine(Name + " " + Sex + " 教师");
        }
        public void study()                            //学习方法
        {
            Console.WriteLine(Name + " " + Sex + " 学生");
        }
        static void Main(string[ ] args)
        {
            Program program = new Program();           //实例化类对象
            ITeacher iteacher = program;               //使用派生类对象实例化接口 ITeacher
            iteacher.Name = "TM";
            iteacher.Sex = "男";
            iteacher.teach();
            IStudent istudent = program;               //使用派生类对象实例化接口 IStudent
            istudent.Name = "C#";
            istudent.Sex = "男";
            istudent.study();
        }
    }
```

按 Ctrl+F5 快捷键查看运行结果，如图 17.4 所示。

图 17.4　接口的实现实例运行结果

17.2.3　显式接口成员实现

如果类实现两个接口，并且这两个接口包含具有相同签名的成员，那么在类中实现该成员将导致两个接口都使用该成员作为它们的实现。然而，如果两个接口成员实现不同的功能，则可能会导致其中一个接口的实现不正确或两个接口的实现都不正确，这时可以显式地实现接口成员，即创建一个仅通过该接口调用并且特定于该接口的类成员。显式接口成员实现是使用接口名称和一个句点命名该类成员来实现的。

【例 17.4】 显式接口成员的实现（实例位置：资源包\TM\sl\17\4）

创建一个控制台应用程序，其中声明了两个接口 ImyInterface1 和 ImyInterface2。在这两个接口中声明一个同名方法 Add()，然后定义一个类 MyClass，该类继承自已经声明的两个接口，在 MyClass 类中实现接口中的方法时，由于 ImyInterface1 和 ImyInterface2 接口中声明的方法名相同，这里使用了显式接口成员实现，最后在主程序类 Program 的 Main()方法中使用接口对象调用接口中定义的方法，程序代码如下。

```
interface ImyInterface1
{
    int Add();                              //求和方法，加法运算的和
}
interface ImyInterface2
{
    int Add();                              //求和方法，加法运算的和
}
class myClass : ImyInterface1, ImyInterface2      //继承接口
{
    /// <summary>
    /// 求和方法
    /// </summary>
    /// <returns>加法运算的和</returns>
    int ImyInterface1.Add()                 //显式接口成员实现
    {
        int x = 3;
        int y = 5;
        return x + y;
    }
    /// <summary>
    /// 求和方法
    /// </summary>
    /// <returns>加法运算的和</returns>
    int ImyInterface2.Add()                 //显式接口成员实现
    {
        int x = 3;
        int y = 5;
        int z = 7;
        return x + y + z;
    }
}
class Program
{
    static void Main(string[ ] args)
    {
        myClass myclass = new myClass();            //实例化接口继承类的对象
        ImyInterface1 imyinterface1 = myclass;      //使用接口继承类的对象实例化接口
        Console.WriteLine(imyinterface1.Add());     //使用接口对象调用接口中的方法
        ImyInterface2 imyinterface2 = myclass;      //使用接口继承类的对象实例化接口
        Console.WriteLine(imyinterface2.Add());     //使用接口对象调用接口中的方法
    }
}
```

运行结果如下。

8
15

误区警示

（1）显式接口成员实现中不能包含访问修饰符、abstract、virtual、override 或 static 修饰符。

（2）显式接口成员属于接口的成员，而不是类的成员，因此，不能使用类对象直接访问，只能通过接口对象来访问。

17.2.4　抽象类与接口

抽象类和接口都包含可以由派生类继承的成员，它们都不能直接实例化，但可以声明它们的变量。如果这样做，就可以使用多态性把继承这两种类型的对象指定给它们的变量。接着通过这些变量来使用这些类型的成员，但不能直接访问派生类中的其他成员。

抽象类和接口的区别主要有以下几点。

☑　它们的派生类只能继承一个基类，即只能直接继承一个抽象类，但可以继承任意多个接口。

☑　抽象类中可以定义成员的实现，但接口中不可以。

☑　抽象类中可以包含字段、构造函数、析构函数、静态成员或常量等，接口中不可以。

☑　抽象类中的成员可以是私有的（只要它们不是抽象的）、受保护的、内部的或受保护的内部成员（受保护的内部成员只能在应用程序的代码或派生类中访问），但接口中的成员必须是公共的。

说明

抽象类和接口这两种类型用于完全不同的目的。抽象类主要用作对象系列的基类，共享某些主要特性，例如共同的目的和结构。接口则主要用于类，这些类在基础水平上有所不同，但仍可以完成某些相同的任务。

编程训练（答案位置：资源包\TM\sl\17\编程训练\）

【训练3】：定义两个单片机和液晶显示器接口　分别定义两个单片机和液晶显示器的接口，在这两个接口中定义一个同名的串口方法 Serial，在派生类中实现这两个接口中的同名方法，并在 Main() 方法中调用输出不同的信息。

【训练4】：使用接口模拟老师上课的场景　创建一个 IPerson 接口，定义姓名、年龄两个属性，定义说话、工作两个行为，再创建 Student 类和 Teacher 类，两者继承 IPerson 接口并重写各自的属性和行为。创建两个人 peter 和 mike，让这两个人模拟上课的场景。

17.3　集合与索引器

17.3.1　集合

.NET 中提供了一种称为集合的类型，它类似于数组，是一组组合在一起的类型化对象，可以通过遍历获取其中的每个元素，但相对于数组来说，它的存储空间是动态变化的，也就是说，可以对其中的数据进行添加、删除、修改等操作。

自定义集合需要通过实现 System.Collections 命名空间提供的集合接口实现，System.Collections 命名空间提供的常用接口及说明如表 17.1 所示。

表 17.1　System.Collections 命名空间提供的常用接口及说明

接　　口	描　　述
ICollection	定义所有非泛型集合的大小、枚举数和同步方法
Icomparer	公开一种比较两个对象的方法
IDictionary	表示键/值对的非通用集合
IDictionaryEnumerator	枚举非泛型字典的元素
IEnumerable	公开枚举数，该枚举数支持在非泛型集合上进行简单迭代
IEnumerator	支持对非泛型集合的简单迭代
IList	表示可按照索引单独访问的对象的非泛型集合

下面以继承 IEnumerable 接口为例讲解如何自定义集合。

IEnumerable 接口用来公开枚举数，该枚举数支持在非泛型集合上进行简单迭代。IEnumerable 接口定义如下。

```
public interface IEnumerable
```

IEnumerable 接口中有一个 GetEnumerator 方法，该方法用来返回循环访问集合的枚举器，主要是迭代集合时使用，因此在实现该接口时，需要实现 GetEnumerator 方法。GetEnumerator 方法定义如下。

```
IEnumerator GetEnumerator()
```

说明

上面提到了迭代的概念，迭代实际上就是循环遍历，它表示重复执行同一个过程。

在实现 IEnumerable 接口的同时，也需要实现 IEnumerator 接口，该接口支持对非泛型集合的简单迭代，它包含 3 个成员，分别是 Current 属性、MoveNext 方法和 Reset 方法，它们的定义及作用如下。

```
object Current { get; }          //获取集合中当前位置的元素
bool MoveNext()                  //迭代集合中的下一个元素
void Reset()                     //设置为初始位置，位置位于集合中第一个元素之前
```

【例 17.5】　通过自定义集合存储商品信息（实例位置：资源包\TM\sl\17\5）

创建一个控制台应用程序，通过继承 IEnumerable 和 IEnumerator 接口自定义一个集合，用来存储进销存管理系统中的商品信息，最后使用遍历的方式输出自定义集合中存储的商品信息。代码如下。

```
public class Goods                              //定义集合中的元素类，表示商品信息类
{
    public string Code;                         //编号
    public string Name;                         //名称
    public Goods(string code, string name)      //定义构造函数，赋初始值
```

```
        {
            this.Code = code;
            this.Name = name;
        }
    }
    public class JHClass : IEnumerable, IEnumerator        //定义集合类
    {
        private Goods[ ] _goods;                            //初始化 Goods 类型的集合
        public JHClass(Goods[ ] gArray)                     //使用带参构造函数赋值
        {
            _goods = new Goods[gArray.Length];
            for (int i = 0; i < gArray.Length; i++)
            {
                _goods[i] = gArray[i];
            }
        }
        //实现 IEnumerable 接口中的 GetEnumerator 方法
        IEnumerator IEnumerable.GetEnumerator()
        {
            return (IEnumerator)this;
        }
        int position = -1;                                  //记录索引位置
        object IEnumerator.Current                          //实现 IEnumerator 接口中的 Current 属性
        {
            get
            {
                return _goods[position];
            }
        }
        public bool MoveNext()                              //实现 IEnumerator 接口中的 MoveNext 方法
        {
            position++;
            return (position < _goods.Length);
        }
        public void Reset()                                 //实现 IEnumerator 接口中的 Reset 方法
        {
            position = -1;                                  //指向第一个元素
        }
    }
    class Program
    {
        static void Main()
        {
            Goods[] goodsArray = new Goods[3]
            {
                new Goods("T0001", "HuaWei MateBook"),
                new Goods("T0002", "荣耀 V30 5G"),
                new Goods("T0003", "华为平板电脑"),
            };                                              //初始化 Goods 类型的数组
            JHClass jhList = new JHClass(goodsArray);        //使用数组创建集合类对象
            foreach (Goods g in jhList)                      //遍历集合
                Console.WriteLine(g.Code + " " + g.Name);
```

```
        Console.ReadLine();
    }
}
```

程序运行结果如图 17.5 所示。

图 17.5　集合的自定义及使用

> **说明**
>
> .NET 中内置了很多的集合，比如 ArrayList 等。

17.3.2　索引器

C#语言支持一种名为索引器的特殊"属性"，索引器允许一个对象可以像数组一样被索引。

索引器的声明方式与属性比较相似，这二者的一个重要区别是索引器在声明时需要使用 this 关键字定义参数，而属性则不需要定义参数。索引器的声明格式如下。

```
[修饰符] [类型] this[参数列表]
{
    get {get 访问器体}
    set {set 访问器体}
}
```

索引器与属性除了在定义参数方面不同，它们之间的区别主要还有以下两点。

☑　索引器的名称必须是关键字 this，this 后面一定要跟一对方括号（[]），在方括号之间指定索引的参数列表，其中必须至少有一个参数。

☑　索引器不能被定义为静态的，即定义时不能添加 static 关键字。

定义索引器时，可用的修饰符有 new、public、protected、internal、private、virtual、sealed、override、abstract 和 extern。索引器的使用方式不同于属性的使用方式，需要使用元素访问运算符（[]），并在其中指定参数来进行引用。

> **说明**
>
> 当索引器声明包含 extern 修饰符时，称为外部索引器，由于外部索引器声明不提供任何实现，所以它的每个索引器声明都由一个分号组成。

【**例 17.6**】　通过索引器访问类元素（实例位置：资源包\TM\sl\17\6）

定义一个类 CollClass，在该类中声明一个用于操作字符串数组的索引器；然后在 Main()方法中创建 CollClass 类的对象，并通过索引器为数组中的元素赋值；最后使用 for 循环通过索引器获取数组中的所有元素。代码如下。

```
class CollClass
{
    public const int SIZE = 4;              //表示数组的长度
    private string[] arrStr;                //声明数组
    public CollClass()                      //构造方法
    {
        arrStr = new string[SIZE];          //设置数组的长度
    }
    public string this[int index]           //定义索引器
    {
        get
        {
            return arrStr[index];           //通过索引器取值
        }
        set
        {
            arrStr[index] = value;          //通过索引器赋值
        }
    }
}
class Program
{
    static void Main(string[] args)         //入口方法
    {
        CollClass cc = new CollClass();     //创建 CollClass 类的对象
        cc[0] = "CSharp";                   //通过索引器给数组元素赋值
        cc[1] = "ASP.NET";                  //通过索引器给数组元素赋值
        cc[2] = "Python";                   //通过索引器给数组元素赋值
        cc[3] = "Java";                     //通过索引器给数组元素赋值
        for (int i = 0; i < CollClass.SIZE; i++)  //遍历所有的元素
        {
            Console.WriteLine(cc[i]);       //通过索引器取值
        }
        Console.Read();
    }
}
```

程序运行结果如图 17.6 所示。

编程训练（答案位置：资源包\TM\sl\17\编程训练\）

【训练 5】：使用集合存储学生信息 使用 ArrayList 集合存储学生信息，并通过遍历输出到控制台。

【训练 6】：定义一个操作字符串数组的索引器 定义一个索引器类，在其中定义一个用于操作字符串数组的索引器，该索引器主要用来存储人名，最后需要通过遍历索引器进行输出。

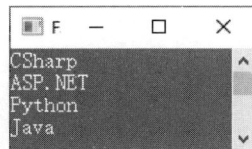

图 17.6　索引器的使用

17.4　委托和匿名方法

为了实现方法的参数化，提出了委托的概念，委托是一种引用方法的类型，即委托是方法的引用，一旦为委托分配了方法，委托将与该方法具有完全相同的行为；另外，.NET 中为了简化委托方法的定义，提出了匿名方法的概念。本节将对委托和匿名方法进行详细讲解。

17.4.1　委托

C#中的委托（Delegate）是一种引用类型，该引用类型与其他引用类型有所不同，在委托对象的引用中存放的不是对数据的引用，而是存放对方法的引用，即在委托的内部包含一个指向某个方法的指针。通过使用委托把方法的引用封装在委托对象中，然后将委托对象传递给调用引用方法的代码。

1. 委托的声明

委托类型的声明语法格式如下。

[修饰符] delegate [返回类型] [委托名称] ([参数列表])

其中，[修饰符]是可选项；[返回值类型]、关键字 delegate 和[委托名称]是必需项；[参数列表]用来指定委托所匹配的方法的参数列表，所以是可选项。

一个与委托类型相匹配的方法必须满足以下两个条件。

☑ 这二者具有相同的签名，即具有相同的参数数目，并且类型相同，顺序相同，参数的修饰符也相同。

☑ 这二者具有相同的返回值类型。

委托是方法的类型安全的引用，之所以说委托是安全的，是因为委托和其他所有的 C#成员一样，是一种数据类型，并且任何委托对象都是 System.Delegate 的某个派生类的一个对象，委托的类结构如图 17.7 所示。

从图 17.7 中可以看出，任何自定义委托类型都直接继承自 System.MulticastDelegate 类，而 System.Delegate 类是所有委托类的父类。

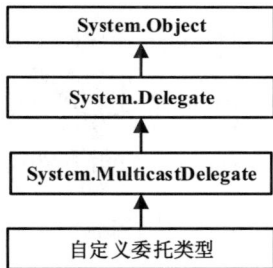

图 17.7　委托的类结构

> **误区警示**
>
> Delegate 类和 MulticastDelegate 类都是委托类型的父类，但是，只有系统和编译器才能从 Delegate 类或 MulticastDelegate 类派生，其他自定义类无法直接继承这两个类，例如，下面的代码是不合法的：
>
> ```
> public class Test : System.Delegate { }
> public class Test : System.MulticastDelegate { }
> ```

下面示例说明如何对方法声明委托，该方法获取 string 类型的一个参数，并且该方法没有返回类型。

```
delegate void MyDelegete(string s);
```

2．委托的实例化

在声明委托后，就可以创建委托对象，即实例化委托。实例化委托的过程其实就是将委托与特定的方法进行关联的过程。

与所有的对象一样，委托对象也是使用 new 关键字创建的，但是，在创建委托对象时，传递给 new 表达式的参数很特殊，它的写法类似于方法调用，但是不给方法传递参数，而是直接写方法名。一旦委托被创建，它所能关联的方法便固定了。委托对象是不可变的。

当引用委托对象时，委托并不知道也不关心它引用的对象所属的类，只要方法签名与委托的签名相匹配，就可以引用任何对象。

委托既可以引用静态方法，也可以引用实例方法。

例如，下面示例声明一个名为 MyDelegate 的委托，并实例化该委托到一个静态方法和一个实例方法，这两个方法的签名与 MyDelegate 的签名一致，并且返回值都是 void 类型，只有一个 string 类型的参数。代码如下。

```
delegate void MyDelegate(string s);
public class MyClass
{
    public static void Method1(string s) { }
    public void Method1(string s) { }
}
MyDelegate my = new MyDelegate(MyClass.Method1);    //实例化委托的静态方法

//实例化委托的实例方法
MyClass c = new MyClass();
My my2 = new My(c.Methods);
```

3．委托的调用

创建并实例化委托对象后，就能够把它传递给调用该委托的其他代码。

可以通过使用委托的名字来调用委托对象，名字后面的括号中是传递给委托的参数，例如，使用上面定义的两个委托 my 和 my2，下面的代码使"Hello"参数调用了 MyClass 类的静态方法 Method1 和 MyClass 类的对象 c 的实例方法 Method2。

```
my("Hello");
my2("Hello");
```

前面我们介绍过委托类型直接继承自 System.MulticastDelegate 类，而每个委托类型提供了一个 Invoke 方法，该方法具有与委托相同的签名，实质上，我们再调用委托时，编译器默认调用的就是 Invoke 方法去实现的相应功能，所以上面的委托调用完全可以写成下面的形式，这样更利于初学者理解。

```
my.Invoke("Hello");
my2.Invoke("Hello");
```

> **说明**
>
> 委托的使用场景示例如下：
>
> （1）服务器对象可以提供一个方法，客户端对象调用该方法为特定的事件注册回调方法。当事件发生时，服务器就会调用该回调函数。通常客户端对象实例化引用回调函数的委托，并将该委托对象作为参数传递。
>
> （2）当一个窗体中的数据变化时，与其关联的另外一个窗体中的相应数据需要实时改变，可以使用委托对象调用第二个窗体中的相关方法实现。

17.4.2　匿名方法

为了简化委托的可操作性，在 C#语言中，提出了匿名方法的概念，它在一定程度上降低了代码量，并简化了委托引用方法的过程。

匿名方法允许一个与委托关联的代码被内联地写入使用委托的位置，这使得代码对于委托的实例很直接。除了这种便利之外，匿名方法还共享了对本地语句包含的函数成员的访问，匿名方法的语法格式如下。

```
delegate([参数列表])
{
    [代码块]
}
```

【例 17.7】 使用委托分别调用匿名方法和命名方法（**实例位置：资源包\TM\sl\17\7**）

创建一个控制台应用程序，首先定义一个无返回值，其参数为字符串的委托类型 DelOutput，然后在控制台应用程序的默认类 Program 中定义一个静态方法 NamedMethod()，使该方法与委托类型 DelOutput 相匹配，在 Main()方法中定义一个匿名方法 delegate(string j){}，并创建委托类型 DelOutput 的对象 del，最后通过委托对象 del 调用匿名方法和命名方法（NamedMethod），代码如下。

```
delegate void DelOutput(string s);              //自定义委托类型
class Program
{
    static void NamedMethod(string k)           //与委托匹配的命名方法
    {
        Console.WriteLine(k);
    }
    static void Main(string[ ] args)
    {
        //委托的引用指向匿名方法 delegate(string j){}
        DelOutput del = delegate(string j)
        {
            Console.WriteLine(j);
        };
        del.Invoke("匿名方法被调用");             //委托对象 del 调用匿名方法
        //del("匿名方法被调用");                   //委托也可使用这种方式调用匿名方法
```

```
        Console.Write("\n");
        del = NamedMethod;                    //委托绑定到命名方法 NamedMethod
        del("命名方法被调用");                 //委托对象 del 调用命名方法
        Console.ReadLine();
    }
}
```

程序运行结果如下。

匿名方法被调用

命名方法被调用

编程训练（答案位置：资源包\TM\sl\17\编程训练\）

【训练 7】：巩固委托的调用　给定下面的声明代码，请编写程序将委托 b 加入 a 的调用列表中。

```
delegate void MyDelegate();
class Test
{
    MyDelegate a, b;
    public void Oper()
    {
        a = new MyDelegate(Func1);
        b = new MyDelegate(Func2);
    }
    void Func1() { }
    void Func2() { }
}
```

【训练 8】：窗体数据的交互显示　创建一个简单的 Windows 窗体程序，其中添加两个窗体，第一个窗体中添加一个 Button 和一个 Label，第二个窗体中添加一个 TextBox，第一个窗体中的 Button 用来打开第二个窗体，当在第二个窗体的 TextBox 中输入数据时，第一个窗体中的 Label 能够实时显示。

17.5　事　件

C#中的事件是指某个类的对象在运行过程中遇到的一些特定事情，而这些特定的事情有必要通知给这个对象的使用者。当发生与某个对象相关的事件时，类会使用事件将这一对象通知给用户，这种通知即称为"引发事件"。引发事件的对象称为事件的源或发送者。对象引发事件的原因很多，响应对象数据的更改、长时间运行的进程完成或服务中断等。

对于事件的相关理论和实现技术细节，本节将从委托的发布和订阅、事件的发布和订阅、原型委托 EventHandler 和 Windows 事件这 4 个方面进行讲解。

17.5.1　委托的发布和订阅

由于委托能够引用方法，而且能够链接和删除其他委托对象，因而就能够通过委托来实现事件的

"发布和订阅"这两个必要的过程，通过委托来实现事件处理的过程，通常需要以下 4 个步骤。

（1）定义委托类型，并在发布者类中定义一个该类型的公有成员。

（2）在订阅者类中定义委托处理方法。

（3）订阅者对象将其事件处理方法链接到发布者对象的委托成员（一个委托类型的引用）上。

（4）发布者对象在特定的情况下"激发"委托操作，从而自动调用订阅者对象的委托处理方法。

下面以学校铃声为例。通常，学生会对上下课铃声做出相应的动作响应，比如：上课铃响，同学们开始学习；下课铃响，同学们开始休息。下面就通过委托的发布和订阅来实现这个功能。

【例 17.8】 通过委托来实现学生们对铃声所做出的响应（实例位置：资源包\TM\sl\17\8）

步骤如下。

（1）定义一个委托类型 RingEvent，其整型参数 ringKind 表示铃声种类（1 表示上课铃声；2 表示下课铃声），具体代码如下。

```
public delegate void RingEvent(int ringKind);          //声明一个委托类型
```

（2）定义委托发布者类 SchoolRing，并在该类中定义一个 RingEvent 类型的公有成员（即委托成员，用来进行委托发布），然后定义一个成员方法 Jow()，用来实现激发委托操作，代码如下。

```
public class SchoolRing                          //定义发布者类
{
    public RingEvent OnBellSound;                //委托发布
    public void Jow(int ringKind)                //实现响铃操作
    {
        if (ringKind == 1 || ringKind == 2)      //判断响铃参数是否合法
        {
            Console.Write(ringKind == 1 ? "上课铃声响了，" : "下课铃声响了，");
            if (OnBellSound != null)             //不等于空，说明它已经订阅了具体的方法
            {
                OnBellSound(ringKind);           //回调 OnBellSound 委托所订阅的具体方法
            }
        }
        else
        {
            Console.WriteLine("这个铃声参数不正确！");
        }
    }
}
```

（3）由于学生会对铃声做出相应的动作响应，所以这里定义一个 Students 类，然后在该类中定义一个铃声事件的处理方法 SchoolJow()，并在某个激发时刻或状态下链接到 SchoolRing 对象的 OnBellSound 委托上。另外，在订阅完毕之后，还可以通过 CancelSubscribe() 方法删除订阅，具体代码如下。

```
public class Students                                          //定义订阅者类
{
    public void SubscribeToRing(SchoolRing schoolRing)         //学生们订阅铃声这个委托事件
    {
        schoolRing.OnBellSound += SchoolJow;                   //通过委托的链接操作进行订阅
```

```
        }
        public void SchoolJow(int ringKind)                    //事件的处理方法
        {
            if (ringKind == 2)                                 //下课铃响
            {
                Console.WriteLine("同学们开始课间休息！");
            }
            else if (ringKind == 1)                            //上课铃响
            {
                Console.WriteLine("同学们开始认真学习！");
            }
        }
        public void CancelSubscribe(SchoolRing schoolRing)     //取消订阅铃声动作
        {
            schoolRing.OnBellSound -= SchoolJow;
        }
    }
```

（4）当发布者 SchoolRing 类的对象调用其 Jow()方法响铃时，会自动调用 Students 对象的 SchoolJow 事件处理方法，代码如下。

```
class Program
{
    static void Main(string[ ] args)
    {
        SchoolRing sr = new SchoolRing();                      //创建一个事件发布者实例
        Students student = new Students();                     //创建一个事件订阅者实例
        student.SubscribeToRing(sr);                           //学生订阅学校铃声
        Console.Write("请输入打铃参数（1：表示打上课铃；2：表示打下课铃）：");
        sr.Jow(Convert.ToInt32(Console.ReadLine()));           //开始打铃动作
        Console.ReadLine();
    }
}
```

本例运行结果如图 17.8 所示。

图 17.8   发布和订阅铃声事件

17.5.2   事件的发布和订阅

委托可以进行发布和订阅，从而使不同的对象对特定的情况做出反应，但这种机制存在一个问题，即外部对象可以任意修改已发布的委托（因为这个委托仅是一个普通的类级公有成员），这也会影响到其他对象对委托的订阅（使委托丢掉了其他的订阅），比如，在进行委托订阅时，使用"="符号，而不是"+="，或者在订阅时，设置委托指向一个空引用，这些都会对委托的安全性造成严重威胁。

例如，使用"="运算符进行委托的订阅，或者设置委托指向一个空引用，代码如下。

```
public void SubscribeToRing(SchoolRing schoolRing)          //学生们订阅铃声这个委托事件
{
    //通过赋值运算符进行订阅，使委托 OnBellSound 丢掉了其他的订阅
    schoolRing.OnBellSound = SchoolJow;
}
```

或

```
public void SubscribeToRing(SchoolRing schoolRing)          //学生们订阅铃声这个委托事件
{
    schoolRing.OnBellSound = null;                          //取消委托订阅的所有内容
}
```

为了解决这个问题，C#提供了专门的事件处理机制，以保证事件订阅的可靠性，其做法是在发布委托的定义中加上 event 关键字，其他代码不变，如下所示。

```
public event RingEvent OnBellSound;                        //事件发布
```

经过这个简单的修改后，其他类型再使用 OnBellSound 委托时，就只能将其放在复合赋值运算符"+="或"-="的左侧，而直接使用"="运算符，编译系统会报错。例如下面的代码是错误的。

```
schoolRing.OnBellSound = SchoolJow;                        //系统会报错的
schoolRing.OnBellSound = null;                             //系统会报错的
```

这样就解决了上面出现的安全隐患。通过这个分析可以看出，事件是一种特殊的类型，发布者在发布一个事件之后，订阅者对它只能进行自身的订阅或取消，而不能干涉其他订阅者。

> **说明**
>
> 事件是类的一种特殊成员：即使是公有事件，除了其所属类型，其他类型只能对其进行订阅或取消，别的任何操作都是不允许的，因此事件具有特殊的封装性。和一般委托成员不同，某个类型的事件只能由自身触发。例如，在 Students 的成员方法中，使用"schoolRing.OnBellSound(2)"直接调用 SchoolRing 对象的 OnBellSound 事件是不允许的，因为 OnBellSound 这个委托只能在包含其自身定义的发布者类中被调用。

17.5.3　EventHandler 类

在事件发布和订阅的过程中，定义事件的类型（即委托类型）是一件重复性的工作，为此，.NET 类库中定义了一个 EventHandler 委托类型，并建议尽量使用该类型作为事件的委托类型。该委托类型的定义如下。

```
public delegate void EventHandler(object sender,EventArgs e);
```

其中，object 类型的参数 sender 表示引发事件的对象，由于事件成员只能由类型本身（即事件的发布者）触发，因此在触发时传递给该参数的值通常为 this。例如，可将 SchoolRing 类的 OnBellSound 事件定义为 EventHandler 委托类型，那么触发该事件的代码就是"OnBellSound(this,null);"。

事件的订阅者可以通过 sender 参数来了解是哪个对象触发的事件（这里当然是事件的发布者），不过在访问对象时通常要进行强制类型转换。例如，Students 类对 OnBellSound 事件的处理方法可以进行如下修改。

```csharp
public void SchoolJow(object sender , EventArgs e)
{
    if (((RingEventArgs)e).RingKind == 2)              //e 强制转化内 RingEventArgs 类型
    {
        Console.WriteLine("同学们开始课间休息！");
    }
    else if (((RingEventArgs)e).RingKind==1)           //e 强制转化内 RingEventArgs 类型
    {
        Console.WriteLine("同学们开始认真学习！");
    }
}
public void CancelSubscribe(SchoolRing schoolRing)     //取消订阅铃声动作
{
    schoolRing.OnBellSound -= SchoolJow;
}
```

EventHandler 委托的第二个参数 e 表示事件中包含的数据。如果发布者还要向订阅者传递额外的事件数据，那么就需要定义 EventArgs 类型的派生类。例如，如果需要把响铃参数（1 或 2）传入事件中，则可以定义如下的 RingEventArgs 类。

```csharp
public class RingEventArgs : EventArgs
{
    private int ringKind;                              //描述铃声种类的字段
    public int RingKind
    {
        get { return ringKind; }                       //获取响铃参数
    }
    public RingEventArgs(int ringKind)
    {
        this.ringKind = ringKind;                      //在构造器中初始化铃声参数
    }
}
```

而 SchoolRing 的实例在触发 OnBellSound 事件时，可以将该类型（即 RingEventArgs）的对象作为参数传递给 EventHandler 委托。下面来看激发 OnBellSound 事件的主要代码。

```csharp
public event EventHandler OnBellSound;                 //委托发布
public void Jow(int ringKind)                          //打铃方法
{
    if (ringKind == 1 || ringKind == 2)
    {
        Console.Write(ringKind == 1 ? "上课铃声响了，" : "下课铃声响了，");
        if (OnBellSound != null)                       //不等于空，说明它已经订阅具体的方法
        {
            //为了安全，事件成员只能由类型本身触发（this），
```

```
                OnBellSound(this,new RingEventArgs(ringKind));//回调委托所订阅的方法
        }
    }
    else
    {
        Console.WriteLine("这个铃声参数不正确！");
    }
}
```

由于 EventHandler 原始定义中的参数类型是 EventArgs，因此订阅者在读取参数内容时同样需要进行强制类型转换，如以下代码所示。

```
public void SchoolJow(object sender,EventArgs e)
{
    if (((RingEventArgs)e).RingKind == 2)                //下课铃响
    {
        Console.WriteLine("同学们开始课间休息！");
    }
    else if (((RingEventArgs)e).RingKind==1)             //上课铃响
    {
        Console.WriteLine("同学们开始认真学习！");
    }
}
```

17.5.4　Windows 事件概述

事件在 Windows 这样的图形界面程序中有着极其广泛的应用，事件响应是程序与用户交互的基础。用户的绝大多数操作，如移动鼠标、单击鼠标、改变光标位置、选择菜单命令等，都可以触发相关的控件事件。以 Button 控件为例，其成员 Click 就是一个 EventHandler 类型的事件。

```
public event EventHandler Click;
```

用户单击按钮时，Button 对象会调用其保护成员方法 OnClick（它包含了激发 Click 事件的代码），并通过它来触发 Click 事件。

例如，在 Form1 窗体包含一个名为 button1 的按钮，那么可以在窗体的构造方法中关联事件处理方法，并在方法代码中执行所需要的功能，代码如下。

```
public Form1()
{
    InitializeComponent();
    button1.Click+= new EventHandler(button1_Click);          //关联事件处理方法
}
private void button1_Click(object sender,EventArgs e)
{
    this.Close();
}
```

编程训练（答案位置：资源包\TM\sl\17\编程训练\）

【训练9】：模拟《王者荣耀》3对3团战　　《王者荣耀》是由腾讯游戏天美工作室开发并运行的一款运营在Android、iOS、NS平台上的MOBA类手机游戏，于2015年11月26日在Android、iOS平台上正式公测，游戏以竞技对战为主，玩家之间进行1V1、3V3、5V5等多种方式的PVP对战。现在模拟3对3对战，其中一方的貂蝉遇到危险，请求支持，这时同一战队的鲁班大师和后羿收到求救信号，准备集合团战。

【训练10】：通过事件调用输出父子各自的爱好　　某对父子，他们有各自的爱好，爸爸喜欢编写C#程序，而儿子喜欢奥特曼卡片，尝试通过事件调用来输出这对父子的爱好，比如，爸爸叫小科，儿子叫王梓。

17.6　实践与练习

（答案位置：资源包\TM\sl\17\实践与练习\）

综合练习1：通过继承接口实现计算矩形面积　　尝试开发一个程序，要求定义一个接口，该接口中封装了矩形的长和宽，而且还包含一个自定义的方法，用来计算矩形的面积，然后定义一个类，继承自该接口，在该类中实现接口的自定义方法。

综合练习2：通过抽象类实现计算圆形面积　　尝试开发一个程序，要求自定义一个抽象类，用来计算圆形的面积。

综合练习3：输出每月销售明细　　模拟实现输出进销存管理系统中的每月销售明细，运行程序，输入要查询的月份，如果输入的月份正确，则显示本月商品销售明细；如果输入的月份不存在，则提示"该月没有销售数据或者输入的月份有误！"信息；如果输入的月份不是数字，则显示异常信息。

第18章

迭代器和分部类

迭代器在集合类中经常使用，而分部类则提供了一种将一个类分成多个类的方法，这对于有大量代码的类非常实用。本章将对 C#中的迭代器和分部类进行讲解。

本章知识架构及重点、难点如下。

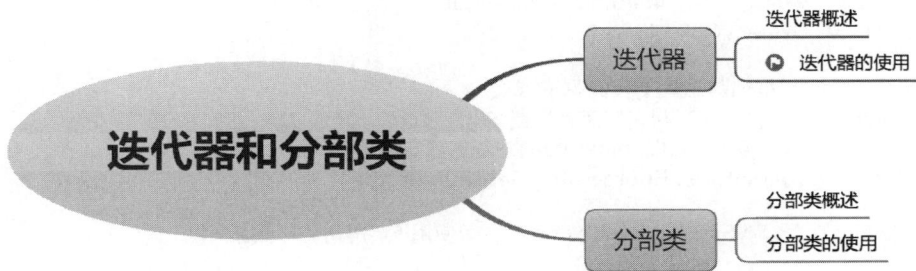

迭代器和分部类

迭代器 —— 迭代器概述
　　　　 迭代器的使用

分部类 —— 分部类概述
　　　　 分部类的使用

● 表示重点内容

18.1　迭　代　器

18.1.1　迭代器概述

迭代器是可以返回相同类型的值的有序序列的一段代码，可用作方法、运算符或 get 访问器的代码体。迭代器代码使用 yield return 语句依次返回每个元素，yield break 语句将终止迭代。可以在类中实现多个迭代器，每个迭代器都必须像任何类成员一样有唯一的名称，并且可以在 foreach 语句中被客户端代码调用。迭代器的返回类型必须为 IEnumerable 或 IEnumerator 中的任意一种。

用一个形象的例子说明一下迭代器，当士兵排好队时，都必须从头到尾进行报数，缺一不可，如图 18.1 所示。

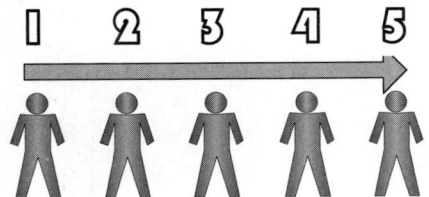

图 18.1　用迭代法进行报数

18.1.2 迭代器的使用

创建迭代器最常用的方法是对 IEnumerator 接口实现 GetEnumerator()方法，下面通过一个实例演示如何使用迭代器。

【例 18.1】 使用迭代器输出家庭成员（**实例位置：资源包\TM\sl\18\1**）

创建一个 Windows 应用程序，向窗体中添加一个 RichTextBox 控件。创建一个名为 Family 的类，其继承 IEnumerable 接口，该接口公开枚举数，该枚举数支持在非泛型集合上进行简单迭代。然后对 IEnumerator 接口实现 GetEnumerator()方法创建迭代器。最后在窗体的 Load 事件中使用 foreach 语句遍历 Family 类中的内容并输出，代码如下。

```
//创建一个名为 Family 的类，其继承 IEnumerable 接口
public class Family : System.Collections.IEnumerable
{
    //创建一个 string 类型的数组用于存储家庭成员
    string[ ] MyFamily ={ "父亲","母亲","弟弟","妹妹"};
    //对 IEnumerator 接口实现 GetEnumerator()方法创建迭代器
    public System.Collections.IEnumerator GetEnumerator()
    {
        for (int i = 0; i < MyFamily.Length; i++)    //使用 for 语句循环数组
        {
            yield return MyFamily[i];                //使用 yield return 语句依次返回每个元素
        }
    }
}
private void Form1_Load(object sender, EventArgs e)
{
    Family myfamily = new Family();                  //实例化 Family 类
    foreach (string str in myfamily)                 //使用 foreach 语句遍历 Family 类中的内容并输出
    {
        richTextBox1.Text += str + "\n";
    }
}
```

程序的运行结果如图 18.2 所示。

图 18.2 迭代器的使用

编程训练（答案位置：资源包\TM\sl\18\编程训练\）

【训练 1】：使用迭代器显示公交车站点　人们去某地，有时只知道大概位置，并不知道具体怎么

走，这就要通过查找公交站点来明确坐几路公交车。编写程序，使用 C#中的迭代器依次显示公交车的所有站点。要迭代显示的公交站点如下。

```
长新东路
同康路"
农行干校
八里堡"
东荣大路
二木材"
胶合板厂
阜丰路"
荣光路"
东盛路"
安乐路"
岭东路"
公平路"
```

【训练 2】：使用迭代器实现倒序遍历　开发一些游戏程序时，经常会用到对字符串或数字的倒序遍历功能，本训练要求使用迭代器实现字符串或数字的倒序遍历功能。

18.2 分　部　类

18.2.1　分部类概述

分部类使程序的结构更加合理，代码的组织更加紧密。可以将类、结构或接口的定义拆分到两个或多个源文件中。每个源文件包含类定义的一部分，编译应用程序时，Visual Studio 2019 会把所有部分组合起来，这样的类被称为分部类。分部类主要应用在以下方面。

- ☑ 当项目比较庞大时，使用分部类可以拆分一个类至几个文件中，这样的处理可以使不同的开发人员同时进行工作，避免了效率的低下。
- ☑ 使用自动生成的源时，无须重新创建源文件即可将代码添加到类中。Visual Studio 2019 在创建 Windows 窗体和 Web 服务包装代码等内容时都使用此方法。开发人员无须编辑 Visual Studio 2019 所创建的文件，即可创建使用这些类的代码。

分部类就相当于将一个会计部门（类、结构或接口）分成两个部门，这两个部门可以单独对公司各部门的账目进行审核。在繁忙时期，两个会计部门也可以相互调动人员（这里的人员相当于类中的方法、属性、变量等），或是合成一个整体进行工作。

18.2.2　分部类的使用

定义分部类时需要使用 partial 关键字，分部类的每个部分都必须包含一个 partial 关键字，并且其声明必须与其他部分位于同一命名空间。定义分部类时，要成为同一类型的各个部分的所有分部类型定义都必须在同一程序集或同一模块（.exe 或.dll 文件）中进行定义，分部类定义不能跨越多个模块。

【例 18.2】 分部类实现简易计算器（实例位置：资源包\TM\sl\18\2）

创建一个 Windows 应用程序，向窗体中添加 3 个 TextBox 控件，分别用于输入要进行算术运算的值以及显示运算后的结果。再向窗体中添加一个 ComboBox 控件和一个 Button 控件，分别用于选择执行哪种运算和执行运算。通过分部类创建 4 个方法分别用于执行加、减、乘、除运算，并返回运算后的结果，代码如下。

```csharp
partial class account                                    //分部类第一部分
{
    public int addition(int a, int b)                    //创建一个整型方法
    {
        return a + b;                                    //方法中的加法运算
    }
}
partial class account                                    //分部类第二部分
{
    public int multiplication(int a, int b)              //创建一个整型方法
    {
        return a * b;                                    //方法中的乘法运算
    }
}
partial class account                                    //分部类第三部分
{
    public int subtraction(int a,int b)                  //创建一个整型方法
    {
        return a-b;                                      //方法中的减法运算
    }
}
partial class account                                    //分部类第四部分
{
    public int division(int a, int b)                    //创建一个整型方法
    {
        return a / b;                                    //方法中的除法运算
    }
}
private void Form1_Load(object sender, EventArgs e)
{
    comboBox1.SelectedIndex = 0;                         //设置 comboBox1 控件选择第一项
    //设置 comboBox1 控件的 DropDownStyle 属性使其显示为下拉列表的样式
    comboBox1.DropDownStyle = ComboBoxStyle.DropDownList;
}
private void button1_Click(object sender, EventArgs e)
{
        try
    {
        account at = new account();                      //实例化分部类
        int M = int.Parse(txtNo1.Text.Trim());           //获取第一个文本框中的值
        int N = int.Parse(txtNo2.Text.Trim());           //获取第二个文本框中的值
        string str = comboBox1.Text;                     //获取 comboBox1 控件选择的值
```

```
            switch (str)                               //使用 switch 语句
            {
                case "加": txtResult.Text = at.addition(M, N).ToString(); break;         //调用分部类中的加法运算
                case "减": txtResult.Text = at.subtraction(M, N).ToString(); break;      //调用分部类中的减法运算
                case "乘": txtResult.Text = at.multiplication(M, N).ToString(); break;   //调用分部类中的乘法运算
                case "除": txtResult.Text = at.division(M, N).ToString(); break;         //调用分部类中的除法运算
            }
        }
        catch (Exception ex)
        {
            MessageBox.Show(ex.Message);
        }
    }
```

程序的运行结果如图 18.3 所示。

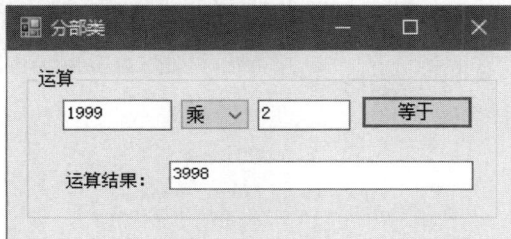

图 18.3　分部类的使用

说明

在设置分部类时，各个部分必须具有相同的可访问性，如 public、private 等。

编程训练（答案位置：资源包\TM\sl\18\编程训练\）

【训练 3】：使用分部类实现多种计算方法　在开发一些大型项目或者特殊部署时，可能需要把一个类、结构或接口放在几个文件中来分别进行处理。等到编译时，再自动把它们整合起来，这时就用到了分部类。本训练要求使用分部类制作一个计算器，其中主要是用分部类来分别记录计算器的计算方法，如将实现加、减、乘和除的方法放在一个分部类中，而将实现正负、开方、百分比和倒数的方法放在另一个分部类中。

【训练 4】：使用分部类记录学生信息　使用分部类来分别记录学生的相关信息，然后在调用时，通过创建的分部类的对象分别为学生的相关属性赋值，并将赋予的值显示在对应的文本框中。

18.3　实践与练习

（答案位置：资源包\TM\sl\18\实践与练习\）

综合练习 1：使用迭代器输出四季　尝试开发一个程序，要求使用迭代器输出春、夏、秋、冬 4

个季节。

综合练习2：分别在分部类的两个部分输出不同的字符串　尝试开发一个程序，要求在分部类中定义两个方法，分别用于输出"用一生下载你"和"芸烨湘枫"两个不同的字符串。

综合练习3：使用迭代器实现文字的动态效果　开发项目时，为了使界面具有动态效果，可以在界面中实现一些特殊文字的动态效果。本练习要求使用迭代器遍历文本字符串中的每一个文字，然后使用 GDI+技术在窗体上以不同的字体样式依次绘制每一个文字，以便实现文字的动态效果，参考效果如图 18.4 所示。（提示：本练习需要用到 GDI+技术，可以在学完 21 章知识后再做。）

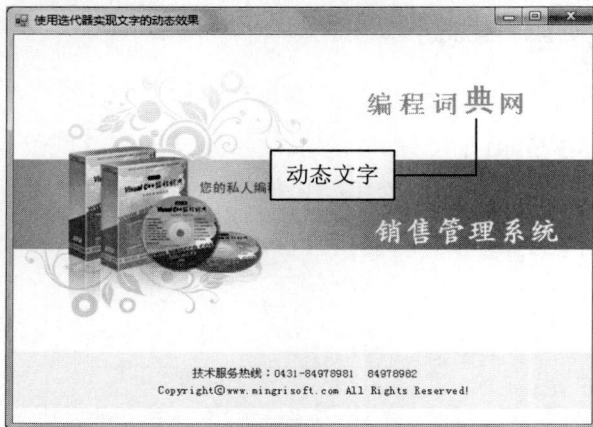

图 18.4　分部类的使用

第19章

泛　型

泛型是 C# 和公共语言运行库（CLR）中的一个功能，这是一种可以使程序支持不同类型的技术。它将类型参数的概念引入.NET Framework 中，类型参数将一个或多个类型的指定推迟到客户端代码声明并实例化该类或方法。

本章知识架构及重点、难点如下。

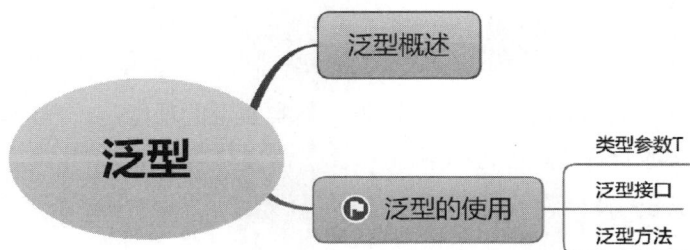

◉ 表示重点内容

19.1　泛　型　概　述

泛型实质上就是使程序员定义安全的类型。在没有出现泛型之前，C#提供了对 Object 的引用"任意化"操作，但这种任意化操作在执行某些强制类型转换时，有的错误也许不会被编译器捕捉，而在运行后出现异常，可见强制类型转换存在安全隐患，所以提供了泛型机制。

在开发程序时，经常会遇到功能非常相似的模块，只是它们处理的数据不一样，但通常的处理方法都是编写多个方法来处理不同的数据类型。那么有没有一种办法，可以用同一个方法来处理传入的不同种类型的参数呢？泛型的出现就可以解决这类问题。

例如，下面代码定义了 3 个方法，分别用来获取 int、double 和 bool 类型的原始类型。

```
public void GetInt(int i)
{
    Console.WriteLine(i.GetType());
}
public void GetDouble(double i)
{
```

```
        Console.WriteLine(i.GetType());
}
public void GetBool(bool i)
{
        Console.WriteLine(i.GetType());
}
```

调用上面方法的代码如下。

```
Program p = new Program();
p.GetInt(1);
p.GetDouble(1.0);
p.GetBool(true);
```

运行结果如下。

```
System.Int32
System.Double
System.Boolean
```

观察上面的代码，除了传入的参数类型不同外，其实实现的功能是一样的。这时有人可能会想到 object 类型，比如，可以将上面代码优化如下。

```
public void GetType(object i)
{
        Console.WriteLine(i.GetType());
}
```

通过上面的优化，可以实现与第一段代码相同的功能，但是使用 object 会有一个装箱和拆箱的过程，这样会对程序的性能造成影响。遇到这种情况怎么办呢？泛型的出现解决了上面的问题。

泛型是用于处理算法、数据结构的一种编程方法。泛型的目标是采用广泛适用和可交互性的形式来表示算法和数据结构，以使它们能够直接用于软件构造。泛型类、结构、接口、委托和方法可以根据它们存储和操作的数据类型来进行参数化。泛型能在编译时提供强大的类型检查，减少数据类型之间的显示转换、装箱操作和运行时的类型检查。泛型类和泛型方法同时具备可重用性、类型安全和效率高等特性，这是非泛型类和非泛型方法无法具备的。泛型通常用在集合和在集合上运行的方法中。

泛型主要是提高了代码的重用性。比如，可以将泛型看成是一个可以回收的包装箱 A。如果在包装箱 A 上贴上苹果标签，就可以在包装箱 A 里装上苹果进行发送；如果在包装箱 A 上贴上地瓜标签，就可以在包装箱 A 里装上地瓜进行发送。

19.2 泛型的使用

本节将详细介绍泛型的类型参数 T，以及如何创建泛型接口和泛型方法，并通过实例演示泛型接口和泛型方法在程序中的应用。

19.2.1　类型参数 T

泛型的类型参数 T 可以看作是一个占位符，它不是一种类型，它仅代表某种可能的类型。在定义泛型时 T 出现的位置可以在使用时用任何类型来代替。类型参数 T 的命名准则如下。

☑　使用描述性名称命名泛型类型参数，除非单个字母名称完全可以让人了解它表示的含义，而描述性名称不会有更多的意义。

例如，使用代表一定意义的单词作为类型参数 T 的名称，代码如下。

```
public interface ISessionChannel<Session>
public delegate TOutput Converter<Input, Output>
```

☑　将 T 作为描述性类型参数名的前缀。

例如，使用 T 作为类型参数名的前缀，代码如下。

```
public interface ISessionChannel<TSession>
{
    TSession Session { get; }
}
```

例如，可以将 19.1 节中获取各种数据原始类型的代码优化如下。

```
public void GetType<T>(T t)
{
    Console.WriteLine(t.GetType());
}
```

调用的代码可以进行如下修改。

```
Program p = new Program();
p.GetType<int>(1);
p.GetType<double>(1.0);
p.GetType<bool>(true);
```

泛型为什么可以解决上面的问题呢？这是因为泛型是延迟声明的，即在定义时并不需要明确指定具体的参数类型，而是把参数类型的声明延迟到调用时才指定，这里需要注意的是，在使用泛型时，必须指定具体类型。

19.2.2　泛型接口

泛型接口的声明形式如下。

```
interface [接口名]<T>
{
    [接口体]
}
```

声明泛型接口时，与声明一般接口的唯一区别是增加了一个<T>。一般来说，声明泛型接口与声明非泛型接口遵循相同的规则。泛型类型声明所实现的接口必须对所有可能的构造类型都保持唯一。否则就无法确定该为某些构造类型调用哪个方法。

说明

在实例化泛型时也可以使用约束对类型参数的类型种类施加限制，约束是使用 where 上下文关键字指定的。下面列出了 6 种类型的约束。

（1）T:结构—类型参数必须是值类型。可以指定除 Nullable 以外的任何值类型。

（2）T:类—类型参数必须是引用类型。这一点也适用于任何类、接口、委托或数组类型。

（3）T:new()—类型参数必须具有无参数的公共构造函数。当与其他约束一起使用时，new() 约束必须最后指定。

（4）T:<基类名>—类型参数必须是指定的基类或派生自指定的基类。

（5）T:<接口名称>—类型参数必须是指定的接口或实现指定的接口。可以指定多个接口约束。约束接口也可以是泛型的。

（6）T:U—为 T 提供的类型参数必须是为 U 提供的参数或派生自为 U 提供的参数。这称为裸类型约束。

【例 19.1】　泛型接口的使用（实例位置：资源包\TM\sl\19\1）

创建一个控制台应用程序，首先创建一个 Factory 类，在此类中建立一个 CreateInstance()方法。然后再创建一个泛型接口，在这个泛型接口中调用 CreateInstance()方法。根据类型参数 T，获取其类型，代码如下。

```
//创建一个泛型接口
public interface IGenericInterface<T>
{
    T CreateInstance();                                 //在接口中调用 CreateInstance()方法
}
//实现上面泛型接口的泛型类
//派生约束 where T : TI（T 要继承自 TI）
//构造函数约束 where T : new()（T 可以实例化）
public class Factory<T, TI> : IGenericInterface<TI> where T : TI, new()
{
    public TI CreateInstance()                          //创建一个公共方法 CreateInstance()
    {
        return new T();
    }
}
class Program
{
    static void Main(string[] args)
    {
        //实例化接口
        IGenericInterface<System.ComponentModel.IListSource> factory =
        new Factory<System.Data.DataTable, System.ComponentModel.IListSource>();
```

```
        //输出指定泛型的类型
        Console.WriteLine(factory.CreateInstance().GetType().ToString());
        Console.ReadLine();
    }
}
```

程序的运行结果如图 19.1 所示。

图 19.1　泛型接口应用

19.2.3　泛型方法

泛型方法的声明形式如下。

```
[修饰符] Void [方法名]<类型参数 T>
{
    [方法体]
}
```

泛型方法是在声明中包括了类型参数 T 的方法。泛型方法可以在类、结构或接口声明中声明，这些类、结构或接口本身可以是泛型或非泛型的。如果在泛型类型声明中声明泛型方法，则方法体可以同时引用该方法的类型参数 T 和包含该方法的声明的类型参数 T。

📖 **说明**

泛型方法可以使用多类型参数进行重载。

【例 19.2】　通过泛型方法查找数组中某个数字的位置（**实例位置：资源包\TM\sl\19\2**）

创建一个控制台应用程序，通过定义一个泛型方法，查找数组中某个数字的位置，代码如下。

```
public class Finder                                         //建立一个公共类 Finder
{
    public static int Find<T>(T[ ] items, T item)           //创建泛型方法
    {
        for (int i = 0; i < items.Length; i++)              //调用 for 循环
        {
            if (items[i].Equals(item))                      //调用 Equals()方法比较两个数
            {
                return i;                                   //返回相等数在数组中的位置
            }
        }
        return -1;                                          //如果不存在指定的数，则返回-1
    }
}
class Program
{
```

```
static void Main(string[ ] args)
{
    int i = Finder.Find<int>(new int[ ] { 1, 2, 3, 4, 5, 6, 8, 9 }, 6);    //调用泛型方法，并定义数组指定数字
    Console.WriteLine("6 在数组中的位置：" + i.ToString());                 //输出数字在数组中的位置
    Console.ReadLine();
}
}
```

程序的运行结果是"6 在数组中的位置为 5"。

编程训练（答案位置：资源包\TM\sl\19\编程训练\）

【训练 1】：使用泛型存储不同类型的数据列表　本训练要求使用泛型存储不同类型的数据，在实现时，首先定义一个泛型类，并在泛型类中定义多个泛型变量；然后使用这些变量记录不同类型的数据，这样即可重复利用泛型变量来存储不同类型的数据。效果如图 19.2 所示。

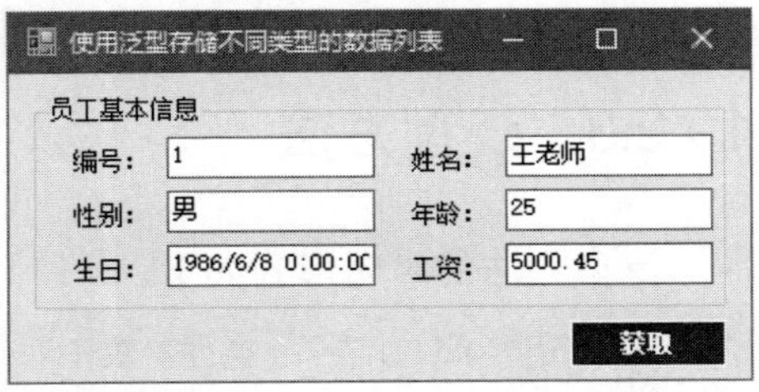

【训练 2】：通过泛型方法实现计算商品销售额　定义销售类，在该类中定义一个泛型方法，用来计算商品销售额；在主程序类 Program 的 Main()方法中，定义存储每月销售数据的数组，然后调用销售类中的泛型方法计算每月的总销售额，并输出。

图 19.2　使用泛型存储不同类型的数据列表

19.3　实践与练习

（答案位置：资源包\TM\sl\19\实践与练习\）

综合练习 1：使用泛型记录用户信息并打印　创建一个测试类，类有 A、B、C 三个泛型，分别使用这 3 个泛型创建 3 个成员变量，完成以下 3 个任务。

（1）编写可以为 3 个成员变量赋值的构造方法。

（2）创建一个测试类对象 date，该对象用于记录日期，3 个成员变量分别记录表示年、月和日的整型数字，在控制台打印 date 对象的所有属性值。

（3）创建第二个测试类对象 tom，该对象用于记录人物信息，3 个成员变量分别记录姓名、身高和性别。姓名是字符串，身高是整数，性别是字符。在控制台打印 tom 对象的所有属性值。

综合练习 2：打印用户的银行流水　使用泛型类模拟场景：赵四刚刚（通过 Date 类获取当前时间）在中国建设银行，向账号为"6666 7777 8888 9996 789"的银行卡上存入"8 888.00 RMB"，存入后卡上余额还有"18 888.88 RMB"。现要将"银行名称""存款时间""户名""卡号""币种""存款金额""账户余额"等信息通过泛型类 BankList<T>在控制台上输出。

综合练习 3：模仿支付宝的蚂蚁森林种树功能　定义一个抽象类，其中有种树方法以及获取种树所需能量的方法；分别定义蚂蚁森林中树的种类的类，比如梭梭树、花棒、胡杨等，每种树都需要不同数量的能量；定义一个用户类，其中包含种树方法，将该方法定义为泛型方法，它可以根据能量的多少来确定是否能够种植某种树，并给出相应的提示。最后在 Main()方法中初始化用户的姓名和持有能量，使其分别种植不同的树。

第 20 章

文件及数据流技术

在软件开发过程中经常需要对文件及文件夹进行操作,如读写、移动、复制、删除文件,以及创建、移动、删除、遍历文件夹等。在 C#中与文件、文件夹及文件读写有关的类都位于 System.IO 命名空间下。本章将详细介绍如何在 C#中对文件、文件夹进行操作,以及如何对文件进行数据流读写。

本章知识架构及重点、难点如下。

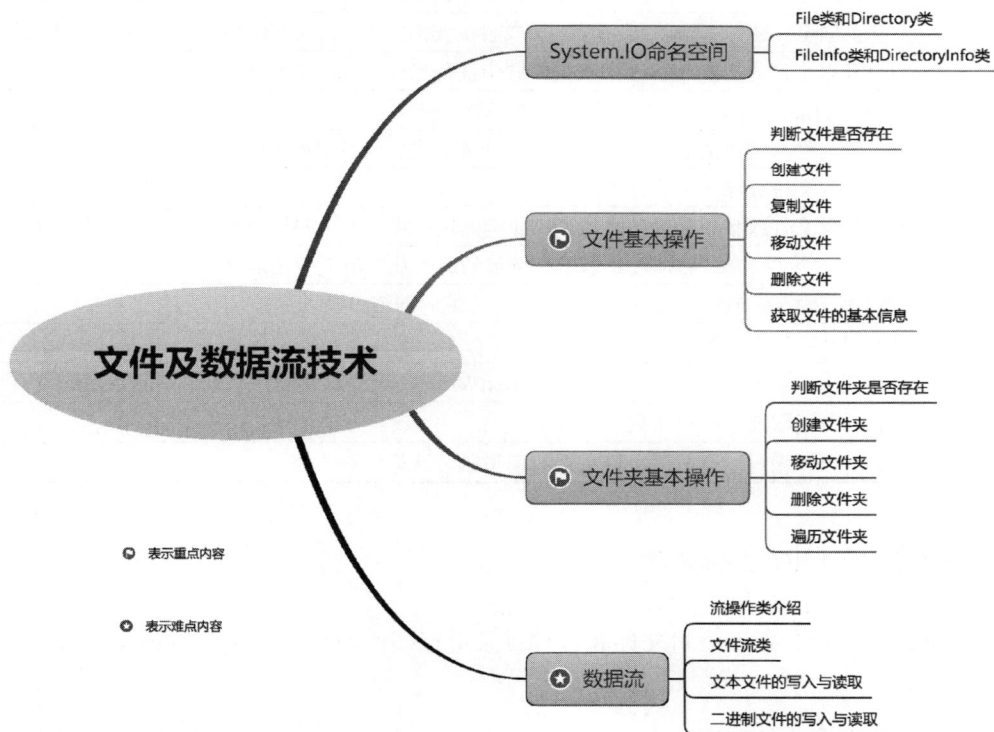

20.1　System.IO 命名空间

System.IO 命名空间包含允许在数据流和文件中进行同步和异步读取及写入的类型。这里需要注意文件和流的差异,文件是一些具有永久存储及特定顺序的字节组成的一个有序的、具有名称的集合。因此,关于文件,人们常会想到目录路径、磁盘存储、文件和目录名等方面。相反,流提供一种向后备存储写入字节和从后备存储读取字节的方式。后备存储可以为多种存储媒介之一，正如除磁盘外存在多种后备存储一样，除文件流之外也存在多种流。例如网络流、内存流和磁带流等。

System.IO 命名空间中的类及说明如表 20.1 所示。

表 20.1　System.IO 命名空间中的类及说明

类	说　明
BinaryReader	用特定的编码将基元数据类型读作二进制值
BinaryWriter	以二进制形式将基元类型写入流，并支持用特定的编码写入字符串
BufferedStream	给另一流上的读写操作添加一个缓冲层。无法继承此类
Directory	公开用于创建、移动、枚举、删除目录和子目录的静态方法。无法继承此类
DirectoryInfo	公开用于创建、移动和枚举目录及子目录的实例方法。无法继承此类
DriveInfo	提供对有关驱动器的信息的访问
File	提供用于创建、复制、删除、移动和打开文件的静态方法，并协助创建 FileStream 对象
FileInfo	提供创建、复制、删除、移动和打开文件的实例方法，帮助创建 FileStream 对象。无法继承此类
FileStream	公开以文件为主的 Stream，既支持同步读写操作，也支持异步读写操作
FileSystemInfo	为 FileInfo 和 DirectoryInfo 对象提供基类
FileSystemWatcher	侦听文件系统更改通知，并在目录或目录中的文件发生更改时引发事件
MemoryStream	创建其支持存储区为内存的流
Path	对包含文件或目录路径信息的 String 实例执行操作。这些操作是以跨平台的方式执行的
StreamReader	实现一个 TextReader，使其以一种特定的编码从字节流中读取字符
StreamWriter	实现一个 TextWriter，使其以一种特定的编码向流中写入字符
StringReader	实现从字符串进行读取的 TextReader
StringWriter	实现一个用于将信息写入字符串的 TextWriter。该信息存储在基础 StringBuilder 中
TextReader	表示可读取连续字符系列的读取器
TextWriter	表示可以编写一个有序字符系列的编写器。该类为抽象类

20.1.1　File 类和 Directory 类

File 类和 Directory 类分别用来对文件和各种目录进行操作，这两个类可以被实例化，但不能被其他类继承。

File 类和 Directory 类就好比一个工厂，文件和文件夹就好比工厂所制作的产品，而工厂和产品的关系主要表现在以下几个方面：工厂可以自行开发产品（文件和文件夹的创建）；可以对该产品进行批量生产（文件和文件夹的复制）；将产品进行销售（文件和文件夹的移动）；将有质量问题的产品进行回收消除（文件和文件夹删除）。

本节将对 File 类和 Directory 类进行详细介绍。

1. File 类

File 类支持对文件的基本操作，它包括用于创建、复制、删除、移动和打开文件的静态方法，并协助创建 FileStream 对象。File 类中一共包含 40 多个方法，这里只列出其常用的几种，如表 20.2 所示。

表 20.2　File 类的常用方法及说明

方　　法	说　　明
Copy	将现有文件复制到新文件
Create	在指定路径中创建文件
Delete	删除指定的文件。如果指定的文件不存在，则不引发异常
Exists	确定指定的文件是否存在
Move	将指定文件移到新位置，并提供指定新文件名的选项
Open	打开指定路径上的 FileStream
CreateText	创建或打开一个文件，用于写入 UTF-8 编码的文本
GetCreationTime	返回指定文件或目录的创建日期和时间
GetLastAccessTime	返回上次访问指定文件或目录的日期和时间
GetLastWriteTime	返回上次写入指定文件或目录的日期和时间
OpenRead	打开现有文件以进行读取
OpenText	打开现有 UTF-8 编码文本文件以进行读取
OpenWrite	打开现有文件以进行写入
ReadAllBytes	打开一个文件，将文件的内容读入一个字符串，然后关闭该文件
ReadAllLines	打开一个文本文件，将文件的所有行都读入一个字符串数组，然后关闭该文件
ReadAllText	打开一个文本文件，将文件的所有行读入一个字符串，然后关闭该文件
Replace	使用其他文件的内容替换指定文件的内容，这一过程将删除原始文件，并创建被替换文件的备份
SetCreationTime	设置创建该文件的日期和时间
SetLastAccessTime	设置上次访问指定文件的日期和时间
SetLastWriteTime	设置上次写入指定文件的日期和时间
WriteAllBytes	创建一个新文件，在其中写入指定的字节数组，然后关闭该文件。如果目标文件已存在，则改写该文件
WriteAllLines	创建一个新文件，在其中写入指定的字符串，然后关闭文件。如果目标文件已存在，则改写该文件
WriteAllText	创建一个新文件，在文件中写入内容，然后关闭文件。如果目标文件已存在，则改写该文件

说明

（1）由于 File 类中的所有方法都是静态的，所以如果只想执行一个操作，那么使用 File 类中方法的效率比使用相应的 FileInfo 类中的方法可能更高。

（2）File 类的静态方法对所有方法都执行安全检查，因此，如果打算多次重用某个对象，可考虑改用 FileInfo 类中的相应方法，因为并不总是需要安全检查。

【例 20.1】　使用 File 类创建文件（实例位置：资源包\TM\sl\20\1）

下面演示如何使用 File 类中的方法，程序开发步骤如下。

（1）新建一个 Windows 应用程序，默认窗体为 Form1.cs。

（2）在 Form1 窗体中添加一个 TextBox 控件和一个 Button 控件，其中，TextBox 控件用来输入要创建的文件路径及名称，Button 控件用来执行创建文件操作。

（3）程序主要代码如下。

```
private void button1_Click(object sender, EventArgs e)
{
    if (textBox1.Text == string.Empty)                //判断输入的文件名是否为空
    {
        MessageBox.Show("文件名不能为空！");
    }
    else
    {
        if (File.Exists(textBox1.Text))               //使用 File 类的 Exists()方法判断要创建的文件是否存在
        {
            MessageBox.Show("该文件已经存在");
        }
        else
        {
            File.Create(textBox1.Text);               //使用 File 类的 Create()方法创建文件
        }
    }
}
```

程序运行结果如图 20.1 所示。

注意

使用与文件、文件夹及流相关的类时，首先需要添加 System.IO 命名空间。

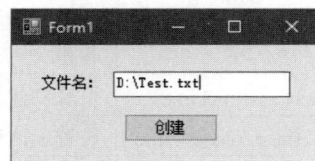

图 20.1　File 类的使用

2．Directory 类

Directory 类公开了用于创建、移动、枚举、删除目录和子目录的静态方法，这里介绍一些该类中的常用方法，如表 20.3 所示。

表 20.3　Directory 类的常用方法及说明

方　　法	说　　明
CreateDirectory	创建指定路径中的所有目录
Delete	删除指定的目录
Exists	确定给定路径是否引用磁盘上的现有目录
GetCreationTime	获取目录的创建日期和时间
GetDirectories	获取指定目录中子目录的名称
GetDirectoryRoot	返回指定路径的卷信息、根信息或二者同时返回
GetFiles	返回指定目录中的文件的名称
GetFileSystemEntries	返回指定目录中所有文件和子目录的名称
GetLastAccessTime	返回上次访问指定文件或目录的日期和时间

续表

方　　法	说　　明
GetLastWriteTime	返回上次写入指定文件或目录的日期和时间
GetParent	检索指定路径的父目录，包括绝对路径和相对路径
Move	将文件或目录及其内容移到新位置
SetCreationTime	为指定的文件或目录设置创建日期和时间
SetCurrentDirectory	将应用程序的当前工作目录设置为指定的目录
SetLastAccessTime	设置上次访问指定文件或目录的日期和时间
SetLastWriteTime	设置上次写入目录的日期和时间

【例 20.2】　使用 Directory 类创建文件夹（**实例位置：资源包\TM\ sl\20\2**）

下面演示如何使用 Directory 类中的方法，程序开发步骤如下。

（1）新建一个 Windows 应用程序，默认窗体为 Form1.cs。

（2）在 Form1 窗体中添加一个 TextBox 控件和一个 Button 控件。其中，TextBox 控件用来输入要创建的文件夹路径及名称，Button 控件用来执行创建文件夹操作。

（3）程序主要代码如下。

```csharp
private void button1_Click(object sender, EventArgs e)
{
    if (textBox1.Text == string.Empty)                //判断输入的文件夹名称是否为空
    {
        MessageBox.Show("文件夹名称不能为空！");
    }
    else
    {
        if (Directory.Exists(textBox1.Text))    //使用 Directory 类的 Exists()方法判断要创建的文件夹是否存在
        {
            MessageBox.Show("该文件夹已经存在");
        }
        else
        {
            Directory.CreateDirectory(textBox1.Text); //使用 Directory 类的 CreateDirectory()方法创建文件夹
        }
    }
}
```

程序运行结果如图 20.2 所示。

✎ **说明**

在用 Directory 类对文件夹进行操作时，其文件夹的路径必须存在并正确，否则会引发异常。

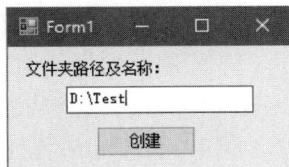

图 20.2　Directory 类的使用

20.1.2 FileInfo 类和 DirectoryInfo 类

使用 FileInfo 类和 DirectoryInfo 类可以方便地对文件和文件夹进行操作,本节将对这两个类进行详细介绍。

1. FileInfo 类

FileInfo 类和 File 类之间许多方法调用都是相同的,但是 FileInfo 类没有静态方法,该类中的方法仅可以用于实例化的对象。File 类是静态类,所以它的调用需要字符串参数为每一个方法调用规定文件位置。因此如果要在对象上进行单一方法调用,可以使用静态 File 类,在这种情况下静态调用速度要快一些,因为.NET 框架不必执行实例化新对象并调用其方法的过程。如果要在文件上执行几种操作,则实例化 FileInfo 对象使用其方法就更好一些,这样会提高效率,因为对象将在文件系统上引用正确的文件,而静态类就必须每次都寻找文件。

FileInfo 类的常用属性及说明如表 20.4 所示。

表 20.4　FileInfo 类的常用属性及说明

属　　性	说　　明
CreationTime	获取或设置当前 FileSystemInfo 对象的创建时间
Directory	获取父目录的实例
DirectoryName	获取表示目录的完整路径的字符串
Exists	获取指示文件是否存在的值
Extension	获取表示文件扩展名部分的字符串
FullName	获取目录或文件的完整目录
IsReadOnly	获取或设置确定当前文件是否为只读的值
LastAccessTime	获取或设置上次访问当前文件或目录的时间
LastWriteTime	获取或设置上次写入当前文件或目录的时间
Length	获取当前文件的大小
Name	获取文件名

说明

如果想要对某个对象进行重复操作,应使用 FileInfo 类。

【例 20.3】 使用 FileInfo 类创建文件（**实例位置：资源包\TM\sl\20\3**）

下面演示如何使用 FileInfo 类中的属性及方法,程序开发步骤如下。

（1）新建一个 Windows 应用程序,默认窗体为 Form1.cs。

（2）在 Form1 窗体中添加一个 TextBox 控件和一个 Button 控件,其中,TextBox 控件用来输入要创建的文件路径及名称,Button 控件用来执行创建文件操作。

（3）程序主要代码如下。

```
private void button1_Click(object sender, EventArgs e)
{
```

```
        if (textBox1.Text == string.Empty)                        //判断输入的文件名称是否为空
        {
            MessageBox.Show("文件名称不能为空！");
        }
        else
        {
            FileInfo finfo = new FileInfo(textBox1.Text);     //实例化 FileInfo 类对象
            if (finfo.Exists) //使用 FileInfo 对象的 Exists 属性判断要创建的文件是否存在
            {
                MessageBox.Show("该文件已经存在");
            }
            else
            {
                finfo.Create();                               //使用 FileInfo 对象的 Create()方法创建文件
            }
        }
    }
```

程序运行结果如图 20.3 所示。

2．DirectoryInfo 类

DirectoryInfo 类和 Directory 类之间的关系与 FileInfo 类和 File 类之间的关系十分类似，这里不再赘述。下面介绍 DirectoryInfo 类的常用属性。

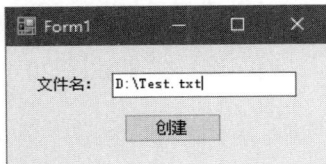

DirectoryInfo 类的常用属性及说明如表 20.5 所示。

图 20.3　FileInfo 类的使用

表 20.5　DirectoryInfo 类的常用属性及说明

属　　性	说　　明
CreationTime	获取或设置当前 FileSystemInfo 对象的创建时间
Exists	获取指示目录是否存在的值
Extension	获取表示文件扩展名部分的字符串
FullName	获取目录或文件的完整目录
LastAccessTime	获取或设置上次访问当前文件或目录的时间
LastWriteTime	获取或设置上次写入当前文件或目录的时间
Name	获取 DirectoryInfo 实例的名称
Parent	获取指定子目录的父目录
Root	获取路径的根部分

【例 20.4】 使用 DirectoryInfo 类创建文件夹（**实例位置：资源包\TM\sl\20\4**）

下面演示如何使用 DirectoryInfo 类中的属性及方法，程序开发步骤如下。

（1）新建一个 Windows 应用程序，默认窗体为 Form1.cs。

（2）在 Form1 窗体中添加一个 TextBox 控件和一个 Button 控件，其中，TextBox 控件用来输入要创建的文件夹路径及名称，Button 控件用来执行创建文件夹操作。

（3）程序主要代码如下。

```
private void button1_Click(object sender, EventArgs e)
{
    if (textBox1.Text == string.Empty)      //判断输入的文件夹名称是否为空
    {
        MessageBox.Show("文件夹名称不能为空！");
    }
    else
    {
        DirectoryInfo dinfo = new DirectoryInfo(textBox1.Text); //实例化 DirectoryInfo 类对象
        if (dinfo.Exists)                    //使用 DirectoryInfo 对象的 Exists 属性判断要创建的文件夹是否存在
        {
            MessageBox.Show("该文件夹已经存在");
        }
        else
        {
            dinfo.Create();                  //使用 DirectoryInfo 对象的 Create()方法创建文件夹
        }
    }
}
```

程序运行结果如图 20.4 所示。

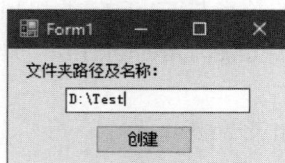

图 20.4　DirectoryInfo 类的使用

20.2　文件基本操作

对于文件的基本操作大体可以分为判断文件是否存在、创建文件、复制或移动文件、删除文件以及获取文件基本信息。通过对本节的学习，读者可以轻松掌握文件的这几种基本操作。

20.2.1　判断文件是否存在

判断文件是否存在时，可以使用 File 类的 Exists()方法或者 FileInfo 类的 Exists 属性来实现，下面分别对它们进行介绍。

1．File 类的 Exists()方法

Exists()方法用于判断指定的文件是否存在，语法格式如下。

```
public static bool Exists (string path)
```

☑　path：要检查的文件。

☑　返回值：如果调用方具有要求的权限并且 path 包含现有文件的名称，则为 true；否则为 false。如果 path 为空引用或零长度字符串，则此方法也返回 false；如果调用方不具有读取指定文件所需的足够权限，则不引发异常并且该方法返回 false，这与 path 是否存在无关。

说明

使用 Exists()方法时，如果路径为空，会引发异常。

例如，下面代码使用 File 类的 Exists()方法判断 C 盘根目录下是否存在 Test.txt 文件。

```
File.Exists("C:\\Test.txt");
```

2．FileInfo 类的 Exists 属性

获取指示文件是否存在的值，语法格式如下。

```
public override bool Exists { get; }
```

☑　属性值：如果该文件存在，则为 true；如果该文件不存在或该文件是目录，则为 false。

例如，下面的代码首先实例化一个 FileInfo 对象，然后使用该对象调用 Exists 属性判断 C 盘根目录下是否存在 Test.txt 文件。

```
FileInfo finfo = new FileInfo("C:\\Test.txt");
if (finfo.Exists)
{ }
```

20.2.2　创建文件

创建文件可以使用 File 类的 Create()方法或者 FileInfo 类的 Create()方法来实现，下面分别对它们进行介绍。

1．File 类的 Create()方法

Create()方法为可重载方法，它有以下 4 种重载形式。

```
    public static FileStream Create (string path)
public static FileStream Create (string path,int bufferSize)
public static FileStream Create (string path,int bufferSize,FileOptions options)
public static FileStream Create (string path,int bufferSize,FileOptions options,FileSecurity fileSecurity)
```

File 类的 Create()方法参数说明如表 20.6 所示。

表 20.6　File 类的 Create()方法参数说明

参　　数	说　　明
path	文件名
bufferSize	用于读取和写入文件的已放入缓冲区的字节数
Options	FileOptions 值之一，它描述如何创建或改写该文件
fileSecurity	FileSecurity 值之一，它确定文件的访问控制和审核安全性

说明

在用 Create()方法创建文件时，如果路径为空，或文件夹为只读，则会引发异常。

例如，下面的代码调用 File 类的 Create()方法在 C 盘根目录下创建一个 Test.txt 文本文件。

```
File.Create("C:\\Test.txt");
```

2．FileInfo 类的 Create()方法

语法格式如下。

```
public FileStream Create()
```

☑ 返回值：新文件，默认情况下，Create()方法将向所有用户授予对新文件的完全读写访问权限。

例如，下面的代码首先实例化了一个 FileInfo 对象，然后使用该对象调用 Create()方法在 C 盘根目录下创建一个 Test.txt 文本文件。

```
FileInfo finfo = new FileInfo("C:\\Test.txt");
finfo.Create();
```

20.2.3 复制或移动文件

复制或移动文件时，可以使用 File 类的 Copy()方法、Move()方法或者 FileInfo 类的 CopyTo()方法、MoveTo()方法来实现，下面分别对它们进行介绍。

1．File 类的 Copy()方法

Copy()方法为可重载方法，它有以下两种重载形式。

```
public static void Copy(string sourceFileName,string destFileName)
public static void Copy(string sourceFileName,string destFileName,bool overwrite)
```

☑ sourceFileName：要复制的文件。

☑ destFileName：目标文件的名称，不能是目录。如果是第一种重载形式，则该参数不能是现有文件。

☑ overwrite：如果可以改写目标文件，则为 true；否则为 false。

例如，下面的代码调用 File 类的 Copy()方法将 C 盘根目录下的 Test.txt 文本文件复制到 D 盘根目录下。

```
File.Copy("C:\\Test.txt","D:\\Test.txt");
```

2．File 类的 Move()方法

Move()方法用于将指定文件移到新位置，并提供指定新文件名的选项，语法格式如下。

```
public static void Move (string sourceFileName,string destFileName)
```

☑ sourceFileName：要移动的文件的名称。

☑　destFileName：文件的新路径。

说明

在对文件进行移动时，如果目标文件已存在，则发生异常。

例如，下面的代码调用 File 类的 Move()方法将 C 盘根目录下的 Test.txt 文本文件移动到 D 盘根目录下。

```
File.Move("C:\\Test.txt","D:\\Test.txt") ;
```

3．FileInfo 类的 CopyTo()方法

CopyTo()方法为可重载方法，它有以下两种重载形式。

```
public FileInfo CopyTo (string destFileName)
public FileInfo CopyTo (string destFileName,bool overwrite)
```

☑　destFileName：要复制到的新文件的名称。

☑　overwrite：若为 true，则允许改写现有文件；否则为 false。

☑　返回值：第一种重载形式的返回值为带有完全限定路径的新文件。第二种重载形式的返回值为新文件，或者如果 overwrite 为 true，则为现有文件的改写。如果文件存在，且 overwrite 为 false，则会发生 IOException。

例如，下面的代码首先实例化了一个 FileInfo 对象，然后使用该对象调用 CopyTo()方法将 C 盘根目录下的 Test.txt 文本文件复制到 D 盘根目录下。如果 D 盘根目录下已经存在 Test.txt 文本文件，则将其替换。

```
FileInfo finfo = new FileInfo("C:\\Test.txt");
finfo. CopyTo("D:\\Test.txt",true);
```

4．FileInfo 类的 MoveTo()方法

MoveTo()方法用于将指定文件移到新位置，并提供指定新文件名的选项，语法格式如下。

```
public void MoveTo (string destFileName)
```

☑　destFileName：要将文件移动到路径，可以指定另一个文件名。

例如，下面的代码首先实例化了一个 FileInfo 对象，然后使用该对象调用 MoveTo()方法将 C 盘根目录下的 Test.txt 文本文件移动到 D 盘根目录下。

```
FileInfo finfo = new FileInfo("C:\\Test.txt");
finfo. MoveTo("D:\\Test.txt") ;
```

20.2.4　删除文件

删除文件可以使用 File 类的 Delete()方法或者 FileInfo 类的 Delete()方法来实现，下面分别对它们进行介绍。

1．File 类的 Delete()方法

Delete()方法用来删除指定的文件，语法格式如下。

```
public static void Delete (string path)
```

☑　path：要删除的文件名称。

说明

如果当前删除的文件正在被使用，删除时则发生异常。

例如，下面的代码调用 File 类的 Delete()方法删除 C 盘根目录下的 Test.txt 文本文件。

```
File.Delete("C:\\Test.txt");
```

2．FileInfo 类的 Delete()方法

Delete()方法用来永久删除文件，语法格式如下。

```
public override void Delete()
```

例如，下面的代码首先实例化了一个 FileInfo 对象，然后使用该对象调用 FileInfo 类的 Delete()方法删除 C 盘根目录下的 Test.txt 文本文件。

```
FileInfo finfo = new FileInfo("C:\\Test.txt");
finfo. Delete();
```

20.2.5　获取文件的基本信息

获取文件的基本信息时，主要用到了 FileInfo 类中的各种属性。下面通过一个实例说明如何获取文件的基本信息。

【例 20.5】 获取文件的基本信息（实例位置：资源包\TM\sl\ 20\5）

程序开发步骤如下。

（1）新建一个 Windows 应用程序，默认窗体为 Form1.cs。

（2）在 Form1 窗体中添加一个 OpenFileDialog 控件、一个 TextBox 控件和一个 Button 控件，其中，OpenFileDialog 控件用来显示"打开"对话框，TextBox 控件用来显示选择的文件名，Button 控件用来打开"打开"对话框并获取选择文件的基本信息。

（3）程序主要代码如下。

```
private void button1_Click(object sender, EventArgs e)
{
    if (openFileDialog1.ShowDialog() == DialogResult.OK)
    {
        textBox1.Text = openFileDialog1.FileName;
        FileInfo finfo = new FileInfo(textBox1.Text);                //实例化 FileInfo 对象
        string strCTime, strLATime, strLWTime, strName, strFName, strDName, strISRead;
        long lgLength;
        strCTime = finfo.CreationTime.ToShortDateString();           //获取文件创建时间
        strLATime = finfo.LastAccessTime.ToShortDateString();        //获取上次访问该文件的时间
```

```
            strLWTime = finfo.LastWriteTime.ToShortDateString();        //获取上次写入文件的时间
            strName = finfo.Name;                                        //获取文件名称
            strFName = finfo.FullName;                                   //获取文件的完整目录
            strDName = finfo.DirectoryName;                              //获取文件的完整路径
            strISRead = finfo.IsReadOnly.ToString();                     //获取文件是否只读
            lgLength = finfo.Length;                                     //获取文件长度
            MessageBox.Show("文件信息：\n 创建时间：" + strCTime + " 上次访问时间：" + strLATime + "\n 上次
        写入时间：" + strLWTime + " 文件名称：" + strName + "\n 完整目录：" + strFName + "\n 完整路径：" + strDName
        + "\n 是否只读：" + strISRead + " 文件长度：" + lgLength);
            }
        }
```

运行程序，单击"浏览"按钮，弹出"打开"对话框，选择文件，单击"打开"按钮，在弹出的对话框中显示所选文件的基本信息。程序运行结果如图 20.5 所示。

编程训练（答案位置：资源包\TM\sl\20\编程训练\）

【训练 1】：根据当前日期时间创建文件　新建一个 Windows 窗体应用程序，在窗体中添加一个 Button 控件，用来根据当前日期时间动态地创建文件。

【训练 2】：修改文件属性　本练习要求设计一个修改文件属性的应用软件，可以随意修改任何文件的属性（比如只读、系统、存档、隐藏等）。

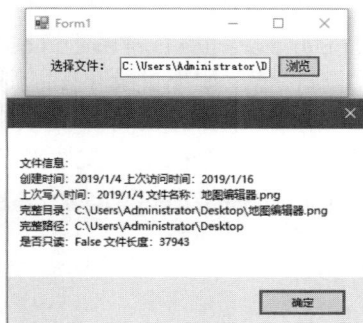

图 20.5　获取文件的基本信息

20.3　文件夹基本操作

对于文件夹的基本操作大体可以分为判断文件夹是否存在、创建文件夹、移动文件夹、删除文件夹以及遍历文件夹中的文件。通过学习本节的内容，读者可以轻松掌握文件夹的这几种基本操作。

20.3.1　判断文件夹是否存在

判断文件夹是否存在时，可以使用 Directory 类的 Exists()方法或者 DirectoryInfo 类的 Exists 属性来实现，下面分别对它们进行介绍。

1．Directory 类的 Exists()方法

Exists()方法用于确定给定路径是否引用磁盘上的现有目录，语法格式如下。

`public static bool Exists (string path)`

☑　path：要测试的路径。

☑　返回值：如果 path 引用现有目录，则为 true；否则为 false。

说明

> 允许 path 参数指定相对或绝对路径信息。相对路径信息被解释为相对于当前的工作目录。

例如，下面的代码使用 Directory 类的 Exists()方法判断 C 盘根目录下是否存在 Test 文件夹。

```
Directory.Exists("C:\\Test ");
```

2. DirectoryInfo 类的 Exists 属性

获取指示目录是否存在的值，语法格式如下。

```
public override bool Exists { get; }
```
属性值：如果目录存在，则为 true；否则为 false。

例如，下面的代码首先实例化一个 DirectoryInfo 对象，然后使用该对象调用 Exists 属性判断 C 盘根目录下是否存在 Test 文件夹。

```
DirectoryInfo dinfo = new DirectoryInfo ("C:\\Test");
if (dinfo.Exists)
{}
```

20.3.2 创建文件夹

创建文件夹可以使用 Directory 类的 CreateDirectory()方法或者 DirectoryInfo 类的 Create()方法来实现，下面分别对它们进行介绍。

1. Directory 类的 CreateDirectory()方法

CreateDirectory()方法为可重载方法，它有以下两种重载形式。

```
public static DirectoryInfo CreateDirectory (string path)
public static DirectoryInfo CreateDirectory (string path,DirectorySecurity directorySecurity)
```

☑　path：要创建的目录路径。
☑　directorySecurity：要应用于此目录的访问控制。
☑　返回值：第一种重载形式的返回值为由 path 指定的 DirectoryInfo；第二种重载形式的返回值为新创建的目录的 DirectoryInfo 对象。

例如，下面的代码调用 Directory 类的 CreateDirectory()方法在 C 盘根目录下创建一个 Test 文件夹。

```
Directory. CreateDirectory ("C:\\Test ");
```

误区警示

> 当 path 参数中的目录已经存在或者 path 的某些部分无效时，将发生异常。path 参数指定目录路径，而不是文件路径。

2. DirectoryInfo 类的 Create()方法

Create()方法为可重载方法，它有以下两种重载形式。

```
public void Create ()
public void Create (DirectorySecurity directorySecurity)
```

☑　directorySecurity：主要应用于此目录的访问控制。

例如，下面的代码首先实例化了一个 DirectoryInfo 对象，然后使用该对象调用 Create()方法在 C 盘根目录下创建一个 Test 文件夹。

```
DirectoryInfo dinfo = new DirectoryInfo ("C:\\Test ");
dinfo.Create();
```

20.3.3　移动文件夹

移动文件夹时，可以使用 Directory 类的 Move()方法或者 DirectoryInfo 类的 MoveTo()方法来实现。

1．Directory 类的 Move()方法

Move()方法用于将文件或目录及其内容移到新位置，语法格式如下。

```
public static void Move (string sourceDirName,string destDirName)
```

☑　sourceDirName：要移动的文件或目录的路径。
☑　destDirName：指向 sourceDirName 的新位置的路径。

例如，下面的代码调用 Directory 类的 Move()方法将 C 盘根目录下的 Test 文件夹移动到 C 盘根目录下的"新建文件夹"文件夹中。

```
Directory.Move("C:\\Test ","C:\\新建文件夹\\Test") ;
```

误区警示

使用 Move()方法移动文件夹时需要统一磁盘根目录。例如，C 盘下的文件夹只能移动到 C 盘中的某个文件夹下。同样，使用 MoveTo()方法移动文件夹时也是如此，下面不再强调。

2．DirectoryInfo 类的 MoveTo()方法

MoveTo()方法用于将 DirectoryInfo 对象及其内容移动到新路径，语法格式如下。

```
public void MoveTo (string destDirName)
```

☑　destDirName：要将此目录移动到的目标位置的名称和路径。目标不能是另一个具有相同名称的磁盘卷或目录，它可以是要将此目录作为子目录添加其中的一个现有目录。

例如，下面的代码首先实例化了一个 DirectoryInfo 对象，然后使用该对象调用 MoveTo()方法将 C 盘根目录下的 Test 文件夹移动到 C 盘根目录下的"新建文件夹"文件夹中。

```
DirectoryInfo dinfo = new DirectoryInfo ("C:\\Test ");
dinfo. MoveTo("C:\\新建文件夹\\Test") ;
```

20.3.4　删除文件夹

删除文件夹可以使用 Directory 类的 Delete()方法或者 DirectoryInfo 类的 Delete()方法来实现，下面

分别对它们进行介绍。

1. Directory 类的 Delete() 方法

Delete() 方法为可重载方法，它有以下两种重载形式。

```
public static void Delete(string path)
public static void Delete(string path,bool recursive)
```

☑ path：要移除的空目录/目录的名称。

☑ recursive：若要移除 path 中的目录、子目录和文件，则为 true；否则为 false。

例如，下面的代码调用 Directory 类的 Delete() 方法删除 C 盘根目录下的 Test 文件夹。

```
Directory.Delete("C:\\Test");
```

2. DirectoryInfo 类的 Delete() 方法

DirectoryInfo 类的 Delete() 方法用来永久删除文件夹，语法格式如下。

```
public override void Delete()
public void Delete(bool recursive)
```

☑ recursive：若为 true，则删除此目录、其子目录以及所有文件；否则为 false。

例如，下面的代码首先实例化了一个 DirectoryInfo 对象，然后使用该对象调用 Delete() 方法删除 C 盘根目录下的 Test 文件夹。

```
DirectoryInfo dinfo = new DirectoryInfo ("C:\\Test");
dinfo. Delete();
```

20.3.5 遍历文件夹

遍历文件夹时，可以分别使用 DirectoryInfo 类提供的 GetDirectories() 方法、GetFiles() 方法和 GetFileSystemInfos() 方法。下面对这 3 个方法进行详细讲解。

1. GetDirectories() 方法

GetDirectories() 方法用来返回当前目录的子目录。该方法为可重载方法，它有以下 3 种重载形式。

```
public DirectoryInfo[ ] GetDirectories()
public DirectoryInfo[ ] GetDirectories(string searchPattern)
public DirectoryInfo[ ] GetDirectories(string searchPattern,SearchOption searchOption)
```

☑ searchPattern：搜索字符串，如用于搜索所有以单词 System 开头的目录的 "System*"。

☑ searchOption：SearchOption 枚举的一个值，指定搜索操作是仅包含当前目录还是包含所有子目录。

☑ 返回值：第一种重载形式的返回值为 DirectoryInfo 对象的数组；第二种和第三种重载形式的返回值为与 searchPattern 匹配的 DirectoryInfo 类型的数组。

2．GetFiles()方法

GetFiles()方法用来返回当前目录的文件列表。该方法为可重载方法，它有以下 3 种重载形式。

```
public FileInfo[ ] GetFiles()
public FileInfo[ ] GetFiles(string searchPattern)
public FileInfo[ ] GetFiles(string searchPattern,SearchOption searchOption)
```

- ☑　searchPattern：搜索字符串（如"*.txt"）。
- ☑　searchOption：SearchOption 枚举的一个值，指定搜索操作是仅包含当前目录还是包含所有子目录。
- ☑　返回值：FileInfo 类型数组。

3．GetFileSystemInfos()方法

GetFileSystemInfos()方法用来返回表示某个目录中所有文件和子目录的 FileSystemInfo 类型数组。该方法为可重载方法，它有以下两种重载形式。

```
public FileSystemInfo[ ] GetFileSystemInfos()
public FileSystemInfo[ ] GetFileSystemInfos(string searchPattern)
```

- ☑　searchPattern：搜索字符串。
- ☑　返回值：第一种重载形式的返回值为 FileSystemInfo 项的数组；第二种重载形式的返回值为与搜索条件匹配的 FileSystemInfo 对象的数组。

说明

一般遍历文件夹时，都使用 GetFileSystemInfos()方法，因为 GetDirectories()方法只遍历文件夹中的子文件夹，GetFiles()方法只遍历文件夹中的文件，而 GetFileSystemInfos()方法遍历文件夹中的所有子文件夹及文件。

【例 20.6】　获取指定文件夹下的所有文件（实例位置：资源包\TM\ sl\20\6）

（1）新建一个 Windows 应用程序，默认窗体为 Form1.cs。

（2）在 Form1 窗体中添加一个 FolderBrowserDialog 控件、一个 TextBox 控件、一个 Button 控件和一个 ListView 控件。其中，FolderBrowserDialog 控件用来显示"浏览文件夹"对话框，TextBox 控件用来显示选择的文件夹路径及名称，Button 控件用来打开"浏览文件夹"对话框并获取选择文件夹中的子文件夹及文件，ListView 控件用来显示选择的文件夹中的子文件夹及文件信息。

（3）程序主要代码如下。

```
    private void button1_Click(object sender, EventArgs e)
{
    listView1.Items.Clear()                                    //清空 ListView 控件中的项
    if (folderBrowserDialog1.ShowDialog() == DialogResult.OK)
    {
        textBox1.Text = folderBrowserDialog1.SelectedPath;
        DirectoryInfo dinfo = new DirectoryInfo(textBox1.Text);    //实例化 DirectoryInfo 对象
```

```
                //获取指定目录下的所有子目录及文件类型
                FileSystemInfo[] fsinfos = dinfo.GetFileSystemInfos();
                foreach (FileSystemInfo fsinfo in fsinfos)
                {
                    if (fsinfo is DirectoryInfo)                         //判断是否是文件夹
                    {
                        //使用获取的文件夹名称实例化 DirectoryInfo 对象
                        DirectoryInfo dirinfo = new DirectoryInfo(fsinfo.FullName);
                        listView1.Items.Add(dirinfo.Name);                      //为 ListView 控件添加文件夹信息
                        listView1.Items[listView1.Items.Count - 1].SubItems.Add(dirinfo.FullName);
                        listView1.Items[listView1.Items.Count - 1].SubItems.Add("");
                        listView1.Items[listView1.Items.Count
1].SubItems.Add(dirinfo.CreationTime.ToShortDateString());
                    }
                    else
                    {
                        FileInfo finfo = new FileInfo(fsinfo.FullName);         //使用获取的文件名称实例化 FileInfo 对象
                        listView1.Items.Add(finfo.Name);                       //为 ListView 控件添加文件信息
                        listView1.Items[listView1.Items.Count - 1].SubItems.Add(finfo.FullName);
                        listView1.Items[listView1.Items.Count - 1].SubItems.Add(finfo.Length.ToString());
                        listView1.Items[listView1.Items.Count - 1].SubItems.Add(finfo.CreationTime.ToShortDateString());
                    }
                }
            }
        }
```

运行程序，单击"浏览"按钮，弹出"浏览文件夹"对话框，选择文件夹，单击"确定"按钮，将选择的文件夹中所包含的子文件夹及文件信息显示在 ListView 控件中。程序运行结果如图 20.6 所示。

图 20.6　遍历文件夹

编程训练（答案位置：资源包\TM\sl\20\编程训练\）

【训练 3】：根据日期时间创建文件夹　新建一个 Windows 窗体应用程序，在窗体中添加两个 Button 控件，分别用来选择文件夹的创建路径和根据当前日期时间动态地创建文件夹。

【训练 4】：提取指定文件夹的目录　本练习要求使用 C#实现提取指定文件夹目录的功能。

20.4　数　据　流

数据流提供了一种向后备存储写入字节和从后备存储读取字节的方式，它是在.NET Framework 中执行读写文件操作时一种非常重要的介质。下面对数据流进行详细讲解。

20.4.1　流操作类介绍

.NET Framework 使用流来支持读取和写入文件，开发人员可以将流视为一组连续的一维数据，包含开头和结尾，并且其中的游标指示了流中的当前位置。

1．流操作

流中包含的数据可能来自内存、文件或 TCP/IP 套接字。流包含以下几种可应用于自身的基本操作。

☑　读取。将数据从流传输到数据结构（如字符串或字节数组）中。

☑　写入。将数据从数据源传输到流中。

☑　查找。查询和修改在流中的位置。

2．流的类型

在.NET Framework 中，流由 Stream 类来表示，该类构成了所有其他流的抽象类。不能直接创建 Stream 类的实例，但是必须使用它实现其中的一个类。

C#中有许多类型的流，但在处理文件输入/输出（I/O）时，最重要的类型为 FileStream 类，它提供读取和写入文件的方式。可在处理文件 I/O 时使用的其他流主要包括 BufferedStream、CryptoStream、MemoryStream 和 NetworkStream 等。

20.4.2　文件流类

FileStream 类公开以文件为主的 Stream，它表示在磁盘或网络路径上指向文件的流。一个 FileStream 类的实例实际上代表一个磁盘文件，它通过 Seek()方法进行对文件的随机访问，也同时包含了流的标准输入、标准输出、标准错误等。FileStream 默认对文件的打开方式是同步的，但它同样很好地支持异步操作。

对文件流的操作，实际上可以将文件看作是电视信号发送塔要发送的一个电视节目（文件），将电视节目转换成模拟数字信号（文件的二进制流），按指定的发送序列发送到指定的接收地点（文件的接收地址）。

说明

> FileStream 对象支持使用 Seek()方法对文件进行随机访问。Seek 允许将读取/写入位置移动到文件中的任意位置。

1．FileStream 类的常用属性

FileStream 类的常用属性及说明如表 20.7 所示。

表 20.7　FileStream 类的常用属性及说明

属　　性	说　　明
CanRead	获取一个值，该值指示当前流是否支持读取
CanSeek	获取一个值，该值指示当前流是否支持查找
CanTimeout	获取一个值，该值确定当前流是否可以超时
CanWrite	获取一个值，该值指示当前流是否支持写入
IsAsync	获取一个值，该值指示 FileStream 是异步还是同步打开的
Length	获取用字节表示的流长度

属　性	说　明
Name	获取传递给构造函数的 FileStream 的名称
Position	获取或设置此流的当前位置
ReadTimeout	获取或设置一个值，该值确定流在超时前尝试读取多长时间
WriteTimeout	获取或设置一个值，该值确定流在超时前尝试写入多长时间

2．FileStream 类的常用方法

FileStream 类的常用方法及说明如表 20.8 所示。

表 20.8　FileStream 类的常用方法及说明

方　法	说　明
BeginRead	开始异步读操作
BeginWrite	开始异步写操作
Close	关闭当前流并释放与之关联的所有资源
EndRead	等待挂起的异步读取完成
EndWrite	结束异步写入，在 I/O 操作完成之前一直阻止
Lock	允许读取访问的同时防止其他进程更改 FileStream
Read	从流中读取字节块并将该数据写入给定的缓冲区中
ReadByte	从文件中读取一个字节，并将读取位置提升一个字节
Seek	将该流的当前位置设置为给定值
SetLength	将该流的长度设置为给定值
Unlock	允许其他进程访问以前锁定的某个文件的全部或部分
Write	使用从缓冲区读取的数据将字节块写入该流
WriteByte	将一个字节写入文件流的当前位置

3．使用 FileStream 类操作文件

要用 FileStream 类操作文件就要先实例化一个 FileStream 对象，FileStream 类的构造函数具有许多不同的重载形式，其中包括一个最重要的参数，即 FileMode 枚举。

FileMode 枚举规定了如何打开或创建文件，其包括的枚举成员及说明如表 20.9 所示。

表 20.9　FileMode 类的枚举成员及说明

枚举成员	说　明
Append	打开现有文件并查找到文件尾，或创建新文件。FileMode.Append 只能同 FileAccess.Write 一起使用。任何读取尝试都将失败并引发 ArgumentException
Create	指定操作系统应创建新文件。如果文件已存在，则它将被改写。这要求 FileIOPermissionAccess.Write 权限。System.IO.FileMode.Create 等效于这样的请求：如果文件不存在，则使用 CreateNew；否则使用 Truncate
CreateNew	指定操作系统应创建新文件。此操作需要 FileIOPermissionAccess.Write。如果文件已存在，则将引发 IOException

枚 举 成 员	说　　明
Open	指定操作系统应打开现有文件。打开文件的能力取决于 FileAccess 所指定的值。如果该文件不存在，则引发 System.IO.FileNotFoundException
OpenOrCreate	指定操作系统应打开文件（如果文件存在）；否则，应创建新文件。如果用 FileAccess.Read 打开文件，则需要 FileIOPermissionAccess.Read；如果文件访问为 FileAccess.Write 或 FileAccess.ReadWrite，则需要 FileIOPermissionAccess.Write；如果文件访问为 FileAccess.Append，则需要 FileIOPermissionAccess. Append
Truncate	指定操作系统应打开现有文件。文件一旦打开，就将被截断为零字节大小。此操作需要 FileIOPermissionAccess.Write。试图从使用 Truncate 打开的文件中进行读取将导致异常

例如，下面的代码通过使用 FileStream 类对象打开 Test.txt 文本文件并对其进行读写访问。

```
FileStream aFile = new FileStream("Test.txt",FileMode.OpenOrCreate,FileAccess.ReadWrite)
```

20.4.3　文本文件的写入与读取

文本文件的写入与读取主要是通过 StreamWriter 类和 StreamReader 类来实现的，下面对这两个类进行详细讲解。

1．StreamWriter 类

StreamWriter 是专门用来处理文本文件的类，可以方便地向文本文件中写入字符串。同时也负责重要的转换和处理向 FileStream 对象写入工作。

说明

StreamWriter 类默认使用 UTF8Encoding 编码来进行实例化。

StreamWriter 类的常用属性及说明如表 20.10 所示。

表 20.10　StreamWriter 类的常用属性及说明

属　　性	说　　明
Encoding	获取将输出写入其中的 Encoding 中
Formatprovider	获取控制格式设置的对象
NewLine	获取或设置由当前 TextWriter 使用的行结束符字符串

StreamWriter 类的常用方法及说明如表 20.11 所示。

表 20.11　StreamWriter 类的常用方法及说明

方　　法	说　　明
Close	关闭当前的 StringWriter 和基础流
Write	写入 StringWriter 的此实例中
WriteLine	写入重载参数指定的某些数据，后跟行结束符

2．StreamReader 类

StreamReader 是专门用来读取文本文件的类，StreamReader 可以从底层 Stream 对象创建 StreamReader 对象的实例，而且也能指定编码规范参数。创建 StreamReader 对象后，可以提供许多用于读取和浏览字符数据的方法。

StreamReader 类的常用方法及说明如表 20.12 所示。

表 20.12　StreamReader 类的常用方法及说明

方　　法	说　　明
Close	关闭 StringReader
Read	读取输入字符串中的下一个字符或下一组字符
ReadBlock	从当前流中读取最大 count 的字符并从 index 开始将该数据写入 Buffer
ReadLine	从基础字符串中读取一行
ReadToEnd	将整个流或从流的当前位置到流的结尾作为字符串读取

【例 20.7】　模拟记录进销存管理系统的登录日志（实例位置：资源包\TM\sl\20\7）

登录窗体主要代码如下。

```csharp
private void button1_Click(object sender, EventArgs e)
{
    if (!File.Exists("Log.txt"))                                      //判断日志文件是否存在
    {
        File.Create("Log.txt");                                      //创建日志文件
    }
    string strLog = "登录用户：" + textBox1.Text + "     登录时间：" + DateTime.Now;
    if (textBox1.Text != "" && textBox2.Text != "")
    {
        using (StreamWriter sWriter = new StreamWriter("Log.txt", true))   //创建 StreamWriter 对象
        {
            sWriter.WriteLine(strLog);                               //写入日志
        }
        Form1 frm = new Form1();                                     //创建 Form1 窗体
        this.Hide();                                                 //隐藏当前窗体
        frm.Show();                                                  //显示 Form1 窗体
    }
}
```

系统日志窗体主要代码如下。

```csharp
private void Form1_Load(object sender, EventArgs e)
{
    StreamReader SReader = new StreamReader("Log.txt", Encoding.UTF8);   //创建 StreamReader 对象
    string strLine = string.Empty;
    while ((strLine = SReader.ReadLine()) != null)                       //逐行读取日志文件
    {
        //获取单条日志信息
        string[] strLogs = strLine.Split(new string[] { "     " }, StringSplitOptions.RemoveEmptyEntries);
        ListViewItem li = new ListViewItem();
        li.SubItems.Clear();
        li.SubItems[0].Text = strLogs[0].Substring(strLogs[0].IndexOf('：') + 1);   //显示登录用户
```

```
        li.SubItems.Add(strLogs[1].Substring(strLogs[1].IndexOf(': ') + 1));          //显示登录时间
        listView1.Items.Add(li);
    }
}
```

运行程序，在"系统登录"窗口输入用户名和密码，如图 20.7 所示，单击"登录"按钮进入"系统日志"窗口，该窗口显示系统的登录日志信息，如图 20.8 所示。

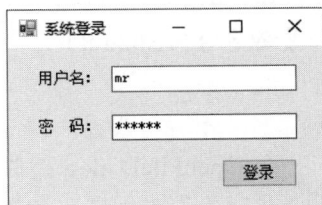

图 20.7　输入用户名和密码　　　　　图 20.8　显示系统登录日志信息

20.4.4　二进制文件的写入与读取

二进制文件的写入与读取主要是通过 BinaryWriter 类和 BinaryReader 类来实现的，下面对这两个类进行详细讲解。

1．BinaryWriter 类

BinaryWriter 类以二进制形式将基元类型写入流，并支持用特定的编码写入字符串，其常用方法及说明如表 20.13 所示。

表 20.13　BinaryWriter 类的常用方法及说明

方　　法	说　　明
Close	关闭当前的 BinaryWriter 类和基础流
Seek	设置当前流中的位置
Write	将值写入当前流

2．BinaryReader 类

BinaryReader 用特定的编码将基元数据类型读作二进制值，其常用方法及说明如表 20.14 所示。

表 20.14　BinaryReader 类的常用方法及说明

方　　法	说　　明
Close	关闭当前阅读器及基础流
PeekChar	返回下一个可用的字符，并且不提升字节或字符的位置
Read	从基础流中读取字符，并提升流的当前位置
ReadBoolean	从当前流中读取 Boolean 值，并使该流的当前位置提升一个字节
ReadByte	从当前流中读取下一个字节，并使流的当前位置提升一个字节
ReadBytes	从当前流中将 count 个字节读入字节数组，并使当前位置提升 count 个字节
ReadChar	从当前流中读取下一个字符，并根据所使用的 Encoding 和从流中读取的特定字符，提升流的当前位置

方　　法	说　　明
ReadChars	从当前流中读取 count 个字符，以字符数组的形式返回数据，并根据所使用的 Encoding 和从流中读取的特定字符，提升当前位置
ReadInt32	从当前流中读取 4 个字节（有符号整数），并使流的当前位置提升 4 个字节
ReadString	从当前流中读取一个字符串。字符串有长度前缀，一次将 7 位编码为整数

【例 20.8】 对二进制文件进行写入与读取（**实例位置：资源包\TM\sl\20\8**）

程序开发步骤如下。

（1）新建一个 Windows 应用程序，默认窗体为 Form1.cs。

（2）在 Form1 窗体中，添加一个 SaveFileDialog 控件、一个 OpenFileDialog 控件、一个 TextBox 控件和两个 Button 控件。其中，SaveFileDialog 控件用来显示"另存为"对话框，OpenFileDialog 控件用来显示"打开"对话框，TextBox 控件用来输入要写入二进制文件的内容和显示选中二进制文件的内容，Button 控件分别用来打开"另存为"对话框并执行二进制文件写入操作和打开"打开"对话框并执行二进制文件读取操作。

（3）程序主要代码如下。

```
private void button1_Click(object sender, EventArgs e)
{
    if (textBox1.Text == string.Empty)
    {
        MessageBox.Show("要写入的文件内容不能为空");
    }
    else
    {
        saveFileDialog1.Filter = "二进制文件(*.dat)|*.dat";          //设置保存文件的格式
        if (saveFileDialog1.ShowDialog() == DialogResult.OK)
        {
            //使用"另存为"对话框中输入的文件名实例化 FileStream 对象
            FileStream  myStream  =  new  FileStream(saveFileDialog1.FileName,  FileMode.OpenOrCreate,
FileAccess. ReadWrite);
            //使用 FileStream 对象实例化 BinaryWriter 二进制写入流对象
            BinaryWriter myWriter = new BinaryWriter(myStream);
            myWriter.Write(textBox1.Text);                        //以二进制方式向创建的文件中写入内容
            myWriter.Close();                                     //关闭当前二进制写入流
            myStream.Close();                                     //关闭当前文件流
            textBox1.Text = string.Empty;
        }
    }
}
private void button2_Click(object sender, EventArgs e)
{
    openFileDialog1.Filter = "二进制文件(*.dat)|*.dat";              //设置打开文件的格式
    if (openFileDialog1.ShowDialog() == DialogResult.OK)
    {
        textBox1.Text = string.Empty;
```

```
//使用"打开"对话框中选择的文件名实例化 FileStream 对象
FileStream myStream = new FileStream(openFileDialog1.FileName, FileMode.Open, FileAccess.Read);
//使用 FileStream 对象实例化 BinaryReader 二进制写入流对象
BinaryReader myReader = new BinaryReader(myStream);
if (myReader.PeekChar() != -1)
{
    //以二进制方式读取文件中的内容
    textBox1.Text = Convert.ToString(myReader.ReadInt32());
}
myReader.Close();                                    //关闭当前二进制读取流
myStream.Close();                                    //关闭当前文件流
}
}
```

编程训练（答案位置：资源包\TM\sl\20\编程训练\）

【训练5】：按行读取文件的内容 创建一个 Windows 应用程序，实现按行读取文本文件中所有数据的功能，首先选择要读取的文本文件，然后程序将按行读取该文件的全部数据，并将读取的数据显示在窗体下方的文本框中。

【训练6】：向文本文件夹中写入和读取名人名言 使用 C#窗体程序将科比的名言"你见过洛杉矶凌晨4点的样子吗？"写入文本文件，并读取显示。

20.5 实践与练习

（答案位置：资源包\TM\sl\20\实践与练习\）

综合练习1：批量复制文件 尝试开发一个程序，实现批量复制文件功能。

综合练习2：对指定文件夹中的文件进行分类存储 本练习要求对指定文件夹中的文件进行分类存储（比如，将 txt 类型的文件放在一个文件夹中，将 doc 类型的文件放在另一个文件夹中）。

综合练习3：使用递归法删除文件夹中的所有文件 使用递归法删除文件夹中的所有文件，即遍历文件夹中的所有文件，并将遍历到的文件一一删除。

第 21 章

GDI+图形图像技术

用户界面上的窗体和控件非常有用，且引人注目，有时还需要在屏幕上使用颜色和图形对象。例如，可能需要使用线条或弧线来开发游戏，或者需要使用许多移动的圆来开发屏保程序。在这种情况下，只使用 WinForms 控件是不够的，还需要使用图形功能。通过使用图形，开发人员可以轻松地绘制他们的用户界面屏幕，并提供颜色、图形和对象。WinForms 中的图形通过 GDI+实现，GDI+是图形设备接口的高级版本。本章详细地介绍 GDI+图形图像技术，为了便于读者理解，讲解过程结合大量的实例。

本章知识架构及重点、难点如下。

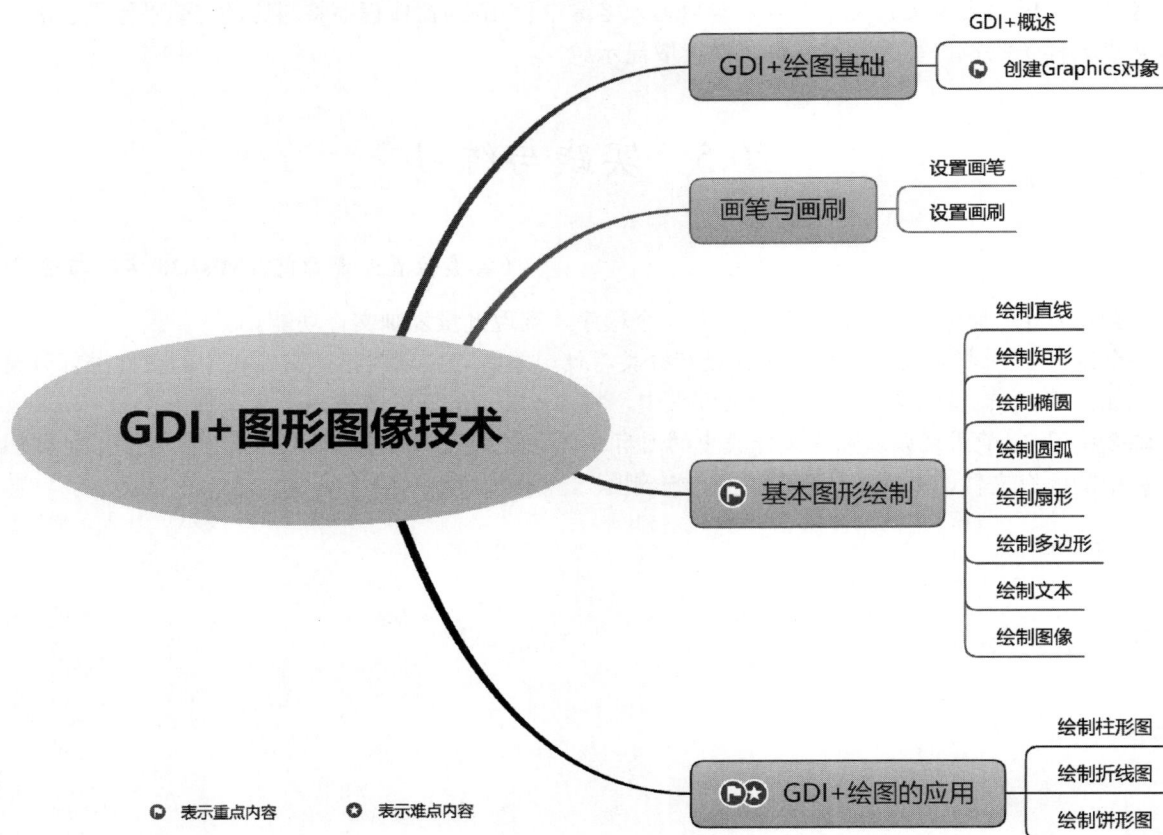

GDI+图形图像技术

- GDI+绘图基础
  - GDI+概述
  - 创建Graphics对象
- 画笔与画刷
  - 设置画笔
  - 设置画刷
- 基本图形绘制
  - 绘制直线
  - 绘制矩形
  - 绘制椭圆
  - 绘制圆弧
  - 绘制扇形
  - 绘制多边形
  - 绘制文本
  - 绘制图像
- GDI+绘图的应用
  - 绘制柱形图
  - 绘制折线图
  - 绘制饼形图

表示重点内容　　表示难点内容

21.1　GDI+绘图基础

21.1.1　GDI+概述

　　GDI+指的是.NET Framework 中提供的二维图形、图像处理等功能，是构成 Windows 操作系统的一个子系统，它提供了图形图像操作的应用程序编程接口（API）。使用 GDI+可以用相同的方式在屏幕或打印机上显示信息，而无须考虑特定显示设备的细节。GDI+类提供程序员用以绘制的方法，这些方法随后会调用特定设备的驱动程序。GDI+将应用程序与图形硬件分隔，使程序员能够创建与设备无关的应用程序。GDI+主要用于在窗体上绘制各种图形图像，可以绘制各种数据图形、数学仿真等。GDI+可以在窗体程序中产生很多自定义的图形，便于开发人员展示各种图形化的数据。

　　GDI+就好像是一个绘图仪，它可以将已经制作好的图形绘制在指定的模板中，并可以对图形的颜色、线条粗细、位置等进行设置。

21.1.2　创建 Graphics 对象

　　Graphics 类是 GDI+的核心，Graphics 对象表示 GDI+绘图表面，提供将对象绘制到显示设备的方法。Graphics 对象与特定的设备上下向关联，是用于创建图形图像的对象。Graphics 类封装了绘制直线、曲线、图形、图像和文本的方法，是进行一切 GDI+操作的基础类。创建 Graphics 对象有以下 3 种方法。

　　☑　在窗体或控件的 Paint 事件中创建，将其作为 PaintEventArgs 的一部分。在为控件创建绘制代码时，通常会使用此方法来获取对图形对象的引用。

　　例如，在 Paint 事件中创建 Graphics 对象，代码如下。

```
private void Form1_Paint(object sender, PaintEventArgs e)    //窗体的 Paint 事件
{
    Graphics g = e.Graphics;                                 //创建 Graphics 对象
}
```

　　☑　调用控件或窗体的 CreateGraphics()方法以获取对 Graphics 对象的引用，该对象表示控件或窗体的绘图画面。如果在已存在的窗体或控件上绘图，应该使用此方法。

　　例如，在窗体的 Load 事件中，通过 CreateGraphics()方法创建 Graphics 对象，代码如下。

```
private void Form1_Load(object sender, EventArgs e)          //窗体的 Load 事件
{
    Graphics g;                                             //声明一个 Graphics 对象
    g = this.CreateGraphics();                              //使用 CreateGraphics()方法创建 Graphics 对象
}
```

　　☑　由从 Image 继承的任何对象创建 Graphics 对象，此方法在需要更改已存在的图像时十分有用。

　　例如，在窗体的 Load 事件中，通过 FromImage()方法创建 Graphics 对象，代码如下。

```
private void Form1_Load(object sender, EventArgs e)          //窗体的 Load 事件
{
    Bitmap mbit = new Bitmap(@"C:\ls.bmp");                  //实例化 Bitmap 类
    Graphics g = Graphics.FromImage(mbit);                  //通过 FromImage()方法创建 Graphics 对象
}
```

21.2　画笔与画刷

21.2.1　设置画笔

Pen 类主要用于设置画笔，其构造函数如下。

public Pen (Color color,float width)

☑　color：设置 Pen 的颜色。

☑　width：设置 Pen 的宽度。

例如，创建一个 Pen 对象，使其颜色为蓝色，宽度为 2，代码如下。

Pen mypen1 = new Pen(Color.Blue, 2);   //实例化一个 Pen 类，并设置其颜色和宽度

上述代码在设置画笔颜色时用了 Color 结构，该结构主要用来定义颜色，其中表示颜色的属性如表 21.1 所示。

表 21.1　Color 结构中表示颜色的属性

属　性	说　明	属　性	说　明	属　性	说　明
Black	黑色	Green	绿色	Pink	粉红色
Blue	蓝色	LightGray	浅灰色	Red	红色
Cyan	青色	Magenta	洋红色	White	白色
Gray	灰色	Orange	橘黄色	Yellow	黄色

21.2.2　设置画刷

Brush 类主要用于设置画刷，以填充几何图形，如将正方形和圆形填充为其他颜色。Brush 类是一个抽象基类，不能进行实例化。若要创建一个画笔对象，需使用从 Brush 派生出的类，如 SolidBrush、HatchBrush 等，下面对这些派生出的类进行详细介绍。

1. SolidBrush 类

SolidBrush 类用于定义单色画笔，以填充图形形状，如矩形、椭圆、扇形、多边形和封闭路径。语法格式如下。

public SolidBrush(Color color)

☑　color：表示此画笔的颜色。

说明

> 当不再需要返回的 Graphics 时，必须通过调用其 Dispose()方法来释放它。Graphics 只在当前窗口消息期间有效。

【例 21.1】 绘制一个填充颜色的矩形（**实例位置：资源包\TM\sl\21\1**）

创建一个 Windows 应用程序，通过 Brush 对象将绘制的矩形填充为红色，代码如下。

```
private void button1_Click(object sender, EventArgs e)
{
    Graphics ghs = this.CreateGraphics();              //创建 Graphics 对象
    Brush mybs = new SolidBrush(Color.Red);            //使用 SolidBrush 类创建一个 Brush 对象
    Rectangle rt = new Rectangle(10,10,100,100);       //绘制一个矩形
    ghs.FillRectangle(mybs,rt);                        //用 Brush 填充 Rectangle
}
```

程序的运行结果如图 21.1 所示。

2．HatchBrush 类

HatchBrush 类提供了一种特定样式的图形，用来制作填满整个封闭区域的绘图效果。HatchBrush 类位于 System.Drawing.Drawing2D 命名空间下。语法格式如下。

```
public HatchBrush (HatchStyle hatchstyle,Color foreColor)
```

☑　hatchstyle：HatchStyle 值之一，表示此 HatchBrush 所绘制的图案。

☑　foreColor：Color 结构，表示此 HatchBrush 所绘制线条的颜色。

【例 21.2】 绘制阶梯（**实例位置：资源包\TM\sl\21\2**）

创建一个 Windows 应用程序，利用 HatchStyle 值创建 5 个长条图示，代码如下。

```
private void button1_Click(object sender, EventArgs e)
{
    Graphics ghs = this.CreateGraphics();              //创建 Graphics 对象
    for (int i = 1; i < 6; i++)                         //使用 for 循环
    {
        HatchStyle hs=(HatchStyle)(5+i);               //设置 HatchStyle 值
        HatchBrush hb = new HatchBrush(hs,Color.White); //实例化 HatchBrush 类
        Rectangle rtl = new Rectangle(10,50*i,50*i,50); //根据 i 值绘制矩形
        ghs.FillRectangle(hb,rtl);                      //填充矩形
    }
}
```

程序的运行结果如图 21.2 所示。

3．LinerGradientBrush 类

LinerGradientBrush 类提供一种渐变色彩的特效，填满图形的内部区域。语法格式如下。

```
public LinerGradientBrush(Point point1, Point point2,Color color1, Color color2)
```

上面语法中 LinerGradientBrush 类的参数及说明如表 21.2 所示。

表 21.2　LinerGradientBrush 类的参数及说明

参　数	说　明	参　数	说　明
point1	表示线形渐变的开始点	color1	表示线形渐变的开始色彩
point2	表示线形渐变的结束点	color2	表示线形渐变的结束色彩

说明

在使用 LinerGradientBrush 类时，必须在命名空间中添加 System.Drawing.Drawing2D。

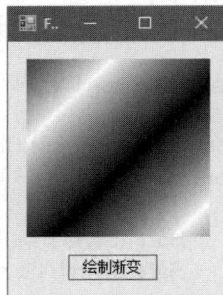

【例 21.3】 绘制渐变图形（实例位置：资源包\TM\sl\21\3）

创建一个 Windows 应用程序，通过 LinerGradientBrush 类绘制线形渐变图形，代码如下。

```
private void button1_Click(object sender, EventArgs e)
{
    Point p1 = new Point(100,100);                          //实例化两个 Point 类
    Point p2 = new Point(150,150);
    //实例化 LinerGradientBrush 类，设置其使用黑色和白色进行渐变
    LinearGradientBrush lgb = new LinearGradientBrush(p1,p2,Color.Black,Color.White);
    Graphics ghs = this.CreateGraphics();                   //实例化 Graphics 类
    //设置 WrapMode 属性指示该 LinearGradientBrush 的环绕模式
    lgb.WrapMode = WrapMode.TileFlipX;
    ghs.FillRectangle(lgb,15,15,150,150);                   //填充绘制矩形
}
```

程序的运行结果如图 21.3 所示。

图 21.1　将矩形填充为红色　　　　图 21.2　绘制阶梯　　　　图 21.3　绘制渐变图形

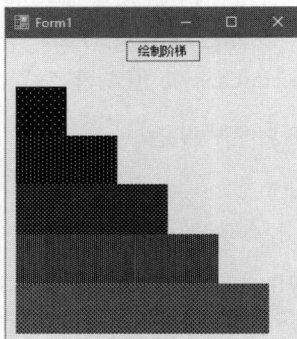

21.3　基本图形绘制

前两节介绍了 GDI+图形图像技术的几个基本对象，下面通过这些基本对象绘制常见的几何图形。常见的几何图形包括直线、矩形和椭圆等。通过学习本节的内容，读者能够轻松掌握这些图形的绘制方法。

21.3.1　GDI+中的直线和矩形

1．绘制直线

调用 Graphics 类的 DrawLine()方法，结合 Pen 对象可以绘制直线。DrawLine()方法有以下两种构造函数。

（1）绘制一条连接两个 Point 结构的线，语法格式如下。

```
public void DrawLine (Pen pen,Point pt1,Point pt2)
```

- ☑　pen：Pen 对象，它确定线条的颜色、宽度和样式。
- ☑　pt1：Point 结构，它表示要连接的第一个点。
- ☑　pt2：Point 结构，它表示要连接的第二个点。

✎ **说明**

> 当参数 pt1 的值小于 pt2 时，所绘制的线将逆向绘制。

（2）绘制一条连接由坐标指定的两个点的线条，语法格式如下。

```
public void DrawLine (Pen pen,int x1,int y1,int x2,int y2)
```

DrawLine()方法的参数及说明如表 21.3 所示。

表 21.3　DrawLine()方法的参数及说明

参　　数	说　　明
pen	Pen 对象，它确定线条的颜色、宽度和样式
x1	第一个点的 x 坐标
y1	第一个点的 y 坐标
x2	第二个点的 x 坐标
y2	第二个点的 y 坐标

【例 21.4】　分别绘制水平和垂直的线条（实例位置：资源包\TM\sl\21\4）

创建一个 Windows 应用程序，向窗体中添加两个 Button 按钮，分别用于执行绘制直线的两种方法，代码如下。

```
private void button1_Click(object sender, EventArgs e)
    {
    Pen blackPen = new Pen(Color.Black, 3);                    //实例化 Pen 类
    Point point1 = new Point(10, 50);                          //实例化一个 Point 类
    Point point2 = new Point(100, 50);                         //再实例化一个 Point 类
    Graphics g = this.CreateGraphics();                        //实例化一个 Graphics 类
    g.DrawLine(blackPen, point1, point2);                      //调用 DrawLine()方法绘制直线
}
private void button2_Click(object sender, EventArgs e)
{
    Graphics graphics = this.CreateGraphics();                 //实例化 Graphics 类
```

```
    Pen myPen = new Pen(Color.Black, 3);                    //实例化 Pen 类
    graphics.DrawLine(myPen, 150, 30, 150, 100);            //调用 DrawLine()方法绘制直线
}
```

程序的运行结果如图 21.4 所示。

2．绘制矩形

通过 Graphics 类中的 DrawRectangle()方法，可以绘制矩形图形。该方法可以绘制由坐标对、宽度和高度指定的矩形。语法格式如下。

```
public void DrawRectangle (Pen pen,int x,int y,int width,int height)
```

DrawRectangle()方法的参数及说明如表 21.4 所示。

表 21.4　DrawRectangle()方法的参数及说明

参　　数	说　　明
pen	Pen 对象，它确定矩形的颜色、宽度和样式
x	要绘制矩形的左上角的 x 坐标
y	要绘制矩形的左上角的 y 坐标
width	要绘制矩形的宽度
height	要绘制矩形的高度

说明

当参数 width 和 height 的值为负数时，矩形框将不在窗体中显示。

【例 21.5】 绘制矩形框（实例位置：资源包\TM\sl\21\5）

创建一个 Windows 应用程序，向窗体中添加一个 Button 控件，用于调用 Graphics 类中的 DrawRectangle()方法绘制矩形，代码如下。

```
private void button1_Click(object sender, EventArgs e)
{
    Graphics graphics = this.CreateGraphics();              //声明一个 Graphics 对象
    Pen myPen = new Pen(Color.Black, 8);                    //实例化 Pen 类
    //调用 Graphics 对象的 DrawRectangle()方法，绘制矩形
    graphics.DrawRectangle(myPen, 10,10, 150, 100);
}
```

程序的运行结果如图 21.5 所示。

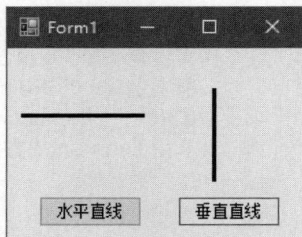

图 21.4　绘制直线　　　　　　　　图 21.5　绘制矩形

21.3.2　GDI+中的椭圆、圆弧和扇形

1．绘制椭圆

通过 Graphics 类中的 DrawEllipse()方法可以轻松地绘制椭圆。此方法可以绘制由一对坐标、高度和宽度指定的椭圆。语法格式如下。

```
public void DrawEllipse (Pen pen,int x,int y,int width,int height)
```

DrawEllipse()方法的参数及说明如表 21.5 所示。

表 21.5　DrawEllipse()方法的参数及说明

参　　数	说　　明
pen	Pen 对象，它确定曲线的颜色、宽度和样式
x	定义椭圆边框左上角的 x 坐标
y	定义椭圆边框左上角的 y 坐标
width	定义椭圆边框的宽度
height	定义椭圆边框的高度

【例 21.6】　绘制一个椭圆（实例位置：资源包\TM\sl\21\6）

创建一个 Windows 应用程序，通过 Graphics 类中的 DrawEllipse()方法绘制一个线条宽度为 3 的黑色椭圆，代码如下。

```
private void button1_Click(object sender, EventArgs e)
{
    Graphics graphics = this.CreateGraphics();           //创建 Graphics 对象
    Pen myPen = new Pen(Color.Black, 3);                 //创建 Pen 对象
    graphics.DrawEllipse(myPen,100,50,100,50);           //绘制椭圆
}
```

程序的运行结果如图 21.6 所示。

注意

在设置画笔（pen）的粗细时，如果其值小于等于 0，那么，按默认值 1 来设置画笔的粗细。

2．绘制圆弧

通过 Graphics 类中的 DrawArc()方法，可以绘制圆弧。此方法可以绘制由一对坐标、宽度和高度指定的圆弧。

语法格式如下。

```
public void DrawArc (Pen pen,Rectangle rect,float startAngle,float sweepAngle)
```

DrawArc()方法的参数及说明如表 21.6 所示。

表 21.6　DrawArc()方法的参数及说明

参　数	说　明
pen	Pen 对象，它确定弧线的颜色、宽度和样式
rect	Rectangle 结构，它定义圆弧的边界
startAngle	从 x 轴到弧线的起始点沿顺时针方向度量的角（以度为单位）
sweepAngle	从 startAngle 参数到弧线的结束点沿顺时针方向度量的角（以度为单位）

【例 21.7】　绘制一段圆弧（实例位置：资源包\TM\sl\21\7）

创建一个 Windows 应用程序，使用 Graphics 类中的 DrawArc()方法绘制一条宽度为 3 的黑色圆弧，代码如下。

```
private void button1_Click(object sender, EventArgs e)
{
    Graphics ghs = this.CreateGraphics();                    //实例化 Graphics 类
    Pen myPen = new Pen(Color.Black, 3);                     //实例化 Pen 类
    Rectangle myRectangle = new Rectangle(70, 20, 100, 60);  //定义一个 Rectangle 结构
    //调用 Graphics 对象的 DrawArc()方法绘制圆弧
    ghs.DrawArc(myPen, myRectangle, 210, 120);
}
```

程序的运行结果如图 21.7 所示。

3．绘制扇形

通过 Graphics 类中的 DrawPie()方法可以绘制扇形。此方法可以绘制由一个坐标对、宽度、高度以及两条射线所指定的扇形。语法格式如下。

```
public void DrawPie (Pen pen,float x,float y,float width,float height,float startAngle,float sweepAngle)
```

DrawPie()方法的参数说明如表 21.7 所示。

表 21.7　DrawPie()方法的参数及说明

参　数	说　明
pen	Pen 对象，它确定扇形的颜色、宽度和样式
x	边框的左上角的 x 坐标，该边框定义扇形所属的椭圆
y	边框的左上角的 y 坐标，该边框定义扇形所属的椭圆
width	边框的宽度，该边框定义扇形所属的椭圆
Height	边框的高度，该边框定义扇形所属的椭圆
startAngle	从 x 轴到扇形的第一条边沿顺时针方向度量的角（以度为单位）
sweepAngle	从 startAngle 参数到扇形的第二条边沿顺时针方向度量的角（以度为单位）

📝 **说明**

用 DrawPie()方法绘制扇形时，其扇形是参数 x、y、width、height 所绘制的矩形内切圆（椭圆）中的一部分。

【例 21.8】　绘制一个扇形（实例位置：资源包\TM\sl\21\8）

创建一个 Windows 应用程序，通过 Graphics 类中的 DrawPie()方法绘制一个线条宽度为 3 的黑色扇形，它的起始坐标分别为 50 和 50，代码如下。

```
private void button1_Click(object sender, EventArgs e)
{
    Graphics ghs = this.CreateGraphics();              //实例化 Graphics 类
    Pen mypen = new Pen(Color.Black,3);                //实例化 Pen 类
    ghs.DrawPie(mypen,50,50,120,100,210,120);          //绘制扇形
}
```

程序的运行结果如图 21.8 所示。

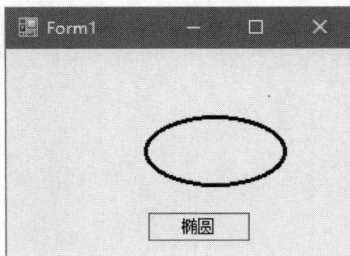

图 21.6　绘制椭圆

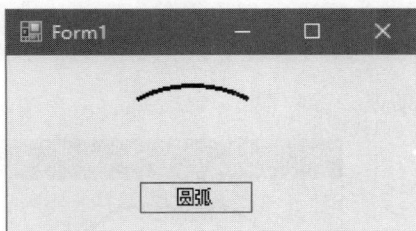

图 21.7　绘制圆弧

图 21.6　绘制扇形

21.3.3　GDI+中的多边形

多边形是有 3 条或更多直边的闭合图形。例如，三角形是有 3 条边的多边形，矩形是有 4 条边的多边形，五边形是有 5 条边的多边形。若要绘制多边形，需要 Graphics 对象、Pen 对象和 Point（或 PointF）对象数组。

（1）Graphics 对象提供 DrawPolygon()方法。

Graphics 类中的 DrawPolygon()方法用于绘制由一组 Point 结构定义的多边形。语法格式如下。

```
public void DrawPolygon (Pen pen,Point[ ] points)
```

☑　pen：Pen 对象，用于确定多边形的颜色、宽度和样式。

☑　points：Point 结构数组，这些结构表示多边形的顶点。

（2）Pen 对象存储用于呈现多边形的线条属性，例如宽度和颜色。

（3）Point 对象数组存储将由直线连接的点。

说明

如果多边形数组中的最后一个点和第一个点不重合，则这两个点指定多边形的最后一条边。

【例 21.9】　绘制一个六边形（实例位置：资源包\TM\sl\21\9）

创建一个 Windows 应用程序，通过 Graphics 类中的 DrawPolygon()方法绘制多边形，其参数分别是 Pen 对象和 Point 对象数组，绘制一个线条宽度为 3 的黑色多边形，代码如下。

```
private void button1_Click(object sender, EventArgs e)
{
    Graphics ghs = this.CreateGraphics();                              //实例化 Graphics 类
    Pen myPen = new Pen(Color.Black,3);                                //实例化 Pen 类
    Point point1 = new Point(80, 20);                                  //实例化 Point 类
    Point point2 = new Point(40, 50);                                  //实例化 Point 类
    Point point3 = new Point(80, 80);                                  //实例化 Point 类
    Point point4 = new Point(160, 80);                                 //实例化 Point 类
    Point point5 = new Point(200, 50);                                 //实例化 Point 类
    Point point6 = new Point(160, 20);                                 //实例化 Point 类
    Point[] myPoints ={ point1, point2, point3, point4, point5, point6 };  //创建 Point 结构数组
    //调用 Graphics 对象的 DrawPolygon()方法绘制一个多边形
    ghs.DrawPolygon(myPen, myPoints);
}
```

程序的运行结果如图 21.9 所示。

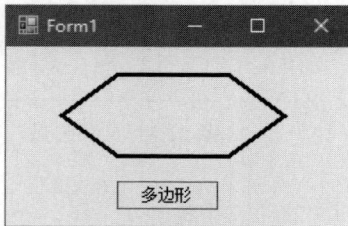

图 21.7　绘制多边形

21.3.4　绘制文本

通过 Graphics 类中的 DrawString 方法，可以指定位置以指定的 Brush 和 Font 对象绘制指定的文本字符串，其常用语法格式如下。

```
public void DrawString(string s,Font font,Brush brush,float x,float y)
```

参数说明如表 21.8 所示。

表 21.8　DrawString()方法的参数及说明

参　数	说　明	参　数	说　明
s	要绘制的字符串	x	所绘制文本的左上角的 x 坐标
font	Font，它定义字符串的文本格式	y	所绘制文本的左上角的 y 坐标
brush	Brush，它确定所绘制文本的颜色和纹理		

【例 21.10】绘制柱形图标题（实例位置：资源包\TM\sl\21\10）

创建一个 Windows 应用程序，使用 Graphics 类中的 DrawString 方法在窗体上绘制"商品销售柱形图"字样，代码如下。

```
private void Form1_Paint(object sender, PaintEventArgs e)
```

```
{
    string str = "商品销售柱形图";                        //定义绘制的文本
    Font myFont = new Font("宋体", 16, FontStyle.Bold);    //创建字体对象
    SolidBrush myBrush = new SolidBrush(Color.Black);      //创建画刷对象
    Graphics myGraphics = this.CreateGraphics();           //创建 Graphics 对象
    myGraphics.DrawString(str, myFont, myBrush, 60, 20);   //在窗体的指定位置绘制文本
}
```

程序的运行结果如图 21.10 所示。

图 21.10　绘制文本

21.3.5　绘制图像

Graphics 绘图类不仅可以绘制几何图形和文本，还可以绘制图像，绘制图像时需要使用 DrawImage 方法，该方法可以在由一对坐标指定的位置以图像的原始大小或者指定大小绘制图像，它有多种使用形式，其常用语法格式如下。

```
public void DrawImage(Image image,int x,int y)
public void DrawImage(Image image,int x,int y,int width,int height)
```

参数说明如表 21.9 所示。

表 21.9　DrawImage()方法的参数及说明

参　数	说　明	参　数	说　明
image	要绘制的 Image	width	所绘制图像的宽度
x	所绘制图像的左上角的 x 坐标	height	所绘制图像的高度
y	所绘制图像的左上角的 y 坐标		

【例 21.11】　绘制公司 Logo（实例位置：资源包\TM\sl\21\11）

创建一个 Windows 应用程序，使用 Graphics 绘图对象的 DrawImage 方法将公司的 Logo 图片绘制到窗体中，代码如下。

```
private void Form1_Paint(object sender, PaintEventArgs e)
{
    Image myImage = Image.FromFile("logo.jpg");    //创建 Image 对象
    Graphics myGraphics = this.CreateGraphics();   //创建 Graphics 对象
    myGraphics.DrawImage(myImage, 50, 20, 90, 92); //绘制图像
}
```

程序的运行结果如图 21.11 所示。

编程训练（答案位置：资源包\TM\sl\21\编程训练\）

【训练 1】：在图片中写入文字　很多图片处理软件都有在图片中绘制文字的功能，本实例设计了一个简单的图片软件，可以向图片中写入文字。运行程序，打开一个图片文件，并在"写入的文字"文本框中输入文字，单击"保存"按钮，将文字写入打开的图片中。

【训练 2】：十字光标定位　在一些工程设计软件中，经常会看到一个

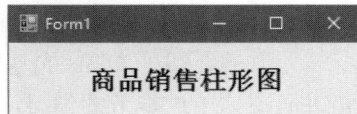

图 21.11　绘制公司 Logo

用来精确定位的十字光标，该光标在屏幕或地图上垂直相交形成一个十字形状，用此光标可以对一些物体在水平或垂直方向进行衡量，从而达到定位的目的。本实例要求在地图中单击鼠标时，以十字光标定位。（提示：使用 DrawLine()方法在鼠标点击位置绘制两条交叉的线段。）

21.4 GDI+绘图的应用

上一节介绍了 GDI+的基础部分，下面通过 GDI+绘制一些常用的图形，其中包括柱形图、折线图和饼形图。通过本节的学习，读者可以掌握这些常用图形的绘制方法。

21.4.1 绘制柱形图

柱形图也称为条形图，是程序开发中比较常用的一种图表技术。柱形图是通过 Graphics 类中的 FillRectangle()方法实现的，此方法用于填充由一对坐标、一个宽度和一个高度指定的矩形的内部。语法格式如下。

```
public void FillRectangle (Brush brush, int x, int y, int width, int height)
```

FillRectangle()方法的参数及说明如表 21.10 所示。

表 21.10　FillRectangle()方法的参数及说明

参　　数	说　　明	参　　数	说　　明
brush	确定填充特性的 Brush	width	要填充矩形的宽度
x	要填充矩形左上角的 x 坐标	height	要填充矩形的高度
y	要填充矩形左上角的 y 坐标		

【例 21.12】　柱形图分析投票结果（实例位置：资源包\TM\sl\21\12）

创建一个 Windows 应用程序，首先制作一个投票窗体，然后在另一个窗体中通过柱形图显示最后的投票结果。显示投票结果窗体的代码如下。

```csharp
    using System.Data.SqlClient;
using System.Drawing.Drawing2D;
namespace Test10
{
    public partial class Form2 : Form
    {
        public Form2()
        {
            InitializeComponent();
        }
        private int Sum;                              //声明 int 类型变量 Sum
        SqlConnection conn;                           //声明 SqlConnection 变量
        private void CreateImage()                    //建立一个方法，用于绘制图形
        {
```

```csharp
//实例化 SqlConnection 变量 conn，连接数据库
conn = new SqlConnection("server=.;database=db_CSharp;uid=sa;pwd=");
conn.Open();                                          //打开连接
//创建一个 SqlCommand 对象
SqlCommand cmd = new SqlCommand("select sum(票数) from tb_vote", conn);
//使用 ExecuteScalar()方法和 sum 函数获取总票数
Sum = (int)cmd.ExecuteScalar();
//实例化 SqlDataAdapter 对象
SqlDataAdapter sda = new SqlDataAdapter("select * from tb_vote", conn);
DataSet ds = new DataSet();                            //实例化 DataSet 对象
sda.Fill(ds);       //使用 SqlDataAdapter 对象的 Fill()方法填充 DataSet
int TP1 = Convert.ToInt32(ds.Tables[0].Rows[0][2].ToString());   //第一个选项的票数
int TP2 = Convert.ToInt32(ds.Tables[0].Rows[1][2].ToString());   //第二个选项的票数
int TP3 = Convert.ToInt32(ds.Tables[0].Rows[2][2].ToString());   //第三个选项的票数
int TP4 = Convert.ToInt32(ds.Tables[0].Rows[3][2].ToString());   //第四个选项的票数
//计算每个选项所占的百分比
float tp1 = Convert.ToSingle(Convert.ToSingle(TP1)*100/Convert.ToSingle(Sum));
float tp2= Convert.ToSingle(Convert.ToSingle(TP2) * 100 / Convert.ToSingle(Sum));
float tp3 = Convert.ToSingle(Convert.ToSingle(TP3) * 100 / Convert.ToSingle(Sum));
float tp4 = Convert.ToSingle(Convert.ToSingle(TP4) * 100 / Convert.ToSingle(Sum));
int width = 300, height = 300;                         //声明宽和高
Bitmap bitmap = new Bitmap(width, height);             //创建一个 Bitmap 对象
Graphics g = Graphics.FromImage(bitmap);               //创建 Graphics 对象
try
{
    g.Clear(Color.White);                              //使用 Clear()方法使画布为白色
    //创建 6 个 Brush 对象，用于填充颜色
    Brush brush1 = new SolidBrush(Color.White);
    Brush brush2 = new SolidBrush(Color.Black);
    Brush brush3 = new SolidBrush(Color.Red);
    Brush brush4 = new SolidBrush(Color.Green);
    Brush brush5 = new SolidBrush(Color.Orange);
    Brush brush6= new SolidBrush(Color.DarkBlue);
    //创建两个 Font 对象用于设置字体
    Font font1 = new Font("Courier New", 16, FontStyle.Bold);
    Font font2 = new Font("Courier New", 8);
    g.FillRectangle(brush1, 0, 0, width, height);      //绘制背景图
    g.DrawString("投票结果", font1, brush2, new Point(90, 20)); //绘制标题
    //设置坐标
    Point p1=new Point(70,50);
    Point p2=new Point(230,50);
    g.DrawLine(new Pen(Color.Black),p1,p2);            //绘制直线
    //绘制文字
    g.DrawString("支付宝：", font2, brush2, new Point(40, 80));
    g.DrawString("微信支付：", font2, brush2, new Point(32, 110));
    g.DrawString("京东白条：", font2, brush2, new Point(32, 140));
    g.DrawString("小度钱包：", font2, brush2, new Point(32, 170));
    //绘制柱形图
    g.FillRectangle(brush3, 95, 80, tp1, 17);
    g.FillRectangle(brush4, 95, 110, tp2, 17);
```

```
            g.FillRectangle(brush5, 95, 140, tp3, 17);
            g.FillRectangle(brush6, 95, 170, tp4, 17);
            //绘制所有选项的票数显示
            g.DrawRectangle(new Pen(Color.Green), 10, 210, 280, 80); //绘制范围框
            g.DrawString("支付宝："+TP1.ToString()+"票", font2, brush2, new Point(15, 220));
            g.DrawString("微信支付： " + TP2.ToString() + "票", font2, brush2, new Point(150, 220));
            g.DrawString("京东白条： " + TP3.ToString() + "票", font2, brush2, new Point(15, 260));
            g.DrawString("小度钱包： " + TP4.ToString() + "票", font2, brush2, new Point(150, 260));
            pictureBox1.Image = bitmap;
        }
        catch (Exception ex)
        {
            MessageBox.Show(ex.Message);
        }
    }
    private void Form2_Paint(object sender, PaintEventArgs e)
    {
        CreateImage();
    }
    }
}
```

程序的运行结果如图 21.12 所示。

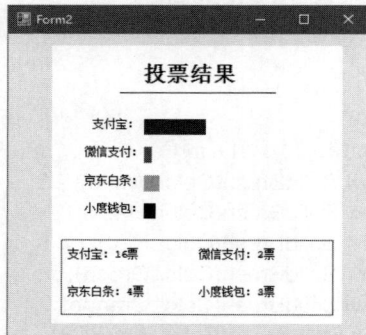

图 21.12　柱形图展示投票结果

说明

　　如果想要实现动态的柱形图表，在重新绘制前，要以柱形图表的绘制区域以及当前控件的背景颜色对柱形图进行清空。

21.4.2　绘制折线图

　　折线图可以很直观地反映出相关数据的变化趋势，折线图主要是通过绘制点和折线实现的。绘制点是通过 Graphics 类中的 FillEllipse()方法实现的。

　　语法格式如下。

public void FillEllipse (Brush brush,int x,int y,int width,int height)

FillEllipse()方法的参数及说明如表 21.11 所示。

表 21.11 FillEllipse()方法的参数及说明

参 数	说 明	参 数	说 明
brush	确定填充特性的 Brush	width	定义点所在矩形边框的宽度
x	定义点所在矩形边框左上角的 x 坐标	height	定义点所在矩形边框的高度
y	定义点所在矩形边框左上角的 y 坐标		

绘制折线是通过 Graphics 类中的 DrawLine()方法实现的，此方法在第 21.3.1 节已经介绍过，此处不再赘述。

【例 21.13】 折线图展示产品的月生产量（实例位置：资源包\TM\sl\21\13）

创建一个 Windows 应用程序，通过折线图反映某工厂产品的月生产量，代码如下。

```
private void Form1_Paint(object sender, PaintEventArgs e)
{
    //声明一个 string 类型的数组用于存储一年中的 12 个月份
    string[] month = new string[12] { "一月", "二月", "三月", "四月", "五月", "六月", "七月", "八月", "九月", "十月",
"十一月", "十二月" };
    float[] d = new float[12] { 20.5F, 60, 10.8F, 15.6F, 30, 70.9F, 50.3F, 30.7F, 70, 50.4F, 30.8F, 20 };
    //画图初始化
    Bitmap bMap = new Bitmap(500, 500);
    Graphics gph = Graphics.FromImage(bMap);
    gph.Clear(Color.White);
    PointF cPt = new PointF(40, 420);//中心点
    PointF[ ] xPt = new PointF[3] { new PointF(cPt.Y + 15, cPt.Y), new PointF(cPt.Y, cPt.Y - 8), new PointF(cPt.Y,
cPt.Y + 8) };//X 轴三角形
    PointF[ ] yPt = new PointF[3] { new PointF(cPt.X, cPt.X - 15), new PointF(cPt.X - 8, cPt.X), new PointF(cPt.X
+ 8, cPt.X) };//Y 轴三角形
    gph.DrawString("某工厂某产品月生产量图表", new Font("宋体", 14), Brushes.Black, new PointF(cPt.X + 60,
cPt.X));//图表标题
    //画 X 轴
    gph.DrawLine(Pens.Black, cPt.X, cPt.Y, cPt.Y, cPt.Y);
    gph.DrawPolygon(Pens.Black, xPt);
    gph.FillPolygon(new SolidBrush(Color.Black), xPt);
    gph.DrawString("月份", new Font("宋体", 12), Brushes.Black, new PointF(cPt.Y + 10, cPt.Y + 10));
    //画 Y 轴
    gph.DrawLine(Pens.Black, cPt.X, cPt.Y, cPt.X, cPt.X);
    gph.DrawPolygon(Pens.Black, yPt);
    gph.FillPolygon(new SolidBrush(Color.Black), yPt);
    gph.DrawString("单位(万)", new Font("宋体", 12), Brushes.Black, new PointF(0, 7));
    for (int i = 1; i <= 12; i++)
    {
        //画 Y 轴刻度
        if (i < 11)
        {
            gph.DrawString((i * 10).ToString(), new Font("宋体", 11), Brushes.Black, new PointF(cPt.X - 30,
cPt.Y - i * 30 - 6));
            gph.DrawLine(Pens.Black, cPt.X - 3, cPt.Y - i * 30, cPt.X, cPt.Y - i * 30);
        }
```

```
        //画 X 轴项目
        gph.DrawString(month[i - 1].Substring(0, 1), new Font("宋体", 11), Brushes.Black, new PointF(cPt.X + i
* 30 - 5, cPt.Y + 5));
        gph.DrawString(month[i - 1].Substring(1, 1), new Font("宋体", 11), Brushes.Black, new PointF(cPt.X + i
* 30 - 5, cPt.Y + 20));
        if (month[i - 1].Length > 2) gph.DrawString(month[i - 1].Substring(2, 1), new Font("宋体", 11),
Brushes.Black, new PointF(cPt.X + i * 30 - 5, cPt.Y + 35));
        //画点
        gph.DrawEllipse(Pens.Black, cPt.X + i * 30 - 1.5F, cPt.Y - d[i - 1] * 3 - 1.5F, 3, 3);
        gph.FillEllipse(new SolidBrush(Color.Black), cPt.X + i * 30 - 1.5F, cPt.Y - d[i - 1] * 3 - 1.5F, 3, 3);
        //画数值
        gph.DrawString(d[i - 1].ToString(), new Font("宋体", 11), Brushes.Black, new PointF(cPt.X + i *
30,cPt.Y - d[i - 1] * 3));
        //画折线
        if (i > 1) gph.DrawLine(Pens.Red, cPt.X + (i - 1) * 30, cPt.Y - d[i - 2] * 3, cPt.X + i * 30, cPt.Y – d[i - 1] * 3);
    }
    pictureBox1.Image = bMap;
}
```

程序的运行结果如图 21.13 所示。

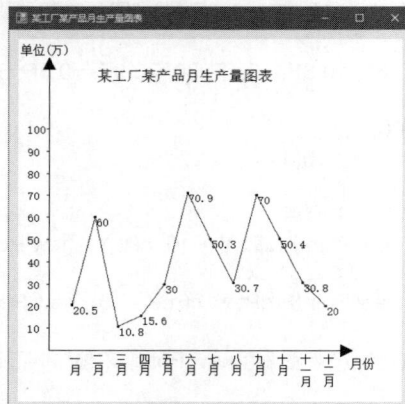

图 21.13　折线图展示产品的月生产量

误区警示

用 DrawString()方法绘制文本时，文本的长度必须在所绘制的矩形区域内，如果超出区域，必须用 format 参数指定截断方式，否则将在最近的单词处截断。

21.4.3　绘制饼形图

饼形图可以很直观地查看不同数据所占的比例情况，通过 Graphics 类中的 FillPie()方法，可以方便地绘制出饼形图。语法格式如下。

```
public void FillPie (Brush brush, int x, int y, int width, int height, int startAngle, int sweepAngle)
```

FillPie()方法的参数及说明如表 21.12 所示。

表 21.12　FillPie()方法的参数及说明

参　　数	说　　明
brush	确定填充特性的 Brush
x	边框左上角的 x 坐标，该边框定义扇形区所属的椭圆
y	边框左上角的 y 坐标，该边框定义扇形区所属的椭圆
width	边框的宽度，该边框定义扇形区所属的椭圆
height	边框的高度，该边框定义扇形区所属的椭圆
startAngle	从 x 轴沿顺时针方向旋转到扇形区第一个边所测得的角度（以度为单位）
sweepAngle	从 startAngle 参数沿顺时针方向旋转到扇形区第二个边所测得的角度（以度为单位）

说明

如果 sweepAngle 参数大于 360°或小于-360°，则分别将其视为 360°或-360°。

【例 21.14】 饼形图显示员工年龄段比例（实例位置：资源包\TM\sl\21\14）

创建一个 Windows 应用程序，通过饼形图展示公司中不同年龄段的员工比例，并将各个年龄段所占的百分比显示出来，代码如下。

```
//添加 using System.Data.SqlClient;命名空间
private void CreateImage()
{
    //连接数据库
    SqlConnection conn = new SqlConnection("server=.;database=db_CSharp;uid=sa;pwd=");
    conn.Open();
    //计算公司员工总和
    string str2 = "SELECT SUM(人数) AS Number FROM tb_age";
    SqlCommand cmd = new SqlCommand(str2, conn);
    int Sum = Convert.ToInt32(cmd.ExecuteScalar());
    SqlDataAdapter sda = new SqlDataAdapter("select * from tb_age",conn);
    DataSet ds = new DataSet();
    sda.Fill(ds);
    //获取 20~25 岁员工人数
    int man20to25 = Convert.ToInt32(ds.Tables[0].Rows[0][2].ToString());
    //获取 26~30 岁员工人数
    int man26to30 = Convert.ToInt32(ds.Tables[0].Rows[1][2].ToString());
    //获取 31~40 岁员工人数
    int man31to40 = Convert.ToInt32(ds.Tables[0].Rows[2][2].ToString());
    //创建画图对象
    int width = 400, height = 450;
    Bitmap bitmap = new Bitmap(width, height);
    Graphics g = Graphics.FromImage(bitmap);
    try
    {
        //清空背景色
```

```
                g.Clear(Color.White);
                Pen pen1 = new Pen(Color.Red);                              //实例化 Pen 类
                //创建 4 个 Brush 对象用于设置颜色
                Brush brush1 = new SolidBrush(Color.PowderBlue);
                Brush brush2 = new SolidBrush(Color.Blue);
                Brush brush3 = new SolidBrush(Color.Wheat);
                Brush brush4 = new SolidBrush(Color.Orange);
                //创建两个 Font 对象用于设置字体
                Font font1 = new Font("Courier New", 16, FontStyle.Bold);
                Font font2 = new Font("Courier New", 8);
                //绘制背景图
                g.FillRectangle(brush1, 0, 0, width, height);
                g.DrawString("公司员工年龄比例饼形图", font1, brush2, new Point(80, 20));    //书写标题
                int piex = 100, piey = 60, piew = 200, pieh = 200;
                //20~25 岁员工在圆中分配的角度
                float angle1=Convert.ToSingle((360/Convert.ToSingle(Sum))* Convert.ToSingle(man20to25));
                //26~30 岁员工在圆中分配的角度
                float angle2=Convert.ToSingle((360/Convert.ToSingle(Sum))* Convert.ToSingle(man26to30));
                //31~40 岁员工在圆中分配的角度
                float angle3=Convert.ToSingle((360/Convert.ToSingle(Sum))* Convert.ToSingle(man31to40));
                g.FillPie(brush2, piex, piey, piew, pieh, 0, angle1);        //绘制 20~25 员工所占比例
                g.FillPie(brush3, piex, piey, piew, pieh, angle1, angle2);   //绘制 26~30 员工所占比例
                g.FillPie(brush4, piex, piey, piew, pieh, angle1+angle2, angle3); //绘制 31~40 员工所占比例
                //绘制标识
                g.DrawRectangle(pen1, 50, 300, 310, 130);                    //绘制范围框
                g.FillRectangle(brush2, 90, 320, 20, 10);                    //绘制小矩形
                g.DrawString("20~25 岁员工占公司总人数比例:" + Convert.ToSingle(man20to25) * 100 / Convert.
ToSingle(Sum) + "%", font2, brush2, 120, 320);
                g.FillRectangle(brush3, 90, 360, 20, 10);
                g.DrawString("26~30 岁员工占公司总人数比例:" + Convert.ToSingle(man26to30) * 100 / Convert.
ToSingle(Sum) + "%", font2, brush2, 120, 360);
                g.FillRectangle(brush4, 90, 400, 20, 10);
                g.DrawString("31~40 岁员工占公司总人数比例:" + Convert.ToSingle(man31to40) * 100 / Convert.
ToSingle(Sum) + "%", font2, brush2, 120, 400);
            }
            catch (Exception ex)
            {
                MessageBox.Show(ex.Message);
            }
            pictureBox1.Image = bitmap;
        }
        private void Form1_Paint(object sender, PaintEventArgs e)
        {
            CreateImage();
        }
```

程序的运行结果如图 21.14 所示。

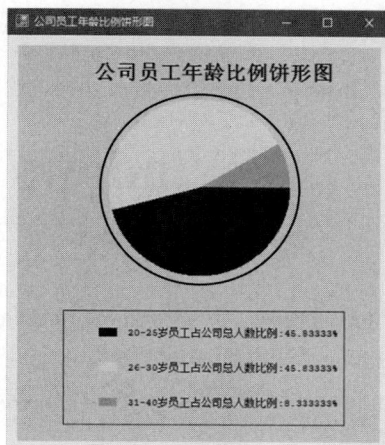

图 21.14　饼形图展示员工年龄段的比例

编程训练（答案位置：资源包\TM\sl\21\编程训练\）

【训练 3】：在柱形图的指定位置显示说明文字　本实例要求绘制一个简单的柱形图，并在柱形图的指定位置显示说明文字，数据可以自定义。

【训练 4】：利用图表分析彩票中奖情况　经常看到彩票销售点会挂着折线图，将近期其销售点的中奖金额信息清晰地表示出来。本练习要求利用图表分析彩票中奖情况，运行本程序，选择要分析的起始日期和终止日期。（提示：要操作的数据表为 db_Test 数据库中的 tb_lottery 表。）

21.5　实践与练习

（答案位置：资源包\TM\sl\21\实践与练习\）

综合练习 1：绘制波形图　波形图是一种特殊的图形，是按照特定的规律绘制出的曲线，在许多工程或有关计算方面的软件中都会用到这类图形。尝试开发一个程序，要求使用 GDI+技术绘制一段波形图。

综合练习 2：使用柱形图分析每年商品销售情况　尝试开发一个程序，要求绘制柱形图分析每年的商品月销售情况。

综合练习 3：使用折线图分析每月网站流量　尝试开发一个程序，要求绘制折线图分析各月份的网站流量情况。

综合练习 4：使用饼形图分析公司男女比例　尝试开发一个程序，要求绘制饼形图分析公司的男女职工比例情况。

Windows 打印技术

Windows 应用程序中提供了一组打印控件，包括 PageSetupDialog、PrintDialog、PrintDocument、PrintPreviewControl 和 PrintPreviewDialog。开发程序时，开发人员可以直接使用这些控件控制打印的文本和数据格式。本章将详细介绍 Windows 应用程序中打印控件的使用。

本章知识架构及重点、难点如下。

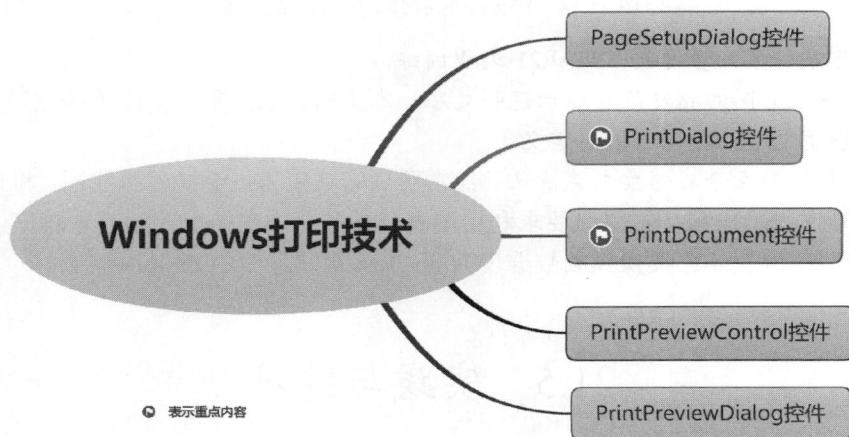

Windows打印技术
- PageSetupDialog控件
- PrintDialog控件
- PrintDocument控件
- PrintPreviewControl控件
- PrintPreviewDialog控件

◉ 表示重点内容

22.1　PageSetupDialog 控件

PageSetupDialog 控件用于设置页面详细信息以便打印。允许用户设置边框和边距调整量、页眉和页脚以及纵向或横向打印。在介绍如何通过 PageSetupDialog 控件设置页面之前，先介绍该控件的一些属性，通过这些属性可以方便地对页面进行设置。PageSetupDialog 控件的常用属性及说明如表 22.1 所示。

表 22.1　PageSetupDialog 控件的常用属性及说明

属　　性	说　　明
Document	获取页面设置的 PrintDocument 类对象
AllowMargins	是否启用对话框的边距部分
AllowOrientation	是否启用对话框的方向部分（横向对纵向）
AllowPaper	是否启用对话框的纸张部分（纸张大小和纸张来源）
AllowPrinter	是否启用"打印机"按钮

下面对这几种常见的属性进行详细介绍。

1．Document 属性

Document 属性用于获取页面设置的 PrintDocument。语法格式如下。

```
public PrintDocument Document { get; set; }
```

☑　属性值：从中获得页面设置的 PrintDocument。

2．AllowMargins 属性

AllowMargins 属性用于设置是否启用对话框的边距部分。语法格式如下。

```
public bool AllowMargins { get; set; }
```

☑　属性值：如果启用了对话框的边距部分，则为 true；否则为 false。默认为 true。

3．AllowOrientation 属性

AllowOrientation 属性用于设置是否启用对话框的方向部分（横向对纵向）。语法格式如下。

```
public bool AllowOrientation { get; set; }
```

☑　属性值：如果启用了对话框的方向部分，则为 true；否则为 false。默认为 true。

4．AllowPaper 属性

AllowPaper 属性用于设置是否启用对话框的纸张部分（纸张大小和纸张来源）。语法格式如下。

```
public bool AllowPaper { get; set; }
```

☑　属性值：如果启用了对话框的纸张部分，则为 true；否则为 false。默认为 true。

5．AllowPrinter 属性

AllowPrinter 属性用于设置是否启用"打印机"按钮。语法格式如下。

```
public bool AllowPrinter { get; set; }
```

☑　属性值：如果启用了"打印机"按钮，则为 true；否则为 false。默认为 true。

【例 22.1】　演示打印控件的使用（实例位置：资源包\TM\sl\22\1）

创建一个 Windows 应用程序，向窗体中添加一个 PrintDocument 控件、一个 PageSetupDialog 控件和一个 Button 控件。在 Button 控件的 Click 事件中设置 PageSetupDialog 控件的相应属性，代码如下。

```
private void button1_Click(object sender, EventArgs e)
{
    //设置 PageSetupDialog 控件的 Document 属性，设置操作文档
    pageSetupDialog1.Document = printDocument1;
    this.pageSetupDialog1.AllowMargins = true;        //启用边距
    this.pageSetupDialog1.AllowOrientation = true;    //启用对话框的方向部分
    this.pageSetupDialog1.AllowPaper = true;          //启用对话框的纸张部分
    this.pageSetupDialog1.AllowPrinter = true;        //启用"打印机"按钮
    this.pageSetupDialog1.ShowDialog();               //显示页面设置对话框
}
```

运行程序，单击工具栏中的"打印"按钮，打开"页面设置"对话框，可对页面进行设置，如图 22.1 所示。

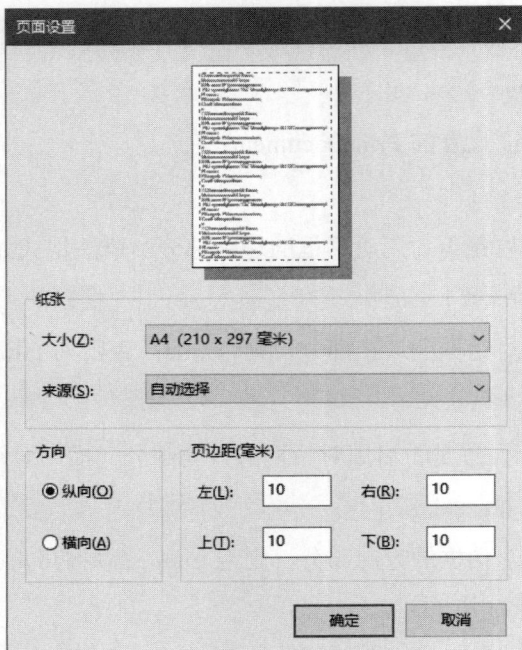

图 22.1 "页面设置"对话框

22.2 PrintDialog 控件

PrintDialog 控件用于选择打印机和要打印的页，并确定其他与打印相关的设置。通过 PrintDialog 控件可以选择全部打印、打印选定的页范围或打印选定内容。PrintDialog 控件的常用属性及说明如表 22.2 所示。

表 22.2 PrintDialog 控件的常用属性及说明

属 性	说 明
Document	获取 PrinterSettings 类的 PrintDocument 对象
AllowCurrentPage	是否显示"当前页"选项按钮
AllowPrintToFile	是否启用"打印到文件"复选框
AllowSelection	是否启用"选择"选项按钮
AllowSomePages	是否启用"页"选项按钮

下面对这几种常见的属性进行详细介绍。

1. Document 属性

Document 属性用于获取 PrinterSettings 的 PrintDocument 对象。语法格式如下。

public PrintDocument Document { get; set; }

- ☑　属性值：PrinterSettings 的 PrintDocument 对象。

2．AllowCurrentPage 属性

AllowCurrentPage 属性用于设置是否显示"当前页"选项按钮。语法格式如下。

public bool AllowCurrentPage { get; set; }

- ☑　属性值：如果显示"当前页"选项按钮，则为 true；否则为 false。默认为 false。

3．AllowPrintToFile 属性

AllowPrintToFile 属性用于设置是否启用"打印到文件"复选框。语法格式如下。

public bool AllowPrintToFile { get; set; }

- ☑　属性值：如果启用"打印到文件"复选框，则为 true；否则为 false。默认为 true。

4．AllowSelection 属性

AllowSelection 属性用于设置是否启用"选择"选项按钮。语法格式如下。

public bool AllowSelection { get; set; }

- ☑　属性值：如果启用"选择"选项按钮，则为 true；否则为 false。默认为 false。

5．AllowSomePages 属性

AllowSomePages 属性用于设置是否启用"页"选项按钮。语法格式如下。

public bool AllowSomePages { get; set; }

- ☑　属性值：如果启用"页"选项按钮，则为 true；否则为 false。默认为 false。

【例 22.2】　在程序中进行打印设置（实例位置：资源包\TM\sl\22\2）

创建一个 Windows 应用程序，向窗体中添加一个 PrintDialog 控件、一个 PrintDocument 控件和一个 Button 控件。在 Button 控件的 Click 事件中设置 PrintDialog 控件的相应属性，最后打开"打印"设置窗体，代码如下。

```
private void button1_Click(object sender, EventArgs e)
{
    //设置 PrintDialog 控件的 Document 属性，设置操作文档
    printDialog1.Document = printDocument1;
    printDialog1.AllowPrintToFile = true;          //启用"打印到文件"复选框
    printDialog1.AllowCurrentPage = true;          //显示"当前页"按钮
    printDialog1.AllowSelection = true;            //启用"选择"按钮
    printDialog1.AllowSomePages = true;            //启用"页"按钮
    printDialog1.ShowDialog();
}
```

运行程序，单击"打印机设置"按钮，如图 22.2 所示。

图 22.2　PrintDialog 组件应用

22.3　PrintDocument 控件

PrintDocument 控件设置打印的文档。PrintDocument 控件中比较常见的是控件的 PrintPage 事件和 Print()方法。PrintPage 事件在需要为当前页打印的输出时发生。调用 Print()方法开始文档的打印进程。下面通过实例演示如何使用 PrintDocument 控件。

注意

在打印开始后，通过 DefaultPageSettings 属性更改页设置对正在打印的页没有任何影响。

【例 22.3】 打印一首古诗（实例位置：资源包\TM\sl\22\3）

创建一个 Windows 应用程序，向窗体中添加一个 Button 控件、一个 PrintDocument 控件和一个 PrintPreviewDialog 控件。在 PrintDocument 控件的 PrintPage 事件中绘制打印的内容，然后在 Button 按钮的 Click 事件下设置 PrintPreviewDialog 的属性预览打印文档，并调用 PrintDocument 控件 Print()方法开始文档的打印进程，代码如下。

```
private void printDocument1_PrintPage(object sender, System.Drawing.Printing.PrintPageEventArgs e)
{
    //通过 GDI+绘制打印文档
    e.Graphics.DrawString("蝶恋花", new Font("宋体", 15), Brushes.Black, 350, 80);
    e.Graphics.DrawLine(new Pen(Color.Black, (float)3.00), 100, 185, 720, 185);
    e.Graphics.DrawString("伫倚危楼风细细，望极春愁，黯黯生天际。", new Font("宋体", 12), Brushes.Black,
110, 195);
    e.Graphics.DrawString("草色烟光残照里，无言谁会凭阑意。", new Font("宋体", 12), Brushes.Black, 110,
220);
    e.Graphics.DrawString("拟把疏狂图一醉，对酒当歌，强乐还无味。", new Font("宋体", 12), Brushes.Black,
```

```
110, 245);
    e.Graphics.DrawString("衣带渐宽终不悔，为伊消得人憔悴。", new Font("宋体", 12), Brushes.Black, 110,
270);
    e.Graphics.DrawLine(new Pen(Color.Black, (float)3.00), 100, 300, 720, 300);
}
private void button1_Click(object sender, EventArgs e)
{
    if (MessageBox.Show("是否要预览打印文档", "打印预览", MessageBoxButtons.YesNo) == DialogResult.Yes)
    {
        this.printPreviewDialog1.UseAntiAlias = true;              //开启操作系统的防锯齿功能
        this.printPreviewDialog1.Document = this.printDocument1;   //设置要预览的文档
        printPreviewDialog1.ShowDialog();                          //打开预览窗口
    }
    else
    {
        this.printDocument1.Print();                               //调用 Print()方法直接打印文档
    }
}
```

运行程序，单击"打印"按钮，弹出"打印预览"窗口，如图 22.3 所示。

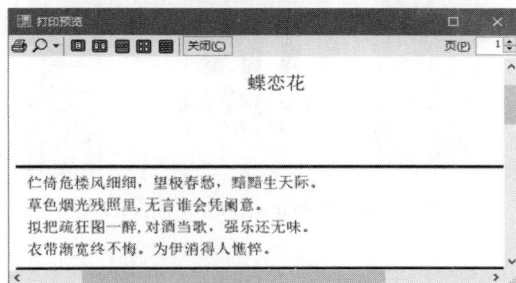

图 22.3　打印预览

22.4　PrintPreviewControl 控件

PrintPreviewControl 控件用于按文档打印时的外观显示文档。该控件只为用户提供一个预览打印文档的功能，因此通常只有在希望编写自己的打印预览用户界面时才使用 PrintPreviewControl 控件。PrintPreviewControl 控件比较重要的是 Document 属性，该属性用于设置要预览的文档。

语法格式如下。

```
public PrintDocument Document { get; set; }
```

☑　属性值：PrintDocument 表示要预览的文档。

下面通过实例演示如何使用 PrintPreviewControl 控件。

【例 22.4】 打印预览绘制的图像（实例位置：资源包\TM\sl\22\4）

创建一个 Windows 应用程序，向窗体中添加一个 PrintPreviewControl 控件和一个 Print Document

控件。在 PrintDocument 控件的 PrintPage 事件中绘制图像，然后在窗体的 Load 事件中设置 PrintPreviewControl 控件的 Document 属性，代码如下。

```
private void Form1_Load(object sender, EventArgs e)
{
    //设置 printPreviewControl1 控件的 Document 属性，设置要预览的文档
    printPreviewControl1.Document = printDocument1;
}
private void printDocument1_PrintPage(object sender, System.Drawing.Printing.PrintPageEventArgs e)
{
    //声明一个 string 类型变量用于存储图片位置
    string str = Application.StartupPath.Substring(0, Application.StartupPath.Substring(0, Application.
    StartupPath. LastIndexOf("\\")).LastIndexOf("\\"));
    str += @"\img.jpg";
    e.Graphics.DrawImage(Image.FromFile(str), 10,10, 607,452);   //使用 DrawImage()方法绘制图像
}
```

程序的运行结果如图 22.4 所示。

图 22.4　PrintPreviewControl 控件的应用

22.5　PrintPreviewDialog 控件

PrintPreviewDialog 控件用于显示文档打印后的外观。该控件包含打印、放大、显示一页或多页，以及关闭对话框按钮。PrintPreviewDialog 控件的常见属性和方法有 Document 属性、UseAntiAlias 属性和 ShowDialog()方法。

1．Document 属性

Document 属性用于设置要预览的文档。
语法格式如下。

```
public PrintDocument Document { get; set; }
```

☑　属性值：PrintDocument 表示要预览的文档。
例如，设置 PrintPreviewDialog 控件的 Document 属性为 printDocument1，代码如下。

```
printPreviewDialog1.Document = this.printDocument1;                    //设置预览文档
```

2．UseAntiAlias 属性

UseAntiAlias 属性用于设置打印是否使用操作系统的防锯齿功能。

语法格式如下。

```
public bool UseAntiAlias { get; set; }
```

☑　属性值：如果使用防锯齿功能，则为 true；否则为 false。

例如，设置 UseAntiAlias 属性为 true，开启防锯齿功能，代码如下。

```
printPreviewDialog1.UseAntiAlias = true;                    //设置 UseAntiAlias 属性为 true，开启防锯齿功能
```

3．ShowDialog()方法

ShowDialog()方法用来显示打印预览对话框。

语法格式如下。

```
public DialogResult ShowDialog()
```

☑　返回值：DialogResult 值之一。

例如，调用 PrintPreviewDialog 控件的 ShowDialog()方法，显示预览窗口，代码如下。

```
printPreviewDialog1.ShowDialog();                    //使用 ShowDialog()方法，显示预览窗口
```

22.6　实践与练习

（答案位置：资源包\TM\sl\22\实践与练习\）

综合练习 1：打印窗体中的数据　尝试开发一个程序，要求使用 Windows 打印组件打印窗体中的数据。

综合练习 2：设计并打印空学生证书　尝试开发一个程序，要求使用 Windows 打印组件打印空学生证，参考效果如图 22.5 所示。

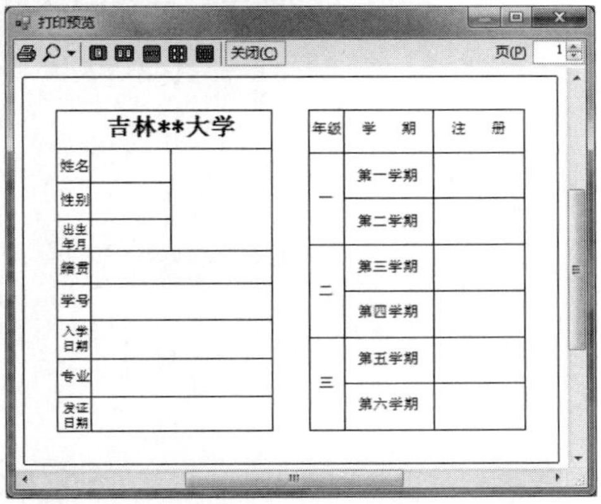

综合练习 3：自定义打印页码范围　在实际生活中打印文档，有时候并不需要把文档的全部内容打印出来，而只需要其中的某几页内容，这时就需要用户自定义打印页码的范围。本练习要求使用 C#实现自定义打印页码范围的功能。（提示：PrintPageEventArgs 参数对象的 HasMorePages 属性指示是否打印附加页。）

图 22.5　打印空学生证

409

第 23 章

网络编程技术

Internet 提供了大量、多样的信息，很少有人能在接触过 Internet 后拒绝它的诱惑。计算机网络实现了多个计算机互联系统，相互连接的计算机之间彼此能够进行数据交流。网络应用程序就是在已连接的不同计算机上运行的程序，这些程序相互之间可以交换数据。而编写网络应用程序，首先必须明确网络应用程序所要使用的网络协议，TCP/IP 协议是网络应用程序的首选。

本章知识架构及重点、难点如下。

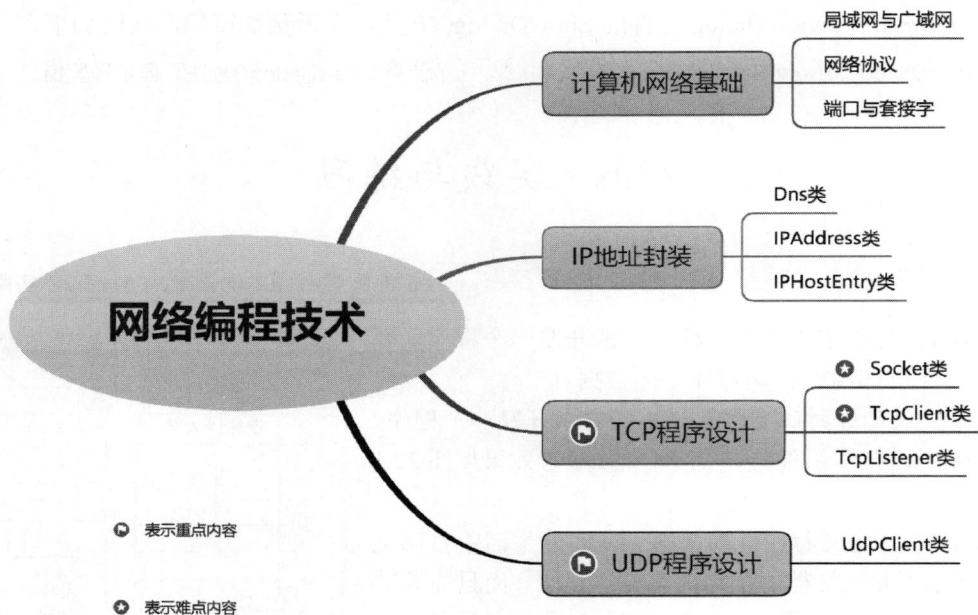

23.1 计算机网络基础

23.1.1 局域网与广域网

计算机网络分为局域网（Local Area Network，LAN）和广域网（Wide Area Network，WAN）。

局域网是指在某一区域内由多台计算机通过一定形式连接起来的计算机组，可以由两台计算机组成，也可以由同一区域内的上千台计算机组成，如图 23.1 所示。由 LAN 延伸到更大的范围，这样的网络称为广域网，大家熟悉的因特网（Internet）就是由无数的 LAN 和 WAN 组成的，如图 23.2 所示。

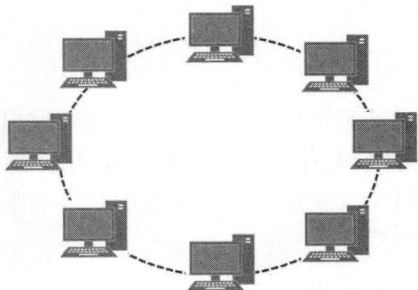

图 23.1　局域网示意图　　　　　　　　　图 23.2　广域网示意图

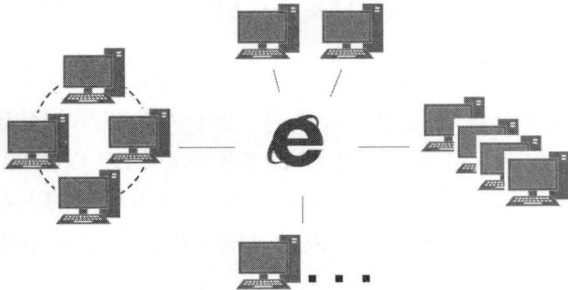

23.1.2　网络协议

　　网络协议规定了计算机之间连接的物理、机械（网线与网卡的连接规定）、电气（有效的电平范围）等特征以及计算机之间的相互寻址规则、数据发送冲突的解决、长数据如何分段传送与接收等。就像不同的国家有不同的法律一样，目前网络协议也有多种，下面介绍几种常用的网络协议。

1．IP 协议

　　IP 的全称是 Internet Protocol，由此可知它是一种网络协议。Internet 采用的协议是 TCP/IP 协议，其全称是 Transmission Control Protocol/Internet Protocol。依靠 TCP/IP 协议，Internet 在全球范围内实现不同硬件结构、不同操作系统、不同网络系统的互联。Internet 网上存在数以亿计的主机，每台主机在网络上通过为其分配的 Internet 地址表示自己，这个地址就是 IP 地址。

　　到目前为止，IP 地址用 4 个字节，也就是 32 位的二进制数来表示，称为 IPv4。为了便于使用，通常取用每个字节的十进制数，并且每个字节之间用圆点隔开来表示 IP 地址，如 192.168.1.1。现在人们正在试验使用 16 个字节来表示 IP 地址，这就是 IPv6。

　　IP 相当于每台计算机在网络中的一个身份证，它必须是唯一的，其示意图如图 23.3 所示。

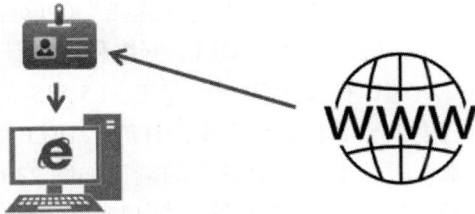

图 23.3　IP 相当于网络中的身份证

2．TCP 协议

　　在网络协议栈中，有两个高级协议是网络应用程序编写者应该了解的，分别是传输控制协议（Transmission Control Protocol，TCP）与用户数据报协议（User Datagram Protocol，UDP）。

　　TCP 协议是一种以固接连线为基础的协议，可提供两台计算机间可靠的数据传送。TCP 可以保证从一端将数据传送至连接的另一端时，数据能够确实送达，而且送达数据的排列顺序和送出时的顺序相同，其示意图如图 23.4 所示。TCP 协议适合可靠性要求比较高的场合，它就像接打电话一样，必须先拨号给对方，等两端确定连接后，相互才能听到对方说话，也才能知道对方回应的是什么。

3．UDP 协议

UDP 是无连接通信协议，不保证可靠的数据传输，但能够向若干个目标发送数据，接收发自若干个源的数据，其示意图如图 23.5 所示。UDP 以独立发送数据包的方式进行，它就像生活中的大喇叭，村委会主任一发通知，大喇叭一喊，田里耕地的人都能听见，但在家睡觉的可能就听不见，而哪些人听见了，哪些人听不见，发通知的村委会主任是不知道的。

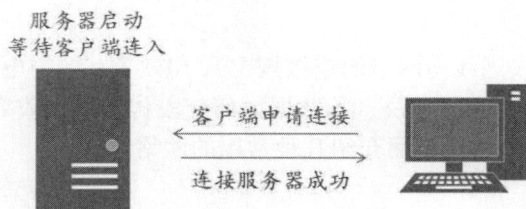

图 23.4 TCP 协议示意图

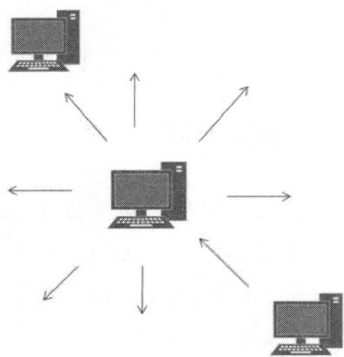

图 23.5 UDP 协议示意图

> **说明**
>
> 一些防火墙和路由器会设置成不允许 UDP 数据包传输，因此若遇到 UDP 连接方面的问题，应先确定是否允许 UDP 协议。

23.1.3 端口与套接字

一般而言，一台计算机只有单一的连到网络的"物理连接"（Physical Connection），所有的数据都通过此连接对内、对外送达特定的计算机，这就是端口。网络程序设计中的端口（Port）并非真实的物理存在，而是一个假想的连接装置。端口被规定为一个在 0～65 535 的整数，而 HTTP 服务一般使用 80 端口，FTP 服务使用 21 端口。假如一台计算机提供了 HTTP、FTP 等多种服务，则客户机将通过不同的端口来确定连接到服务器的哪项服务上。计算机中的端口如图 23.6 所示。

网络程序中的套接字（Socket）用于将程序与网络连接起来。套接字是一个假想的连接装置，就像用于连接电器与电线的插座，如图 23.7 所示。C#将套接字抽象化为类，程序设计者只需创建 Socket 类对象，即可使用套接字。

> **技巧**
>
> 0～1023 的端口号通常用于一些比较知名的网络服务和应用，普通网络应用程序则应该使用 1024 以上的端口号，以避免该端口号被另一个应用或系统服务所用。

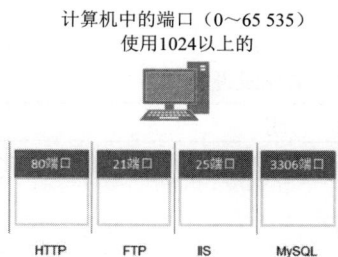

图 23.6　端口示意图

图 23.7　套接字示意图

23.2　IP 地址封装

IP 地址是每个计算机在网络中的唯一标识，它是 32 位或 128 位的无符号数字，使用 4 组数字表示一个固定的编号，如"192.168.128.255"就是局域网络中的编号。

IP 地址是一种低级协议，TCP 协议和 UDP 协议都是在它的基础上构建的。

C#提供了 IP 地址相关的类，包括 Dns 类、IPAddress 类、IPHostEntry 类等，它们都位于 System.Net 命名空间中，下面分别对这 3 个类进行介绍。

23.2.1　Dns 类

Dns 类是一个静态类，它从 Internet 域名系统（DNS）检索关于特定主机的信息。在 IPHostEntry 类的实例中返回来自 DNS 查询的主机信息。如果指定的主机在 DNS 中有多个入口，则 IPHostEntry 包含多个 IP 地址和别名。Dns 类中的常用方法及说明如表 23.1 所示。

表 23.1　Dns 类的常用方法及说明

方　　法	说　　明
BeginGetHostAddresses	异步返回指定主机的 Internet 协议（IP）地址
BeginGetHostByName	开始异步请求关于指定 DNS 主机名的 IPHostEntry 信息
EndGetHostAddresses	结束对 DNS 信息的异步请求
EndGetHostByName	结束对 DNS 信息的异步请求
EndGetHostEntry	结束对 DNS 信息的异步请求
GetHostAddresses	返回指定主机的 Internet 协议（IP）地址
GetHostByAddress	获取 IP 地址的 DNS 主机信息
GetHostByName	获取指定 DNS 主机名的 DNS 信息
GetHostEntry	将主机名或 IP 地址解析为 IPHostEntry 实例
GetHostName	获取本地计算机的主机名

23.2.2　IPAddress 类

IPAddress 类包含计算机在 IP 网络上的地址，主要用来提供网际协议（IP）地址。IPAddress 类中的常用字段、属性、方法及说明如表 23.2 所示。

表 23.2　IPAddress 类的常用字段、属性、方法及说明

字段、属性及方法	说　明
Any 字段	提供一个 IP 地址，指示服务器应侦听所有网络接口上的客户端活动。此字段为只读
Broadcast 字段	提供 IP 广播地址。此字段为只读
Loopback 字段	提供 IP 环回地址。此字段为只读
Address 属性	网际协议（IP）地址
AddressFamily 属性	获取 IP 地址的地址族
IsIPv6LinkLocal 属性	获取地址是否为 IPv6 链接本地地址
IsIPv6SiteLocal 属性	获取地址是否为 IPv6 站点本地地址
GetAddressBytes 方法	以字节数组形式提供 IPAddress 的副本
Parse 方法	将 IP 地址字符串转换为 IPAddress 实例
TryParse 方法	确定字符串是否为有效的 IP 地址

23.2.3　IPHostEntry 类

IPHostEntry 类用来为 Internet 主机地址信息提供容器类，其常用属性及说明如表 23.3 所示。

表 23.3　IPHostEntry 类的常用属性及说明

属　性	说　明
AddressList	获取或设置与主机关联的 IP 地址列表
Aliases	获取或设置与主机关联的别名列表
HostName	获取或设置主机的 DNS 名称

说明

IPHostEntry 类通常都和 Dns 类一起使用。

【例 23.1】 访问同一局域网中的主机名称（实例位置：资源包\TM\sl\23\1）

使用 Dns 类的相关方法获得本地主机的本机名和 IP 地址，然后访问同一局域网中的 IP "192.168.1.50" 至 "192.168.1.60" 范围内的所有可访问的主机名称（如果对方没有安装防火墙，并且网络连接正常的话，都可以访问），代码如下。

```
private void Form1_Load(object sender, EventArgs e)
{
    string IP, name, localip = "127.0.0.1";
    string localname = Dns.GetHostName();                    //获取本机名
    IPAddress[] ips = Dns.GetHostAddresses(localname);       //获取所有 IP 地址
    foreach(IPAddress ip in ips)
    {
        if(!ip.IsIPv6SiteLocal)                              //如果不是 IPV6 地址
            localip = ip.ToString();                         //获取本机 IP 地址
    }
    // 将本机名和 IP 地址输出
```

```
        label1.Text += "本机名：" + localname + "   本机 IP 地址：" + localip;
        for (int i = 50; i <= 60; i++)
        {
            IP = "192.168.1." + i;                          //生成 IP 字符串
            try
            {
                IPHostEntry host = Dns.GetHostEntry(IP);      //获取 IP 封装对象
                name = host.HostName.ToString();              //获取指定 IP 地址的主机名
                label1.Text += "\nIP 地址 " + IP + " 的主机名称是：" + name;
            }
            catch (Exception ex)
            {
                MessageBox.Show(ex.Message);
            }
        }
    }
```

程序运行结果如图 23.8 所示。

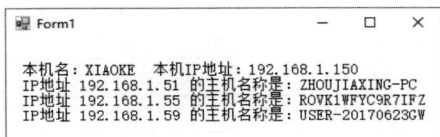

图 23.8　访问同一局域网中的主机名称

技巧

> 如果想在没有连网的情况下访问本地主机，可以使用本地回送地址"127.0.0.1"。

编程训练（答案位置：资源包\TM\sl\23\编程训练\）

【训练 1】：通过计算机名获取 IP 地址　IP 地址能够标识网络中唯一的一台计算机，目前的 IP 地址是 32 位，被划分为 4 段，段与段之间用"."分割，每段为 8 位，通常用十进制来表示，例如：127.0.0.1。当网络中有相同 IP 地址的计算机时系统会提示冲突。每台计算机都有一个唯一的名称，计算机名和 IP 地址是对应的。本训练要求通过计算机名来获取 IP 地址。（提示：通过 Dns 类的 GetHostAddresses()方法可以根据计算机名解析 IP 地址。）

【训练 2】：根据输入的 IP 地址获取其主机名　创建一个 Windows 窗体应用程序，用来根据输入的 IP 地址获取其主机名的功能，具体实现时，在窗体中添加两个 TextBox 控件，分别用来输入 IP 地址和显示获取到的主机名，添加一个 Button 控件，用来根据输入的 IP 地址获取对应的主机名。

23.3　TCP 程序设计

TCP（Transmission Control Protocol）是一种面向连接的、可靠的、基于字节流的传输层通信协议。在 C#中，TCP 程序设计是指利用 Socket 类、TcpClient 类和 TcpListener 类编写的网络通信程序，这 3 个类都位于 System.Net.Sockets 命名空间中。利用 TCP 协议进行通信的两个应用程序是有主次之分的，一个称为服务器端程序，另一个称为客户端程序。

23.3.1　Socket 类

Socket 类为网络通信提供了一套丰富的方法和属性，主要用于管理连接，实现 Berkeley 通信端套接字接口，同时它还定义了绑定、连接网络端点及传输数据所需的各种方法，提供处理端点连接传输等细节所需要的功能。TcpClient 和 UdpClinet 等类在内部使用该类。Socket 类的常用属性及说明如表 23.4 所示。

表 23.4　Socket 类的常用属性及说明

属　　性	说　　明
AddressFamily	获取 Socket 的地址族
Available	获取已经从网络接收且可供读取的数据量
Connected	获取一个值，该值指示 Socket 是在上次 Send 还是 Receive 操作时连接到远程主机
Handle	获取 Socket 的操作系统句柄
LocalEndPoint	获取本地终结点
ProtocolType	获取 Socket 的协议类型
RemoteEndPoint	获取远程终结点
SendTimeout	获取或设置一个值，该值指定之后同步 Send 调用将超时的时间长度

Socket 类的常用方法及说明如表 23.5 所示。

表 23.5　Socket 类的常用方法及说明

方　　法	说　　明
Accept	为新建连接创建新的 Socket
BeginAccept	开始一个异步操作来接受一个传入的连接尝试
BeginConnect	开始一个对远程主机连接的异步请求
BeginDisconnect	开始异步请求从远程终结点断开连接
BeginReceive	开始从连接的 Socket 中异步接收数据
BeginSend	将数据异步发送到连接的 Socket
BeginSendFile	将文件异步发送到连接的 Socket
BeginSendTo	向特定远程主机异步发送数据
Close	关闭 Socket 连接并释放所有关联的资源
Connect	建立与远程主机的连接
Disconnect	关闭套接字连接并允许重用套接字
EndAccept	异步接受传入的连接尝试
EndConnect	结束挂起的异步连接请求
EndDisconnect	结束挂起的异步断开连接请求
EndReceive	结束挂起的异步读取
EndSend	结束挂起的异步发送
EndSendFile	结束文件的挂起异步发送

续表

方　　法	说　　明
EndSendTo	结束挂起的、向指定位置进行的异步发送
Listen	将 Socket 置于侦听状态
Receive	接收来自绑定的 Socket 的数据
Send	将数据发送到连接的 Socket
SendFile	将文件和可选数据异步发送到连接的 Socket
SendTo	将数据发送到特定终结点
Shutdown	禁用某 Socket 上的发送和接收

23.3.2　TcpClient 类和 TcpListener 类

TcpClient 类用于在同步阻止模式下通过网络来连接、发送和接收流数据。为了使 TcpClient 连接并交换数据，TcpListener 实例或 Socket 实例必须侦听是否有传入的连接请求。可以使用下面两种方法之一连接该侦听器。

- ☑ 创建一个 TcpClient，并调用 Connect 方法连接。
- ☑ 使用远程主机的主机名和端口号创建 TcpClient，此构造函数将自动尝试一个连接。
- ☑ TcpListener 类用于在阻止同步模式下侦听和接受传入的连接请求。可使用 TcpClient 类或 Socket 类来连接 TcpListener，并且可以使用 IPEndPoint、本地 IP 地址及端口号或者仅使用端口号来创建 TcpListener 实例对象。

TcpClient 类的常用属性、方法及说明如表 23.6 所示。

表 23.6　TcpClient 类的常用属性、方法及说明

属性及方法	说　　明
Available 属性	获取已经从网络接收且可供读取的数据量
Client 属性	获取或设置基础 Socket
Connected 属性	获取一个值，该值指示 TcpClient 的基础 Socket 是否已连接到远程主机
ReceiveBufferSize 属性	获取或设置接收缓冲区的大小
ReceiveTimeout 属性	获取或设置在初始化一个读取操作后 TcpClient 等待接收数据的时间量
SendBufferSize 属性	获取或设置发送缓冲区的大小
SendTimeout 属性	获取或设置 TcpClient 等待发送操作成功完成的时间量
BeginConnect 方法	开始一个对远程主机连接的异步请求
Close 方法	释放此 TcpClient 实例，而不关闭基础连接
Connect 方法	使用指定的主机名和端口号将客户端连接到 TCP 主机
EndConnect 方法	异步接受传入的连接尝试
GetStream 方法	返回用于发送和接收数据的 NetworkStream

TcpListener 类的常用属性、方法及说明如表 23.7 所示。

表 23.7　TcpListener 类的常用属性、方法及说明

属性及方法	说　　明
LocalEndpoint 属性	获取当前 TcpListener 的基础 EndPoint
Server 属性	获取基础网络 Socket
AcceptSocket/AcceptTcpClient 方法	接受挂起的连接请求
BeginAcceptSocket/BeginAcceptTcpClient 方法	开始一个异步操作来接受一个传入的连接尝试
EndAcceptSocket 方法	异步接受传入的连接尝试，并创建新的 Socket 来处理远程主机通信
EndAcceptTcpClient 方法	异步接受传入的连接尝试，并创建新的 TcpClient 来处理远程主机通信
Start 方法	开始侦听传入的连接请求
Stop 方法	关闭侦听器

【例 23.2】 客户端/服务器的交互（实例位置：资源包\TM\sl\23\2）

编写程序，实现客户端/服务器交互。

（1）服务器端。

创建服务器端项目 Server，在 Main()方法中创建 TCP 连接对象；然后监听客户端接入，并读取接入的客户端 IP 地址和传入的消息；最后向接入的客户端发送一条信息。代码如下。

```
namespace Server
{
    class Program
    {
        static void Main()
        {
            int port = 888;                                      //端口
            TcpClient tcpClient;                                 //创建 TCP 连接对象
            IPAddress[ ] serverIP = Dns.GetHostAddresses("127.0.0.1");  //定义 IP 地址
            IPAddress localAddress = serverIP[0];                //IP 地址
            TcpListener tcpListener = new TcpListener(localAddress, port);  //监听套接字
            tcpListener.Start();                                 //开始监听
            Console.WriteLine("服务器启动成功，等待用户接入…");    //输出消息
            while (true)
            {
                try
                {
                    //每接收一个客户端则生成一个 TcpClient
                    tcpClient = tcpListener.AcceptTcpClient();
                    NetworkStream networkStream = tcpClient.GetStream();  //获取网络数据流
                    //定义流数据读取对象
                    BinaryReader reader = new BinaryReader(networkStream);
                    //定义流数据写入对象
                    BinaryWriter writer = new BinaryWriter(networkStream);
                    while (true)
                    {
                        try
                        {
```

```
                    string strReader = reader.ReadString();              //接收消息
                    //截取客户端消息
                    string[] strReaders = strReader.Split(new char[] { ' ' });
                    //输出接收的客户端 IP 地址
                    Console.WriteLine("有客户端接入，客户 IP：" + strReaders[0]);
                    //输出接收的消息
                    Console.WriteLine("来自客户端的消息：" + strReaders[1]);
                    string strWriter = "我是服务器，欢迎光临";      //定义服务端要写入的消息
                    writer.Write(strWriter);                          //向对方发送消息
                }
                catch
                {
                    break;
                }
            }
        }
        catch
        {
            break;
        }
    }
    }
}
}
```

（2）客户端。

创建客户端项目 Client，在 Main()方法中创建 TCP 连接对象，以指定的地址和端口连接服务器；然后向服务器端发送数据和接收服务器端传输的数据。代码如下。

```
namespace Client
{
    class Program
    {

        static void Main(string[ ] args)
        {
            //创建一个 TcpClient 对象，自动分配主机 IP 地址和端口号
            TcpClient tcpClient = new TcpClient();
            //连接服务器，其 IP 和端口号为 127.0.0.1 和 888
            tcpClient.Connect("127.0.0.1", 888);
            if (tcpClient != null)                                       //判断是否连接成功
            {
                Console.WriteLine("连接服务器成功");
                NetworkStream networkStream = tcpClient.GetStream();     //获取数据流
                BinaryReader reader = new BinaryReader(networkStream);   //定义流数据读取对象
                BinaryWriter writer = new BinaryWriter(networkStream);   //定义流数据写入对象
                string localip="127.0.0.1";                              //存储本机 IP，默认值为 127.0.0.1
                IPAddress[] ips = Dns.GetHostAddresses(Dns.GetHostName());   //获取所有 IP 地址
                foreach (IPAddress ip in ips)
                {
                    if (!ip.IsIPv6SiteLocal)                             //如果不是 IPv6 地址
```

```
                    localip = ip.ToString();                      //获取本机 IP 地址
                }
                writer.Write(localip + " 你好服务器，我是客户端");    //向服务器发送消息
                while (true)
                {
                    try
                    {
                        string strReader = reader.ReadString();       //接收服务器发送的数据
                        if (strReader != null)
                        {
                            //输出接收的服务器消息
                            Console.WriteLine("来自服务器的消息："+strReader);
                        }
                    }
                    catch
                    {
                        break;                                        //接收过程中如果出现异常，退出循环
                    }
                }
                Console.WriteLine("连接服务器失败");
            }
        }
}
```

　　首先运行服务器端，然后运行客户端，客户端运行后的服务器端效果如图 23.9 所示，客户端运行效果如图 23.10 所示。

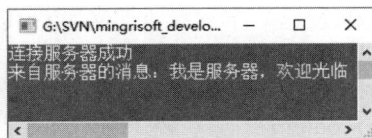

图 23.9　客户端运行后的服务器端效果　　　　　　图 23.10　客户端运行效果

编程训练（答案位置：资源包\TM\sl\23\编程训练\）

　　【训练 3】：设计点对点聊天程序　IP 地址使用 TCP 协议制作一个点对点聊天程序，该程序把本机作为服务器，可以直接将信息发送给对方。程序运行结果如图 23.11 所示。

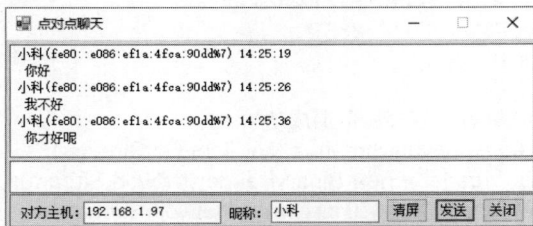

图 23.11　点对点聊天程序

　　【训练 4】：Socket 编程实现　创建修改【例 23.2】，将程序修改为使用 Socket 实现客户端/服务器的交互。

23.4　UDP 程序设计

UDP 是 user datagram protocol 的简称，中文名是用户数据报协议，它是网络信息传输的另一种形式。UDP 通信和 TCP 通信不同，基于 UDP 的信息传递更快，但不提供可靠的保证。使用 UDP 传递数据时，用户无法知道数据能否正确地到达主机，也不能确定到达目的地的顺序是否和发送的顺序相同。虽然 UDP 是一种不可靠的协议，但如果需要较快地传输信息，并能容忍小的错误，可以考虑使用 UDP。

基于 UDP 通信的基本模式如下。

☑　将数据打包（称为数据包），然后将数据包发往目的地。

☑　接收别人发来的数据包，然后查看数据包。

在 C#中，UdpClient 类用于在阻止同步模式下发送和接收无连接 UDP 数据报。因为 UDP 是无连接传输协议，所以不需要在发送和接收数据前建立远程主机连接，但可以选择使用下面两种方法之一来建立默认远程主机。

☑　使用远程主机名和端口号作为参数创建 UdpClient 类的实例。

☑　创建 UdpClient 类的实例，然后调用 Connect 方法。

UdpClient 类的常用属性、方法及说明如表 23.8 所示。

表 23.8　UdpClient 类的常用属性、方法及说明

属性及方法	说　　明	属性及方法	说　　明
Available 属性	获取从网络接收的可读取的数据量	Connect 方法	建立默认远程主机
Client 属性	获取或设置基础网络 Socket	EndReceive 方法	结束挂起的异步接收
BeginReceive 方法	从远程主机异步接收数据报	EndSend 方法	结束挂起的异步发送
BeginSend 方法	将数据报异步发送到远程主机	Receive 方法	返回已由远程主机发送的 UDP 数据报
Close 方法	关闭 UDP 连接	Send 方法	将 UDP 数据报发送到远程主机

根据前面所讲的网络编程的基础知识，以及 UDP 网络编程的特点，下面创建一个广播数据报程序。广播数据报是一种较新的技术，类似于电台广播，广播电台需要在指定的波段和频率上广播信息，收听者也要将收音机调到指定的波段、频率才可以收听广播内容。

【例 23.3】 广播数据报程序（**实例位置：资源包\TM\sl\23\3**）

本实例要求主机不断地重复播出节目预报，这样可以保证加入到同一组的主机随时接收到广播信息。接收者将正在接收的信息放在一个文本框中，并将接收的全部信息放在另一个文本框中。

（1）创建广播主机项目 Server（控制台应用程序），在 Main()方法中创建 UDP 连接；然后通过 UDP 连接不断向外发送广播信息。代码如下。

```
namespace Server
{
    class Program
    {
        static UdpClient udp = new UdpClient();          //创建 UdpClient 对象
        static void Main(string[ ] args)
```

```
    {
        //调用 UdpClient 对象的 Connect 方法建立默认远程主机
        udp.Connect("127.0.0.1", 888);
        while (true)
        {
            Thread thread = new Thread(() =>
            {
                try
                {
                    //定义一个字节数组，用来存放发送到远程主机的信息
                    Byte[] sendBytes = Encoding.Default.GetBytes("(" + DateTime.Now.
                    ToLongTimeString() + ")节目预报：八点有大型晚会，请收听");
                    Console.WriteLine("(" + DateTime.Now.ToLongTimeString() + ")节目预报：
                    八点有大型晚会，请收听");
                    //调用 UdpClient 对象的 Send 方法将 UDP 数据报发送到远程主机
                    udp.Send(sendBytes, sendBytes.Length);
                }
                catch (Exception ex)
                {
                    Console.WriteLine(ex.Message);
                }
            });
            thread.Start();                      //启动线程
            Thread.Sleep(1000);                  //线程休眠 1s
        }
    }
}
}
```

程序运行结果如图 23.12 所示。

（2）创建接收广播项目 Client（Windows 窗体应用程序），在默认窗体中添加两个 Button 控件和两个 TextBox 控件，并且将两个 TextBox 控件设置为多行文本框。单击"开始接收"按钮，系统开始接收主机播出的信息；单击"停止接收"按钮，系统会停止接收广播主机播出的信息。代码如下。

图 23.12　广播主机程序的运行结果

```
namespace Client
{
    public partial class Form1 : Form
    {
        public Form1()
        {
            InitializeComponent();
            CheckForIllegalCrossThreadCalls = false;          //在其他线程中可以调用主窗体控件
        }
        bool flag = true;                      //标识是否接收数据
        UdpClient udp;                         //创建 UdpClient 对象
        Thread thread;                         //创建线程对象
        private void button1_Click(object sender, EventArgs e)
```

```
    {
        udp = new UdpClient(888);                                    //使用端口号创建 UDP 连接对象
        flag = true;                                                 //标识接收数据
        //创建 IPEndPoint 对象，用来显示响应主机的标识
        IPEndPoint ipendpoint = new IPEndPoint(IPAddress.Any, 888);
        thread = new Thread(() =>                                     //新开线程，执行接收数据操作
        {
            while(flag)                                              //如果标识为 true
            {
                try
                {
                    if (udp.Available <= 0) continue;               //判断是否有网络数据
                    if (udp.Client == null) return;                 //判断连接是否为空
                    //调用 UdpClient 对象的 Receive 方法获得从远程主机返回的 UDP 数据报
                    byte[ ] bytes = udp.Receive(ref ipendpoint);
                    //将获得的 UDP 数据报转换为字符串形式
                    string str = Encoding.Default.GetString(bytes);
                    textBox2.Text = "正在接收的信息：\n" + str;         //显示正在接收的数据
                    textBox1.Text += "\n" + str;                    //显示接收的所有数据
                }
                catch (Exception ex)
                {
                    MessageBox.Show(ex.Message);                    //错误提示
                }
                Thread.Sleep(1000);                                 //线程休眠 1s
            }
        });
        thread.Start();                                             //启动线程
    }
    private void button2_Click(object sender, EventArgs e)
    {
        flag = false;                                              //标识不接收数据
        if (thread.ThreadState == ThreadState.Running)             //判断线程是否运行
            thread.Abort();                                        //终止线程
        udp.Close();                                               //关闭连接
    }
}
}
```

程序运行结果如图 23.13 所示。

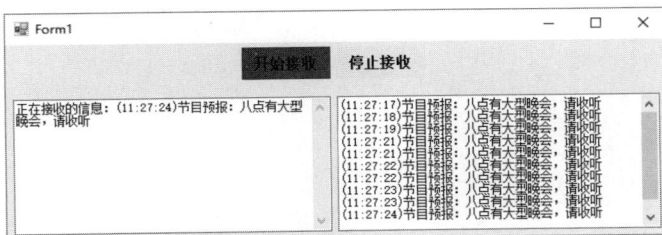

图 23.13　接收广播程序的运行结果

编程训练（答案位置：资源包\TM\sl\23\编程训练\）

【训练5】：UDP 协议发送和接收数据 IP 依据 UDP 协议制作一个发送和接收数据的程序，要求可以输入主机、端口号和要发送的消息，单击"确定"按钮进行发送。

【训练6】：优化广播数据报接收程序 修改【例 23.3】，使其在单击"开始接收"按钮时，每单击一次按钮，只能接收一条广播信息。

23.5 实践与练习

（答案位置：资源包\TM\sl\23\实践与练习\）

综合练习1：获得系统打开的端口和状态 当两台计算机之间进行通信和传递信息时，每台计算机都需要开启一个端口。该端口就是与另一台计算机通信的通道。木马或黑客程序都需要一个端口与远程的计算机进行通信，这些端口是不固定的，所以很难防范。但是只要将系统中所有的端口列出查看，就会知道系统是否正在与网络中的计算机进行通信。本练习要求使用 C#实现列出当前系统中打开的端口和端口信息。（提示：通过 Process 类执行 netstat -a -n > port.txt 命令获取。）

综合练习2：设计聊天程序 网络聊天在现在的年轻人中是比较流行的。本练习要求使用 C#实现在局域网中进行网络聊天。在局域网中的两台计算机上同时运行局域网聊天程序的服务器和客户端。在客户端中输入服务器端的 IP 地址和端口号。在服务器端的"用户名"文本框中输入服务器的 IP 地址，单击"登录"按钮，然后在客户端的"用户名"文本框中也输入服务器的 IP 地址，单击"登录"按钮，这时服务器端和客户端就进行了连接，并可以互相发送消息。（提示：主要使用 Socket 类的 Send()方法和 Receive()方法发送和接收消息。）

综合练习3：局域网 IP 地址扫描 局域网 IP 地址扫描程序：运行时，输入开始地址和结束地址，单击"开始"按钮，即可扫描局域网中指定范围内的已用 IP 地址并显示，单击"停止"按钮，停止扫描。（提示：主要使用 IPAddress 类和 IPHostEntry 类。）

第 24 章

注册表技术

注册表是一个庞大的数据库系统，它记录了用户安装在计算机上的软件、硬件信息和每一个程序的相互关系。注册表中存放着很多参数，直接控制整个系统的启动、硬件驱动程序的装载以及应用程序的运行。本章将详细介绍 Windows 注册表，讲解过程中为了便于读者理解，结合了大量的实例。

本章知识架构及重点、难点如下。

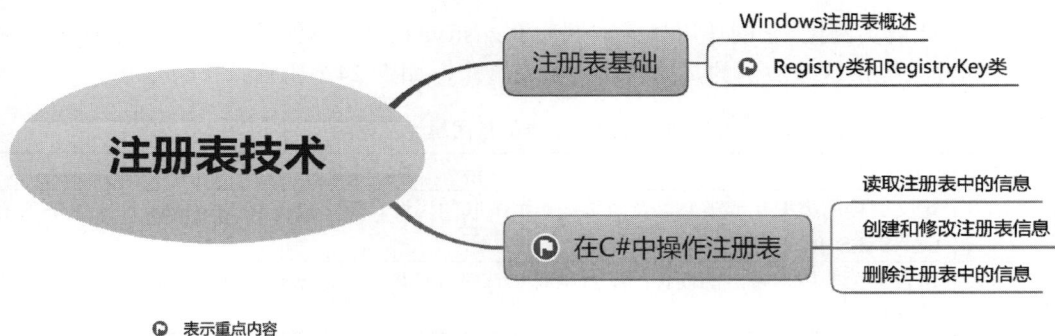

24.1　注册表基础

24.1.1　Windows 注册表概述

Windows 注册表包含 Windows 安装以及已安装软件和设备的所有配置信息。现在商用软件基本上都使用注册表来存储这些信息，COM 组件必须把它的信息存储在注册表中，才能由客户程序调用。注册表的层次结构非常类似于文件系统，它记录了用户账号、服务器硬件以及应用程序的设置信息等。同 INI 文件相比，注册表可以控制的数据更多，而且不仅仅限于处理字符串类型的数据。注册表也包含了一些系统配置的信息，这些信息根据操作系统的不同而不同。选择"开始"→"运行"命令，在"打开"文本框中输入 regedit，然后单击"确定"按钮打开"注册表编辑器"窗口，如图 24.1 所示。

注册表就好像是记录信息的存储器，这些信息既可以在

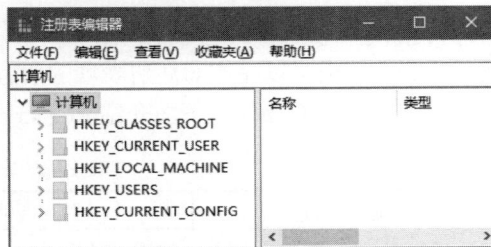

图 24.1　"注册表编辑器"窗口

存储器中进行记录，也可以在存储器中进行修改和读取。同样，用户也可以在存储器以键/值对的形式

进行记录的操作。

24.1.2　Registry 类和 RegistryKey 类

.NET Framework 提供了访问注册表的类，比较常用的是 Registry 类和 RegistryKey 类，这两个类都在 Microsoft.Win32 命名空间中。下面详细介绍这两个类。

误区警示

由于 Windows 10 系统本身的安全性问题，使用 C#操作注册表时，可能会提示无法操作相应的注册表项，这时只需要为提示的注册表项添加 everyone 用户的读写权限即可。

1．Registry 类

Registry 类不能被实例化，它的作用只是实例化 RegistryKey 类，以便开始在注册表中浏览。Registry 类是通过静态属性来提供这些实例的，这些属性共有 7 个，如表 24.1 所示。

表 24.1　Registry 类的常用属性及说明

属　　性	说　　明
ClassesRoot	定义文档的类型（或类）以及与那些类型关联的属性。该字段读取 Windows 注册表基项 HKEY_CLASSES_ROOT
CurrentConfig	包含有关非用户特定的硬件的配置信息。该字段读取 Windows 注册表基项 HKEY_CURRENT_CONFIG
CurrentUser	包含有关当前用户首选项的信息。该字段读取 Windows 注册表基项 HKEY_CURRENT_USER
DynData	包含动态注册表数据。该字段读取 Windows 注册表基项 HKEY_DYN_DATA
LocalMachine	包含本地计算机的配置数据。该字段读取 Windows 注册表基项 HKEY_LOCAL_MACHINE
PerformanceData	包含软件组件的性能信息。该字段读取 Windows 注册表基项 HKEY_PERFORMANCE_DATA
Users	包含有关默认用户配置的信息。该字段读取 Windows 注册表基项 HKEY_USERS

例如，要获得一个表示 HKLM 键的 RegistryKey 实例，代码如下。

```
RegistryKey hklm = Registry.LocalMachine;
```

2．RegistryKey 类

RegistryKey 实例表示一个注册表项，这个类的方法可以浏览子键、创建新键、读取或修改键中的值。也就是说，该类可以完成对注册表项的所有操作。除了设置键的安全级别之外，RegistryKey 类可以用于完成对注册表的所有操作。下面介绍 RegistryKey 类的常用属性和方法，分别如表 24.2 和表 24.3 所示。

表 24.2　RegistryKey 类的常用属性及说明

属　　性	说　　明	属　　性	说　　明
Name	检索项的名称	ValueCount	检索项中值的计数
SubKeyCount	检索当前项的子项数目		

表 24.3 RegistryKey 类的常用方法及说明

方　　法	说　　明
Close	关闭键
CreateSubKey	创建给定名称的子键（如果该子键已经存在，就打开它）
DeleteSubKey	删除指定的子键
DeleteSubKeyTree	彻底删除子键及其所有的子键
DeleteValue	从键中删除一个指定的值
GetSubKeyNames	返回包含子键名称的字符串数组
GetValue	返回指定的值
GetValueNames	返回一个包含所有键值名称的字符串数组
OpenSubKey	返回表示给定子键的 RegistryKey 实例引用
SetValue	设置指定的值

说明

RegistryKey 类的常用属性和方法在使用时，将会做详细的讲解，此处只给出此类中比较重要的属性、方法以及用途。

编程训练（答案位置：资源包\TM\sl\24\编程训练\）

【训练 1】：应用程序开机自动运行　在 Windows 操作系统中，很多软件都是开机自动运行的。使用 C#实现应用程序开机自动运行的功能。（提示：使用 RegistryKey 类的 CreateSubKey 方法和 SetValue 方法对注册表项 HKEY_LOCAL_MACHINE\SOFTWARE\ Microsoft\Windows\CurrentVersion\Run 进行操作。）

【训练 2】：在注册表中保存窗体的大小和位置　在实际开发中，有很多软件都有一个通用的功能，即从上次关闭位置启动窗体。该功能实现的基础是将窗体的大小和位置保存到注册表中。本训练要求使用 C#实现将窗体的大小和位置保存到注册表中。（提示：主要使用 Registry 类的 SetValue 方法。）

24.2　在 C#中操作注册表

注册表的基本操作主要包括读取注册表中的信息、删除注册表中的信息、创建和删除注册表信息。下面对这几种注册表的基本操作进行详细介绍。

24.2.1　读取注册表中的信息

读取注册表中的信息主要是通过 RegistryKey 类中的 OpenSubKey()方法、GetSubKeyNames()方法和 GetValueNames()方法实现的。下面分别介绍这几种方法。

1．OpenSubKey()方法

OpenSubKey()方法用于检索指定的子项。语法格式如下。

```
public RegistryKey OpenSubKey(string name)
```

- ☑ name：要以只读方式打开的子项的名称或路径。
- ☑ 返回值：请求的子项。如果操作失败，则为空引用。

说明

如果要打开的项不存在，OpenSubKey()方法将返回 null 引用，而不是引发异常。

例如，使用 OpenSubKey()方法打开 HKEY_LOCAL_MACHINE\SOFTWARE 子键，代码如下。

```
private void Form1_Load(object sender, EventArgs e)
{
    RegistryKey regkey = Registry.LocalMachine;                    //创建 RegistryKey 实例
    //使用 OpenSubKey()方法打开 HKEY_LOCAL_MACHINE\SOFTWARE 键
    RegistryKey registrykey = regkey.OpenSubKey(@"SOFTWARE");
}
```

2．GetSubKeyNames()方法

GetSubKeyNames()方法用于检索包含所有子项名称的字符串数组。语法格式如下。

```
public string[ ] GetSubKeyNames()
```

- ☑ 返回值：包含当前项的子项名称的字符串数组。如果当前项已被删除，或是用户没有读取该项的权限，将触发异常。

【例 24.1】 获取注册表信息（实例位置：资源包\TM\ sl\24\1）

创建一个 Windows 应用程序，通过 GetSubKeyNames()方法检索 HKEY_LOCAL_MACHINE\SOFTWARE 子键下包含的所有子项名称的字符串数组，代码如下。

```
//添加 using Microsoft.Win32;命名空间
private void Form1_Load(object sender, EventArgs e)
{
    RegistryKey regkey = Registry.LocalMachine;                    //创建 RegistryKey 实例
    //使用 OpenSubKey()方法打开 HKEY_LOCAL_MACHINE\SOFTWARE 键
    RegistryKey sys = regkey.OpenSubKey(@"SOFTWARE");
    //调用 foreach 语句读取 HKEY_LOCAL_MACHINE\SOFTWARE 键下的所有项目
    foreach (string str in sys.GetSubKeyNames())
    {
        richTextBox1.Text += str + "\n";
    }
}
```

程序运行结果如图 24.2 所示。

3．GetValueNames()方法

GetValueNames()方法用于检索包含与此项关联的所有值名称的字符串数组。语法格式如下：

```
public string[ ] GetValueNames()
```

☑ 返回值：包含当前项的值名称的字符串数组。如果没有找到此项的值名称，则返回一个空数组；如果在注册表项设置了一个具有默认值的名称为空字符串的项，则 GetValueNames()方法返回的数组中包含该空字符串。

【例 24.2】 检索指定子键下的所有子项名称（**实例位置：资源包\TM\sl\24\2**）

创建一个 Windows 应用程序，读取 HKEY_LOCAL_MACHINE\SOFTWARE 子键下的项目信息，首先通过 Registry 类实例化一个 RegistryKey 类对象，然后利用对象的 OpenSubKey()方法打开指定的键，最后通过循环将所有键值全部提取出来并显示在 ListBox 控件中，代码如下。

```
//添加 using Microsoft.Win32;命名空间
private void Form1_Load(object sender, EventArgs e)
{
    this.listBox1.Items.Clear();                        //清除 listBox1 控件中的值
    RegistryKey regkey = Registry.LocalMachine;         //创建 RegistryKey 实例
    //使用 OpenSubKey()方法打开 HKEY_LOCAL_MACHINE\SOFTWARE 键
    RegistryKey sys = regkey.OpenSubKey(@"SOFTWARE");
    //使用两个 foreach 语句检索 HKEY_LOCAL_MACHINE\SOFTWARE 键下的所有子项目
    foreach (string str in sys.GetSubKeyNames())
    {
        this.listBox1.Items.Add("子项名：" + str);
        RegistryKey sikey = sys.OpenSubKey(str);        //打开子键
        foreach (string sVName in sikey.GetValueNames())
        {
            this.listBox1.Items.Add(sVName + sikey.GetValue(sVName));
        }
    }
}
```

程序运行结果如图 24.3 所示。

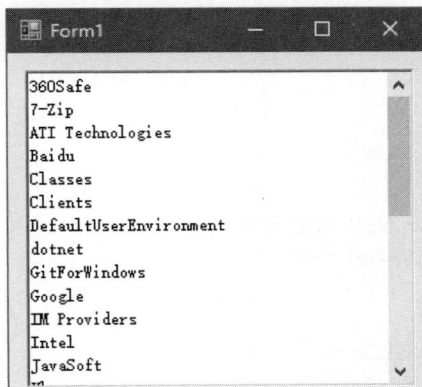

图 24.2　检索指定子键下的所有子项名称

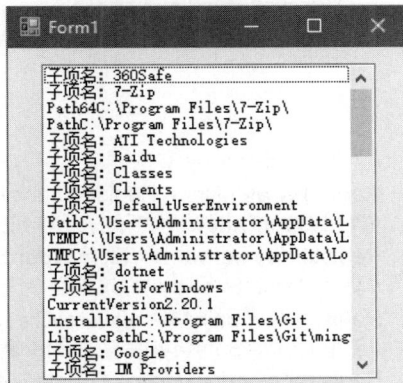

图 24.3　检索子键下的项目

24.2.2　创建和修改注册表信息

1．创建注册表信息

通过 RegistryKey 类的 CreateSubKey()方法和 SetValue()方法可以创建注册表信息，下面就来介绍这两种方法。

（1）CreateSubKey()方法用于创建一个新子项或打开一个现有子项以进行写访问。语法格式如下。

`public RegistryKey CreateSubKey (string subkey)`

- ☑　subkey：要创建或打开的子项的名称或路径。
- ☑　返回值：RegistryKey 对象，表示新建的子项或空引用。如果为 subkey 指定了零长度字符串，则返回当前的 RegistryKey 对象。

（2）SetValue()方法用于设置注册表项中的名称/值对的值。语法格式如下。

`public void SetValue (string name,Object value)`

- ☑　name：要存储的值的名称。
- ☑　value：要存储的数据。

说明

> SetValue()方法用于从非托管代码中访问托管类，不应从托管代码调用。

下面通过实例演示如何通过 RegistryKey 类的 CreateSubKey()方法和 SetValue()方法创建一个子键。

【例 24.3】　在注册表中创建子健（实例位置：资源包\TM\sl\24\3）

创建一个 Windows 应用程序，然后在主键 HKEY_LOCAL_MACHINE 的 HARDWARE 键下创建一个名为 MR 的子键，然后在这个子键下再创建一个名为测试的子键，在测试子键下创建一个名为 value、数据值是 1234 的键值，代码如下。

```
//添加 using Microsoft.Win32;命名空间
private void button1_Click(object sender, EventArgs e)
{
    try
    {
        //创建 RegistryKey 实例
        RegistryKey hklm = Registry.LocalMachine;
        //使用 OpenSubKey()方法打开 HKEY_LOCAL_MACHINE\HARDWARE 键
        RegistryKey software = hklm.OpenSubKey("HARDWARE", true);
        //使用 CreateSubKey()方法创建名为 MR 的子键
        RegistryKey main1 = software.CreateSubKey("MR");
        //使用 CreateSubKey()方法在 MR 键下创建一个名为测试的子键
        RegistryKey ddd = main1.CreateSubKey("测试");
        //在子键测试下建立一个名为 value 的键值，数据值为 1234
        ddd.SetValue("value", "1234");
```

```
        MessageBox.Show("创建成功");
    }
    catch (Exception ex)
    {
        MessageBox.Show(ex.Message);
    }
}
```

运行程序，单击"创建子键"按钮，结果如图 24.4 所示。

2. 修改注册表信息

由于注册表信息十分重要，所以一般不要对其进行写操作。因此在.Net Framework 中并没有提供修改注册表键值的方法，而只是提供了一个危害性相对较小的 SetValue()方法。通过这个方法，可以修改键值。在使用 SetValue()方法时，如果检测到指定的键值不存在，就会创建一个新的键值。关于 SetValue()方法，前面已经做过介绍，此处不再做过多的讲解。下面通过一个实例，演示如何通过 SetValue()方法修改注册表信息。

图 24.4　创建子键

【例 24.4】 修改注册表（实例位置：资源包\TM\sl\24\4）

创建一个 Windows 应用程序，将主键 HKEY_LOCAL_MACHINE\HARDWARE\MR\测试下名为 value 的键值的数据值修改为 abcd，代码如下。

```
//添加 using Microsoft.Win32;命名空间
private void button1_Click(object sender, EventArgs e)
{
    try
    {
        //创建 RegistryKey 实例
        RegistryKey hklm = Registry.LocalMachine;
        //使用 OpenSubKey 方法打开 HKEY_LOCAL_MACHINE\HARDWARE 键
        RegistryKey software = hklm.OpenSubKey("HARDWARE", true);
        //使用 OpenSubKey 方法打开 MR 键
        RegistryKey dddw = software.OpenSubKey("MR", true);
        //使用 OpenSubKey 方法打开 MR 键下的测试子键
        RegistryKey regkey = dddw.OpenSubKey("测试  ", true);
        //然后使用 SetValue()方法修改指定的键值
        regkey.SetValue("value", "abcd");
        MessageBox.Show("修改成功");
    }
    catch (Exception ex)
    {
        MessageBox.Show(ex.Message);
    }
}
```

程序运行前后对比如图 24.5 和图 24.6 所示。

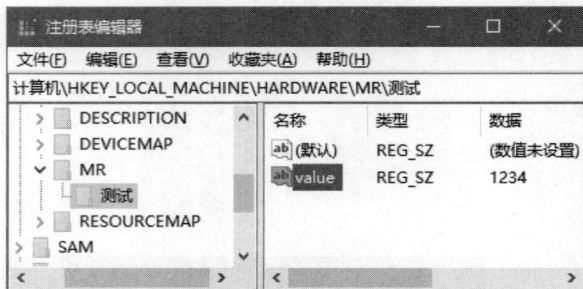

图 24.5　修改注册表信息之前

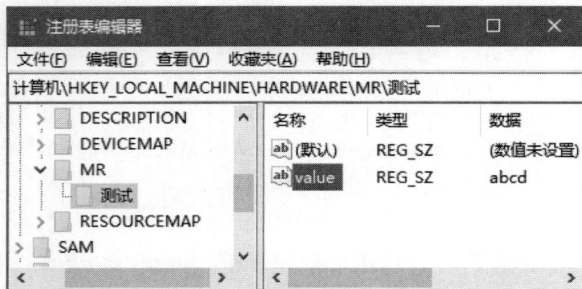

图 24.6　修改注册表信息之后

24.2.3　删除注册表中的信息

删除注册表中的信息主要通过 RegistryKey 类中的 DeleteSubKey()方法、DeleteSubKeyTree()方法和 DeleteValue()方法来实现。这 3 种方法的功能各有不同。

1．DeleteSubKey()方法

DeleteSubKey()方法用于删除不包含任何子键的子键。

语法格式如下。

```
public void DeleteSubKey (string subkey,bool throwOnMissingSubKey)
```

☑　subkey：要删除的子项的名称。

☑　throwOnMissingSubKey：如果值为 true，在程序调用时，删除的子键不存在，则产生一个错误信息；如果值为 false，在程序调用时，删除的子键不存在也不产生错误信息，程序依然正确运行。

说明

如果删除的项有子级子项，将触发异常。必须将子项删除后，才能删除该项。

【例 24.5】　删除注册表的指定键（实例位置：资源包\TM\sl\24\5）

创建一个 Windows 应用程序，通过 RegistryKey 类的 DeleteSubKey()方法删除 HKEY_LOCAL_ MACHINE\HARDWARE\MR 键下的测试子键，代码如下。

```
//添加 using Microsoft.Win32;命名空间
private void button1_Click(object sender, EventArgs e)
{
    try
    {
        //创建 RegistryKey 实例
        RegistryKey hklm = Registry.LocalMachine;
        //使用 OpenSubKey()方法打开 HKEY_LOCAL_MACHINE\ HARDWARE 键
        RegistryKey software = hklm.OpenSubKey("HARDWARE", true);
        //打开 MR 子键
```

```
        RegistryKey no1 = software.OpenSubKey("MR", true);
        //使用 DeleteSubKey()方法删除名称为测试的子键
        no1.DeleteSubKey("测试", false);
        MessageBox.Show("删除成功");
    }
    catch (Exception ex)
    {
        MessageBox.Show(ex.Message);
    }
}
```

运行程序，删除子键的前后对比如图 24.7 和图 24.8 所示。

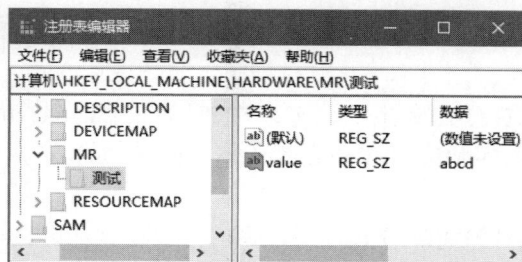

图 24.7　删除子键之前

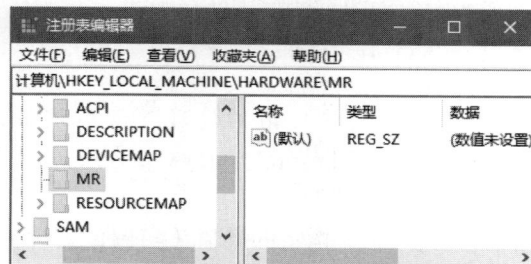

图 24.8　删除子键之后

2．DeleteSubKeyTree 方法

DeleteSubKeyTree()方法用于彻底删除指定的子键目录，包括删除该子键以及该子键以下的全部子键。由于此方法的破坏性非常强，所以在使用时要特别谨慎。

语法格式如下。

```
public void DeleteSubKeyTree (string subkey)
```

☑　subkey：要彻底删除的子键名称。当删除的项为 null 时，则触发异常。

【例 24.6】　删除注册表指定键及子项（实例位置：资源包\TM\sl\24\6）

创建一个 Windows 应用程序，通过 DeleteSubKeyTree()方法将彻底删除 HKEY_LOCAL_MACHINE\HARDWARE\MR 键下的子键，代码如下。

```
//添加 using Microsoft.Win32;命名空间
private void button1_Click(object sender, EventArgs e)
{
    try
    {
        RegistryKey hklm = Registry.LocalMachine;                      //创建 RegistryKey 实例
        RegistryKey software = hklm.OpenSubKey("HARDWARE", true);      //打开 HARDWARE 子键
        RegistryKey no1 = software.OpenSubKey("MR", true);             //打开 MR 子键
        //使用 DeleteSubKeyTree()方法彻底删除测试子键的目录
        no1.DeleteSubKeyTree("测试");
        MessageBox.Show("删除成功");
    }
    catch (Exception ex)
```

433

```
    {
        MessageBox.Show(ex.Message);
    }
}
```

本实例的运行效果与【例 24.5】类似。

3. DeleteValue()方法

DeleteValue()方法主要用于删除指定的键值。语法格式如下。

```
public void DeleteValue (string name)
```

☑　name：要删除的键值的名称。

误区警示

如果在找不到指定值的情况下使用该值，又不想引发异常，可以使用 DeleteValue(string name,bool throwOnMissingValue)重载方法。如果 throwOnMissingValue 参数为 true，则不引发异常。

【例 24.7】　删除指定的键值（实例位置：资源包\TM\sl\24\7）

创建一个 Windows 应用程序，通过 DeleteValue 方法删除 HKEY_LOCAL_MACHINE\HARDWARE\MR\测试键下的名称为 value 的键值，代码如下。

```
//添加 using Microsoft.Win32;命名空间
private void button1_Click(object sender, EventArgs e)
{
    try
    {
        //创建 RegistryKey 实例
        RegistryKey hklm = Registry.LocalMachine;
        //打开 HARDWARE 子键
        RegistryKey software = hklm.OpenSubKey("HARDWARE", true);
        //打开 MR 子键
        RegistryKey no1 = software.OpenSubKey("MR", true);
        //打开测试子键
        RegistryKey no2 = no1.OpenSubKey("测试", true);
        //使用 DeleteValue()方法删除名称为 value 的键值
        no2.DeleteValue("value");
        MessageBox.Show("删除键值成功");
    }
    catch (Exception ex)
    {
        MessageBox.Show(ex.Message);
    }
}
```

本实例的运行效果与【例 24.5】类似。

编程训练（答案位置：资源包\TM\sl\24\编程训练\）

【训练3】：获取本机安装的软件清单　在 Windows 操作系统中，依次选择"控制面板"→"程序"→"程序和功能"命令，可以打开"卸载或更改程序"对话框，在该对话框中列出了本机安装的所有软件清单，本训练要求在 C#中通过操作注册表获取本机安装软件清单。（提示：主要用到 RegistryKey 类的 GetSubKeyNames 方法。）

【训练 4】：设置任务栏时间样式　系统任务栏时间的样式有很多种，比如 HH:mm:ss、H:mm:ss、tt h:mm:ss、tt hh:mm:ss 等，本训练要求通过 C#操作注册表，设置系统任务栏的时间样式。（提示：主要对注册表项 HKEY_CURRENT_USER\Control Panel\International 进行操作。）

24.3　实践与练习

（答案位置：资源包\TM\sl\24\实践与练习\）

综合练习 1：控制软件使用次数　尝试开发一个程序，要求控制程序的试用次数为 30 次。

综合练习 2：通过注册表优化系统　尝试开发一个程序，要求通过注册表实现"加快开/关机速度""加快自动刷新率""加快菜单显示速度"等系统优化功能。

综合练习 3：利用注册表设计软件注册程序　大多数应用软件会将用户输入的注册信息写进注册表中，在程序运行过程中，可以将这些信息从注册表中读出。本练习要求实现在程序中对注册表进行操作的功能，运行程序，单击"注册"按钮，需要将用户输入的信息写入注册表中。参考效果如图 24.9 所示。

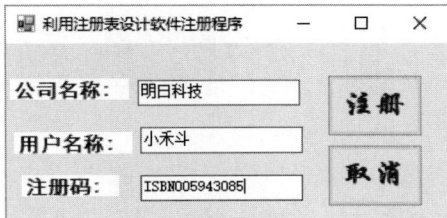

图 24.9　利用注册表设计软件注册程序

第 25 章

线程的使用

在 Windows 应用程序中，常常需要执行长时间运行的操作，例如一个复杂的算术运算等。这时，操作的执行速度就显得非常重要，开发人员可以使用线程对要执行的操作分段执行，这样就可以大大提高程序的运行速度和性能。本章将对线程及其基本操作进行详细讲解。

本章知识架构及重点、难点如下。

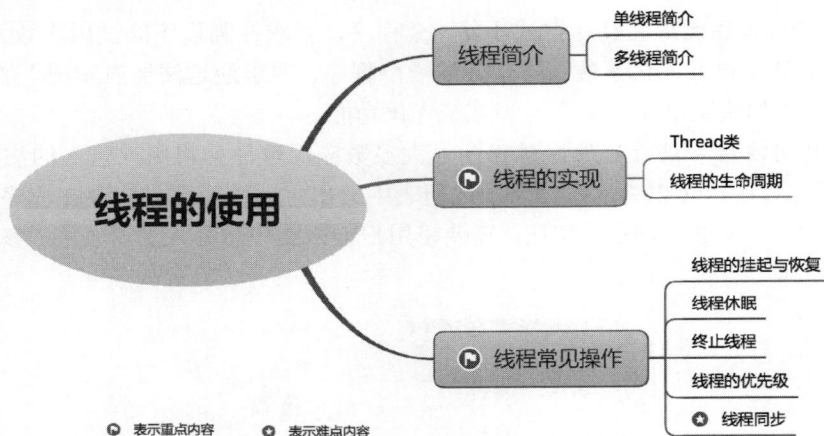

25.1 线 程 简 介

每个正在操作系统上运行的应用程序都是一个进程，一个进程可以包括一个或多个线程。线程是操作系统分配处理器时间的基本单元，在进程中可以有多个线程同时执行代码。每个线程都维护异常处理程序、调度优先级和一组系统用于在调度该线程前保存线程上下文的结构。线程上下文包括为使线程在线程的宿主进程地址空间中无缝地继续执行所需的所有信息，包括线程的 CPU 寄存器组和堆栈。本节将对线程进行详细讲解。

进程就好像是一个公司，公司中的每个员工就相当于线程，公司想要运转就必须得有负责人，负责人就相当于主线程。

25.1.1 单线程简介

顾名思义，单线程就是只有一个线程。默认情况下，系统为应用程序分配一个主线程，该线程执行程序中以 Main()方法开始和结束的代码。

例如，新建一个 Windows 应用程序，程序会在 Program.cs 文件中自动生成一个 Main()方法，该方法就是主线程的启动入口点。Main()方法代码如下。

```
[STAThread]
static void Main()
{
    Application.EnableVisualStyles();                          //启用应用程序的可视样式
    Application.SetCompatibleTextRenderingDefault(false);      //新控件使用 GDI+
    Application.Run(new Form1());
}
```

说明

在以上代码中，Application 类的 Run()方法主要用于设置当前项目的主窗体，这里设置的是 Form1。

25.1.2　多线程简介

一般情况下，需要用户交互的软件都必须尽可能快地对用户的活动做出反应，以便提供丰富多彩的用户体验，但同时它又必须执行必要的计算以便尽可能快地将数据呈现给用户，这时可以使用多线程来实现。

1．多线程的优点

要提高对用户的响应速度并且处理所需数据以便几乎同时完成工作，使用多线程是一种最为强大的技术，在具有一个处理器的计算机上，多线程可以通过利用用户事件之间很小的时间段在后台处理数据来达到这种效果。例如，通过使用多线程，在另一个线程正在重新计算同一应用程序中的电子表格的其他部分时，用户可以编辑该电子表格。

单个应用程序域可以使用多线程来完成以下任务。

☑　通过网络与 Web 服务器和数据库进行通信。

☑　执行占用大量时间的操作。

☑　区分具有不同优先级的任务。

☑　使用户界面可以在将时间分配给后台任务时仍能快速做出响应。

2．多线程的缺点

使用多线程有好处，同时也有坏处，建议一般不要在程序中使用太多的线程，这样可以最大限度地减少操作系统资源的使用，并可提高性能。

如果在程序中使用了多线程，可能会产生如下问题。

☑　系统将为进程、AppDomain 对象和线程所需的上下文信息使用内存。因此，可以创建的进程、AppDomain 对象和线程的数目会受到可用内存的限制。

☑ 跟踪大量的线程将占用大量的处理器时间。如果线程过多，则其中大多数线程都不会产生明显的进度。如果大多数当前线程处于一个进程中，则其他进程中线程的调度频率就会很低。

☑ 使用许多线程控制代码执行非常复杂，并可能产生许多 bug。

☑ 销毁线程需要了解可能发生的问题并对那些问题进行处理。

25.2　线程的实现

C#中对线程进行操作时，主要使用了 Thread 类，该类位于 System.Threading 命名空间下。通过使用 Thread 类，可以对线程进行创建、暂停、恢复、休眠、终止及设置优先权等操作。另外，还可以通过使用 Monitor 类、Mutex 类和 lock 关键字控制线程间的同步执行。本节将对 Thread 类及线程的基本操作进行详细讲解。

25.2.1　Thread 类

Thread 类位于 System.Threading 命名空间下，System.Threading 命名空间提供一些可以进行多线程编程的类和接口。除同步线程活动和访问数据的类（Mutex、Monitor、Interlocked 和 AutoResetEvent 等）外，该命名空间还包含一个 ThreadPool 类（它允许用户使用系统提供的线程池）和一个 Timer 类（它在线程池的线程上执行回调方法）。

Thread 类主要用于创建并控制线程、设置线程优先级并获取其状态。一个进程可以创建一个或多个线程以执行与该进程关联的部分程序代码，线程执行的程序代码由 ThreadStart 委托或 ParameterizedThreadStart 委托指定。

线程运行期间，不同的时刻会表现为不同的状态，但它总是处于由 ThreadState 定义的一个或多个状态中。用户可以通过使用 ThreadPriority 枚举为线程定义优先级，但不能保证操作系统会接受该优先级。

Thread 类的常用属性及说明如表 25.1 所示。

表 25.1　Thread 类的常用属性及说明

属　　性	说　　明
ApartmentState	获取或设置此线程的单元状态
CurrentContext	获取线程正在其中执行的当前上下文
CurrentThread	获取当前正在运行的线程
IsAlive	获取一个值，该值指示当前线程的执行状态
ManagedThreadId	获取当前托管线程的唯一标识符
Name	获取或设置线程的名称
Priority	获取或设置一个值，该值指示线程的调度优先级
ThreadState	获取一个值，该值包含当前线程的状态

Thread 类的常用方法及说明如表 25.2 所示。

表 25.2　Thread 类的常用方法及说明

方　　法	说　　明
Abort	在调用此方法的线程上引发 ThreadAbortException，以开始终止此线程的过程。调用此方法通常会终止线程
GetApartmentState	返回一个 ApartmentState 值，该值指示单元状态
GetDomain	返回当前线程正在其中运行的当前域
GetDomainID	返回唯一的应用程序域标识符
Interrupt	中断处于 WaitSleepJoin 线程状态的线程
Join	阻止调用线程，直到某个线程终止时为止
ResetAbort	取消为当前线程请求的 Abort
Resume	继续已挂起的线程
SetApartmentState	在线程启动前设置其单元状态
Sleep	将当前线程阻止指定的毫秒数
SpinWait	导致线程等待由 iterations 参数定义的时间量
Start	使线程被安排进行执行
Suspend	挂起线程，或者如果线程已挂起，则不起作用
VolatileRead	读取字段值。无论处理器的数目或处理器缓存的状态如何，该值都是由计算机的任何处理器写入的最新值
VolatileWrite	立即向字段写入一个值，以使该值对计算机中的所有处理器都可见

　　创建一个线程非常简单，只需将其声明并为其提供线程起始点处的方法委托即可。创建新的线程时，需要使用 Thread 类，Thread 类具有接受一个 ThreadStart 委托或 ParameterizedThreadStart 委托的构造函数，该委托包装了调用 Start()方法时由新线程调用的方法。创建了 Thread 类的对象之后，线程对象已存在并已配置，但并未创建实际的线程，这时，只有在调用 Start()方法后，才会创建实际的线程。

　　Start()方法用来使线程被安排执行，它有两种重载形式，下面分别介绍。

　　（1）导致操作系统将当前实例的状态更改为 ThreadState.Running，语法格式如下。

```
public void Start()
```

　　（2）使操作系统将当前实例的状态更改为 ThreadState.Running，并选择提供包含线程执行的方法要使用的数据的对象，语法格式如下。

```
public void Start (Object parameter)
```

　　☑　parameter：一个对象，包含线程执行的方法要使用的数据。

注意

　　如果线程已经终止，就无法通过再次调用 Start()方法来重新启动。

【例 25.1】 模拟手机号抽奖（实例位置：资源包\TM\sl\25\1）

使用多线程模拟制作一个手机号抽奖的程序。运行程序，单击"开始抽奖"按钮，循环滚动所有手机号，单击"停止抽奖"按钮，则停止滚动手机号，当前显示的手机号即为中奖号码。代码如下。

```
bool flag = false;
private void button1_Click(object sender, EventArgs e)
{
    Thread th = new Thread(new ThreadStart(GetNum));//创建线程
    th.Start(); //开始线程
    if (button1.Text == "开始抽奖")
    {
        flag = true;
        button1.Text = "停止抽奖";
    }
    else if (button1.Text == "停止抽奖")
    {
        flag = false;
        button1.Text = "开始抽奖";
    }
}
void GetNum()
{
    //定义中奖池号码
    String[ ] phoneNums = { "136****0204", "138****8544", "184****9454", "184****8757", "179****8544",
"198****4533" };
    while (flag)
    {
        //获取一个 phoneNums 数据的随机索引
        int randomIndex = new Random().Next(phoneNums.Length);
        String phoneNum = phoneNums[randomIndex];//获取随机号码
        label1.Text = phoneNum;//修改标签中的值
    }
}
```

程序运行结果如图 25.1 所示。

注意

在程序中使用线程时，需要在命名空间区域添加 using
System.Threading 命名空间，下面遇到时将不再提示。

184****9454

开始抽奖

图 25.1　手机号抽奖

25.2.2　线程的生命周期

任何事物都有始有终，例如人的一生，会经历少年、壮年、老年和"上天堂"，这就是一个人的生命周期，如图 25.2 所示。

同样，线程也有自己的生命周期。首先是出生，就是用 new 关键字创建线程对象，这意味着一个线程的诞生，但此时它还什么都没有做，然后线程对象调用 Start 方法，使线

图 25.2　人的生命周期

程进入一个就绪的状态，也被称为可执行状态，它等待的是 CPU 为线程分配时间片。当获得系统资源的时候，也就是 CPU 来执行时，线程就进入了运行状态。

　　一旦线程进入运行状态，它会在就绪与运行状态下转换，同时也有可能进入暂停状态。如果在运行期间执行了 Sleep、Join 这些方法，或者有外界因素导致线程阻塞，比如等待用户输入等，遇到这种操作场景，线程会进入一个暂停的状态，它与就绪不一样，暂停状态下线程是持有系统资源的，只是没有做任何操作而已。当休眠时间结束或者用户输入完信息之后，线程就会从暂停状态回到就绪状态，注意这里是回到就绪状态，而不是运行状态。因为此时需要检查 CPU 是否有剩余资源来执行线程。当线程中所有的代码都执行完，调用 Abort 方法终止线程，这个线程就会结束，进入死亡状态，同时垃圾回收管理器会对死亡的线程对象进行回收。

　　图 25.3 描述了线程生命周期的各个状态。

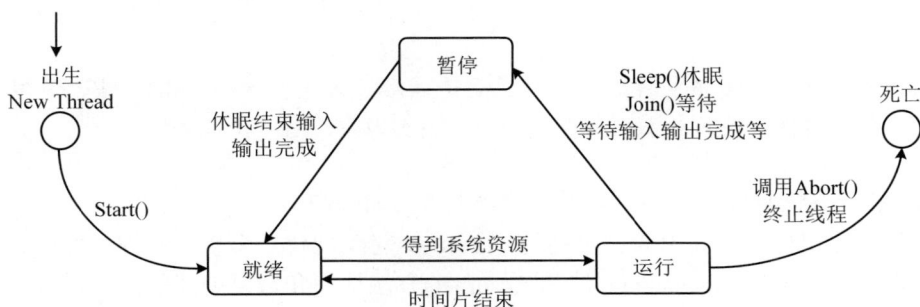

图 25.3　线程的生命周期状态图

编程训练（答案位置：资源包\TM\sl\25\编程训练\）

　　【训练 1】：在窗体中自动绘制彩色线段　使用线程控制在窗体中自动绘制彩色线段。（提示：在线程中使用随机生成的颜色，通过调用 Graphics 对象的 DrawLine()方法进行绘制。）

　　【训练 2】：文字跑马灯效果　通过线程实现文字跑马灯效果。（提示：使用 SubString()方法对字符串进行依次截取，并在线程中使用 DrawString()方法进行绘制。）

25.3　线程常见操作

25.3.1　线程的挂起与恢复

　　创建完一个线程并启动之后，还可以挂起、恢复、休眠或终止它，本节主要对线程的挂起与恢复进行讲解。

　　线程的挂起与恢复分别可以通过调用 Thread 类中的 Suspend()方法和 Resume()方法实现，下面对这两个方法进行详细介绍。

1．Suspend()方法

Suspend()方法用来挂起线程，如果线程已挂起，则不起作用，语法格式如下。

```
public void Suspend()
```

说明

调用 Suspend()方法挂起线程时，.NET 允许要挂起的线程再执行几个指令，目的是为了到达.NET 认为线程可以安全挂起的状态。

2．Resume()方法

Resume()方法用来继续已挂起的线程，语法格式如下。

```
public void Resume()
```

说明

通过 Resume()方法来恢复被暂停的线程时，无论调用了多少次 Suspend()方法，调用 Resume()方法均会使另一个线程脱离挂起状态，并导致该线程继续执行。

【例 25.2】 挂起并恢复线程（实例位置：资源包\TM\sl\25\2）

创建一个控制台应用程序，其中通过实例化 Thread 类对象创建一个新的线程，然后调用 Start()方法启动该线程，之后先后调用 Suspend()方法和 Resume()方法挂起和恢复创建的线程，代码如下。

```
static void Main(string[ ] args)
{
    Thread myThread;                                       //声明线程
    //用线程起始点的 ThreadStart 委托创建该线程的实例
    myThread = new Thread(new ThreadStart(createThread));
    myThread.Start();                                      //启动线程
    myThread.Suspend();                                    //挂起线程
    myThread.Resume();                                     //恢复挂起的线程
}
public static void createThread()
{
    Console.Write("创建线程");
}
```

25.3.2 线程休眠

线程休眠主要通过 Thread 类的 Sleep()方法实现，该方法用来将当前线程阻止指定的时间，它有两种重载形式，下面分别进行介绍。

（1）将当前线程挂起指定的时间，语法格式如下。

```
public static void Sleep(int millisecondsTimeout)
```

☑ millisecondsTimeout：线程被阻止的毫秒数。指定零以指示应挂起此线程以使其他等待线程能够执行，指定 Infinite 以无限期阻止线程。

（2）将当前线程阻止指定的时间，语法格式如下。

```
public static void Sleep(TimeSpan timeout)
```

☑　timeout：线程被阻止的时间量的 TimeSpan。指定零以指示应挂起此线程以使其他等待线程能够执行，指定 Infinite 以无限期阻止线程。

例如，下面代码用来使当前线程休眠 1s，代码如下。

```
Thread.Sleep(1000);                                                          //使线程休眠 1s
```

25.3.3　终止线程

终止线程可以分别使用 Thread 类的 Abort()方法和 Join()方法实现，下面详细介绍。

1．Abort()方法

Abort()方法用来终止线程，它有两种重载形式，下面分别介绍。

（1）终止线程，在调用此方法的线程上引发 ThreadAbortException 异常，以开始终止此线程的过程，语法格式如下。

```
public void Abort()
```

（2）终止线程，在调用此方法的线程上引发 ThreadAbortException 异常，以开始终止此线程并提供有关线程终止的异常信息的过程，语法格式如下。

```
public void Abort(Object stateInfo)
```

☑　stateInfo：一个对象，它包含应用程序特定的信息（如状态），该信息可供正被终止的线程使用。

【例 25.3】 终止开启的线程（**实例位置：资源包\TM\sl\25\3**）

创建一个控制台应用程序，在其中开始一个线程，然后调用 Thread 类的 Abort()方法终止已开启的线程，代码如下。

```
static void Main(string[ ] args)
{
    Thread myThread;                                            //声明线程
    //用线程起始点的 ThreadStart 委托创建该线程的实例
    myThread = new Thread(new ThreadStart(createThread));
    myThread.Start();                                           //启动线程
    myThread.Abort();                                           //终止线程
}
public static void createThread()
{
    Console.Write("线程实例");
}
```

误区警示

线程的 Abort()方法用于永久地停止托管线程。调用 Abort()方法时，公共语言运行库在目标线程中引发 ThreadAbortException 异常，目标线程可捕捉此异常。一旦线程被终止，它将无法重新启动。

2．Join()方法

Join()方法用来阻止调用线程，直到某个线程终止时为止，它有 3 种重载形式，下面分别介绍。

（1）在继续执行标准的 COM 和 SendMessage 消息处理期间阻止调用线程，直到某个线程终止为止，语法格式如下。

public void Join()

（2）在继续执行标准的 COM 和 SendMessage 消息处理期间阻止调用线程，直到某个线程终止或经过了指定时间为止，语法格式如下。

public bool Join(int millisecondsTimeout)

- ☑ millisecondsTimeout：等待线程终止的毫秒数。
- ☑ 返回值：如果线程已终止，则为 true；如果线程在经过了 millisecondsTimeout 参数指定的时间量后未终止，则为 false。

（3）在继续执行标准的 COM 和 SendMessage 消息处理期间阻止调用线程，直到某个线程终止或经过了指定时间为止，语法格式如下。

public bool Join(TimeSpan timeout)

- ☑ timeout：等待线程终止的时间量的 TimeSpan。
- ☑ 返回值：如果线程已终止，则为 true；如果线程在经过了 timeout 参数指定的时间量后未终止，则为 false。

【例 25.4】 使用 Join()方法等待线程终止（**实例位置：资源包\TM\sl\25\4**）

创建一个控制台应用程序，其中调用了 Thread 类的 Join()方法等待线程终止，代码如下。

```
static void Main(string[ ] args)
{
    Thread myThread;                                    //声明线程
    //用线程起始点的 ThreadStart 委托创建该线程的实例
    myThread = new Thread(new ThreadStart(createThread));
    myThread.Start();                                   //启动线程
    myThread.Join();                                    //阻止调用该线程，直到该线程终止
}
public static void createThread()
{
    Console.Write("线程实例");
}
```

误区警示

如果在应用程序中使用了多线程，辅助线程还没有执行完毕，在关闭窗体时必须关闭辅助线程，否则会引发异常。

25.3.4　线程的优先级

线程的优先级指定一个线程相对于另一个线程的优先级。每个线程都有一个分配的优先级。在公共语言运行库内创建的线程最初被分配为 Normal 优先级，而在公共语言运行库外创建的线程，在进入公共语言运行库时将保留其先前的优先级。

线程是根据其优先级而调度执行的，用于确定线程执行顺序的调度算法随操作系统的不同而不同。在某些操作系统下，具有最高优先级（相对于可执行线程而言）的线程经过调度后总是首先运行。如果具有相同优先级的多个线程都可用，则程序将遍历处于该优先级的线程，并为每个线程提供一个固定的时间片段来执行。只要具有较高优先级的线程可以运行，具有较低优先级的线程就不会执行。如果在给定的优先级上不再有可运行的线程，则程序将移到下一个较低的优先级并在该优先级上调度线程以执行；如果具有较高优先级的线程可以运行，则具有较低优先级的线程将被抢先，并允许具有较高优先级的线程再次执行。除此之外，当应用程序的用户界面在前台和后台之间移动时，操作系统还可以动态调整线程的优先级。

说明

> 一个线程的优先级不影响该线程的状态，该线程的状态在操作系统可以调度该线程之前必须为 Running。

线程的优先级值及说明如表 25.3 所示。

表 25.3　线程的优先级值及说明

优 先 级 值	说　　　明
AboveNormal	可以将 Thread 安排在具有 Highest 优先级的线程之后，在具有 Normal 优先级的线程之前
BelowNormal	可以将 Thread 安排在具有 Normal 优先级的线程之后，在具有 Lowest 优先级的线程之前
Highest	可以将 Thread 安排在具有任何其他优先级的线程之前
Lowest	可以将 Thread 安排在具有任何其他优先级的线程之后
Normal	可以将 Thread 安排在具有 AboveNormal 优先级的线程之后，在具有 BelowNormal 优先级的线程之前。默认情况下，线程具有 Normal 优先级

开发人员可以通过访问线程的 Priority 属性来获取和设置其优先级。Priority 属性用来获取或设置一个值，该值指示线程的调度优先级，其语法格式如下。

```
public ThreadPriority Priority { get; set; }
```

☑　属性值：ThreadPriority 值之一。默认值为 Normal。

【例 25.5】　设置线程的优先级（**实例位置：资源包\TM\sl\25\5**）

创建一个控制台应用程序，其中创建了两个 Thread 线程类对象，并设置第一个 Thread 类对象的优先级为最低，然后调用 Start()方法开启这两个线程，代码如下。

```
static void Main(string[ ] args)
```

```
{
    Thread thread1=new Thread(new ThreadStart(Thread1));        //使用自定义方法 Thread1 声明线程
    thread1.Priority = ThreadPriority.Lowest;                   //设置线程的调度优先级
    Thread thread2 = new Thread(new ThreadStart(Thread2));      //使用自定义方法 Thread2 声明线程
    thread1.Start();                                            //开启线程一
    thread2.Start();                                            //开启线程二
}
static void Thread1()
{
    Console.WriteLine("线程一");
}
static void Thread2()
{
    Console.WriteLine("线程二");
}
```

程序运行结果如图 25.4 所示。

图 25.4　设置线程的优先级

25.3.5　线程同步

在应用程序中使用多个线程的一个好处是每个线程都可以异步执行。对于 Windows 应用程序，耗时的任务可以在后台执行，而使应用程序窗口和控件保持响应。对于服务器应用程序，多线程处理提供了用不同线程处理每个传入请求的能力；否则，在完全满足前一个请求之前，将无法处理每个新请求。然而，线程的异步性意味着必须协调对资源（如文件句柄、网络连接和内存）的访问；否则，两个或更多的线程可能在同一时间访问相同的资源，而每个线程都不知道其他线程的操作，结果将产生不可预知的数据损坏。

线程同步是指并发线程高效、有序地访问共享资源所采用的技术，所谓同步，是指某一时刻只有一个线程可以访问资源，只有当资源所有者主动放弃了代码或资源的所有权，其他线程才可以使用这些资源。

线程同步可以分别使用 C#中的 lock 关键字、Monitor 类和 Mutex 类实现，下面对这几种实现方法进行详细介绍。

1．使用 C#中的 lock 关键字实现线程同步

lock 关键字可以用来确保代码块完成运行，而不会被其他线程中断，它是通过在代码块运行期间为给定对象获取互斥锁来实现的。

lock 语句以关键字 lock 开头，它有一个作为参数的对象，在该参数的后面还有一个一次只能由一个线程执行的代码块。lock 语句语法格式如下。

```
Object thisLock = new Object();
lock (thisLock)
{
    //要运行的代码块
}
```

　　提供给 lock 语句的参数必须为基于引用类型的对象，该对象用来定义锁的范围。严格地说，提供给 lock 语句的参数只是用来唯一标识由多个线程共享的资源，所以它可以是任意类实例。然而，此参数通常表示需要进行线程同步的资源。例如，如果一个容器对象将被多个线程使用，则可以将该容器传递给 lock 语句，而 lock 语句中的代码块将访问该容器。只要其他线程在访问该容器前先锁定该容器，则对该对象的访问将是安全同步的。

　　通常，最好避免锁定 public 类型或不受应用程序控制的对象实例。例如，如果该实例可以被公开访问，则 lock（this）可能会有问题。因为不受控制的代码也可能会锁定该对象，这将可能导致死锁，即两个或更多个线程等待释放同一个对象。出于同样的原因，锁定公共数据类型（相比于对象）也可能导致问题，锁定字符串尤其危险。因为字符串被公共语言运行库（CLR）"暂留"，这意味着整个程序中任何给定字符串都只有一个实例。因此，只要在应用程序进程中任何具有相同内容的字符串上放置了锁，就将锁定应用程序中该字符串的所有实例。因此，最好锁定不会被暂留的私有或受保护成员。

> **说明**
>
> 　　事实上 lock 语句是用 Monitor 类来实现的，它等效于 try/finally 语句块，使用 lock 关键字通常比直接使用 Monitor 类更可取，一方面是因为 lock 更简洁；另一方面是因为 lock 确保了即使受保护的代码引发异常，也可以释放基础监视器。这是通过 finally 关键字来实现的，无论是否引发异常，它都执行关联的代码块。

【例 25.6】 使用 lock 关键字模拟售票系统（实例位置：资源包\TM\sl\25\6）

设置同步块模拟售票系统，使用 lock 关键字锁定售票代码，以便实现线程同步，代码如下。

```
class Program
{
    int num = 10;                                //设置当前总票数
    void Ticket()
    {
        while (true)                             //设置无限循环
        {
            lock (this)                          //锁定代码块，以便线程同步
            {
                if (num > 0)                     //判断当前票数是否大于 0
                {
                    Thread.Sleep(100);           //使当前线程休眠 100ms
                    Console.WriteLine(Thread.CurrentThread.Name + "----票数" + num--);   //票数减 1
                }
            }
        }
    }
    static void Main(string[] args)
```

```
    {
        Program p = new Program();                          //创建对象，以便调用对象方法
        Thread tA = new Thread(new ThreadStart(p.Ticket));  //分别实例化 4 个线程，并设置名称
        tA.Name = "线程一";
        Thread tB = new Thread(new ThreadStart(p.Ticket));
        tB.Name = "线程二";
        Thread tC = new Thread(new ThreadStart(p.Ticket));
        tC.Name = "线程三";
        Thread tD = new Thread(new ThreadStart(p.Ticket));
        tD.Name = "线程四";
        tA.Start();                                         //分别启动线程
        tB.Start();
        tC.Start();
        tD.Start();
        Console.ReadLine();
    }
}
```

程序运行效果如图 25.5 所示。

2．使用 Monitor 类实现线程同步

Monitor 类提供了同步对象的访问机制，它通过向单个线程授予对象锁来控制对对象的访问，对象锁提供限制访问代码块（通常称为临界区）的能力。当一个线程拥有对象锁时，其他任何线程都不能获取该锁。

Monitor 类的主要功能如下。

（1）它根据需要与某个对象相关联。

（2）它是未绑定的，也就是说可以直接从任何上下文调用它。

（3）不能创建 Monitor 类的实例。

Monitor 类的常用方法及说明如表 25.4 所示。

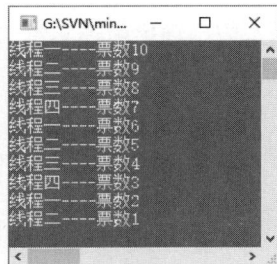

图 25.5　设置同步块模拟售票系统

表 25.4　Monitor 类的常用方法及说明

方　　法	说　　明
Enter	在指定对象上获取排他锁
Exit	释放指定对象上的排他锁
Pulse	通知等待队列中线程锁定对象状态的更改
PulseAll	通知所有等待线程对象状态的更改
TryEnter	试图获取指定对象的排他锁
Wait	释放对象上的锁并阻止当前的线程，直到它重新获取该锁

注意

使用 Monitor 类锁定的是对象（即引用类型）而不是值类型。

【例 25.7】 使用 Monitor 类模拟售票系统（实例位置：资源包\TM\ sl\25\7）

使用 Monitor 类实现与【例 25.6】相同的功能，即使用 Monitor 类设置同步块模拟售票系统，代码

如下。

```
class Program
{
    int num = 10;                                       //设置当前总票数
    static void Main(string[] args)
    {
        Program p = new Program();                      //创建对象，以便调用对象方法
        Thread tA = new Thread(new ThreadStart(p.Ticket)); //分别实例化 4 个线程，并设置名称
        tA.Name = "线程一";
        Thread tB = new Thread(new ThreadStart(p.Ticket));
        tB.Name = "线程二";
        Thread tC = new Thread(new ThreadStart(p.Ticket));
        tC.Name = "线程三";
        Thread tD = new Thread(new ThreadStart(p.Ticket));
        tD.Name = "线程四";
        tA.Start();                                     //分别启动线程
        tB.Start();
        tC.Start();
        tD.Start();
        Console.ReadLine();
    }
    //使用 Monitor 实现线程同步
    void Ticket()
    {
        while (true)                                    //设置无限循环
        {
            Monitor.Enter(this);                        //锁定当前线程
            if (num > 0)                                //判断当前票数是否大于 0
            {
                Thread.Sleep(100);                      //使当前线程休眠 100ms
                Console.WriteLine(Thread.CurrentThread.Name + "----票数" + num--);//票数减 1
            }
            Monitor.Exit(this);                         //释放当前线程
        }
    }
}
```

说明

从【例 25.6】和【例 25.7】来看，这两个例子实现的功能是相同的，但似乎使用 lock 关键字更简单一些，那为何还要使用 Monitor 类呢？因为使用 Monitor 类有更好的控制能力，例如，它可以使用 Wait()方法指示活动的线程等待一段时间，当线程完成操作时，还可以使用 Pulse()方法或PulseAll()方法通知等待中的线程。

3．使用 Mutex 类实现线程同步

当两个或更多线程需要同时访问一个共享资源时，系统需要使用同步机制来确保一次只有一个线程使用该资源。Mutex 类是同步基元，它只向一个线程授予对共享资源的独占访问权。如果一个线程

获取了互斥体，则要获取该互斥体的第二个线程将被挂起，直到第一个线程释放该互斥体。Mutex 类与监视器类似，它防止多个线程在某一时间同时执行某个代码块。与监视器不同的是，Mutex 类可以用来使跨进程的线程同步。

可以使用 WaitHandle.WaitOne 方法请求互斥体的所属权，拥有互斥体的线程可以在对 WaitOne() 方法的重复调用中请求相同的互斥体而不会阻止其执行，但线程必须调用同样多次数的 ReleaseMutex() 方法以释放互斥体的所属权。Mutex 类强制线程标识，因此互斥体只能由获得它的线程释放。

当用于进程间同步时，Mutex 称为"命名 Mutex"，因为它将用于另一个应用程序，因此它不能通过全局变量或静态变量共享。必须给它指定一个名称，才能使两个应用程序访问同一个 Mutex 对象。

Mutex 类的常用方法及说明如表 25.5 所示。

表 25.5　Mutex 类的常用方法及说明

方　　法	说　　明
Close	在派生类中被重写时，释放由当前 WaitHandle 持有的所有资源
OpenExisting	打开现有的已命名互斥体
ReleaseMutex	释放 Mutex 一次
SignalAndWait	原子操作的形式，向一个 WaitHandle 发出信号并等待另一个
WaitAll	等待指定数组中的所有元素都收到信号
WaitAny	等待指定数组中的任一元素收到信号
WaitOne	当在派生类中重写时，阻止当前线程，直到当前的 WaitHandle 收到信号

使用 Mutex 类实现线程同步很简单，首先实例化一个 Mutex 类对象，其构造函数中比较常用的有 public Mutex(bool initallyOwned)。其中，参数 initallyOwned 指定了创建该对象的线程是否希望立即获得其所有权，当在一个资源得到保护的类中创建 Mutex 类对象时，常将该参数设置为 false。然后在需要单线程访问的地方调用其等待方法，等待方法请求 Mutex 对象的所有权。这时，如果该所有权被另一个线程所拥有，则阻塞请求线程，并将其放入等待队列中，请求线程将保持阻塞，直到 Mutex 对象收到了其所有者线程发出将其释放的信号为止。所有者线程在终止时释放 Mutex 对象，或者调用 ReleaseMutex()方法来释放 Mutex 对象。

说明

尽管 Mutex 类可以用于进程内的线程同步，但是使用 Monitor 类通常更为可取，因为 Monitor 监视器是专门为.NET Framework 而设计的，因而它可以更好地利用资源。相比之下，Mutex 类是 Win32 构造的包装。尽管 Mutex 类比监视器更为强大，但是相对于 Monitor 类，它所需要的互操作转换更消耗计算机资源。

【例 25.8】　使用 Metux 类模拟售票系统（实例位置：资源包\TM\sl\25\8）

使用 Mutex 类实现与【例 25.6】相同的功能，即使用 Mutex 类设置同步块模拟售票系统，代码如下。

```
class Program
{
    int num = 10;                                          //设置当前总票数
    static void Main(string[] args)
    {
        Program p = new Program();                         //创建对象，以便调用对象方法
        Thread tA = new Thread(new ThreadStart(p.Ticket)); //分别实例化 4 个线程，并设置名称
        tA.Name = "线程一";
        Thread tB = new Thread(new ThreadStart(p.Ticket));
        tB.Name = "线程二";
        Thread tC = new Thread(new ThreadStart(p.Ticket));
        tC.Name = "线程三";
        Thread tD = new Thread(new ThreadStart(p.Ticket));
        tD.Name = "线程四";
        tA.Start();                                        //分别启动线程
        tB.Start();
        tC.Start();
        tD.Start();
        Console.ReadLine();
    }
    //使用 Mutex 实现线程同步
    void Ticket()
    {
        while (true)                                       //设置无限循环
        {
            Mutex myMutex=new Mutex(false);                //创建 Mutex 类对象
            myMutex.WaitOne();                             //阻塞当前线程
            if (num > 0)                                   //判断当前票数是否大于 0
            {
                Thread.Sleep(100);                         //使当前线程休眠 100ms
                Console.WriteLine(Thread.CurrentThread.Name + "----票数" + num--); //票数减 1
            }
            myMutex.ReleaseMutex();                        //释放 Mutex 对象
        }
    }
}
```

编程训练（答案位置：资源包\TM\sl\25\编程训练\）

　　【训练 3】：**霓虹灯效果**　霓虹灯之"明·日·科·技"（改变字体样式与颜色以及面板背景色，变化的时间间隔为 3s）。（提示：分别通过两个线程设置窗体的背景色、Label 控件中的字体及颜色。）

　　【训练 4】：**挑战 10 s 抽奖程序**　某商场举行抽奖活动，抽奖机上有一个按钮，顾客按住按钮之后，上方计时器的时间开始滚动，顾客松开按钮，计时器停止计时。如果顾客可以让计时器停在 10:00 处，则可以拿到大奖；若停在 10:0× 处，可以拿二等奖；停在 10:×× 处，可以拿三等奖。请设计这个抽奖程序。（提示：本实例使用线程对象的 Start()方法开始抽奖线程，使用 Interrupt()方法挂起抽奖线程。）

25.4　实践与练习

（答案位置：资源包\TM\sl\25\实践与练习\）

综合练习 1: 百叶窗效果的图片显示　尝试开发一个程序，要求通过使用线程休眠控制图片以百叶窗效果显示。

综合练习 2: 模拟龟兔赛跑　使用线程模拟龟兔赛跑：兔子跑到 90 米的时候，开始睡觉；乌龟爬至终点时，兔子醒了跑至终点。参考效果如图 25.6 所示。（提示：主要用到线程对象的 Join()方法。）

综合练习 3: 窗体中不规则运动的图标　使用线程实现"●"和"★"在窗体中做不规则的弹壁运动，参考效果如图 25.7 所示。（提示：使用两个 Label 控件分别显示两个图片，然后通过两个线程控制这两个 Label 控件的坐标，及碰到边界时对齐位置重新设置。）

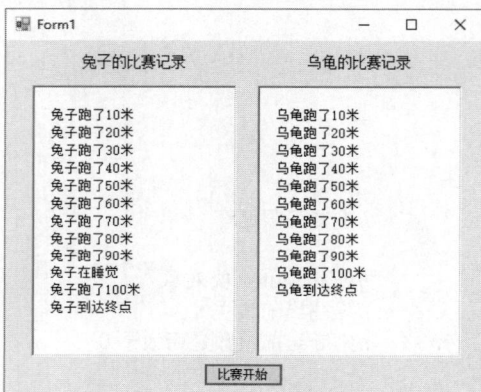

图 25.6　模拟龟兔赛跑

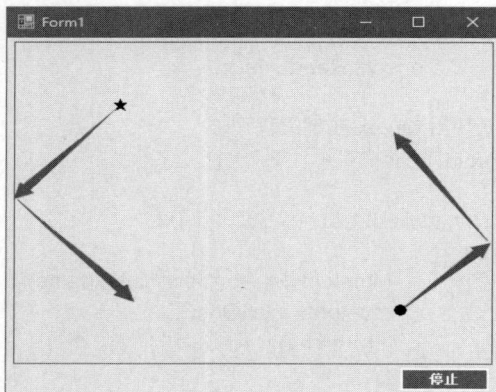

图 25.7　窗体中不规则运动的图标

第 4 篇

项目实战

本篇通过一个大型、完整的企业人事管理系统，运用软件工程的设计思想，让读者学习如何进行软件项目的实践开发。全文按照编写项目计划书→系统设计→数据库设计→创建项目→实现项目→运行项目→解决开发常见问题等过程进行介绍，带领读者一步一步亲身体验开发项目的全过程。

项目实战

- 系统分析与设计 —— 开发项目前的准备阶段、分析阶段，必须做好前期工作
- 数据库与数据表设计 —— 选择并设计合理的数据库结构、数据表关系
- 公共类设计 —— 编写公共接口、方法，简化项目的代码
- 窗体模块设计 —— 使用可视化工具绘制窗体，是项目开发中相对比较容易的一步
- 窗体代码实现 —— 功能逻辑代码的实现——程序员最重要的工作
- 常见问题及解决 —— 项目的开发总结，积累经验

第 26 章

企业人事管理系统

人事管理是现代企业管理工作不可缺少的一部分，是推动企业走向科学化、规范化的必要条件。员工是企业生存的主要元素，员工的增减、变动将直接影响到企业的整体运作。企业员工越多、分工越细、联系越密，所要做的统计工作就越多，人事管理的难度就越大。随着企业的不断壮大，自动化的企业人事管理系统就显得非常必要，本章将通过使用 C#+SQL Server 技术开发一个企业人事管理系统。

本章知识架构及重点、难点如下。

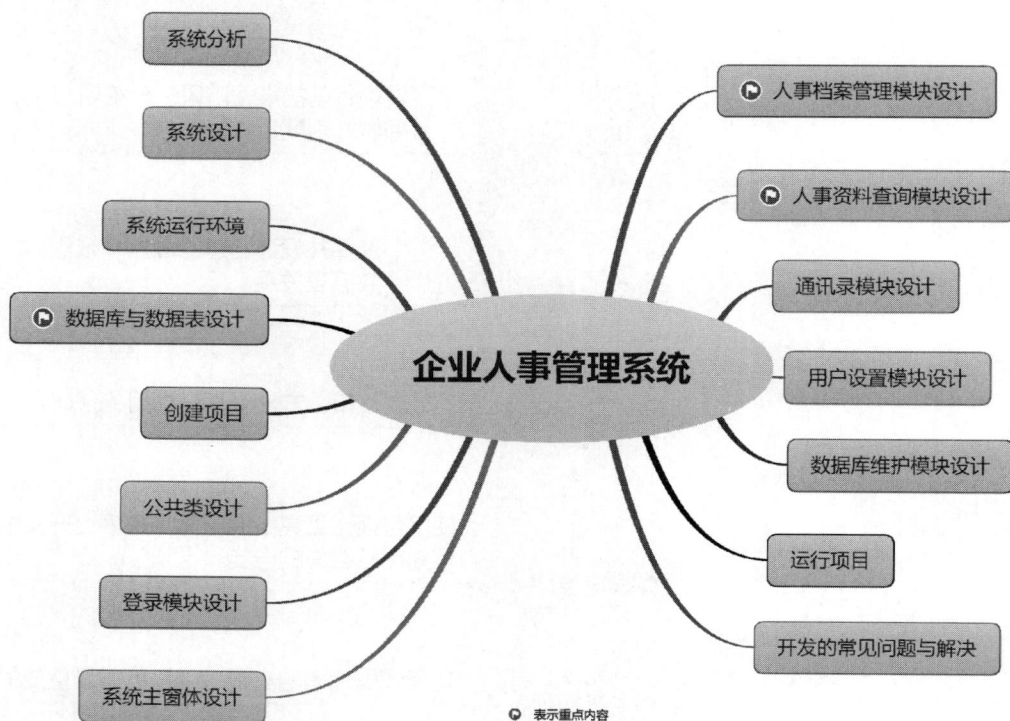

系统分析
系统设计
系统运行环境
◉ 数据库与数据表设计
创建项目
公共类设计
登录模块设计
系统主窗体设计

企业人事管理系统

◉ 人事档案管理模块设计
◉ 人事资料查询模块设计
通讯录模块设计
用户设置模块设计
数据库维护模块设计
运行项目
开发的常见问题与解决

◉ 表示重点内容

26.1　系　统　分　析

26.1.1　需求分析

基于其他企业人事管理软件的不足，要求能够制作一个可以方便、快捷地对职工信息进行添加、修改、删除的操作，并且可以在数据库中存储相应职工的照片。为了能够更好地存储职工信息，可以将职工信息添加到 Word 文档或者 Excel 表格中，这样，不但便于保存，还可以通过 Word 文档或者 Excel 表格进行打印。

26.1.2　可行性分析

根据《计算机软件文档编制规范》GB/T 8567－2006 中可行性分析的要求，制定可行性研究报告如下。

1．引言

（1）编写目的。

为了给软件开发企业的决策层提供是否进行项目实施的参考依据，现以文件的形式分析项目的风险、项目需要的投资与效益。

（2）背景。

×××科技有限公司是一家以计算机软件技术为核心的高科技型企业，为了更好地对公司内部人员进行管理，现需要委托其他公司开发一个人事管理相关的软件，项目名称为"企业人事管理系统"。

2．可行性研究的前提

（1）要求。

☑　可以真正地实现对企业人事的管理。

☑　系统的功能要符合本企业的实际情况。

☑　系统的功能操作要方便、易懂，不要有多余或复杂的操作。

☑　可以方便地对人事信息进行输出打印。

在制作项目时，项目的需求是十分重要的，需求就是项目要实现的目的。比如说去医院买药，去医院只是一个过程，好比是编写程序代码，目的就是去买药（需求）。

（2）目标。

方便对企业内部的人事档案及岗位调动等进行管理。

（3）交付时间。

项目需要在两个月内交付用户使用，系统分析人员需要 3 天内到位，用户需要 5 天时间确认需求分析文档，去除其中可能出现的问题。例如用户可能临时有事，占用 7 天时间确认需求分析。那么程序开发人员需要在 50 天的时间内进行系统设计、程序编码、系统测试、程序调试和系统打包部署工作，其间，还包括员工每周的休息时间。

3．投资及效益分析

（1）支出。

根据预算，公司计划投入 8 个人，为此需要支付 9 万元的工资及各种福利待遇。项目的安装、调试以及用户培训、员工出差等费用支出需要 2.5 万元。在项目后期维护阶段预计需要投入 3 万元的资金，累计项目投入需要 14.5 万元资金。

（2）收益。

客户提供项目开发资金 30 万元，对于项目后期进行的改动，采取协商的原则，根据改动规模额外提供资金。因此，从投资与收益的效益比上，公司大致可以获得 15.5 万元的利润。

项目完成后，会给公司提供资源储备，包括技术、经验的积累。

4．结论

根据上面的分析，技术上不会存在问题，因此项目延期的可能性很小。在效益上，公司投入 8 个人、2 个月的时间；获利 15.5 万元，比较可观。另外，公司还可以储备项目开发的经验和资源。因此，认为该项目可以开发。

26.1.3　编写项目计划书

根据《计算机软件文档编制规范》GB/T 8567－2006 中的项目开发计划要求，结合单位实际情况，设计项目计划书如下。

1．引言

（1）编写目的。

为了能使项目按照合理的顺序开展，并保证按时、高质量地完成，现拟订项目计划书，将项目开发生命周期中的任务范围、团队组织结构、团队成员的工作任务、团队内外沟通协作方式、开发进度、检查项目工作等内容描述出来，作为项目相关人员之间的共识、约定以及项目生命周期内的所有项目活动的行动基础。

（2）背景。

企业人事管理系统是本公司与×××科技有限公司签订的待开发项目，项目性质为人事管理类型，可以方便企业管理者对企业内部的人事变更、人事调动等进行管理，项目周期为两个月。项目背景规划如表 26.1 所示。

表 26.1　项目背景规划

项 目 名 称	签订项目单位	项目负责人	参与开发部门
企业人事管理系统	甲方：×××科技有限公司	甲方：王经理	设计部门
	乙方：TM 科技有限公司	乙方：高经理	开发部门 测试部门

2．概述

（1）项目目标。

项目应当符合 SMART 原则（目标管理原则），把项目要完成的工作用清晰的语言描述出来。企业人事管理系统的主要目标是为企业的管理者提供一套能够方便地对企业内部人员的变更及调动等进行管理的软件。

（2）应交付成果。

项目开发完成后，交付的内容如下。

- ☑ 以资源包的形式提供企业人事管理系统的源程序、系统数据库文件、系统打包文件和系统使用说明书。
- ☑ 系统发布后，进行无偿维护和服务 6 个月，超过 6 个月进行系统有偿维护与服务。

（3）项目开发环境。

开发本项目所用的操作系统可以是 Windows 7、Windows 8 或 Windows 10，开发工具为 Visual Studio 2019，数据库采用 SQL Server。

（4）项目验收方式与依据。

项目验收分为内部验收和外部验收两种方式。项目开发完成后，首先进行内部验收，由测试人员根据用户需求和项目目标进行验收。项目在通过内部验收后，交给客户进行外部验收，验收的主要依据为需求规格说明书。

3．项目团队组织

（1）组织结构。

本公司针对该项目组建了一个由公司副经理、项目经理、系统分析员、软件工程师、界面设计师和测试人员构成的开发团队，团队结构如图 26.1 所示。

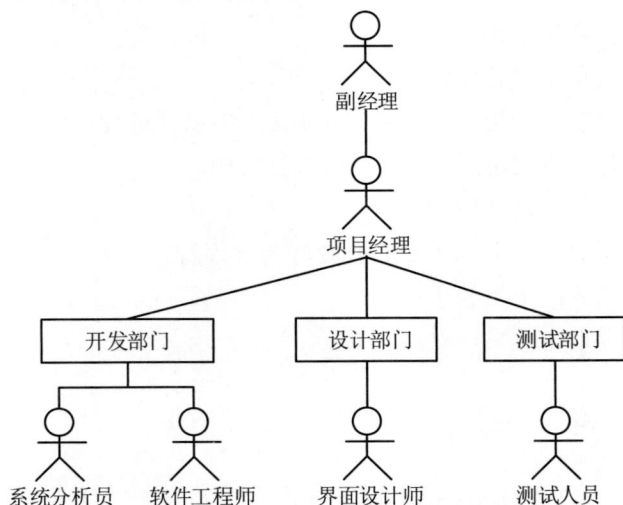

图 26.1　项目开发团队结构

（2）人员分工。

为了明确项目团队中每个人的任务分工，现制定人员分工表，如表26.2所示。

表26.2　人员分工表

姓　名	技　术　水　平	所　属　部　门	角　色	工　作　描　述
秦某	MBA	经理部	副经理	负责项目的审批、决策的实施
汉某	MBA	项目开发部	项目经理	负责项目的前期分析、策划、项目开发进度的跟踪、项目质量的检查
魏某	中级系统分析员	项目开发部	系统分析员	负责系统功能分析、系统框架设计
唐某	中级软件工程师	项目开发部	软件工程师	负责软件设计与编码
宋某	中级软件工程师	项目开发部	软件工程师	负责软件设计与编码
元某	初级软件工程师	项目开发部	软件工程师	负责软件编码
明某	中级美工设计师	设计部	界面设计师	负责软件的界面设计
清某	中级系统测试工程师	项目开发部	测试人员	对软件进行测试、编写软件测试文档

26.2　系统设计

26.2.1　系统目标

根据企业对人事管理的要求，制定企业人事管理系统目标如下。

- ☑　操作简单方便、界面简洁美观。
- ☑　在查看员工信息时，可以对当前员工的家庭情况、培训情况进行添加、修改、删除操作。
- ☑　方便快捷地全方位数据查询。
- ☑　按照指定的条件对员工进行统计。
- ☑　可以将员工信息以表格的形式导出到Word文档中以便进行打印。
- ☑　可以将员工信息导出到Excel表格中以便进行打印。
- ☑　灵活的数据备份、还原及清空功能。
- ☑　由于该系统的使用对象较多，所以要有较好的权限管理。
- ☑　能够在当前运行的系统中重新进行登录。
- ☑　系统运行稳定、安全可靠。

26.2.2　系统功能结构

企业人事管理系统的功能结构如图26.2所示。

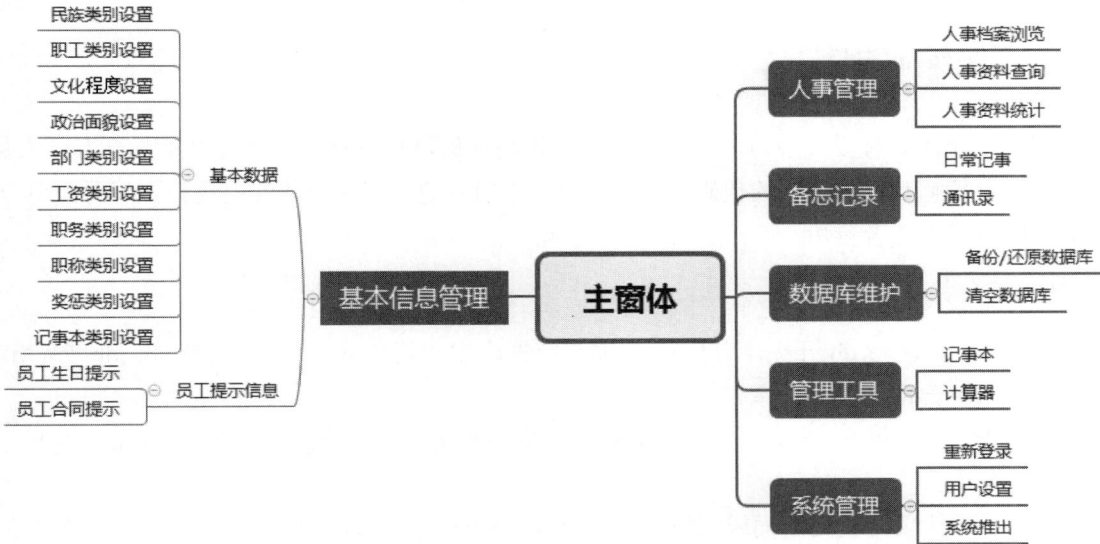

图 26.2　企业人事管理系统功能结构

26.2.3　系统业务流程图

企业人事管理系统的业务流程如图 26.3 所示。

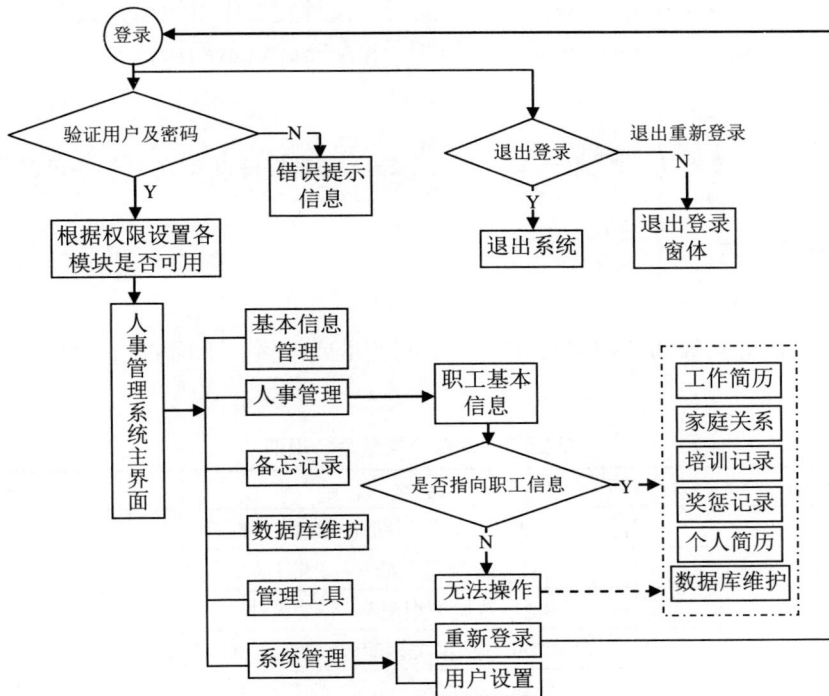

图 26.3　企业人事管理系统的业务流程

26.2.4 系统编码规范

开发项目时往往会有多人参与，为了使程序结构与代码风格标准化，使每个参与开发的人员尽可能直观地查看和理解其他人编写的代码，需要在编码之前制定一套统一的编码规范。下面介绍一套 C# 中常用的编码规范供读者参考。

1．数据库命名规范

☑ 数据库：以字母 db 开头（小写），后面加数据库相关英文单词或缩写。例如，db_PWMS 表示企业人事管理系统数据库。

☑ 数据表：以字母 tb 开头（小写），后面加数据表相关英文单词或缩写。例如，tb_Login 表示登录信息表。

☑ 字段：一律采用英文单词或词组（可利用翻译软件）命名，如找不到专业的英文单词或词组，可以用相同意义的英文单词或词组代替。例如，用 name 表示名字，用 pwd 表示密码。

☑ 视图：以字母 view 开头（小写），后面加表示该视图作用的相关英文单词或缩写。例如，视图 view_AdminInfo，其中 view 表示视图，AdminInfo 表示查看管理员信息。

☑ 存储过程：以字母 proc 开头（小写），后面加表示该存储过程作用的相关英文单词或缩写。例如，proc_Login 中，proc 表示存储过程，Login 表示登录功能。

☑ 触发器：以字母 trig 开头（小写），后面加表示该触发器作用的相关英文单词或缩写。例如，触发器 trig_inAdmin，其中 trig 表示触发器，inAdmin 表示添加管理员信息。

说明

> 在数据库中使用命名规范，有助于其他用户更好地理解数据表及表中各字段的内容。

2．程序代码命名规范

（1）变量及对象名称定义规则。

根据不同的程序需要，编写代码时要定义一定的变量或常量。下面介绍一种常见的变量及常量命名规则，如表 26.3 所示。

表 26.3　变量及常量命名规则

变量及常量级别	命 名 规 则	举 例
模块级变量	M_+数据类型简写+变量名称	M_int_xx
全局变量	G_+数据类型简写+变量名称	G_int_xx
局部变量	P_+数据类型简写+变量名称	P_dbl_sl
模块级常量	Mc_+数据类型简写+常量名称	Mc_str_xx
全局常量	Gc_+数据类型简写+常量名称	Gc_str_xx
过程级常量	Pc_+数据类型简写+常量名称	Pc_str_xx

（2）数据类型简写规则。

在程序中定义常量、变量或方法等内容时，常常需要指定类型。下面介绍一种常见的数据类型简写规则，如表 26.4 所示。

表 26.4　数据类型简写规则

数 据 类 型	简　写	数 据 类 型	简　写	数 据 类 型	简　写
整型	int	短整型	sint	双精度浮点型	dbl
字符串	str	长整型	lint	字节型	bt
布尔型	bl	单精度浮点型	flt		

（3）控件命名规则。

所有的对象名称都为自然名称的拼音简写，出现冲突可采用不同的简写规则。另外，在编码过程中涉及不到编码的控件，其名称可以取默认名称。控件命名规则如表 26.5 所示。

表 26.5　控件命名规则

控　件	缩 写 形 式	控　件	缩 写 形 式	控　件	缩 写 形 式
Form	frm	Timer	tmr	GroupBox	gbox
TextBox	txt	CheckBox	chb	ListView	lv
Button	btn	RichTextBox	rtbox	TreeView	tv
ComboBox	cbox	CheckedListBox	clbox	PictureBox	pbox
Label	lab	RadioButton	rbtn	…	…
DataGridView	dgv	NumericUpDown	nudown		
ListBox	lb	Panel	pl		

下面对 C#中比较特殊的编码规范进行说明。

（1）窗体命名规范。

在创建一个窗体时，首先对窗体的 ID 进行命名，本系统中统一命名为"F_+窗体名称"。其中窗体名称最好是英文形式的窗体说明，便于开发者通过窗体 ID 就能知道该窗体的作用。例如登录窗体，ID 名为 F_Login。

在窗体中调用其他窗体时，必须对调用窗体进行引用，其引用的变量名为"Frm+窗体名称"，如登录窗体的引用名为 FrmLogin。

（2）添加、修改操作中各控件的命名规范。

在对数据进行编辑时，如果数据表中的字段过多，很难将窗体中对应的控件值组合成 SQL 语句。为了便于对数据库中的信息进行添加、修改操作，可以将各字段所对应的控件命名为"表名（或部分表名）_数字"，这里的数字是根据数据表中相应字段的顺序进行编号的。例如，将一个控件与 tb_WorkResume（工作简历表）数据表中的第 3 个字段建立关系，应将其 Name 属性设为 Word_2。

（3）查询操作中各控件的命名规范。

当使用多字段对数据表中的数据进行查询时，将窗体中相应的控件值组合成查询语句是非常麻烦的，为了能够快速组合查询条件，可以将设置查询条件的控件命名为"表名_相应字段名"。当查询条件需要逻辑运算符时，将记录逻辑运算符的控件命名为"相应字段名_+Sign"。这样即可通过字段名来组合查询条件。例如，查询年龄大于 30 岁的职工，年龄的字段名为 Age，条件控件名为 Find_Age，逻辑控件名为 Age_Sign，通过条件控件和逻辑控件即可组合成查询条件。

> **说明**
>
> 良好的命名规则有助于开发者快速了解对编写后的变量、方法、类、窗体以及各控件的用处。

26.3 系统运行环境

本系统的程序运行环境具体如下。

- ☑ 系统开发工具：Microsoft Visual Studio 2019。
- ☑ 系统开发语言：C#。
- ☑ 数据库管理软件：Microsoft SQL Server（2008、2014、2017 或者 2019 版本都可以）。
- ☑ 运行平台：Windows 7（SP1）/Windows 8/Windows 8.1/Windows 10。
- ☑ 运行环境：Microsoft .NET Framework SDK v4.0 以上。
- ☑ 分辨率：最佳效果 1024 像素×768 像素。

26.4 数据库与数据表设计

开发应用程序时，对数据库的操作是必不可少的。数据库设计是根据程序的需求及其实现功能所制定的，数据库设计的合理性将直接影响到程序的开发过程。

26.4.1 数据库分析

企业人事管理系统主要用来记录一个企业中所有员工的基本信息以及每个员工的工作简历、家庭成员、奖惩记录等，数据量是根据企业员工的多少来决定的。SQL Server 作为目前常用的一种数据库，在安全性、准确性和运行速度方面有绝对的优势，并且处理数据量大、效率高，所以本系统采用了 SQL Server 数据库作为后台数据库。数据库命名为 db_PWMS，其中包含了 23 张数据表，用于存储不同的信息，详细信息如图 26.4 所示。

26.4.2 创建数据库

在 SQL Server 中创建数据库 db_PWMS 的具体步骤如下。

（1）在 Windows 10 操作系统的开始界面中找到 SQL

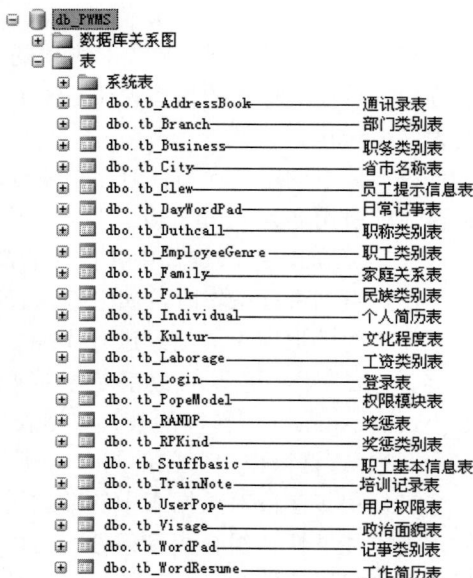

图 26.4 企业人事管理系统中用到的数据表

Server Management Studio，单击打开。

（2）打开如图 26.5 所示的"连接到服务器"对话框，在该对话框中选择登录的服务器名称和身份验证方式，然后输入登录用户名和登录密码。

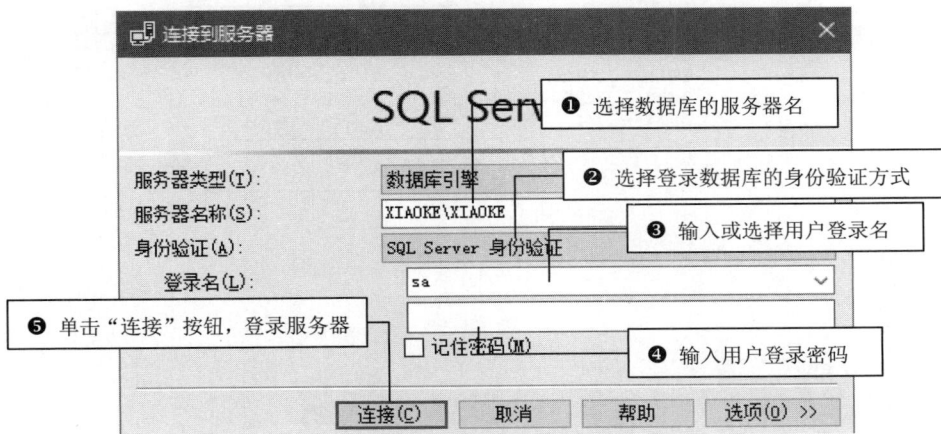

图 26.5　"连接到服务器"对话框

（3）单击"连接"按钮，连接到指定的 SQL Server 服务器，然后展开服务器节点，选中"数据库"节点并右击，在弹出的快捷菜单中选择"新建数据库"命令，如图 26.6 所示。

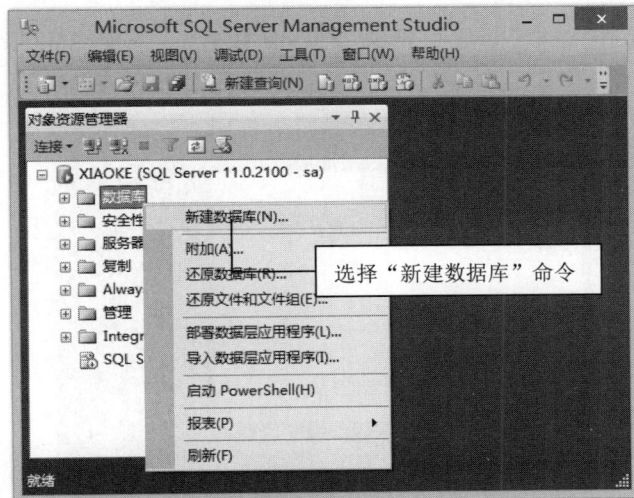

图 26.6　选择"新建数据库"命令

说明

在创建数据库之前，首先要在数据库 SQL Server 中打开数据库的连接。

（4）打开如图 26.7 所示的"新建数据库"窗口，在该对话框中输入新建的数据库的名称 db_PWMS，选择数据库所有者和存放路径，这里的数据库所有者一般为默认。

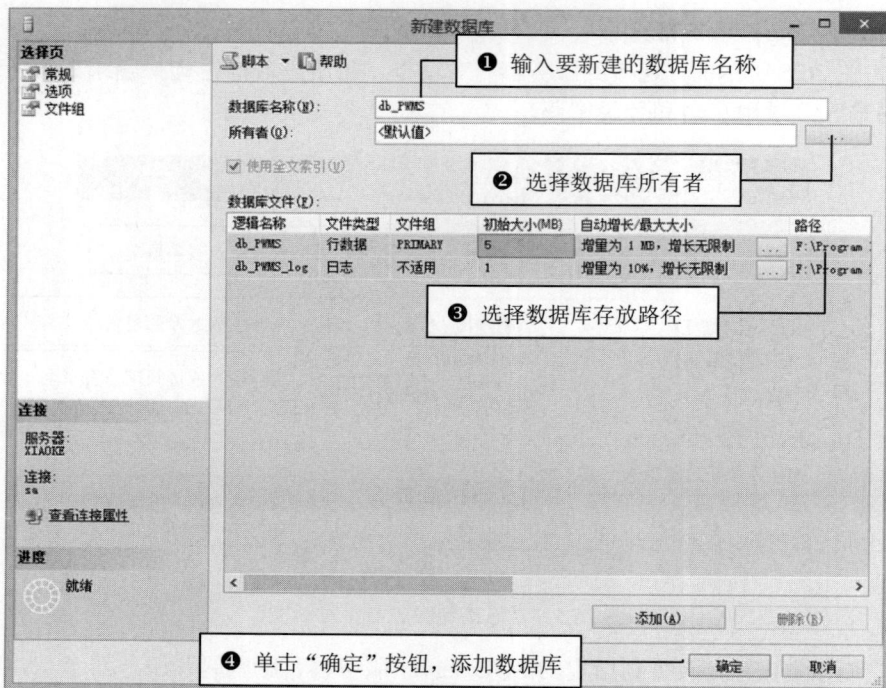

图 26.7 "新建数据库"窗口

（5）单击"确定"按钮，即可新建一个 db_PWMS 数据库，如图 26.8 所示。

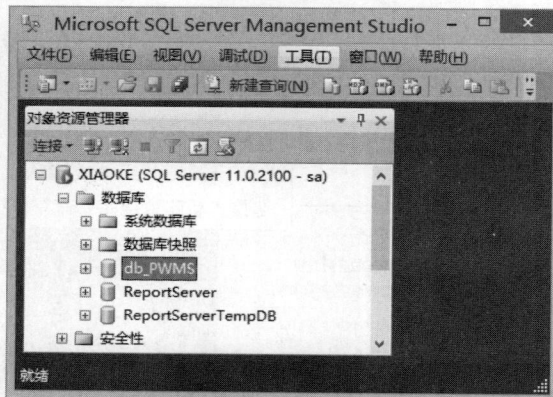

图 26.8 新建的 db_PWMS 数据库

26.4.3 创建数据表

在已经创建的数据库 db_PWMS 中创建 23 个数据表，创建完成后的数据表及其记录数据如图 26.9 所示。下面以 tb_Login 表为例介绍创建数据表的过程。

（1）展开新建的 db_PWMS 数据库节点，选中"表"节点并右击，在弹出的快捷菜单中选择"新建表"命令，如图 26.10 所示。

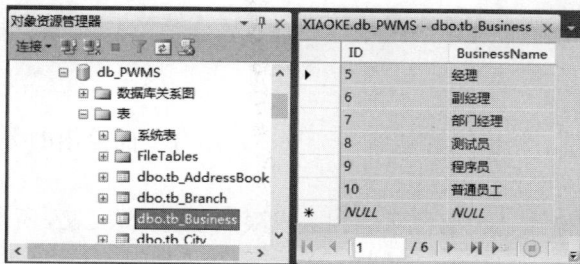
图 26.9 创建完成后的数据表及其记录数据

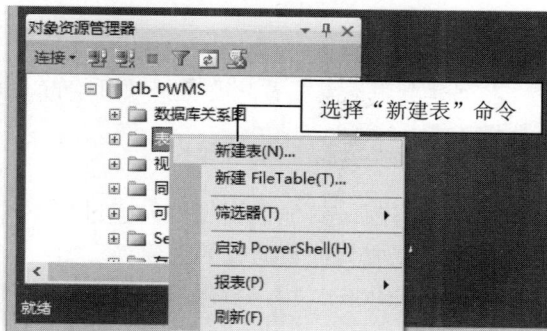
图 26.10 选择"新建表"命令

（2）在 SQL Server 管理器的右边显示一个新表，这里输入要创建的表中所需要的字段，并设置主键，如图 26.11 所示。

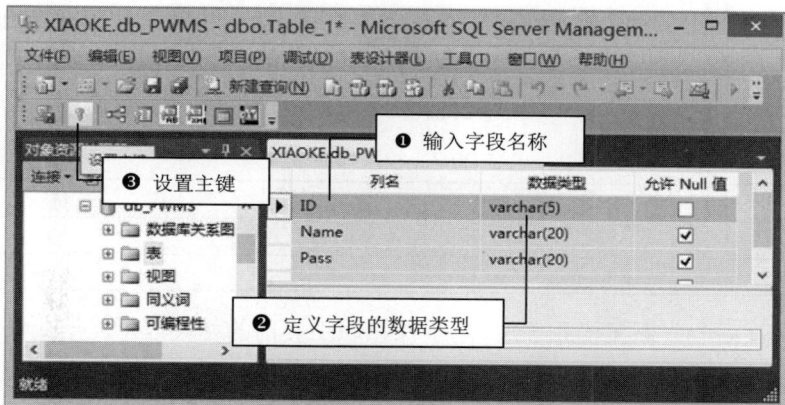
图 26.11 添加字段

（3）单击"保存"按钮，弹出"选择名称"对话框，如图 26.12 所示。输入要新建的表名"tb_Login"，单击"确定"按钮，即可在数据库中添加一个表。

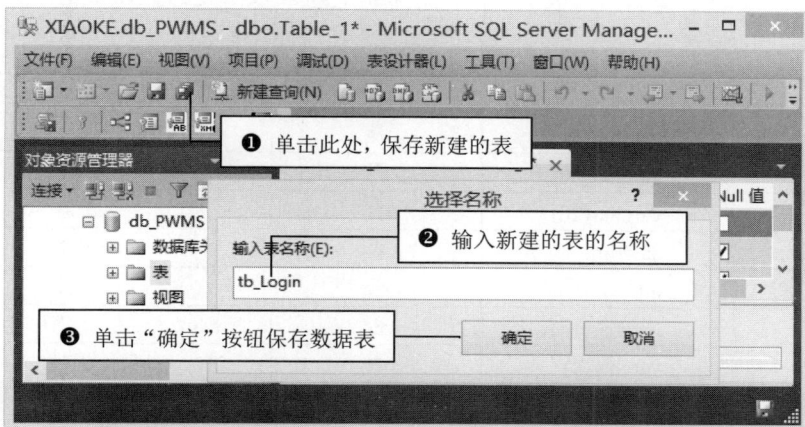
图 26.12 "选择名称"对话框

由于篇幅有限，其他数据表的创建过程不再介绍，相信读者能够举一反三，结合下面给出的数据表结构，顺利完成其他数据表的创建。

☑ tb_UserPope（用户权限表）：用于保存每个操作员使用程序的相关权限，结构如表26.6所示。

表26.6 用户权限表

字 段 名	数 据 类 型	主 键 否	描 述
AutoID	int	是	自动编号
ID	varchar(5)	否	操作员编号
PopeName	varchar(50)	否	权限名称
Pope	int	否	权限标识

☑ tb_PopeModel（权限模块表）：用于保存程序中所涉及的所有权限名称，结构如表26.7所示。

表26.7 权限模块表

字 段 名	数 据 类 型	主 键 否	描 述
ID	int	是	编号
PopeName	varchar(50)	否	权限名称

☑ tb_EmployeeGenre（职工类别表）：用于保存职工类别的相关信息，结构如表26.8所示。

表26.8 职工类别表

字 段 名	数 据 类 型	主 键 否	描 述
ID	int	是	编号
EmployeeName	varchar(20)	否	职工类型

☑ tb_Stuffbasic（职工基本信息表）：用于保存职工的基本信息，结构如表26.9所示。

表26.9 职工基本信息表

字 段 名	数 据 类 型	主 键 否	描 述
ID	varchar(5)	是	职工编号
StaffName	varchar(20)	否	职工姓名
Folk	varchar(20)	否	民族
Birthday	datetime	否	出生日期
Age	int	否	年龄
Culture	varchar(14)	否	文化程度
Marriage	varchar(4)	否	婚姻
Sex	varchar(4)	否	性别
Visage	varchar(14)	否	政治面貌
IDCard	varchar(20)	否	身份证号

字 段 名	数 据 类 型	主 键 否	描　　述
Workdate	datetime	否	单位工作时间
WorkLength	int	否	工龄
Employee	varchar(20)	否	职工类型
Business	varchar(10)	否	职务类型
Laborage	varchar(10)	否	工资类别
Branch	varchar(14)	否	部门类别
Duthcall	varchar(14)	否	职称类别
Phone	varchar(14)	否	电话
Handset	varchar(11)	否	手机
School	varchar(24)	否	毕业学校
Speciality	varchar(20)	否	主修专业
GraduateDate	datetime	否	毕业时间
Address	varchar(50)	否	家庭地址
Photo	image	否	个人照片
BeAware	varchar(30)	否	省
City	varchar(30)	否	市
M_Pay	float	否	月工资
Bank	varchar(20)	否	银行账号
Pact_B	datetime	否	合同起始日期
Pact_E	datetime	否	合同结束日期
Pact_Y	float	否	合同年限

☑ tb_Family（家庭关系表）：用于保存家庭关系的相关信息，结构如表 26.10 所示。

表 26.10　家庭关系表

字 段 名	数 据 类 型	主 键 否	描　　述
ID	varchar(5)	是	编号
Stu_ID	varchar(5)	否	职工编号
LeagueName	varchar(20)	否	家庭成员名称
Nexus	varchar(10)	否	与本人的关系
BirthDate	datetime	否	出生日期
WorkUnit	varchar(24)	否	工作单位
Business	varchar(10)	否	职务
Visage	varchar(10)	否	政治面貌
phone	varchar(14)	否	电话号码

☑ tb_WordResume（工作简历表）：用于保存工作简历的相关信息，结构如表 26.11 所示。

表 26.11　工作简历表

字　段　名	数据类型	主　键　否	描　述
ID	varchar(5)	是	编号
Stu_ID	varchar(5)	否	职工编号
BeginDate	datetime	否	开始时间
EndDate	datetime	否	结束时间
WordUnit	varchar(24)	否	工作单位
Branch	varchar(14)	否	部门
Business	varchar(14)	否	职务

☑　tb_RANDP（奖惩表）：用于保存职工奖惩记录的信息，结构如表 26.12 所示。

表 26.12　奖惩表

字　段　名	数据类型	主　键　否	描　述
ID	varchar(5)	是	编号
Stu_ID	varchar(5)	否	职工编号
RPKind	varchar(20)	否	奖惩种类
RPDate	datetime	否	奖惩时间
SealMan	varchar(10)	否	批准人
QuashDate	datetime	否	撤销时间
QuashWhys	varchar(50)	否	撤销原因

☑　tb_Individual（个人简历表）：用于保存职工个人简历的信息，结构如表 26.13 所示。

表 26.13　个人简历表

字　段　名	数据类型	主　键　否	描　述
ID	varchar(5)	是	编号
Memo	text	否	内容

说明

在设计数据表时，应在相应字段的说明部分对字段的用处进行说明，以便于在对数据表进行操作时，快速了解各字段的用处。

☑　tb_DayWordPad（日常记事本表）：用于保存人事方面的一些日常事务，结构如表 26.14 所示。

表 26.14　日常记事本表

字　段　名	数据类型	主　键　否	描　述
ID	int	是	编号
BlotterDate	datetime	否	记事时间
BlotterSort	varchar(20)	否	记事类别
Motif	varchar(20)	否	主题
Wordpa	text	否	内容

☑　tb_TrainNote（培训记录表）：用于保存职员培训记录的相关信息，结构如表 26.15 所示。

表 26.15　培训记录表

字　段　名	数 据 类 型	主　键　否	描　　　述
ID	varchar(5)	是	编号
Stu_ID	varchar(5)	否	职工编号
TrainFashion	varchar(20)	否	培训方式
BeginDate	datetime	否	培训开始时间
EndDate	datetime	否	培训结束时间
Speciality	varchar(20)	否	培训专业
TrainUnit	varchar(30)	否	培训单位
KulturMento	varchar(50)	否	培训内容
Charge	float	否	费用
Effect	varchar(20)	否	效果

☑　tb_AddressBook（通讯录表）：用于保存职员的其他联系信息，结构如表 26.16 所示。

表 26.16　通讯录表

字　段　名	数 据 类 型	主　键　否	描　　　述
ID	varchar(5)	是	编号
Name	varchar(20)	否	职工姓名
Sex	varchar(4)	否	性别
Phone	varchar(13)	否	家庭电话
QQ	varchar(15)	否	QQ 号
WorkPhone	varchar(13)	否	工作电话
E-mail	varchar(32)	否	邮箱地址
Handset	varchar(11)	否	手机号

说明

　　由于篇幅有限，这里只列举了一些重要的数据表结构，其他数据表的结构可参见资源包中的数据库文件。

26.4.4　数据表逻辑关系

　　为了使读者能够更好地了解职工基本信息表与其他各表之间的关系，这里给出了数据表关系图，如图 26.13 所示。通过图 26.13 中的表关系可以看出，职工基本信息表的一些字段，可以在相关联的表中获取指定的值，并通过职工基本信息表的 ID 值与家庭关系表、培训记录表、奖惩表等建立关系。

　　为了使读者能够更好地理解用户登录表与用户权限表、权限模板表之间的关系，下面给出了表间关系图，如图 26.14 所示。通过图 26.14 可以看出，在用户登录时，可以根据用户 ID 在用户权限表中调用相关的权限。当添加用户时，可以通过权限模板表中的信息，将权限名称自动添加到用户权限表中，以方便在前台中对用户进行添加操作。

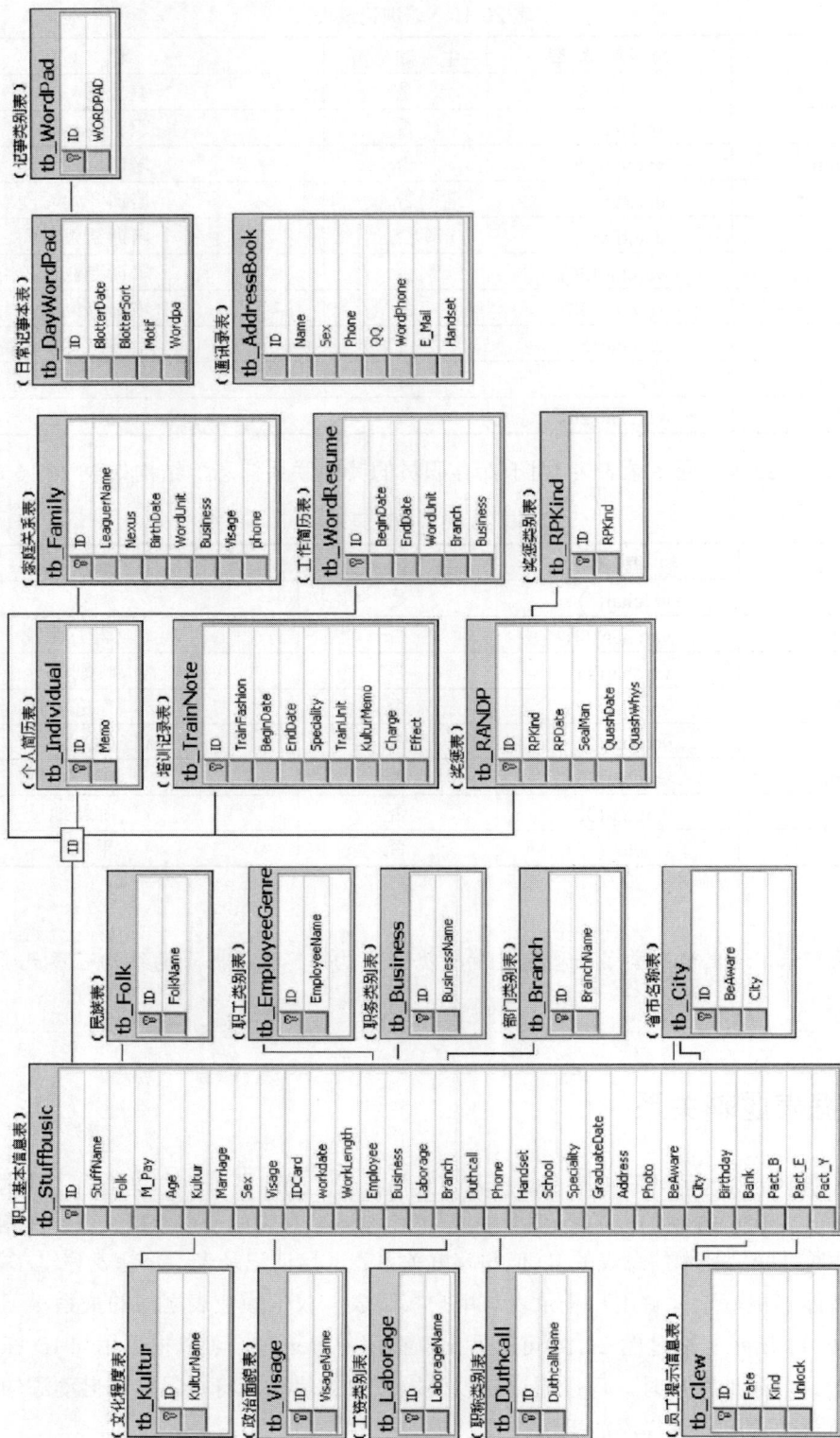

图 26.13　职工基本信息表与各表之间的关系

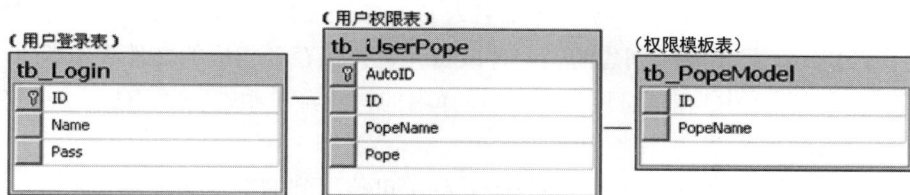

图 26.14　用户登录表与用户权限表、权限模板表之间的关系

说明

制作数据表的关系图是十分重要的，只有将各表之间的关系制定清楚，才可以通过表关系制作相应的触发器。在开发项目中，当对一个表进行操作时，相应的关系表也会随之改变。

26.5　创　建　项　目

在 Visual Studio 2019 开发环境中创建 PWMS 项目的具体步骤如下。

（1）在 Windows 10 操作系统的开始菜单找到 Visual Studio 2019，单击打开。

（2）在 Visual Studio 2019 的开始使用界面中单击"创建新项目"，在弹出的"创建新项目"对话框中选择"Windows 窗体应用(.NET Framework)"，单击"下一步"按钮，打开"配置新项目"对话框，按照图 26.15 所示进行配置，单击"创建"按钮，即可创建一个空白的 PWMS 项目。

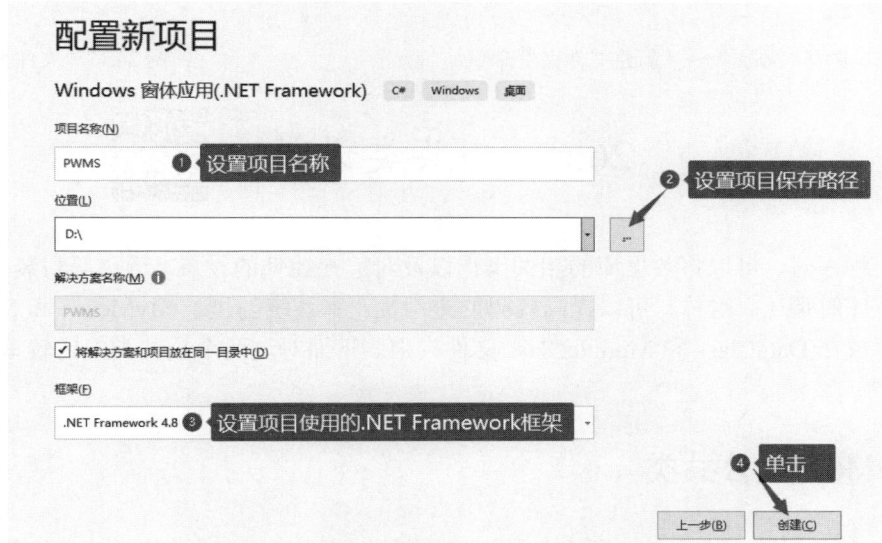

图 26.15　"配置新项目"对话框

（4）创建完 PWMS 项目之后，为了方便以后的开发工作和规范系统的整体架构，可以把系统中

可能要用的文件夹先创建出来（例如，创建一个名为 DataClass 的文件夹，用于保存程序中要用的数据库文件），这样在开发时，只需将所创建的类文件或窗体文件保存到相应的文件夹中即可。在项目中创建文件夹非常简单，只需选中当前项目，右击，在弹出的快捷菜单中选择"添加"→"新建文件夹"命令，如图 26.16 所示。

（5）按照以上步骤，依次创建企业人事管理系统中可能用到的文件夹，并重命名。下面给出创建完成后的效果，如图 26.17 所示。

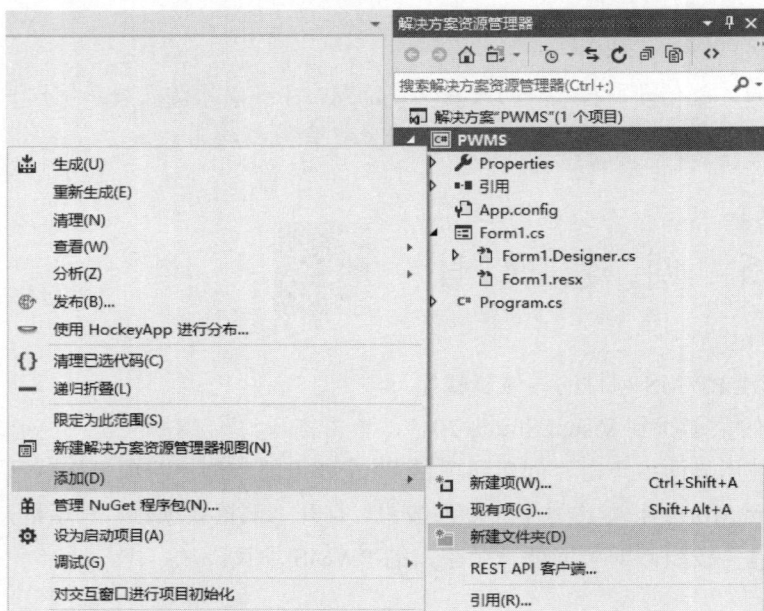

图 26.16　选择"添加"→"新建文件夹"命令　　　　图 26.17　文件夹组织结构图

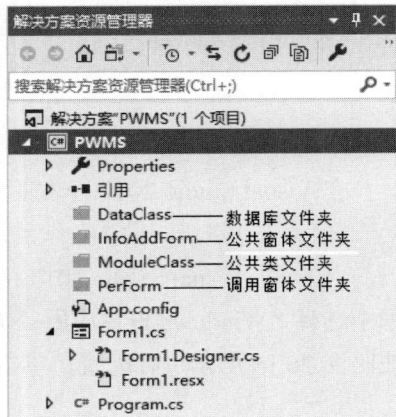

26.6　公共类设计

在开发应用程序时，可以将数据库的相关操作以及对一些控件的设置、遍历等封装在自定义类中，以便于在开发程序时调用，这样，可以提高代码的重用性。本系统创建了 MyMeans 和 MyModule 两个公共类，分别存放在 DataClass 和 ModuleClass 文件夹中。下面对这两个公共类中比较重要的方法进行详细讲解。

26.6.1　MyMeans 公共类

MyMeans 公共类封装了本系统中所有与数据库连接的方法，可以通过该类的方法与数据库建立连接，并对数据信息进行添加、修改、删除以及读取等操作。在命名空间区域引用 using System.Data.SqlClient 命名空间，主要代码如下。

```
using System.Data.SqlClient;
namespace PWMS.DataClass
{
    class MyMeans
    {
        #region　全局变量
        public static string Login_ID = "";                       //定义全局变量，记录当前登录的用户编号
        public static string Login_Name = "";                     //定义全局变量，记录当前登录的用户名
        //定义静态全局变量，记录"基础信息"各窗体中的表名、SQL 语句以及要添加和修改的字段名
        public static string Mean_SQL = "", Mean_Table = "", Mean_Field = "";
        //定义一个 SqlConnection 类型的静态公共变量 My_con，用于判断数据库是否连接成功
        public static SqlConnection My_con;
        //定义 SQL Server 连接字符串，用户在使用时，将 Data Source 改为自己的 SQL Server 服务器名
        public static string M_str_sqlcon = "Data Source=XIAOKE;Database=db_PWMS;User id=sa;PWD=";
        public static int Login_n = 0;                            //用户登录与重新登录的标识
        //存储职工基本信息表中的 SQL 语句
        public static string AllSql = "Select * from tb_Staffbasic";
        #endregion

        ……自定义方法，如 getcon()、con_close()、getcom ()等方法
    }
}
```

下面对 MyMeans 类中的自定义方法进行详细介绍。

> **注意**
>
> 　　在项目中连接 SQL Server 数据库是用本机名称，如果在其他计算机上运行该项目，应用本地计算机的名称进行连接。

1．getcon()方法

getcon()方法是用 static 定义的静态方法，其功能是建立与数据库的连接，然后通过 SqlConnection 对象的 Open()方法打开与数据库的连接，并返回 SqlConnection 对象的信息，代码如下。

```
public static SqlConnection getcon()
{
    My_con = new SqlConnection(M_str_sqlcon);      //用 SqlConnection 对象与指定的数据库相连接
    My_con.Open();                                  //打开数据库连接
    return My_con;                                   //返回 SqlConnection 对象的信息
}
```

2．con_close()方法

con_close()方法的主要功能是对数据库操作后，通过该方法判断是否与数据库连接。如果连接，则关闭数据库连接，代码如下。

```
public void con_close()
{
    if (My_con.State == ConnectionState.Open) {      //判断是否打开与数据库的连接
```

```
        My_con.Close();                                //关闭数据库的连接
        My_con.Dispose();                              //释放 My_con 变量的所有空间
    }
}
```

3. getcom()方法

getcom()方法的主要功能是用 SqlDataReader 对象以只读的方式读取数据库中的信息，并以 SqlDataReader 对象进行返回，其中 SQLstr 参数表示传递的 SQL 语句，代码如下。

```
public SqlDataReader getcom(string SQLstr)
{
    getcon();                                          //打开与数据库的连接
    //创建一个 SqlCommand 对象，用于执行 SQL 语句
    SqlCommand My_com = My_con.CreateCommand();
    My_com.CommandText = SQLstr;                        //获取指定的 SQL 语句
    SqlDataReader My_read = My_com.ExecuteReader();     //执行 SQL 语句，生成一个 SqlDataReader 对象
    return My_read;
}
```

4. getsqlcom()方法

getsqlcom()方法的主要功能是通过 SqlCommand 对象执行数据库中的添加、修改和删除操作，并在执行完后，关闭与数据库的连接，其中 SQLstr 参数表示传递的 SQL 语句，代码如下。

```
public void getsqlcom(string SQLstr)
{
    getcon();                                          //打开与数据库的连接
    //创建一个 SqlCommand 对象，用于执行 SQL 语句
    SqlCommand SQLcom = new SqlCommand(SQLstr, My_con);
    SQLcom.ExecuteNonQuery();                           //执行 SQL 语句
    SQLcom.Dispose();                                   //释放所有空间
    con_close();                                        //调用 con_close()方法，关闭数据库连接
}
```

5. getDataSet()方法

getDataSet()方法的主要功能是通过 SqlCommand 对象执行数据库中的添加、修改和删除操作，并在执行完后，关闭与数据库的连接，其中 SQLstr 参数表示传递的 SQL 语句，代码如下。

```
public DataSet getDataSet(string SQLstr, string tableName)
{
    getcon();                                          //打开与数据库的连接
    SqlDataAdapter SQLda = new SqlDataAdapter(SQLstr, My_con);
    DataSet My_DataSet = new DataSet();                 //创建 DataSet 对象
    SQLda.Fill(My_DataSet, tableName);
    con_close();                                        //关闭数据库的连接
    return My_DataSet;                                 //返回 DataSet 对象的信息
}
```

说明

为了可以在项目中对不同的数据表进行操作，可以将数据库的连接、断开，以及数据表的添加、修改、删除、查询用指定的方法进行封装，以便于重复调用。

26.6.2　MyModule 公共类

MyModule 公共类将系统中所有窗体的动态调用以及动态生成添加、修改、删除和查询的 SQL 语句等全部封装到指定的自定义方法中，以便在开发程序时进行重复调用，这样可以大大简化程序的开发过程。由于该类中应用了可视化组件的基类和对数据库进行操作的相关对象，所以在命名空间区域引用 using System.Windows.Forms 和 using System.Data.SqlClient 命名空间，主要代码如下。

```
//以下是添加的命名空间
using System.Windows.Forms;
using System.Data;
using System.Data.SqlClient;
namespace PWMS.ModuleClass
{
    class MyModule
    {
        #region   公共变量
        //声明 MyMeans 类的一个对象，以调用其方法
        DataClass.MyMeans MyDataClass = new PWMS.DataClass.MyMeans();
        public static string ADDs = "";              //用来存储添加或修改的 SQL 语句
        public static string FindValue = "";         //存储查询条件
        public static string Address_ID = "";        //存储通讯录添加修改时的 ID 编号
        public static string User_ID = "";           //存储用户的 ID 编号
        public static string User_Name = "";         //存储用户名
        #endregion
        ……自定义方法，如 Show_Form ()、TreeMenuF()、Part_SaveClass()等方法
    }
}
```

因篇幅有限，下面只对几个比较重要的方法进行介绍。

1．Show_Form()方法

Show_Form()方法通过 FrmName 参数传递的窗体名称调用相应的子窗体，因本系统中存在公共窗体，也就是在同一个窗体模块中可以显示不同的窗体，所以用参数 n 来进行标识。调用公共窗体，实际上就是通过不同的 SQL 语句，在显示窗体时以不同的数据进行显示，以实现不同窗体的显示效果，主要代码如下。

```
#region   窗体的调用
/// <summary>
/// 窗体的调用
/// </summary>
```

```
/// <param name="FrmName">调用窗体的 Text 属性值</param>
/// <param name="n">标识</param>
public void Show_Form(string FrmName, int n)
{
    if (n == 1)
    {
        if (FrmName == "人事档案管理")                    //判断当前要打开的窗体
        {
            PerForm.F_ManFile FrmManFile = new PWMS.PerForm.F_ManFile();
            FrmManFile.Text = "人事档案管理";              //设置窗体名称
            FrmManFile.ShowDialog();                     //显示窗体
            FrmManFile.Dispose();
        }
        if (FrmName == "人事资料查询")
        {
            PerForm.F_Find FrmFind = new PWMS.PerForm.F_Find();
            FrmFind.Text = "人事资料查询";
            FrmFind.ShowDialog();
            FrmFind.Dispose();
        }
        if (FrmName == "人事资料统计")
        {

            PerForm.F_Stat FrmStat = new PWMS.PerForm.F_Stat();
            FrmStat.Text = "人事资料统计";
            FrmStat.ShowDialog();
            FrmStat.Dispose();
        }
        if (FrmName == "员工生日提示")
        {
            InfoAddForm.F_ClewSet FrmClewSet = new PWMS.InfoAddForm.F_ClewSet();
            FrmClewSet.Text = "员工生日提示";              //设置窗体名称
            //设置窗体的 Tag 属性，用于在打开窗体时判断窗体的显示类型
            FrmClewSet.Tag = 1;
            FrmClewSet.ShowDialog();                      //显示窗体
            FrmClewSet.Dispose();
        }
        if (FrmName == "员工合同提示")
        {
            InfoAddForm.F_ClewSet FrmClewSet = new PWMS.InfoAddForm.F_ClewSet();
            FrmClewSet.Text = "员工合同提示";
            FrmClewSet.Tag = 2;
            FrmClewSet.ShowDialog();
            FrmClewSet.Dispose();
        }
        if (FrmName == "日常记事")
        {
            PerForm.F_WordPad FrmWordPad = new PWMS.PerForm.F_WordPad();
            FrmWordPad.Text = "日常记事";
            FrmWordPad.ShowDialog();
```

```
        FrmWordPad.Dispose();
    }
    if (FrmName == "通讯录")
    {
        PerForm.F_AddressList FrmAddressList = new PWMS.PerForm.F_AddressList();
        FrmAddressList.Text = "通讯录";
        FrmAddressList.ShowDialog();
        FrmAddressList.Dispose();
    }
    if (FrmName == "备份/还原数据库")
    {
        PerForm.F_HaveBack FrmHaveBack = new PWMS.PerForm.F_HaveBack();
        FrmHaveBack.Text = "备份/还原数据库";
        FrmHaveBack.ShowDialog();
        FrmHaveBack.Dispose();
    }
    if (FrmName == "清空数据库")
    {
        PerForm.F_ClearData FrmClearData = new PWMS.PerForm.F_ClearData();
        FrmClearData.Text = "清空数据库";
        FrmClearData.ShowDialog();
        FrmClearData.Dispose();
    }
    if (FrmName == "重新登录")
    {
        F_Login FrmLogin = new F_Login();
        FrmLogin.Tag = 2;
        FrmLogin.ShowDialog();
        FrmLogin.Dispose();
    }
    if (FrmName == "用户设置")
    {
        PerForm.F_User FrmUser = new PWMS.PerForm.F_User();
        FrmUser.Text = "用户设置";
        FrmUser.ShowDialog();
        FrmUser.Dispose();
    }
    if (FrmName == "计算器")
    {
        System.Diagnostics.Process.Start("calc.exe");
    }
    if (FrmName == "记事本")
    {
        System.Diagnostics.Process.Start("notepad.exe");
    }
    if (FrmName == "系统帮助")
    {
        System.Diagnostics.Process.Start("readme.doc");
    }
```

```
        }
if (n == 2)
{
        String FrmStr = "";                                          //记录窗体名称
        if (FrmName == "民族类别设置")                                //判断要打开的窗体
        {
                DataClass.MyMeans.Mean_SQL = "select * from tb_Folk";    //SQL 语句
                DataClass.MyMeans.Mean_Table = "tb_Folk";                //表名
                DataClass.MyMeans.Mean_Field = "FolkName";               //添加、修改数据的字段名
                FrmStr = FrmName;
        }
        if (FrmName == "职工类别设置")
        {
                DataClass.MyMeans.Mean_SQL = "select * from tb_EmployeeGenre";
                DataClass.MyMeans.Mean_Table = "tb_EmployeeGenre";
                DataClass.MyMeans.Mean_Field = "EmployeeName";
                FrmStr = FrmName;
        }
        if (FrmName == "文化程度设置")
        {
                DataClass.MyMeans.Mean_SQL = "select * from tb_Culture";
                DataClass.MyMeans.Mean_Table = "tb_Culture";
                DataClass.MyMeans.Mean_Field = "CultureName";
                FrmStr = FrmName;
        }
        if (FrmName == "政治面貌设置")
        {
                DataClass.MyMeans.Mean_SQL = "select * from tb_Visage";
                DataClass.MyMeans.Mean_Table = "tb_Visage";
                DataClass.MyMeans.Mean_Field = "VisageName";
                FrmStr = FrmName;
        }
        if (FrmName == "部门类别设置")
        {
                DataClass.MyMeans.Mean_SQL = "select * from tb_Branch";
                DataClass.MyMeans.Mean_Table = "tb_Branch";
                DataClass.MyMeans.Mean_Field = "BranchName";
                FrmStr = FrmName;
        }
        if (FrmName == "工资类别设置")
        {
                DataClass.MyMeans.Mean_SQL = "select * from tb_Laborage";
                DataClass.MyMeans.Mean_Table = "tb_Laborage";
                DataClass.MyMeans.Mean_Field = "LaborageName";
                FrmStr = FrmName;
        }
        if (FrmName == "职务类别设置")
        {
                DataClass.MyMeans.Mean_SQL = "select * from tb_Business";
```

```
                DataClass.MyMeans.Mean_Table = "tb_Business";
                DataClass.MyMeans.Mean_Field = "BusinessName";
                FrmStr = FrmName;
            }
            if (FrmName == "职称类别设置")
            {
                DataClass.MyMeans.Mean_SQL = "select * from tb_Duthcall";
                DataClass.MyMeans.Mean_Table = "tb_Duthcall";
                DataClass.MyMeans.Mean_Field = "DuthcallName";
                FrmStr = FrmName;
            }
            if (FrmName == "奖惩类别设置")
            {
                DataClass.MyMeans.Mean_SQL = "select * from tb_RPKind";
                DataClass.MyMeans.Mean_Table = "tb_RPKind";
                DataClass.MyMeans.Mean_Field = "RPKind";
                FrmStr = FrmName;
            }
            if (FrmName == "记事本类别设置")
            {
                DataClass.MyMeans.Mean_SQL = "select * from tb_WordPad";
                DataClass.MyMeans.Mean_Table = "tb_WordPad";
                DataClass.MyMeans.Mean_Field = "WordPad";
                FrmStr = FrmName;
            }
            InfoAddForm.F_Basic FrmBasic = new PWMS.InfoAddForm.F_Basic();
            FrmBasic.Text = FrmStr;      //设置窗体名称
            FrmBasic.ShowDialog();       //显示调用的窗体
            FrmBasic.Dispose();
        }
}
#endregion
```

2．GetMenu()方法

GetMenu()方法的主要功能是将 MenuStrip 菜单中的菜单项按照级别动态地添加到 TreeView 控件的相应节点中，其中 treeV 参数表示要添加节点的 TreeView 控件，MenuS 参数表示要获取信息的 MenuStrip 菜单，主要代码如下。

```
#region   将 StatusStrip 控件中的信息添加到 TreeView 控件中
/// <summary>
/// 读取菜单中的信息
/// </summary>
/// <param name="treeV">TreeView 控件</param>
/// <param name="MenuS">MenuStrip 控件</param>
public void GetMenu(TreeView treeV, MenuStrip MenuS)
{
    //遍历 MenuStrip 组件中的一级菜单项
    for (int i = 0; i < MenuS.Items.Count; i++)
```

```
    {
        //将一级菜单项的名称添加到 TreeView 组件的根节点中，并设置当前节点的子节点 newNode1
        TreeNode newNode1 = treeV.Nodes.Add(MenuS.Items[i].Text);
        //将当前菜单项的所有相关信息存入 ToolStripDropDownItem 对象中
        ToolStripDropDownItem newmenu = (ToolStripDropDownItem)MenuS.Items[i];
        //判断当前菜单项中是否有二级菜单项
        if (newmenu.HasDropDownItems && newmenu.DropDownItems.Count > 0)
            for (int j = 0; j < newmenu.DropDownItems.Count; j++)              //遍历二级菜单项
            {
                //将二级菜单名称添加到 TreeView 组件的子节点 newNode1 中，并设置当前节点的子节点
                TreeNode newNode2 = newNode1.Nodes.Add(newmenu.DropDownItems[j].Text);
                //将当前菜单项的所有相关信息存入 ToolStripDropDownItem 对象中
                ToolStripDropDownItem newmenu2 = (ToolStripDropDownItem)newmenu.DropDownItems[j];
                //判断二级菜单项中是否有三级菜单项
                if (newmenu2.HasDropDownItems && newmenu2.DropDownItems.Count > 0)
                    for (int p = 0; p < newmenu2.DropDownItems.Count; p++)    //遍历三级菜单项
                        //将三级菜单名称添加到 TreeView 组件的子节点 newNode2 中
                        newNode2.Nodes.Add(newmenu2.DropDownItems[p].Text);
            }
    }
}
#endregion
```

说明

在设置节点时，同一级别上的每个节点必须具有唯一的 Value 属性值。

3. Clear_Control()方法

Clear_Control()方法的主要功能是清空可视化控件集中指定控件的文本信息及图片，主要用于在添加数据信息时，对相应文本框进行清空。其中 Con 参数表示可视化控件的控件集合，主要代码如下。

```
#region   遍历清空指定的控件
/// <summary>
/// 清空所有控件下的所有控件
/// </summary>
/// <param name="Con">可视化控件</param>
public void Clear_Control(Control.ControlCollection Con)
{
    foreach (Control C in Con){                             //遍历可视化组件中的所有控件
        if (C.GetType().Name == "TextBox")                  //判断是否为 TextBox 控件
            if (((TextBox)C).Visible == true)               //判断当前控件是否为显示状态
                ((TextBox)C).Clear();                       //清空当前控件
        if (C.GetType().Name == "MaskedTextBox")            //判断是否为 MaskedTextBox 控件
            if (((MaskedTextBox)C).Visible == true)         //判断当前控件是否为显示状态
                ((MaskedTextBox)C).Clear();                 //清空当前控件
        if (C.GetType().Name == "ComboBox")                 //判断是否为 ComboBox 控件
            if (((ComboBox)C).Visible == true)              //判断当前控件是否为显示状态
```

```
            ((ComboBox)C).Text = "";              //清空当前控件的 Text 属性值
        if (C.GetType().Name == "PictureBox")     //判断是否为 PictureBox 控件
            if (((PictureBox)C).Visible == true)   //判断当前控件是否为显示状态
                ((PictureBox)C).Image = null;      //清空当前控件的 Image 属性
    }
}
#endregion
```

4．Part_SaveClass()方法

Part_SaveClass()方法的主要功能是通过部分控件名 BoxName 与 i 值（数字）相结合，在可视化控件集中查找指定的控件，并根据 Sarr 参数中的字段名，组合成添加或修改语句，将生成后的语句存储在公共变量 ADDs 中，主要代码如下。

```
#region   保存添加或修改的信息
/// <summary>
/// 保存添加或修改的信息
/// </summary>
/// <param name="Sarr">数据表中的所有字段</param>
/// <param name="ID1">第一个字段值</param>
/// <param name="ID2">第二个字段值</param>
/// <param name="Contr">指定控件的数据集</param>
/// <param name="BoxName">要搜索的控件名称</param>
/// <param name="TableName">数据表名称</param>
/// <param name="n">控件的个数</param>
/// <param name="m">标识，用于判断是添加还是修改</param>
public void Part_SaveClass(string Sarr, string ID1, string ID2, Control.ControlCollection Contr, string
BoxName, string TableName, int n, int m)
{
    string tem_Field = "", tem_Value = "";
    int p = 2;
    if (m == 1){                                  //当 m 为 1 时，表示添加数据信息
        if (ID1 != "" && ID2 == ""){              //根据参数值判断添加的字段
            tem_Field = "ID";
            tem_Value = "'" + ID1 + "'";
            p = 1;
        }
        else{
            tem_Field = "Sta_id,ID";
            tem_Value = "'" + ID1 + "','" + ID2 + "'";
        }
    }
    else
        if (m == 2){                              //当 m 为 2 时，表示修改数据信息
            if (ID1 != "" && ID2 == ""){          //根据参数值判断添加的字段
                tem_Value = "ID='" + ID1 + "'";
                p = 1;
            }
            else
```

```
                    tem_Value = "Sta_ID='" + ID1 + "',ID='" + ID2 + "'";
                }

        if (m > 0){                                          //生成部分添加、修改语句
            string[] Parr = Sarr.Split(Convert.ToChar(','));
            for (int i = p; i < n; i++)
            {
                //通过 BoxName 参数获取要进行操作的控件名称
                string sID = BoxName + i.ToString();
                foreach (Control C in Contr){                //遍历控件集中的相关控件
                    if (C.GetType().Name == "TextBox" | C.GetType().Name == "MaskedTextBox" | C.GetType().
Name == "ComboBox")
                        if (C.Name == sID){                  //如果在控件集中找到相应的组件
                            string Ctext = C.Text;
                            if (C.GetType().Name == "MaskedTextBox")   //如果当前是 MaskedTextBox 控件
                            Ctext = Date_Format(C.Text);     //对当前控件的值进行格式化
                            if (m == 1){                     //组合 SQL 语句中 insert 的相关语句
                                tem_Field = tem_Field + "," + Parr[i];
                                if (Ctext == "")
                                    tem_Value = tem_Value + "," + "NULL";
                                else
                                    tem_Value = tem_Value + "," + "'" + Ctext + "'";
                            }
                            if (m == 2)
                            {                                //组合 SQL 语句中 update 的相关语句
                                if (Ctext=="")
                                    tem_Value = tem_Value + "," + Parr[i] + "=NULL";
                                else
                                    tem_Value = tem_Value + "," + Parr[i] + "='" + Ctext + "'";
                            }
                        }
                }
            }
            ADDs = "";
            if (m == 1)                                       //生成 SQL 的添加语句
                ADDs = "insert into " + TableName + " (" + tem_Field + ") values(" + tem_Value + ")";
            if (m == 2)                                       //生成 SQL 的修改语句
                if (ID2 == "")                               //根据 ID2 参数，判断修改语句的条件
                    ADDs = "update " + TableName + " set " + tem_Value + " where ID='" + ID1 + "'";
                else
                    ADDs = "update " + TableName + " set " + tem_Value + " where ID='" + ID2 + "'";
        }
}
#endregion
```

Part_SaveClass()方法中的参数说明如表 26.17 所示。

表 26.17　Part_SaveClass()方法中的参数说明

参　数　值	描　　述
Sarr	要添加或修改表的部分字段名称，字段名必须以 "," 号分隔
ID1	数据表中的 ID 字段名，在修改表时，可用于条件字段
ID2	数据表中的职工编号字段名，可以为空
Contr	可视化控件集，用于在该控件集中查找控件信息
BoxName	获取控件的部分名称，用于查找相关控件
TableName	要进行添加、修改的数据表名称
n	控件集中要获取控件信息的个数
m	标识，用于判断是生成添加语句，还是修改语句

注意

在 Part_SaveClass()方法中所查找的控件名，必须以 BoxName_i 格式命名（如 Word_1）。

5. Find_Grids()方法

Find_Grids()方法的主要功能是查找指定可视化控件集中控件名包含 TName 参数值的所有控件，并根据控件名称获取相应表的字段名。当查找的控件为 TextBox 时，根据当前控件的部分名称查找相应的 ComboBox 控件（用来记录逻辑运算符），通过 ANDSign 参数将具有相关性的控件组合成查询条件，存入公共变量 FindValue 中，主要代码如下。

```
#region   组合查询条件
/// <summary>
/// 根据控件是否为空组合查询条件
/// </summary>
/// <param name="GBox">GroupBox 控件的数据集</param>
/// <param name="TName">获取信息控件的部分名称</param>
/// <param name="TName">查询关系</param>
public void Find_Grids(Control.ControlCollection GBox, string TName, string ANDSign)
{
    string sID = "";                                       //定义局部变量
    if (FindValue.Length>0)
        FindValue = FindValue + ANDSign;
            foreach (Control C in GBox){                    //遍历控件集上的所有控件
        //判断是否为遍历的控件
        if (C.GetType().Name == "TextBox" | C.GetType().Name == "ComboBox"){
            if (C.GetType().Name == "ComboBox" && C.Text!=""){    //当指定控件不为空时
                sID = C.Name;
                //当 TName 参数是当前控件名中的部分信息时
                if (sID.IndexOf(TName) > -1){
                    //用 "_" 符号分隔当前控件的名称，获取相应的字段名
                    string[ ] Astr = sID.Split(Convert.ToChar('_'));
                    //生成查询条件
                    FindValue = FindValue + "(" + Astr[1] + " = '" + C.Text + "')" + ANDSign;
```

```
                }
            }
        //如果当前为 TextBox 控件，并且控件不为空
        if (C.GetType().Name == "TextBox" && C.Text != "")
        {
            sID = C.Name;                                    //获取当前控件的名称
            //判断 TName 参数值是否为当前控件名的子字符串
            if (sID.IndexOf(TName) > -1)
            {
                string[ ] Astr = sID.Split(Convert.ToChar('_'));
                //以 "_" 为分隔符，将控件名存入一维数组中
                string m_Sign = "";                          //用于记录逻辑运算符
                string mID = "";                             //用于记录字段名
                if (Astr.Length > 2)                         //当数组的元素个数大于 2 时
                    mID = Astr[1] + "_" + Astr[2];           //将最后两个元素组成字段名
                else
                    mID = Astr[1];                           //获取当前条件所对应的字段名称
                foreach (Control C1 in GBox)                 //遍历控件集
                {
                    if (C1.GetType().Name == "ComboBox")     //判断是否为 ComboBox 组件
                    //判断当前组件名是否包含条件组件的部分文件名
                    if ((C1.Name).IndexOf(mID) > -1)
                    {
                        if (C1.Text == "")                   //当查询条件为空时
                            break;                           //退出本次循环
                        else
                        {
                            m_Sign = C1.Text;                //将条件值存储到 m_Sgin 变量中
                            break;
                        }
                    }
                }
                if (m_Sign != "")                            //当该条件不为空时
                    //组合 SQL 语句的查询条件
                    FindValue = FindValue + "(" + mID + m_Sign + C.Text + ")" + ANDSign;
            }
        }
    }
}
if (FindValue.Length > 0) //当存储查询条件的变量不为空时，删除逻辑运算符 AND 和 OR
{
    if (FindValue.IndexOf("AND") > -1)                       //判断是否用 AND 连接条件
        FindValue = FindValue.Substring(0, FindValue.Length - 4);
    if (FindValue.IndexOf("OR") > -1)                        //判断是否用 OR 连接条件
        FindValue = FindValue.Substring(0, FindValue.Length - 3);
}
else
    FindValue = "";
}
#endregion
```

Find_Grids()方法中的参数说明如表 26.18 所示。

表 26.18 Find_Grids()方法中的参数说明

参 数 值	描 述
GBox	用于查找的控件集
TName	获取控件的部分名称，用于查找相关控件
ANDSign	逻辑运算符 AND 或 OR

误区警示

在 Find_Grids()方法中所查找的条件控件 ComboBox 或 TextBox，必须以"TName+相应字段名"命名（如查找民族类别的控件，其控件名为 Find_Folk，Find_ 就是传递的 TName 参数值，Folk 为相应表的字段名）。存储逻辑运算符的 ComboBox 控件必须以"相应表的字段名+_Sign"命名（如当 TextBox 控件名为 Find_Age 时，相应的 ComboBox 控件名为 Age_Sign）。这样，便于根据控件名称进行组合。

6. GetAutocoding()方法

GetAutocoding()方法的主要功能是在添加数据时自动获取添加数据的编号。其实现过程是通过表名和 ID 字段在表中查找最大的 ID 值，并将 ID 值加 1 进行返回。当表中无记录时，返回 0001。TableName 参数表示进行自动编号的表名，ID 参数表示数据表的编号字段，主要代码如下。

```
#region  自动编号
/// <summary>
/// 在添加信息时自动计算编号
/// </summary>
/// <param name="TableName">表名</param>
/// <param name="ID">字段名</param>
/// <returns>返回 String 对象</returns>
public String GetAutocoding(string TableName, string ID)
{
    //查找指定表中 ID 号为最大的记录
    SqlDataReader MyDR = MyDataClass.getcom("select max(" + ID + ") NID from " + TableName);
    int Num = 0;
    if (MyDR.HasRows)                               //当查找到记录时
    {
        MyDR.Read();                                //读取当前记录
        if (MyDR[0].ToString() == "")
            return "0001";
        Num = Convert.ToInt32(MyDR[0].ToString());  //将当前找到的最大编号转换成整数
        ++Num;                                      //最大编号自加
        string s = string.Format("{0:0000}", Num);  //将整数值转换成指定格式的字符串
        return s;                                   //返回自动生成的编号
    }
    else
    {
```

```
            return "0001";                                          //当数据表没有记录时，返回
        }
    }
}
#endregion
```

7．TreeMenuF()方法

TreeMenuF()方法是在单击 TreeView 控件的节点时被调用的，其主要功能是通过所选节点的文本名称，在 MenuStrip 控件中进行遍历查找。如果找到，并且为可用状态，则通过 Show_Form()方法动态调用相关的窗体，代码如下。

```
#region  用 TreeView 控件调用 StatusStrip 控件下各菜单的单击事件
/// <summary>
/// 用 TreeView 控件调用 StatusStrip 控件下各菜单的单击事件
/// </summary>
/// <param name="MenuS">MenuStrip 控件</param>
/// <param name="e">TreeView 控件的 TreeNodeMouseClickEventArgs 类</param>
public void TreeMenuF(MenuStrip MenuS, TreeNodeMouseClickEventArgs e)
{
    string Men = "";
    for (int i = 0; i < MenuS.Items.Count; i++)                     //遍历 MenuStrip 控件中的主菜单项
    {
        Men = ((ToolStripDropDownItem)MenuS.Items[i]).Name;         //获取主菜单项的名称
        //如果 MenuStrip 控件的菜单项没有子菜单
        if (Men.IndexOf("Menu") == -1)
        {
            //当节点名称与菜单项名称相等时
            if (((ToolStripDropDownItem)MenuS.Items[i]).Text == e.Node.Text)
            //判断当前菜单项是否可用
            if (((ToolStripDropDownItem)MenuS.Items[i]).Enabled == false)
            {
                MessageBox.Show("当前用户无权限调用" + "\"" + e.Node.Text + "\"" + "窗体");
                break;
            }
            else
                //调用相应的窗体
                Show_Form(((ToolStripDropDownItem)MenuS.Items[i]).Text.Trim(), 1);
        }
        ToolStripDropDownItem newmenu = (ToolStripDropDownItem)MenuS.Items[i];
        //遍历二级菜单项
        if (newmenu.HasDropDownItems && newmenu.DropDownItems.Count > 0)
            for (int j = 0; j < newmenu.DropDownItems.Count; j++)
            {
                Men = newmenu.DropDownItems[j].Name;                //获取二级菜单项的名称
                if (Men.IndexOf("Menu") == -1)
                {
                    if ((newmenu.DropDownItems[j]).Text == e.Node.Text)
                    if ((newmenu.DropDownItems[j]).Enabled == false)
                    {
                        MessageBox.Show("当前用户无权限调用" + "\"" + e.Node.Text + "\"" + "窗体");
```

```
                                    break;
                            }
                    else
                            Show_Form((newmenu.DropDownItems[j]).Text.Trim(), 1);
            }
            ToolStripDropDownItem newmenu2 = (ToolStripDropDownItem)newmenu.DropDownItems[j];
            //遍历三级菜单项
            if (newmenu2.HasDropDownItems && newmenu2.DropDownItems.Count > 0)
                for (int p = 0; p < newmenu2.DropDownItems.Count; p++)
                {
                    if ((newmenu2.DropDownItems[p]).Text == e.Node.Text)
                        if ((newmenu2.DropDownItems[p]).Enabled == false)
                        {
                            MessageBox.Show("当前用户无权限调用" + "\"" + e.Node.Text + "\"" + "窗体");
                            break;
                        }
                    else
                            if ((newmenu2.DropDownItems[p]).Text.Trim() == "员工生日提示" ||
(newmenu2.DropDownItems[p]).Text.Trim() == "员工合同提示")
                                Show_Form((newmenu2.DropDownItems[p]).Text.Trim(), 1);
                        else
                                Show_Form((newmenu2.DropDownItems[p]).Text.Trim(), 2);
                }
        }
    }
}
#endregion
```

> **说明**
>
> ToolStripDropDownItem 类主要用于将指定的项装载到下拉列表中，可以通过将 DropDown 属性设置为 ToolStripDropDown，以及设置 ToolStripDropDown 的 Items 属性来执行此操作。可通过 DropDownItems 属性访问已添加的下拉项。

8．MainPope()方法

MainPope()方法的主要功能是通过当前登录用户的名称，在权限用户表中查询当前用户的所有权限，并根据权限设置菜单栏中各菜单项的可用状态。其中，MenuS 参数是要设置的菜单栏控件，UName 参数为当前用户的名称，代码如下。

```
#region　根据用户权限设置主窗体菜单
/// <summary>
/// 根据用户权限设置菜单是否可用
/// </summary>
/// <param name="MenuS">MenuStrip 控件</param>
/// <param name="UName">当前登录用户名</param>
public void MainPope(MenuStrip MenuS, String UName)
```

```
{
    string Str = "";
    string MenuName = "";
    DataSet DSet = MyDataClass.getDataSet("select ID from tb_Login where Name='" + UName + "'",
"tb_Login");                                                          //获取当前登录用户的信息
    string UID = Convert.ToString(DSet.Tables[0].Rows[0][0]);          //获取当前用户编号
    DSet = MyDataClass.getDataSet("select ID,PopeName,Pope from tb_UserPope where ID='" + UID + "'",
"tb_UserPope");                                                       //获取当前用户的权限信息
    bool bo = false;
    for (int k = 0; k < DSet.Tables[0].Rows.Count; k++)               //遍历当前用户的权限名称
    {
        Str = Convert.ToString(DSet.Tables[0].Rows[k][1]);            //获取权限名称
        if (Convert.ToInt32(DSet.Tables[0].Rows[k][2]) == 1)         //判断权限是否可用
            bo = true;
        else
            bo = false;
        for (int i = 0; i < MenuS.Items.Count; i++)                   //遍历菜单栏中的一级菜单项
        {
            //记录当前菜单项下的所有信息
            ToolStripDropDownItem newmenu = (ToolStripDropDownItem)MenuS.Items[i];
            //如果当前菜单项有子级菜单项
            if (newmenu.HasDropDownItems && newmenu.DropDownItems.Count > 0)
                for (int j = 0; j < newmenu.DropDownItems.Count; j++)    //遍历二级菜单项
                {
                    MenuName = newmenu.DropDownItems[j].Name;           //获取当前菜单项的名称
                    if (MenuName.IndexOf(Str) > -1)                     //如果包含权限名称
                        newmenu.DropDownItems[j].Enabled = bo;          //根据权限设置可用状态
                        //记录当前菜单项的所有信息
                        ToolStripDropDownItem newmenu2 = (ToolStripDropDownItem)newmenu.
                        DropDownItems[j];
                    //如果当前菜单项有子级菜单项
                    if (newmenu2.HasDropDownItems && newmenu2.DropDownItems.Count > 0)
                        //遍历三级菜单项
                        for (int p = 0; p < newmenu2.DropDownItems.Count; p++)
                        {
                            //获取当前菜单项的名称
                            MenuName = newmenu2.DropDownItems[p].Name;
                            if (MenuName.IndexOf(Str) > -1)              //如果包含权限名称
                            newmenu2.DropDownItems[p].Enabled = bo; //根据权限设置可用状态
                        }
                }
        }
    }
}
#endregion
```

9. Amend_Pope()方法

Amend_Pope()方法的主要功能是修改指定用户的权限。其中，GBox 参数是包含权限复选框的容器控件，TID 参数为当前用户的编号，代码如下。

```
#region    修改指定用户权限
/// <summary>
/// 修改指定用户的权限
/// </summary>
/// <param name="GBox">GroupBox 控件的数据集</param>
/// <param name="TName">获取用户编号</param>
public void Amend_Pope(Control.ControlCollection GBox, string TID)
{
    string CheckName = "";
    int tt = 0;                                       //定义一个变量，用来表示是否拥有权限
    foreach (Control C in GBox)                        //循环查找 GroupBox 包含的控件
    {
        if (C.GetType().Name == "CheckBox")           //判断控件类型是不是 CheckBox
        {
            if (((CheckBox)C).Checked)                //判断复选框是否选中
                tt = 1;
            else
                tt = 0;
            CheckName = C.Name;
            string[ ] Astr = CheckName.Split(Convert.ToChar('_')); //截取复选框的名称，并存放到一个数组中
            //修改用户权限
            MyDataClass.getsqlcom("update tb_UserPope set Pope=" + tt + " where (ID='" + TID + "') and
(PopeName='" + Astr[1].Trim() + "')");
        }
    }
}
#endregion
```

误区警示

　　(CheckBox) Control 主要是将 Control 强制转换成 CheckBox 类，在强制转换前必须通过 Control 的 GetType()方法的 Name 属性获取其控件类型。如果类型不对，则触发异常。

26.7　登录模块设计

　　📧 **本模块使用的数据表：tb_Login。**

　　登录模块的功能为：输入正确的用户名和密码，可进入主窗体。登录模块可提高程序的安全性，保护数据资料不外泄，运行效果如图 26.18 所示。

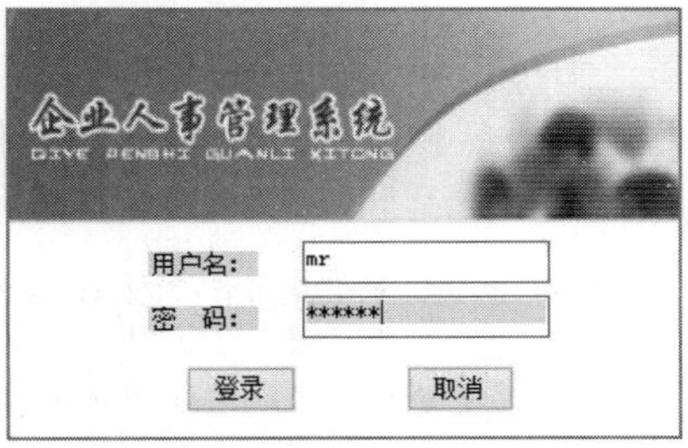

图 26.18　系统登录

26.7.1　设计登录窗体

　　新建一个 Windows 窗体，命名为 F_Login.cs，主要用于实现系

统的登录功能，将窗体的 FormBorderStyle 属性设置为 None，以便去掉窗体的标题栏。F_Login 窗体要使用的主要控件如表 26.19 所示。

表 26.19 登录窗体要使用的主要控件

控 件 类 型	控件 ID	主要属性设置	用 途
abl TextBox	textName	无	输入登录用户名
	textPass	PasswordChar 属性设置为 "*"	输入登录用户密码
ab Button	butLogin	Text 属性设置为 "登录"	登录
	butClose	Text 属性设置为 "取消"	取消
PictureBox	pictureBox1	SizeMode 属性设置为 StretchImage	显示登录窗体的背景图片

26.7.2 按 Enter 键时移动鼠标焦点

当用户在"用户名"文本框中输入值，并按下 Enter 键时，将鼠标焦点移动到"密码"文本框中。当在"密码"文本框中输入值，并按下 Enter 键时，将鼠标焦点移动到"登录"按钮上，实现代码如下。

```
private void textName_KeyPress(object sender, KeyPressEventArgs e)
{
    if (e.KeyChar == '\r')                                  //判断是否按下 Enter 键
        textPass.Focus();                                  //将鼠标焦点移动到"密码"文本框
}
private void textPass_KeyPress(object sender, KeyPressEventArgs e)
{
    if (e.KeyChar == '\r')                                  //判断是否按下 Enter 键
        butLogin.Focus();                                  //将鼠标焦点移动到"登录"按钮
}
```

说明

KeyPressEventArgs 指定在用户按键时撰写的字符。例如，当用户按 Shift+a 键时，KeyChar 属性返回一个大写字母 A。

26.7.3 登录功能的实现

当用户输入用户名和密码后，单击"登录"按钮进行登录。在"登录"按钮的 Click 事件中，首先判断用户名和密码是否为空。如果为空，则弹出提示框，通知用户将登录信息填写完整；否则将判断用户名和密码是否正确，如果正确，则进入本系统。详细代码如下。

```
private void butLogin_Click(object sender, EventArgs e)
{
    if (textName.Text != "" & textPass.Text != "")
    {
        //用自定义方法 getcom()在 tb_Login 数据表中查找是否有当前登录用户
        SqlDataReader  temDR  =  MyClass.getcom("select  *  from  tb_Login  where  Name='"  +
```

```
textName.Text.Trim()
+ "' and Pass='" + textPass.Text.Trim() + "");
        bool ifcom = temDR.Read();                                    //必须用 Read()方法读取数据
        //当有记录时，表示用户名和密码正确
        if (ifcom)
        {
            DataClass.MyMeans.Login_Name = textName.Text.Trim();    //将用户名记录到公共变量中
            DataClass.MyMeans.Login_ID = temDR.GetString(0);        //获取当前操作员编号
            DataClass.MyMeans.My_con.Close();                        //关闭数据库连接
            DataClass.MyMeans.My_con.Dispose();                      //释放所有资源
            DataClass.MyMeans.Login_n = (int)(this.Tag);            //记录当前窗体的 Tag 属性值
            this.Close();                                            //关闭当前窗体
        }
        else
        {

            MessageBox.Show("用户名或密码错误！", "提示", MessageBoxButtons.OK, MessageBoxIcon.
Information);
            textName.Text = "";
            textPass.Text = "";
        }
        MyClass.con_close();                                          //关闭数据库连接
    }
    else
        MessageBox.Show("请将登录信息填写完整！", "提示", MessageBoxButtons.OK, MessageBoxIcon.
Information);
}
```

26.8　系统主窗体设计

■ 本模块使用的数据表：tb_UserPope。

　　主窗体是程序操作过程中必不可少的，它是人机交互中的重要环节。通过主窗体，用户可以调用系统相关的各子模块，快速掌握本系统中所实现的各个功能。企业人事管理系统中，当登录窗体验证成功后，用户将进入主窗体。主窗体被分为 4 个部分，最上面是系统菜单栏，可以通过它调用系统中的所有子窗体。菜单栏下面是工具栏，它以按钮的形式使用户能够方便地调用最常用的子窗体。窗体的左边是一个树形导航菜单，该导航菜单中的各节点是根据菜单栏中的项自动生成的。窗体的最下面用状态栏显示当前登录的用户名。主窗体运行结果如图 26.19 所示。

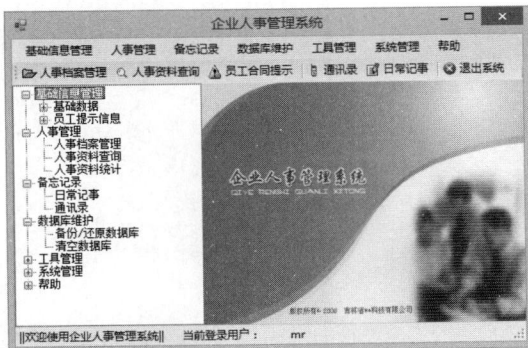

图 26.19　企业人事管理系统主窗体

26.8.1 设计菜单栏

菜单栏的运行效果如图 26.20 所示。

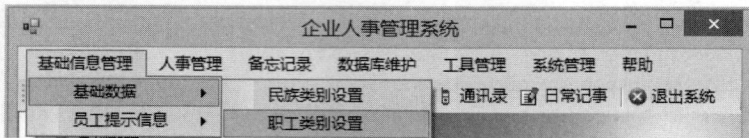

图 26.20 菜单栏运行效果

本系统的菜单栏是通过 MenuStrip 控件实现的，设计菜单栏的具体步骤如下。

（1）从工具箱中拖放一个 MenuStrip 控件置于企业人事管理系统的主窗体中。

（2）为菜单栏中的各个菜单项设置菜单名称，如图 26.21 所示。在输入菜单名称时，系统会自动产生输入下一个菜单名称的提示。

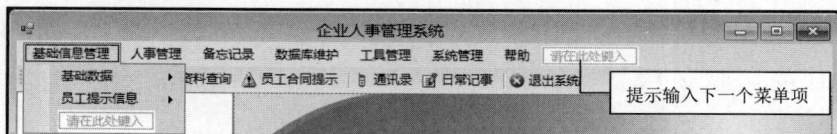

图 26.21 为菜单栏添加项

（3）选中菜单项，单击其"属性"窗口中 DropDownItems 属性后面的[...]按钮，弹出"项集合编辑器"对话框，如图 26.22 所示。在该对话框中可以为菜单项设置 Name 名称，也可以继续通过单击其 DropDownItems 属性后面的[...]按钮添加子项。

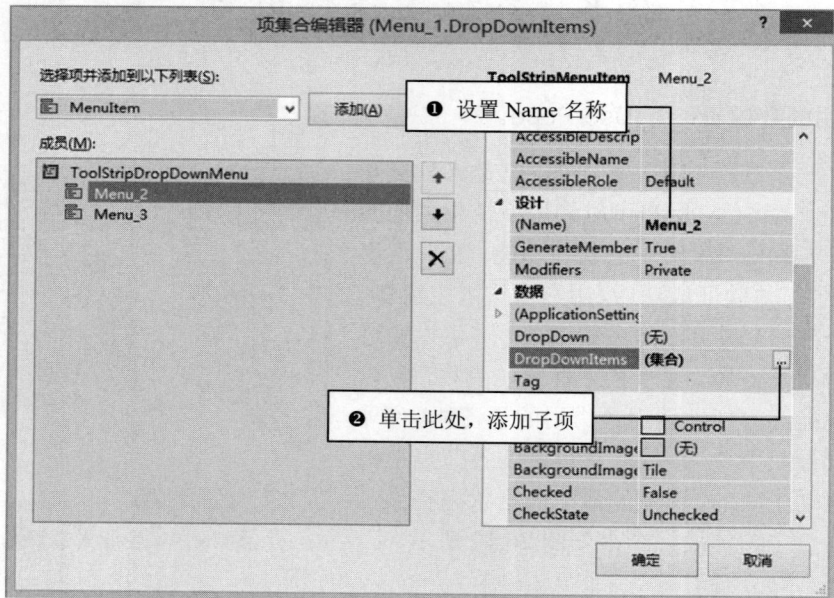

图 26.22 为菜单栏中的项命名并添加子项

　　菜单栏设计完成之后，单击菜单栏中的各菜单项调用相应的子窗体，为了使程序的制作过程更加简便，将所有子窗体的调用封装到 MyModule 公共类的 Show_Form()方法中，只需要获取当前调用窗体的名称及标识，即可调用相应的窗体。下面以单击"人事管理"→"人事档案管理"菜单项为例进行说明，代码如下。

```
private void Tool_Staffbasic_Click(object sender, EventArgs e)
{
    //用 MyModule 公共类中的 Show_Form()方法调用各窗体
    MyMenu.Show_Form(sender.ToString().Trim(), 1);
}
```

说明

　　sender.ToString().Trim()表示获取当前对象的 Text 属性值，即当前单击菜单项的文本。如果调用的是"基础信息管理"→"基础数据"下的子菜单项，则把 Show_Form()方法中的 1 改为 2，因为"基础数据"菜单下的所有子菜单项调用的是一个公共窗体。

26.8.2　设计工具栏

　　工具栏的运行效果如图 26.23 所示。

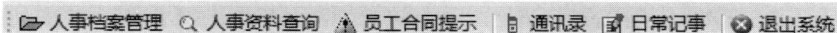

图 26.23　工具栏运行效果

　　本系统的工具栏是通过 ToolStrip 控件实现的，设计工具栏的具体步骤如下。

　　（1）从工具箱中拖放一个 ToolStrip 控件置于企业人事管理系统的主窗体中，单击 ToolStrip 控件后面的下拉按钮，可以选择为工具栏添加哪种控件，如图 26.24 所示。

　　（2）为工具栏添加完控件之后，选中添加的工具栏项，然后右击，在弹出的快捷菜单中选择"设置图像"命令，可以为工具栏项设置显示的图像，如图 26.25 所示。

　　（3）工具栏中的项默认只显示已经设置的图像，如果需要同时显示文本和图像，可以选中工具栏项，然后右击，在弹出的快捷菜单中选择 DisplayStyle→ImageAndText 命令，如图 26.26 所示。

图 26.24　添加控件　　　　图 26.25　"设置图像"命令　　　图 26.26　选择 DisplayStyle→ImageAndText 命令

按照以上步骤，依次添加工具栏项。

工具栏主要是为用户提供一种方便的操作系统常用功能的方式，它在实现时主要调用菜单栏中相应菜单项的 Click 事件。例如，"人事档案管理"工具栏项的 Click 事件代码如下。

```
private void Button_Staffbasic_Click(object sender, EventArgs e)
{
    if (Tool_Staffbasic.Enabled==true)
        Tool_Staffbasic_Click(sender, e);          //调用人事档案管理菜单项的单击事件
    else
        MessageBox.Show("当前用户无权限调用" + "\"" + ((ToolStripButton)sender).Text + "\"" + "窗体");
}
```

26.8.3　设计导航菜单

导航菜单的运行效果如图 26.27 所示。

本系统的导航菜单是通过 TreeView 控件实现的，导航菜单中的项根据菜单栏自动生成，它主要调用了公共类 MyModule 下的 GetMenu()方法，代码如下。

```
//实例化公共类 MyModule 的一个对象
ModuleClass.MyModule MyMenu = new PWMS.ModuleClass.MyModule();
MyMenu.GetMenu(treeView1, menuStrip1);          //使用菜单栏中的项填充导航菜单
```

当使用树形导航菜单的下拉列表打开相应的子窗体时，可以在 TreeView 控件的节点单击事件（NodeMouseClick）中调用相应的子窗体，代码如下。

图 26.27　导航菜单运行效果

```
private void treeView1_NodeMouseClick(object sender, TreeNodeMouseClickEventArgs e)
{
    if (e.Node.Text.Trim() == "系统退出")          //如果当前节点的文本为"系统退出"
    {
        Application.Exit();                        //关闭应用程序
    }
    MyMenu.TreeMenuF(menuStrip1, e);              //用 MyModule 公共类中的 TreeMenuF()方法调用各窗体
}
```

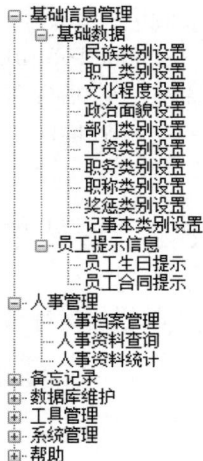

说明

　　TreeMenuF()方法是在 MyModule 公共类中定义的，用来通过当前节点的文本信息在 menuStrip1 控件中进行遍历查找。如果找到，并且为可用状态，则调用相应窗体；否则弹出"当前用户无权限调用×××窗体"对话框。

494

26.8.4 设计状态栏

状态栏的运行效果如图 26.28 所示。

本系统的状态栏是通过 StatusStrip 控件实现的，设计状态栏的具体步骤如下。

（1）从工具箱中拖放一个 StatusStrip 控件置于企业人事管理系统的主窗体中，单击 StatusStrip 控件后面的下拉按钮，可以选择为状态栏添加哪种控件，如图 26.29 所示。

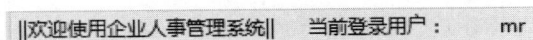

图 26.28 状态栏运行效果 图 26.29 为状态栏添加控件

（2）本系统中的状态栏主要显示欢迎信息和当前登录的用户，因此这里使用 3 个 StatusLabel 控件，其中前两个 StatusLabel 控件的 Text 属性分别设置为"||欢迎使用企业人事管理系统||"和"当前登录用户："，第 3 个 StatusLabel 控件用来显示当前登录的用户名。状态栏设计完成之后的效果如图 26.30 所示。

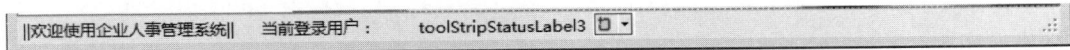

图 26.30 状态栏设计效果

在状态栏中显示当前登录用户名的实现代码如下。

```
statusStrip1.Items[2].Text = DataClass.MyMeans.Login_Name;      //在状态栏显示当前登录的用户名
```

26.9 人事档案管理模块设计

📋 本模块使用的数据表：tb_Folk、tb_Culture、tb_Visage、tb_EmployeeGenre、tb_Business、tb_Laborage、tb_Branch、tb_Duthcall、tb_City、tb_Staffbasic、tb_WorkResume、tb_Family、tb_TrainNote、tb_RANDP、tb_Individual。

人事档案管理窗体是用来对职工的基本信息、家庭情况、工作简历、培训记录等进行浏览，以及添加、修改、删除的操作。在主窗体中，可以通过菜单栏中的"人事管理"→"人事档案管理"调用人事档案浏览窗体，也可以通过工具栏中的"人事档案管理"按钮或导航菜单中的下拉列表进行调用。人事档案管理窗体由 4 个部分组成，分别由分类查询、浏览按钮、职工名称表和信息操作组成。其中分类查询主要是通过职工的类别，对职工进行简单查询；浏览按钮是通过按钮对职工名称表进行浏览。职工名称表用来显示当前所记录的所有职工名称；信息操作用来对职工的相关信息进行添加、修改、删除、浏览等操作，并可以将职工的基本信息在 Word 文档或者 Excel 表格中以自定义表格的形式进行显示。"人事档案管理"窗体运行结果如图 26.31 所示。

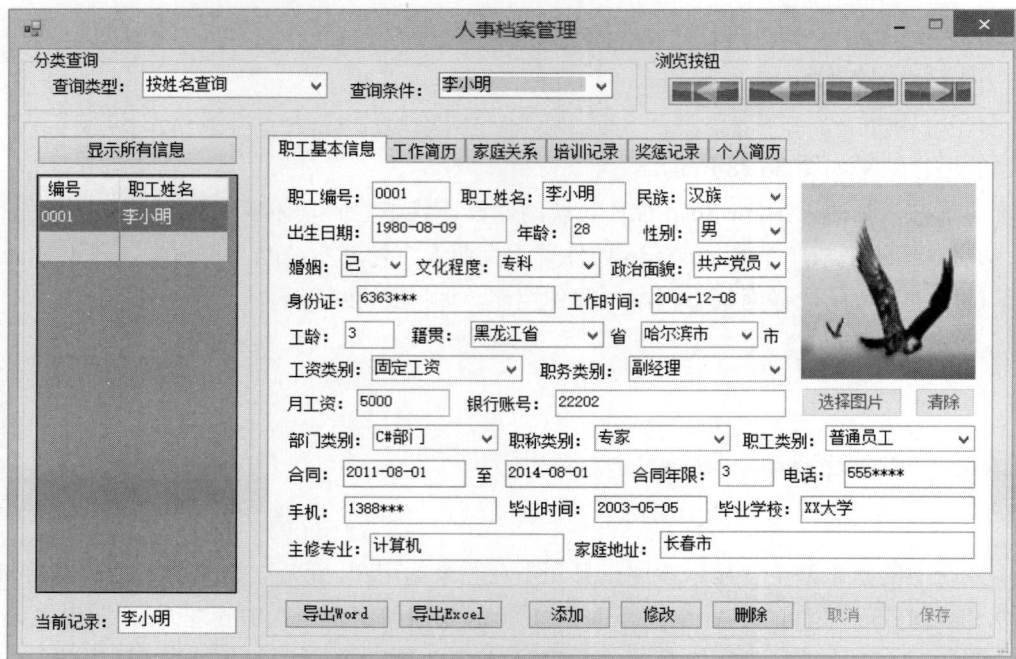

图 26.31 "人事档案管理"窗体

说明

由于人事档案管理模块中有多个面板，但它们实现的功能大部分是相同的，因此下面以"职工基本信息"面板为例进行讲解。

26.9.1 设计人事档案管理窗体

新建一个 Windows 窗体，命名为 F_MainFile.cs，主要用于对企业的人事档案信息进行管理。F_MainFile 窗体使用的主要控件如表 26.20 所示。"查询类型"下拉列表 Items 属性设置如图 26.32 所示。

表 26.20 人事档案管理窗体使用的主要控件

控 件 类 型	控件 ID	主要属性设置	用　途
abl TextBox	S_0	将其 ReadOnly 属性设置为 true	自动生成职工编号
	S_1	无	输入职工姓名
	S_4	无	输入年龄
	S_9	无	输入身份证号
	S_11	无	输入工龄
	S_25	无	输入月工资
	S_26	无	输入银行账号
	S_29	无	输入合同年限
	S_17	无	输入电话号码
	S_18	无	输入手机号码

续表

控 件 类 型	控件 ID	主要属性设置	用　　途
[abl] TextBox	S_19	无	输入毕业学校
	S_20	无	输入主修专业
	S_22	无	输入家庭地址
	textBox1	无	显示当前查看的记录是第几条
[#-] MaskedTextBox	S_3	无	输入职工出生日期
	S_10	无	输入工作时间
	S_27	无	输入合同开始日期
	S_28	无	输入合同结束日期
	S_21	无	输入毕业时间
[≡] ComboBox	comboBox1	其 Items 属性设置参见图 26.32	选择查询类型
	comboBox2	无	选择查询条件
	S_2	无	选择民族
	S_7	在其 Items 属性中添加两项，分别为"男"和"女"	选择性别
	S_6	在其 Items 属性中添加两项，分别为"已"和"未"	选择婚姻状态
	S_5	无	选择文化程度
	S_8	无	选择政治面貌
	S_23	无	选择省份
	S_24	无	选择市
	S_14	无	选择工资类别
	S_13	无	选择职务类别
	S_15	无	选择部门类别
	S_16	无	选择职称类别
	S_12	无	选择职工类别
[ab] Button	button1	无	查看所有员工信息
	N_First	无	查看第一条记录
	N_Previous	无	查看上一条记录
	N_Next	无	查看下一条记录
	N_Cauda	无	查看最后一条记录
	Img_Save	将其 Enabled 属性设置为 false	选择职工头像
	Img_Clear	将其 Enabled 属性设置为 false	清除职工头像
	Sta_Table	无	将职工信息导出到 Word 文档中
	Sub_Excel	无	将职工信息导出到 Excel 表格中
	Sta_Add	无	清空各文本框及下拉列表，以执行添加操作
	Sta_Amend	无	将"保存"按钮设置为可用以执行修改操作
	Sta_Delete	无	删除选中的职工信息
	Sta_Cancel	将其 Enabled 属性设置为 false	将各按钮的状态恢复到初始化时的状态
	Sta_Save	将其 Enabled 属性设置为 false	执行职工添加或修改操作

续表

控 件 类 型	控件 ID	主要属性设置	用 途
OpenFileDialog	openFileDialog1	无	打开选择职工头像的对话框
PictureBox	S_Photo	将其 SizeMode 属性设置为 StretchImage	显示选择的职工头像
DataGridView	dataGridView1	将其 SelectionMode 属性设置为 FullRowSelect	显示职工编号和姓名信息
TabControl	tabControl1	添加 6 个面板，并分别将其 Text 属性设置为"职工基本信息""工作简历""家庭关系""培训记录""奖惩记录""个人简历"	显示人事档案管理窗体中的各个控制面板

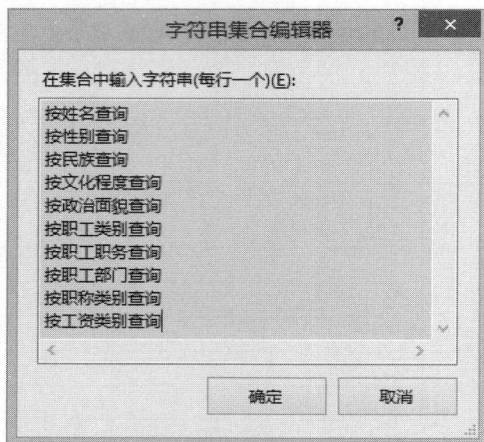

图 26.32 "查询类型"下拉列表 Items 属性设置

26.9.2 添加/修改人事档案信息

单击"添加"按钮，首先调用 MyModule 公共类中的 Clear_Control()方法，将指定控件集下的控件进行清空，然后根据表名和 ID 字段调用 MyModule 公共类中的 GetAutocoding()方法进行自动编号，代码如下。

```
private void Sta_Add_Click(object sender, EventArgs e)
{
    MyMC.Clear_Control(tabControl1.TabPages[0].Controls);        //清空职工基本信息的相应文本框
    S_0.Text = MyMC.GetAutocoding("tb_Staffbasic", "ID");        //自动添加编号
    hold_n = 1;                                                   //用于记录添加操作的标识
    MyMC.Ena_Button(Sta_Add, Sta_Amend, Sta_Cancel, Sta_Save, 0, 0, 1, 1);
    groupBox5.Text = "当前正在添加信息";
    Img_Clear.Enabled = true;                                    //使图片选择按钮为可用状态
    Img_Save.Enabled = true;
}
```

单击"修改"按钮，该按钮的功能只是用 hold_n 标识记录当前为修改状态，并修改其他相关按钮的可用状态，代码如下。

```
private void Sta_Amend_Click(object sender, EventArgs e)
{
    hold_n = 2;                                              //用于记录修改操作的标识
    MyMC.Ena_Button(Sta_Add, Sta_Amend, Sta_Cancel, Sta_Save, 0, 0, 1, 1);
    groupBox5.Text = "当前正在修改信息";
    Img_Clear.Enabled = true;                               //使图片选择按钮为可用状态
    img_Save.Enabled = true;
}
```

说明

　　自定义变量 hold_n 是用于添加和修改操作的标识，如果 hold_n 值不为 1 或 2，将不做任何操作。

　　单击"保存"按钮，根据 hold_n 标识判断执行的是添加操作还是修改操作，并调用"取消"按钮的单击事件功能，将各按钮的状态恢复到初始状态，代码如下。

```
private void Stu_Save_Click(object sender, EventArgs e)
{
    if (tabControl1.SelectedTab.Name == "tabPage6")         //如果当前是"个人简历"选项卡
    {
        //通过 MyMeans 公共类中的 getcom()方法查询当前职工是否添加了个人简历
        SqlDataReader Read_Memo = MyDataClass.getcom("Select * from tb_Individual where ID='" + tem_ID
+ "'");
        if (Read_Memo.Read())                               //如果有记录
            //将当前设置的个人简历进行修改
            MyDataClass.getsqlcom("update tb_Individual set Memo='" + Ind_Mome.Text + "' where ID='" +
tem_ID + "'");
        else
            //如果没有记录，则进行添加操作
            MyDataClass.getsqlcom("insert into tb_Individual (ID,Memo) values('" + tem_ID + "','" +
Ind_Mome. Text + "')");
    }
    else //如果当前是"职工基本信息"选项卡
    {
        //定义字符串变量，并存储"职工基本信息表"中的所有字段
        string All_Field = "ID,StuffName,Folk,Birthday,Age,Culture,Marriage,Sex,Visage,IDCard,Workdate, WorkLength,
Employee,Business,Laborage,Branch,Duthcall,Phone,Handset,School,Speciality,GraduateDate,Address,BeAw
are,City,M_Pay, Bank,Pact_B,Pact_E,Pact_Y";
        if (hold_n == 1 || hold_n == 2)                     //判断当前是添加还是修改操作
        {
            ModuleClass.MyModule.ADDs = "";                 //清空 MyModule 公共类中的 ADDs 变量
            //用 MyModule 公共类中的 Part_SaveClass()方法组合添加或修改的 SQL 语句
            MyMC.Part_SaveClass(All_Field, S_0.Text.Trim(), "", tabControl1.TabPages[0].Controls,
"S_", "tb_Staffbasic", 30, hold_n);
            //如果 ADDs 变量不为空，则通过 MyMeans 公共类中的 getsqlcom()方法执行添加、修改操作
            if (ModuleClass.MyModule.ADDs != "")
                MyDataClass.getsqlcom(ModuleClass.MyModule.ADDs);
```

```
        }
        if (Ima_n > 0)                                              //如果图片标识大于 0
        {
            //通过 MyModule 公共类中的 SaveImage()方法将图片存入数据库中
            MyMC.SaveImage(S_0.Text.Trim(), imgBytesIn);
        }
        Sta_Cancel_Click(sender, e);                                //调用"取消"按钮的单击事件
    }
}
```

在添加和修改人事档案信息时，当为职工选择头像后，需要将选择的头像转换成字节数组，然后再存放到数据库中。将头像转换成字节数组的实现代码如下。

```
#region   将图片转换成字节数组
public void Read_Image(OpenFileDialog openF, PictureBox MyImage)
{
    openF.Filter = "*.jpg|*.jpg|*.bmp|*.bmp";                      //指定 OpenFileDialog 控件打开的文件格式
    if (openF.ShowDialog(this) == DialogResult.OK)                //如果打开了图片文件
    {
        try
        {
            //将图片文件存入 PictureBox 控件中
            MyImage.Image = System.Drawing.Image.FromFile(openF.FileName);
            string strimg = openF.FileName.ToString();            //记录图片的所在路径
            //将图片以文件流的形式进行保存
            FileStream fs = new FileStream(strimg, FileMode.Open, FileAccess.Read);
            BinaryReader br = new BinaryReader(fs);
            imgBytesIn = br.ReadBytes((int)fs.Length);            //将流读入字节数组中
        }
        catch
        {
            MessageBox.Show("您选择的图片不能被读取或文件类型不对！", "错误", MessageBoxButtons.OK,
MessageBoxIcon.Warning);
            S_Photo.Image = null;
        }
    }
}
    #endregion
```

📝 **说明**

> BinaryReader 类用特定的编码将基元数据类型读作二进制值。如果该流为 null，或是已关闭，将触发异常。

26.9.3 删除人事档案信息

单击"删除"按钮，将职工基本信息表中的当前记录全部删除，同时根据当前记录的编号，删除

工作简历表、家庭关系表、培训记录表、奖惩记录表和个人简历表中的相关记录，代码如下。

```
private void Stu_Delete_Click(object sender, EventArgs e)
{
    if (dataGridView1.RowCount < 2)                              //判断 dataGridView1 控件中是否有记录
    {
        MessageBox.Show("数据表为空，不可以删除。");
        return;
    }
    //删除职工信息表中的当前记录及其他相关表中的信息
    MyDataClass.getsqlcom("Delete tb_Staffbasic where ID='" + S_0.Text.Trim() + "'");
    MyDataClass.getsqlcom("Delete tb_WorkResume where Stu_ID='" + S_0.Text.Trim() + "'");
    MyDataClass.getsqlcom("Delete tb_Family where Sta_ID='" + S_0.Text.Trim() + "'");
    MyDataClass.getsqlcom("Delete tb_TrainNote where Sta_ID='" + S_0.Text.Trim() + "'");
    MyDataClass.getsqlcom("Delete tb_RANDP where Sta_ID='" + S_0.Text.Trim() + "'");
    MyDataClass.getsqlcom("Delete tb_WorkResume where Sta_ID='" + S_0.Text.Trim() + "'");
    MyDataClass.getsqlcom("Delete tb_Individual where ID='" + S_0.Text.Trim() + "'");
    Sta_Cancel_Click(sender, e);                                 //调用"取消"按钮的单击事件
}
```

26.9.4　单条件查询人事档案信息

单条件查询人事档案信息运行效果如图 26.33 所示。

图 26.33　单条件查询人事档案信息运行效果

当在"查询类型"下拉列表中选择查询的类型时，"查询条件"下拉列表中的值随之改变，然后在"查询条件"下拉列表中选择要查询的内容，系统根据选择的查询条件调用自定义方法 Condition_Lookup()在数据库中的相关记录，并显示在 DataGridView 控件中。单条件查询人事档案信息的实现代码如下。

```
private void comboBox1_TextChanged(object sender, EventArgs e)
{
    //向 comboBox2 控件中添加相应的查询条件
    switch (comboBox1.SelectedIndex)
    {
        case 0:
        {
            //职工姓名
            MyMC.CityInfo(comboBox2, "select distinct StuffName from tb_Staffbasic", 0);
            tem_Field = "StuffName";
            break;
        }
        case 1:                                                  //性别
        {
            comboBox2.Items.Clear();
```

```
                    comboBox2.Items.Add("男");
                    comboBox2.Items.Add("女");
                    tem_Field = "Sex";
                    break;
                }
            case 2:
                {
                    MyMC.CoPassData(comboBox2, "tb_Folk");              //民族类别
                    tem_Field = "Folk";
                    break;
                }
            case 3:
                {
                    MyMC.CoPassData(comboBox2, "tb_Culture");           //文化程度
                    tem_Field = "Culture";
                    break;
                }
            case 4:
                {
                    MyMC.CoPassData(comboBox2, "tb_Visage");            //政治面貌
                    tem_Field = "Visage";
                    break;
                }
            case 5:
                {
                    MyMC.CoPassData(comboBox2, "tb_EmployeeGenre");     //职工类别
                    tem_Field = "Employee";
                    break;
                }
            case 6:
                {
                    MyMC.CoPassData(comboBox2, "tb_Business");          //职务类别
                    tem_Field = "Business";
                    break;
                }
            case 7:
                {
                    MyMC.CoPassData(comboBox2, "tb_Branch");            //部门类别
                    tem_Field = "Branch";
                    break;
                }
            case 8:
                {
                    MyMC.CoPassData(comboBox2, "tb_Duthcall");          //职称类别
                    tem_Field = "Duthcall";
                    break;
                }
            case 9:
                {
```

```
                    MyMC.CoPassData(comboBox2, "tb_Laborage");            //工资类别
                    tem_Field = "Laborage";
                    break;
            }
        }
}
private void comboBox2_TextChanged(object sender, EventArgs e)
{
    try
    {
        tem_Value = comboBox2.SelectedItem.ToString();
        Condition_Lookup(tem_Value);
    }
    catch
    {
        comboBox2.Text = "";
        MessageBox.Show("只能以选择方式查询。");
    }
}
```

实现单条件查询人事档案信息时，使用了自定义方法 Condition_Lookup()，该方法用来根据指定的条件查找职工信息，并显示在 DataGridView 控件中。Condition_Lookup()方法的实现代码如下。

```
#region  按条件显示"职工基本信息"表的内容
/// <summary>
/// 通过公共变量动态进行查询
/// </summary>
/// <param name="C_Value">条件值</param>
public void Condition_Lookup(string C_Value)
{
    MyDS_Grid = MyDataClass.getDataSet("Select * from tb_Staffbasic where " + tem_Field + "='" +
tem_Value + "'", "tb_Staffbasic");
    dataGridView1.DataSource = MyDS_Grid.Tables[0];
    textBox1.Text = Grid_Inof(dataGridView1);            //显示职工信息表的当前记录
}
#endregion
```

26.9.5　逐条查看人事档案信息

"浏览按钮"区域中的 4 个按钮可实现逐条查看人事档案信息功能，效果如图 26.34 所示。单击按钮时，程序根据所按按钮的 ID 判断将要执行"第一条""上一条""下一条""最后一条"4 项操作中的哪项操作。

图 26.34　逐条查看人事档案信息

"浏览按钮"区域中 4 个按钮的实现代码如下。

```
private void N_First_Click(object sender, EventArgs e)                           //第一条
{
    int ColInd = 0;
    //判断 DataGridView 控件中当前单元格的列索引
    if (dataGridView1.CurrentCell.ColumnIndex == -1 || dataGridView1.CurrentCell.ColumnIndex>1)
        ColInd = 0;
    else
        ColInd = dataGridView1.CurrentCell.ColumnIndex;
    if ((((Button)sender).Name) == "N_First")                                    //判断当前单击的是不是"第一条"
    {
        dataGridView1.CurrentCell = this.dataGridView1[ColInd, 0];   //将当前控件的索引设置为 0
        MyMC.Ena_Button(N_First, N_Previous, N_Next, N_Cauda, 0, 0, 1, 1);
    }
    if ((((Button)sender).Name) == "N_Previous")                                 //判断当前单击的是不是"上一条"
    {
        if (dataGridView1.CurrentCell.RowIndex == 0)                             //判断当前行的索引是否为 0
        {
            //调用公共类中的方法，设置 4 个按钮的状态
            MyMC.Ena_Button(N_First, N_Previous, N_Next, N_Cauda, 0, 0, 1, 1);
        }
        else
        {
            //重新给当前单元格赋值
            dataGridView1.CurrentCell = this.dataGridView1[ColInd, dataGridView1.CurrentCell.RowIndex - 1];
            MyMC.Ena_Button(N_First, N_Previous, N_Next, N_Cauda, 1, 1, 1, 1);
        }
    }
    if ((((Button)sender).Name) == "N_Next")                                     //判断当前单击的是不是"下一条"
    {
        //判断当前行索引是否是最后一行
        if (dataGridView1.CurrentCell.RowIndex == dataGridView1.RowCount-2)
        {
            //调用公共类中的方法，设置 4 个按钮的状态
            MyMC.Ena_Button(N_First, N_Previous, N_Next, N_Cauda, 1, 1, 0, 0);
        }
        else
        {
            //重新给当前单元格赋值
            dataGridView1.CurrentCell = this.dataGridView1[ColInd, dataGridView1.CurrentCell.RowIndex + 1];
            MyMC.Ena_Button(N_First, N_Previous, N_Next, N_Cauda, 1, 1, 1, 1);
        }
    }
    if ((((Button)sender).Name) == "N_Cauda")                                    //判断当前单击的是不是"最后一条"
    {
        //将当前单元格索引设置为最后一行
        dataGridView1.CurrentCell = this.dataGridView1[ColInd, dataGridView1.RowCount - 2];
        MyMC.Ena_Button(N_First, N_Previous, N_Next, N_Cauda, 1, 1, 0, 0);
    }
}
private void N_Previous_Click(object sender, EventArgs e)                //上一条
{
```

```
        N_First_Click(sender, e);
}
private void N_Next_Click(object sender, EventArgs e)                //下一条
{
        N_First_Click(sender, e);
}
private void N_Cauda_Click(object sender, EventArgs e)               //最后一条
{
        N_First_Click(sender, e);
}
```

说明

在设置具有焦点的单元格时，可以用 dataGridView1[列数, 行数]来指定单元格的位置。

26.9.6　将人事档案信息导出为 Word 文档

将人事档案信息导出为 Word 文档，如图 26.35 所示。

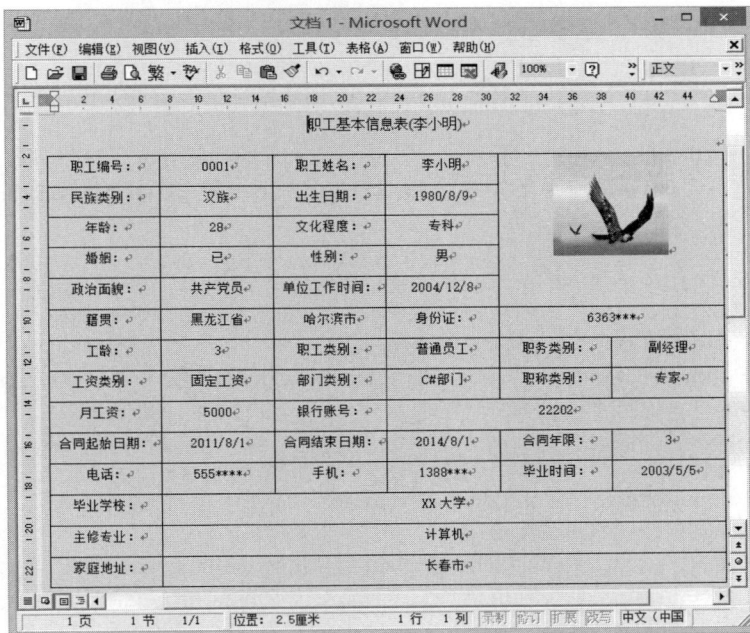

图 26.35　导出的 Word 文档

为了便于职工信息的存储及打印，单击"导出 Word"按钮，可以将职工信息以表格的形式存入 Word 文档中。将人事档案信息导出为 Word 文档的实现代码如下。

```
private void but_Table_Click(object sender, EventArgs e)
{
        object Nothing = System.Reflection.Missing.Value;
```

```
object missing = System.Reflection.Missing.Value;
//创建 Word 文档
Microsoft.Office.Interop.Word.Application wordApp = new Microsoft.Office.Interop.Word.Application();
Microsoft.Office.Interop.Word.Document wordDoc = wordApp.Documents.Add(ref Nothing, ref Nothing, ref
Nothing, ref Nothing);
wordApp.Visible = true;
//设置文档宽度
wordApp.Selection.PageSetup.LeftMargin = wordApp.CentimetersToPoints(float.Parse("2"));
wordApp.ActiveWindow.ActivePane.HorizontalPercentScrolled = 11;
wordApp.Selection.PageSetup.RightMargin = wordApp.CentimetersToPoints(float.Parse("2"));
Object start = Type.Missing;
Object end = Type.Missing;
PictureBox pp = new PictureBox();                                      //新建一个 PictureBox 控件
int p1 = 0;
for (int i = 0; i < MyDS_Grid.Tables[0].Rows.Count; i++)
{
    try
    {
        ShowData_Image((byte[ ])(MyDS_Grid.Tables[0].Rows[i][23]), pp);
        pp.Image.Save(@"D:\22.bmp");                                   //将图片存入到指定的路径
    }
    catch
    {
        p1 = 1;
    }
    object rng = Type.Missing;
    string strInfo = "职工基本信息表" + "(" + MyDS_Grid.Tables[0].Rows[i][1].ToString() + ")";
    start = 0;
    end = 0;
    wordDoc.Range(ref start, ref end).InsertBefore(strInfo);           //插入文本
    wordDoc.Range(ref start, ref end).Font.Name = "Verdana";           //设置字体
    wordDoc.Range(ref start, ref end).Font.Size = 20;                  //设置字体大小
    wordDoc.Range(ref start, ref end).ParagraphFormat.Alignment = Microsoft.Office.Interop.Word.
WdParagraphAlignment.wdAlignParagraphCenter;                           //设置字体居中
    start = strInfo.Length;
    end = strInfo.Length;
    wordDoc.Range(ref start, ref end).InsertParagraphAfter();          //插入回车
    object missingValue = Type.Missing;
    object location = strInfo.Length; //如果 location 超过已有字符的长度会出错。要比"明细表"串多一个字符
    Microsoft.Office.Interop.Word.Range rng2 = wordDoc.Range(ref location, ref location);
    Microsoft.Office.Interop.Word.Table tab = wordDoc.Tables.Add(rng2, 14, 6, ref missingValue, ref
missingValue);
    tab.Rows.HeightRule = Microsoft.Office.Interop.Word.WdRowHeightRule.wdRowHeightAtLeast;
    tab.Rows.Height = wordApp.CentimetersToPoints(float.Parse("0.8"));
    tab.Range.Font.Size = 10;
    tab.Range.Font.Name = "宋体";
    //设置表格样式
    tab.Borders.InsideLineStyle = Microsoft.Office.Interop.Word.WdLineStyle.wdLineStyleSingle;
    tab.Borders.InsideLineWidth = Microsoft.Office.Interop.Word.WdLineWidth.wdLineWidth050pt;
```

```
tab.Borders.InsideColor = Microsoft.Office.Interop.Word.WdColor.wdColorAutomatic;
wordApp.Selection.ParagraphFormat.Alignment    =    Microsoft.Office.Interop.Word.    WdParagraph
Alignment.wdAlignParagraphRight;                                                    //设置右对齐
//第 5 行显示
tab.Cell(1, 5).Merge(tab.Cell(5, 6));
//第 6 行显示
tab.Cell(6, 5).Merge(tab.Cell(6, 6));
//第 9 行显示
tab.Cell(9, 4).Merge(tab.Cell(9, 6));
//第 12 行显示
tab.Cell(12, 2).Merge(tab.Cell(12, 6));
//第 13 行显示
tab.Cell(13, 2).Merge(tab.Cell(13, 6));
//第 14 行显示
tab.Cell(14, 2).Merge(tab.Cell(14, 6));
//第 1 行赋值
tab.Cell(1, 1).Range.Text = "职工编号：";
tab.Cell(1, 2).Range.Text = MyDS_Grid.Tables[0].Rows[i][0].ToString();
tab.Cell(1, 3).Range.Text = "职工姓名：";
tab.Cell(1, 4).Range.Text = MyDS_Grid.Tables[0].Rows[i][1].ToString();
//插入图片
if (p1 == 0)
{
    string FileName = @"D:\22.bmp";                                     //图片所在路径
    object LinkToFile = false;
    object SaveWithDocument = true;
    object Anchor = tab.Cell(1, 5).Range;                               //指定图片插入的区域
    //将图片插入单元格中
    tab.Cell(1, 5).Range.InlineShapes.AddPicture(FileName, ref LinkToFile, ref SaveWithDocument,
ref Anchor);
}
p1 = 0;
//第 2 行赋值
tab.Cell(2, 1).Range.Text = "民族类别：";
tab.Cell(2, 2).Range.Text = MyDS_Grid.Tables[0].Rows[i][2].ToString();
tab.Cell(2, 3).Range.Text = "出生日期：";
try
{
    tab.Cell(2, 4).Range.Text = Convert.ToString(Convert.ToDateTime(MyDS_Grid.Tables[0].Rows[i][3]).
ToShortDateString());
}
catch { tab.Cell(2, 4).Range.Text = ""; }
//第 3 行赋值
tab.Cell(3, 1).Range.Text = "年龄：";
tab.Cell(3, 2).Range.Text = Convert.ToString(MyDS_Grid.Tables[0].Rows[i][4]);
tab.Cell(3, 3).Range.Text = "文化程度：";
tab.Cell(3, 4).Range.Text = MyDS_Grid.Tables[0].Rows[i][5].ToString();
//第 4 行赋值
tab.Cell(4, 1).Range.Text = "婚姻：";
```

```csharp
        tab.Cell(4, 2).Range.Text = MyDS_Grid.Tables[0].Rows[i][6].ToString();
        tab.Cell(4, 3).Range.Text = "性别：";
        tab.Cell(4, 4).Range.Text = MyDS_Grid.Tables[0].Rows[i][7].ToString();
        //第 5 行赋值
        tab.Cell(5, 1).Range.Text = "政治面貌：";
        tab.Cell(5, 2).Range.Text = MyDS_Grid.Tables[0].Rows[i][8].ToString();
        tab.Cell(5, 3).Range.Text = "单位工作时间：";
        try
        {
            tab.Cell(5, 4).Range.Text = Convert.ToString(Convert.ToDateTime(MyDS_Grid.Tables[0].Rows[0][10]).
ToShortDateString());
        }
        catch { tab.Cell(5, 4).Range.Text = ""; }
        //第 6 行赋值
        tab.Cell(6, 1).Range.Text = "籍贯：";
        tab.Cell(6, 2).Range.Text = MyDS_Grid.Tables[0].Rows[i][24].ToString();
        tab.Cell(6, 3).Range.Text = MyDS_Grid.Tables[0].Rows[i][25].ToString();
        tab.Cell(6, 4).Range.Text = "身份证：";
        tab.Cell(6, 5).Range.Text = MyDS_Grid.Tables[0].Rows[i][9].ToString();
        //第 7 行赋值
        tab.Cell(7, 1).Range.Text = "工龄：";
        tab.Cell(7, 2).Range.Text = Convert.ToString(MyDS_Grid.Tables[0].Rows[i][11]);
        tab.Cell(7, 3).Range.Text = "职工类别：";
        tab.Cell(7, 4).Range.Text = MyDS_Grid.Tables[0].Rows[i][12].ToString();
        tab.Cell(7, 5).Range.Text = "职务类别：";
        tab.Cell(7, 6).Range.Text = MyDS_Grid.Tables[0].Rows[i][13].ToString();
        //第 8 行赋值
        tab.Cell(8, 1).Range.Text = "工资类别：";
        tab.Cell(8, 2).Range.Text = MyDS_Grid.Tables[0].Rows[i][14].ToString();
        tab.Cell(8, 3).Range.Text = "部门类别：";
        tab.Cell(8, 4).Range.Text = MyDS_Grid.Tables[0].Rows[i][15].ToString();
        tab.Cell(8, 5).Range.Text = "职称类别：";
        tab.Cell(8, 6).Range.Text = MyDS_Grid.Tables[0].Rows[i][16].ToString();
        //第 9 行赋值
        tab.Cell(9, 1).Range.Text = "月工资：";
        tab.Cell(9, 2).Range.Text = Convert.ToString(MyDS_Grid.Tables[0].Rows[i][26]);
        tab.Cell(9, 3).Range.Text = "银行账号：";
        tab.Cell(9, 4).Range.Text = MyDS_Grid.Tables[0].Rows[i][27].ToString();
        //第 10 行赋值
        tab.Cell(10, 1).Range.Text = "合同起始日期：";
        try
        {
            tab.Cell(10, 2).Range.Text = Convert.ToString(Convert.ToDateTime(MyDS_Grid.Tables[0].
Rows[i][28]).ToShortDateString());
        }
        catch { tab.Cell(10, 2).Range.Text = ""; }
        tab.Cell(10, 3).Range.Text = "合同结束日期：";
        try
        {
```

```
        tab.Cell(10, 4).Range.Text = Convert.ToString(Convert.ToDateTime(MyDS_Grid.Tables[0].
Rows[i][29]).ToShortDateString());
        }
        catch { tab.Cell(10, 4).Range.Text = ""; }
        tab.Cell(10, 5).Range.Text = "合同年限：";
        tab.Cell(10, 6).Range.Text = Convert.ToString(MyDS_Grid.Tables[0].Rows[i][30]);
        //第 11 行赋值
        tab.Cell(11, 1).Range.Text = "电话：";
        tab.Cell(11, 2).Range.Text = MyDS_Grid.Tables[0].Rows[i][17].ToString();
        tab.Cell(11, 3).Range.Text = "手机：";
        tab.Cell(11, 4).Range.Text = MyDS_Grid.Tables[0].Rows[i][18].ToString();
        tab.Cell(11, 5).Range.Text = "毕业时间：";
        try
        {
            tab.Cell(11, 6).Range.Text = Convert.ToString(Convert.ToDateTime(MyDS_Grid.Tables[0].
Rows[i][21]).ToShortDateString());
        }
        catch { tab.Cell(11, 6).Range.Text = ""; }
        //Convert.ToString(MyDS_Grid.Tables[0].Rows[i][21]);
        //第 12 行赋值
        tab.Cell(12, 1).Range.Text = "毕业学校：";
        tab.Cell(12, 2).Range.Text = MyDS_Grid.Tables[0].Rows[i][19].ToString();
        //第 13 行赋值
        tab.Cell(13, 1).Range.Text = "主修专业：";
        tab.Cell(13, 2).Range.Text = MyDS_Grid.Tables[0].Rows[i][20].ToString();
        //第 14 行赋值
        tab.Cell(14, 1).Range.Text = "家庭地址：";
        tab.Cell(14, 2).Range.Text = MyDS_Grid.Tables[0].Rows[i][22].ToString();
        wordDoc.Range(ref start, ref end).InsertParagraphAfter();                //插入回车
        wordDoc.Range(ref start, ref end).ParagraphFormat.Alignment = Microsoft.Office.Interop.Word.
WdParagraphAlignment.wdAlignParagraphCenter;                //设置字体居中
    }
    #endregion
}
```

误区警示

在 C#中如果想对 Word 文档进行操作，必须对 Word 进行引用。其添加步骤为：首先，在"解决方案资源管理器"的"引用"上右击，在弹出的下拉列表中选择"添加引用"项；然后，在打开的"引用管理器"窗体中选择"程序集"→"扩展"；最后，在该选择卡中选择Microsoft.Office.Interop.Word，单击"确定"按钮即可。

26.9.7　将人事档案信息导出为 Excel 表格

将人事档案信息导出为 Excel 表格，如图 26.36 所示。

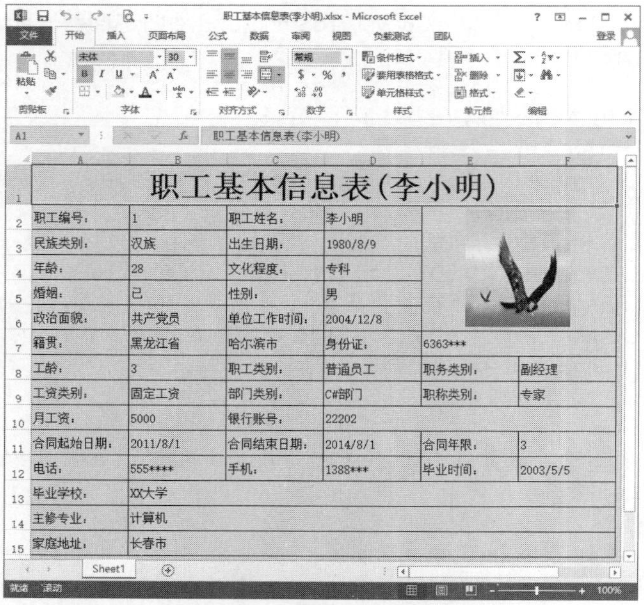

图 26.36　导出的 Excel 表格

为了便于职工信息的存储及打印，单击"导出 Excel"按钮，可以将职工信息导入 Excel 表格中。将人事档案信息导出为 Excel 表格的实现代码如下。

```
private void Sub_Excel_Click(object sender, EventArgs e)
{
    object rng = Type.Missing;
    //创建 Excel 对象
    Microsoft.Office.Interop.Excel.Application excel = new Microsoft.Office.Interop.Excel.Application();
    Microsoft.Office.Interop.Excel.Workbook workbook = excel.Application.Workbooks.Add(Microsoft.Office.
Interop.Excel.XlWBATemplate.xlWBATWorksheet);
    Microsoft.Office.Interop.Excel.Worksheet worksheet = (Microsoft.Office.Interop.Excel.Worksheet)
(workbook.Worksheets[1]);
    Microsoft.Office.Interop.Excel.Range range = null;
    //获取除第一行之外的所有单元格范围
    range = worksheet.Range[.Range[excel.Cells[2, 1], excel.Cells[15, 6]];
    range.ColumnWidth = 15;                        //设置单元格宽度
    range.RowHeight = 25;                          //设置单元格高度
    range.Borders.LineStyle = 1;                   //设置边框线的宽度
    //设置边框线的样式
    range.BorderAround2(1,        Microsoft.Office.Interop.Excel.XlBorderWeight.xlThin,        Microsoft.Office.
Interop.Excel.XlColorIndex.xlColorIndexAutomatic, Color.Black, Type.Missing);
    range.Font.Size = 12;                          //设置字体大小
    range.Font.Name = "宋体";                       //设置字体
    //设置对齐格式为左对齐
    range.HorizontalAlignment = Microsoft.Office.Interop.Excel.XlVAlign.xlVAlignJustify;
    PictureBox pp = new PictureBox();              //新建一个 PictureBox 控件
    int p1 = 0;                                    //定义一个标识，用来标识是否存在照片
    for (int i = 0; i < MyDS_Grid.Tables[0].Rows.Count; i++)
    {
        try
```

```csharp
{
    //获取照片
    ShowData_Image((byte[ ])(MyDS_Grid.Tables[0].Rows[i][23]), pp);
    pp.Image.Save(@"D:\22.bmp");          //将图片存入到指定的路径
}
catch
{
    p1 = 1;
}
//设置标题名称
string strInfo = "职工基本信息表" + "(" + MyDS_Grid.Tables[0].Rows[i][1].ToString() + ")";
//设置第 1 行要合并的表格
range = worksheet.Range[.Range[excel.Cells[1, 1], excel.Cells[1, 6]];
range.Merge();                            //合并单元格
range.Font.Size = 30;                     //设置第一行的字体大小
range.Font.Name = "宋体";                 //设置第一行的字体
range.Font.FontStyle = "Bold";            //设置第一行字体为粗体
//设置标题居中显示
range.HorizontalAlignment = Microsoft.Office.Interop.Excel.XlVAlign.xlVAlignCenter;
excel.Cells[1, 1] = strInfo;              //设置标题
//第 2 行到第 6 行的合并范围，用来显示照片
range = worksheet.Range[.Range[excel.Cells[2, 5], excel.Cells[6, 6]];
range.Merge(true);
//第 7 行显示
range = worksheet.Range[.Range[excel.Cells[7, 5], excel.Cells[7, 6]];
range.Merge(true);
//第 10 行显示
range = worksheet.Range[excel.Cells[10, 4], excel.Cells[10, 6]];
range.Merge(true);
//第 13 行显示
range = worksheet.Range[excel.Cells[13, 2], excel.Cells[13, 6]];
range.Merge(true);
//第 14 行显示
range = worksheet.Range[excel.Cells[14, 2], excel.Cells[14, 6]];
range.Merge(true);
//第 15 行显示
range = worksheet.Range[excel.Cells[15, 2], excel.Cells[15, 6]];
range.Merge(true);
//第 1 行赋值
excel.Cells[2, 1] = "职工编号：";
excel.Cells[2, 2] = MyDS_Grid.Tables[0].Rows[i][0].ToString();
excel.Cells[2, 3] = "职工姓名：";
excel.Cells[2, 4] = MyDS_Grid.Tables[0].Rows[i][1].ToString();
//插入照片
if (p1 == 0)
{
    string FileName = @"D:\22.bmp";       //照片所在路径
    range = worksheet.Range[excel.Cells[2, 5], excel.Cells[6, 5]];
    range.Merge();
    worksheet.Shapes.AddPicture(FileName,Microsoft.Office.Core.MsoTriState.msoFalse,
Microsoft.Office.Core.MsoTriState.msoTrue,418, 43, 100, 115);
}
p1 = 0;
```

```
            //第 2 行赋值
            excel.Cells[3, 1] = "民族类别：";
            excel.Cells[3, 2] = MyDS_Grid.Tables[0].Rows[i][2].ToString();
            excel.Cells[3, 3] = "出生日期：";
            try
            {
                excel.Cells[3, 4] = Convert.ToString(Convert.ToDateTime(MyDS_Grid.Tables[0].Rows[i][3].
ToShortDateString());
            }
            catch { excel.Cells[3, 4] = ""; }
            //第 3 行赋值
            excel.Cells[4, 1] = "年龄：";
            excel.Cells[4, 2] = Convert.ToString(MyDS_Grid.Tables[0].Rows[i][4]);
            excel.Cells[4, 3] = "文化程度：";
            excel.Cells[4, 4] = MyDS_Grid.Tables[0].Rows[i][5].ToString();
            //第 4 行赋值
            excel.Cells[5, 1] = "婚姻：";
            excel.Cells[5, 2] = MyDS_Grid.Tables[0].Rows[i][6].ToString();
            excel.Cells[5, 3] = "性别：";
            excel.Cells[5, 4] = MyDS_Grid.Tables[0].Rows[i][7].ToString();
            //第 5 行赋值
            excel.Cells[6, 1] = "政治面貌：";
            excel.Cells[6, 2] = MyDS_Grid.Tables[0].Rows[i][8].ToString();
            excel.Cells[6, 3] = "单位工作时间：";
            try
            {
                excel.Cells[6, 4] = Convert.ToString(Convert.ToDateTime(MyDS_Grid.Tables[0].Rows[0][10].
ToShortDateString());
            }
            catch { excel.Cells[6, 4] = ""; }
            //第 6 行赋值
            excel.Cells[7, 1] = "籍贯：";
            excel.Cells[7, 2] = MyDS_Grid.Tables[0].Rows[i][24].ToString();
            excel.Cells[7, 3] = MyDS_Grid.Tables[0].Rows[i][25].ToString();
                excel.Cells[7, 4] = "身份证：";
            excel.Cells[7, 5] = MyDS_Grid.Tables[0].Rows[i][9].ToString();
            //第 7 行赋值
            excel.Cells[8, 1] = "工龄：";
            excel.Cells[8, 2] = Convert.ToString(MyDS_Grid.Tables[0].Rows[i][11]);
            excel.Cells[8, 3] = "职工类别：";
            excel.Cells[8, 4] = MyDS_Grid.Tables[0].Rows[i][12].ToString();
            excel.Cells[8, 5] = "职务类别：";
            excel.Cells[8, 6] = MyDS_Grid.Tables[0].Rows[i][13].ToString();
            //第 8 行赋值
            excel.Cells[9, 1] = "工资类别：";
            excel.Cells[9, 2] = MyDS_Grid.Tables[0].Rows[i][14].ToString();
            excel.Cells[9, 3] = "部门类别：";
            excel.Cells[9, 4] = MyDS_Grid.Tables[0].Rows[i][15].ToString();
            excel.Cells[9, 5] = "职称类别：";
            excel.Cells[9, 6] = MyDS_Grid.Tables[0].Rows[i][16].ToString();
            //第 9 行赋值
            excel.Cells[10, 1] = "月工资：";
```

```
        excel.Cells[10, 2] = Convert.ToString(MyDS_Grid.Tables[0].Rows[i][26]);
        excel.Cells[10, 3] = "银行账号：";
        excel.Cells[10, 4] = MyDS_Grid.Tables[0].Rows[i][27].ToString();
        //第 10 行赋值
        excel.Cells[11, 1] = "合同起始日期：";
        try
        {
            excel.Cells[11, 2] = Convert.ToString(Convert.ToDateTime(MyDS_Grid.Tables[0].Rows[i][28]).
ToShortDateString());
        }
        catch { excel.Cells[11, 2] = ""; }
        excel.Cells[11, 3] = "合同结束日期：";
        try
        {
            excel.Cells[11, 4] = Convert.ToString(Convert.ToDateTime(MyDS_Grid.Tables[0].Rows[i][29]).
ToShortDateString());
        }
        catch { excel.Cells[11, 4] = ""; }
        excel.Cells[11, 5] = "合同年限：";
        excel.Cells[11, 6] = Convert.ToString(MyDS_Grid.Tables[0].Rows[i][30]);
        //第 11 行赋值
        excel.Cells[12, 1] = "电话：";
        excel.Cells[12, 2] = MyDS_Grid.Tables[0].Rows[i][17].ToString();
        excel.Cells[12, 3] = "手机：";
        excel.Cells[12, 4] = MyDS_Grid.Tables[0].Rows[i][18].ToString();
        excel.Cells[12, 5] = "毕业时间：";
        try
        {
            excel.Cells[12, 6] = Convert.ToString(Convert.ToDateTime(MyDS_Grid.Tables[0].Rows[i][21]).
ToShortDateString());
        }
        catch { excel.Cells[12, 6] = ""; }
        //Convert.ToString(MyDS_Grid.Tables[0].Rows[i][21]);
        //第 12 行赋值
        excel.Cells[13, 1] = "毕业学校：";
        excel.Cells[13, 2] = MyDS_Grid.Tables[0].Rows[i][19].ToString();
        //第 13 行赋值
        excel.Cells[14, 1] = "主修专业：";
        excel.Cells[14, 2] = MyDS_Grid.Tables[0].Rows[i][20].ToString();
        //第 14 行赋值
        excel.Cells[15, 1] = "家庭地址：";
        excel.Cells[15, 2] = MyDS_Grid.Tables[0].Rows[i][22].ToString();
        if (!System.IO.File.Exists("D:\\" + strInfo + ".xlsx"))
            worksheet.SaveAs("D:\\" + strInfo + ".xlsx", Type.Missing, Type.Missing, Type.Missing,
Type.Missing, Type.Missing, Type.Missing, Type.Missing, Type.Missing, Type.Missing);
        else
            worksheet.Copy(Type.Missing, Type.Missing);
        workbook.Save();                              //保存工作表
        workbook.Close(false, Type.Missing, Type.Missing);      //关闭工作表
        MessageBox.Show("基本信息表导出到 Excel 成功，位置: D:\\" + strInfo + ".xlsx", "提示");
    }
}
```

在 C#中如果想对 Excel 进行操作，必须对 Excel 进行引用。其添加步骤为：首先，在"解决方案资源管理器"中的"引用"上右击，在弹出的下拉列表中选择"添加引用"项；然后，在打开的"引用管理器"窗体中选择"COM"→"类型库"；最后，在该选择卡中选择 Microsoft Excel 版本号 Object Library，单击"确定"按钮即可。

26.10 人事资料查询模块设计

📋 **本模块使用的数据表：tb_Staffbasic。**

在"人事资料查询"窗体中，可以通过在"基本信息"和"个人信息"区域中设置查询条件，对职工基本信息进行查询。"人事资料查询"窗体运行结果如图 26.37 所示。

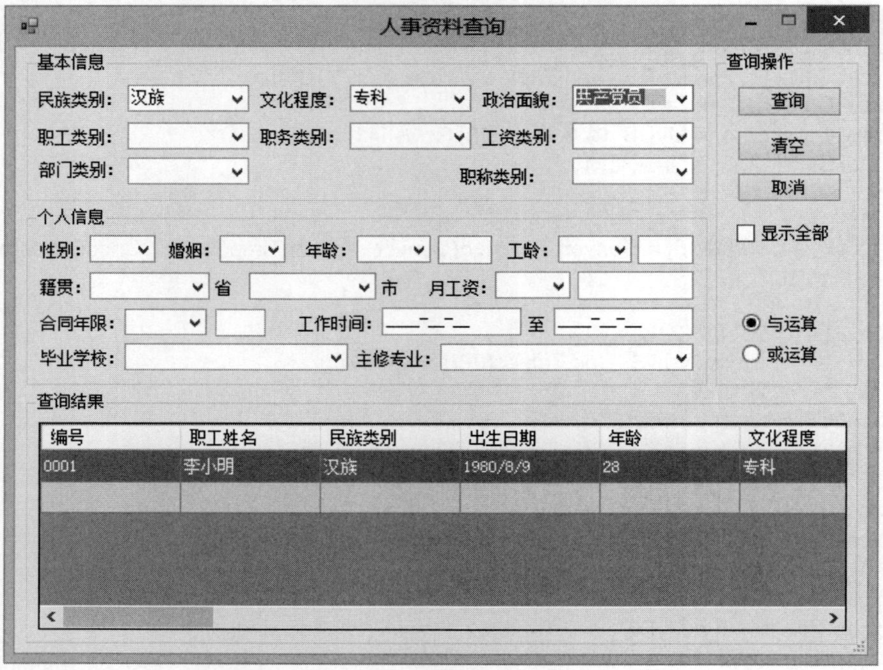

图 26.37 "人事资料查询"窗体

26.10.1 设计人事资料查询窗体

新建一个 Windows 窗体，命名为 F_Find.cs，主要用于对企业的人事档案信息进行查询。F_Find 窗体使用的主要控件如表 26.21 所示。

表 26.21　"人事资料查询"窗体使用的主要控件

控 件 类 型	控件 ID	主要属性设置	用　　途
abl TextBox	Find_Age	无	输入年龄
	Find_WorkLength	无	输入工龄
	Find_M_Pay	无	输入月工资
	Find_Pact_Y	无	输入合同年限
	Find1_WorkDate	无	输入工作开始时间
	Find2_WorkDate	无	输入工作结束时间
ComboBox	Find_Folk	无	选择民族类别
	Find_Culture	无	选择文化程度
	Find_Visage	无	选择政治面貌
	Find_Employee	无	选择职工类别
	Find_Business	无	选择职务类别
	Find_Laborage	无	选择工资类别
	Find_Branch	无	选择部门类别
	Find_Duthcall	无	选择职称类别
	Find_Sex	无	选择性别
	Find_Marriage	无	选择婚姻状态
	Age_Sign	在其 Items 属性中添加 6 项，分别为 "=" "<" ">" "<=" ">=" "!="	选择年龄条件
	WorkLength_Sign	在其 Items 属性中添加 6 项，分别为 "=" "<" ">" "<=" ">=" "!="	选择工龄条件
	Find_BeAware	无	选择省份
	Find_City	无	选择市
	M_Pay_Sign	在其 Items 属性中添加 6 项，分别为 "=" "<" ">" "<=" ">=" "!="	选择月工资条件
	Pact_Y_Sign	在其 Items 属性中添加 6 项，分别为 "=" "<" ">" "<=" ">=" "!="	选择合同期限条件
	Find_School	无	选择毕业学校
	Find_Speciality	无	选择主修专业
CheckBox	checkBox1	无	是否显示全部人事档案信息
RadioButton	radioButton1	将 Checked 属性设置为 True	是否按与运算执行查询操作
	radioButton2	无	是否按或运算执行查询操作
Button	button1	无	按指定条件执行查询操作
	button2	无	清空查询条件
	button3	无	关闭当前窗体
DataGridView	dataGridView1	将其 SelectionMode 属性设置为 FullRowSelect	显示查询到的人事档案信息

26.10.2　多条件查询人事资料

在窗体上设置完查询条件后，单击"查询"按钮进行查询，该按钮通过调用 MyModule 公共类中的 Find_Grids()方法将指定控件集上的控件组合成查询语句，然后调用 MyMeans 公共类中的 getDataSet() 方法在数据表中根据组合的查询语句查询记录，并显示在 dataGridView1 控件上，代码如下。

```csharp
ModuleClass.MyModule MyMC = new PWMS.ModuleClass.MyModule();
DataClass.MyMeans MyDataClass = new PWMS.DataClass.MyMeans();
private void button1_Click(object sender, EventArgs e)
{
    ModuleClass.MyModule.FindValue = "";                          //清空存储查询语句的变量
    string Find_SQL = Sta_SQL;                                    //存储显示数据表中所有信息的 SQL 语句
    MyMC.Find_Grids(groupBox1.Controls, "Find", ARsign);          //将指定控件集下的控件组合成查询条件
    MyMC.Find_Grids(groupBox2.Controls, "Find", ARsign);
    //当合同的起始日期和结束日期不为空时
    if (MyMC.Date_Format(Find1_WorkDate.Text) != "" && MyMC.Date_Format(Find2_WorkDate.Text) != "")
    {
        if (ModuleClass.MyModule.FindValue != "")                 //如果 FindValue 字段不为空
            //用 ARsign 变量连接查询条件
            ModuleClass.MyModule.FindValue = ModuleClass.MyModule.FindValue + ARsign;
        //设置合同日期的查询条件
        ModuleClass.MyModule.FindValue = ModuleClass.MyModule.FindValue + " (" + "workdate>='" +
Find1_ WorkDate.Text + "' AND workdate<='" + Find2_WorkDate.Text + "')";
    }
    if (ModuleClass.MyModule.FindValue != "")                     //如果 FindValue 字段不为空
        //将查询条件添加到 SQL 语句的尾部
        Find_SQL = Find_SQL + " where " + ModuleClass.MyModule.FindValue;
    //按照指定的条件进行查询
    MyDS_Grid = MyDataClass.getDataSet(Find_SQL, "tb_Staffbasic");
    //在 dataGridView1 控件中显示查询的结果
    dataGridView1.DataSource = MyDS_Grid.Tables[0];
    dataGridView1.AutoGenerateColumns = true;
    checkBox1.Checked = false;
}
```

📖 **说明**

DataSet 中可存储多个数据集，如果想要显示某一数据集，可以用 DataSet.Tables[索引号]实现。

26.11　通讯录模块设计

📖 本模块使用的数据表：tb_AddressBook。

通讯录模块主要对企业人事管理系统中的通讯录信息进行管理，包括对通讯录信息的添加、修改、删除和查询等操作。通讯录窗体运行结果如图 26.38 所示。

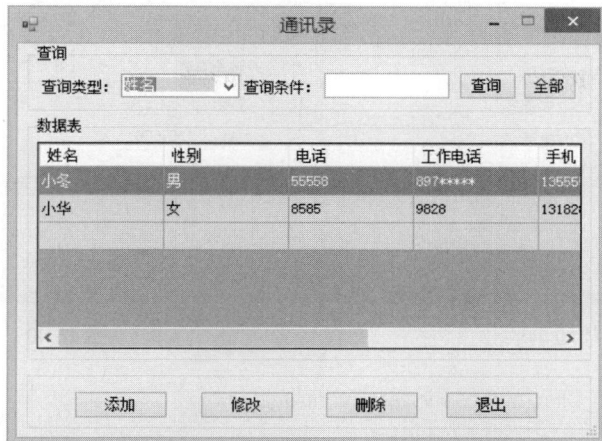

图 26.38　"通讯录"窗体

26.11.1　设计通讯录窗体

新建一个 Windows 窗体，命名为 F_AddressList.cs，主要用于对企业的通讯录信息进行管理。F_AddressList 窗体使用的主要控件如表 26.22 所示。

表 26.22　通讯录窗体使用的主要控件

控件类型	控件 ID	主要属性设置	用　途
ComboBox	comboBox1	在其 Items 属性中添加 3 项，分别为"姓名""性别"和"邮箱地址"	选择查询的类型
TextBox	textBox1	无	输入查询条件
Button	button5	无	按指定的条件查询通讯录信息
	button1	无	显示全部通讯录信息
	Address_Add	无	打开"添加通讯录"窗体
	Address_Amend	无	打开"修改通讯录"窗体
	Address_Delete	无	删除选中的通讯录信息
	Address_Quit	无	关闭当前窗体
DataGridView	dataGridView1	将其 SelectionMode 属性设置为 FullRowSelect，ReadOnly 属性设置为 true	显示通讯录信息

26.11.2　添加/修改通讯录信息

添加通讯录和修改通讯录窗体的运行效果分别如图 26.39 和图 26.40 所示。

在 F_AddressList 窗体中单击"添加"→"修改"按钮，实例化 F_Address 窗体的一个对象，并分别为该对象的 Tag 属性赋值为 1 和 2，以标识在 F_Address 窗体中将执行哪种操作。"添加"→"修改"按钮的实现代码如下。

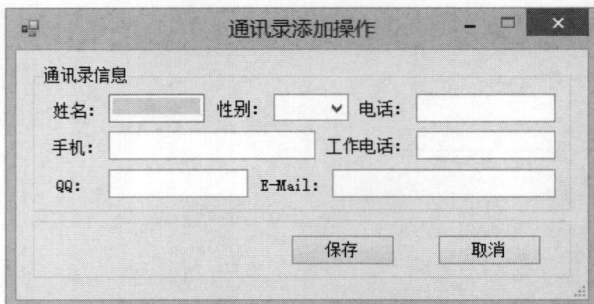

图 26.39　添加通讯录　　　　　　　　　　　　图 26.40　修改通讯录

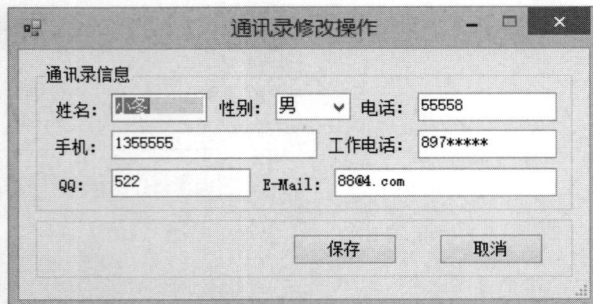

```
private void Address_Add_Click(object sender, EventArgs e)
{
    //实例化 F_Address 窗体类对象
    InfoAddForm.F_Address FrmAddress = new PWMS.InfoAddForm.F_Address();
    FrmAddress.Text = "通讯录添加操作";        //设置窗体的标题
    FrmAddress.Tag = 1;                        //设置 F_Address 窗体的 Tag 属性为 1，以标识执行添加操作
    FrmAddress.ShowDialog(this);               //以对话框形式显示窗体
    ShowAll();
}
private void Address_Amend_Click(object sender, EventArgs e)
{
    //实例化 F_Address 窗体类对象
    InfoAddForm.F_Address FrmAddress = new PWMS.InfoAddForm.F_Address();
    FrmAddress.Text = "通讯录修改操作";        //设置窗体的标题
    FrmAddress.Tag = 2;                        //设置 F_Address 窗体的 Tag 属性为 2，以标识执行修改操作
    FrmAddress.ShowDialog(this);               //以对话框形式显示窗体
    ShowAll();
}
```

说明

当在一个窗体中进行不同的操作时，如添加和修改操作，可以通过指定的标识来进行判断，这样可以避免窗体的重复制作。

在"添加"→"修改"按钮的 Click 事件中使用了 ShowAll()方法，该方法为自定义的无返回值类型方法，它主要用来将通讯录信息显示在 DataGridView 控件中，并根据 DataGridView 控件中的行数确定"修改"按钮和"删除"按钮的可用状态。ShowAll()方法的实现代码如下。

```
public void ShowAll()
{
    ModuleClass.MyModule.Address_ID = "";
    //调用公共类中的方法获取所有通讯录信息，并存储到 DataSet 数据集中
    MyDS_Grid = MyDataClass.getDataSet(AllSql, "tb_AddressBook");
    dataGridView1.DataSource = MyDS_Grid.Tables[0];        //为 DataGridView 控件设置数据源
    dataGridView1.Columns[0].Visible = false;              //设置 DataGridView 控件的第一列不可见
    if (dataGridView1.RowCount > 1)                        //判断 DataGridView 控件中是否有行
```

```
        {
            Address_Amend.Enabled = true;                    //设置"修改"按钮可用
            Address_Delete.Enabled = true;                   //设置"删除"按钮可用
        }
        else
        {
            Address_Amend.Enabled = false;                   //设置"修改"按钮不可用
            Address_Delete.Enabled = false;                  //设置"删除"按钮不可用
        }
}
```

F_Address 窗体在加载时，首先判断其 Tag 属性值。如果为 1，则为"通讯录添加"窗体，这时调用 MyModule 公共类中的 GetAutocoding()方法自动生成一个通讯录编号；如果为 2，则为"通讯录修改"窗体，这时需要将指定通讯录编号的所有信息显示在相应的 TextBox 文本框中。F_Address 窗体的 Load 事件代码如下。

```
private void F_Address_Load(object sender, EventArgs e)
{
    if ((int)(this.Tag) == 1)              //判断窗体的 Tag 属性值是否为 1，以确定执行添加操作
    {
    //自动生成通讯录编号
        Address_ID = MyMC.GetAutocoding("tb_AddressBook", "ID");
    }
    if ((int)this.Tag == 2)               //判断窗体的 Tag 属性值是否为 2，以确定执行添加操作
    {
        //根据指定条件查找通讯录信息，并将结果存储在 DataSet 数据集中
        MyDS_Grid = MyDataClass.getDataSet("select ID,Name,Sex,Phone,Handset,WorkPhone,QQ,E_Mail
from tb_AddressBook where ID='" + ModuleClass.MyModule.Address_ID + "'", "tb_AddressBook");
        Address_ID = MyDS_Grid.Tables[0].Rows[0][0].ToString();       //记录通讯录编号
        this.Address_1.Text = MyDS_Grid.Tables[0].Rows[0][1].ToString();   //显示姓名
        this.Address_2.Text = MyDS_Grid.Tables[0].Rows[0][2].ToString();   //显示性别
        this.Address_3.Text = MyDS_Grid.Tables[0].Rows[0][3].ToString();   //显示电话
        this.Address_4.Text = MyDS_Grid.Tables[0].Rows[0][4].ToString();   //显示手机号
        this.Address_5.Text = MyDS_Grid.Tables[0].Rows[0][5].ToString();   //显示工作电话
        this.Address_6.Text = MyDS_Grid.Tables[0].Rows[0][6].ToString();   //显示 QQ 号码
        this.Address_7.Text = MyDS_Grid.Tables[0].Rows[0][7].ToString();   //显示 E-mail
    }
}
```

在 F_Address 窗体中单击"保存"按钮，判断"姓名"文本框是否为空。如果不为空，则执行通讯录添加或修改操作，并在添加或修改成功后将该窗体关闭；否则弹出"人员姓名不能为空"信息提示框。"保存"按钮的实现代码如下。

```
private void button1_Click(object sender, EventArgs e)
{
    if (this.Address_1.Text != "")
    {
        //调用公共类中的方法组合 SQL 语句
        MyMC.Part_SaveClass("ID,Name,Sex,Phone,Handset,WorkPhone,QQ,E_Mail",   Address_ID,   "",
```

```
this.groupBox1. Controls, "Address_", "tb_AddressBook", 8, (int)this.Tag);
            MyDataClass.getsqlcom(ModuleClass.MyModule.ADDs);                    //执行 SQL 语句
            this.Close();                                                        //关闭当前窗体
    }
    else
        MessageBox.Show("人员姓名不能为空。");
}
```

说明

窗体的 Tag 属性是一个 Object 类型的值，在对该属性进行赋值时可以是 int、string、bool 型。如果对该属性进行读取，则必须根据相应的类型对其进行强制转换。

26.11.3 删除通讯录信息

在 F_AddressList 窗体中单击"删除"按钮，调用 MyMeans 公共类中的 getsqlcom()方法执行删除通讯录信息操作。"删除"按钮的实现代码如下。

```
private void Address_Delete_Click(object sender, EventArgs e)
{
    if (MessageBox.Show(" 确 定 要 删 除 该 条 信 息 吗 ？ ", " 提 示 ", MessageBoxButtons.OKCancel,
MessageBoxIcon. Question) == DialogResult.OK)                       //判断是否在弹出的对话框中单击"确定"按钮
    {
        //调用公共类中的方法删除选中的通讯录信息
        MyDataClass.getsqlcom("Delete tb_AddressBook where ID='" + ModuleClass.MyModule.Address_ID
+ "'");
        ShowAll();
    }
}
```

26.11.4 查询通讯录信息

查询通讯录信息的运行效果如图 26.41 所示。

图 26.41 查询通讯录信息的运行效果

在"查询类型"下拉列表中选择查询的类型，并在"查询条件"文本框中输入查询关键字后，单击"查询"按钮，程序根据选择的查询类型和输入的查询关键字在数据表中查找相关记录，并显示在 DataGridView 控件中，同时根据 DataGridView 控件中的行数确定"修改"按钮和"删除"按钮的可用状态。查询通讯录信息的实现代码如下。

```
private void button5_Click(object sender, EventArgs e)
{
```

```
        if (textBox1.Text == "")
        {
            MessageBox.Show("请输入查询条件。");
            return;
        }
        ModuleClass.MyModule.Address_ID = "";
        //调用公共类中的方法获取所有通讯录信息，并存储到 DataSet 数据集中
        MyDS_Grid = MyDataClass.getDataSet(AllSql+" where "+Find_Field+" like '%"+textBox1.Text.Trim()+"%'",
"tb_AddressBook");
        dataGridView1.DataSource = MyDS_Grid.Tables[0];          //为 DataGridView 控件设置数据源
        dataGridView1.Columns[0].Visible = false;               //设置 DataGridView 控件的第一列不可见
        if (dataGridView1.RowCount > 1)                         //判断 DataGridView 控件中是否有行
        {
            Address_Amend.Enabled = true;                       //设置"修改"按钮可用
            Address_Delete.Enabled = true;                      //设置"删除"按钮可用
        }
        else
        {
            Address_Amend.Enabled = false;                      //设置"修改"按钮不可用
            Address_Delete.Enabled = false;                     //设置"删除"按钮不可用
        }
}
```

说明

　　在窗体中对数据进行添加、修改和删除操作时，为了尽可能减少误操作，可以将不可用或已用过的按钮设为不可用状态。例如，当数据表为空时，"删除"按钮将设为不可用状态。

26.12　用户设置模块设计

　　本模块使用的数据表：tb_Login、tb_UserPope。

　　用户设置模块主要对企业人事管理系统中的用户信息进行管理，包括对用户信息的添加、修改和删除等操作，而且还可以为指定的用户设置操作权限。另外，如果要对管理员信息进行修改、删除和设置操作权限等操作，系统会提示不能对管理员进行操作。"用户设置"窗体运行结果如图 26.42 所示。

图 26.42　"用户设置"窗体

26.12.1　设计用户设置窗体

　　新建一个 Windows 窗体，命名为 F_User.cs，主要用于对该系统的用户信息进行管理。F_User 窗体使用的主要控件如表 26.23 所示。

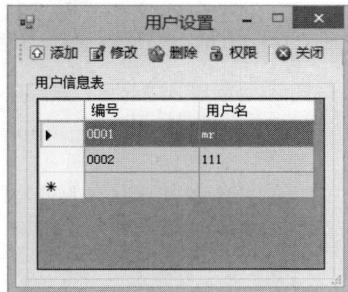

表 26.23　用户设置窗体使用的主要控件

控件类型	控件 ID	主要属性设置	用　　途
ToolStrip	toolStrip1	添加 5 个 ToolStripButton 按钮，并分别命名为 tool_UserAdd、tool_UserAmend、tool_UserDelete、tool_UserPopedom 和 tool_Close	作为该窗体中的工具栏
DataGridView	dataGridView1	将其 SelectionMode 属性设置为 FullRowSelect	显示用户信息

26.12.2　添加/修改用户信息

添加用户信息和修改用户信息窗体的运行效果分别如图 26.43 和图 26.44 所示。

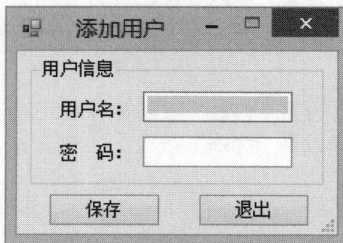

图 26.43　添加用户信息　　　　　图 26.44　修改用户信息

在 F_User 窗体中单击工具栏中的"添加"→"修改"按钮，实例化 F_UserAdd 窗体的一个对象，并分别为该对象的 Tag 属性赋值为 1 和 2，以标识在 F_UserAdd 窗体中将执行哪种操作。工具栏中"添加"→"修改"按钮的实现代码如下。

```
private void tool_UserAdd_Click(object sender, EventArgs e)
{
    //实例化 F_UserAdd 窗体类对象
    PerForm.F_UserAdd FrmUserAdd = new F_UserAdd();
    //设置 F_UserAdd 窗体的 Tag 属性为 1，以标识执行添加操作
    FrmUserAdd.Tag = 1;
    FrmUserAdd.Text = tool_UserAdd.Text + "用户";              //设置 F_UserAdd 窗体的标题
    FrmUserAdd.ShowDialog(this);                               //以对话框形式显示窗体
}
private void tool_UserAmend_Click(object sender, EventArgs e)
{
    if (ModuleClass.MyModule.User_ID.Trim() == "0001")        //判断选择的是不是超级用户
    {
        MessageBox.Show("不能修改超级用户。");
        return;
    }
    //实例化 F_UserAdd 窗体类对象
    PerForm.F_UserAdd FrmUserAdd = new F_UserAdd();
    //设置 F_UserAdd 窗体的 Tag 属性为 2，以标识执行修改操作
    FrmUserAdd.Tag = 2;
    FrmUserAdd.Text = tool_UserAmend.Text + "用户";            //设置 F_UserAdd 窗体的标题
```

```
    FrmUserAdd.ShowDialog(this);                                    //以对话框形式显示窗体
}
```

在 F_UserAdd 窗体中单击"保存"按钮，判断"用户名"文本框和"密码"文本框是否为空。如果为空，弹出提示信息；否则，根据该窗体的 Tag 属性值判断是执行用户添加操作，还是执行用户修改操作。"保存"按钮的实现代码如下。

```
private void button1_Click(object sender, EventArgs e)
{
    if (text_Name.Text == "" && text_Pass.Text == "")                //判断用户名和密码是否为空
    {
        MessageBox.Show("请将用户名和密码添加完整。");
        return;
    }
    DSet = MyDataClass.getDataSet("select Name from tb_Login where Name='" + text_Name.Text + "'",
"tb_Login");
    //判断窗体的 Tag 属性是否为 2，以执行修改操作
    if ((int)this.Tag == 2 && text_Name.Text == ModuleClass.MyModule.User_Name)
    {
        MyDataClass.getsqlcom("update tb_Login set Name='" + text_Name.Text + "',Pass='" +
text_Pass.Text + "' where ID='" + ModuleClass.MyModule.User_ID + "'");
        return;
    }
    if (DSet.Tables[0].Rows.Count > 0)                               //判断用户是否已经存在
    {
        MessageBox.Show("当前用户名已存在，请重新输入。");              //弹出提示信息
        text_Name.Text = "";
        text_Pass.Text = "";
        return;
    }
    //判断窗体的 Tag 属性是否为 1，以执行添加操作
    if ((int)this.Tag == 1)
    {
        AutoID = MyMC.GetAutocoding("tb_Login", "ID");               //自动生成编号
        //调用公共类中的方法添加用户信息
        MyDataClass.getsqlcom("insert into tb_Login (ID,Name,Pass) values('" + AutoID + "','" +
text_Name.Text + "','" + text_Pass.Text + "')");
        MyMC.ADD_Pope(AutoID, 0);                                   //为新添加的用户设置权限
        MessageBox.Show("添加成功。");
    }
    else
    {
        //调用公共类中的方法修改用户信息
        MyDataClass.getsqlcom("update tb_Login set Name='" + text_Name.Text + "',Pass='" +
text_Pass.Text + "' where ID='" + ModuleClass.MyModule.User_ID + "'");
        //判断新添加的用户编号是否与登录用户的编号相同
        if (ModuleClass.MyModule.User_ID == DataClass.MyMeans.Login_ID)
            DataClass.MyMeans.Login_Name = text_Name.Text;  //设置登录用户名为"用户名"文本框的值
        MessageBox.Show("修改成功。");
    }
```

```
            this.Close();                                                  //关闭当前窗体
    }
```

26.12.3　删除用户基本信息

在 F_User 窗体中单击工具栏中的"删除"按钮，判断要删除的用户是不是超级用户。如果是，弹出提示信息，提示不能修改超级用户信息；否则，删除选中的用户信息，同时删除其权限信息。工具栏中"删除"按钮的实现代码如下。

```
private void tool_UserDelete_Click(object sender, EventArgs e)
{
    if (ModuleClass.MyModule.User_ID != "")
    {
        if (ModuleClass.MyModule.User_ID.Trim() == "0001")            //判断要删除的用户是不是超级用户
        {
            MessageBox.Show("不能删除超级用户。");
            return;
        }
        //删除用户信息
        MyDataClass.getsqlcom("Delete tb_Login where ID='" + ModuleClass.MyModule.User_ID.Trim() + "'");
        //删除用户权限信息
        MyDataClass.getsqlcom("Delete tb_UserPope where ID='" + ModuleClass.MyModule.User_ID.Trim()
+ "'");
        //在数据库中查找所有用户信息，并将结果存储在 DataSet 数据集中
        MyDS_Grid = MyDataClass.getDataSet("select ID as 编号,Name as 用户名 from tb_Login",
"tb_Login");
        dataGridView1.DataSource = MyDS_Grid.Tables[0];          //为 DataGridView 控件设置数据源
    }
    else
        MessageBox.Show("无法删除空数据表。");
}
```

说明

在对数据表中的数据进行删除后，必须对窗体中的数据进行更新，以显示最新的数据内容。

26.12.4　设置用户操作权限

在 F_User 窗体中单击工具栏中的"权限"按钮，弹出"用户权限设置"窗体，如图 26.45 所示。

在"用户权限设置"窗体中可以设置用户的权限，在该窗体中选中要拥有权限的复选框，单击"保存"按钮，调用 MyModule 公共类中的 Amend_Pope()方法为用户设置权限，同时将 MyMeans 公共类中的静态变量 Login_n 设置为 2，以便在调用"重新登录"窗体时，使用新设置的权限对其进行初始化。设置用户操作权限的实现代码如下。

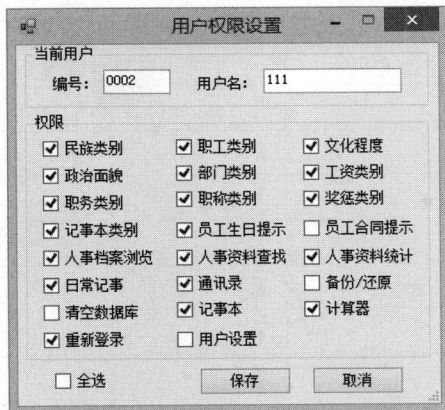

图 26.45　设置用户操作权限的运行效果

```
private void User_Save_Click(object sender, EventArgs e)
{
    //调用公共类的 Amend_Pope()方法为指定的用户设置权限
    MyMC.Amend_Pope(groupBox2.Controls, ModuleClass.MyModule.User_ID);
    //判断登录用户的编号是否与修改的用户编号相同
    if (DataClass.MyMeans.Login_ID == ModuleClass.MyModule.User_ID)
        //将静态变量 Login_n 设置为 2，以便在调用"重新登录"窗体时，使用新设置的权限对其进行初始化
        DataClass.MyMeans.Login_n = 2;
}
```

26.13　数据库维护模块设计

数据库维护模块主要对企业人事管理系统中的数据信息进行备份和还原操作，其运行结果如图 26.46 所示。

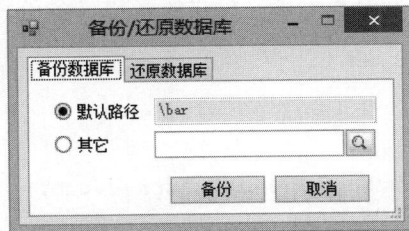

图 26.46　"备份/还原数据库"窗体

26.13.1　设计数据库维护窗体

新建一个 Windows 窗体，命名为 F_HaveBack.cs，主要用于对该系统的数据进行备份和还原。F_HaveBack 窗体使用的主要控件如表 26.24 所示。

表 26.24　数据库维护窗体使用的主要控件

控 件 类 型	控件 ID	主要属性设置	用　途
[abl] TextBox	textBox1	将 Text 属性设置为 "\bar"	备份数据库的默认路径
	textBox2	无	指定备份数据库的路径
	textBox3	无	输入备份文件的路径名
[ab] Button	button1	无	执行数据库备份操作
	button2	无	选择要存放备份文件的路径
	button3	无	关闭当前窗体
	button4	无	选择备份文件的存放路径
	button5	无	执行数据库还原操作
	button6	无	关闭当前窗体
⊙ RadioButton	radioButton1	将 Checked 属性设置为 true	是否将备份文件放到默认路径中
	radioButton2	无	是否指定新的备份文件路径
[⬆] OpenFileDialog	openFileDialog1	无	选择备份文件的对话框
[◱] FolderBrowserDialog	folderBrowserDialog1	无	选择存放备份文件路径的对话框
▢ TabControl	tabControl1	添加两个选项卡，并分别将其 Text 属性设置为 "备份数据库" 和 "还原数据库"	显示 "备份数据库" 和 "还原数据库" 两个选项卡

26.13.2　备份数据库

在 "备份数据库" 选项卡中单击 "备份" 按钮，程序首先判断是将备份文件存放到默认路径下，还是存放到用户选择的路径下，然后对数据库文件进行备份。备份数据库的实现代码如下。

```
private void button1_Click(object sender, EventArgs e)
{
    string Str_dar = "";
    if (radioButton1.Checked == true)                          //判断默认路径是否选中
        Str_dar = System.Environment.CurrentDirectory + "\\bar\\";
    if (radioButton2.Checked == true)                          //判断自定义路径是否选中
        Str_dar = textBox2.Text+ "\\";
    if (textBox2.Text == "" & radioButton2.Checked == true)
    {
        MessageBox.Show("请选择备份数据库文件的路径。");
        return;
    }
    try
    {
        //定义数据库备份的 SQL 语句
```

```
        Str_dar = "backup database db_PWMS to disk='" + Str_dar+System.DateTime.Now.ToShortDate
String().Replace("/","")+MyMC.Time_Format(System.DateTime.Now.ToString())+".bak" + "'";
        //调用公共类中的方法执行数据库备份操作
        MyDataClass.getsqlcom(Str_dar);
        MessageBox.Show("数据备份成功！", "提示", MessageBoxButtons.OK, MessageBoxIcon.Information);
    }
    catch (Exception ex)
    {
        MessageBox.Show(ex.Message, "提示", MessageBoxButtons.OK, MessageBoxIcon.Information);
    }
}
```

说明

在对数据库中的数据进行备份时，必须关闭当前数据库的所有连接。

26.13.3　还原数据库

还原数据库运行效果如图 26.47 所示。

在"还原数据库"选项卡中单击"还原"按钮，程序首先调用 kill 命令将与 db_PWMS 数据库有关的进程全部强行关闭，然后重新备份该数据库的日志文件，同时对该数据库进行还原操作。还原数据库的实现代码如下。

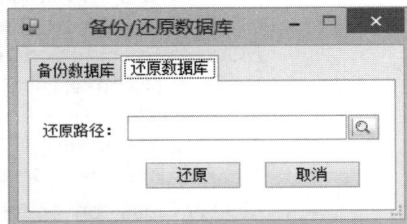

图 26.47　还原数据库运行效果

```
private void button5_Click(object sender, EventArgs e)
{
    if (textBox3.Text == "")                                      //判断备份文件路径是否为空
    {
        MessageBox.Show("请选择备份数据库文件的路径。");
        return;
    }
    try
    {
        //判断数据库连接状态是否打开
        if (DataClass.MyMeans.My_con.State == ConnectionState.Open)
        {
            DataClass.MyMeans.My_con.Close();                     //关闭数据库连接
        }
        string DateStr = "Data Source=mrwxk\\wxk;Database=master;User id=sa;PWD=";
        SqlConnection conn = new SqlConnection(DateStr);          //实例化 SqlConnection 连接对象
        conn.Open();                                             //打开数据库连接
        //--------------------关闭所有连接 db_PWMS 数据库的进程--------------
        string strSQL = "select spid from master..sysprocesses where dbid=db_id( 'db_PWMS') ";
        SqlDataAdapter Da = new SqlDataAdapter(strSQL, conn);    //实例化 SqlDataAdapter 类对象
        DataTable spidTable = new DataTable();                   //实例化 DataTable 对象
        Da.Fill(spidTable);                                      //填充 DataTable 数据表
```

```
            SqlCommand Cmd = new SqlCommand();                          //实例化 SqlCommand 对象
            Cmd.CommandType = CommandType.Text;                         //设置 SqlCommand 命令的类型
            Cmd.Connection = conn;                                      //设置 SqlCommand 命令的连接对象
            //循环访问 DataTable 数据表中的行
            for (int iRow = 0; iRow < spidTable.Rows.Count ; iRow++)
            {
                Cmd.CommandText = "kill " + spidTable.Rows[iRow][0].ToString();   //强行关闭用户进程
                Cmd.ExecuteNonQuery();                                  //执行 SqlCommand 命令
            }
            conn.Close();                                               //关闭数据库连接
            conn.Dispose();                                             //释放数据库连接资源
            //重新连接数据库
            SqlConnection Tem_con = new SqlConnection(DataClass.MyMeans.M_str_sqlcon);
            Tem_con.Open();                                             //打开数据库连接
            //使用数据库还原语句实例化 SqlCommand 对象
            SqlCommand SQLcom = new SqlCommand("backup log db_PWMS to disk='"
                + textBox3.Text.Trim() + "'use master restore database db_PWMS from disk='"
                + textBox3.Text.Trim() + "'", Tem_con);
            SQLcom.ExecuteNonQuery();                                   //执行数据库还原操作
            SQLcom.Dispose();                                           //释放 SqlCommand 对象
            Tem_con.Close();                                            //关闭数据库连接
            Tem_con.Dispose();                                         //释放数据库连接资源
            MessageBox.Show("数据还原成功！", "提示", MessageBoxButtons.OK, MessageBoxIcon.Information);
            MyDataClass.con_open();
            MyDataClass.con_close();
            MessageBox.Show("为了避免数据丢失，在数据库还原后将关闭整个系统。");
            Application.Exit();                                         //退出当前应用程序
        }
        catch (Exception ex)
        {
            MessageBox.Show(ex.Message, "提示", MessageBoxButtons.OK, MessageBoxIcon.Information);
        }
    }
```

26.14 运行项目

模块设计及代码编写完成之后，单击 Visual Studio 2019 开发环境工具栏中的 ▶ 图标，或者在菜单栏中选择"调试"→"启动调试"或"调试"→"开始执行（不调试）"命令，运行该项目，弹出企业人事管理系统"登录"对话框，如图 26.48 所示。

在"登录"对话框中输入用户名和密码，单击"登录"按钮，进入企业人事管理系统的主窗体，然后用户可以通过对主窗体中的菜单栏、工具栏和导航菜单进行操作，以便调用其各个子模块。例如，在主窗体中单击工具栏中的"人事档案管理"按钮，弹出

图 26.48 "登录"对话框

"人事档案管理"窗体，如图 26.49 所示。在该窗体中，用户可以对人事档案信息进行添加、删除、修改、查询以及导出为 Word 或者 Excel 文件等操作。

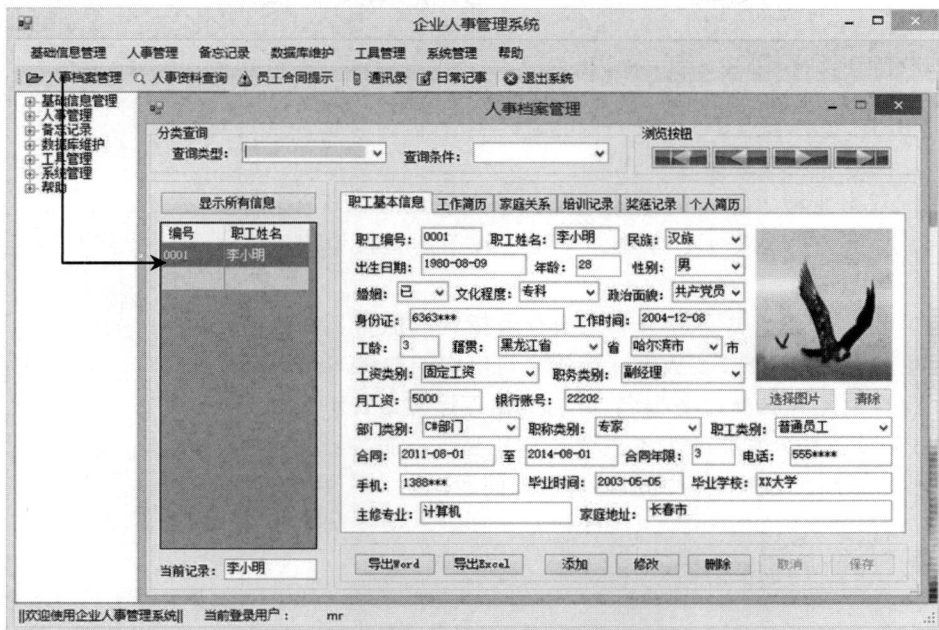

图 26.49　"人事档案管理"窗体

再如，在主窗体中单击工具栏中的"通讯录"按钮，可以弹出"通讯录"窗体，在"通讯录"窗体中单击"添加"按钮，可以弹出"通讯录添加操作"窗体，如图 26.50 所示。在该窗体中，用户可以对通讯录信息进行添加操作。

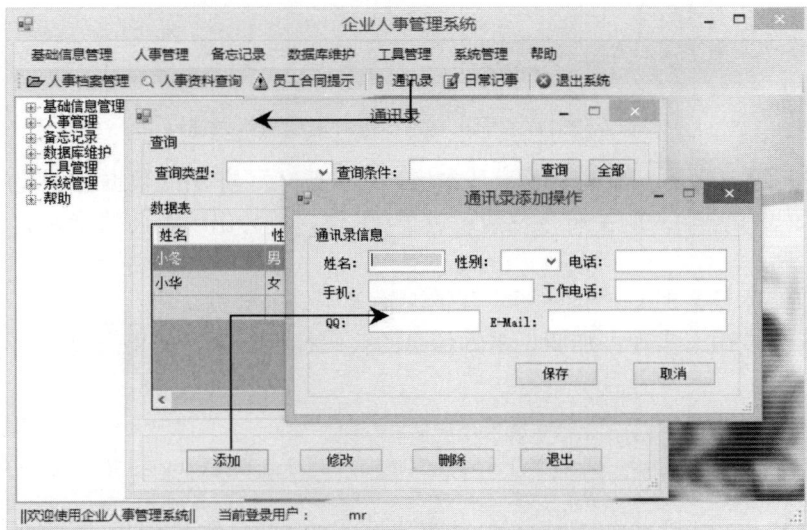

图 26.50　"通讯录添加操作"窗体

26.15　开发的常见问题与解决

26.15.1　程序无法运行

　　问题描述：双击企业人事管理系统的可执行文件运行该程序，弹出如图 26.51 所示的信息提示，单击"确定"按钮后直接退出应用程序。

　　解决方法：该错误提示主要是由于无法登录指定的服务器引起的，只需将程序 MyMeans 公共类数据库连接字符串中的 Data Source 属性修改为本机的 SQL Server 服务器名，并将数据库连接字符串中的 User id 属性和 PWD 属性分别修改为本机登录 SQL Server 服务器的用户名和密码，然后重新生成解决方案即可解决该问题。

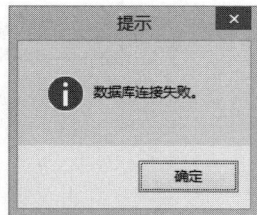

图 26.51　数据库连接失败信息

26.15.2　无法添加职工基本信息

　　问题描述：在企业人事管理系统的人事档案管理模块中添加职工基本信息，输入基本信息后，单击"保存"按钮，出现错误提示，如图 26.52 所示。

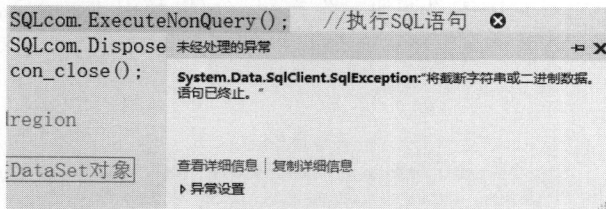

图 26.52　添加职工基本信息时出现的错误提示

　　解决方法：该问题主要是由于输入职工基本信息时，输入了非法的数据而引起的。例如，正常的手机号是 11 位，如果用户输入的手机号位数超过了 11 位，就会出现上面的错误提示。解决该问题有两种方法，分别如下。

　　（1）输入职工基本信息时，严格按照实际情况输入正确的数据。

　　（2）为"保存"按钮下实现添加职工基本信息的代码捕捉异常，如果出现问题，弹出提示框，实现代码如下。

```
//定义字符串变量，并存储"职工基本信息表"中的所有字段
string  All_Field  =  "ID,StaffName,Folk,Birthday,Age,Culture,Marriage,Sex,Visage,  IDCard,Workdate,  WorkLength,
Employee,
Business,Laborage,Branch,Duthcall,Phone,Handset,School,Speciality,GraduateDate,Address,BeAware,City,M
_Pay,Bank,Pact_B,Pact_E,Pact_Y";
try
```

```
{
    if (hold_n == 1 || hold_n == 2)                              //判断当前是添加还是修改操作
    {
        ModuleClass.MyModule.ADDs = "";                          //清空 MyModule 公共类中的 ADDs 变量
        //用 MyModule 公共类中的 Part_SaveClass()方法组合添加或修改的 SQL 语句
        MyMC.Part_SaveClass(All_Field,  S_0.Text.Trim(),  "",  tabControl1.TabPages[0].Controls,  "S_",
"tb_Staffbasic", 30, hold_n);
        //如果 ADDs 变量不为空，则通过 MyMeans 公共类中的 getsqlcom()方法执行添加、修改操作
        if (ModuleClass.MyModule.ADDs != "")
            MyDataClass.getsqlcom(ModuleClass.MyModule.ADDs);
    }
    if (Ima_n > 0)                                               //如果图片标识大于 0
    {
        //通过 MyModule 公共类中的 SaveImage()方法将图片存入数据库中
        MyMC.SaveImage(S_0.Text.Trim(), imgBytesIn);
    }
    Sta_Cancel_Click(sender, e);                                 //调用"取消"按钮的单击事件
}
catch
{
    MessageBox.Show("请输入正确的职工信息！");                   //弹出信息提示框
}
```

26.15.3　选择职工头像时出现异常

　　问题描述：在企业人事管理系统的人事档案管理模块中添加职工基本信息，当单击"选择图片"按钮为职工选择头像时，如果想取消该操作，会出现异常。

　　解决方法：该问题主要是由于没有判断用户单击的是"打开"按钮还是"取消"按钮，解决该问题时，只需添加一段判断用户单击的是"打开"按钮的代码即可，代码如下。

```
if (openF.ShowDialog(this) == DialogResult.OK)                  //如果打开了图片文件
```

26.15.4　数据库还原不成功

　　问题描述：在企业人事管理系统的数据库维护模块中，当选择完数据库的备份文件后，单击"还原"按钮，弹出如图 26.53 所示的信息提示。

　　解决方法：该错误提示主要是由于 db_PWMS 数据库正在使用而引起的，只需将 SQL Server 的 SQL Server Management Studio 关闭，同时关闭 PWMS 项目即可解决该问题。

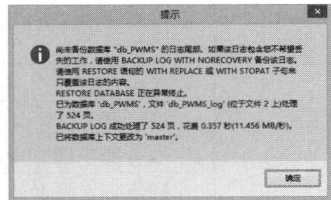

图 26.53　数据库还原时出现的信息提示

附　录

Visual Studio 2019 开发环境中的菜单栏全部菜单命令及功能如表 1 所示。

表 1　菜单命令及功能

菜　单　项	菜　单　命　令	功　　能
文件	新建	建立一个新的项目、网站、文件等
	打开	打开一个已经存在的项目、文件等
	添加	添加一个项目到当前所编辑的项目中
	关闭	关闭当前页面
	关闭解决方案	关闭当前解决方案
	全部保存	将项目中所有文件保存
	导出模板	将当前项目作为模板保存起来，生成.zip 文件
	页面设置	设置打印机及打印属性
	打印	打印选择的指定内容
	最近的文件	打开最近操作的文件（例如类文件）
	最近使用的项目和解决方案	打开最近操作的文件（例如解决方案）
	退出	退出集成开发环境
编辑	撤销	撤销上一步操作
	重做	重做上一步所做的修改
	撤销上次全局操作	撤销上一步全局操作
	重做上次全局操作	重做上一步所做的全局修改
	剪切	将选定内容放入剪贴板，同时删除文档中所选的内容
	复制	将选定内容放入剪贴板，但不删除文档中所选的内容
	粘贴	将剪贴板中的内容粘贴到当前光标处
	删除	删除所选定内容
	全选	选择当前文档中的全部内容
	查找和替换	在当前窗口文件中查找指定内容，可将查找到的内容替换为指定信息
	转到	选择定位到"结果"窗格的哪一行
	书签	显示书签功能菜单
视图	代码	显示代码编辑窗口
	设计器	打开设计器窗口
	服务器资源管理器	显示服务器资源管理器窗口
	解决方案资源管理器	显示解决方案资源管理器窗口
	类视图	显示类视图窗口
	代码定义窗口	显示代码定义窗口
	对象浏览器	显示对象浏览器窗口
	错误列表	显示错误列表窗口
	输出	显示输出窗口

续表

菜 单 项	菜 单 命 令	功　　能
视图	属性窗口	显示属性窗口
	任务列表	显示任务列表窗口
	工具箱	显示工具箱窗口
	查找结果	显示查找结果
	其他窗口	显示其他窗口（例如命令窗口、起始页等）
	工具栏	打开工具栏菜单（例如标准工具栏、调试工具栏）
	显示窗格	用于"查询"和"视图设计器"中的显示窗格
	全屏显示	将当前窗体全屏显示
	向后导航	将控制权移交给下一个任务
	向前导航	将控制权移交给上一个任务
	属性页	为用户控件显示属性页
项目	添加 Windows 窗体	添加一个窗体
	添加用户控件	添加一个用户控件
	添加组件	添加某个组件
	添加类	添加类文件
	添加新项	添加一个新项到当前所编辑的项目中
	添加现有项	添加一个已存在的项到当前所编辑的项目中
	从项目中排除	将当前项移除
	显示所有文件	在资源管理器中显示当前项目文件下的所有文件
	添加引用	为当前项添加引用
	添加服务引用	为当前项添加服务引用
	设为启动项目	将选定的项目设为启动项目
生成	生成解决方案	将项目生成解决方案
	重新生成解决方案	将以前的项目删除重新生成解决方案
	清理解决方案	清除项目的解决方案
	生成项目 1	生成项目 1
	重新生成项目 1	重新生成项目 1
	清理项目 1	清理项目 1
	发布项目 1	发布项目 1
	对项目 1 运行代码进行分析	对项目 1 运行代码进行分析，检测代码的正确性
	批生成	将当前项目成批生成
	配置管理器	打开配置管理器
调试	窗口	窗口功能菜单（包括断点、输出、即时）
	启动调试	启动项目并可以调试错误
	开始执行（不调试）	执行项目但不调试错误
	附加到进程	打开附加到进程设置窗体
	异常	打开异常设置窗体
	逐语句	一次执行一个语句
	逐过程	一次执行一个过程
	切换断点	在当前行添加或删除断点
	删除所有断点	删除项目中的所有断点

菜 单 项	菜 单 命 令	功　　能
团队	连接到 Team Foundation Server	连接到 Team Foundation Server
数据	显示数据源	显示数据源窗口
	添加新数据源	添加数据源向导
工具	附加到进程	打开附加到进程设置窗体
	连接到数据库	打开连接到数据库设置窗体
	连接到服务器	打开连接到服务器设置窗体
	代码段管理器	打开代码段管理器设置窗体
	选择工具箱项	打开选择工具箱项设置窗体（添加或删除组件）
	宏	打开宏功能菜单
	外部工具	打开外部工具设置窗体
	导入和导出设置	打开导入和导出设置窗体
	自定义	打开自定义设置窗体
	选项	打开选项设置窗体（设计 IDE 环境）
体系结构	新建关系图	新建一个关系图
	生成依赖项关系图	按类别生成依赖项关系图
	窗口	打开指定的窗口
测试	新建测试	打开添加新测试设置窗体
	加载元数据文件	打开加载元数据文件窗体，添加.vsmdi 文件
	创建新测试列表	打开创建新测试列表设置窗体
窗口	新建窗口	新建一个当前窗口（如类窗口）
	拆分	将窗口进行拆分（在主窗口中显示两个子窗口）
	浮动	使窗口可放在任何位置
	停靠	使窗口停靠于 IDE 中
	以选项卡式文档停靠	使窗口的显示呈现为选项卡状态（同一时间只有一个窗体获得焦点）
	自动隐藏	使窗体在失去焦点时自动隐藏（收回状态）
	隐藏	效果与关闭相仿
	关闭所有文档	关闭 IDE 中的所有文档
	重置窗体布局	恢复到 IDE 的初始布局形式
帮助	查看帮助	打开 Help Library 管理器
	技术支持	在 MSDN 上获取技术支持
	关于 Microsoft Visual Studio	关于版本信息的介绍

Python 应用实战系列

◎ 入门快：杜绝晦涩难懂的模型+公式，通过实例学，一看就懂，马上能用

◎ 技术准：Pandas ＋ Matplotlib + Seaborn ＋ NumPy ＋ Scikit-Learn，紧跟行业热点技术，满足招聘面试要求

◎ 实战强：248 个应用示例，20 个综合案例，4 个项目案例，循序渐进，实战为王

◎ 项目真：基于真实行业场景，不枯燥，让技术快速落地

（以《Python 数据分析从入门到精通》为例）

软件项目开发全程实录

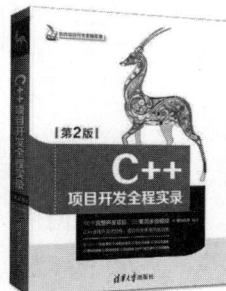

◎ 当前流行技术+10个真实软件项目+完整开发过程

◎ 94集教学微视频，手机扫码随时随地学习

◎ 160小时在线课程，海量开发资源库资源

◎ 项目开发快用思维导图

（以《Java项目开发全程实录（第4版）》为例）